이 책을 검토해 주신 선생님

경기

강태희 유쾌한수학과학학원
박형건 오엠지수학학원
오지혜 탑올림피아드학원
주진희 개념원리안양제일학원
현지애 지혜로운수학학원

대전

김세실 대덕테크노매쓰몽수학학원
한미임 더수학학원

충남

송명준 JNS오름학원
이상원 천안페르마학원
이원재 탑씨크리트학원
주경림 천안페르마수학학원

충북

전해진 베다수학과학학원

대구

강수경 장헌멘토학원
김민식 폴리아수학대천점
김지혜 수탐과탐학원
이재열 수학을논하다과학을탐하다논탐학원
조필재 사인수학학원
최윤녕 필백수학학원
황지현 위드제스트수학학원

KB129442

개념 완성의 올바른 길

개념 루트

공통수학2

Structure 구성과 특징

01 개념 이해

핵심 개념을 빠짐없이 익히자!

친절한 설명으로 개념별 **원리를 이해**하고,
문제로 개념을 확인하세요.

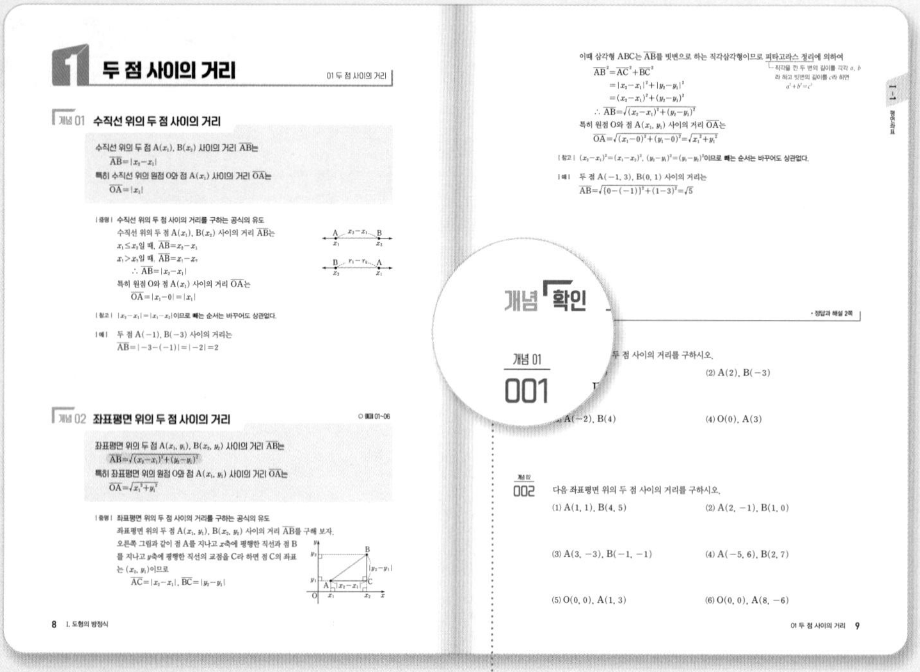

☑ 개념이 한눈에 잘 보이게 정리하였고, 친절한 설명을 실어주었으며, 서·논술형 시험에 대비하여 증명을 강화했습니다.

☑ 익힌 개념을 바로 확인할 수 있도록 기초 문제를 제공하여 내용을 정확히 이해했는지 확인할 수 있습니다.

- 개념에 대한 **| 증명 |**, **| 예 |**, **| 참고 |**를 다루어 내용을 이해하는 데 도움을 줍니다.

- 문제마다 연계 개념의 번호를 제공하여 개념을 바로 찾아 확인할 수 있습니다.

02 개념 적용

꼭 익혀야 할 유형의 예제와 유제를 풀어 보자!

개념 키워드를 적용하여
수준별 중요 **예제**를 풀며 실력을 다지세요.

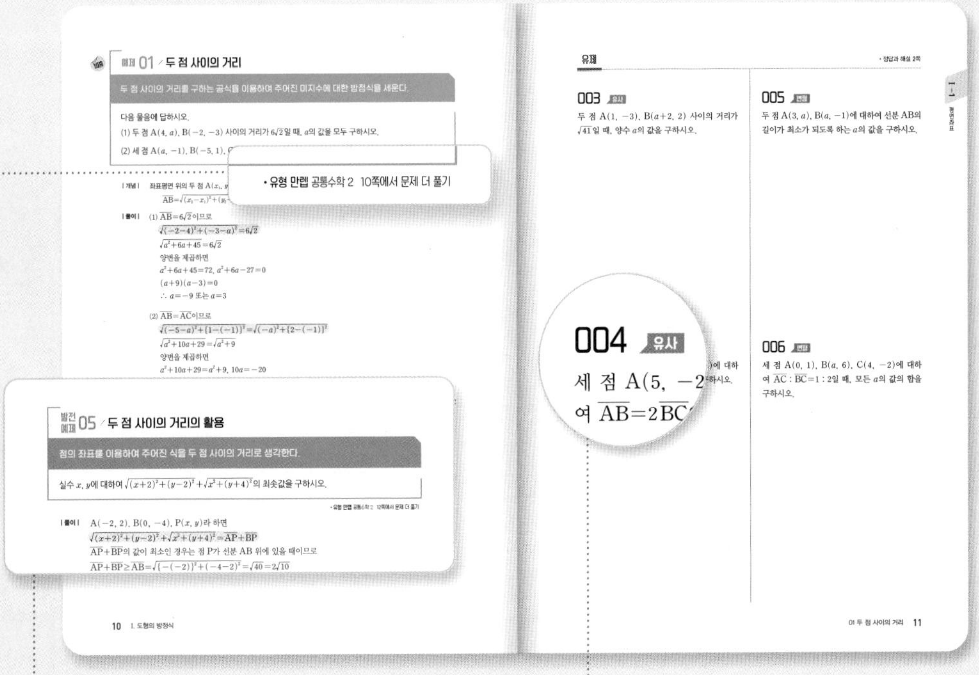

✓ 핵심 개념, 공식을 제공한 '**키워드 개념**'을 통해 예제를 쉽게 해결할 수 있습니다.

✓ 예제를 충분히 학습한 후 **발전 예제**를 풀어 수준별로 실력을 쌓을 수 있습니다.

- 예제별로 더 많은 유형 문제를 『유형 만렙』 교재에서 풀어볼 수 있게 『유형 만렙』 쪽수를 제시합니다.
- **| 개념 |**을 제시하여 배운 내용을 다시 짚어 보게 하고, **| 다른 풀이 |**, TIP 을 제공하여 다양한 사고를 하는 데 도움을 줍니다.

✓ 예제에 대한 쌍둥이 문제를 **유사** 에서 풀어 확인하고, 조건을 바꾼 문제를 **변형** 에서 풀어 익힐 수 있습니다.

- 교과서에 실려 있는 문제의 유사 문제를 교과서로 다루었습니다.
- 수능 및 모평·학평 기출 문제를 수능, 평가원, 교육청으로 다루었습니다.

Structure 구성과 특징

03 개념 확장

빈틈없는 구성으로 내신도 대비하자!

내신 빈출 문제를 풀고,
내신 심화 개념까지 익혀 실력을 완성하세요!

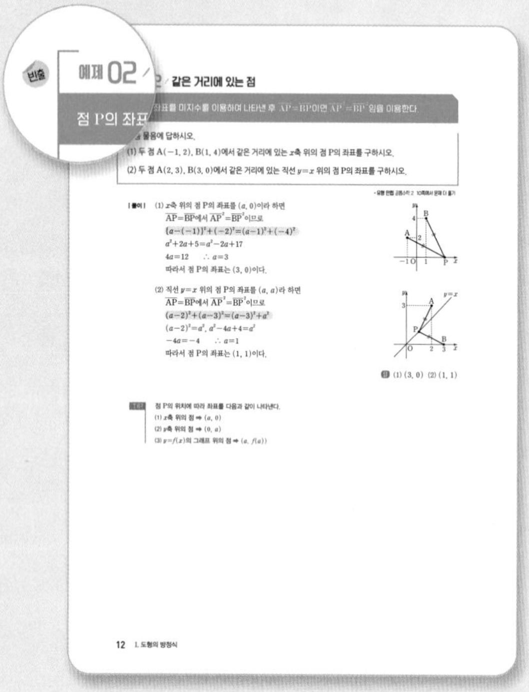

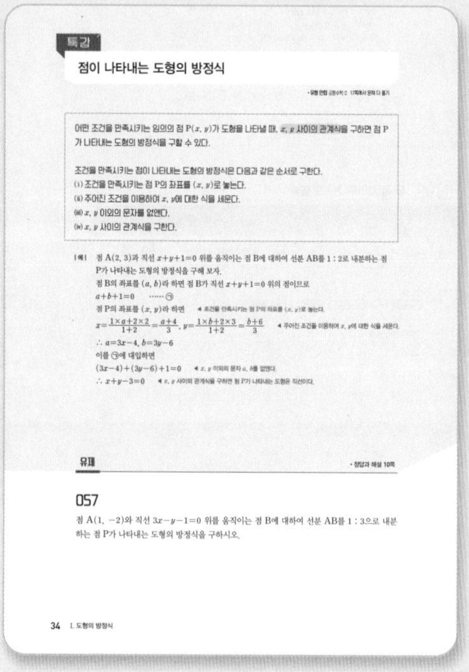

☑ 최근 3개년 전국 내신 기출 문제 분석을 통해 시험에 잘 나오는 문제를 '빈출'로 수록하여 최신 내신 기출 경향을 파악할 수 있습니다.

☑ 교육과정에서 다루지 않더라도 실전 개념 이해에 도움이 되거나 문제를 쉽게 해결할 수 있게 해주는 내용을 수록하였습니다. 또 관련 유제를 수록하여 빈틈없이 개념 학습을 마무리할 수 있습니다.

마무리

수준별 3단계 문제로 단원을 마무리하자!

수준별 다양한 문제와 중요 **기출 문제**를 풀어
문제 해결력을 키우고, 내신 1등급에 도전하세요!

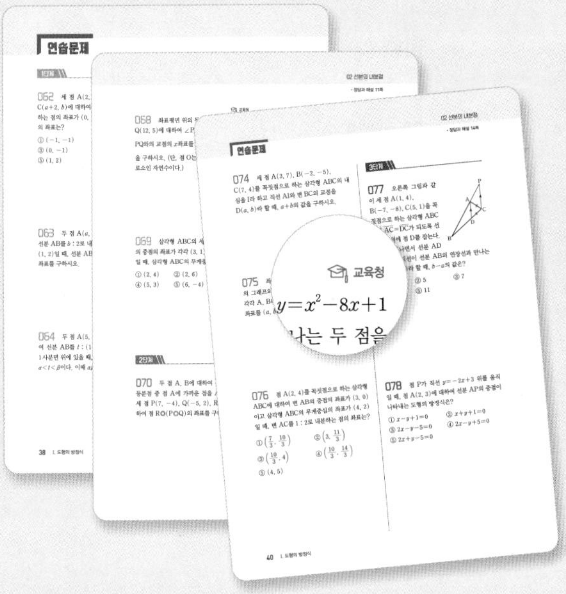

☑ 단원별 1단계, 2단계, 3단계의 수준별 문제, 중요 기출 문제, 서·논술형 문제를 풀어 1등급으로 갈 수 있는 실력을 완성합니다.

- 교과서 유사 문제, 교육청, 평가원, 수능 기출 문제의 동일 문제를 풀어 단원을 마무리합니다.

정답과 해설

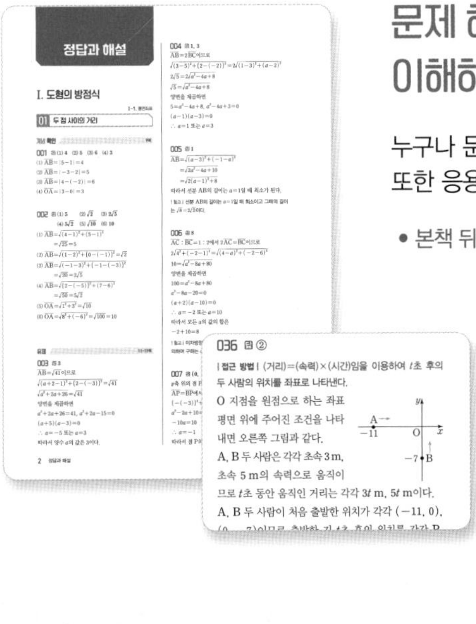

문제 해결을 돕는 접근 장치, 이해하기 쉬운 자세한 풀이 수록!

누구나 문제의 풀이를 쉽게 이해할 수 있도록 자세히 설명하였습니다.
또한 응용 문제에는 문제 해석에 도움이 되도록 **| 접근 방법 |**을 제시하였습니다.

- 본책 뒤에 제공되는 「빠른 정답」을 이용하여 답을 빠르게 확인할 수 있습니다.

Contents 차례

I. 도형의 방정식

1

평면좌표

1 두 점 사이의 거리

개념 01 수직선 위의 두 점 사이의 거리

수직선 위의 두 점 $A(x_1)$, $B(x_2)$ 사이의 거리 $\overline{AB}$는

$\overline{AB}=|x_2-x_1|$

특히 수직선 위의 원점 O와 점 $A(x_1)$ 사이의 거리 $\overline{OA}$는

$\overline{OA}=|x_1|$

| 증명 | 수직선 위의 두 점 사이의 거리를 구하는 공식의 유도

수직선 위의 두 점 $A(x_1)$, $B(x_2)$ 사이의 거리 $\overline{AB}$는

$x_1\le x_2$일 때, $\overline{AB}=x_2-x_1$

$x_1>x_2$일 때, $\overline{AB}=x_1-x_2$

$\therefore\ \overline{AB}=|x_2-x_1|$

특히 원점 O와 점 $A(x_1)$ 사이의 거리 $\overline{OA}$는

$\overline{OA}=|x_1-0|=|x_1|$

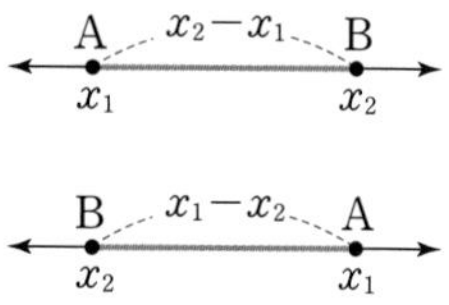

| 참고 | $|x_2-x_1|=|x_1-x_2|$이므로 빼는 순서는 바꾸어도 상관없다.

| 예 | 두 점 $A(-1)$, $B(-3)$ 사이의 거리는

$\overline{AB}=|-3-(-1)|=|-2|=2$

개념 02 좌표평면 위의 두 점 사이의 거리

예제 01~06

좌표평면 위의 두 점 $A(x_1, y_1)$, $B(x_2, y_2)$ 사이의 거리 $\overline{AB}$는

$\overline{AB}=\sqrt{(x_2-x_1)^2+(y_2-y_1)^2}$

특히 좌표평면 위의 원점 O와 점 $A(x_1, y_1)$ 사이의 거리 $\overline{OA}$는

$\overline{OA}=\sqrt{x_1^2+y_1^2}$

| 증명 | 좌표평면 위의 두 점 사이의 거리를 구하는 공식의 유도

좌표평면 위의 두 점 $A(x_1, y_1)$, $B(x_2, y_2)$ 사이의 거리 $\overline{AB}$를 구해 보자.

오른쪽 그림과 같이 점 A를 지나고 x축에 평행한 직선과 점 B를 지나고 y축에 평행한 직선의 교점을 C라 하면 점 C의 좌표는 (x_2, y_1)이므로

$\overline{AC}=|x_2-x_1|$, $\overline{BC}=|y_2-y_1|$

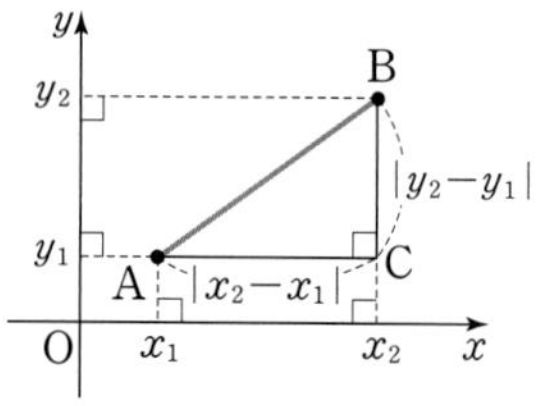

이때 삼각형 ABC는 $\overline{AB}$를 빗변으로 하는 직각삼각형이므로 피타고라스 정리에 의하여

직각을 낀 두 변의 길이를 각각 a, b라 하고 빗변의 길이를 c라 하면 $a^2+b^2=c^2$

$$\overline{AB}^2=\overline{AC}^2+\overline{BC}^2$$
$$=|x_2-x_1|^2+|y_2-y_1|^2$$
$$=(x_2-x_1)^2+(y_2-y_1)^2$$
$$\therefore \overline{AB}=\sqrt{(x_2-x_1)^2+(y_2-y_1)^2}$$

특히 원점 O와 점 $A(x_1, y_1)$ 사이의 거리 $\overline{OA}$는

$$\overline{OA}=\sqrt{(x_1-0)^2+(y_1-0)^2}=\sqrt{x_1^2+y_1^2}$$

| 참고 | $(x_2-x_1)^2=(x_1-x_2)^2$, $(y_2-y_1)^2=(y_1-y_2)^2$이므로 빼는 순서는 바꾸어도 상관없다.

| 예 | 두 점 $A(-1, 3)$, $B(0, 1)$ 사이의 거리는
$\overline{AB}=\sqrt{\{0-(-1)\}^2+(1-3)^2}=\sqrt{5}$

개념 확인

• 정답과 해설 2쪽

개념 01

001 다음 수직선 위의 두 점 사이의 거리를 구하시오.

(1) $A(1)$, $B(5)$

(2) $A(2)$, $B(-3)$

(3) $A(-2)$, $B(4)$

(4) $O(0)$, $A(3)$

개념 02

002 다음 좌표평면 위의 두 점 사이의 거리를 구하시오.

(1) $A(1, 1)$, $B(4, 5)$

(2) $A(2, -1)$, $B(1, 0)$

(3) $A(3, -3)$, $B(-1, -1)$

(4) $A(-5, 6)$, $B(2, 7)$

(5) $O(0, 0)$, $A(1, 3)$

(6) $O(0, 0)$, $A(8, -6)$

빈출

예제 01 / 두 점 사이의 거리

두 점 사이의 거리를 구하는 공식을 이용하여 주어진 미지수에 대한 방정식을 세운다.

다음 물음에 답하시오.

(1) 두 점 $A(4, a)$, $B(-2, -3)$ 사이의 거리가 $6\sqrt{2}$일 때, a의 값을 모두 구하시오.

(2) 세 점 $A(a, -1)$, $B(-5, 1)$, $C(0, 2)$에 대하여 $\overline{AB}=\overline{AC}$일 때, a의 값을 구하시오.

• 유형 만렙 공통수학 2 10쪽에서 문제 더 풀기

| 개념 | 좌표평면 위의 두 점 $A(x_1, y_1)$, $B(x_2, y_2)$ 사이의 거리 $\overline{AB}$는

$\overline{AB}=\sqrt{(x_2-x_1)^2+(y_2-y_1)^2}$

| 풀이 | (1) $\overline{AB}=6\sqrt{2}$이므로

$\sqrt{(-2-4)^2+(-3-a)^2}=6\sqrt{2}$

$\sqrt{a^2+6a+45}=6\sqrt{2}$

양변을 제곱하면

$a^2+6a+45=72$, $a^2+6a-27=0$

$(a+9)(a-3)=0$

$\therefore a=-9$ 또는 $a=3$

(2) $\overline{AB}=\overline{AC}$이므로

$\sqrt{(-5-a)^2+\{1-(-1)\}^2}=\sqrt{(-a)^2+\{2-(-1)\}^2}$

$\sqrt{a^2+10a+29}=\sqrt{a^2+9}$

양변을 제곱하면

$a^2+10a+29=a^2+9$, $10a=-20$

$\therefore a=-2$

답 (1) -9, 3 (2) -2

003 유사

두 점 A(1, -3), B($a+2$, 2) 사이의 거리가 $\sqrt{41}$일 때, 양수 a의 값을 구하시오.

004 유사

세 점 A(5, -2), B(3, 2), C(1, a)에 대하여 $\overline{AB}=2\overline{BC}$일 때, a의 값을 모두 구하시오.

005 변형

두 점 A(3, a), B(a, -1)에 대하여 선분 AB의 길이가 최소가 되도록 하는 a의 값을 구하시오.

006 변형

세 점 A(0, 1), B(a, 6), C(4, -2)에 대하여 $\overline{AC}:\overline{BC}=1:2$일 때, 모든 a의 값의 합을 구하시오.

빈출

예제 02 / 같은 거리에 있는 점

점 P의 좌표를 미지수를 이용하여 나타낸 후 $\overline{AP}=\overline{BP}$이면 $\overline{AP}^2=\overline{BP}^2$임을 이용한다.

다음 물음에 답하시오.

(1) 두 점 $A(-1, 2)$, $B(1, 4)$에서 같은 거리에 있는 x축 위의 점 P의 좌표를 구하시오.

(2) 두 점 $A(2, 3)$, $B(3, 0)$에서 같은 거리에 있는 직선 $y=x$ 위의 점 P의 좌표를 구하시오.

• 유형 만렙 공통수학 2 10쪽에서 문제 더 풀기

| 풀이 | (1) x축 위의 점 P의 좌표를 $(a, 0)$이라 하면

$\overline{AP}=\overline{BP}$에서 $\overline{AP}^2=\overline{BP}^2$이므로

$\{a-(-1)\}^2+(-2)^2=(a-1)^2+(-4)^2$

$a^2+2a+5=a^2-2a+17$

$4a=12 \qquad \therefore a=3$

따라서 점 P의 좌표는 $(3, 0)$이다.

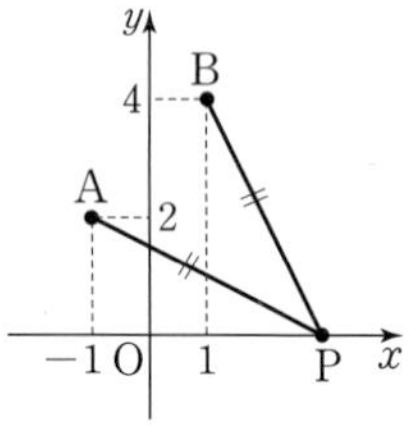

(2) 직선 $y=x$ 위의 점 P의 좌표를 (a, a)라 하면

$\overline{AP}=\overline{BP}$에서 $\overline{AP}^2=\overline{BP}^2$이므로

$(a-2)^2+(a-3)^2=(a-3)^2+a^2$

$(a-2)^2=a^2$, $a^2-4a+4=a^2$

$-4a=-4 \qquad \therefore a=1$

따라서 점 P의 좌표는 $(1, 1)$이다.

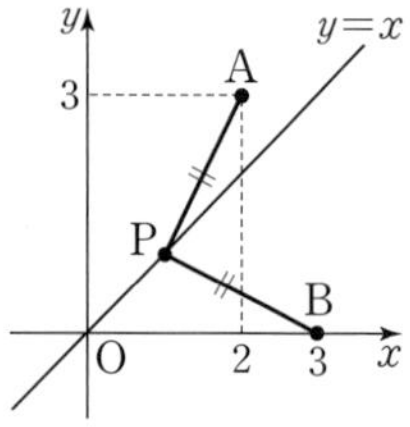

답 (1) $(3, 0)$ (2) $(1, 1)$

TIP 점 P의 위치에 따라 좌표를 다음과 같이 나타낸다.

(1) x축 위의 점 ➡ $(a, 0)$

(2) y축 위의 점 ➡ $(0, a)$

(3) $y=f(x)$의 그래프 위의 점 ➡ $(a, f(a))$

유제

• 정답과 해설 2쪽

007 유사

두 점 $A(-3, 1)$, $B(2, -4)$에서 같은 거리에 있는 y축 위의 점 P의 좌표를 구하시오.

008 유사

두 점 $A(-2, -1)$, $B(1, 6)$에서 같은 거리에 있는 직선 $y=x-2$ 위의 점 P의 좌표를 구하시오.

009 변형

두 점 $A(-1, 1)$, $B(1, -3)$에서 같은 거리에 있는 x축 위의 점을 P, y축 위의 점을 Q라 할 때, 선분 PQ의 길이를 구하시오.

010 변형

두 점 $A(-2, -1)$, $B(3, 4)$에서 같은 거리에 있는 점 $P(a, b)$가 직선 $y=-2x+1$ 위의 점일 때, $a+b$의 값을 구하시오.

빈출

예제 03 / 세 변의 길이에 따른 삼각형의 모양 판단

삼각형의 세 변의 길이를 구하여 세 변의 길이 사이의 관계를 파악한다.

다음 세 점을 꼭짓점으로 하는 삼각형 ABC는 어떤 삼각형인지 말하시오.

(1) $\mathrm{A}(-1, 1)$, $\mathrm{B}(5, -1)$, $\mathrm{C}(6, 2)$

(2) $\mathrm{A}(2, 0)$, $\mathrm{B}(-2, 4)$, $\mathrm{C}(3, 5)$

• 유형 만렙 공통수학 2 11쪽에서 문제 더 풀기

| 풀이 | (1) 삼각형 ABC의 세 변 AB, BC, CA의 길이를 구하면

$\overline{\mathrm{AB}}=\sqrt{\{5-(-1)\}^2+(-1-1)^2}=\sqrt{40}=2\sqrt{10}$

$\overline{\mathrm{BC}}=\sqrt{(6-5)^2+\{2-(-1)\}^2}=\sqrt{10}$

$\overline{\mathrm{CA}}=\sqrt{(-1-6)^2+(1-2)^2}=\sqrt{50}=5\sqrt{2}$

$\overline{\mathrm{AB}}^2=40$, $\overline{\mathrm{BC}}^2=10$, $\overline{\mathrm{CA}}^2=50$이므로

$\overline{\mathrm{AB}}^2+\overline{\mathrm{BC}}^2=\overline{\mathrm{CA}}^2$

따라서 삼각형 ABC는 $\angle \mathrm{B}=90^\circ$인 직각삼각형이다.

(2) 삼각형 ABC의 세 변 AB, BC, CA의 길이를 구하면

$\overline{\mathrm{AB}}=\sqrt{(-2-2)^2+4^2}=\sqrt{32}=4\sqrt{2}$

$\overline{\mathrm{BC}}=\sqrt{\{3-(-2)\}^2+(5-4)^2}=\sqrt{26}$

$\overline{\mathrm{CA}}=\sqrt{(2-3)^2+(-5)^2}=\sqrt{26}$

$\therefore \overline{\mathrm{BC}}=\overline{\mathrm{CA}}$

따라서 삼각형 ABC는 $\overline{\mathrm{BC}}=\overline{\mathrm{CA}}$인 이등변삼각형이다.

답 (1) $\angle \mathrm{B}=90^\circ$인 직각삼각형 (2) $\overline{\mathrm{BC}}=\overline{\mathrm{CA}}$인 이등변삼각형

TIP 삼각형 ABC의 모양은 다음과 같다.

(1) $\overline{\mathrm{AB}}=\overline{\mathrm{BC}}=\overline{\mathrm{CA}}$ ➡ 정삼각형

(2) $\overline{\mathrm{AB}}^2+\overline{\mathrm{BC}}^2=\overline{\mathrm{CA}}^2$ ➡ $\angle \mathrm{B}=90^\circ$인 직각삼각형

(3) $\overline{\mathrm{AB}}=\overline{\mathrm{BC}}$ 또는 $\overline{\mathrm{BC}}=\overline{\mathrm{CA}}$ 또는 $\overline{\mathrm{CA}}=\overline{\mathrm{AB}}$ ➡ 이등변삼각형

011 유사

세 점 $A(-\sqrt{3}, 1)$, $B(0, 4)$, $C(\sqrt{3}, 1)$을 꼭짓점으로 하는 삼각형 ABC는 어떤 삼각형인지 말하시오.

012 유사

교과서

세 점 $A(1, 1)$, $B(-3, -2)$, $C(4, -3)$을 꼭짓점으로 하는 삼각형 ABC는 어떤 삼각형인지 말하시오.

013 변형

세 점 $A(3, 1)$, $B(\sqrt{3}, a)$, $C(-3, -1)$을 꼭짓점으로 하는 삼각형 ABC가 정삼각형일 때, a의 값을 구하시오.

014 변형

세 점 $A(2, 5)$, $B(5, 0)$, $C(a, 4)$를 꼭짓점으로 하는 삼각형 ABC가 $\angle C=90°$인 직각삼각형이 되도록 하는 a의 값을 모두 구하시오.

예제 04 / 거리의 제곱의 합의 최솟값

점 P의 좌표를 미지수 a를 이용하여 나타낸 후 $\overline{AP}^2+\overline{BP}^2$을 a에 대한 이차식으로 나타낸다.

두 점 A(0, −2), B(4, 1)과 x축 위의 점 P에 대하여 $\overline{AP}^2+\overline{BP}^2$의 최솟값과 그때의 점 P의 좌표를 차례대로 구하시오.

• 유형 만렙 공통수학 2 12쪽에서 문제 더 풀기

| 풀이 | x축 위의 점 P의 좌표를 $(a, 0)$이라 하면

$$\overline{AP}^2+\overline{BP}^2=a^2+\{-(-2)\}^2+(a-4)^2+(-1)^2$$
$$=2a^2-8a+21$$
$$=2(a-2)^2+13$$

따라서 $\overline{AP}^2+\overline{BP}^2$은 $a=2$일 때 최솟값 13을 갖고, 그때의 점 P의 좌표는 (2, 0)이다.

답 13, (2, 0)

TIP 이차함수 $y=a(x-p)^2+q$에서
(1) $a>0$이면 $x=p$일 때 최솟값 q를 갖는다.
(2) $a<0$이면 $x=p$일 때 최댓값 q를 갖는다.

발전 예제 05 / 두 점 사이의 거리의 활용

점의 좌표를 이용하여 주어진 식을 두 점 사이의 거리로 생각한다.

실수 x, y에 대하여 $\sqrt{(x+2)^2+(y-2)^2}+\sqrt{x^2+(y+4)^2}$의 최솟값을 구하시오.

• 유형 만렙 공통수학 2 12쪽에서 문제 더 풀기

| 풀이 | $A(-2, 2)$, $B(0, -4)$, $P(x, y)$라 하면

$$\sqrt{(x+2)^2+(y-2)^2}+\sqrt{x^2+(y+4)^2}=\overline{AP}+\overline{BP}$$

$\overline{AP}+\overline{BP}$의 값이 최소인 경우는 점 P가 선분 AB 위에 있을 때이므로

$$\overline{AP}+\overline{BP}\ge\overline{AB}=\sqrt{\{-(-2)\}^2+(-4-2)^2}=\sqrt{40}=2\sqrt{10}$$

따라서 구하는 최솟값은 $2\sqrt{10}$이다.

답 $2\sqrt{10}$

TIP 두 점 A, B와 임의의 점 P에 대하여 $\overline{AP}+\overline{BP}$의 값이 최소인 경우는 점 P가 선분 AB 위에 있을 때이다.
➡ $\overline{AP}+\overline{BP}\ge\overline{AB}$

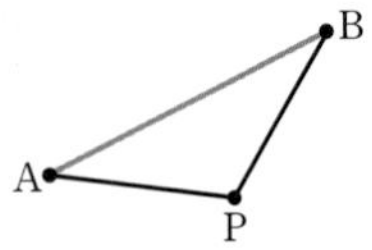

015 예제 04 유사

두 점 $A(-6,\ 2)$, $B(5,\ -4)$와 y축 위의 점 P에 대하여 $\overline{AP}^2+\overline{BP}^2$의 최솟값과 그때의 점 P의 좌표를 차례대로 구하시오.

016 예제 05 유사

실수 x, y에 대하여

$$\sqrt{(x+5)^2+(y+2)^2}+\sqrt{(x-1)^2+(y-2)^2}$$

의 최솟값을 구하시오.

017 예제 04 변형

두 점 $A(1,\ 5)$, $B(-2,\ 0)$과 직선 $y=x$ 위의 점 P에 대하여 $\overline{AP}^2+\overline{BP}^2$의 값이 최소가 되도록 하는 점 P의 좌표를 구하시오.

018 예제 05 변형

실수 x, y에 대하여

$$\sqrt{x^2+y^2}+\sqrt{x^2+y^2-2x+4y+5}$$

의 최솟값을 구하시오.

예제 06 / 좌표를 이용한 도형의 성질

도형을 좌표평면 위에 나타낸 후 꼭짓점의 좌표를 이용하여 변의 길이를 구한다.

삼각형 ABC에서 변 BC의 중점을 M이라 할 때,

$$\overline{AB}^2+\overline{AC}^2=2(\overline{AM}^2+\overline{BM}^2)$$

이 성립함을 좌표평면을 이용하여 증명하시오.

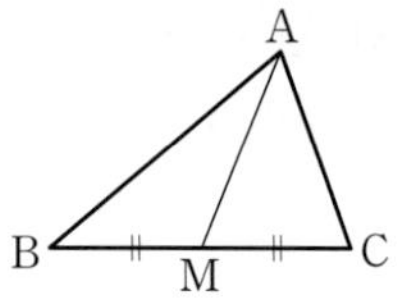

• 유형 만렙 공통수학 2 13쪽에서 문제 더 풀기

| 풀이 | 오른쪽 그림과 같이 직선 BC를 x축, 점 M을 지나고 직선 BC에 수직인 직선을 y축으로 하는 좌표평면을 잡으면 점 M은 원점이 된다.

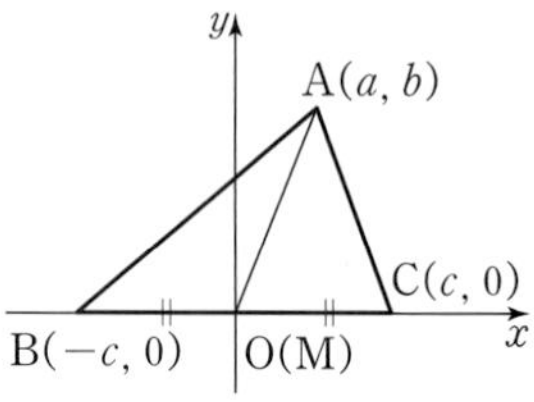

$A(a, b)$, $C(c, 0)$이라 하면 $B(-c, 0)$이므로

$\overline{AB}^2=(-c-a)^2+(-b)^2=a^2+2ac+c^2+b^2$

$\overline{AC}^2=(c-a)^2+(-b)^2=a^2-2ac+c^2+b^2$

$\overline{AM}^2=a^2+b^2$

$\overline{BM}^2=(-c)^2=c^2$

따라서 $\overline{AB}^2+\overline{AC}^2=2(a^2+b^2+c^2)$, $\overline{AM}^2+\overline{BM}^2=a^2+b^2+c^2$이므로

$\overline{AB}^2+\overline{AC}^2=2(\overline{AM}^2+\overline{BM}^2)$

답 풀이 참조

TIP **파푸스 정리(중선 정리)**

삼각형 ABC에서 $\overline{BM}=\overline{CM}$일 때,

$$\overline{AB}^2+\overline{AC}^2=2(\overline{AM}^2+\overline{BM}^2)$$

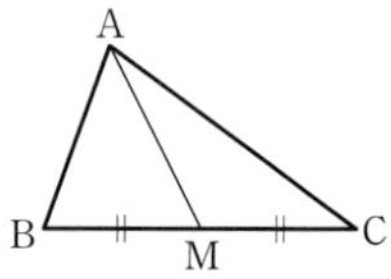

019 유사

삼각형 ABC에서 변 BC 위의 점 D에 대하여 $2\overline{BD}=\overline{CD}$일 때,

$$2\overline{AB}^2+\overline{AC}^2=3(\overline{AD}^2+2\overline{BD}^2)$$

이 성립함을 좌표평면을 이용하여 증명하시오.

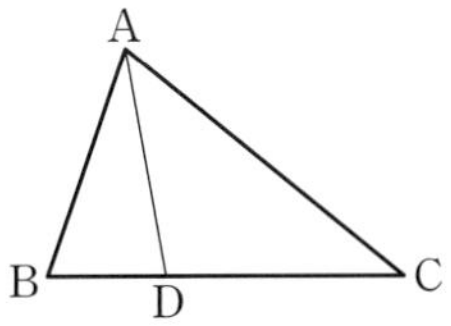

020 변형

직사각형 ABCD와 임의의 한 점 P에 대하여

$$\overline{AP}^2+\overline{CP}^2=\overline{BP}^2+\overline{DP}^2$$

이 성립함을 좌표평면을 이용하여 증명하시오.

021 변형

다음은 삼각형 ABC에서 변 BC를 삼등분한 점을 각각 D, E라 할 때,

$$\overline{AB}^2+\overline{AC}^2=\overline{AD}^2+\overline{AE}^2+4\overline{DE}^2$$

이 성립함을 증명하는 과정이다. (가)~(라)에 들어갈 알맞은 것을 구하시오.

다음 그림과 같이 직선 BC를 x축, 점 E를 지나고 직선 BC에 수직인 직선을 y축으로 하는 좌표평면을 잡으면 점 E는 원점이 된다.

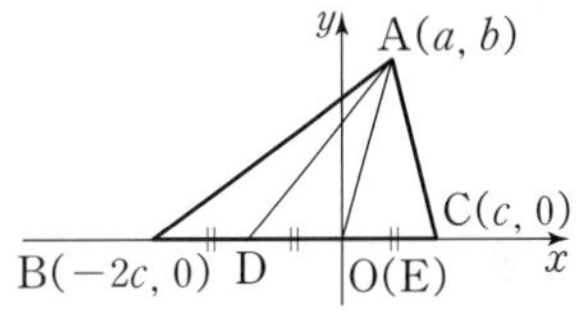

$A(a, b)$, $C(c, 0)$이라 하면 $B(-2c, 0)$,

$D($ (가) $, 0)$이므로

$\overline{AB}^2=(a+2c)^2+$ (나)

$\overline{AC}^2=(a-c)^2+$ (나)

$\overline{AD}^2=(a+c)^2+b^2$

$\overline{AE}^2=$ (다)

$\overline{DE}^2=$ (라)

$\therefore \overline{AB}^2+\overline{AC}^2=\overline{AD}^2+\overline{AE}^2+4\overline{DE}^2$

연습문제

1단계

022 두 점 $A(a+1, a-1)$, $B(3, -2)$ 사이의 거리가 3이 되도록 하는 모든 a의 값의 합은?

① 0 ② 1 ③ 2
④ 3 ⑤ 4

교육청

023 좌표평면 위에 두 점 $A(2t, -3)$, $B(-1, 2t)$가 있다. 선분 AB의 길이를 l이라 할 때, 실수 t에 대하여 l^2의 최솟값을 구하시오.

024 세 점 $A(1, -1)$, $B(2, 1)$, $C(a, 3)$에 대하여 $\overline{AC}=2\overline{BC}$를 만족시키는 모든 a의 값의 곱을 구하시오.

025 두 점 $A(-1, 2)$, $B(-4, 5)$와 직선 $3x-y+2=0$ 위의 점 $P(a, b)$에 대하여 $\overline{AP}=\overline{BP}$일 때, ab의 값은?

① 8 ② 10 ③ 12
④ 14 ⑤ 16

026 두 점 $A(-2, 0)$, $B(0, 6)$에서 같은 거리에 있는 x축 위의 점을 C라 할 때, 삼각형 ABC의 넓이를 구하시오.

027 세 점 $A(3, 1)$, $B(-1, -2)$, $C(1, 2)$를 꼭짓점으로 하는 삼각형 ABC는 어떤 삼각형인가?

① 정삼각형
② $\overline{AB}=\overline{BC}$인 이등변삼각형
③ $\angle A=90°$인 직각삼각형
④ $\angle C=90°$인 직각삼각형
⑤ $\angle C>90°$인 둔각삼각형

• 정답과 해설 5쪽

서술형

028 두 점 A$(-4, 1)$, B$(3, -2)$와 직선 $y=x-1$ 위의 점 P에 대하여 $\overline{AP}^2+\overline{BP}^2$의 최솟값을 구하시오.

2단계

029 세 꼭짓점이 A$(-1, 3)$, B$(-3, 0)$, C$(1, k)$인 평행사변형 ABCD의 둘레의 길이가 $6\sqrt{13}$일 때, 음수 k의 값을 구하시오.

교과서

030 세 점 A$(2, 3)$, B$(1, 0)$, C$(5, 4)$를 꼭짓점으로 하는 삼각형 ABC의 외심 P의 좌표는?

① $\left(-\frac{9}{2}, -1\right)$ ② $\left(-4, -\frac{1}{2}\right)$
③ $\left(\frac{1}{2}, \frac{7}{3}\right)$ ④ $\left(\frac{9}{2}, \frac{1}{2}\right)$
⑤ $(5, -1)$

031 오른쪽 그림과 같이 좌표평면 위의 세 점 A$(0, a)$, B$(-3, 0)$, C$(1, 0)$을 꼭짓점으로 하는 삼각형 ABC가 있다. $\angle$ABC의 이등분선이 선분 AC를 수직이등분할 때, 양수 a의 값은?

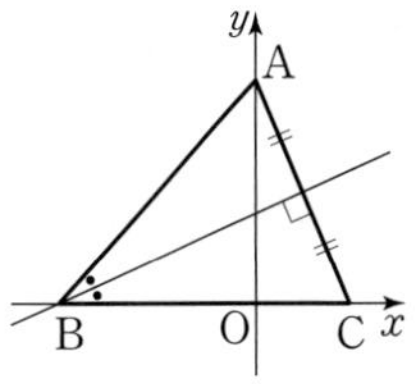

① $\sqrt{5}$ ② $\sqrt{6}$ ③ $\sqrt{7}$
④ $2\sqrt{2}$ ⑤ 3

032 세 점 A$(2, 0)$, B$(3, 2)$, C$(4, k-1)$을 꼭짓점으로 하는 삼각형 ABC가 이등변삼각형일 때, 모든 양수 k의 값의 합을 구하시오.

서술형

033 세 점 A$(-6, -5)$, B$(4, -1)$, C$(2, 3)$과 임의의 점 P에 대하여 $\overline{AP}^2+\overline{BP}^2+\overline{CP}^2$의 값이 최소가 되도록 하는 점 P의 좌표를 구하시오.

연습문제

• 정답과 해설 7쪽

034 다음은 평행사변형 ABCD의 두 대각선 AC, BD에 대하여

$$\overline{AC}^2+\overline{BD}^2=2(\overline{AB}^2+\overline{BC}^2)$$

이 성립함을 증명하는 과정이다. (가), (나), (다)에 들어갈 알맞은 것을 구하시오.

> 오른쪽 그림과 같이 직선 BC를 x축, 점 B를 지나고 직선 BC에 수직인 직선을 y축으로 하는 좌표평면을 잡으면 점 B는 원점이 된다.
>
> 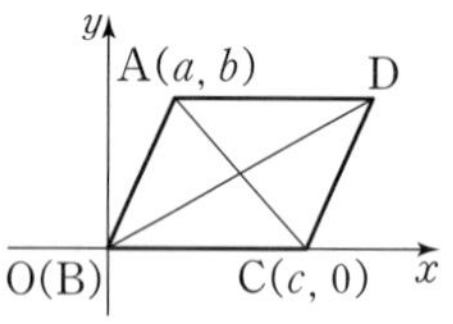
>
>
> $A(a, b)$, $C(c, 0)$이라 하면
>
> D((가) , b)
>
> $\therefore \overline{AC}^2+\overline{BD}^2=$ (나)
>
> $\quad \overline{AB}^2+\overline{BC}^2=$ (다)
>
> $\therefore \overline{AC}^2+\overline{BD}^2=2(\overline{AB}^2+\overline{BC}^2)$

3단계

교육청

035 그림과 같이 x축 위의 네 점 A_1, A_2, A_3, A_4에 대하여 $\overline{OA_1}$, $\overline{A_1A_2}$, $\overline{A_2A_3}$, $\overline{A_3A_4}$를 각각 한 변으로 하는 정사각형 $OA_1B_1C_1$, $A_1A_2B_2C_2$, $A_2A_3B_3C_3$, $A_3A_4B_4C_4$가 있다. 점 B_4의 좌표가 $(30, 18)$이고 정사각형 $OA_1B_1C_1$, $A_1A_2B_2C_2$, $A_2A_3B_3C_3$의 넓이의 비가 $1:4:9$일 때, $\overline{B_1B_3}^2$의 값을 구하시오.

(단, O는 원점이다.)

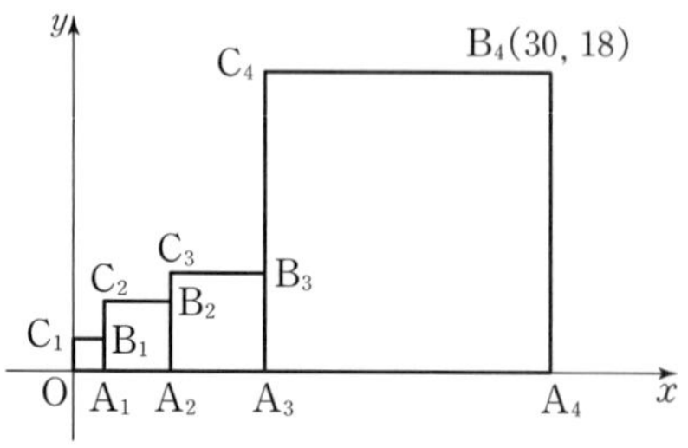

036 다음 그림과 같이 동서, 남북 방향의 두 개의 길이 O 지점에서 교차하고 있다. A, B 두 사람이 O 지점으로부터 각각 서쪽으로 11 m, 남쪽으로 7 m 떨어진 지점에서 동시에 출발하여 각각 동쪽 방향으로 초속 3 m, 북쪽 방향으로 초속 5 m의 속력으로 뛰어가고 있다. 이 두 사람이 가장 가까이 있을 때의 거리는?

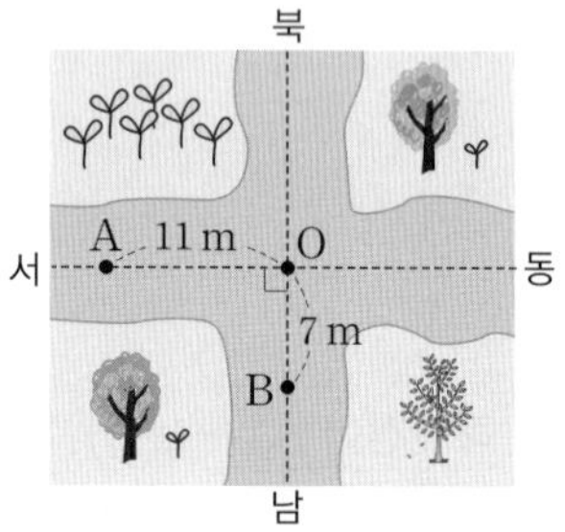

① $4\sqrt{2}$ m ② $\sqrt{34}$ m ③ 6 m
④ $\sqrt{38}$ m ⑤ $2\sqrt{10}$ m

037 실수 x, y에 대하여

$$\sqrt{(x-3)^2+y^2}+\sqrt{x^2+(y-k)^2}$$

의 최솟값이 5일 때, 양수 k의 값은?

① 2 ② 3 ③ 4
④ 5 ⑤ 6

1 선분의 내분점

개념 01 선분의 내분과 내분점

선분 AB 위의 점 P에 대하여

$\overline{AP} : \overline{PB} = m : n \ (m>0, n>0)$

일 때, 점 P는 선분 AB를 $m : n$으로 **내분**한다고 하고, 점 P를 선분 AB의 **내분점**이라 한다.

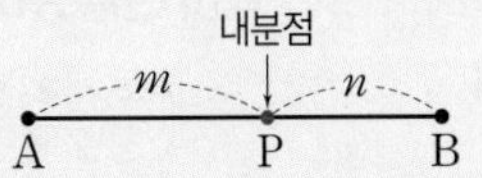

| 참고 | $m \neq n$일 때, 선분 AB를 $m : n$으로 내분하는 점과 선분 BA를 $m : n$으로 내분하는 점은 다르다.

개념 02 수직선 위의 선분의 내분점

수직선 위의 두 점 $A(x_1)$, $B(x_2)$에 대하여 선분 AB를 $m : n \ (m>0, n>0)$으로 내분하는 점의 좌표는

$$\frac{mx_2+nx_1}{m+n}$$

◀ 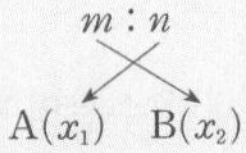

대각선 방향으로 곱하여 더한다.

특히 선분 AB의 중점의 좌표는

$$\frac{x_1+x_2}{2}$$

◀ 선분 AB를 1 : 1로 내분하는 점

| 증명 | 수직선 위의 선분의 내분점의 좌표를 구하는 공식의 유도

수직선 위의 두 점 $A(x_1)$, $B(x_2)$에 대하여 선분 AB를 $m : n \ (m>0, n>0)$으로 내분하는 점 $P(x)$를 구해 보자.

(i) $x_1 < x_2$일 때

오른쪽 그림에서

$\overline{AP} = x - x_1$, $\overline{PB} = x_2 - x$

$\overline{AP} : \overline{PB} = m : n$이므로

$(x-x_1) : (x_2-x) = m : n$

$\therefore x = \frac{mx_2+nx_1}{m+n}$

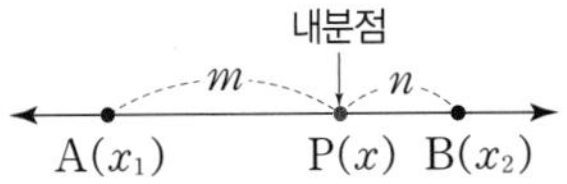

(ii) $x_1 > x_2$일 때도 같은 방법으로 하면

$x = \frac{mx_2+nx_1}{m+n}$

(i), (ii)에서 $P\left(\frac{mx_2+nx_1}{m+n}\right)$

이때 선분 AB의 중점은 $m=n$일 때이므로 중점 M의 좌표는

$M\left(\frac{m(x_2+x_1)}{2m}\right) \qquad \therefore M\left(\frac{x_1+x_2}{2}\right)$

개념 03 좌표평면 위의 선분의 내분점

예제 01~05

좌표평면 위의 두 점 $A(x_1, y_1)$, $B(x_2, y_2)$에 대하여 선분 AB를 $m : n (m>0, n>0)$으로 내분하는 점의 좌표는

$$\left(\frac{mx_2+nx_1}{m+n}, \frac{my_2+ny_1}{m+n}\right)$$

특히 선분 AB의 중점의 좌표는

$$\left(\frac{x_1+x_2}{2}, \frac{y_1+y_2}{2}\right)$$

| 증명 | 좌표평면 위의 선분의 내분점의 좌표를 구하는 공식의 유도

좌표평면 위의 두 점 $A(x_1, y_1)$, $B(x_2, y_2)$에 대하여 선분 AB를 $m : n (m>0, n>0)$으로 내분하는 점 $P(x, y)$를 구해 보자.

오른쪽 그림과 같이 세 점 A, P, B에서 x축에 내린 수선의 발을 각각 A′, P′, B′이라 하면 평행선 사이의 선분의 길이의 비에 의하여

└ $p /\!/ q /\!/ r$이면 $a : b = a' : b'$

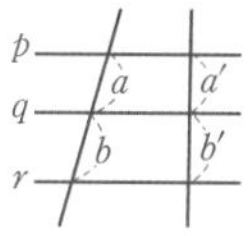

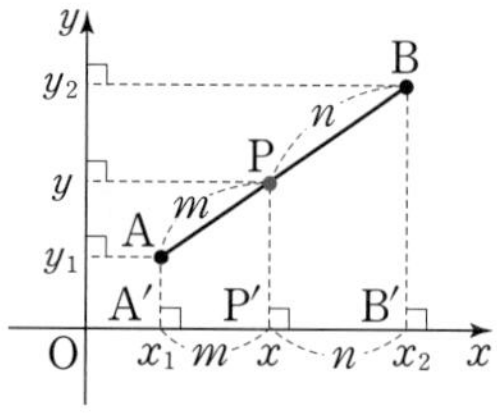

$$\overline{A'P'} : \overline{P'B'} = \overline{AP} : \overline{PB} = m : n$$

이므로 점 P′은 선분 A′B′을 $m : n$으로 내분하는 점이다.

$$\therefore x = \frac{mx_2+nx_1}{m+n}$$

같은 방법으로 세 점 A, P, B에서 y축에 내린 수선의 발을 이용하여 점 P의 y좌표를 구하면

$$y = \frac{my_2+ny_1}{m+n}$$

$$\therefore P\left(\frac{mx_2+nx_1}{m+n}, \frac{my_2+ny_1}{m+n}\right)$$

이때 선분 AB의 중점은 $m=n$일 때이므로 중점 M의 좌표는

$$M\left(\frac{m(x_2+x_1)}{2m}, \frac{m(y_2+y_1)}{2m}\right)$$

$$\therefore M\left(\frac{x_1+x_2}{2}, \frac{y_1+y_2}{2}\right)$$

| 예 | 좌표평면 위의 두 점 $A(-1, 7)$, $B(5, 1)$에 대하여

(1) 선분 AB를 $1 : 2$로 내분하는 점을 $P(x, y)$라 하면

$$x = \frac{1\times5+2\times(-1)}{1+2} = 1,\ y = \frac{1\times1+2\times7}{1+2} = 5$$

$$\therefore P(1, 5)$$

(2) 선분 AB의 중점을 $M(x, y)$라 하면

$$x = \frac{-1+5}{2} = 2,\ y = \frac{7+1}{2} = 4$$

$$\therefore M(2, 4)$$

개념 01

038 다음 그림과 같이 수직선 위에 있는 5개의 점 A, B, C, D, E에 대하여 □ 안에 들어갈 알맞은 것을 써넣으시오.

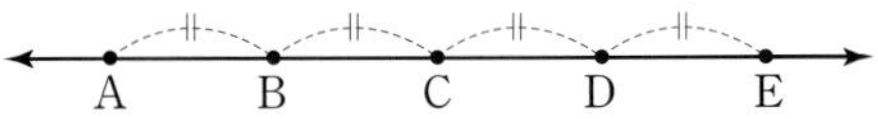

(1) 선분 AE를 1 : 3으로 내분하는 점은 점 □이다.

(2) 선분 BD의 중점은 점 □이다.

(3) 선분 AD를 □ : 1로 내분하는 점은 점 C이다.

개념 02

039 수직선 위의 두 점 A(-1), B(9)에 대하여 다음 점의 좌표를 구하시오.

(1) 선분 AB를 2 : 3으로 내분하는 점

(2) 선분 BA를 2 : 3으로 내분하는 점

(3) 선분 AB의 중점

개념 03

040 좌표평면 위의 두 점 A$(-4, 2)$, B$(8, -4)$에 대하여 다음 점의 좌표를 구하시오.

(1) 선분 AB를 2 : 1로 내분하는 점

(2) 선분 BA를 3 : 1로 내분하는 점

(3) 선분 AB의 중점

빈출

예제 01 / 선분의 내분점

선분의 내분점의 좌표를 구하는 공식을 이용한다.

다음 물음에 답하시오.

(1) 두 점 $A(3, 2)$, $B(-2, 7)$에 대하여 선분 AB를 $1:4$로 내분하는 점을 P, $2:3$으로 내분하는 점을 Q라 할 때, 선분 PQ의 길이를 구하시오.

(2) 두 점 $A(4, -1)$, $B(a, 9)$에 대하여 선분 AB를 $3:2$로 내분하는 점의 좌표가 $(4, b)$일 때, $a+b$의 값을 구하시오.

• 유형 만렙 공통수학 2 13쪽에서 문제 더 풀기

| 개념 | 좌표평면 위의 두 점 $A(x_1, y_1)$, $B(x_2, y_2)$에 대하여 선분 AB를 $m:n\,(m>0, n>0)$으로 내분하는 점의 좌표는

$$\left(\frac{mx_2+nx_1}{m+n}, \frac{my_2+ny_1}{m+n}\right)$$

| 풀이 | (1) 선분 AB를 $1:4$로 내분하는 점 P의 좌표는

$$\left(\frac{1\times(-2)+4\times3}{1+4}, \frac{1\times7+4\times2}{1+4}\right) \quad \therefore (2, 3)$$

선분 AB를 $2:3$으로 내분하는 점 Q의 좌표는

$$\left(\frac{2\times(-2)+3\times3}{2+3}, \frac{2\times7+3\times2}{2+3}\right) \quad \therefore (1, 4)$$

$$\therefore \overline{PQ}=\sqrt{(1-2)^2+(4-3)^2}=\sqrt{2}$$

(2) 선분 AB를 $3:2$로 내분하는 점의 좌표가 $(4, b)$이므로

$$\frac{3\times a+2\times4}{3+2}=4, \frac{3\times9+2\times(-1)}{3+2}=b$$

$3a+8=20$, $5=b$

$\therefore a=4, b=5$

$\therefore a+b=9$

답 (1) $\sqrt{2}$ (2) 9

• 정답과 해설 8쪽

041 유사

교과서

두 점 A$(-2, 3)$, B$(4, -9)$에 대하여 선분 AB를 $5:1$로 내분하는 점을 P, 중점을 M이라 할 때, 두 점 P, M 사이의 거리를 구하시오.

042 유사

두 점 A$(-6, 3)$, B$(2, a)$에 대하여 선분 AB를 $1:3$으로 내분하는 점의 좌표가 $(b, 1)$일 때, ab의 값을 구하시오.

043 변형

세 점 A$(-1, 5)$, B$(5, 2)$, C$(-2, -5)$에 대하여 선분 AB를 $2:1$로 내분하는 점을 P, 선분 BC를 $3:4$로 내분하는 점을 Q라 할 때, 선분 PQ의 중점의 좌표를 구하시오.

044 변형

두 점 A$(-1, 1)$, B(a, b)에 대하여 선분 AB를 $1:2$로 내분하는 점의 좌표가 $(b+3, a-5)$일 때, a, b의 값을 구하시오.

빈출

예제 02 / 조건이 주어진 경우의 선분의 내분점

선분의 내분점의 좌표를 미지수를 이용하여 나타낸 후 주어진 조건을 만족시키도록 방정식 또는 부등식을 세운다.

다음 물음에 답하시오.

(1) 두 점 $A(1, 3)$, $B(5, -2)$에 대하여 선분 AB를 $t : (1-t)$로 내분하는 점이 제1사분면 위에 있을 때, 실수 t의 값의 범위를 구하시오.

(2) 두 점 $A(a, 3)$, $B(-3, 4)$에 대하여 선분 AB를 $2 : 3$으로 내분하는 점이 y축 위에 있을 때, a의 값을 구하시오.

• 유형 만렙 공통수학 2 14쪽에서 문제 더 풀기

| 풀이 | (1) $t : (1-t)$에서 $t>0$, $1-t>0$이므로

$0<t<1$ ······ ㉠

선분 AB를 $t : (1-t)$로 내분하는 점의 좌표는

$\left(\frac{t\times5+(1-t)\times1}{t+(1-t)}, \frac{t\times(-2)+(1-t)\times3}{t+(1-t)}\right)$ $\therefore (4t+1, -5t+3)$

이 점이 제1사분면 위에 있으므로 ◀ (x좌표)>0, (y좌표)>0

$4t+1>0$, $-5t+3>0$

$\therefore -\frac{1}{4}<t<\frac{3}{5}$ ······ ㉡

㉠, ㉡의 공통부분을 구하면

$0<t<\frac{3}{5}$

(2) 선분 AB를 $2 : 3$으로 내분하는 점의 좌표는

$\left(\frac{2\times(-3)+3\times a}{2+3}, \frac{2\times4+3\times3}{2+3}\right)$ $\therefore \left(\frac{3a-6}{5}, \frac{17}{5}\right)$

이 점이 y축 위에 있으므로 ◀ (x좌표)$=0$

$\frac{3a-6}{5}=0$, $3a-6=0$

$\therefore a=2$

답 (1) $0<t<\frac{3}{5}$ (2) 2

TIP 선분의 내분점에 대한 조건이 주어지면 다음을 이용한다.

(1) 특정 사분면 위의 점이다.

➡ x좌표와 y좌표의 부호를 확인한다.

➡ 제1사분면: $(+, +)$, 제2사분면: $(-, +)$, 제3사분면: $(-, -)$, 제4사분면: $(+, -)$

(2) x축 위의 점이다. ➡ y좌표가 0이다.

y축 위의 점이다. ➡ x좌표가 0이다.

(3) 어떤 직선 위의 점이다. ➡ 점의 좌표를 직선의 방정식에 대입한다.

045 유사

두 점 A$(-3, 4)$, B$(5, -1)$에 대하여 선분 AB를 $t:(1-t)$로 내분하는 점이 제2사분면 위에 있을 때, 실수 t의 값의 범위를 구하시오.

046 유사

두 점 A$(-5, 3)$, B$(7, a)$에 대하여 선분 AB를 $3:1$로 내분하는 점이 x축 위에 있을 때, a의 값을 구하시오.

047 변형

두 점 A$(-2, 6)$, B$(1, -4)$에 대하여 선분 AB를 $(1-t):t$로 내분하는 점이 제3사분면 위에 있을 때, 실수 t의 값의 범위는 $\alpha<t<\beta$이다. 이때 $\alpha+\beta$의 값을 구하시오.

048 변형

교육청

좌표평면 위에 두 점 A$(0, a)$, B$(6, 0)$이 있다. 선분 AB를 $1:2$로 내분하는 점이 직선 $y=-x$ 위에 있을 때, a의 값은?

① -1　② -2　③ -3　④ -4　⑤ -5

예제 03 / 등식을 만족시키는 선분의 연장선 위의 점

주어진 조건을 만족시키는 점 C의 위치를 선분 AB의 연장선 위에 나타내어 본다.

두 점 A$(-2, 0)$, B$(1, 3)$을 이은 선분 AB의 연장선 위의 점 C에 대하여 $2\overline{AB}=\overline{BC}$일 때, 점 C의 좌표를 구하시오. (단, 점 C의 x좌표는 양수이다.)

• 유형 만렙 공통수학 2 15쪽에서 문제 더 풀기

| 풀이 | $2\overline{AB}=\overline{BC}$에서 $\overline{AB}:\overline{BC}=1:2$

x좌표가 양수인 점 C에 대하여 세 점 A, B, C의 위치를 그림으로 나타내면 오른쪽과 같으므로 점 B는 선분 AC를 $1:2$로 내분하는 점이다.

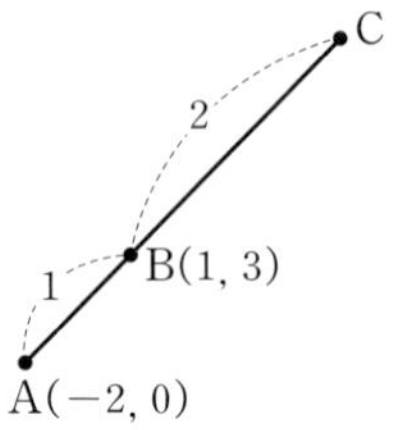

점 C의 좌표를 (a, b)라 하면

$$\frac{1\times a+2\times(-2)}{1+2}=1,\ \frac{1\times b+2\times 0}{1+2}=3$$

$a-4=3$, $b=9$

$\therefore a=7$, $b=9$

따라서 점 C의 좌표는 $(7, 9)$이다.

답 $(7, 9)$

| 참고 | 두 점 A$(-2, 0)$, B$(1, 3)$에 대하여 $\overline{AB}:\overline{BC}=1:2$를 만족시키는 선분 AB의 연장선 위의 점 C는 오른쪽 그림과 같이 C_1, C_2로 2개 존재한다.
이때 점 C_2의 x좌표는 음수이고, 점 A는 선분 BC_2의 중점이다.

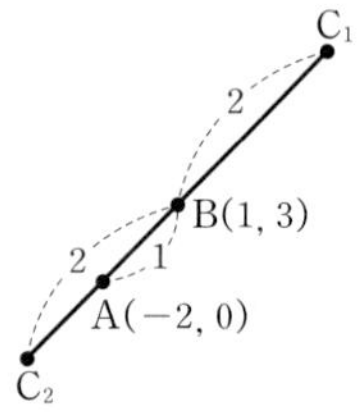

TIP 선분 AB의 연장선 위의 점 C가 서로소인 자연수 m, n에 대하여 $m\overline{AB}=n\overline{BC}$를 만족시키면 $\overline{AB}:\overline{BC}=n:m$이므로

(1) $m<n$일 때

점 B는 선분 AC를 $n:m$으로 내분하는 점이다.

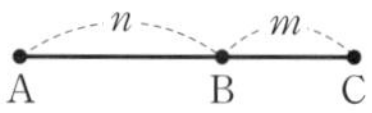

(2) $m>n$일 때

① 점 B는 선분 AC를 $n:m$으로 내분하는 점이다.

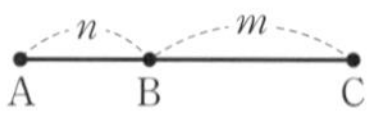

② 점 A는 선분 BC를 $n:(m-n)$으로 내분하는 점이다.

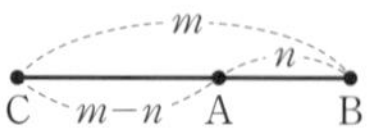

049 유사

두 점 $A(1, 2)$, $B(-1, 1)$을 이은 선분 AB의 연장선 위의 점 C에 대하여 $3\overline{AB}=\overline{BC}$일 때, 점 C의 좌표를 구하시오.

(단, 점 C의 x좌표는 음수이다.)

050 유사

두 점 $A(4, 1)$, $B(-2, 3)$을 이은 선분 AB의 연장선 위의 점 C에 대하여 $\overline{AB}=2\overline{BC}$일 때, 점 C의 좌표를 구하시오.

051 변형

두 점 $A(-2, -3)$, $B(2, 1)$을 이은 선분 AB의 연장선 위의 점 $C(a, b)$에 대하여 $3\overline{AB}=2\overline{BC}$일 때, $a+b$의 값을 구하시오.

(단, $a>0$)

052 변형

두 점 $A(-2, -6)$, $B(a, b)$를 이은 선분 AB의 연장선 위의 점 $P(-6, -8)$에 대하여 $5\overline{AP}=2\overline{BP}$일 때, $a-b$의 값을 구하시오.

예제 04 / 사각형에서 중점의 활용

평행사변형의 두 대각선은 서로 다른 것을 이등분하므로 두 대각선의 중점이 일치함을 이용한다.

네 점 A$(-3, 4)$, B$(-1, -3)$, C$(7, -6)$, D(a, b)를 꼭짓점으로 하는 사각형 ABCD가 평행사변형일 때, a, b의 값을 구하시오.

• 유형 만렙 공통수학 2 15쪽에서 문제 더 풀기

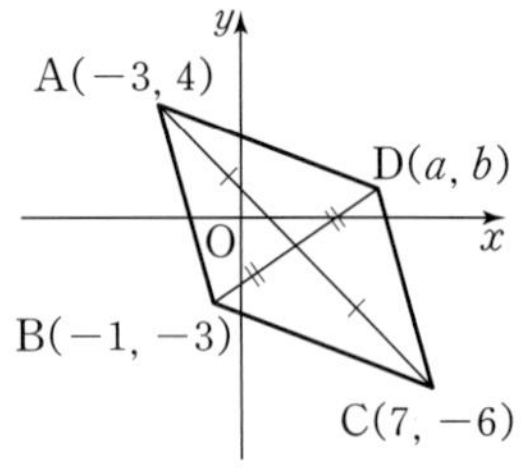

| 풀이 | 평행사변형의 두 대각선은 서로 다른 것을 이등분하므로 선분 AC의 중점과 선분 BD의 중점이 일치한다.

선분 AC의 중점의 좌표는

$\left(\frac{-3+7}{2}, \frac{4-6}{2}\right)$ $\therefore (2, -1)$ ······ ㉠

선분 BD의 중점의 좌표는

$\left(\frac{-1+a}{2}, \frac{-3+b}{2}\right)$ ······ ㉡

㉠, ㉡이 일치하므로

$2=\frac{-1+a}{2}$, $-1=\frac{-3+b}{2}$ $\therefore a=5, b=1$

답 $a=5$, $b=1$

예제 05 / 삼각형의 내각의 이등분선

삼각형 ABC에서 $\angle$A의 이등분선이 변 BC와 만나는 점 D는 변 BC를 $\overline{AB}:\overline{AC}$로 내분하는 점임을 이용한다.

오른쪽 그림과 같이 세 점 A$(1, 6)$, B$(-2, 2)$, C$(7, -2)$를 꼭짓점으로 하는 삼각형 ABC에서 $\angle$A의 이등분선이 변 BC와 만나는 점을 D라 할 때, 점 D의 좌표를 구하시오.

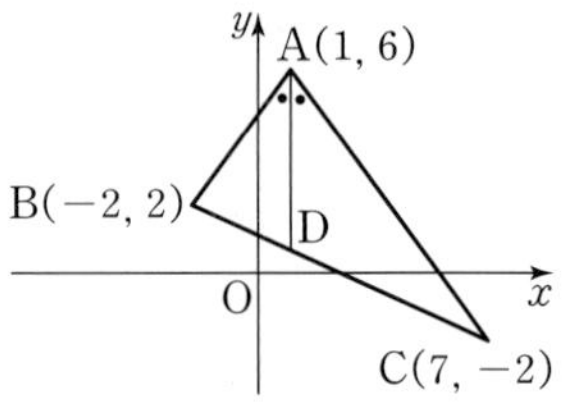

• 유형 만렙 공통수학 2 16쪽에서 문제 더 풀기

| 풀이 | 선분 AD가 $\angle$A의 이등분선이므로 $\overline{AB}:\overline{AC}=\overline{BD}:\overline{CD}$

이때 $\overline{AB}=\sqrt{(-2-1)^2+(2-6)^2}=5$, $\overline{AC}=\sqrt{(7-1)^2+(-2-6)^2}=10$이므로

$\overline{BD}:\overline{CD}=5:10=1:2$

따라서 점 D는 변 BC를 $1:2$로 내분하는 점이므로 점 D의 좌표는

$\left(\frac{1\times7+2\times(-2)}{1+2}, \frac{1\times(-2)+2\times2}{1+2}\right)$ $\therefore \left(1, \frac{2}{3}\right)$

답 $\left(1, \frac{2}{3}\right)$

TIP 삼각형 ABC에서 $\angle$A의 이등분선이 변 BC와 만나는 점을 D라 하면

➡ $\overline{AB}:\overline{AC}=\overline{BD}:\overline{CD}$

➡ 점 D는 변 BC를 $\overline{AB}:\overline{AC}$로 내분하는 점

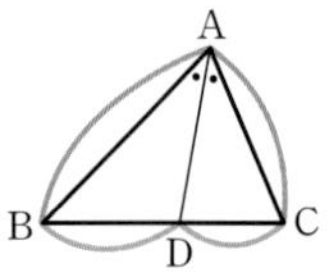

053 예제 04 유사

네 점 A(2, 1), B(4, a), C(8, 1), D(b, 3)을 꼭짓점으로 하는 사각형 ABCD가 평행사변형일 때, a, b의 값을 구하시오.

054 예제 05 유사

다음 그림과 같이 원점 O와 두 점 A(-6, -2), B(1, -3)을 꼭짓점으로 하는 삼각형 OAB에서 $\angle$AOB의 이등분선이 변 AB와 만나는 점을 C라 할 때, 점 C의 좌표를 구하시오.

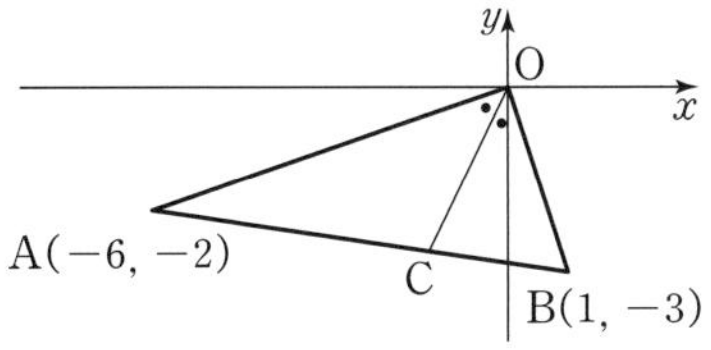

055 예제 04 변형

네 점 A(a, 3), B(5, 7), C(9, 5), D(b, 1)을 꼭짓점으로 하는 사각형 ABCD가 마름모일 때, a, b의 값을 구하시오. (단, $a>5$)

056 예제 05 변형

다음 그림과 같이 세 점 A(-1, 5), B(-4, 3), C(8, -1)을 꼭짓점으로 하는 삼각형 ABC에서 $\angle$A의 이등분선이 변 BC와 만나는 점을 D라 할 때, 선분 AD의 길이를 구하시오.

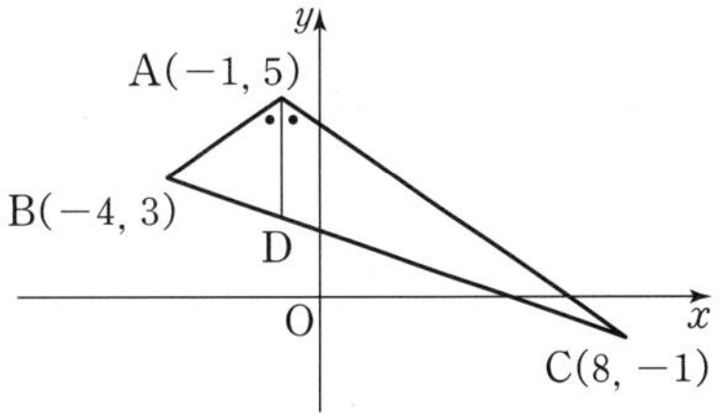

특강

점이 나타내는 도형의 방정식

• 유형 만렙 공통수학 2 17쪽에서 문제 더 풀기

어떤 조건을 만족시키는 임의의 점 P(x, y)가 도형을 나타낼 때, x, y 사이의 관계식을 구하면 점 P가 나타내는 도형의 방정식을 구할 수 있다.

조건을 만족시키는 점이 나타내는 도형의 방정식은 다음과 같은 순서로 구한다.
(i) 조건을 만족시키는 점 P의 좌표를 (x, y)로 놓는다.
(ii) 주어진 조건을 이용하여 x, y에 대한 식을 세운다.
(iii) x, y 이외의 문자를 없앤다.
(iv) x, y 사이의 관계식을 구한다.

| 예 | 점 A$(2, 3)$과 직선 $x+y+1=0$ 위를 움직이는 점 B에 대하여 선분 AB를 $1:2$로 내분하는 점 P가 나타내는 도형의 방정식을 구해 보자.

점 B의 좌표를 (a, b)라 하면 점 B가 직선 $x+y+1=0$ 위의 점이므로

$a+b+1=0$ ⋯⋯ ㉠

점 P의 좌표를 (x, y)라 하면 ◀ 조건을 만족시키는 점 P의 좌표를 (x, y)로 놓는다.

$x=\frac{1\times a+2\times 2}{1+2}=\frac{a+4}{3}$, $y=\frac{1\times b+2\times 3}{1+2}=\frac{b+6}{3}$ ◀ 주어진 조건을 이용하여 x, y에 대한 식을 세운다.

$\therefore a=3x-4$, $b=3y-6$

이를 ㉠에 대입하면

$(3x-4)+(3y-6)+1=0$ ◀ x, y 이외의 문자 a, b를 없앤다.

$\therefore x+y-3=0$ ◀ x, y 사이의 관계식을 구하면 점 P가 나타내는 도형은 직선이다.

유제

• 정답과 해설 10쪽

057

점 A$(1, -2)$와 직선 $3x-y-1=0$ 위를 움직이는 점 B에 대하여 선분 AB를 $1:3$으로 내분하는 점 P가 나타내는 도형의 방정식을 구하시오.

2 삼각형의 무게중심

개념 01 삼각형의 무게중심

예제 06

(1) 삼각형의 무게중심

① 삼각형의 세 중선의 교점을 무게중심이라 한다.

② 삼각형의 무게중심은 세 중선을 각 꼭짓점으로부터 각각 2 : 1로 내분한다.

(2) 삼각형의 무게중심의 좌표

좌표평면 위의 세 점 $A(x_1, y_1)$, $B(x_2, y_2)$, $C(x_3, y_3)$을 꼭짓점으로 하는 삼각형 ABC의 무게중심의 좌표는

$$\left(\frac{x_1+x_2+x_3}{3}, \frac{y_1+y_2+y_3}{3}\right)$$

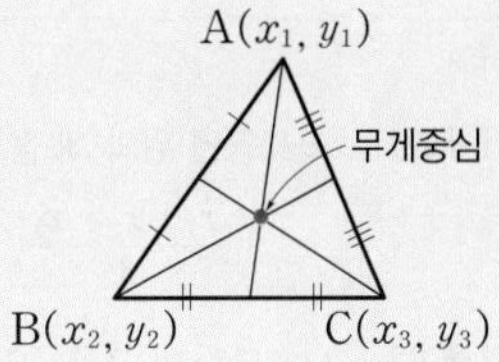

| 증명 | 삼각형의 무게중심의 좌표를 구하는 공식의 유도

오른쪽 그림과 같이 세 점 $A(x_1, y_1)$, $B(x_2, y_2)$, $C(x_3, y_3)$을 꼭짓점으로 하는 삼각형 ABC의 변 BC의 중점을 M이라 하면

$$M\left(\frac{x_2+x_3}{2}, \frac{y_2+y_3}{2}\right)$$

이때 무게중심 $G(x, y)$는 선분 AM을 2 : 1로 내분하는 점이므로

$$x=\frac{2\times\frac{x_2+x_3}{2}+1\times x_1}{2+1},\ y=\frac{2\times\frac{y_2+y_3}{2}+1\times y_1}{2+1}$$

$$\therefore G\left(\frac{x_1+x_2+x_3}{3}, \frac{y_1+y_2+y_3}{3}\right)$$

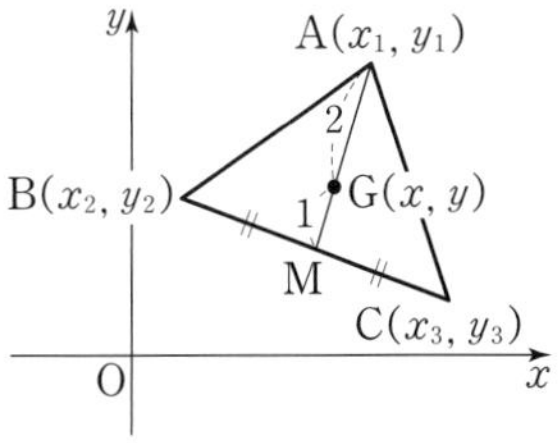

| 참고 | 삼각형의 세 변을 일정한 비율로 내분하는 점을 연결한 삼각형의 무게중심

오른쪽 그림과 같이 삼각형 ABC의 세 변 AB, BC, CA를 $m:n\,(m>0,\ n>0)$으로 내분하는 점을 각각 D, E, F라 하면 이 세 점의 x좌표는 각각

$$\frac{mx_2+nx_1}{m+n},\ \frac{mx_3+nx_2}{m+n},\ \frac{mx_1+nx_3}{m+n}$$

이므로 삼각형 DEF의 무게중심의 x좌표는

$$\frac{1}{3}\left(\frac{mx_2+nx_1}{m+n}+\frac{mx_3+nx_2}{m+n}+\frac{mx_1+nx_3}{m+n}\right)$$

$$=\frac{x_1+x_2+x_3}{3}$$

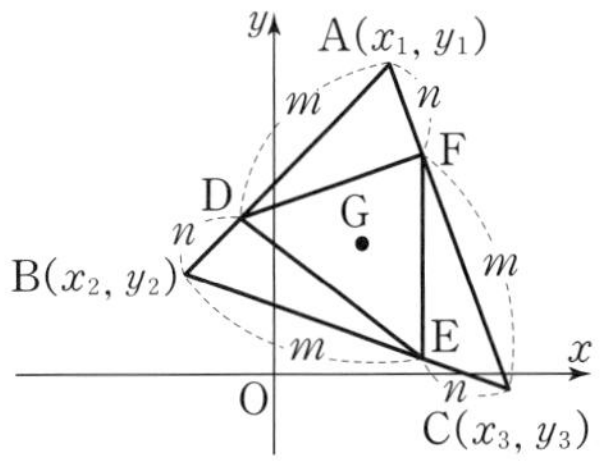

즉, 삼각형 DEF의 무게중심의 x좌표는 삼각형 ABC의 무게중심의 x좌표와 일치한다.

같은 방법으로 하면 삼각형 DEF의 무게중심의 y좌표는 삼각형 ABC의 무게중심의 y좌표와 일치한다.

따라서 삼각형 DEF의 무게중심은 삼각형 ABC의 무게중심과 일치한다.

빈출

예제 06 / 삼각형의 무게중심

삼각형의 무게중심의 좌표를 구하는 공식을 이용하여 무게중심의 좌표를 구한 후 주어진 점의 좌표와 비교한다.

다음 물음에 답하시오.

(1) 세 점 $A(3, -2)$, $B(-1, 7)$, $C(-5, 4)$를 꼭짓점으로 하는 삼각형 ABC의 무게중심의 좌표가 (a, b)일 때, ab의 값을 구하시오.

(2) 세 점 $A(a, b)$, $B(2b, -a)$, $C(4, 5)$를 꼭짓점으로 하는 삼각형 ABC의 무게중심이 원점일 때, a, b의 값을 구하시오.

• 유형 만렙 공통수학 2 16쪽에서 문제 더 풀기

| 개념 | 좌표평면 위의 세 점 $A(x_1, y_1)$, $B(x_2, y_2)$, $C(x_3, y_3)$을 꼭짓점으로 하는 삼각형 ABC의 무게중심의 좌표는

$$\left(\frac{x_1+x_2+x_3}{3}, \frac{y_1+y_2+y_3}{3}\right)$$

| 풀이 | (1) 삼각형 ABC의 무게중심의 좌표가 (a, b)이므로

$$\frac{3-1-5}{3}=a, \quad \frac{-2+7+4}{3}=b$$

$\therefore a=-1, b=3$

$\therefore ab=-3$

(2) 삼각형 ABC의 무게중심의 좌표가 $(0, 0)$이므로

$$\frac{a+2b+4}{3}=0, \quad \frac{b-a+5}{3}=0$$

$\therefore a+2b=-4, -a+b=-5$

두 식을 연립하여 풀면

$a=2, b=-3$

답 (1) -3 (2) $a=2, b=-3$

058 유사

세 점 A(2, 0), B(4, 5), C(−1, 3)을 꼭짓점으로 하는 삼각형 ABC의 무게중심의 좌표가 (a, b)일 때, ab의 값을 구하시오.

059 유사 교과서

세 점 A(3, −2), B(a, 4), C(−8, b)를 꼭짓점으로 하는 삼각형 ABC의 무게중심이 점 (−2, 1)일 때, a, b의 값을 구하시오.

060 변형

삼각형 ABC에서 꼭짓점 A의 좌표가 (5, −4)이고 무게중심의 좌표가 (3, 2)일 때, 선분 BC의 중점의 좌표를 구하시오.

061 변형

세 점 A(4, −3), B(−2, 6), C(10, 3)을 꼭짓점으로 하는 삼각형 ABC에서 세 변 AB, BC, CA를 각각 1 : 2로 내분하는 점을 차례대로 D, E, F라 할 때, 삼각형 DEF의 무게중심의 좌표를 구하시오.

연습문제

1단계

교과서

062 세 점 $A(2, a-2)$, $B(b+1, 3)$, $C(a+2, b)$에 대하여 선분 AB를 $1:2$로 내분하는 점의 좌표가 $(0, 1)$일 때, 선분 BC의 중점의 좌표는?

① $(-1, -1)$　　② $(0, -2)$
③ $(0, -1)$　　④ $(1, 0)$
⑤ $(1, 2)$

063 두 점 $A(a, -1)$, $B(3, 4)$에 대하여 선분 AB를 $b:2$로 내분하는 점의 좌표가 $(1, 2)$일 때, 선분 AB를 $1:b$로 내분하는 점의 좌표를 구하시오.

064 두 점 $A(5, -2)$, $B(-1, 3)$에 대하여 선분 AB를 $t:(1-t)$로 내분하는 점이 제1사분면 위에 있을 때, 실수 t의 값의 범위는 $\alpha<t<\beta$이다. 이때 $\alpha\beta$의 값을 구하시오.

065 두 점 $A(-2, 0)$, $B(2, 4)$에 대하여 선분 AB를 $k:1$로 내분하는 점이 직선 $y=2x+1$ 위에 있을 때, k의 값은?

① 2　　② 3　　③ 4
④ 5　　⑤ 6

066 두 점 $A(-2, -1)$, $B(4, 3)$을 이은 선분 AB의 연장선 위의 점 C에 대하여 $3\overline{AB}=2\overline{BC}$일 때, 제3사분면 위의 점 C의 좌표를 구하시오.

서술형

067 평행사변형 ABCD에서 두 꼭짓점 A, B의 좌표가 각각 $(1, 3)$, $(-2, 1)$이고, 두 대각선 AC, BD의 교점의 좌표가 $(1, 0)$일 때, 두 꼭짓점 C, D의 좌표를 구하시오.

• 정답과 해설 11쪽

교육청

068 좌표평면 위의 두 점 P(3, 4), Q(12, 5)에 대하여 ∠POQ의 이등분선과 선분 PQ와의 교점의 x좌표를 $\frac{b}{a}$라 할 때, $a+b$의 값을 구하시오. (단, 점 O는 원점이고, a와 b는 서로소인 자연수이다.)

069 삼각형 ABC의 세 변 AB, BC, CA의 중점의 좌표가 각각 (3, 1), (−1, 6), (4, 5)일 때, 삼각형 ABC의 무게중심의 좌표는?

① (2, 4) ② (2, 6) ③ (4, −2)
④ (5, 3) ⑤ (6, −4)

2단계

070 두 점 A, B에 대하여 선분 AB의 삼등분점 중 점 A에 가까운 점을 A◎B라 하자. 세 점 P(7, −4), Q(−5, 2), R(9, 10)에 대하여 점 R◎(P◎Q)의 좌표를 구하시오.

071 두 점 A(−1, 4), B(3, −1)에 대하여 선분 AB가 y축에 의하여 $m:n$으로 내분될 때, $\frac{n}{m}$의 값은?

① 3 ② 4 ③ 5
④ 6 ⑤ 7

072 세 점 A(0, 3), B(−2, −3), C(4, 0)을 꼭짓점으로 하는 삼각형 ABC의 변 BC 위에 점 P(a, b)가 있다. 두 삼각형 ABP, APC의 넓이의 비가 3 : 4일 때, $a-b$의 값은?

① $-\frac{10}{3}$ ② $-\frac{16}{7}$ ③ 0
④ $\frac{16}{7}$ ⑤ $\frac{10}{3}$

073 두 점 A(2, −1), B(3, 1)을 이은 선분 AB의 연장선 위의 점 C에 대하여 $4\overline{AB}=\overline{BC}$일 때, 점 C의 좌표를 모두 구하시오.

연습문제

• 정답과 해설 14쪽

074 세 점 A(3, 7), B(−2, −5), C(7, 4)를 꼭짓점으로 하는 삼각형 ABC의 내심을 I라 하고 직선 AI와 변 BC의 교점을 D(a, b)라 할 때, $a+b$의 값을 구하시오.

교육청

075 좌표평면에서 이차함수 $y=x^2-8x+1$의 그래프와 직선 $y=2x+6$이 만나는 두 점을 각각 A, B라 하자. 삼각형 OAB의 무게중심의 좌표를 (a, b)라 할 때, $a+b$의 값을 구하시오.

(단, O는 원점이다.)

076 점 A(2, 4)를 꼭짓점으로 하는 삼각형 ABC에 대하여 변 AB의 중점의 좌표가 (3, 0)이고 삼각형 ABC의 무게중심의 좌표가 (4, 2)일 때, 변 AC를 1 : 2로 내분하는 점의 좌표는?

① $\left(\frac{7}{3}, \frac{10}{3}\right)$ ② $\left(3, \frac{11}{3}\right)$
③ $\left(\frac{10}{3}, 4\right)$ ④ $\left(\frac{10}{3}, \frac{14}{3}\right)$
⑤ (4, 5)

3단계

077 오른쪽 그림과 같이 세 점 A(1, 4), B(−7, −8), C(5, 1)을 꼭짓점으로 하는 삼각형 ABC에서 $\overline{AC}=\overline{DC}$가 되도록 선분 BC 위에 점 D를 잡는다. 점 C를 지나면서 선분 AD에 평행한 직선이 선분 AB의 연장선과 만나는 점을 P(a, b)라 할 때, $b-a$의 값은?

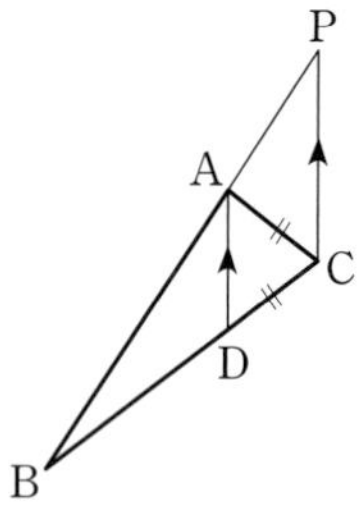

① 3 ② 5 ③ 7
④ 9 ⑤ 11

078 점 P가 직선 $y=-2x+3$ 위를 움직일 때, 점 A(2, 3)에 대하여 선분 AP의 중점이 나타내는 도형의 방정식은?

① $x-y+1=0$ ② $x+y+1=0$
③ $2x-y-5=0$ ④ $2x-y+5=0$
⑤ $2x+y-5=0$

I. 도형의 방정식

2

직선의 방정식

1 직선의 방정식

개념 01 직선의 방정식

예제 01~05

(1) 한 점과 기울기가 주어진 직선의 방정식

점 (x_1, y_1)을 지나고 기울기가 m인 직선의 방정식은

$$y-y_1=m(x-x_1)$$

(2) 서로 다른 두 점을 지나는 직선의 방정식

서로 다른 두 점 $\mathrm{A}(x_1, y_1)$, $\mathrm{B}(x_2, y_2)$를 지나는 직선의 방정식은

① $x_1 \neq x_2$일 때, $y-y_1=\dfrac{y_2-y_1}{x_2-x_1}(x-x_1)$

② $x_1=x_2$일 때, $x=x_1$

(3) x절편과 y절편이 주어진 직선의 방정식

x절편이 a이고 y절편이 b인 직선의 방정식은

$\dfrac{x}{a}+\dfrac{y}{b}=1$ (단, $a \neq 0$, $b \neq 0$) ◀ $y=-\dfrac{b}{a}x+b$

| 증명 | (1) 점 $\mathrm{A}(x_1, y_1)$을 지나고 기울기가 m인 직선 l의 방정식 구하기

직선 l의 방정식을

$y=mx+n$ ...... ㉠

이라 하면 이 직선이 점 $\mathrm{A}(x_1, y_1)$을 지나므로

$y_1=mx_1+n$ $\quad \therefore n=y_1-mx_1$

이를 ㉠에 대입하면

$y=mx+y_1-mx_1$ $\quad \therefore y-y_1=m(x-x_1)$

(2) 서로 다른 두 점 $\mathrm{A}(x_1, y_1)$, $\mathrm{B}(x_2, y_2)$를 지나는 직선 l의 방정식 구하기

① $x_1 \neq x_2$일 때

직선 l의 기울기는 $\dfrac{y_2-y_1}{x_2-x_1}$이고 점 $\mathrm{A}(x_1, y_1)$을 지나므로

직선 l의 방정식은

$$y-y_1=\frac{y_2-y_1}{x_2-x_1}(x-x_1)$$

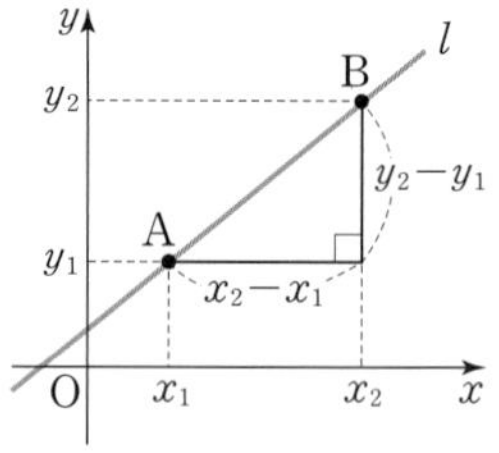

② $x_1=x_2$일 때

직선 l은 y축에 평행하고 점 $\mathrm{A}(x_1, y_1)$을 지나므로 직선 l 위의 모든 점의 x좌표는 x_1이다.

따라서 직선 l의 방정식은

$x=x_1$

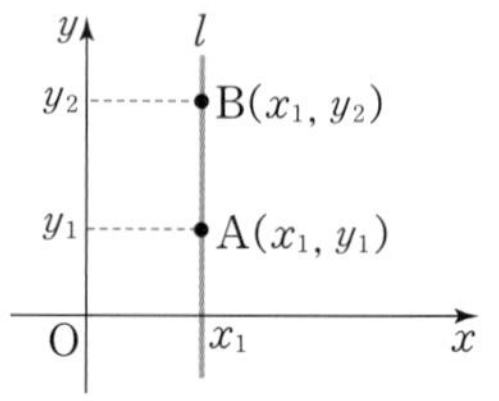

(3) x절편이 a이고 y절편이 b인 직선 l의 방정식 구하기 (단, $a\neq0$, $b\neq0$)

직선 l이 두 점 $(a, 0)$, $(0, b)$를 지나므로 직선 l의 방정식은

$$y-0=\frac{b-0}{0-a}(x-a) \qquad \therefore \frac{b}{a}x+y=b$$

양변을 b로 나누면

$$\frac{x}{a}+\frac{y}{b}=1$$

| 예 | (1) 점 $(2, 1)$을 지나고 기울기가 3인 직선의 방정식은

$y-1=3(x-2)$

$\therefore y=3x-5$

(2) 두 점 $(1, 3)$, $(3, -5)$를 지나는 직선의 방정식은

$$y-3=\frac{-5-3}{3-1}(x-1)$$

$\therefore y=-4x+7$

(3) x절편이 -1이고 y절편이 2인 직선의 방정식은

$$\frac{x}{-1}+\frac{y}{2}=1$$

$\therefore 2x-y=-2$

| 참고 | • 기울기가 m이고 y절편이 n인 직선의 방정식 $y=mx+n$을 직선의 방정식의 표준형이라 한다.

• 직선 $y=mx+n$이 x축의 양의 방향과 이루는 각의 크기를 θ라 하면

$$(\text{기울기})=\frac{(y\text{의 값의 증가량})}{(x\text{의 값의 증가량})}=\frac{m}{1}=\tan\theta$$

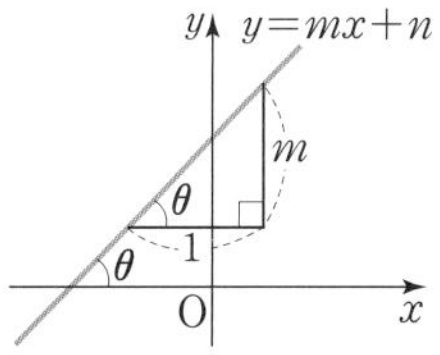

개념 02 좌표축에 평행 또는 수직인 직선의 방정식

예제 06

(1) x절편이 a이고 y축에 평행한(x축에 수직인) 직선의 방정식은

$x=a$

(2) y절편이 b이고 x축에 평행한(y축에 수직인) 직선의 방정식은

$y=b$

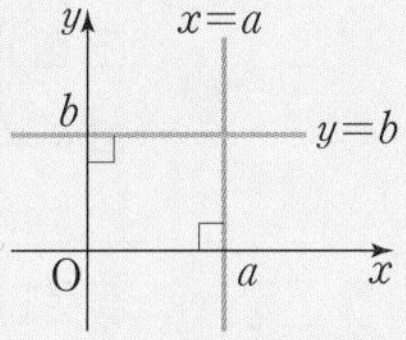

| 예 | (1) 점 $(4, 1)$을 지나고 y축에 평행한 직선의 방정식은

$x=4$

(2) 점 $(3, -2)$를 지나고 x축에 평행한 직선의 방정식은

$y=-2$

| 참고 | y축의 방정식은 $x=0$, x축의 방정식은 $y=0$이다.

개념 03 일차방정식 $ax+by+c=0$이 나타내는 도형

예제 06

직선의 방정식은 모두 x, y에 대한 일차방정식

$ax+by+c=0$ ($a\neq0$ 또는 $b\neq0$)

꼴로 나타낼 수 있다.

거꾸로 x, y에 대한 일차방정식 $ax+by+c=0$ ($a\neq0$ 또는 $b\neq0$)이 나타내는 도형은 직선이다.

x, y에 대한 일차방정식 $ax+by+c=0$ ($a\neq0$ 또는 $b\neq0$)에 대하여

(i) $a\neq0$, $b\neq0$일 때, $y=-\frac{a}{b}x-\frac{c}{b}$ ◀ 기울기가 $-\frac{a}{b}$, y절편이 $-\frac{c}{b}$인 직선

(ii) $a\neq0$, $b=0$일 때, $x=-\frac{c}{a}$ ◀ y축에 평행한 직선

(iii) $a=0$, $b\neq0$일 때, $y=-\frac{c}{b}$ ◀ x축에 평행한 직선

이므로 이 일차방정식이 나타내는 도형은 직선이다.

| 예 | (1) 일차방정식 $3x-y+1=0$은 $y=3x+1$이므로 기울기가 3, y절편이 1인 직선이다.

(2) 일차방정식 $x+5=0$은 $x=-5$이므로 y축에 평행한 직선이다.

(3) 일차방정식 $2y-1=0$은 $y=\frac{1}{2}$이므로 x축에 평행한 직선이다.

| 참고 | $ax+by+c=0$ 꼴의 방정식을 직선의 방정식의 일반형이라 한다.

개념 04 두 직선의 교점을 지나는 직선

예제 07~09

(1) 정점을 지나는 직선

두 직선 $ax+by+c=0$, $a'x+b'y+c'=0$이 한 점에서 만날 때, 방정식

$ax+by+c+k(a'x+b'y+c')=0$

의 그래프는 **실수 k의 값에 관계없이** 항상 두 직선 $ax+by+c=0$, $a'x+b'y+c'=0$의 교점을 지나는 직선이다.

(실수 k의 값에 관계없이: 항등식의 성질)

(2) 두 직선의 교점을 지나는 직선의 방정식

한 점에서 만나는 두 직선 $ax+by+c=0$, $a'x+b'y+c'=0$의 교점을 지나는 직선 중 직선 $a'x+b'y+c'=0$을 제외한 직선은 직선의 방정식

$ax+by+c+k(a'x+b'y+c')=0$ (k는 실수)

꼴로 나타낼 수 있다.

| 참고 | 두 직선이 평행한 경우에는 교점이 없으므로 k의 값에 관계없이 항상 지나는 정점은 없다.

| 예 | 방정식 $(2x+y-1)+k(x-y+4)=0$의 그래프는 실수 k의 값에 관계없이 항상 두 직선 $2x+y-1=0$, $x-y+4=0$의 교점을 지나는 직선이다.

이때 $2x+y-1=0$, $x-y+4=0$을 연립하여 풀면 $x=-1$, $y=3$이므로 직선 $(2x+y-1)+k(x-y+4)=0$은 항상 점 $(-1, 3)$을 지난다.

• 정답과 해설 15쪽

개념 01

079 다음 직선의 방정식을 구하시오.

(1) 점 $(-3,\ 1)$을 지나고 기울기가 2인 직선

(2) 두 점 $(4,\ -2)$, $(-1,\ 3)$을 지나는 직선

(3) x절편이 -6이고 y절편이 -2인 직선

개념 02

080 다음 직선의 방정식을 구하시오.

(1) 점 $(-2,\ 3)$을 지나고 y축에 평행한 직선

(2) 점 $(5,\ 1)$을 지나고 x축에 평행한 직선

개념 03

081 상수 a, b, c가 다음을 만족시킬 때, 직선 $ax+by+c=0$이 지나는 사분면을 모두 구하시오.

(1) $a=0$, $b>0$, $c>0$

(2) $a>0$, $b=0$, $c<0$

(3) $ab>0$, $c=0$

(4) $a>0$, $b<0$, $c>0$

개념 04

082 다음 일차방정식이 나타내는 직선이 실수 k의 값에 관계없이 항상 지나는 점의 좌표를 구하시오.

(1) $(x+y-1)+k(x-y+1)=0$

(2) $(x-3y-3)+k(3x-2y+5)=0$

빈출

예제 01 / 한 점과 기울기가 주어진 직선의 방정식

점 (x_1, y_1)을 지나고 기울기가 m인 직선의 방정식은 $y-y_1=m(x-x_1)$이다.

두 점 $(-4, -1)$, $(8, 3)$을 이은 선분을 $3:1$로 내분하는 점을 지나고 기울기가 -3인 직선의 방정식을 구하시오.

• 유형 만렙 공통수학 2 26쪽에서 문제 더 풀기

| 풀이 | 두 점 $(-4, -1)$, $(8, 3)$을 이은 선분을 $3:1$로 내분하는 점의 좌표는

$\left(\frac{3\times8+1\times(-4)}{3+1}, \frac{3\times3+1\times(-1)}{3+1}\right)$ $\quad\therefore (5, 2)$

따라서 점 $(5, 2)$를 지나고 기울기가 -3인 직선의 방정식은

$y-2=-3(x-5)$

$\therefore y=-3x+17$

답 $y=-3x+17$

빈출

예제 02 / 두 점을 지나는 직선의 방정식

두 점 (x_1, y_1), (x_2, y_2)를 지나는 직선의 방정식은 $y-y_1=\frac{y_2-y_1}{x_2-x_1}(x-x_1)$ $(x_1\neq x_2)$이다.

두 점 $(-2, 5)$, $(6, -7)$을 이은 선분의 중점과 점 $(4, 3)$을 지나는 직선의 방정식을 구하시오.

• 유형 만렙 공통수학 2 26쪽에서 문제 더 풀기

| 풀이 | 두 점 $(-2, 5)$, $(6, -7)$을 이은 선분의 중점의 좌표는

$\left(\frac{-2+6}{2}, \frac{5-7}{2}\right)$ $\quad\therefore (2, -1)$

따라서 두 점 $(2, -1)$, $(4, 3)$을 지나는 직선의 방정식은

$y-(-1)=\frac{3-(-1)}{4-2}(x-2)$

$\therefore y=2x-5$

답 $y=2x-5$

083 예제 01 유사

두 점 $(5, -2)$, $(-3, 6)$을 이은 선분의 중점을 지나고 기울기가 4인 직선의 방정식을 구하시오.

084 예제 02 유사

세 점 $A(1, 4)$, $B(-3, 5)$, $C(-1, 9)$를 꼭짓점으로 하는 삼각형 ABC의 무게중심과 점 A를 지나는 직선의 방정식을 구하시오.

085 예제 01 변형

점 $(-2, 7)$을 지나고 x축의 양의 방향과 이루는 각의 크기가 $45°$인 직선의 방정식을 구하시오.

086 예제 02 변형

교육청

좌표평면 위의 두 점 $(-2, 5)$, $(1, 1)$을 지나는 직선의 y절편은?

① 2 ② $\frac{7}{3}$ ③ $\frac{8}{3}$

④ 3 ⑤ $\frac{10}{3}$

예제 03 / x절편과 y절편이 주어진 직선의 방정식

x절편이 a이고 y절편이 b인 직선의 방정식은 $\frac{x}{a}+\frac{y}{b}=1\,(a\neq 0,\ b\neq 0)$이다.

x절편이 -3이고 y절편이 2인 직선 위에 두 점 $(-6,\ a)$, $(b,\ 4)$가 있을 때, $a+b$의 값을 구하시오.

• 유형 만렙 공통수학 2 27쪽에서 문제 더 풀기

| 풀이 | x절편이 -3이고 y절편이 2인 직선의 방정식은

$\frac{x}{-3}+\frac{y}{2}=1$ ······ ㉠

직선 ㉠ 위에 점 $(-6,\ a)$가 있으므로

$\frac{-6}{-3}+\frac{a}{2}=1,\ \frac{a}{2}=-1 \qquad \therefore a=-2$

직선 ㉠ 위에 점 $(b,\ 4)$가 있으므로

$\frac{b}{-3}+\frac{4}{2}=1,\ \frac{b}{-3}=-1 \qquad \therefore b=3$

$\therefore a+b=1$

답 1

예제 04 / 세 점이 한 직선 위에 있을 조건

세 점 A, B, C가 한 직선 위에 있으면 세 직선 AB, BC, AC의 기울기가 모두 같다.

세 점 A$(1,\ 3)$, B$(4,\ 6)$, C$(k,\ 4)$가 한 직선 위에 있도록 하는 k의 값을 구하시오.

• 유형 만렙 공통수학 2 27쪽에서 문제 더 풀기

| 풀이 | 세 점 A, B, C가 한 직선 위에 있으려면 직선 AB의 기울기와 직선 BC의 기울기가 같아야 하므로

$\frac{6-3}{4-1}=\frac{4-6}{k-4},\ 1=-\frac{2}{k-4}$

$k-4=-2 \qquad \therefore k=2$

답 2

| 다른 풀이 | 두 점 A$(1,\ 3)$, B$(4,\ 6)$을 지나는 직선의 방정식은

$y-3=\frac{6-3}{4-1}(x-1) \qquad \therefore y=x+2$

점 C$(k,\ 4)$가 직선 $y=x+2$ 위의 점이므로

$4=k+2 \qquad \therefore k=2$

087 예제 03 유사

x절편이 2이고 y절편이 5인 직선이 점 $(-k,\ 2k+2)$를 지날 때, k의 값을 구하시오.

088 예제 04 유사

세 점 $A(-4,\ k)$, $B(-1,\ 1)$, $C(2,\ 3)$이 한 직선 위에 있도록 하는 k의 값을 구하시오.

089 예제 03 변형

직선 $\frac{x}{5}+\frac{y}{6}=1$이 x축과 만나는 점을 P, 직선 $\frac{x}{4}-\frac{y}{3}=1$이 y축과 만나는 점을 Q라 할 때, 두 점 P, Q를 지나는 직선의 방정식을 구하시오.

090 예제 04 변형 교육청

좌표평면 위의 서로 다른 세 점 $A(-1,\ a)$, $B(1,\ 1)$, $C(a,\ -7)$이 한 직선 위에 있도록 하는 양수 a의 값은?

① 5 ② 6 ③ 7
④ 8 ⑤ 9

예제 05 / 도형의 넓이를 이등분하는 직선의 방정식

도형의 넓이를 이등분하는 직선이 지나는 점을 찾는다.

세 점 A(0, 4), B(−3, 0), C(1, 2)를 꼭짓점으로 하는 삼각형 ABC의 넓이를 점 A를 지나는 직선이 이등분할 때, 이 직선의 방정식을 구하시오.

• 유형 만렙 공통수학 2 28쪽에서 문제 더 풀기

| 풀이 | 점 A를 지나는 직선이 삼각형 ABC의 넓이를 이등분하려면 그 직선은 선분 BC의 중점을 지나야 한다.

선분 BC의 중점의 좌표는

$\left(\frac{-3+1}{2}, \frac{2}{2}\right)$ $\quad\therefore (-1, 1)$

따라서 두 점 A(0, 4), (−1, 1)을 지나는 직선의 방정식은

$y-4=\frac{1-4}{-1}x$

$\therefore y=3x+4$

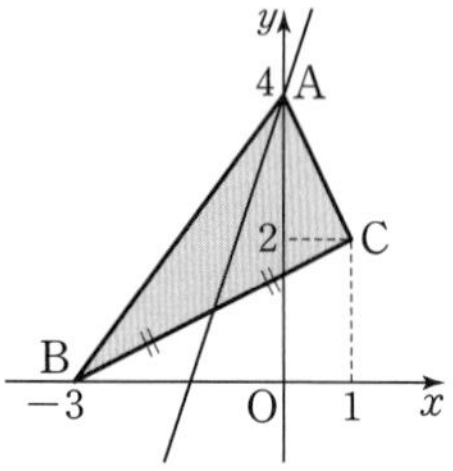

답 $y=3x+4$

TIP

(1) 삼각형 ABC의 꼭짓점 A를 지나면서 그 넓이를 이등분하는 직선

➡ $\overline{\mathrm{BC}}$의 중점을 지난다.

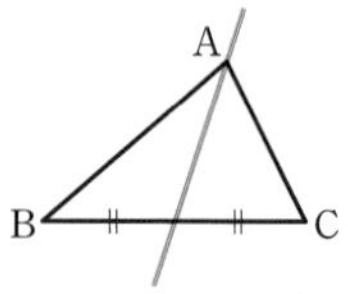

(2) 직사각형 ABCD의 넓이를 이등분하는 직선

➡ 두 대각선의 교점을 지난다.

➡ $\overline{\mathrm{AC}}$의 중점(또는 $\overline{\mathrm{BD}}$의 중점)을 지난다.

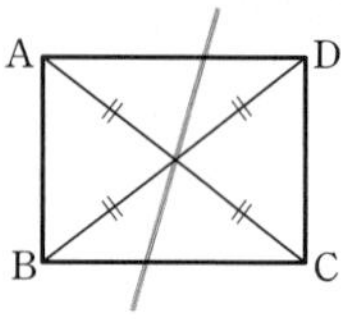

091 유사 교과서

원점 O와 두 점 A(2, 3), B(4, −1)을 꼭짓점으로 하는 삼각형 AOB의 넓이를 원점을 지나는 직선이 이등분할 때, 이 직선의 방정식을 구하시오.

092 변형

다음 그림과 같은 마름모 ABCD의 넓이를 점 (1, 1)을 지나는 직선이 이등분할 때, 이 직선의 방정식을 구하시오.

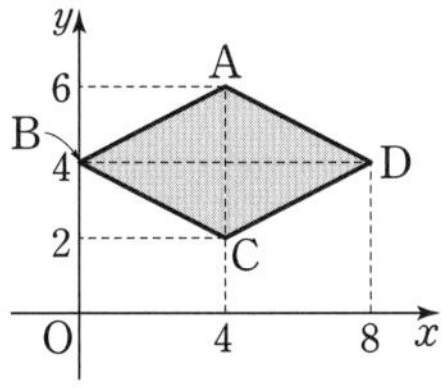

093 변형

세 점 A(−1, 3), B(0, −2), C(5, 7)을 꼭짓점으로 하는 삼각형 ABC의 넓이를 직선 $y=ax-2$가 이등분할 때, 상수 a의 값을 구하시오.

094 변형

다음 그림과 같은 직사각형 ABCD의 넓이를 이등분하고 원점을 지나는 직선의 방정식을 구하시오.

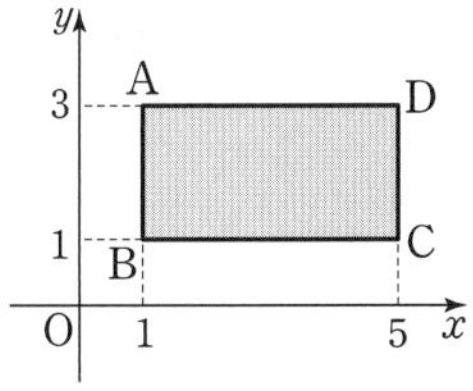

예제 06 / 직선의 개형

직선의 방정식을 $y=mx+n$ 꼴로 변형한 후 기울기, x절편, y절편의 부호를 확인한다.

상수 a, b, c가 다음을 만족시킬 때, 직선 $ax+by+c=0$이 지나는 사분면을 모두 구하시오.

(1) $ab>0$, $bc<0$

(2) $ac>0$, $bc>0$

• 유형 만렙 공통수학 2 28쪽에서 문제 더 풀기

| 풀이 | (1) $ab>0$, $bc<0$이므로 $b\neq0$

따라서 $ax+by+c=0$에서 $y=-\frac{a}{b}x-\frac{c}{b}$

$ab>0$, $bc<0$에서 $-\frac{a}{b}<0$, $-\frac{c}{b}>0$

즉, 직선 $ax+by+c=0$의 기울기는 음수이고 y절편은 양수이므로 직선의 개형은 오른쪽 그림과 같다.

따라서 직선은 제1사분면, 제2사분면, 제4사분면을 지난다.

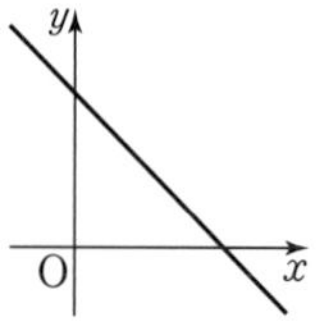

(2) $ac>0$, $bc>0$이므로 $a\neq0$, $b\neq0$

따라서 $ax+by+c=0$에서

$y=0$일 때, $ax+c=0$ $\quad\therefore x=-\frac{c}{a}$ ◀ x절편

$x=0$일 때, $by+c=0$ $\quad\therefore y=-\frac{c}{b}$ ◀ y절편

$ac>0$, $bc>0$에서 $-\frac{c}{a}<0$, $-\frac{c}{b}<0$

즉, 직선 $ax+by+c=0$의 x절편과 y절편은 모두 음수이므로 직선의 개형은 오른쪽 그림과 같다.

따라서 직선은 제2사분면, 제3사분면, 제4사분면을 지난다.

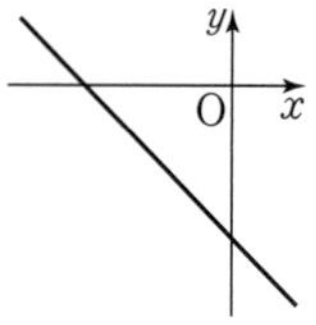

답 (1) 제1사분면, 제2사분면, 제4사분면
(2) 제2사분면, 제3사분면, 제4사분면

| 다른 풀이 | (2) $b\neq0$이므로 $ax+by+c=0$에서 $y=-\frac{a}{b}x-\frac{c}{b}$

$ac>0$, $bc>0$이므로 ← a, c의 부호가 서로 같고 b, c의 부호가 서로 같으므로 a, b, c의 부호는 모두 같다.

$a>0$, $b>0$, $c>0$ 또는 $a<0$, $b<0$, $c<0$

$\therefore -\frac{a}{b}<0$, $-\frac{c}{b}<0$

즉, 직선 $ax+by+c=0$의 기울기와 y절편은 모두 음수이므로 직선의 개형은 오른쪽 그림과 같다.

따라서 직선은 제2사분면, 제3사분면, 제4사분면을 지난다.

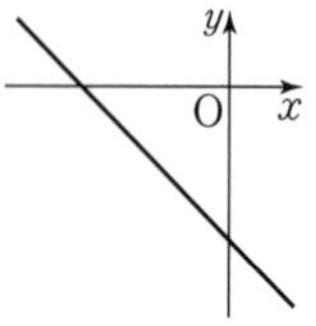

095 유사

$ab<0$, $bc<0$일 때, 직선 $ax+by+c=0$이 지나는 사분면을 모두 구하시오.

096 유사

$ac<0$, $bc>0$일 때, 직선 $ax+by+c=0$이 지나는 사분면을 모두 구하시오.

097 변형

$ac>0$, $bc=0$일 때, 직선 $ax+by+c=0$이 지나는 사분면을 모두 구하시오.

098 변형

직선 $ax+by+c=0$의 개형이 오른쪽 그림과 같을 때, 직선 $cx+by+a=0$이 지나지 않는 사분면을 모두 구하시오. (단, a, b, c는 상수)

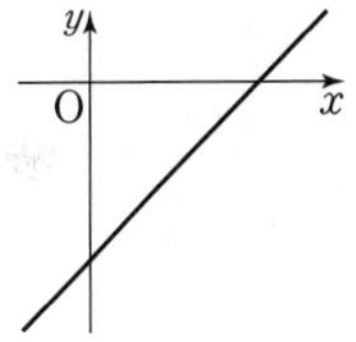

예제 07 / 정점을 지나는 직선

직선의 방정식을 k에 대하여 정리한 후 k에 대한 항등식임을 이용한다.

직선 $(2+k)x+(1-3k)y-7=0$이 실수 k의 값에 관계없이 항상 지나는 점의 좌표를 구하시오.

• 유형 만렙 공통수학 2 29쪽에서 문제 더 풀기

| 풀이 | 주어진 식을 k에 대하여 정리하면

$(2x+y-7)+k(x-3y)=0$

이 식이 k의 값에 관계없이 항상 성립해야 하므로

$2x+y-7=0$, $x-3y=0$

두 식을 연립하여 풀면 $x=3$, $y=1$

따라서 구하는 점의 좌표는 $(3, 1)$이다.

답 $(3, 1)$

예제 08 / 두 직선의 교점을 지나는 직선의 방정식

두 직선의 교점을 지나는 직선의 방정식을 항등식으로 나타낸다.

두 직선 $3x-2y+1=0$, $x+2y-1=0$의 교점과 점 $(2, 0)$을 지나는 직선의 방정식을 구하시오.

• 유형 만렙 공통수학 2 30쪽에서 문제 더 풀기

| 풀이 | 두 직선의 교점을 지나는 직선의 방정식은

$(3x-2y+1)+k(x+2y-1)=0$ (단, k는 실수) ...... ㉠

직선 ㉠이 점 $(2, 0)$을 지나므로

$(6+1)+k(2-1)=0 \quad \therefore k=-7$

이를 ㉠에 대입하면 구하는 직선의 방정식은

$(3x-2y+1)-7(x+2y-1)=0$

$-4x-16y+8=0 \quad \therefore x+4y-2=0$

답 $x+4y-2=0$

| 다른 풀이 | 두 식 $3x-2y+1=0$, $x+2y-1=0$을 연립하여 풀면 $x=0$, $y=\frac{1}{2}$

따라서 주어진 두 직선의 교점의 좌표는 $\left(0, \frac{1}{2}\right)$이므로 두 점 $(2, 0)$, $\left(0, \frac{1}{2}\right)$을 지나는 직선의 방정식은

$\frac{x}{2}+\frac{y}{\frac{1}{2}}=1 \quad \therefore x+4y-2=0$

• 정답과 해설 18쪽

099 예제 07 유사

직선 $(1+2k)x+(4+k)y-4k-9=0$이 실수 k의 값에 관계없이 항상 지나는 점의 좌표를 구하시오.

100 예제 08 유사

두 직선 $x-2y-3=0$, $3x+y+5=0$의 교점과 점 $(1,\ -4)$를 지나는 직선의 방정식을 구하시오.

101 예제 07 변형

직선 $(2-k)x+(5k-3)y-3k-1=0$이 실수 k의 값에 관계없이 항상 지나는 점을 P라 할 때, 점 P와 원점 사이의 거리를 구하시오.

102 예제 08 변형

두 직선 $2x+y-2=0$, $4x-3y-2=0$의 교점과 점 $(-2,\ -1)$을 지나는 직선의 기울기를 구하시오.

발전 예제 09 / 정점을 지나는 직선의 활용

직선이 항상 지나는 점의 좌표를 구한 후 그 점을 지나는 직선의 기울기를 조건을 만족시키도록 바꾸어 움직여 본다.

두 직선 $x+y-3=0$, $mx-y+2m+1=0$이 제1사분면에서 만나도록 하는 실수 m의 값의 범위를 구하시오.

• 유형 만렙 공통수학 2 29쪽에서 문제 더 풀기

| 풀이 | $mx-y+2m+1=0$을 m에 대하여 정리하면

$(x+2)m-(y-1)=0$ ⋯⋯ ㉠

이 식이 m의 값에 관계없이 항상 성립해야 하므로

$x+2=0$, $y-1=0$ $\therefore x=-2, y=1$

즉, 직선 ㉠은 m의 값에 관계없이 항상 점 $(-2, 1)$을 지난다.

오른쪽 그림과 같이 두 직선이 제1사분면에서 만나도록 직선 ㉠을 움직여 보면

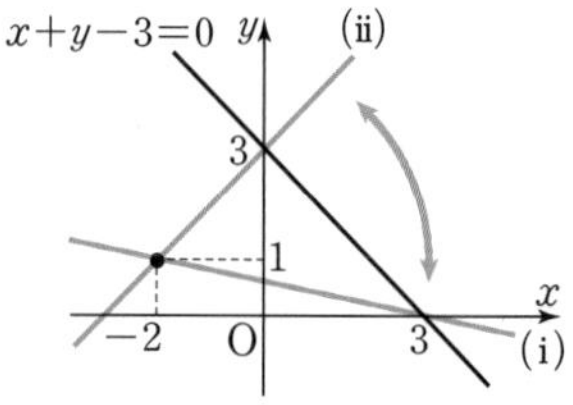

(i) 직선 ㉠이 점 $(3, 0)$을 지날 때

$5m+1=0$ $\therefore m=-\frac{1}{5}$

(ii) 직선 ㉠이 점 $(0, 3)$을 지날 때

$2m-2=0$ $\therefore m=1$

(i), (ii)에서 m의 값의 범위는

$-\frac{1}{5}<m<1$

답 $-\frac{1}{5}<m<1$

| 참고 | 직선 $mx-y+2m+1=0$, 즉 $y=mx+2m+1$의 기울기는 m이므로 이 직선은 점 $(-2, 1)$을 지나고 기울기가 m인 직선이다.

따라서 점 $(-2, 1)$을 지나는 직선이 직선 $x+y-3=0$과 제1사분면에서 만나도록 기울기를 바꾸어 움직여 보면 m의 값의 범위를 구할 수 있다.

유제

• 정답과 해설 18쪽

103 유사

두 직선 $2x+y+2=0$, $mx-y-m+1=0$이 제3사분면에서 만나도록 하는 실수 m의 값의 범위를 구하시오.

104 유사

두 직선 $x-3y+6=0$, $mx-y+3m-3=0$이 제2사분면에서 만나도록 하는 실수 m의 값의 범위를 구하시오.

105 변형

직선 $mx-y-m+2=0$이 두 점 $\mathrm{A}(2, 4)$, $\mathrm{B}(3, 1)$을 이은 선분 AB와 만나도록 하는 실수 m의 값의 범위를 구하시오.

106 변형

직선 $mx+y-2m-4=0$이 제4사분면을 지나지 않도록 하는 실수 m의 값의 범위를 구하시오.

2 두 직선의 평행과 수직

개념 01 두 직선의 평행과 수직 - $y=mx+n$ 꼴

예제 10, 12

(1) 두 직선의 평행

두 직선 $y=mx+n$, $y=m'x+n'$에서

① 두 직선이 서로 평행하면 $m=m'$, $n\neq n'$이다. ◀ 기울기가 같고 y절편이 다르다.

② $m=m'$, $n\neq n'$이면 두 직선은 서로 평행하다.

(2) 두 직선의 수직

두 직선 $y=mx+n$, $y=m'x+n'$에서

① 두 직선이 서로 수직이면 $mm'=-1$이다. ◀ 두 직선의 기울기의 곱이 -1이다.

② $mm'=-1$이면 두 직선은 서로 수직이다.

| 참고 | • 두 직선 $y=mx+n$, $y=m'x+n'$이 일치하면 $m=m'$, $n=n'$이다.

• 두 직선 $y=mx+n$, $y=m'x+n'$이 한 점에서 만나면 $m\neq m'$이다.

| 증명 | (1) 두 직선이 서로 평행하면 두 직선의 기울기는 같고 y절편은 다르므로

$m=m'$, $n\neq n'$

또 $m=m'$, $n\neq n'$이면 두 직선은 서로 평행하다.

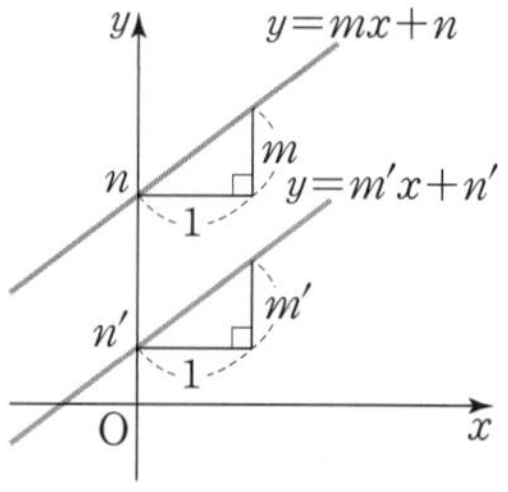

(2) 두 직선이 일치하면 두 직선의 기울기도 같고 y절편도 같으므로

$m=m'$, $n=n'$

또 $m=m'$, $n=n'$이면 두 직선은 일치한다.

(3) 두 직선이 한 점에서 만나면 두 직선의 기울기는 다르므로

$m\neq m'$

또 $m\neq m'$이면 두 직선은 한 점에서 만난다. ◀ 기울기가 다른 두 직선은 한 점에서 만난다.

(4) 두 직선 $y=mx+n$, $y=m'x+n'$이 서로 수직이면 이 두 직선에 각각 평행하고 원점을 지나는 두 직선 $y=mx$, $y=m'x$도 서로 수직이다.

오른쪽 그림과 같이 서로 수직인 두 직선 $y=mx$, $y=m'x$와 직선 $x=1$의 교점을 각각 P, Q라 하면

$\text{P}(1, m)$, $\text{Q}(1, m')$

이때 삼각형 POQ는 직각삼각형이므로 피타고라스 정리에 의하여

$\overline{\text{OP}}^2+\overline{\text{OQ}}^2=\overline{\text{PQ}}^2$

$(1+m^2)+(1+m'^2)=(m-m')^2$ $\quad\therefore mm'=-1$

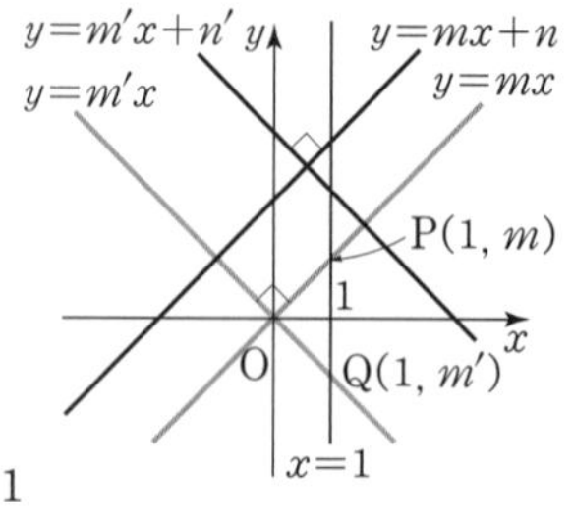

또 $mm'=-1$이면 $\overline{\text{OP}}^2+\overline{\text{OQ}}^2=\overline{\text{PQ}}^2$이므로 삼각형 POQ는 $\angle\text{POQ}=90°$인 직각삼각형이다.

따라서 두 직선 $y=mx$, $y=m'x$가 서로 수직이므로 두 직선 $y=mx+n$, $y=m'x+n'$도 서로 수직이다.

개념 02 두 직선의 평행과 수직 - $ax+by+c=0$ 꼴

예제 11, 13

(1) 두 직선의 평행

두 직선 $ax+by+c=0$, $a'x+b'y+c'=0$에서

① 두 직선이 서로 평행하면 $\frac{a}{a'}=\frac{b}{b'}\neq\frac{c}{c'}$이다.

② $\frac{a}{a'}=\frac{b}{b'}\neq\frac{c}{c'}$이면 두 직선은 서로 평행하다.

(2) 두 직선의 수직

두 직선 $ax+by+c=0$, $a'x+b'y+c'=0$에서

① 두 직선이 서로 수직이면 $aa'+bb'=0$이다.

② $aa'+bb'=0$이면 두 직선은 서로 수직이다.

| 참고 | • 두 직선 $ax+by+c=0$, $a'x+b'y+c'=0$이 일치하면 $\frac{a}{a'}=\frac{b}{b'}=\frac{c}{c'}$이다.

• 두 직선 $ax+by+c=0$, $a'x+b'y+c'=0$이 한 점에서 만나면 $\frac{a}{a'}\neq\frac{b}{b'}$이다.

| 증명 | 두 직선의 방정식 $ax+by+c=0$, $a'x+b'y+c'=0$의 x, y의 계수가 모두 0이 아닐 때,

$$y=-\frac{a}{b}x-\frac{c}{b},\ y=-\frac{a'}{b'}x-\frac{c'}{b'}$$

꼴로 변형하면 두 직선의 기울기는 각각 $-\frac{a}{b}$, $-\frac{a'}{b'}$이고 y절편은 각각 $-\frac{c}{b}$, $-\frac{c'}{b'}$이다.

(1) 두 직선이 서로 평행하면 $-\frac{a}{b}=-\frac{a'}{b'}$, $-\frac{c}{b}\neq-\frac{c'}{b'}$ $\quad\therefore \frac{a}{a'}=\frac{b}{b'}\neq\frac{c}{c'}$

(2) 두 직선이 일치하면 $-\frac{a}{b}=-\frac{a'}{b'}$, $-\frac{c}{b}=-\frac{c'}{b'}$ $\quad\therefore \frac{a}{a'}=\frac{b}{b'}=\frac{c}{c'}$

(3) 두 직선이 한 점에서 만나면 $-\frac{a}{b}\neq-\frac{a'}{b'}$ $\quad\therefore \frac{a}{a'}\neq\frac{b}{b'}$

(4) 두 직선이 서로 수직이면 $-\frac{a}{b}\times\left(-\frac{a'}{b'}\right)=-1$ $\quad\therefore aa'+bb'=0$

개념 확인

• 정답과 해설 19쪽

개념 01

107 두 직선 $y=5x+1$, $y=mx-2$의 위치 관계가 다음과 같을 때, 상수 m의 값을 구하시오.

(1) 평행하다. (2) 수직이다.

개념 02

108 두 직선 $ax+2y+3=0$, $2x+y-1=0$의 위치 관계가 다음과 같을 때, 상수 a의 값을 구하시오.

(1) 평행하다. (2) 수직이다.

빈출

예제 10 / 한 직선에 평행 또는 수직인 직선의 방정식

두 직선 $y=mx+n$, $y=m'x+n'$이 서로 평행하면 $m=m'$, $n\neq n'$이고 서로 수직이면 $mm'=-1$이다.

다음 직선의 방정식을 구하시오.

(1) 두 점 $(2, -3)$, $(4, 1)$을 지나는 직선에 평행하고 x절편이 -3인 직선

(2) 점 $(6, 5)$를 지나고 직선 $3x-y+1=0$에 수직인 직선

• 유형 만렙 공통수학 2 31쪽에서 문제 더 풀기

| 풀이 | (1) 두 점 $(2, -3)$, $(4, 1)$을 지나는 직선의 기울기는

$\dfrac{1-(-3)}{4-2}=2$

따라서 기울기가 2이고 점 $(-3, 0)$을 지나는 직선의 방정식은 (x절편이 -3인 직선)

$y=2(x+3)$

$\therefore y=2x+6$

(2) $3x-y+1=0$에서 $y=3x+1$이므로 이 직선의 기울기는 3이다.

직선 $3x-y+1=0$에 수직인 직선의 기울기를 m이라 하면

$3\times m=-1 \qquad \therefore m=-\dfrac{1}{3}$

따라서 기울기가 $-\dfrac{1}{3}$이고 점 $(6, 5)$를 지나는 직선의 방정식은

$y-5=-\dfrac{1}{3}(x-6)$

$\therefore y=-\dfrac{1}{3}x+7$

답 (1) $y=2x+6$ (2) $y=-\dfrac{1}{3}x+7$

유제

• 정답과 해설 19쪽

109 유사

x절편이 2이고 y절편이 3인 직선에 평행하고 점 $(-2,\ 4)$를 지나는 직선의 방정식을 구하시오.

110 유사 교과서

점 $(1,\ -3)$을 지나고 직선 $y=\frac{1}{2}x+9$에 수직인 직선의 방정식을 구하시오.

111 변형

점 $(5,\ 3)$을 지나고 직선 $x+y-7=0$에 평행한 직선이 점 $(4,\ a)$를 지날 때, a의 값을 구하시오.

112 변형 교과서

두 점 $A(3,\ -5)$, $B(1,\ 7)$에 대하여 선분 AB의 중점을 지나고 직선 $x+4y-2=0$에 수직인 직선의 방정식을 구하시오.

빈출

예제 11 ⁄ 두 직선이 평행 또는 수직일 조건

두 직선 $ax+by+c=0$, $a'x+b'y+c'=0$이 서로 평행하면 $\frac{a}{a'}=\frac{b}{b'}\neq\frac{c}{c'}$이고 서로 수직이면 $aa'+bb'=0$이다.

다음 물음에 답하시오.

(1) 두 직선 $x+ay+1=0$, $(a-1)x+2y+1=0$이 서로 평행하도록 하는 상수 a의 값을 구하시오.

(2) 두 직선 $(a-2)x+4y+3=0$, $ax-2y+1=0$이 서로 수직이 되도록 하는 상수 a의 값을 모두 구하시오.

• 유형 만렙 공통수학 2 31쪽에서 문제 더 풀기

| 풀이 | (1) 두 직선이 서로 평행하려면

$\frac{1}{a-1}=\frac{a}{2}\neq\frac{1}{1}$

(i) $\frac{1}{a-1}=\frac{a}{2}$에서 $a(a-1)=2$

$a^2-a-2=0$, $(a+1)(a-2)=0$

$\therefore a=-1$ 또는 $a=2$

(ii) $\frac{a}{2}\neq\frac{1}{1}$에서 $a\neq2$

(i), (ii)에서 $a=-1$

(2) 두 직선이 서로 수직이려면

$(a-2)\times a+4\times(-2)=0$

$a^2-2a-8=0$, $(a+2)(a-4)=0$

$\therefore a=-2$ 또는 $a=4$

답 (1) -1 (2) -2, 4

113 유사

두 직선 $x+(k-3)y+1=0$, $kx+4y-1=0$이 서로 평행하도록 하는 상수 k의 값을 구하시오.

114 유사

두 직선 $ax+3y+1=0$, $x-(a+8)y-1=0$이 서로 수직이 되도록 하는 상수 a의 값을 구하시오.

115 변형

두 직선 $(2a-1)x+y+1=0$, $ax-y+3=0$이 서로 평행하도록 하는 상수 a의 값을 α, 서로 수직이 되도록 하는 상수 a의 값을 β라 할 때, $\alpha+\beta$의 값을 구하시오. (단, $\beta>0$)

116 변형

직선 $ax+y+1=0$이 직선 $2x+by-3=0$에 평행하고 직선 $x-(b-1)y+4=0$에 수직일 때, 상수 a, b에 대하여 $a+b$의 값을 구하시오.

(단, $a>0$)

예제 12 / 선분의 수직이등분선의 방정식

선분 AB의 수직이등분선은 선분 AB에 수직이고 선분 AB의 중점을 지난다.

두 점 A$(2,\ -1)$, B$(-6,\ 7)$에 대하여 선분 AB의 수직이등분선의 방정식을 구하시오.

• 유형 만렙 공통수학 2 32쪽에서 문제 더 풀기

| 풀이 | 두 점 A$(2,\ -1)$, B$(-6,\ 7)$을 지나는 직선의 기울기는 $\frac{7-(-1)}{-6-2}=-1$

선분 AB의 수직이등분선의 기울기를 m이라 하면 $-1\times m=-1$ $\quad\therefore m=1$

선분 AB의 중점의 좌표는 $\left(\frac{2-6}{2},\ \frac{-1+7}{2}\right)$ $\quad\therefore (-2,\ 3)$

따라서 기울기가 1이고 점 $(-2,\ 3)$을 지나는 직선의 방정식은

$y-3=x-(-2)$ $\quad\therefore y=x+5$

답 $y=x+5$

예제 13 / 세 직선의 위치 관계

세 직선이 삼각형을 이루지 않으려면 세 직선이 모두 평행하거나 세 직선 중 두 직선이 평행하거나 세 직선이 한 점에서 만나야 한다.

세 직선 $3x+y-5=0$, $x+y-1=0$, $ax-y-3=0$이 삼각형을 이루지 않도록 하는 상수 a의 값을 모두 구하시오.

• 유형 만렙 공통수학 2 33쪽에서 문제 더 풀기

| 풀이 | $3x+y-5=0$ ······ ㉠, $x+y-1=0$ ······ ㉡, $ax-y-3=0$ ······ ㉢

(i) 세 직선이 모두 평행할 때

두 직선 ㉠, ㉡의 기울기는 각각 -3, -1이므로 세 직선이 모두 평행한 경우는 없다.

(ii) 세 직선 중 두 직선이 서로 평행할 때

두 직선 ㉠, ㉢이 서로 평행하면 $\frac{3}{a}=\frac{1}{-1}\neq\frac{-5}{-3}$ $\quad\therefore a=-3$

두 직선 ㉡, ㉢이 서로 평행하면 $\frac{1}{a}=\frac{1}{-1}\neq\frac{-1}{-3}$ $\quad\therefore a=-1$

(iii) 세 직선이 한 점에서 만날 때

㉠, ㉡을 연립하여 풀면 $x=2$, $y=-1$

즉, 직선 ㉢이 점 $(2,\ -1)$을 지나야 하므로 $2a+1-3=0$ $\quad\therefore a=1$

(i), (ii), (iii)에서 상수 a의 값은 -3, -1, 1이다.

답 -3, -1, 1

TIP 세 직선의 위치 관계

(1) 모두 평행하다.

(2) 두 직선이 평행하다.

(3) 두 직선끼리 만난다.

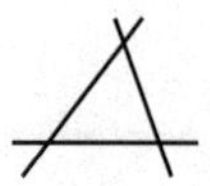

(4) 한 점에서 만난다.

117 예제 12 유사

두 점 $A(-3, 4)$, $B(5, 2)$에 대하여 선분 AB의 수직이등분선의 방정식을 구하시오.

118 예제 13 유사

세 직선 $2x-y-4=0$, $x+2y-7=0$, $ax-4y-1=0$이 삼각형을 이루지 않도록 하는 모든 상수 a의 값의 합을 구하시오.

119 예제 12 변형

직선 $x+3y-6=0$이 x축, y축과 만나는 점을 각각 A, B라 할 때, 선분 AB의 수직이등분선의 방정식을 구하시오.

120 예제 13 변형

세 직선 $3x+2y-4=0$, $5x-y+2=0$, $ax-2y+3=0$에 의하여 생기는 교점이 두 개가 되도록 하는 상수 a의 값을 모두 구하시오.

연습문제

1단계

121 점 $(-2,\ 4)$를 지나고 직선 $5x-2y+7=0$과 기울기가 같은 직선의 방정식의 y절편을 구하시오.

122 세 점 $\mathrm{A}(4,\ -2k+1)$, $\mathrm{B}(k+2,\ 3)$, $\mathrm{C}(k-2,\ k+3)$이 한 직선 위에 있도록 하는 모든 k의 값의 합을 구하시오.

123 $ab>0$, $ac<0$일 때, 직선 $ax+by+c=0$의 개형은?

①
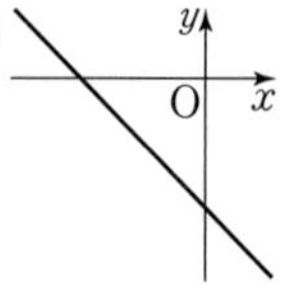

②
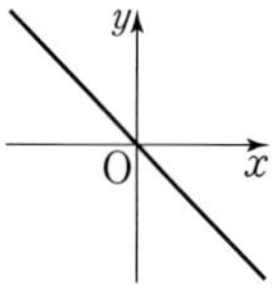

③
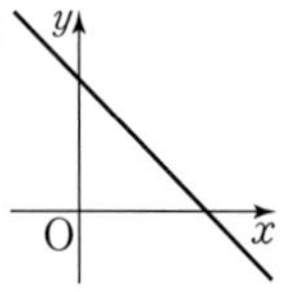

④
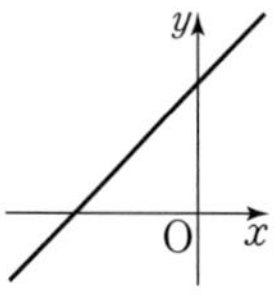

⑤
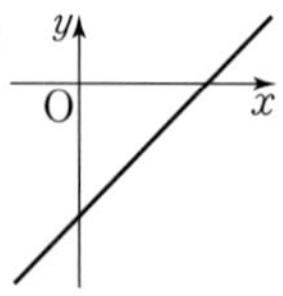

서술형

124 직선 $(1+3k)x+(2+k)y-2k-9=0$이 실수 k의 값에 관계없이 항상 지나는 점을 P라 할 때, 점 P와 점 $(1,\ 9)$를 지나는 직선의 방정식을 구하시오.

125 다음 중 두 직선 $2x-y-4=0$, $x+3y+2=0$의 교점과 점 $(2,\ -2)$를 지나는 직선 위에 있는 점은?

① $(-1,\ 5)$ ② $(0,\ -2)$ ③ $\left(1,\ \frac{1}{2}\right)$
④ $(3,\ -4)$ ⑤ $(4,\ -5)$

126 두 직선 $x+2y-3=0$, $x-2y+1=0$의 교점을 지나고 직선 $3x+2y+2=0$에 평행한 직선의 방정식을 구하시오.

• 정답과 해설 21쪽

교육청

127 점 $(6, a)$를 지나고 직선 $3x+2y-1=0$에 수직인 직선이 원점을 지날 때, a의 값은?

① 3 ② $\frac{7}{2}$ ③ 4
④ $\frac{9}{2}$ ⑤ 5

128 직선 $x+ay+2=0$이 직선 $2x+by+1=0$에 수직이고 직선 $x-(b-1)y+3=0$에 평행할 때, 상수 a, b에 대하여 a^2+b^2의 값은?

① 2 ② 5 ③ 8
④ 11 ⑤ 14

129 두 점 $A(a, -7)$, $B(1, b)$에 대하여 선분 AB의 수직이등분선의 방정식이 $x+3y+4=0$일 때, ab의 값을 구하시오.

130 세 직선 $x-y+1=0$, $x+y+3=0$, $y=k(x-1)$이 삼각형을 이루지 않도록 하는 모든 상수 k의 값의 합을 구하시오.

2단계

서술형

131 오른쪽 그림과 같이 네 점 $O(0, 0)$, $A(1, 3)$, $B(5, 0)$, $C(4, 2)$를 꼭짓점으로 하는 사각형 AOBC의 두 대각선의 교점의 좌표를 구하려고 한다. 다음을 구하시오.

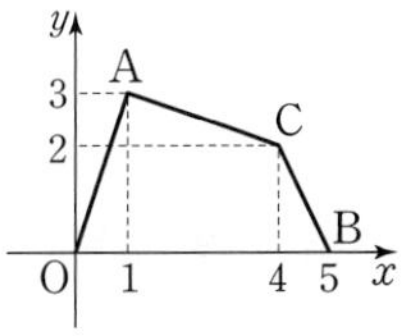

(1) 두 점 A, B를 지나는 직선의 방정식
(2) 두 점 O, C를 지나는 직선의 방정식
(3) 두 대각선의 교점의 좌표

132 세 점 $A(4, 3)$, $B(-1, 1)$, $C(5, -1)$을 꼭짓점으로 하는 삼각형 ABC의 변 BC 위의 한 점 P에 대하여 삼각형 ABP와 삼각형 APC의 넓이의 비가 $2:1$일 때, 두 점 A, P를 지나는 직선의 방정식을 구하시오.

연습문제

133 x절편이 y절편의 3배인 직선 l과 기울기가 같고 점 $(-7, 3)$을 지나는 직선의 방정식은? (단, 직선 l의 y절편은 0이 아니다.)

① $x-3y+16=0$ ② $x+3y-6=0$
③ $x+3y-2=0$ ④ $3x-y+24=0$
⑤ $3x+y+18=0$

교과서

134 직선 $2x+y-6k=0$과 x축, y축으로 둘러싸인 도형의 넓이가 144일 때, 양수 k의 값을 구하시오.

교육청

135 좌표평면에서 원점 O를 지나고 꼭짓점이 $A(2, -4)$인 이차함수 $y=f(x)$의 그래프가 x축과 만나는 점 중에서 원점이 아닌 점을 B라 하자. 직선 $y=mx$가 삼각형 OAB의 넓이를 이등분하도록 하는 실수 m의 값은?

① $-\frac{1}{6}$ ② $-\frac{1}{3}$ ③ $-\frac{1}{2}$
④ $-\frac{2}{3}$ ⑤ $-\frac{5}{6}$

136 실수 a, b가 $a-b=2$를 만족시킬 때, 직선 $ax+by=4$는 a, b의 값에 관계없이 항상 일정한 점을 지난다. 이때 이 점의 좌표를 구하시오.

137 직선 $mx-y+m+2=0$이 오른쪽 그림과 같은 직사각형과 만나도록 하는 실수 m의 값의 범위를 구하시오.

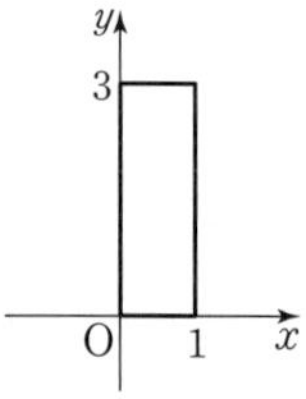

138 다음과 같은 세 직선 l_1, l_2, l_3으로 둘러싸인 도형의 넓이를 구하시오.

> l_1: 점 $(1, 2)$를 지나고 직선 $y=x$에 평행한 직선
> l_2: x절편이 -1이고 직선 $6x-y-4=0$에 수직인 직선
> l_3: 점 $(5, -3)$을 지나고 x축에 수직인 직선

교육청

139 두 직선

l: $ax-y+a+2=0$

m: $4x+ay+3a+8=0$

에 대하여 보기에서 옳은 것만을 있는 대로 고른 것은? (단, a는 실수이다.)

보기

ㄱ. $a=0$일 때 두 직선 l과 m은 서로 수직이다.

ㄴ. 직선 l은 a의 값에 관계없이 항상 점 (1, 2)를 지난다.

ㄷ. 두 직선 l과 m이 평행이 되기 위한 a의 값은 존재하지 않는다.

① ㄱ ② ㄴ ③ ㄱ, ㄷ
④ ㄴ, ㄷ ⑤ ㄱ, ㄴ, ㄷ

140 마름모 ABCD의 두 꼭짓점의 좌표가 A(1, 4), C(7, 0)일 때, 두 꼭짓점 B, D를 지나는 직선의 방정식을 구하시오.

141 세 직선 $ax+y+3=0$, $8x-(b+1)y+b=0$, $8x+2y-5=0$이 좌표평면을 네 개의 영역으로 나눌 때, 상수 a, b에 대하여 $a+b$의 값을 구하시오.

3단계

142 세 점 A(0, 0), B(6, 0), C(2, 4)를 꼭짓점으로 하는 삼각형 ABC의 각 꼭짓점에서 그 대변에 내린 세 수선의 교점의 좌표를 (a, b)라 할 때, $a+b$의 값을 구하시오.

교육청

143 그림과 같이 좌표평면에서 이차함수 $y=x^2$의 그래프 위의 점 P(1, 1)에서의 접선을 l_1, 점 P를 지나고 직선 l_1과 수직인 직선을 l_2라 하자. 직선 l_1이 y축과 만나는 점을 Q, 직선 l_2가 이차함수 $y=x^2$의 그래프와 만나는 점 중 점 P가 아닌 점을 R라 하자. 삼각형 PRQ의 넓이를 S라 할 때, $40S$의 값을 구하시오.

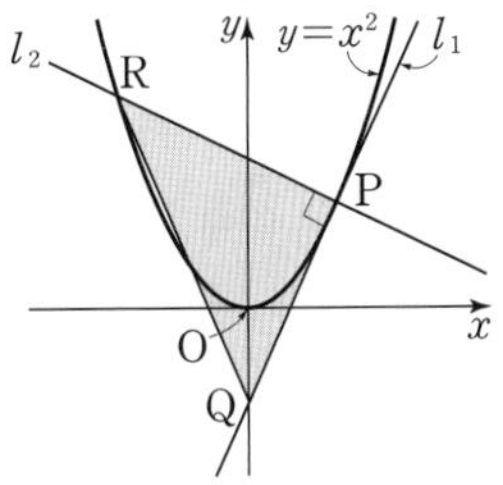

144 두 직선 $x-3y-3=0$, $ax+y-a+3=0$이 제1사분면에서 만나도록 하는 실수 a의 값의 범위가 $m<a<n$일 때, $2mn$의 값을 구하시오.

1 점과 직선 사이의 거리

개념 01 점과 직선 사이의 거리

◎ 예제 01, 03, 04

좌표평면 위의 점 P에서 점 P를 지나지 않는 직선 l에 내린 수선의 발을 H라 할 때, 선분 PH의 길이를 점 P와 직선 l 사이의 거리라 한다.

점 $P(x_1, y_1)$과 직선 $ax+by+c=0$ 사이의 거리는

$$\frac{|ax_1+by_1+c|}{\sqrt{a^2+b^2}}$$

특히 원점과 직선 $ax+by+c=0$ 사이의 거리는

$$\frac{|c|}{\sqrt{a^2+b^2}}$$

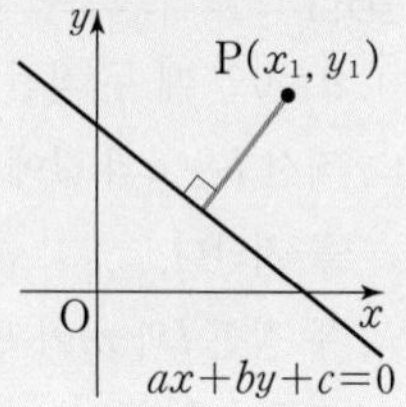

| 증명 | 점과 직선 사이의 거리를 구하는 공식의 유도

점 $P(x_1, y_1)$에서 직선 $l: ax+by+c=0$에 내린 수선의 발을 $H(x_2, y_2)$라 하면

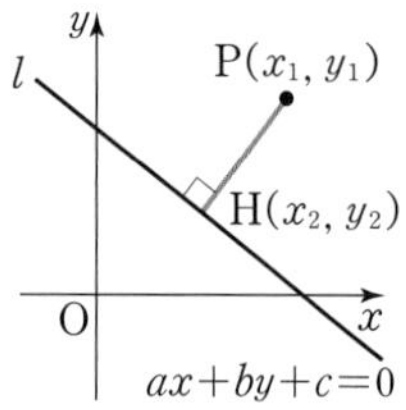

(i) $a\neq0$, $b\neq0$일 때

직선 PH와 직선 l의 기울기는 각각 $\frac{y_2-y_1}{x_2-x_1}$, $-\frac{a}{b}$이고 두 직선이 서로 수직이므로

$$\frac{y_2-y_1}{x_2-x_1}\times\left(-\frac{a}{b}\right)=-1 \qquad \therefore \frac{x_2-x_1}{a}=\frac{y_2-y_1}{b}$$

이때 $\frac{x_2-x_1}{a}=\frac{y_2-y_1}{b}=k\,(k\neq0)$로 놓으면 $x_2-x_1=ak$, $y_2-y_1=bk$ ······ ㉠

$\therefore \overline{PH}=\sqrt{(x_2-x_1)^2+(y_2-y_1)^2}=\sqrt{k^2(a^2+b^2)}=|k|\sqrt{a^2+b^2}$ ······ ㉡

또 점 $H(x_2, y_2)$는 직선 l 위의 점이므로 $ax_2+by_2+c=0$ ······ ㉢

㉠에서 $x_2=x_1+ak$, $y_2=y_1+bk$이므로 ㉢에 대입하면

$$a(x_1+ak)+b(y_1+bk)+c=0 \qquad \therefore k=-\frac{ax_1+by_1+c}{a^2+b^2}$$ ······ ㉣

㉣을 ㉡에 대입하면

$$\overline{PH}=\left|-\frac{ax_1+by_1+c}{a^2+b^2}\right|\sqrt{a^2+b^2}=\frac{|ax_1+by_1+c|}{\sqrt{a^2+b^2}}$$ ······ ㉤

(ii) $a=0$, $b\neq0$ 또는 $a\neq0$, $b=0$일 때

직선 l은 x축 또는 y축에 평행하고 이 경우에도 점 P와 직선 l 사이의 거리 $\overline{PH}$는 ㉤과 같다.

| 예 | (1) 점 (2, 3)과 직선 $x+3y-1=0$ 사이의 거리는

$$\frac{|1\times2+3\times3-1|}{\sqrt{1^2+3^2}}=\frac{10}{\sqrt{10}}=\sqrt{10}$$

(2) 원점과 직선 $3x+4y-5=0$ 사이의 거리는

$$\frac{|-5|}{\sqrt{3^2+4^2}}=\frac{5}{5}=1$$

개념 02 평행한 두 직선 사이의 거리

예제 02

평행한 두 직선 l과 l' 사이의 거리는 직선 l 위의 한 점과 직선 l' 사이의 거리와 같다.

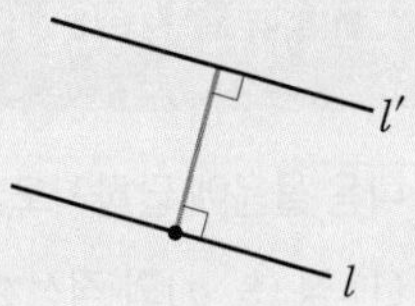

| 예 | 평행한 두 직선 $x+y-1=0$, $x+y-3=0$ 사이의 거리는 직선 $x+y-1=0$ 위의 한 점 $(0, 1)$과 직선 $x+y-3=0$ 사이의 거리와 같으므로

$$\frac{|1\times0+1\times1-3|}{\sqrt{1^2+1^2}}=\frac{2}{\sqrt{2}}=\sqrt{2}$$

| 참고 | 한 직선 위의 임의의 점을 택할 때, 좌표가 간단한 정수인 점이나 x축 또는 y축 위의 점을 택하면 계산이 간편하다.

개념 확인

• 정답과 해설 27쪽

개념 01

145 다음 점과 직선 사이의 거리를 구하시오.

(1) 점 $(4, 0)$, 직선 $3x+4y-2=0$

(2) 점 $(0, 2)$, 직선 $x-y+4=0$

(3) 점 $(1, -5)$, 직선 $2x+3y=0$

(4) 원점, 직선 $2x-y-5=0$

개념 02

146 다음 평행한 두 직선 사이의 거리를 구하시오.

(1) $x+2y=0$, $x+2y+1=0$

(2) $3x+y+1=0$, $3x+y-9=0$

빈출

예제 01 / 점과 직선 사이의 거리

점과 직선 사이의 거리를 구하는 공식을 이용하여 식을 세운다.

다음 물음에 답하시오.

(1) 점 $(3,\ a)$와 직선 $2x+y+1=0$ 사이의 거리가 $2\sqrt{5}$일 때, 양수 a의 값을 구하시오.

(2) 직선 $3x-4y-2=0$에 수직이고 원점으로부터의 거리가 3인 직선의 방정식을 구하시오.

• 유형 만렙 공통수학 2 33쪽에서 문제 더 풀기

| 개념 | 점 $P(x_1,\ y_1)$과 직선 $ax+by+c=0$ 사이의 거리는

$$\frac{|ax_1+by_1+c|}{\sqrt{a^2+b^2}}$$

| 풀이 | (1) 점 $(3,\ a)$와 직선 $2x+y+1=0$ 사이의 거리가 $2\sqrt{5}$이므로

$$\frac{|2\times3+1\times a+1|}{\sqrt{2^2+1^2}}=2\sqrt{5}$$

$|a+7|=10,\ a+7=\pm10$

$\therefore\ a=-17$ 또는 $a=3$

따라서 양수 a의 값은 3이다.

(2) $3x-4y-2=0$에서 $y=\frac{3}{4}x-\frac{1}{2}$ ······ ㉠

직선 ㉠의 기울기는 $\frac{3}{4}$이므로 직선 ㉠에 수직인 직선의 기울기를 m이라 하면

$\frac{3}{4}\times m=-1\qquad\therefore\ m=-\frac{4}{3}$

구하는 직선의 방정식을 $y=-\frac{4}{3}x+a$라 하면

$4x+3y-3a=0$ ······ ㉡

원점과 직선 ㉡ 사이의 거리가 3이므로

$\frac{|-3a|}{\sqrt{4^2+3^2}}=3,\ |3a|=15\qquad\therefore\ 3a=\pm15$ ◀ ㉡에서 $3a$의 값이 필요하므로 a의 값을 구하지 않아도 된다.

이를 ㉡에 대입하면 구하는 직선의 방정식은

$4x+3y+15=0$ 또는 $4x+3y-15=0$

답 (1) 3 (2) $4x+3y+15=0$ 또는 $4x+3y-15=0$

147 유사

점 $(2,\ -1)$과 직선 $x-3y+k=0$ 사이의 거리가 $\sqrt{10}$이 되도록 하는 모든 상수 k의 값의 합을 구하시오.

148 유사

교과서

직선 $2x-3y+1=0$에 평행하고 점 $(-3,\ -1)$로부터의 거리가 $\sqrt{13}$인 직선의 방정식을 구하시오.

149 변형

점 $(2,\ 8)$에서 두 직선 $x-2y+3=0$, $2x-y+k=0$에 이르는 거리가 같을 때, 상수 k의 값을 모두 구하시오.

150 변형

점 $(1,\ 2)$로부터의 거리가 $\sqrt{5}$이고 원점을 지나는 직선의 방정식을 구하시오.

빈출

예제 02 / 평행한 두 직선 사이의 거리

평행한 두 직선 사이의 거리는 한 직선 위의 임의의 점과 다른 직선 사이의 거리와 같다.

평행한 두 직선 $3x-2y-2=0$, $3x-2y+k=0$ 사이의 거리가 $\sqrt{13}$일 때, 양수 k의 값을 구하시오.

• 유형 만렙 공통수학 2 34쪽에서 문제 더 풀기

| 풀이 | 평행한 두 직선 $3x-2y-2=0$, $3x-2y+k=0$ 사이의 거리는 직선 $3x-2y-2=0$ 위의 한 점 $(0, -1)$과 직선 $3x-2y+k=0$ 사이의 거리와 같다.

따라서 점 $(0, -1)$과 직선 $3x-2y+k=0$ 사이의 거리가 $\sqrt{13}$이므로

$$\frac{|-2\times(-1)+k|}{\sqrt{3^2+(-2)^2}}=\sqrt{13}$$

$|2+k|=13$, $2+k=\pm13$

$\therefore k=-15$ 또는 $k=11$

따라서 양수 k의 값은 11이다.

답 11

예제 03 / 세 꼭짓점의 좌표가 주어진 삼각형의 넓이

삼각형의 높이는 한 꼭짓점과 나머지 두 꼭짓점을 지나는 직선 사이의 거리와 같다.

세 점 $A(-2, 3)$, $B(-1, -2)$, $C(2, 1)$을 꼭짓점으로 하는 삼각형 ABC의 넓이를 구하시오.

• 유형 만렙 공통수학 2 35쪽에서 문제 더 풀기

| 풀이 | 변 BC의 길이는

$$\sqrt{\{2-(-1)\}^2+\{1-(-2)\}^2}=3\sqrt{2}$$

직선 BC의 방정식은

$$y-1=\frac{1-(-2)}{2-(-1)}(x-2) \qquad \therefore x-y-1=0$$

오른쪽 그림과 같이 점 $A(-2, 3)$과 직선 $x-y-1=0$ 사이의 거리를 h라 하면

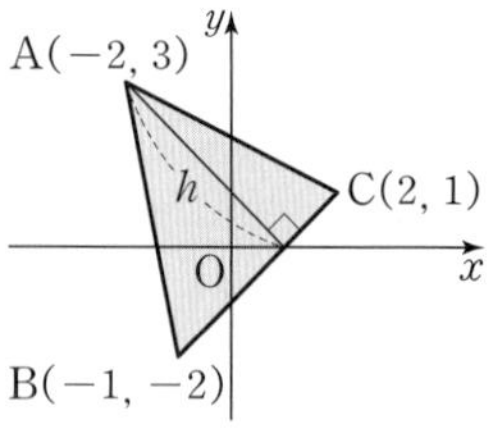

$$h=\frac{|1\times(-2)-1\times3-1|}{\sqrt{1^2+(-1)^2}}=3\sqrt{2}$$

따라서 삼각형 ABC의 넓이는

$$\frac{1}{2}\times\overline{BC}\times h=\frac{1}{2}\times3\sqrt{2}\times3\sqrt{2}=9$$

답 9

TIP 삼각형 ABC의 넓이 구하는 순서

(i) 변 BC의 길이와 직선 BC의 방정식을 구한다.

(ii) 점 A와 직선 BC 사이의 거리 h를 구한다.

(iii) $\triangle ABC=\frac{1}{2}\times\overline{BC}\times h$를 구한다.

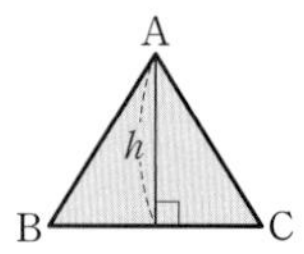

151 예제 02 유사

평행한 두 직선 $x+7y+a=0$, $x+7y-5=0$ 사이의 거리가 $2\sqrt{2}$일 때, 상수 a의 값을 모두 구하시오.

152 예제 03 유사

원점 O와 두 점 $A(3,\ 4)$, $B(-1,\ 3)$을 꼭짓점으로 하는 삼각형 OAB의 넓이를 구하시오.

153 예제 02 변형

두 직선 $x+2y+3=0$, $2x+ay+1=0$이 서로 평행할 때, 두 직선 사이의 거리를 구하시오.
(단, a는 상수)

154 예제 03 변형

세 점 $A(1,\ -2)$, $B(5,\ 2)$, $C(2,\ a)$를 꼭짓점으로 하는 삼각형 ABC의 넓이가 8이 되도록 하는 양수 a의 값을 구하시오.

발전 예제 04 두 직선이 이루는 각의 이등분선의 방정식

각의 이등분선 위의 임의의 점 P에서 각을 이루는 두 직선에 이르는 거리는 서로 같다.

두 직선 $x+2y-1=0$, $2x+y-3=0$이 이루는 각의 이등분선의 방정식을 구하시오.

• 유형 만렙 공통수학 2 35쪽에서 문제 더 풀기

| 풀이 | 오른쪽 그림과 같이 두 직선 $x+2y-1=0$, $2x+y-3=0$이 이루는 각의 이등분선 위의 임의의 점을 $\mathrm{P}(x, y)$라 하면 점 P에서 주어진 두 직선에 이르는 거리가 같으므로

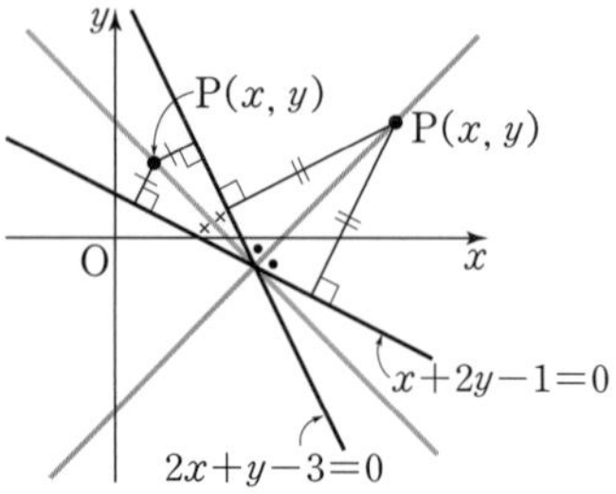

$$\frac{|x+2y-1|}{\sqrt{1^2+2^2}}=\frac{|2x+y-3|}{\sqrt{2^2+1^2}}$$

$|x+2y-1|=|2x+y-3|$

$x+2y-1=\pm(2x+y-3)$

$\therefore\ x-y-2=0$ 또는 $3x+3y-4=0$

답 $x-y-2=0$ 또는 $3x+3y-4=0$

TIP
- 오른쪽 그림과 같이 두 직선이 한 점에서 만나면 두 쌍의 맞꼭지각이 생기므로 두 직선이 이루는 각의 이등분선도 두 개이고, 서로 수직이다.
- 두 직선이 이루는 각의 이등분선은 두 직선으로부터 같은 거리에 있는 점이 나타내는 도형이다.

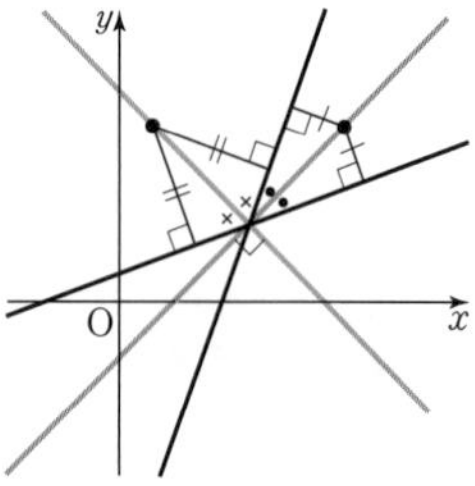

155 유사

두 직선 $x+3y-2=0$, $3x+y+2=0$이 이루는 각의 이등분선의 방정식을 구하시오.

156 유사

두 직선 $x+2y=0$, $4x+2y-1=0$이 이루는 각을 이등분하는 직선 중에서 기울기가 양수인 직선의 방정식을 구하시오.

157 변형

x축과 직선 $3x-4y+2=0$이 이루는 각의 이등분선의 방정식을 구하시오.

158 변형

두 직선 $x-5y+5=0$, $5x+y-2=0$으로부터 같은 거리에 있는 점 P가 나타내는 도형의 방정식을 구하시오.

연습문제

1단계

159 직선
$(k+2)x+(k-1)y+2k-5=0$이 실수 k의 값에 관계없이 항상 지나는 점을 P라 할 때, 점 P와 직선 $4x+3y+10=0$ 사이의 거리를 구하시오.

160 점 $(-4,\ 3)$과 직선 $x+ay+3=0$ 사이의 거리가 $2\sqrt{2}$가 되도록 하는 모든 상수 a의 값의 곱은?

① -7　② -4　③ -3
④ 4　⑤ 7

서술형

161 직선 $x-4y+6=0$에 수직이고 점 $(5,\ -6)$으로부터의 거리가 $\sqrt{17}$인 두 직선의 y절편의 합을 구하시오.

162 평행한 두 직선 $y=-4x+7$, $y=-4x-k$ 사이의 거리가 $\sqrt{17}$일 때, 양수 k의 값을 구하시오.

163 두 직선 $2x+(a-1)y+1=0$, $ax+y-5=0$이 서로 평행할 때, 두 직선 사이의 거리는? (단, $a>0$)

① $\frac{4\sqrt{5}}{5}$　② $\sqrt{5}$　③ $\frac{6\sqrt{5}}{5}$
④ $\frac{7\sqrt{5}}{5}$　⑤ $\frac{8\sqrt{5}}{5}$

164 직선 $x+2y-4=0$이 x축, y축과 만나는 점을 각각 A, B라 할 때, 두 점 A, B와 점 C$(2,\ 4)$를 꼭짓점으로 하는 삼각형 ABC의 넓이는?

① $4\sqrt{5}$　② 6　③ $6\sqrt{5}$
④ 8　⑤ $8\sqrt{5}$

• 정답과 해설 29쪽

165 점 P에서 두 직선 $2x-3y+1=0$, $3x-2y-1=0$에 이르는 거리를 각각 d, d'이라 하자. $d=2d'$일 때, 점 P가 나타내는 도형의 방정식을 구하시오.

2단계

166 직선 $2x-y-1+k(x+2y)=0$과 원점 사이의 거리를 $f(k)$라 할 때, $f(k)$의 최댓값을 구하시오. (단, k는 실수)

167 점 $(-2, 2)$를 지나고 원점으로부터의 거리가 k인 두 직선의 기울기의 합이 4일 때, k^2의 값을 구하시오.

교과서

168 오른쪽 그림과 같이 도서관은 학교에서 동쪽으로 3 km, 체육관은 학교에서 남쪽으로 4 km 떨어져 있고, 도서관과 체육관은 직선 도로 l로 연결되어 있다. 학교에서 동쪽으로 3 km, 남쪽으로 3 km 떨어진 지점 P에 공원을 조성하고 도로 l과 공원을 가장 짧은 거리로 연결하는 도로를 새로 만들려고 한다. 이때 새로 만드는 도로의 길이는?

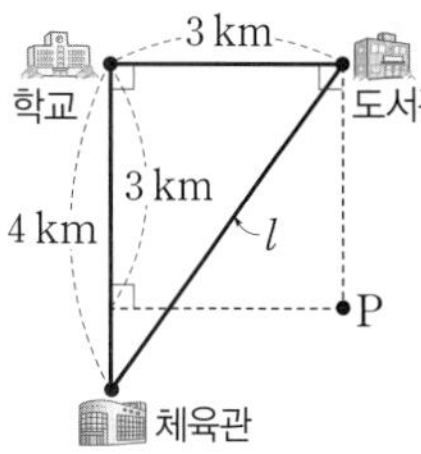

① $\frac{8}{5}$ km　② $\frac{9}{5}$ km　③ 2 km
④ $\frac{11}{5}$ km　⑤ $\frac{12}{5}$ km

169 평행사변형 ABCD에서 B$(3, 2)$, C$(7, 4)$, D$(5, 6)$일 때, 평행사변형 ABCD의 넓이는?

① 12　② 14　③ 16
④ 18　⑤ 20

연습문제

• 정답과 해설 31쪽

서술형

170 세 직선 $x-y+1=0$, $x+7y+9=0$, $3x+y-13=0$으로 둘러싸인 삼각형의 넓이를 구하시오.

171 두 직선 $5x+2y-6=0$, $2x-5y+7=0$이 이루는 각을 이등분하는 직선이 점 $(2,\ a)$를 지날 때, 모든 a의 값의 합을 구하시오.

3단계

교과서

172 오른쪽 그림과 같이 네 점 $\mathrm{A}(-4,\ 0)$, $\mathrm{B}(0,\ -3)$, $\mathrm{C}(4,\ 0)$, $\mathrm{D}(0,\ 3)$을 꼭짓점으로 하는 마름모 ABCD에 대하여 점 $\mathrm{P}(4,\ 5)$에서 마름모 위의 한 점까지의 거리의 최댓값을 M, 최솟값을 m이라 할 때, M^2+m^2의 값은?

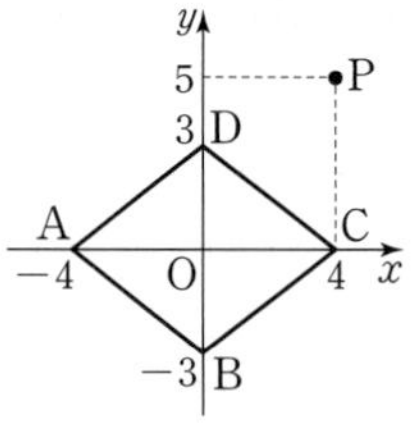

① 78　② 87　③ 96　④ 105　⑤ 114

교육청

173 그림과 같이 좌표평면 위의 점 $\mathrm{A}(8,\ 6)$에서 x축에 내린 수선의 발을 H라 하고, 선분 OH 위의 점 B에서 선분 OA에 내린 수선의 발을 I라 하자. $\overline{\mathrm{BH}}=\overline{\mathrm{BI}}$일 때, 직선 AB의 방정식은 $y=mx+n$이다. $m+n$의 값은? (단, O는 원점이고, m, n은 상수이다.)

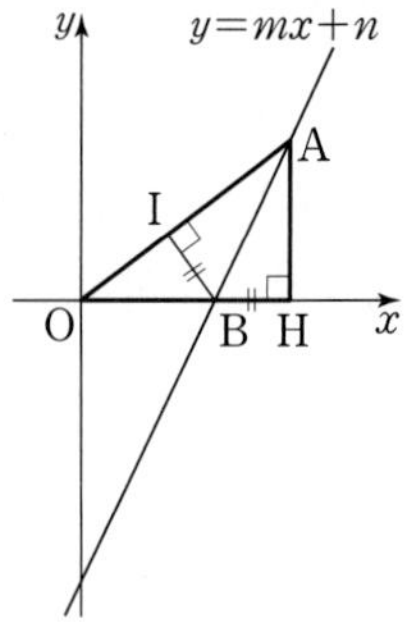

① -10　② -9　③ -8　④ -7　⑤ -6

174 다음 그림과 같이 직선 l이 평행한 두 직선 $x+2y-2=0$, $x+2y+3=0$과 수직으로 만나는 점을 각각 A, B라 하자. 삼각형 OAB의 넓이가 2일 때, 직선 l의 방정식을 구하시오. (단, O는 원점이고, 점 A는 제2사분면 위의 점이다.)

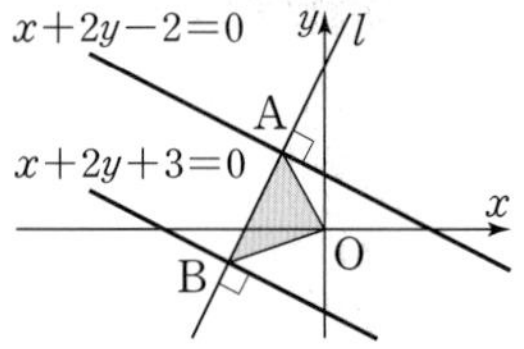

175 세 점 $\mathrm{A}(1,\ 3)$, $\mathrm{B}(0,\ 1)$, $\mathrm{C}(5,\ 1)$을 꼭짓점으로 하는 삼각형 ABC가 있다. 이때 점 A와 삼각형 ABC의 내심을 지나는 직선의 방정식을 구하시오.

3

원의 방정식

1 원의 방정식

개념 01 원의 방정식

예제 01~03, 09, 10

(1) 원의 정의

평면 위의 한 점 C에서 일정한 거리에 있는 모든 점으로 이루어진 도형을 원이라 한다.

이때 점 C를 원의 중심, 일정한 거리를 원의 반지름의 길이라 한다.

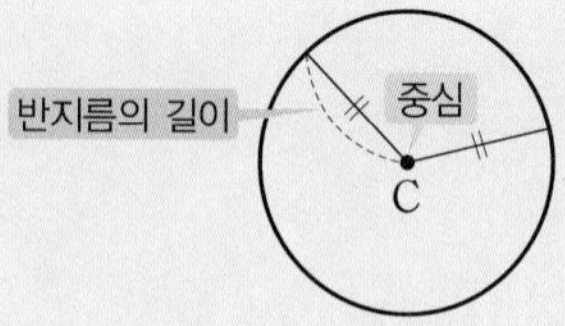

(2) 원의 방정식

중심이 점 (a, b)이고 반지름의 길이가 r인 원의 방정식은

$$(x-a)^2+(y-b)^2=r^2$$

특히 중심이 원점이고 반지름의 길이가 r인 원의 방정식은

$$\boldsymbol{x^2+y^2=r^2}$$ ◀ $a=0$, $b=0$인 경우

| 증명 | 중심이 점 $\mathrm{C}(a, b)$이고 반지름의 길이가 r인 원의 방정식의 유도

오른쪽 그림과 같이 원 위의 임의의 점을 $\mathrm{P}(x, y)$라 하면 $\overline{\mathrm{CP}}=r$이므로

$$\sqrt{(x-a)^2+(y-b)^2}=r$$

이 식의 양변을 제곱하면

$$(x-a)^2+(y-b)^2=r^2 \quad \cdots\cdots ㉠$$

거꾸로 방정식 ㉠을 만족시키는 점 $\mathrm{P}(x, y)$에 대하여 $\overline{\mathrm{CP}}=r$이므로 점 P는 중심이 점 $\mathrm{C}(a, b)$이고 반지름의 길이가 r인 원 위의 점이다.

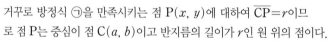

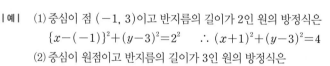

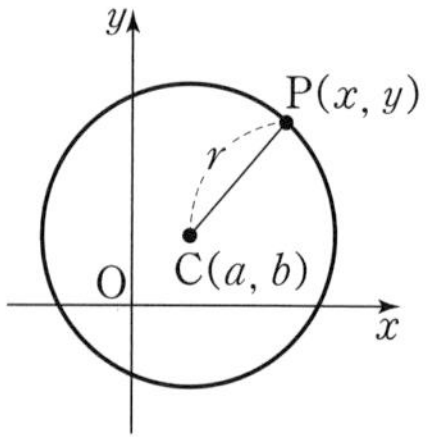

| 예 | (1) 중심이 점 $(-1, 3)$이고 반지름의 길이가 2인 원의 방정식은

$\{x-(-1)\}^2+(y-3)^2=2^2 \quad \therefore (x+1)^2+(y-3)^2=4$

(2) 중심이 원점이고 반지름의 길이가 3인 원의 방정식은

$x^2+y^2=3^2 \quad \therefore x^2+y^2=9$

| 참고 | $(x-a)^2+(y-b)^2=r^2$ 꼴의 방정식을 원의 방정식의 표준형이라 한다.

개념 02 이차방정식 $x^2+y^2+Ax+By+C=0$이 나타내는 도형

예제 04~06, 09, 10

x, y에 대한 이차방정식 $x^2+y^2+Ax+By+C=0\,(A^2+B^2-4C>0)$은 중심이 점 $\left(-\frac{A}{2}, -\frac{B}{2}\right)$, 반지름의 길이가 $\frac{\sqrt{A^2+B^2-4C}}{2}$인 원을 나타낸다.

| 증명 | 원의 방정식 $(x-a)^2+(y-b)^2=r^2$의 좌변을 전개하여 정리하면

$$x^2+y^2-2ax-2by+a^2+b^2-r^2=0$$

따라서 $-2a=A$, $-2b=B$, $a^2+b^2-r^2=C$라 하면 위의 방정식은

$$x^2+y^2+Ax+By+C=0 \qquad \cdots\cdots \text{㉠}$$

과 같이 나타낼 수 있다.

거꾸로 방정식 ㉠을 변형하면

$$\left(x+\frac{A}{2}\right)^2+\left(y+\frac{B}{2}\right)^2=\frac{A^2+B^2-4C}{4}$$

이때 $A^2+B^2-4C>0$이면 방정식 ㉠이 나타내는 도형은 중심이 점 $\left(-\frac{A}{2},\ -\frac{B}{2}\right)$, 반지름의 길이가 $\frac{\sqrt{A^2+B^2-4C}}{2}$인 원이다.

한편 $A^2+B^2-4C=0$이면 방정식 ㉠은 점 $\left(-\frac{A}{2},\ -\frac{B}{2}\right)$를 나타내고, $A^2+B^2-4C<0$이면 방정식 ㉠을 만족시키는 실수 x, y가 존재하지 않는다.

| 참고 | • $x^2+y^2+Ax+By+C=0$ 꼴의 방정식을 원의 방정식의 일반형이라 한다.

• 원의 방정식은 x^2의 계수와 y^2의 계수가 같고 xy항이 없는 x, y에 대한 이차방정식이다.

개념 03 좌표축에 접하는 원의 방정식

◎ 예제 07, 08

(1) x축에 접하는 원의 방정식

중심이 점 $(a,\ b)$인 원이 x축에 접하면

(반지름의 길이)$=|$(중심의 y좌표)$|=|b|$

이므로 원의 방정식은

$$(x-a)^2+(y-b)^2=b^2$$

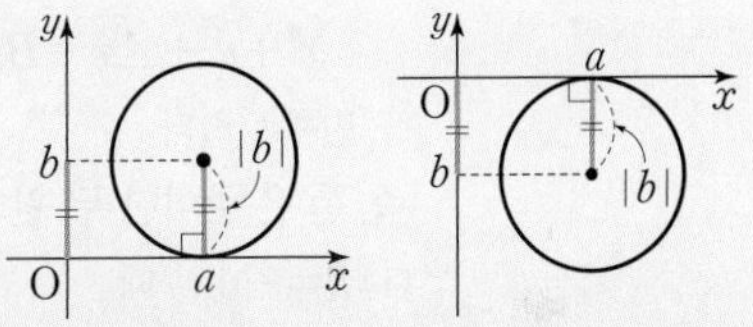

(2) y축에 접하는 원의 방정식

중심이 점 $(a,\ b)$인 원이 y축에 접하면

(반지름의 길이)$=|$(중심의 x좌표)$|=|a|$

이므로 원의 방정식은

$$(x-a)^2+(y-b)^2=a^2$$

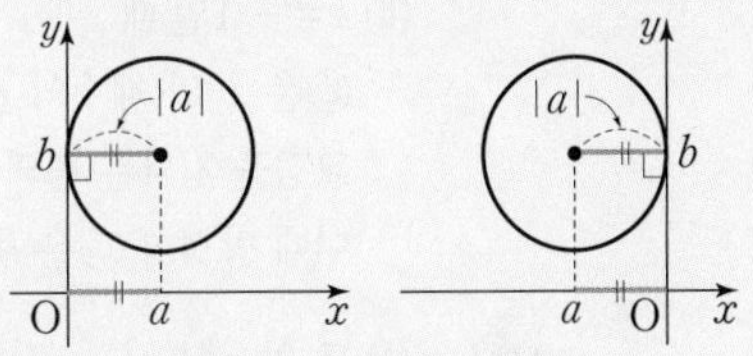

(3) x축과 y축에 동시에 접하는 원의 방정식 ◀ 원의 중심이 직선 $y=x$ 또는 $y=-x$ 위에 있다.

반지름의 길이가 r인 원이 x축과 y축에 동시에 접하면

(반지름의 길이)$=|$(중심의 x좌표)$|=|$(중심의 y좌표)$|=r$

이므로 중심이 속하는 사분면에 따라 원의 방정식은 다음과 같다.

① 중심이 제1사분면 위에 있으면 $(x-r)^2+(y-r)^2=r^2$

② 중심이 제2사분면 위에 있으면 $(x+r)^2+(y-r)^2=r^2$

③ 중심이 제3사분면 위에 있으면 $(x+r)^2+(y+r)^2=r^2$

④ 중심이 제4사분면 위에 있으면 $(x-r)^2+(y+r)^2=r^2$

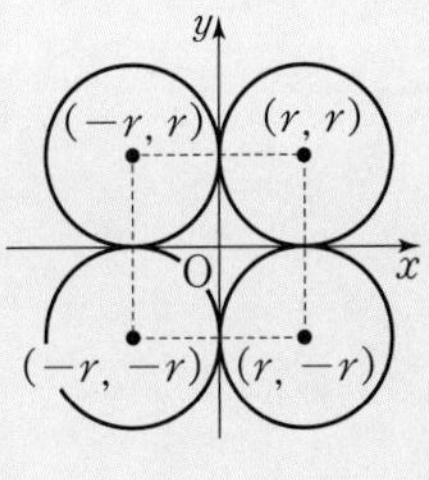

개념 04 두 원의 교점을 지나는 도형의 방정식

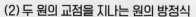

예제 11

(1) 두 원의 교점을 지나는 직선의 방정식

서로 다른 두 점에서 만나는 두 원

$$x^2+y^2+Ax+By+C=0,\ x^2+y^2+A'x+B'y+C'=0$$

의 교점을 지나는 직선의 방정식은

$$x^2+y^2+Ax+By+C-(x^2+y^2+A'x+B'y+C')=0$$

$$\therefore\ (A-A')x+(B-B')y+C-C'=0$$

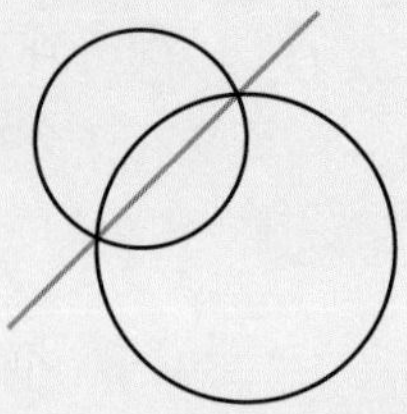

(2) 두 원의 교점을 지나는 원의 방정식

서로 다른 두 점에서 만나는 두 원

O: $x^2+y^2+Ax+By+C=0$,

O': $x^2+y^2+A'x+B'y+C'=0$

의 교점을 지나는 원 중에서 원 O'을 제외한 원의 방정식은

$$\boldsymbol{x^2+y^2+Ax+By+C+k(x^2+y^2+A'x+B'y+C')=0}$$

(단, $k\neq-1$인 실수)

| 증명 | 서로 다른 두 점에서 만나는 두 원

$x^2+y^2+Ax+By+C=0$ …… ㉠

$x^2+y^2+A'x+B'y+C'=0$ …… ㉡

의 교점의 좌표는 방정식 ㉠, ㉡을 동시에 만족시키므로 방정식

$x^2+y^2+Ax+By+C+k(x^2+y^2+A'x+B'y+C')=0$ (k는 실수) …… ㉢

도 만족시킨다.

즉, ㉢은 주어진 두 원의 교점을 지나는 도형의 방정식이다.

(i) $k=-1$일 때

㉢은 x, y에 대한 일차방정식이므로 두 원의 교점을 지나는 직선의 방정식을 나타낸다.

(ii) $k\neq-1$일 때

㉢은 x^2의 계수와 y^2의 계수가 같고 xy항이 없는 x, y에 대한 이차방정식이므로 두 원의 교점을 지나는 원의 방정식을 나타낸다.

이때 방정식 ㉢은 k가 어떤 값을 갖더라도 원 ㉡은 나타낼 수 없다.

| 예 | (1) 두 원 $x^2+y^2+x-2y=0$, $x^2+y^2-4x-3y-1=0$의 교점을 지나는 직선의 방정식은

$x^2+y^2+x-2y-(x^2+y^2-4x-3y-1)=0$

$\therefore\ 5x+y+1=0$

(2) 두 원 $x^2+y^2-2x+y-2=0$, $x^2+y^2+2y-3=0$의 교점을 지나는 원의 방정식은

$x^2+y^2-2x+y-2+k(x^2+y^2+2y-3)=0$ (단, $k\neq-1$)

개념 01

176 다음 방정식이 나타내는 원의 중심의 좌표와 반지름의 길이를 차례대로 구하시오.

(1) $x^2+y^2=6$

(2) $(x-1)^2+y^2=1$

(3) $x^2+(y+3)^2=3$

(4) $(x+1)^2+(y-2)^2=4$

개념 01

177 다음 원의 방정식을 구하시오.

(1) 중심이 원점이고 반지름의 길이가 $\sqrt{5}$인 원

(2) 중심이 점 $(1,\ -2)$이고 반지름의 길이가 4인 원

개념 02

178 다음 방정식이 나타내는 원의 중심의 좌표와 반지름의 길이를 차례대로 구하시오.

(1) $x^2+y^2-6x=0$

(2) $x^2+y^2+2x+4y-11=0$

개념 03

179 다음 그림이 나타내는 원의 방정식을 구하시오.

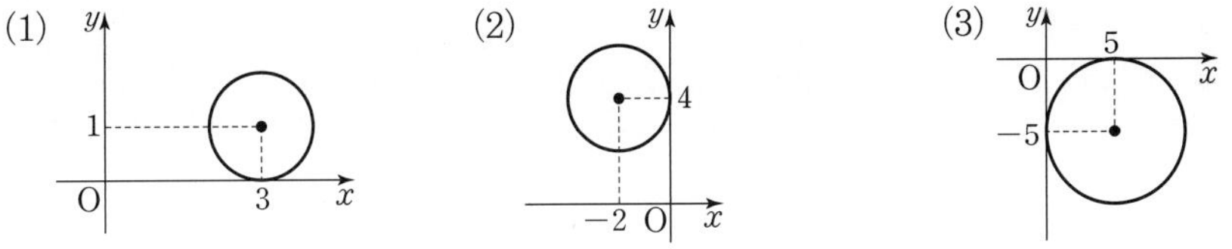

개념 03

180 다음 원의 방정식을 구하시오.

(1) 중심이 점 $(1,\ 2)$이고 x축에 접하는 원

(2) 중심이 점 $(-3,\ 4)$이고 y축에 접하는 원

(3) 중심이 점 $(4,\ 4)$이고 x축과 y축에 동시에 접하는 원

개념 04

181 두 원 $x^2+y^2=3$, $x^2+y^2-4x+8y=9$의 교점을 지나는 직선의 방정식을 구하시오.

빈출

예제 01 / 중심의 좌표가 주어진 원의 방정식

중심이 점 (a, b)인 원의 방정식을 $(x-a)^2+(y-b)^2=r^2$으로 놓고 주어진 점의 좌표를 대입한다.

중심이 점 $(-1, 2)$이고 점 $(3, 1)$을 지나는 원의 방정식을 구하시오.

• 유형 만렙 공통수학 2 44쪽에서 문제 더 풀기

| 풀이 | 원의 반지름의 길이를 r라 하면 원의 방정식은

$(x+1)^2+(y-2)^2=r^2$

이 원이 점 $(3, 1)$을 지나므로

$(3+1)^2+(1-2)^2=r^2 \qquad \therefore r^2=17$

따라서 구하는 원의 방정식은

$(x+1)^2+(y-2)^2=17$

답 $(x+1)^2+(y-2)^2=17$

| 다른 풀이 | 원의 반지름의 길이는 두 점 $(-1, 2)$, $(3, 1)$ 사이의 거리와 같으므로

$\sqrt{\{3-(-1)\}^2+(1-2)^2}=\sqrt{17}$

따라서 구하는 원의 방정식은

$(x+1)^2+(y-2)^2=17$

빈출

예제 02 / 두 점을 지름의 양 끝 점으로 하는 원의 방정식

두 점 A, B를 지름의 양 끝 점으로 하는 원에서 (원의 중심)$=$($\overline{\mathrm{AB}}$의 중점), (반지름의 길이)$=\frac{1}{2}\overline{\mathrm{AB}}$이다.

두 점 $\mathrm{A}(1, 4)$, $\mathrm{B}(5, 6)$을 지름의 양 끝 점으로 하는 원의 방정식을 구하시오.

• 유형 만렙 공통수학 2 44쪽에서 문제 더 풀기

| 풀이 | 원의 중심은 선분 AB의 중점과 같으므로 원의 중심의 좌표는

$\left(\frac{1+5}{2}, \frac{4+6}{2}\right) \qquad \therefore (3, 5)$

원의 반지름의 길이는 $\frac{1}{2}\overline{\mathrm{AB}}$와 같으므로

$\frac{1}{2}\overline{\mathrm{AB}}=\frac{1}{2}\sqrt{(5-1)^2+(6-4)^2}=\sqrt{5}$

따라서 구하는 원의 방정식은

$(x-3)^2+(y-5)^2=5$

답 $(x-3)^2+(y-5)^2=5$

182 예제 01 유사

다음 원의 방정식을 구하시오.

(1) 중심이 점 $(5, 3)$이고 점 $(1, 0)$을 지나는 원

(2) 중심이 원점이고 점 $(2, -3)$을 지나는 원

183 예제 02 유사

다음 두 점 A, B를 지름의 양 끝 점으로 하는 원의 방정식을 구하시오.

(1) $A(5, -1)$, $B(-3, -5)$

(2) $A(-4, 0)$, $B(2, 0)$

184 예제 01 변형

원 $(x-2)^2+(y+3)^2=7$과 중심이 같고 점 $(4, -2)$를 지나는 원의 방정식을 구하시오.

185 예제 02 변형

두 점 $(-2, -3)$, $(4, -1)$을 지름의 양 끝 점으로 하는 원이 점 $(2, a)$를 지날 때, 양수 a의 값을 구하시오.

예제 03 / 중심이 직선 위에 있는 원의 방정식

중심의 좌표를 미지수를 이용하여 나타낸 후 원의 방정식을 세워 원이 지나는 두 점의 좌표를 대입한다.

중심이 x축 위에 있고 두 점 $(1,\ -3)$, $(6,\ 2)$를 지나는 원의 방정식을 구하시오.

• 유형 만렙 공통수학 2 45쪽에서 문제 더 풀기

| 풀이 | 원의 중심이 x축 위에 있으므로 중심의 좌표를 $(a,\ 0)$, 반지름의 길이를 r라 하면 원의 방정식은

$(x-a)^2+y^2=r^2$ …… ㉠

원 ㉠이 점 $(1,\ -3)$을 지나므로

$(1-a)^2+(-3)^2=r^2 \quad \therefore a^2-2a+10=r^2$ …… ㉡

원 ㉠이 점 $(6,\ 2)$를 지나므로

$(6-a)^2+2^2=r^2 \quad \therefore a^2-12a+40=r^2$ …… ㉢

㉡−㉢을 하면

$10a-30=0 \quad \therefore a=3$

이를 ㉡에 대입하면

$9-6+10=r^2 \quad \therefore r^2=13$

따라서 구하는 원의 방정식은

$(x-3)^2+y^2=13$

답 $(x-3)^2+y^2=13$

| 다른 풀이 | 중심의 좌표를 $(a,\ 0)$이라 하면 이 점과 두 점 $(1,\ -3)$, $(6,\ 2)$ 사이의 거리가 서로 같으므로

$\sqrt{(1-a)^2+(-3)^2}=\sqrt{(6-a)^2+2^2}$

양변을 제곱하면

$a^2-2a+10=a^2-12a+40$

$10a=30 \quad \therefore a=3$

즉, 원의 중심의 좌표는 $(3,\ 0)$이고, 원의 반지름의 길이는 두 점 $(3,\ 0)$, $(6,\ 2)$ 사이의 거리와 같으므로

$\sqrt{(6-3)^2+2^2}=\sqrt{13}$

따라서 구하는 원의 방정식은

$(x-3)^2+y^2=13$

TIP 중심의 위치에 따라 좌표를 다음과 같이 나타낸다.

(1) x축 위 ➡ $(a,\ 0)$

(2) y축 위 ➡ $(0,\ a)$

(3) 직선 $y=mx+n$ 위 ➡ $(a,\ ma+n)$

186 유사 교과서

중심이 y축 위에 있고 두 점 $(-4, 6)$, $(2, 8)$을 지나는 원의 방정식을 구하시오.

187 유사

중심이 직선 $y=x$ 위에 있고 두 점 $(1, 0)$, $(4, 3)$을 지나는 원의 방정식을 구하시오.

188 변형

중심이 x축 위에 있고 두 점 $(2, 1)$, $(-2, -3)$을 지나는 원의 넓이를 구하시오.

189 변형

중심이 직선 $y=-x+2$ 위에 있고 두 점 $(1, 2)$, $(0, -5)$를 지나는 원의 반지름의 길이를 구하시오.

빈출

예제 04 / 이차방정식 $x^2+y^2+Ax+By+C=0$이 나타내는 도형

원의 방정식을 $(x-a)^2+(y-b)^2=r^2$ 꼴로 변형하여 중심의 좌표와 반지름의 길이를 구한다.

원 $x^2+y^2-6x+2ay+21=0$의 중심의 좌표가 $(b, -4)$이고 반지름의 길이가 r일 때, 상수 a, b, r의 값을 구하시오.

• 유형 만렙 공통수학 2 45쪽에서 문제 더 풀기

| 풀이 | $x^2+y^2-6x+2ay+21=0$에서

$(x-3)^2+(y+a)^2=a^2-12$

이 원의 중심의 좌표는 $(3, -a)$이고 이 점이 점 $(b, -4)$와 일치하므로

$3=b$, $-a=-4$

$\therefore a=4, b=3$

이 원의 반지름의 길이는 $\sqrt{a^2-12}$이므로

$r=\sqrt{a^2-12}=\sqrt{4^2-12}=2$

답 $a=4$, $b=3$, $r=2$

예제 05 / 원이 되기 위한 조건

방정식이 원을 나타내려면 $(x-a)^2+(y-b)^2=c$ 꼴로 변형하였을 때, $c>0$이어야 한다.

방정식 $x^2+y^2+2ax-4y+3a+8=0$이 나타내는 도형이 원일 때, 상수 a의 값의 범위를 구하시오.

• 유형 만렙 공통수학 2 46쪽에서 문제 더 풀기

| 풀이 | $x^2+y^2+2ax-4y+3a+8=0$에서

$(x+a)^2+(y-2)^2=a^2-3a-4$

이 방정식이 원을 나타내려면

$a^2-3a-4>0$, $(a+1)(a-4)>0$

$\therefore a<-1$ 또는 $a>4$

답 $a<-1$ 또는 $a>4$

190 예제 04 유사

원 $x^2+y^2-2x+8y+a=0$의 중심의 좌표가 (b, c)이고 반지름의 길이가 5일 때, 상수 a, b, c의 값을 구하시오.

191 예제 05 유사 교과서

방정식 $x^2+y^2+4x+6ay+29=0$이 나타내는 도형이 원일 때, 상수 a의 값의 범위를 구하시오.

192 예제 04 변형

원 $x^2+y^2+2kx+4ky+6k^2-4k+3=0$의 넓이가 π일 때, 상수 k의 값을 구하시오.

193 예제 05 변형

방정식 $x^2+y^2+6x-2y+k=0$이 반지름의 길이가 4 이하인 원을 나타내도록 하는 상수 k의 값의 범위를 구하시오.

예제 06 / 세 점을 지나는 원의 방정식

원의 방정식을 $x^2+y^2+Ax+By+C=0$으로 놓고 세 점의 좌표를 대입하여 A, B, C의 값을 구한다.

세 점 $(0, 0)$, $(-1, 1)$, $(2, 4)$를 지나는 원의 방정식을 구하시오.

• 유형 만렙 공통수학 2 46쪽에서 문제 더 풀기

| 풀이 | 구하는 원의 방정식을 $x^2+y^2+Ax+By+C=0$으로 놓으면 이 원이 점 $(0, 0)$을 지나므로

└ 좌표에 0을 포함한 것을 먼저 대입한다.

$C=0$

$\therefore x^2+y^2+Ax+By=0$ …… ㉠

원 ㉠이 점 $(-1, 1)$을 지나므로

$1+1-A+B=0$ $\quad\therefore A-B=2$ …… ㉡

원 ㉠이 점 $(2, 4)$를 지나므로

$4+16+2A+4B=0$ $\quad\therefore A+2B=-10$ …… ㉢

㉡, ㉢을 연립하여 풀면

$A=-2$, $B=-4$

따라서 구하는 원의 방정식은

$x^2+y^2-2x-4y=0$

답 $x^2+y^2-2x-4y=0$

| 다른 풀이 | 주어진 세 점을 $\mathrm{A}(0, 0)$, $\mathrm{B}(-1, 1)$, $\mathrm{C}(2, 4)$라 하고 원의 중심을 $\mathrm{P}(a, b)$라 하면

$\overline{\mathrm{AP}}=\overline{\mathrm{BP}}=\overline{\mathrm{CP}}$ ◀ 원의 중심과 주어진 세 점 사이의 거리가 서로 같음을 이용한다.

$\overline{\mathrm{AP}}=\overline{\mathrm{BP}}$에서 $\overline{\mathrm{AP}}^2=\overline{\mathrm{BP}}^2$이므로

$a^2+b^2=\{a-(-1)\}^2+(b-1)^2$

$\therefore a-b=-1$ …… ㉠

$\overline{\mathrm{AP}}=\overline{\mathrm{CP}}$에서 $\overline{\mathrm{AP}}^2=\overline{\mathrm{CP}}^2$이므로

$a^2+b^2=(a-2)^2+(b-4)^2$

$\therefore a+2b=5$ …… ㉡

㉠, ㉡을 연립하여 풀면

$a=1$, $b=2$

즉, 원의 중심은 $\mathrm{P}(1, 2)$이므로 반지름의 길이는

$\overline{\mathrm{AP}}=\sqrt{1^2+2^2}=\sqrt{5}$

따라서 구하는 원의 방정식은

$(x-1)^2+(y-2)^2=5$ ◀ $x^2+y^2-2x-4y=0$과 같다.

| 참고 | 원이 지나는 세 점 중 원점이 없으면 원의 중심과 주어진 세 점 사이의 거리가 서로 같음을 이용한다.

194 유사

세 점 $(0, 0)$, $(1, 0)$, $(-5, -2)$를 지나는 원의 방정식을 구하시오.

195 변형 교육청

좌표평면 위의 세 점 $(0, 0)$, $(6, 0)$, $(-4, 4)$를 지나는 원의 중심의 좌표를 (p, q)라 할 때, $p+q$의 값을 구하시오.

196 변형

세 점 $(0, 1)$, $(2, 3)$, $(2, 15)$를 지나는 원의 넓이를 구하시오.

197 변형

네 점 $(0, 0)$, $(0, -5)$, $(3, 1)$, $(2, k)$가 한 원 위에 있을 때, 양수 k의 값을 구하시오.

빈출

예제 07 / x축 또는 y축에 접하는 원의 방정식

축에 접하는 원의 반지름의 길이와 중심의 x좌표, y좌표 사이의 관계를 생각한다.

다음 원의 방정식을 구하시오.

(1) 원 $(x+1)^2+(y+4)^2=9$와 중심이 같고 x축에 접하는 원

(2) 두 점 $(-1, 0)$, $(-2, 1)$을 지나고 y축에 접하는 원

• 유형 만렙 공통수학 2 47쪽에서 문제 더 풀기

| 개념 | 중심이 점 (a, b)이고

• x축에 접하는 원의 방정식 ➡ $(x-a)^2+(y-b)^2=b^2$ ◀ (반지름의 길이)=|(중심의 y좌표)|

• y축에 접하는 원의 방정식 ➡ $(x-a)^2+(y-b)^2=a^2$ ◀ (반지름의 길이)=|(중심의 x좌표)|

| 풀이 | (1) 원의 중심의 좌표는 $(-1, -4)$이고 이 원이 x축에 접하므로 반지름의 길이는 $|-4|=4$이다.

따라서 구하는 원의 방정식은

$(x+1)^2+(y+4)^2=16$

(2) 원의 중심의 좌표를 (a, b)라 하면 이 원이 y축에 접하므로 반지름의 길이는 $|a|$이다.

즉, 원의 방정식은

$(x-a)^2+(y-b)^2=a^2$ ······ ㉠

원 ㉠이 점 $(-1, 0)$을 지나므로

$(-1-a)^2+(-b)^2=a^2$ $\quad\therefore b^2+2a+1=0$ ······ ㉡

원 ㉠이 점 $(-2, 1)$을 지나므로

$(-2-a)^2+(1-b)^2=a^2$ $\quad\therefore b^2+4a-2b+5=0$ ······ ㉢

㉢－㉡을 하면

$2a-2b+4=0$ $\quad\therefore a=b-2$ ······ ㉣

㉣을 ㉡에 대입하면

$b^2+2(b-2)+1=0$, $b^2+2b-3=0$

$(b+3)(b-1)=0$ $\quad\therefore b=-3$ 또는 $b=1$

이를 ㉣에 대입하면

$b=-3$일 때 $a=-5$, $b=1$일 때 $a=-1$

따라서 구하는 원의 방정식은

$(x+5)^2+(y+3)^2=25$ 또는 $(x+1)^2+(y-1)^2=1$

답 (1) $(x+1)^2+(y+4)^2=16$

(2) $(x+5)^2+(y+3)^2=25$ 또는 $(x+1)^2+(y-1)^2=1$

198 유사

두 점 A$(5, -4)$, B$(-1, 2)$에 대하여 선분 AB를 $1 : 2$로 내분하는 점을 중심으로 하고 y축에 접하는 원의 방정식을 구하시오.

199 유사

두 점 $(1, 1)$, $(7, 1)$을 지나고 x축에 접하는 원의 방정식을 구하시오.

200 변형

두 점 $(-6, 0)$, $(-3, 3)$을 지나고 y축에 접하는 두 원의 반지름의 길이의 합을 구하시오.

201 변형

중심이 직선 $y=x-1$ 위에 있고 x축에 접하는 원이 점 $(5, 2)$를 지날 때, 이 원의 방정식을 구하시오.

빈출

예제 08 / x축과 y축에 동시에 접하는 원의 방정식

원의 중심이 속하는 사분면을 찾은 후 반지름의 길이를 이용하여 중심의 좌표를 나타낸다.

점 $(2, 1)$을 지나고 x축과 y축에 동시에 접하는 두 원의 방정식을 구하시오.

• 유형 만렙 공통수학 2 47쪽에서 문제 더 풀기

| 개념 | 반지름의 길이가 r이고 x축과 y축에 동시에 접하는 원의 방정식

(1) 중심이 제1사분면: $(x-r)^2+(y-r)^2=r^2$

(2) 중심이 제2사분면: $(x+r)^2+(y-r)^2=r^2$

(3) 중심이 제3사분면: $(x+r)^2+(y+r)^2=r^2$

(4) 중심이 제4사분면: $(x-r)^2+(y+r)^2=r^2$

| 풀이 | 점 $(2, 1)$을 지나고 x축과 y축에 동시에 접하는 두 원은 오른쪽 그림과 같이 제1사분면 위에 있다.

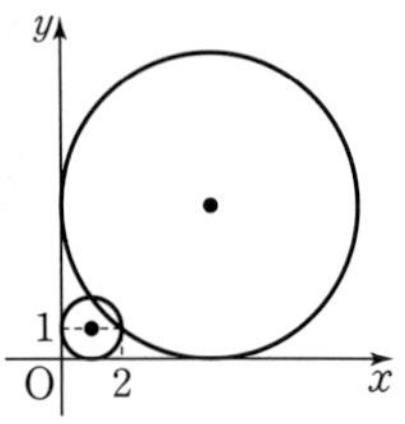

이때 원의 반지름의 길이를 r라 하면 중심이 제1사분면 위에 있으므로 중심의 좌표는 (r, r)이다.

즉, 원의 방정식은

$(x-r)^2+(y-r)^2=r^2$

이 원이 점 $(2, 1)$을 지나므로

$(2-r)^2+(1-r)^2=r^2$

$r^2-6r+5=0$, $(r-1)(r-5)=0$

$\therefore r=1$ 또는 $r=5$

따라서 구하는 두 원의 방정식은

$(x-1)^2+(y-1)^2=1$, $(x-5)^2+(y-5)^2=25$

답 $(x-1)^2+(y-1)^2=1$, $(x-5)^2+(y-5)^2=25$

202 유사

점 $(2,\ -4)$를 지나고 x축과 y축에 동시에 접하는 두 원의 방정식을 구하시오.

203 변형

점 $(-1,\ -1)$을 지나고 x축과 y축에 동시에 접하는 두 원의 반지름의 길이의 합을 구하시오.

204 변형

점 $(-3,\ 6)$을 지나고 x축과 y축에 동시에 접하는 두 원의 중심 사이의 거리를 구하시오.

205 변형

중심이 직선 $x+2y=9$ 위에 있고 제1사분면에서 x축과 y축에 동시에 접하는 원의 방정식을 구하시오.

예제 09 / 원 밖의 한 점과 원 위의 점 사이의 거리

원 밖의 한 점 P와 원의 중심 사이의 거리를 d, 원의 반지름의 길이를 r라 하면 점 P와 원 위의 점 사이의 거리의 최댓값은 $d+r$, 최솟값은 $d-r$이다.

점 P(0, 4)와 원 $x^2+y^2-6x+5=0$ 위의 점 사이의 거리의 최댓값과 최솟값을 구하시오.

• 유형 만렙 공통수학 2 48쪽에서 문제 더 풀기

| 풀이 | $x^2+y^2-6x+5=0$에서 $(x-3)^2+y^2=4$

점 P(0, 4)와 원의 중심 (3, 0) 사이의 거리를 d라 하면

$d=\sqrt{3^2+(-4)^2}=5$

원의 반지름의 길이를 r라 하면 $r=2$

오른쪽 그림에서 점 P와 원 위의 점 사이의 거리의

최댓값은 $d+r=5+2=7$

최솟값은 $d-r=5-2=3$

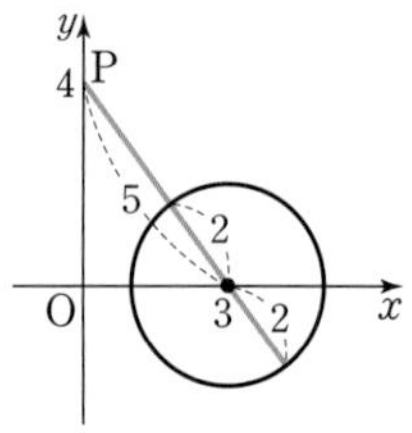

답 최댓값: 7, 최솟값: 3

TIP 원 밖의 한 점 P와 원의 중심 사이의 거리를 d라 할 때, 원의 반지름의 길이를 r라 하면 점 P와 원 위의 점 사이의 거리의 최댓값과 최솟값은

(1) 최댓값 ➡ $d+r$

(2) 최솟값 ➡ $d-r$

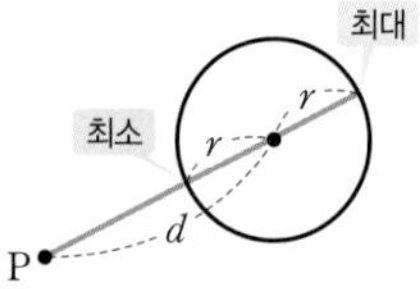

예제 10 / 점이 나타내는 도형의 방정식

조건을 만족시키는 점의 좌표를 (x, y)로 놓고 x, y 사이의 관계식을 구한다.

두 점 A(−3, 0), B(2, 0)에 대하여 $\overline{AP}:\overline{BP}=2:3$을 만족시키는 점 P가 나타내는 도형의 방정식을 구하시오.

• 유형 만렙 공통수학 2 48쪽에서 문제 더 풀기

| 풀이 | $\overline{AP}:\overline{BP}=2:3$에서 $3\overline{AP}=2\overline{BP}$

$\therefore 9\overline{AP}^2=4\overline{BP}^2$

P(x, y)라 하면 점 P가 나타내는 도형의 방정식은

$9\{(x+3)^2+y^2\}=4\{(x-2)^2+y^2\}$

$\therefore x^2+y^2+14x+13=0$

답 $x^2+y^2+14x+13=0$

유제

• 정답과 해설 39쪽

206 예제 09 유사

원점 O와 원 $x^2+y^2+4x-8y+15=0$ 위의 점 A에 대하여 두 점 O, A 사이의 거리의 최댓값을 M, 최솟값을 m이라 할 때, M^2+m^2의 값을 구하시오.

207 예제 10 유사

두 점 A(1, 1), B(4, 4)에 대하여 $\overline{AP}:\overline{BP}=1:2$를 만족시키는 점 P가 나타내는 도형의 방정식을 구하시오.

208 예제 09 변형

원 $x^2+(y+1)^2=r^2$ 위의 점과 원 밖의 점 $(-3, 3)$ 사이의 거리의 최솟값이 1일 때, 양수 r의 값을 구하시오.

209 예제 10 변형

두 점 A(−2, 0), B(4, 0)에 대하여 $\overline{AP}^2+\overline{BP}^2=36$을 만족시키는 점 P가 나타내는 도형의 둘레의 길이를 구하시오.

예제 11 / 두 원의 교점을 지나는 도형의 방정식

서로 다른 두 점에서 만나는 두 원 $f(x, y)=0$, $g(x, y)=0$에 대하여 두 원의 교점을 지나는 직선의 방정식은 $f(x, y)-g(x, y)=0$, 원의 방정식은 $f(x, y)+kg(x, y)=0\,(k\neq-1)$이다.

다음 물음에 답하시오.

(1) 두 원 $x^2+y^2=4$, $x^2+y^2-2x+6y=14$의 교점을 지나는 직선의 방정식이 $x+ay+b=0$일 때, 상수 a, b에 대하여 $a+b$의 값을 구하시오.

(2) 두 원 $x^2+y^2+2x-y=0$, $x^2+y^2+6x+y+7=0$의 교점과 점 $(-4, 2)$를 지나는 원의 방정식을 구하시오.

• 유형 만렙 공통수학 2 49쪽에서 문제 더 풀기

| 풀이 | (1) 두 원의 교점을 지나는 직선의 방정식은

$x^2+y^2-4-(x^2+y^2-2x+6y-14)=0$

$\therefore\ x-3y+5=0$

따라서 $a=-3$, $b=5$이므로

$a+b=2$

(2) 두 원의 교점을 지나는 원의 방정식은

$x^2+y^2+2x-y+k(x^2+y^2+6x+y+7)=0$ (단, $k\neq-1$) ······ ㉠

원 ㉠이 점 $(-4, 2)$를 지나므로

$16+4-8-2+k(16+4-24+2+7)=0$

$10+5k=0 \quad \therefore\ k=-2$

이를 ㉠에 대입하면 구하는 원의 방정식은

$x^2+y^2+2x-y-2(x^2+y^2+6x+y+7)=0$

$\therefore\ x^2+y^2+10x+3y+14=0$

답 (1) 2 (2) $x^2+y^2+10x+3y+14=0$

210 유사

두 원 $x^2+y^2-3y-7=0$, $x^2+y^2+5x-y=1$의 교점을 지나는 직선의 y절편을 구하시오.

211 유사

두 원 $x^2+y^2+2x-4y-6=0$, $x^2+y^2-6x+2y-2=0$의 교점과 원점을 지나는 원의 방정식을 구하시오.

212 변형

두 원 $x^2+y^2+3x-2y=5$, $x^2+y^2-x+4y=3$의 교점을 지나는 직선이 점 $(a, 1)$을 지날 때, a의 값을 구하시오.

213 변형

두 원 $x^2+y^2+4x-5=0$, $x^2+y^2-2x-3ay+1=0$의 교점과 점 $(-1, 0)$을 지나는 원의 넓이가 2π가 되도록 하는 양수 a의 값을 구하시오.

연습문제

1단계

214 원 $x^2+y^2-4x+6y+7=0$과 중심이 같고 점 $(-4, 5)$를 지나는 원의 반지름의 길이는?

① 5　② 8　③ 10
④ 12　⑤ 15

215 두 점 A(6, 9), B(−6, 3)에 대하여 선분 AB를 2 : 1로 내분하는 점을 P, 1 : 2로 내분하는 점을 Q라 할 때, 두 점 P, Q를 지름의 양 끝 점으로 하는 원의 방정식을 구하시오.

교육청

216 좌표평면에서 직선 $y=2x+3$이 원 $x^2+y^2-4x-2ay-19=0$의 중심을 지날 때, 상수 a의 값은?

① 4　② 5　③ 6
④ 7　⑤ 8

서술형

217 방정식 $x^2+y^2+2ky+4k^2-k-2=0$이 원을 나타내도록 하는 상수 k의 값의 범위가 $\alpha<k<\beta$일 때, $\beta-\alpha$의 값을 구하시오.

218 점 (2, 2)를 지나고 x축과 y축에 동시에 접하는 두 원의 중심 사이의 거리를 구하시오.

219 점 $A(-4, a)$와 원 $x^2+y^2-2x+6y-6=0$ 위의 점 P에 대하여 선분 AP의 길이의 최댓값이 17일 때, 양수 a의 값은?

① 5　② 6　③ 7
④ 8　⑤ 9

220 두 원 $x^2+y^2-3x-5y-1=0$, $x^2+y^2+ay-3=0$의 교점을 지나는 직선이 직선 $y=3x+5$에 수직일 때, 상수 a의 값을 구하시오.

2단계

221 직선 $y=ax+9$가 원 $x^2+y^2-8x+6y+10=0$의 넓이를 이등분할 때, 상수 a의 값을 구하시오.

222 다음 방정식이 원을 나타낼 때, 원의 넓이가 최대가 되도록 하는 상수 m의 값을 구하시오.

$$x^2+y^2-2(m+1)x+2my+3m^2-m-3=0$$

223 세 직선 $x-2y=0$, $x+y=0$, $x-3y+4=0$으로 둘러싸인 삼각형의 외접원의 방정식은?

① $x^2+y^2+6x+8y=0$
② $x^2+y^2+6x-8y=0$
③ $x^2+y^2-6x+8y=0$
④ $x^2+y^2-6x-8y=0$
⑤ $x^2+y^2-8x-6y=0$

서술형

224 원 $(x+k)^2+(y-4)^2=2k^2-3k-10$이 y축에 접하고 중심이 제2사분면 위에 있을 때, 이 원이 x축과 만나는 두 점의 좌표는 $(\alpha, 0)$, $(\beta, 0)$이다. 이때 상수 k, α, β에 대하여 $k+\alpha-\beta$의 값을 구하시오. (단, $\alpha<\beta$)

225 점 A(3, 4)와 원 $x^2+y^2=1$ 위의 한 점 P를 지름의 양 끝 점으로 하는 원 중에서 반지름의 길이가 최소인 원의 넓이는?

① 3π　② 4π　③ 5π
④ 6π　⑤ 7π

226 두 점 A$(-2, 1)$, B$(1, 1)$로부터의 거리의 비가 2 : 1인 점 P에 대하여 세 점 A, B, P를 꼭짓점으로 하는 삼각형 ABP의 넓이의 최댓값을 구하시오.

연습문제

• 정답과 해설 42쪽

227 두 원 $x^2+y^2-4x-2=0$, $x^2+y^2+4x+6y-2=0$의 교점을 지나고 중심이 y축 위에 있는 원의 방정식이 $x^2+y^2+ax+by=0$일 때, 상수 a, b에 대하여 ab의 값은?

① -6　② -4　③ -2
④ 2　⑤ 4

3단계

교육청

228 그림과 같이 원의 중심 $C(a, b)$가 제1사분면 위에 있고, 반지름의 길이가 r이며 원점 O를 지나는 원이 있다. 원과 x축, y축이 만나는 점 중 O가 아닌 점을 각각 A, B라 하자. 네 점 O, A, B, C가 다음 조건을 만족시킬 때, $a+b+r^2$의 값을 구하시오.

> (가) $\overline{OB}-\overline{OA}=4$
> (나) 두 점 O, C를 지나는 직선의 방정식은 $y=3x$이다.

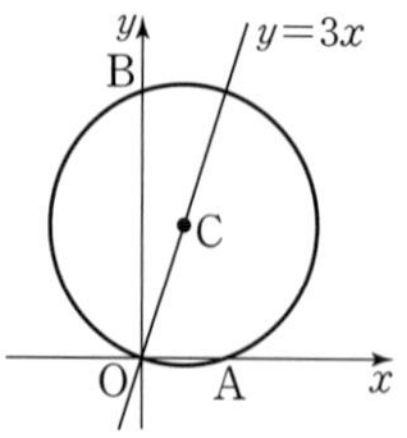

229 중심이 곡선 $y=x^2-20$ 위에 있고 x축과 y축에 동시에 접하는 모든 원의 넓이의 합을 구하시오.

230 점 $A(3, 2)$와 원 $(x-1)^2+(y+2)^2=4$ 위의 점 B에 대하여 선분 AB의 중점 M이 나타내는 도형의 둘레의 길이는?

① π　② 2π　③ 3π
④ 4π　⑤ 5π

231 오른쪽 그림과 같이 원 $x^2+y^2=16$을 현 AB를 접는 선으로 하여 접으면 점 $P(3, 0)$에서 x축에 접한다. 이때 직선 AB의 방정식을 구하시오.

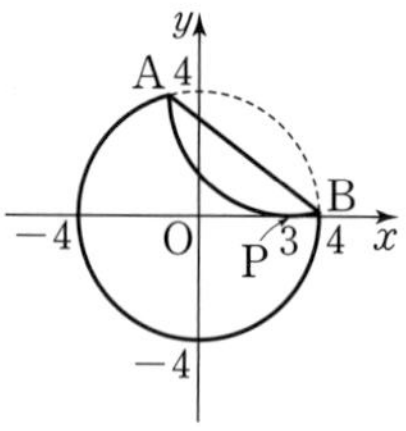

1 원과 직선의 위치 관계

개념 01 원과 직선의 위치 관계

예제 01~04

원과 직선의 위치 관계는 **서로 다른 두 점에서 만나는 경우, 한 점에서 만나는 경우, 만나지 않는 경우**의 세 가지가 있다.

이때 다음과 같은 방법으로 원과 직선의 위치 관계를 판별할 수 있다.

방법 1 판별식 이용

원의 방정식과 직선의 방정식을 연립하여 얻은 이차방정식의 판별식을 D라 하면 원과 직선의 위치 관계는 다음과 같다.

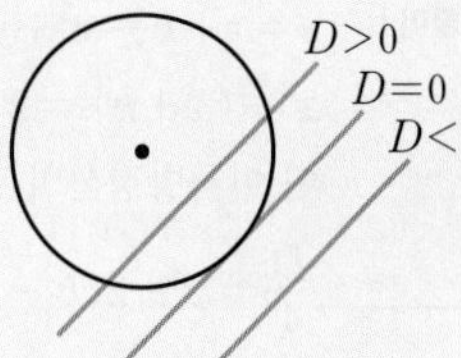

(1) $D>0$이면 서로 다른 두 점에서 만난다.
(2) $D=0$이면 한 점에서 만난다(접한다).
(3) $D<0$이면 만나지 않는다.

방법 2 원의 중심과 직선 사이의 거리 이용

반지름의 길이가 r인 원의 중심과 직선 사이의 거리를 d라 하면 원과 직선의 위치 관계는 다음과 같다.

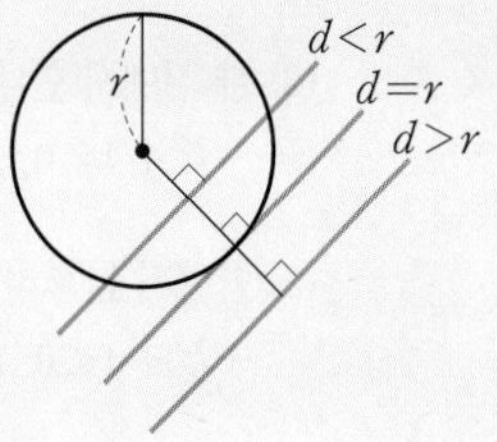

(1) $d<r$이면 서로 다른 두 점에서 만난다.
(2) $d=r$이면 한 점에서 만난다(접한다).
(3) $d>r$이면 만나지 않는다.

원과 직선의 방정식을 각각

$x^2+y^2=r^2$ ······ ㉠, $y=mx+n$ ······ ㉡

이라 할 때, ㉡을 ㉠에 대입하여 x에 대한 식으로 정리하면

$(m^2+1)x^2+2mnx+n^2-r^2=0$ ······ ㉢

이때 원과 직선의 교점의 개수는 이차방정식 ㉢의 실근의 개수와 같다.

따라서 이차방정식 ㉢의 판별식을 D라 하면 원과 직선의 위치 관계는 다음과 같다.

(1) $D>0$이면 실근이 2개 ➡ 서로 다른 두 점에서 만난다.
(2) $D=0$이면 실근이 1개 ➡ 한 점에서 만난다(접한다).
(3) $D<0$이면 실근이 0개 ➡ 만나지 않는다.

개념 확인

• 정답과 해설 44쪽

개념 01

232 원 $x^2+y^2=8$과 다음 직선의 위치 관계를 말하시오.

(1) $x-y-3=0$ (2) $x+y-4=0$ (3) $x+y+6=0$

빈출

예제 01 원과 직선의 위치 관계

원과 직선의 위치 관계는 판별식 또는 원의 중심과 직선 사이의 거리를 이용한다.

원 $x^2+y^2=2$와 직선 $y=x+k$의 위치 관계가 다음과 같도록 하는 실수 k의 값 또는 범위를 구하시오.

(1) 서로 다른 두 점에서 만난다.

(2) 한 점에서 만난다.

(3) 만나지 않는다.

• 유형 만렙 공통수학 2 50쪽에서 문제 더 풀기

| 풀이 | $y=x+k$를 $x^2+y^2=2$에 대입하면

$x^2+(x+k)^2=2 \quad \therefore 2x^2+2kx+k^2-2=0$

이 이차방정식의 판별식을 D라 하면

$\frac{D}{4}=k^2-2(k^2-2)=-k^2+4$

(1) 서로 다른 두 점에서 만나려면 $D>0$이어야 하므로

$-k^2+4>0,\ k^2-4<0,\ (k+2)(k-2)<0 \quad \therefore -2<k<2$

(2) 한 점에서 만나려면 $D=0$이어야 하므로

$-k^2+4=0,\ k^2=4 \quad \therefore k=\pm 2$

(3) 만나지 않으려면 $D<0$이어야 하므로

$-k^2+4<0,\ k^2-4>0,\ (k+2)(k-2)>0 \quad \therefore k<-2$ 또는 $k>2$

답 (1) $-2<k<2$ (2) $k=\pm 2$ (3) $k<-2$ 또는 $k>2$

| 다른 풀이 | **원의 중심과 직선 사이의 거리 이용**

원 $x^2+y^2=2$의 중심 $(0,\ 0)$과 직선 $y=x+k$, 즉 $x-y+k=0$ 사이의 거리를 d라 하면

$d=\frac{|k|}{\sqrt{1^2+(-1)^2}}=\frac{|k|}{\sqrt{2}}$

또 반지름의 길이를 r라 하면 $r=\sqrt{2}$

(1) 서로 다른 두 점에서 만나려면 $d<r$이어야 하므로

$\frac{|k|}{\sqrt{2}}<\sqrt{2},\ |k|<2 \quad \therefore -2<k<2$

(2) 한 점에서 만나려면 $d=r$이어야 하므로

$\frac{|k|}{\sqrt{2}}=\sqrt{2},\ |k|=2 \quad \therefore k=\pm 2$

(3) 만나지 않으려면 $d>r$이어야 하므로

$\frac{|k|}{\sqrt{2}}>\sqrt{2},\ |k|>2 \quad \therefore k<-2$ 또는 $k>2$

233 유사

교과서

원 $x^2+y^2=1$과 직선 $y=3x+k$의 위치 관계가 다음과 같도록 하는 실수 k의 값 또는 범위를 구하시오.

(1) 서로 다른 두 점에서 만난다.

(2) 한 점에서 만난다.

(3) 만나지 않는다.

234 변형

원 $x^2+y^2=4$와 직선 $x+y-k=0$가 만나도록 하는 실수 k의 값의 범위를 구하시오.

235 변형

원 $x^2+y^2-2x-4=0$과 직선 $y=-2x+k$가 만나지 않도록 하는 실수 k의 값의 범위를 구하시오.

236 변형

직선 $y=kx$가 원 $(x+1)^2+(y-3)^2=9$에 접할 때, 실수 k의 값을 구하시오. (단, $k\neq0$)

빈출

예제 02 / 현의 길이

원의 중심에서 현에 내린 수선은 그 현을 수직이등분함을 이용한다.

원 $x^2+y^2=25$와 직선 $x-y+4=0$이 만나서 생기는 현의 길이를 구하시오.

• 유형 만렙 공통수학 2 52쪽에서 문제 더 풀기

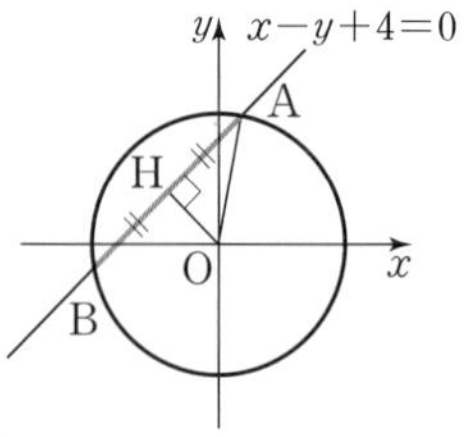

| 풀이 | 오른쪽 그림과 같이 원과 직선의 두 교점을 A, B라 하고, 원의 중심인 원점 O에서 직선 $x-y+4=0$에 내린 수선의 발을 H라 하자.

선분 OH의 길이는 점 O와 직선 $x-y+4=0$ 사이의 거리와 같으므로

$\overline{OH}=\dfrac{|4|}{\sqrt{1^2+(-1)^2}}=2\sqrt{2}$

이때 삼각형 OAH는 직각삼각형이고 $\overline{OA}=5$이므로 ─ 원의 반지름의 길이와 같다.

$\overline{AH}=\sqrt{\overline{OA}^2-\overline{OH}^2}=\sqrt{5^2-(2\sqrt{2})^2}=\sqrt{17}$

따라서 구하는 현의 길이는

$\overline{AB}=2\overline{AH}=2\times\sqrt{17}=2\sqrt{17}$

답 $2\sqrt{17}$

TIP 반지름의 길이가 r인 원의 중심에서 d만큼 떨어진 현의 길이를 l이라 하면
➡ $l=2\sqrt{r^2-d^2}$

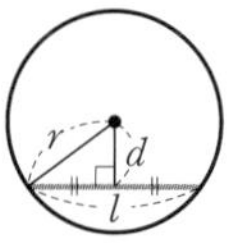

예제 03 / 원의 접선의 길이

원의 중심과 접점을 이은 반지름은 접선과 수직임을 이용한다.

점 A$(-2, 0)$에서 원 $x^2+y^2-6x-2y+6=0$에 그은 접선의 접점을 P라 할 때, 선분 AP의 길이를 구하시오.

• 유형 만렙 공통수학 2 52쪽에서 문제 더 풀기

| 풀이 | $x^2+y^2-6x-2y+6=0$에서 $(x-3)^2+(y-1)^2=4$

오른쪽 그림과 같이 원의 중심을 C$(3, 1)$이라 하면 반지름 CP는 접선 AP와 수직이므로 삼각형 ACP는 $\angle APC=90°$인 직각삼각형이다.

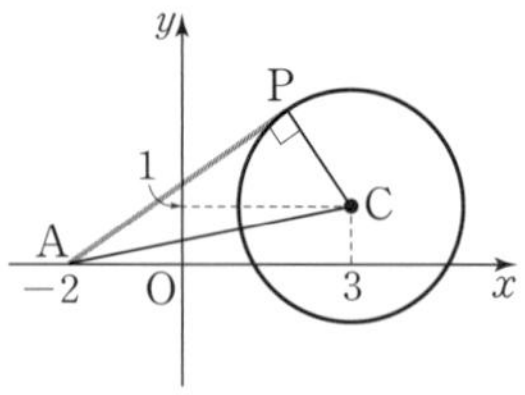

두 점 A$(-2, 0)$, C$(3, 1)$ 사이의 거리는

$\overline{AC}=\sqrt{\{3-(-2)\}^2+1^2}=\sqrt{26}$

직각삼각형 ACP에서 $\overline{CP}=2$이므로 ─ 원의 반지름의 길이와 같다.

$\overline{AP}=\sqrt{\overline{AC}^2-\overline{CP}^2}=\sqrt{(\sqrt{26})^2-2^2}=\sqrt{22}$

답 $\sqrt{22}$

TIP 원 밖의 한 점 A에서 원에 그은 접선의 접점을 P라 하면 직각삼각형 CAP에서
➡ $\overline{AP}=\sqrt{\overline{AC}^2-\overline{CP}^2}$

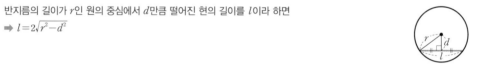

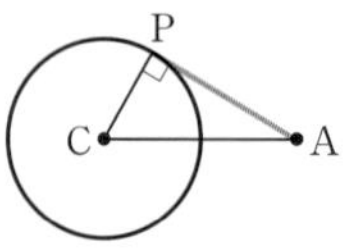

237 예제 02 유사

원 $x^2+y^2+4x-8y-16=0$과 직선 $3x+4y+10=0$이 만나는 두 점을 A, B라 할 때, 선분 AB의 길이를 구하시오.

238 예제 03 유사

점 A$(1, 3)$에서 원 $x^2+y^2+6x+4y+8=0$에 그은 접선의 접점을 P라 할 때, 선분 AP의 길이를 구하시오.

239 예제 02 변형

원 $(x-2)^2+(y-2)^2=16$과 직선 $x-y+k=0$이 만나서 생기는 현의 길이가 6일 때, 양수 k의 값을 구하시오.

240 예제 03 변형

점 A$(a, -4)$에서 원 $x^2+y^2+4x-2y=20$에 그은 접선의 접점을 P라 할 때, $\overline{AP}=3$을 만족시키는 양수 a의 값을 구하시오.

빈출

예제 04 / 원 위의 점과 직선 사이의 거리

원의 중심과 직선 사이의 거리를 d, 원의 반지름의 길이를 r라 하면 원 위의 점과 직선 사이의 거리의 최댓값은 $d+r$, 최솟값은 $d-r$이다.

원 $(x-1)^2+(y+3)^2=4$ 위의 점과 직선 $3x-4y+5=0$ 사이의 거리의 최댓값과 최솟값을 구하시오.

• 유형 만렙 공통수학 2 53쪽에서 문제 더 풀기

| 풀이 | 원의 중심 $(1, -3)$과 직선 $3x-4y+5=0$ 사이의 거리를 d라 하면

$$d=\frac{|3+12+5|}{\sqrt{3^2+(-4)^2}}=4$$

원의 반지름의 길이를 r라 하면

$r=2$

오른쪽 그림에서 원 위의 점과 직선 사이의 거리의

최댓값은 $d+r=4+2=6$

최솟값은 $d-r=4-2=2$

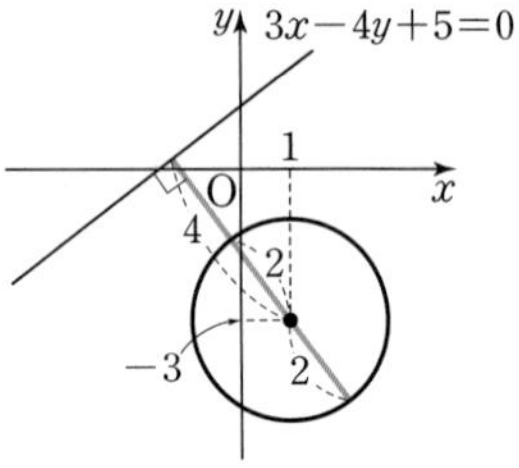

답 최댓값: 6, 최솟값: 2

TIP 원이 직선과 만나지 않을 때, 원의 중심과 직선 사이의 거리를 d, 원의 반지름의 길이를 r라 하면 원 위의 점과 직선 사이의 거리의 최댓값과 최솟값은

(1) 최댓값 ➡ $d+r$

(2) 최솟값 ➡ $d-r$

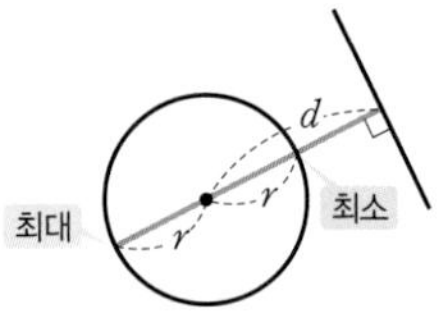

241 유사

원 $x^2+y^2+2x-6y+1=0$ 위의 점과 직선 $2x-3y-2=0$ 사이의 거리의 최댓값을 M, 최솟값을 m이라 할 때, Mm의 값을 구하시오.

242 유사 교육청

중심이 점 $(3, 2)$이고 반지름의 길이가 $\sqrt{5}$인 원 위의 점과 직선 $2x-y+8=0$ 사이의 거리의 최솟값은?

① $\frac{7\sqrt{5}}{5}$ ② $\frac{8\sqrt{5}}{5}$ ③ $\frac{9\sqrt{5}}{5}$
④ $2\sqrt{5}$ ⑤ $\frac{11\sqrt{5}}{5}$

243 변형

원 $x^2+y^2+6x+7=0$ 위의 점과 직선 $y=-x+k$ 사이의 거리의 최댓값이 $5\sqrt{2}$일 때, 양수 k의 값을 구하시오.

244 변형

원 $x^2+y^2=1$ 위의 점 P와 직선 $4x+3y-10=0$ 사이의 거리가 자연수가 되도록 하는 점 P의 개수를 구하시오.

2 원의 접선의 방정식

개념 01 기울기가 주어진 원의 접선의 방정식

예제 05

원 $x^2+y^2=r^2$에 접하고 기울기가 m인 접선의 방정식은

$y=mx\pm r\sqrt{m^2+1}$

| 증명 | 원 $x^2+y^2=r^2$에 접하고 기울기가 m인 원의 접선의 방정식의 유도

(방법 1) 판별식 이용

기울기가 m인 접선의 방정식을

$y=mx+n$ ······ ㉠

이라 하고 이를 원의 방정식 $x^2+y^2=r^2$에 대입하여 x에 대한 식으로 정리하면

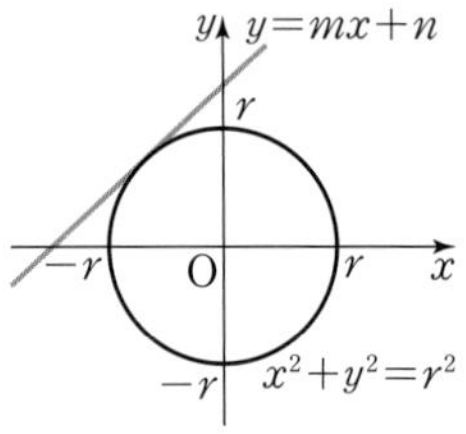

$x^2+(mx+n)^2=r^2$

$\therefore (m^2+1)x^2+2mnx+n^2-r^2=0$

이 이차방정식의 판별식을 D라 할 때, 원과 직선 ㉠이 접하려면 $D=0$이어야 하므로

$\dfrac{D}{4}=(mn)^2-(m^2+1)(n^2-r^2)=0$

$-n^2+(m^2+1)r^2=0 \qquad \therefore n=\pm r\sqrt{m^2+1}$

이를 ㉠에 대입하면 구하는 접선의 방정식은 $y=mx\pm r\sqrt{m^2+1}$

(방법 2) 원의 중심과 직선 사이의 거리 이용

기울기가 m인 접선의 방정식을

$y=mx+n$ ······ ㉠

이라 할 때, 원과 직선이 접하려면 원의 중심 $(0, 0)$과 직선 $y=mx+n$, 즉 $mx-y+n=0$ 사이의 거리가 원의 반지름의 길이 r와 같아야 하므로

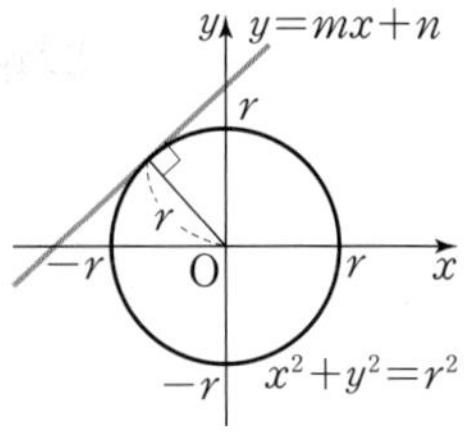

$\dfrac{|n|}{\sqrt{m^2+(-1)^2}}=r \qquad \therefore n=\pm r\sqrt{m^2+1}$

이를 ㉠에 대입하면 구하는 접선의 방정식은 $y=mx\pm r\sqrt{m^2+1}$

| 예 | 원 $x^2+y^2=4$에 접하고 기울기가 1인 접선의 방정식은

$y=1\times x\pm 2\sqrt{1^2+1} \qquad \therefore y=x\pm 2\sqrt{2}$

| 참고 | 한 원에서 기울기가 같은 접선의 방정식은 두 개이다.

개념 02 원 위의 점에서의 접선의 방정식

예제 06

원 $x^2+y^2=r^2$ 위의 점 (x_1, y_1)에서의 접선의 방정식은

$x_1x+y_1y=r^2$

| 증명 | 원 $x^2+y^2=r^2$ 위의 점 $\mathrm{P}(x_1, y_1)$에서의 접선의 방정식의 유도

(i) 점 $\mathrm{P}(x_1, y_1)$이 좌표축 위의 점이 아닌 경우 $(x_1 \neq 0, y_1 \neq 0)$

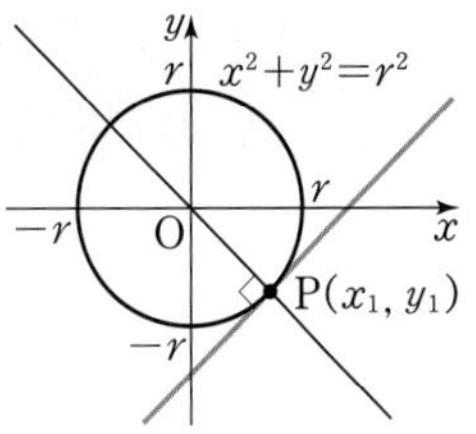

오른쪽 그림에서 직선 OP의 기울기는 $\frac{y_1}{x_1}$이고, 점 P에서의 접선과 직선 OP는 서로 수직이므로 접선의 기울기는 $-\frac{x_1}{y_1}$이다.

따라서 기울기가 $-\frac{x_1}{y_1}$이고 점 $\mathrm{P}(x_1, y_1)$을 지나는 접선의 방정식은

$$y-y_1=-\frac{x_1}{y_1}(x-x_1) \qquad \therefore x_1x+y_1y={x_1}^2+{y_1}^2 \qquad \cdots\cdots ㉠$$

그런데 점 $\mathrm{P}(x_1, y_1)$은 원 $x^2+y^2=r^2$ 위의 점이므로 ${x_1}^2+{y_1}^2=r^2$

이를 ㉠에 대입하면 구하는 접선의 방정식은 $x_1x+y_1y=r^2$

(ii) 점 $\mathrm{P}(x_1, y_1)$이 좌표축 위의 점인 경우 ($x_1=0$ 또는 $y_1=0$)

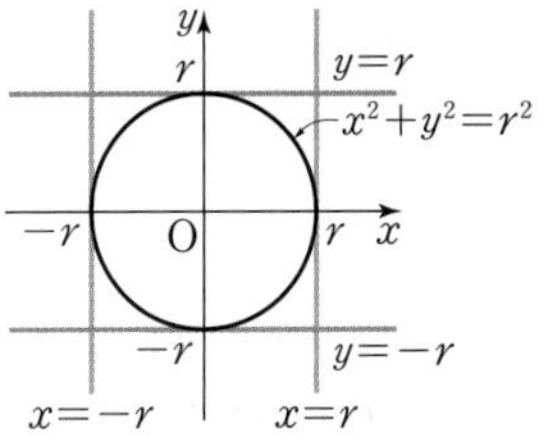

점 P의 좌표는 $(0, \pm r)$ 또는 $(\pm r, 0)$이므로 접선의 방정식은

$$y=\pm r \text{ 또는 } x=\pm r$$

이 경우에도 $x_1x+y_1y=r^2$이 성립한다.

(i), (ii)에서 원 $x^2+y^2=r^2$ 위의 점 $\mathrm{P}(x_1, y_1)$에서의 접선의 방정식은

$$x_1x+y_1y=r^2$$

| 예 | 원 $x^2+y^2=10$ 위의 점 $(-1, 3)$에서의 접선의 방정식은

$-1\times x+3\times y=10 \qquad \therefore x-3y+10=0$

| 참고 | $x_1x+y_1y=r^2$은 원의 방정식 $x^2+y^2=r^2$에서 x^2 대신 x_1x, y^2 대신 y_1y를 대입한 것과 같다.

개념 03 원 밖의 한 점에서 원에 그은 접선의 방정식

◎ 예제 07

원 밖의 한 점 P에서 원에 그은 접선의 방정식은 다음과 같은 방법으로 구할 수 있다.

(방법 1) 원 위의 점에서의 접선의 방정식 이용

접점의 좌표를 (x_1, y_1)이라 할 때, 이 점에서의 접선이 점 P를 지남을 이용한다.

(방법 2) 원의 중심과 직선 사이의 거리 이용

접선의 기울기를 m이라 할 때, 기울기가 m이고 점 P를 지나는 접선과 원의 중심 사이의 거리가 원의 반지름의 길이와 같음을 이용한다.

(방법 3) 판별식 이용

접선의 기울기를 m이라 할 때, 기울기가 m이고 점 P를 지나는 접선의 방정식과 원의 방정식을 연립하여 얻은 이차방정식의 판별식 D에 대하여 $D=0$임을 이용한다.

| 참고 | 원 밖의 한 점에서 원에 그을 수 있는 접선은 두 개이다.

빈출

예제 05 / 기울기가 주어진 원의 접선의 방정식

원 $x^2+y^2=r^2$에 접하고 기울기가 m인 접선의 방정식은 $y=mx\pm r\sqrt{m^2+1}$이다.

직선 $2x-y+3=0$에 평행하고 원 $x^2+y^2=16$에 접하는 직선의 방정식을 구하시오.

• 유형 만렙 공통수학 2 54쪽에서 문제 더 풀기

| 풀이 | 직선 $2x-y+3=0$, 즉 $y=2x+3$에 평행한 직선의 기울기는 2이고, 원 $x^2+y^2=16$의 반지름의 길이는 4이므로 구하는 직선의 방정식은

$y=2x\pm4\sqrt{2^2+1}$

$\therefore\ y=2x\pm4\sqrt{5}$

답 $y=2x\pm4\sqrt{5}$

| 다른 풀이 | 판별식 이용

기울기가 2인 직선의 방정식을 $y=2x+n$이라 하자.

$y=2x+n$을 $x^2+y^2=16$에 대입하면

$x^2+(2x+n)^2=16\qquad\therefore\ 5x^2+4nx+n^2-16=0$

이 이차방정식의 판별식을 D라 할 때, 원과 직선이 접하려면 $D=0$이어야 하므로

$\frac{D}{4}=(2n)^2-5(n^2-16)=0$

$n^2=80\qquad\therefore\ n=\pm4\sqrt{5}$

따라서 구하는 직선의 방정식은

$y=2x\pm4\sqrt{5}$

| 다른 풀이 | 원의 중심과 직선 사이의 거리 이용

기울기가 2인 직선의 방정식을 $y=2x+n$, 즉 $2x-y+n=0$이라 하자.

이 직선과 원이 접하려면 원의 중심 $(0, 0)$과 이 직선 사이의 거리가 원의 반지름의 길이 4와 같아야 하므로

$\frac{|n|}{\sqrt{2^2+(-1)^2}}=4$

$|n|=4\sqrt{5}\qquad\therefore\ n=\pm4\sqrt{5}$

따라서 구하는 직선의 방정식은

$y=2x\pm4\sqrt{5}$

| 참고 | 원의 중심이 원점이 아닌 경우에는 원의 중심과 직선 사이의 거리를 이용한다.

유제

• 정답과 해설 47쪽

245 유사

원 $x^2+y^2=1$에 접하고 기울기가 $\sqrt{3}$인 직선의 방정식을 구하시오.

246 유사 교과서

직선 $x-3y-1=0$에 수직이고 원 $x^2+y^2=8$에 접하는 직선의 방정식을 구하시오.

247 변형 교육청

직선 $y=x+2$와 평행하고 원 $x^2+y^2=9$에 접하는 직선의 y절편을 k라 할 때, k^2의 값을 구하시오.

248 변형

기울기가 -2이고 원 $(x+1)^2+(y-2)^2=5$에 접하는 두 직선이 x축과 만나는 두 점을 A, B라 할 때, 선분 AB의 길이를 구하시오.

빈출

예제 06 / 원 위의 점에서의 접선의 방정식

원 $x^2+y^2=r^2$ 위의 점 (x_1, y_1)에서의 접선의 방정식은 $x_1x+y_1y=r^2$이다.

원 $x^2+y^2=13$ 위의 점 $(2, 3)$에서의 접선의 방정식이 $2x+ay+b=0$일 때, 상수 a, b에 대하여 $a+b$의 값을 구하시오.

• 유형 만렙 공통수학 2 54쪽에서 문제 더 풀기

| 풀이 | 원 $x^2+y^2=13$ 위의 점 $(2, 3)$에서의 접선의 방정식은

$2x+3y=13$ $\quad \therefore 2x+3y-13=0$

이 식이 $2x+ay+b=0$과 일치하므로

$a=3$, $b=-13$

$\therefore a+b=-10$

답 -10

| 다른 풀이 | 수직임을 이용

원의 중심 $(0, 0)$과 접점 $(2, 3)$을 지나는 직선의 기울기는 $\frac{3}{2}$

원의 중심과 접점을 지나는 직선은 접선에 수직이므로 접선의 기울기는 $-\frac{2}{3}$

따라서 기울기가 $-\frac{2}{3}$이고 점 $(2, 3)$을 지나는 접선의 방정식은

$y-3=-\frac{2}{3}(x-2)$ $\quad \therefore 2x+3y-13=0$

이 식이 $2x+ay+b=0$과 일치하므로

$a=3$, $b=-13$

$\therefore a+b=-10$

249 유사

원 $x^2+y^2=5$ 위의 점 $(-1, 2)$에서의 접선의 방정식이 $y=mx+n$일 때, 상수 m, n에 대하여 $m+n$의 값을 구하시오.

250 변형

교육청

좌표평면에서 원 $x^2+y^2=10$ 위의 점 $(3, 1)$에서의 접선이 점 $(1, a)$를 지날 때, a의 값은?

① 3　② 4　③ 5　④ 6　⑤ 7

251 변형

원 $x^2+y^2=20$ 위의 점 (a, b)에서의 접선의 기울기가 -2일 때, ab의 값을 구하시오.

252 변형

원 $(x-1)^2+(y+2)^2=25$ 위의 점 $(-2, 2)$에서의 접선의 방정식이 $ax+by+14=0$일 때, 상수 a, b에 대하여 $a+b$의 값을 구하시오.

빈출

예제 07 / 원 밖의 한 점에서 원에 그은 접선의 방정식

접점의 좌표를 (x_1, y_1)로 놓고 접선의 방정식을 세운 후 주어진 원 밖의 한 점의 좌표를 대입한다.

점 $(1, 3)$에서 원 $x^2+y^2=1$에 그은 접선의 방정식을 구하시오.

• 유형 만렙 공통수학 2 55쪽에서 문제 더 풀기

| 풀이 | 접점의 좌표를 (x_1, y_1)이라 하면 접선의 방정식은

$x_1x+y_1y=1$ ······ ㉠

이 직선이 점 $(1, 3)$을 지나므로

$x_1+3y_1=1$ $\quad\therefore x_1=1-3y_1$ ······ ㉡

또 접점 (x_1, y_1)은 원 $x^2+y^2=1$ 위의 점이므로

${x_1}^2+{y_1}^2=1$ ······ ㉢

㉡, ㉢을 연립하여 풀면

$x_1=1,\ y_1=0$ 또는 $x_1=-\dfrac{4}{5},\ y_1=\dfrac{3}{5}$

이를 ㉠에 대입하면 구하는 접선의 방정식은

$x=1$ 또는 $4x-3y+5=0$

답 $x=1$ 또는 $4x-3y+5=0$

| 다른 풀이 | 원의 중심과 직선 사이의 거리 이용

접선의 기울기를 m이라 하면 점 $(1, 3)$을 지나는 접선의 방정식은

$y-3=m(x-1)$ $\quad\therefore mx-y-m+3=0$ ······ ㉠

원의 중심 $(0, 0)$과 접선 ㉠ 사이의 거리가 원의 반지름의 길이 1과 같아야 하므로

$\dfrac{|-m+3|}{\sqrt{m^2+(-1)^2}}=1,\ |-m+3|=\sqrt{m^2+1}$

양변을 제곱하면 $m^2-6m+9=m^2+1$ $\quad\therefore m=\dfrac{4}{3}$

이를 ㉠에 대입하면 접선의 방정식은 $4x-3y+5=0$

이때 원 밖의 한 점에서 원에 그은 접선은 두 개이므로 오른쪽 그림에서 다른 한 접선의 방정식은 $x=1$

└ 원 밖의 한 점에서 그은 접선의 방정식이 한 개만 구해지는 경우가 있으므로 그래프를 그려 확인해야 한다.

따라서 구하는 접선의 방정식은

$x=1$ 또는 $4x-3y+5=0$

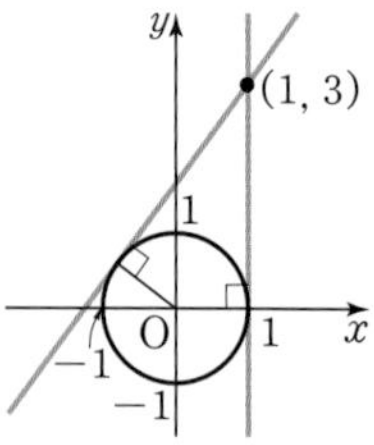

| 다른 풀이 | 판별식 이용

접선의 기울기를 m이라 하면 점 $(1, 3)$을 지나는 접선의 방정식은

$y-3=m(x-1)$ $\quad\therefore y=mx-m+3$ ······ ㉠

이를 $x^2+y^2=1$에 대입하면

$x^2+(mx-m+3)^2=1$ $\quad\therefore (m^2+1)x^2+2(-m^2+3m)x+m^2-6m+8=0$

이 이차방정식의 판별식을 D라 할 때, 원과 직선이 접하려면 $D=0$이어야 하므로

$\dfrac{D}{4}=(-m^2+3m)^2-(m^2+1)(m^2-6m+8)=0,\ 6m-8=0$ $\quad\therefore m=\dfrac{4}{3}$

이를 ㉠에 대입하면 접선의 방정식은 $4x-3y+5=0$

이때 다른 한 접선의 방정식은 $x=1$

253 유사

교과서

점 $(3,\ 2)$에서 원 $x^2+y^2=4$에 그은 접선의 방정식을 구하시오.

254 유사

점 $(0,\ -4)$에서 원 $x^2+y^2=8$에 그은 접선의 방정식을 구하시오.

255 변형

교육청

좌표평면 위의 점 $(2,\ -4)$에서 원 $x^2+y^2=2$에 그은 두 접선이 각각 y축과 만나는 점의 좌표를 $(0,\ a)$, $(0,\ b)$라 할 때, $a+b$의 값은?

① 4 ② 6 ③ 8
④ 10 ⑤ 12

256 변형

원점에서 원 $x^2+y^2+4x+2y+4=0$에 그은 접선의 방정식을 구하시오.

연습문제

1단계

교육청

257 직선 $x+2y+5=0$이 원 $(x-1)^2+y^2=r^2$에 접할 때, 양수 r의 값은?

① $\frac{7\sqrt{5}}{5}$ ② $\frac{6\sqrt{5}}{5}$ ③ $\sqrt{5}$
④ $\frac{4\sqrt{5}}{5}$ ⑤ $\frac{3\sqrt{5}}{5}$

258 원 $x^2+y^2-6x+4y+4=0$과 직선 $4x+3y+4=0$이 만나는 두 점을 A, B라 하고, 원의 중심을 C라 할 때, 삼각형 ABC의 넓이를 구하시오.

259 점 P$(0, a)$에서 원 $(x+1)^2+(y-1)^2=3$에 그은 접선이 원과 만나는 점을 T라 하자. $\overline{PT}=\sqrt{7}$일 때, 양수 a의 값을 구하시오.

260 중심이 점 $(3, 0)$이고 반지름의 길이가 $\sqrt{10}$인 원 위의 점과 직선 $3x-y+11=0$ 사이의 거리의 최댓값을 M, 최솟값을 m이라 할 때, Mm의 값을 구하시오.

서술형

261 직선 $x+y+2=0$에 수직이고 원 $x^2+y^2=2$에 접하는 직선 중 제4사분면을 지나지 않는 직선의 방정식을 구하시오.

262 원 $x^2+y^2-6x-4y+8=0$ 위의 점 $(1, 3)$에서의 접선의 방정식이 $ax-y+b=0$일 때, 상수 a, b에 대하여 ab의 값을 구하시오.

263 점 $(4, -1)$에서 원 $x^2+y^2=9$에 그은 두 접선의 기울기의 합은?

① $-\frac{8}{5}$ ② $-\frac{8}{7}$ ③ $-\frac{8}{9}$
④ $-\frac{8}{11}$ ⑤ $-\frac{8}{13}$

• 정답과 해설 50쪽

2단계

264 직선 $y=-x+k$와 두 원 $x^2+(y-3)^2=2$, $(x-1)^2+(y+1)^2=1$의 교점의 개수를 각각 a, b라 할 때, $a+b=3$을 만족시키는 실수 k의 값을 구하시오. (단, $a<b$)

265 원 $x^2+y^2+2x-8y+1=0$과 직선 $2x+3y+3=0$이 만나는 두 점을 A, B라 할 때, 두 점 A, B를 지나는 원 중에서 둘레의 길이가 최소인 원의 둘레의 길이를 구하시오.

266 오른쪽 그림과 같이 원 $(x-3)^2+y^2=r^2$ 밖의 한 점 A(5, 6)에서 원에 그은 두 접선의 접점을 P, Q라 하면 $\angle PAQ=60°$이다. $\overline{AP}=k$라 할 때, 양수 r, k에 대하여 k^2-r^2의 값을 구하시오.

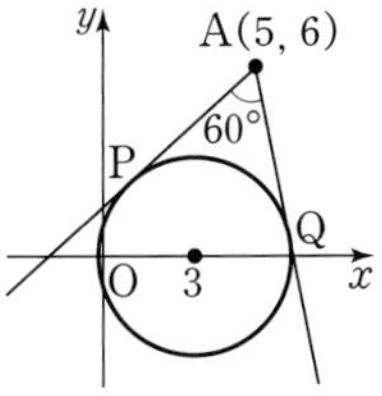

267 중심이 직선 $y=x-1$ 위에 있고 점 (1, 2)를 지나면서 x축에 접하는 원 C가 있다. 원 C에 접하고 직선 $3x-y+1=0$에 평행한 두 직선의 y절편의 합을 구하시오.

교육청

268 원 $x^2+y^2=r^2$ 위의 점 $(a, 4\sqrt{3})$에서의 접선의 방정식이 $x-\sqrt{3}y+b=0$일 때, $a+b+r$의 값은?

(단, r는 양수이고, a, b는 상수이다.)

① 17 ② 18 ③ 19
④ 20 ⑤ 21

서술형

269 원 $x^2+y^2-18x+71=0$ 위의 점 (6, 1)에서의 접선이 원 $x^2+y^2-4x+2y+k=0$에 접할 때, 상수 k의 값을 구하시오.

Ⅰ-3 원의 방정식

연습문제

• 정답과 해설 53쪽

270 점 $(4, 0)$에서 원 $x^2+(y-a)^2=10$에 그은 두 접선이 서로 수직일 때, 양수 a의 값을 구하시오.

271 점 $(2, 1)$에서 원 $x^2+y^2+2x-4y=0$에 그은 두 접선과 y축으로 둘러싸인 삼각형의 넓이를 구하시오.

3단계

교육청

272 좌표평면에서 원
C: $x^2+y^2-4x-2ay+a^2-9=0$이 다음 조건을 만족시킨다.

> (가) 원 C는 원점을 지난다.
> (나) 원 C는 직선 $y=-2$와 서로 다른 두 점에서 만난다.

원 C와 직선 $y=-2$가 만나는 두 점 사이의 거리는? (단, a는 상수이다.)

① $4\sqrt{2}$ ② 6 ③ $2\sqrt{10}$
④ $2\sqrt{11}$ ⑤ $4\sqrt{3}$

273 두 원 $x^2+y^2=17$,
$x^2+y^2-6x-4y+9=0$의 공통인 현의 길이를 구하시오.

교육청

274 좌표평면 위에 두 점 $A(0, \sqrt{3})$, $B(1, 0)$과 원 C: $(x-1)^2+(y-10)^2=9$가 있다. 원 C 위의 점 P에 대하여 삼각형 ABP의 넓이가 자연수가 되도록 하는 모든 점 P의 개수는?

① 9 ② 10 ③ 11
④ 12 ⑤ 13

275 원 $(x-3)^2+(y-2)^2=1$ 위의 점 $P(x, y)$에 대하여 $\frac{y}{x}$의 최댓값을 M, 최솟값을 m이라 할 때, $8Mm$의 값은?

① 2 ② 3 ③ 4
④ 5 ⑤ 6

I. 도형의 방정식

4

도형의 이동

1 평행이동

개념 01 점의 평행이동

예제 01

(1) 평행이동

좌표평면 위에서 도형을 모양과 크기를 바꾸지 않고 **일정한 방향으로 일정한 거리만큼** 옮기는 것을 평행이동이라 한다.

(2) 점의 평행이동

점 (x, y)를 x축의 방향으로 a만큼, y축의 방향으로 b만큼 평행이동한 점의 좌표는

$(x+a, y+b)$

이때 이 평행이동을

$(x, y) \longrightarrow (x+a, y+b)$

와 같이 나타낸다.

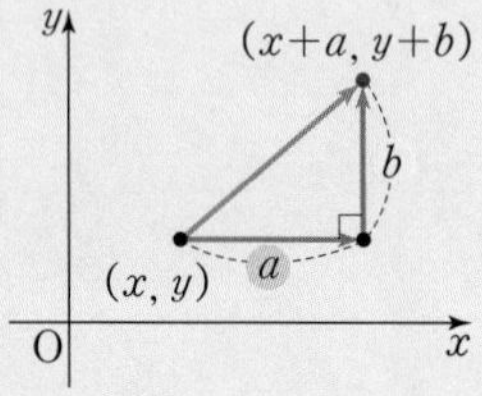

| 증명 | 평행이동한 점의 좌표의 유도

점 $\mathrm{P}(x, y)$를 x축의 방향으로 a만큼, y축의 방향으로 b만큼 평행이동한 점을 $\mathrm{P}'(x', y')$이라 하면

$x'=x+a,\ y'=y+b$

따라서 점 P'의 좌표는

$(x+a, y+b)$

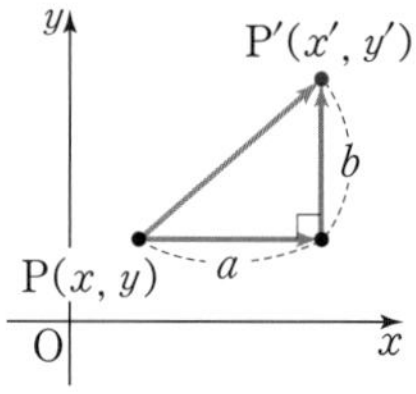

| 예 | 점 $(-1, 3)$을 x축의 방향으로 2만큼, y축의 방향으로 -1만큼 평행이동한 점의 좌표는

$(-1+2, 3+(-1))\quad \therefore (1, 2)$

개념 02 도형의 평행이동

예제 02, 03

방정식 $f(x, y)=0$이 나타내는 도형을 x축의 방향으로 a만큼, y축의 방향으로 b만큼 평행이동한 도형의 방정식은

$f(x-a, y-b)=0$ ◀ x 대신 $x-a$를, y 대신 $y-b$를 대입

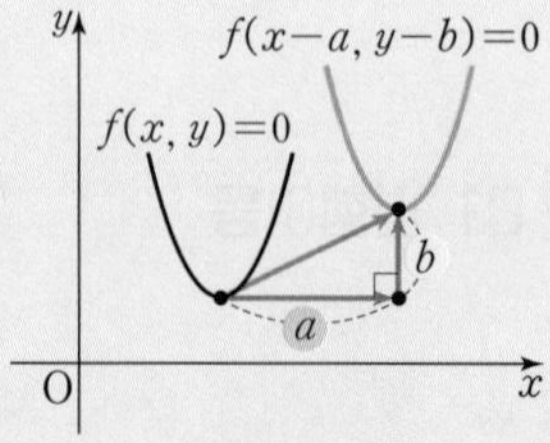

| 증명 | 평행이동한 도형의 방정식의 유도

방정식 $f(x, y)=0$이 나타내는 도형 위의 임의의 점 $\mathrm{P}(x, y)$를 x축의 방향으로 a만큼, y축의 방향으로 b만큼 평행이동한 점을 $\mathrm{P}'(x', y')$이라 하면

$x'=x+a$, $y'=y+b$

$\therefore x=x'-a$, $y=y'-b$ ...... ㉠

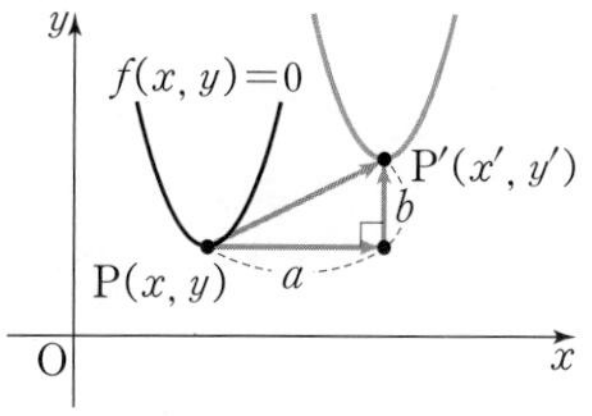

이때 점 $\mathrm{P}(x, y)$는 방정식 $f(x, y)=0$이 나타내는 도형 위의 점이므로 ㉠을 $f(x, y)=0$에 대입하면

$f(x'-a, y'-b)=0$

즉, 점 $\mathrm{P}'(x', y')$은 방정식 $f(x-a, y-b)=0$이 나타내는 도형 위의 점이다.

따라서 방정식 $f(x, y)=0$이 나타내는 도형을 x축의 방향으로 a만큼, y축의 방향으로 b만큼 평행이동한 도형의 방정식은

$f(x-a, y-b)=0$

| 예 | 직선 $y=3x+2$를 x축의 방향으로 -1만큼, y축의 방향으로 4만큼 평행이동한 직선의 방정식은

$y-4=3\{x-(-1)\}+2$ $\quad\therefore y=3x+9$

| 참고 | • 방정식 $ax+by+c=0$은 직선을 나타내고 방정식 $x^2+y^2+Ax+By+C=0$은 원을 나타내는 것처럼 방정식 $f(x, y)=0$은 일반적으로 좌표평면 위의 도형을 나타낸다.

• 도형은 평행이동에 의하여 모양과 크기가 바뀌지 않고 일정한 방향으로 일정한 거리만큼 옮겨지므로 점은 점, 직선은 기울기가 같은 직선, 원은 반지름의 길이가 같은 원으로 옮겨진다.

개념 확인

• 정답과 해설 55쪽

개념 01

276 다음 점을 x축의 방향으로 3만큼, y축의 방향으로 -2만큼 평행이동한 점의 좌표를 구하시오.

(1) $(0, 0)$ (2) $(-5, 1)$

개념 02

277 다음 방정식이 나타내는 도형을 x축의 방향으로 -4만큼, y축의 방향으로 1만큼 평행이동한 도형의 방정식을 구하시오.

(1) $x-2y+1=0$

(2) $y=x^2+1$

(3) $x^2+y^2=3$

빈출

예제 01 / 점의 평행이동

점 (x, y)를 x축의 방향으로 a만큼, y축의 방향으로 b만큼 평행이동한 점의 좌표는 $(x+a, y+b)$이다.

다음 물음에 답하시오.

(1) 평행이동 $(x, y) \longrightarrow (x-3, y+7)$에 의하여 점 $(a, -4)$가 점 $(1, b)$로 옮겨질 때, a, b의 값을 구하시오.

(2) 점 $(5, 3)$을 점 $(3, 0)$으로 옮기는 평행이동에 의하여 점 $(-1, 9)$가 옮겨지는 점의 좌표를 구하시오.

• 유형 만렙 공통수학 2 64쪽에서 문제 더 풀기

| 풀이 | (1) 평행이동 $(x, y) \longrightarrow (x-3, y+7)$은 x축의 방향으로 -3만큼, y축의 방향으로 7만큼 평행이동하는 것이다.

이 평행이동에 의하여 점 $(a, -4)$가 옮겨지는 점의 좌표는

$(a-3, -4+7)$ $\quad\therefore (a-3, 3)$

이 점이 점 $(1, b)$와 일치하므로

$a-3=1, 3=b$

$\therefore a=4, b=3$

(2) 점 $(5, 3)$을 x축의 방향으로 a만큼, y축의 방향으로 b만큼 평행이동한 점의 좌표를 $(3, 0)$이라 하면

$5+a=3, 3+b=0$

$\therefore a=-2, b=-3$

이 평행이동에 의하여 점 $(-1, 9)$가 옮겨지는 점의 좌표는

$(-1-2, 9-3)$ $\quad\therefore (-3, 6)$

답 (1) $a=4$, $b=3$ (2) $(-3, 6)$

278 유사

평행이동 $(x, y) \longrightarrow (x+2, y+5)$에 의하여 점 $(3, a)$가 점 $(b, 6)$으로 옮겨질 때, a, b의 값을 구하시오.

279 유사

점 $(-3, 2)$를 점 $(1, -2)$로 옮기는 평행이동에 의하여 점 $(2, 8)$이 옮겨지는 점의 좌표를 구하시오.

280 변형

평행이동 $(x, y) \longrightarrow (x-2, y+6)$에 의하여 점 $(-1, a)$가 직선 $y=-3x+2$ 위의 점으로 옮겨질 때, a의 값을 구하시오.

281 변형

교육청

좌표평면 위의 점 $(-4, 3)$을 x축의 방향으로 a만큼, y축의 방향으로 b만큼 평행이동한 점의 좌표가 $(1, 5)$일 때, $a+b$의 값을 구하시오.

(단, a, b는 상수이다.)

빈출

예제 02 / 도형의 평행이동 - 직선

직선 $ax+by+c=0$을 x축의 방향으로 m만큼, y축의 방향으로 n만큼 평행이동한 직선의 방정식은 $a(x-m)+b(y-n)+c=0$이다.

직선 $3x+2y+a=0$을 x축의 방향으로 -1만큼, y축의 방향으로 3만큼 평행이동한 직선의 방정식이 $3x+by-4=0$일 때, 상수 a, b의 값을 구하시오.

• 유형 만렙 공통수학 2 64쪽에서 문제 더 풀기

| 풀이 | 직선 $3x+2y+a=0$을 x축의 방향으로 -1만큼, y축의 방향으로 3만큼 평행이동한 직선의 방정식은

$3(x+1)+2(y-3)+a=0$

$\therefore\ 3x+2y+a-3=0$

이 직선이 직선 $3x+by-4=0$과 일치하므로

$2=b$, $a-3=-4$

$\therefore\ a=-1$, $b=2$

답 $a=-1$, $b=2$

| 참고 | 직선은 평행이동하면 기울기가 같은 직선으로 옮겨지므로 두 직선 $3x+2y+a=0$, $3x+by-4=0$의 기울기가 같음을 이용하여 $b=2$임을 구할 수도 있다.

282 유사

직선 $ax-y+3=0$을 x축의 방향으로 5만큼, y축의 방향으로 n만큼 평행이동한 직선의 방정식이 $2x-y-9=0$일 때, 상수 a, n의 값을 구하시오.

283 변형

점 $(1, 2)$를 점 $(-1, 3)$으로 옮기는 평행이동에 의하여 직선 $x-3y+1=0$이 직선 $x+ay+b=0$으로 옮겨질 때, 상수 a, b의 값을 구하시오.

284 변형 교과서

직선 $y=-x-7$을 x축의 방향으로 a만큼, y축의 방향으로 5만큼 평행이동한 직선이 점 $(-6, 1)$을 지날 때, a의 값을 구하시오.

285 변형

평행이동 $(x, y) \longrightarrow (x+a, y+a+3)$에 의하여 직선 $2x+y+9=0$을 옮겼더니 처음 직선과 일치할 때, a의 값을 구하시오.

빈출

예제 03 / 도형의 평행이동 - 원과 포물선

방정식 $f(x, y)=0$이 나타내는 도형을 x축의 방향으로 a만큼, y축의 방향으로 b만큼 평행이동한 도형의 방정식은 $f(x-a, y-b)=0$이다.

다음 물음에 답하시오.

(1) 평행이동 $(x, y) \longrightarrow (x-5, y+2)$에 의하여 원 $x^2+y^2+2y+a=0$이 원 $(x+b)^2+(y-1)^2=4$로 옮겨질 때, 상수 a, b의 값을 구하시오.

(2) 포물선 $y=x^2-2x+a$를 x축의 방향으로 2만큼, y축의 방향으로 -1만큼 평행이동하면 포물선 $y=x^2-2bx+9$로 옮겨질 때, 상수 a, b의 값을 구하시오.

• 유형 만렙 공통수학 2 65쪽에서 문제 더 풀기

| 풀이 | (1) $x^2+y^2+2y+a=0$에서 $x^2+(y+1)^2=1-a$ ······ ㉠

평행이동 $(x, y) \longrightarrow (x-5, y+2)$는 x축의 방향으로 -5만큼, y축의 방향으로 2만큼 평행이동하는 것이므로 원 ㉠이 옮겨지는 원의 방정식은

$(x+5)^2+(y-2+1)^2=1-a$ $\quad\therefore (x+5)^2+(y-1)^2=1-a$

이 원이 원 $(x+b)^2+(y-1)^2=4$와 일치하므로

$5=b$, $1-a=4$ $\quad\therefore a=-3$, $b=5$

(2) $y=x^2-2x+a=(x-1)^2+a-1$

이 포물선을 x축의 방향으로 2만큼, y축의 방향으로 -1만큼 평행이동한 포물선의 방정식은

$y+1=(x-2-1)^2+a-1$, $y=(x-3)^2+a-2$

$\therefore y=x^2-6x+a+7$

이 포물선이 포물선 $y=x^2-2bx+9$와 일치하므로

$-6=-2b$, $a+7=9$ $\quad\therefore a=2$, $b=3$

답 (1) $a=-3$, $b=5$ (2) $a=2$, $b=3$

| 다른 풀이 | (1) 원 $x^2+y^2+2y+a=0$, 즉 $x^2+(y+1)^2=1-a$의 중심의 좌표는 $(0, -1)$

이 점을 x축의 방향으로 -5만큼, y축의 방향으로 2만큼 평행이동한 점의 좌표는

$(0-5, -1+2)$ $\quad\therefore (-5, 1)$ ― 원의 평행이동은 원의 중심의 평행이동으로 생각할 수 있다.

이 점이 원 $(x+b)^2+(y-1)^2=4$의 중심 $(-b, 1)$과 일치하므로

$-5=-b$ $\quad\therefore b=5$

또 두 원의 반지름의 길이는 일치하므로

$1-a=4$ $\quad\therefore a=-3$

(2) 포물선 $y=x^2-2x+a=(x-1)^2+a-1$의 꼭짓점의 좌표는 $(1, a-1)$

이 점을 x축의 방향으로 2만큼, y축의 방향으로 -1만큼 평행이동한 점의 좌표는

$(1+2, a-1-1)$ $\quad\therefore (3, a-2)$ ― 포물선의 평행이동은 포물선의 꼭짓점의 평행이동으로 생각할 수 있다.

이 점이 포물선 $y=x^2-2bx+9=(x-b)^2+9-b^2$의 꼭짓점 $(b, 9-b^2)$과 일치하므로

$3=b$, $a-2=9-b^2$

$b=3$을 $a-2=9-b^2$에 대입하면

$a-2=0$ $\quad\therefore a=2$

286 유사 교육청

원 $x^2+(y+4)^2=10$을 x축의 방향으로 -4만큼, y축의 방향으로 2만큼 평행이동하였더니 원 $x^2+y^2+ax+by+c=0$과 일치하였다. $a+b+c$의 값은? (단, a, b, c는 상수이다.)

① 14 ② 16 ③ 18 ④ 20 ⑤ 22

287 유사

포물선 $y=x^2$을 x축의 방향으로 a만큼, y축의 방향으로 -5만큼 평행이동하면 포물선 $y=x^2-8x+b$로 옮겨질 때, 상수 a, b의 값을 구하시오.

288 변형

점 $(3, 0)$을 점 $(-1, 2)$로 옮기는 평행이동에 의하여 원 $x^2+y^2+8x+6y+k=0$이 옮겨지는 원의 중심의 좌표가 (a, b)이고 반지름의 길이가 3일 때, 상수 a, b, k의 값을 구하시오.

289 변형

도형 $f(x, y)=0$을 도형 $f(x-3, y+4)=0$으로 옮기는 평행이동에 의하여 포물선 $y=x^2+4x-3$이 옮겨지는 포물선의 꼭짓점의 좌표를 (a, b)라 할 때, $a+b$의 값을 구하시오.

연습문제

1단계

교과서

290 점 $(6, 1)$을 x축의 방향으로 -3만큼, y축의 방향으로 a만큼 평행이동한 점의 좌표가 $(b, 5)$일 때, $a+b$의 값을 구하시오.

291 점 $(-1, 3)$을 점 $(2, -5)$로 옮기는 평행이동에 의하여 점 $(5, 2)$로 옮겨지는 점의 좌표는?

① $(1, 10)$ ② $(1, 5)$ ③ $(1, 1)$
④ $(2, 10)$ ⑤ $(2, 5)$

292 평행이동 $(x, y) \longrightarrow (x+a, y-1)$에 의하여 점 $(3, -1)$이 직선 $2x-y=0$ 위의 점으로 옮겨질 때, a의 값을 구하시오.

교육청

293 직선 $2x+y+5=0$을 x축의 방향으로 2만큼, y축의 방향으로 -1만큼 평행이동한 직선의 방정식이 $2x+y+a=0$일 때, 상수 a의 값은?

① 1 ② 2 ③ 3
④ 4 ⑤ 5

294 직선 $y=ax+b$를 x축의 방향으로 -1만큼, y축의 방향으로 2만큼 평행이동하면 직선 $y=2x+3$과 y축 위에서 수직으로 만난다. 이때 상수 a, b에 대하여 ab의 값은?

① $-\frac{3}{4}$ ② $-\frac{1}{2}$ ③ $-\frac{1}{4}$
④ $\frac{1}{2}$ ⑤ $\frac{3}{4}$

295 원 $(x-2)^2+(y+1)^2=a$를 x축의 방향으로 -3만큼, y축의 방향으로 m만큼 평행이동한 원의 방정식이 $x^2+y^2+2x-2y-3=0$일 때, 상수 a, m에 대하여 am의 값을 구하시오.

• 정답과 해설 57쪽

296 포물선 $y=x^2-2x-5$를 x축의 방향으로 1만큼, y축의 방향으로 a만큼 평행이동한 포물선의 꼭짓점이 x축 위에 있을 때, a의 값은?

① -6　② -3　③ 0　④ 3　⑤ 6

2단계

297 두 점 O(0, 0), A(3, 0)과 점 A를 x축의 방향으로 -6만큼, y축의 방향으로 a만큼 평행이동한 점 B를 꼭짓점으로 하는 삼각형 OAB의 넓이가 6일 때, 양수 a의 값은?

① 2　② 3　③ 4　④ 5　⑤ 6

298 평행이동 $(x, y) \longrightarrow (x+5, y+a)$에 의하여 점 A$(-2, 4)$가 옮겨지는 점을 B라 하자. 원점 O에 대하여 $\overline{OA} : \overline{OB} = 2 : 3$일 때, 모든 a의 값의 합을 구하시오.

교육청

299 좌표평면에서 직선 $3x+4y+17=0$을 x축의 방향으로 n만큼 평행이동한 직선이 원 $x^2+y^2=1$에 접할 때, 자연수 n의 값은?

① 1　② 2　③ 3　④ 4　⑤ 5

300 직선 $y=3x+2$를 x축의 방향으로 a만큼, y축의 방향으로 b만큼 평행이동한 직선이 네 점 A(2, 0), B(4, 3), C(2, 6), D(0, 3)을 꼭짓점으로 하는 사각형 ABCD의 넓이를 이등분할 때, $3a-b$의 값은?

① -1　② 1　③ 3　④ 5　⑤ 7

서술형

301 원 $x^2+y^2-2x+6y+6=0$을 원 $x^2+y^2=4$로 옮기는 평행이동에 의하여 직선 l: $3x-y+4=0$이 옮겨지는 직선을 l'이라 하자. 이때 두 직선 l, l' 사이의 거리를 구하시오.

연습문제

• 정답과 해설 59쪽

302 평행이동 $(x, y) \longrightarrow (x+4, y-5)$에 의하여 포물선 $y=(x+2)^2+8$이 옮겨지는 포물선이 직선 $y=-2x+10$과 만나는 두 점을 A, B라 할 때, 선분 AB의 중점의 좌표는?

① $(-1, 4)$ ② $(-1, 8)$ ③ $(1, 4)$
④ $(1, 8)$ ⑤ $(2, 9)$

교육청

303 원 $(x-a)^2+(y-a)^2=b^2$을 y축의 방향으로 -2만큼 평행이동한 도형이 직선 $y=x$와 x축에 동시에 접할 때, a^2-4b의 값을 구하시오. (단, $a>2$, $b>0$)

서술형

304 점 $(-1, 1)$을 점 $(1, -1)$로 옮기는 평행이동에 의하여 원 $x^2+y^2=9$가 옮겨지는 원이 y축에 의하여 잘리는 현의 길이를 구하시오.

3단계

305 다음 그림에서 평행사변형 DEFG는 평행사변형 AOBC를 평행이동한 것이다. A(1, 2), B(3, −1), G(6, 2)일 때, 점 D의 좌표를 구하시오. (단, O는 원점)

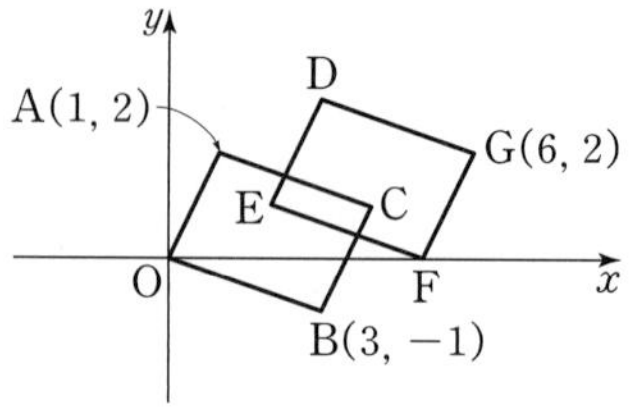

교육청

306 두 자연수 m, n에 대하여 원 C: $(x-2)^2+(y-3)^2=9$를 x축의 방향으로 m만큼 평행이동한 원을 C_1, 원 C_1을 y축의 방향으로 n만큼 평행이동한 원을 C_2라 하자. 두 원 C_1, C_2와 직선 l: $4x-3y=0$은 다음 조건을 만족시킨다.

> (가) 원 C_1은 직선 l과 서로 다른 두 점에서 만난다.
> (나) 원 C_2는 직선 l과 서로 다른 두 점에서 만난다.

이때 $m+n$의 최댓값을 구하시오.

1 대칭이동

개념 01 점의 대칭이동

예제 01, 03, 04

(1) 대칭이동

좌표평면 위에서 도형을 한 점 또는 한 직선에 대하여 대칭인 도형으로 이동하는 것을 **대칭이동**이라 한다.

(2) 점의 대칭이동

점 (x, y)를 x축, y축, 원점, 직선 $y=x$에 대하여 대칭이동한 점의 좌표는 다음과 같다.

① x축에 대한 대칭이동	② y축에 대한 대칭이동	③ 원점에 대한 대칭이동	④ 직선 $y=x$에 대한 대칭이동
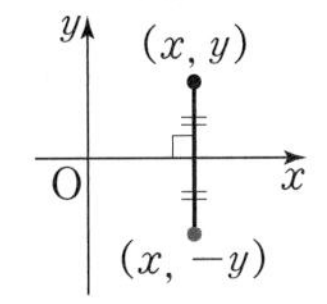	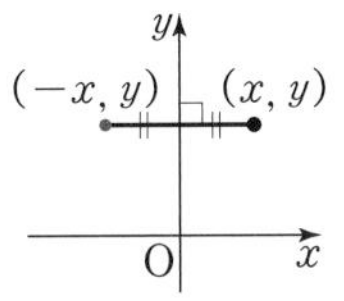	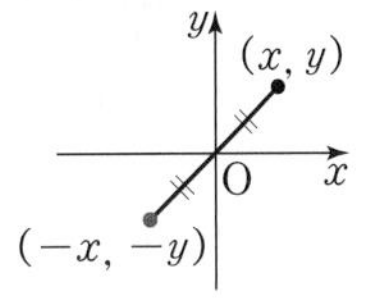	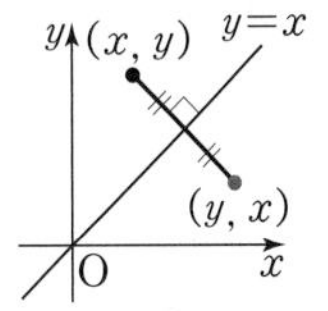
$(x, y) \longrightarrow (x, -y)$ ➡ y좌표의 부호가 바뀐다.	$(x, y) \longrightarrow (-x, y)$ ➡ x좌표의 부호가 바뀐다.	$(x, y) \longrightarrow (-x, -y)$ ➡ x, y좌표의 부호가 바뀐다.	$(x, y) \longrightarrow (y, x)$ ➡ x, y좌표가 서로 바뀐다.

| 증명 | 직선 $y=x$에 대하여 대칭이동한 점의 좌표의 유도

점 $\mathrm{P}(x, y)$를 직선 $y=x$에 대하여 대칭이동한 점을 $\mathrm{P}'(x', y')$이라 하면 선분 PP'의 중점 $\left(\frac{x+x'}{2}, \frac{y+y'}{2}\right)$은 직선 $y=x$ 위의 점이므로

$$\frac{y+y'}{2}=\frac{x+x'}{2} \qquad \therefore x'-y'=-x+y \qquad \cdots\cdots ㉠$$

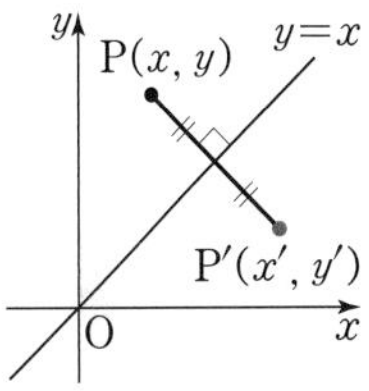

직선 PP'은 직선 $y=x$에 수직이므로

$$\frac{y'-y}{x'-x}\times 1=-1 \qquad \therefore x'+y'=x+y \qquad \cdots\cdots ㉡$$

㉠, ㉡을 연립하여 풀면

$$x'=y, \; y'=x$$

따라서 점 P'의 좌표는 (y, x)이다.

| 예 | 점 $(-2, 1)$을 x축, y축, 원점, 직선 $y=x$에 대하여 대칭이동한 점의 좌표를 구해 보자.

- x축에 대하여 대칭이동하면 y좌표의 부호가 바뀌므로 $(-2, -1)$
- y축에 대하여 대칭이동하면 x좌표의 부호가 바뀌므로 $(2, 1)$
- 원점에 대하여 대칭이동하면 x, y좌표의 부호가 바뀌므로 $(2, -1)$
- 직선 $y=x$에 대하여 대칭이동하면 x, y좌표가 서로 바뀌므로 $(1, -2)$

| 참고 | 원점에 대하여 대칭이동한 것은 x축에 대하여 대칭이동한 후 y축에 대하여 대칭이동(또는 y축에 대하여 대칭이동한 후 x축에 대하여 대칭이동)한 것과 같다.

개념 02 도형의 대칭이동

예제 02, 03

방정식 $f(x,\ y)=0$이 나타내는 도형을 x축, y축, 원점, 직선 $y=x$에 대하여 대칭이동한 도형의 방정식은 다음과 같다.

(1) x축에 대한 대칭이동

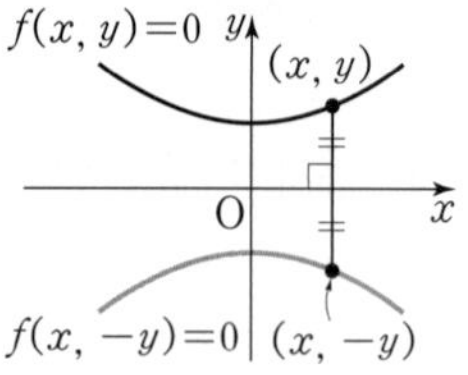

$f(x,\ y)=0 \longrightarrow f(x,\ -y)=0$

➡ y 대신 $-y$를 대입한다.

(2) y축에 대한 대칭이동

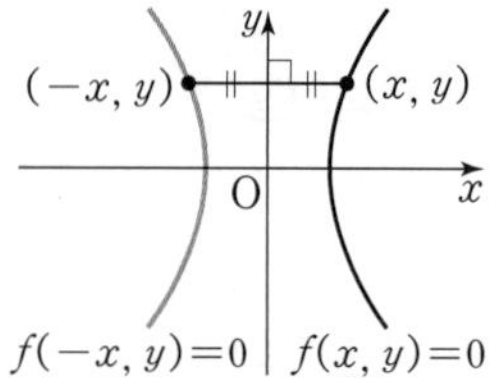

$f(x,\ y)=0 \longrightarrow f(-x,\ y)=0$

➡ x 대신 $-x$를 대입한다.

(3) 원점에 대한 대칭이동

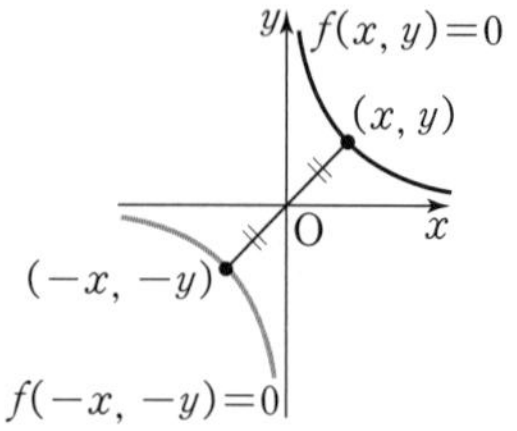

$f(x,\ y)=0 \longrightarrow f(-x,\ -y)=0$

➡ x 대신 $-x$를, y 대신 $-y$를 대입한다.

(4) 직선 $y=x$에 대한 대칭이동

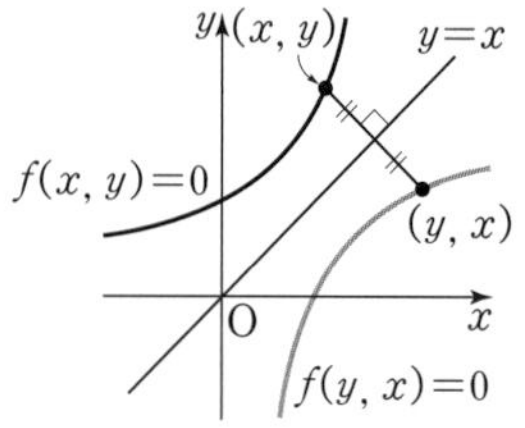

$f(x,\ y)=0 \longrightarrow f(y,\ x)=0$

➡ x 대신 y를, y 대신 x를 대입한다.

| 증명 | (1), (2), (3) x축, y축, 원점에 대하여 대칭이동한 도형의 방정식의 유도

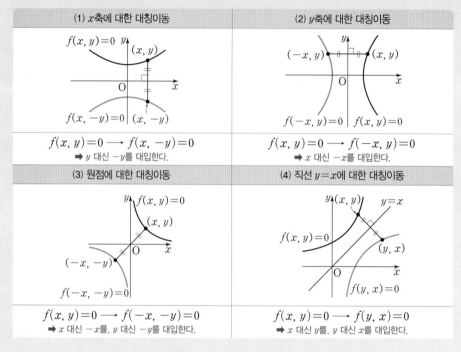

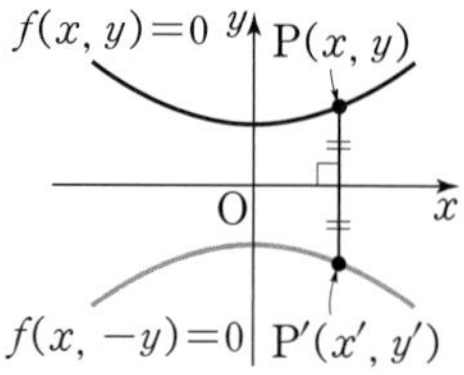

방정식 $f(x,\ y)=0$이 나타내는 도형 위의 임의의 점 $\mathrm{P}(x,\ y)$를 x축에 대하여 대칭이동한 점을 $\mathrm{P}'(x',\ y')$이라 하면

$x'=x,\ y'=-y \qquad \therefore\ x=x',\ y=-y'$

이때 점 $\mathrm{P}(x,\ y)$는 방정식 $f(x,\ y)=0$이 나타내는 도형 위의 점이므로

$f(x',\ -y')=0$

즉, 점 $\mathrm{P}'(x',\ y')$은 방정식 $f(x,\ -y)=0$이 나타내는 도형 위의 점이다.

따라서 방정식 $f(x,\ y)=0$이 나타내는 도형을 x축에 대하여 대칭이동한 도형의 방정식은

$f(x,\ -y)=0$

같은 방법으로 하면 방정식 $f(x,\ y)=0$이 나타내는 도형을 y축, 원점에 대하여 대칭이동한 도형의 방정식은 각각

$f(-x,\ y)=0,\ f(-x,\ -y)=0$

(4) 직선 $y=x$에 대하여 대칭이동한 도형의 방정식의 유도

방정식 $f(x, y)=0$이 나타내는 도형 위의 임의의 점 $P(x, y)$를 직선 $y=x$에 대하여 대칭이동한 점을 $P'(x', y')$이라 하면

$x'=y, y'=x \quad \therefore x=y', y=x'$

이때 점 $P(x, y)$는 방정식 $f(x, y)=0$이 나타내는 도형 위의 점이므로

$f(y', x')=0$

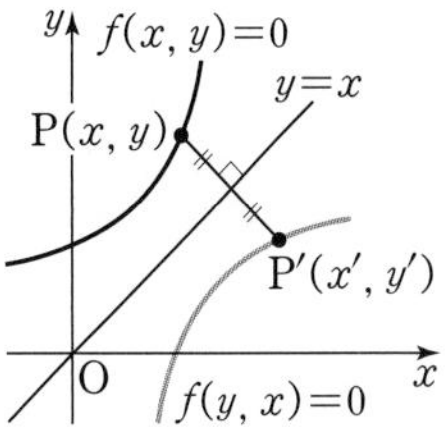

즉, 점 $P'(x', y')$은 방정식 $f(y, x)=0$이 나타내는 도형 위의 점이다.
따라서 방정식 $f(x, y)=0$이 나타내는 도형을 직선 $y=x$에 대하여 대칭이동한 도형의 방정식은

$f(y, x)=0$

개념 확인

• 정답과 해설 60쪽

개념 01

307 점 (1, 2)를 다음에 대하여 대칭이동한 점의 좌표를 구하시오.

(1) x축
(2) y축
(3) 원점
(4) 직선 $y=x$

개념 02

308 직선 $x-2y+1=0$을 다음에 대하여 대칭이동한 도형의 방정식을 구하시오.

(1) x축
(2) y축
(3) 원점
(4) 직선 $y=x$

개념 02

309 원 $(x+5)^2+(y-4)^2=1$을 다음에 대하여 대칭이동한 도형의 방정식을 구하시오.

(1) x축
(2) y축
(3) 원점
(4) 직선 $y=x$

개념 02

310 포물선 $y=(x+2)^2-3$을 다음에 대하여 대칭이동한 도형의 방정식을 구하시오.

(1) x축
(2) y축
(3) 원점

빈출

예제 01 / 점의 대칭이동

대칭이동에 따라 점의 x, y좌표의 부호를 바꾸거나 x, y좌표를 서로 바꾼다.

점 $(-4, 3)$을 x축에 대하여 대칭이동한 점을 P, 직선 $y=x$에 대하여 대칭이동한 점을 Q라 할 때, 선분 PQ의 길이를 구하시오.

• 유형 만렙 공통수학 2 67쪽에서 문제 더 풀기

| 개념 | 점 (x, y)를 x축, y축, 원점, 직선 $y=x$에 대하여 대칭이동한 점의 좌표

(1) x축: y좌표의 부호를 바꾼다. ➡ $(x, -y)$

(2) y축: x좌표의 부호를 바꾼다. ➡ $(-x, y)$

(3) 원점: x, y좌표의 부호를 바꾼다. ➡ $(-x, -y)$

(4) 직선 $y=x$: x, y좌표를 서로 바꾼다. ➡ (y, x)

| 풀이 | 점 $(-4, 3)$을 x축에 대하여 대칭이동한 점 P의 좌표는

$(-4, -3)$ ◀ y좌표의 부호를 바꾼다.

점 $(-4, 3)$을 직선 $y=x$에 대하여 대칭이동한 점 Q의 좌표는

$(3, -4)$ ◀ x, y좌표를 서로 바꾼다.

따라서 선분 PQ의 길이는

$\sqrt{\{3-(-4)\}^2+\{-4-(-3)\}^2}=5\sqrt{2}$

답 $5\sqrt{2}$

311 유사 교육청

좌표평면 위의 점 $(3,\ 2)$를 직선 $y=x$에 대하여 대칭이동한 점을 A, 점 A를 원점에 대하여 대칭이동한 점을 B라 할 때, 선분 AB의 길이는?

① $2\sqrt{13}$ ② $3\sqrt{6}$ ③ $2\sqrt{14}$
④ $\sqrt{58}$ ⑤ $2\sqrt{15}$

312 유사

점 $(-1,\ -2)$를 x축에 대하여 대칭이동한 점을 P, y축에 대하여 대칭이동한 점을 Q라 할 때, 직선 PQ의 방정식을 구하시오.

313 변형

점 $(3,\ a)$를 y축에 대하여 대칭이동한 후 원점에 대하여 대칭이동한 점의 좌표가 $(b,\ 5)$일 때, a, b의 값을 구하시오.

314 변형

점 $(-2,\ k)$를 원점에 대하여 대칭이동한 점을 A, 직선 $y=x$에 대하여 대칭이동한 점을 B라 하면 $\overline{AB}=4\sqrt{2}$일 때, 양수 k의 값을 구하시오.

예제 02 / 도형의 대칭이동

대칭이동에 따라 도형의 방정식에서 x, y의 부호를 바꾸거나 x, y를 서로 바꾼다.

다음 물음에 답하시오.

(1) 직선 $y=-2x+3$을 y축에 대하여 대칭이동한 직선이 점 $(-2, a)$를 지날 때, a의 값을 구하시오.

(2) 원 $(x+2)^2+(y-1)^2=4$를 직선 $y=x$에 대하여 대칭이동한 원의 중심이 직선 $y=mx+3$ 위에 있을 때, 상수 m의 값을 구하시오.

• 유형 만렙 공통수학 2 67쪽에서 문제 더 풀기

| 개념 | 방정식 $f(x, y)=0$이 나타내는 도형을 x축, y축, 원점, 직선 $y=x$에 대하여 대칭이동한 도형의 방정식

(1) x축: y 대신 $-y$를 대입한다. ➡ $f(x, -y)=0$

(2) y축: x 대신 $-x$를 대입한다. ➡ $f(-x, y)=0$

(3) 원점: x 대신 $-x$를, y 대신 $-y$를 대입한다. ➡ $f(-x, -y)=0$

(4) 직선 $y=x$: x 대신 y를, y 대신 x를 대입한다. ➡ $f(y, x)=0$

| 풀이 | (1) 직선 $y=-2x+3$을 y축에 대하여 대칭이동한 직선의 방정식은

$y=-2(-x)+3$ ◀ x 대신 $-x$를 대입한다.

$\therefore\ y=2x+3$

이 직선이 점 $(-2, a)$를 지나므로

$a=-4+3=-1$

(2) 원 $(x+2)^2+(y-1)^2=4$를 직선 $y=x$에 대하여 대칭이동한 원의 방정식은

$(x-1)^2+(y+2)^2=4$ ◀ x 대신 y를, y 대신 x를 대입한다.

이 원의 중심 $(1, -2)$가 직선 $y=mx+3$ 위에 있으므로

$-2=m+3 \quad \therefore\ m=-5$

답 (1) -1 (2) -5

| 다른 풀이 | (2) 원 $(x+2)^2+(y-1)^2=4$의 중심의 좌표는

$(-2, 1)$

이 점을 직선 $y=x$에 대하여 대칭이동한 점의 좌표는 — 원의 대칭이동은 원의 중심의 대칭이동으로 생각할 수 있다.

$(1, -2)$

이 점이 직선 $y=mx+3$ 위에 있으므로

$-2=m+3 \quad \therefore\ m=-5$

315 유사 교육청

직선 $y=ax-6$을 x축에 대하여 대칭이동한 직선이 점 $(2, 4)$를 지날 때, 상수 a의 값은?

① 1 ② 2 ③ 3
④ 4 ⑤ 5

316 유사

원 $x^2+y^2+8x-2y+k=0$을 원점에 대하여 대칭이동한 원이 점 $(3, -3)$을 지날 때, 상수 k의 값을 구하시오.

317 변형

포물선 $y=x^2+ax+b$를 y축에 대하여 대칭이동한 포물선의 꼭짓점의 좌표가 $(-1, 2)$일 때, 상수 a, b의 값을 구하시오.

318 변형

원 $x^2+y^2+4x-6y-1=0$을 직선 $y=x$에 대하여 대칭이동한 후 x축에 대하여 대칭이동한 원의 방정식을 구하시오.

빈출

예제 03 / 평행이동과 대칭이동

평행이동과 대칭이동을 연속으로 하는 경우에는 이동하는 순서에 주의한다.

다음 물음에 답하시오.

(1) 점 $(-2, 5)$를 x축의 방향으로 -3만큼, y축의 방향으로 -1만큼 평행이동한 후 직선 $y=x$에 대하여 대칭이동한 점의 좌표를 구하시오.

(2) 직선 $3x-2y-2=0$을 x축에 대하여 대칭이동한 후 x축의 방향으로 1만큼, y축의 방향으로 -5만큼 평행이동한 직선의 방정식을 구하시오.

• 유형 만렙 공통수학 2 69쪽에서 문제 더 풀기

| 풀이 | (1) 점 $(-2, 5)$를 x축의 방향으로 -3만큼, y축의 방향으로 -1만큼 평행이동한 점의 좌표는

$(-2-3, 5-1)$

$\therefore (-5, 4)$

이 점을 직선 $y=x$에 대하여 대칭이동한 점의 좌표는

$(4, -5)$

(2) 직선 $3x-2y-2=0$을 x축에 대하여 대칭이동한 직선의 방정식은

$3x-2(-y)-2=0$

$\therefore 3x+2y-2=0$

이 직선을 x축의 방향으로 1만큼, y축의 방향으로 -5만큼 평행이동한 직선의 방정식은

$3(x-1)+2(y+5)-2=0$

$\therefore 3x+2y+5=0$

답 (1) $(4, -5)$ (2) $3x+2y+5=0$

319 유사

포물선 $y=x^2-6x+1$을 원점에 대하여 대칭이동한 후 x축의 방향으로 -4만큼, y축의 방향으로 3만큼 평행이동한 포물선의 방정식을 구하시오.

320 유사

교과서

원 $(x+1)^2+(y-5)^2=4$를 x축의 방향으로 -2만큼, y축의 방향으로 1만큼 평행이동한 후 직선 $y=x$에 대하여 대칭이동한 원의 방정식을 구하시오.

321 변형

점 $(-1, 2)$를 원점에 대하여 대칭이동한 후 x축의 방향으로 a만큼, y축의 방향으로 b만큼 평행이동한 점의 좌표가 $(2, 1)$일 때, a, b의 값을 구하시오.

322 변형

직선 $y=5x-1$을 x축의 방향으로 a만큼, y축의 방향으로 2만큼 평행이동한 후 y축에 대하여 대칭이동한 직선이 점 $(3, 1)$을 지날 때, a의 값을 구하시오.

빈출

예제 04 / 선분의 길이의 합의 최솟값

두 점 A, B와 축 또는 직선 위를 움직이는 점 P에 대하여 $\overline{AP}+\overline{BP}$의 최솟값은 두 점 A, B 중 한 점을 축 또는 직선에 대하여 대칭이동하여 구한다.

두 점 A(0, 2), B(7, 5)와 x축 위를 움직이는 점 P에 대하여 $\overline{AP}+\overline{BP}$의 최솟값을 구하시오.

• 유형 만렙 공통수학 2 70쪽에서 문제 더 풀기

| 풀이 | 점 B(7, 5)를 x축에 대하여 대칭이동한 점을 B′이라 하면

B′(7, −5)

이때 $\overline{BP}=\overline{B'P}$이므로

$$\overline{AP}+\overline{BP}=\overline{AP}+\overline{B'P}$$
$$\geq \overline{AB'}$$
$$=\sqrt{7^2+(-5-2)^2}$$
$$=7\sqrt{2}$$

따라서 $\overline{AP}+\overline{BP}$의 최솟값은 $7\sqrt{2}$이다.

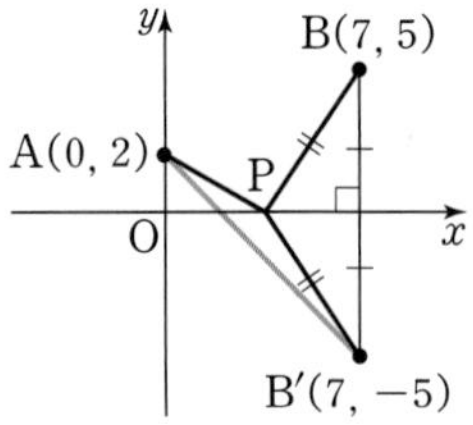

답 $7\sqrt{2}$

TIP

두 점 A, B와 직선 l 위의 점 P에 대하여 점 B를 직선 l에 대하여 대칭이동한 점을 B′이라 하면

➡ $\overline{AP}+\overline{BP}=\overline{AP}+\overline{B'P}\geq\overline{AB'}$

➡ $\overline{AP}+\overline{BP}$의 최솟값은 $\overline{AB'}$의 길이이다.

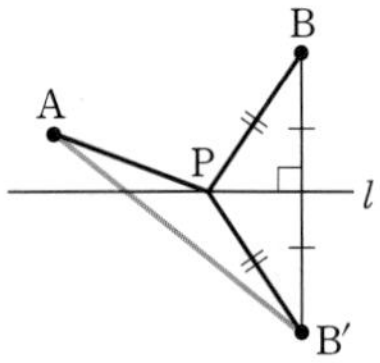

• 정답과 해설 62쪽

323 유사

두 점 A$(-3,\ -2)$, B$(5,\ -4)$와 x축 위를 움직이는 점 P에 대하여 $\overline{\mathrm{AP}}+\overline{\mathrm{BP}}$의 최솟값을 구하시오.

324 유사

두 점 A$(2,\ 5)$, B$(3,\ 2)$와 y축 위를 움직이는 점 P에 대하여 $\overline{\mathrm{AP}}+\overline{\mathrm{BP}}$의 최솟값을 구하시오.

325 변형

두 점 A$(0,\ 4)$, B$(2,\ 6)$과 직선 $y=x$ 위를 움직이는 점 P에 대하여 $\overline{\mathrm{AP}}+\overline{\mathrm{BP}}$가 최솟값을 갖는 점 P의 좌표와 그때의 최솟값을 차례대로 구하시오.

326 변형

오른쪽 그림과 같은 두 점 A$(1,\ 2)$, B$(2,\ 1)$과 x축 위를 움직이는 점 P, y축 위를 움직이는 점 Q에 대하여 $\overline{\mathrm{AQ}}+\overline{\mathrm{QP}}+\overline{\mathrm{PB}}$의 최솟값을 구하시오.

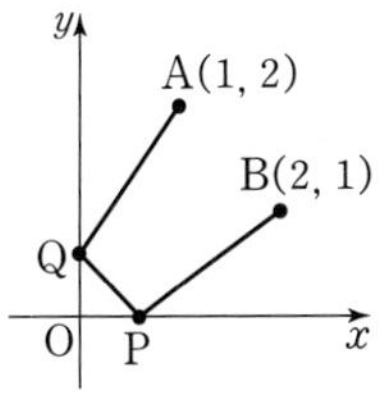

2 점과 직선에 대한 대칭이동

개념 01 점에 대한 대칭이동

○ 예제 05

점 $\mathrm{P}(x, y)$를 점 (a, b)에 대하여 대칭이동한 점을 $\mathrm{P}'(x', y')$이라 하면 **점 (a, b)는 선분 PP'의 중점**이므로

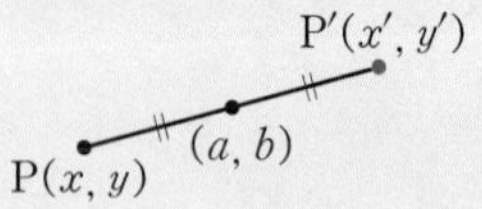

$$a=\frac{x+x'}{2},\ b=\frac{y+y'}{2}$$

$$\therefore x'=2a-x,\ y'=2b-y$$

따라서 점에 대하여 대칭이동한 점의 좌표와 도형의 방정식은 다음과 같다

(1) 점 (x, y)를 점 (a, b)에 대칭이동한 점의 좌표는

$(2a-x,\ 2b-y)$

(2) 방정식 $f(x, y)=0$이 나타내는 도형을 점 (a, b)에 대하여 대칭이동한 도형의 방정식은

$f(2a-x,\ 2b-y)=0$

| 증명 | (2) 점 (a, b)에 대하여 대칭이동한 도형의 방정식

방정식 $f(x, y)=0$이 나타내는 도형 위의 임의의 점 $\mathrm{P}(x, y)$를 점 (a, b)에 대하여 대칭이동한 점을 $\mathrm{P}'(x', y')$이라 하면

$$x'=2a-x,\ y'=2b-y$$

$$\therefore x=2a-x',\ y=2b-y'$$

이때 점 $\mathrm{P}(x, y)$는 방정식 $f(x, y)=0$이 나타내는 도형 위의 점이므로

$$f(2a-x',\ 2b-y')=0$$

즉, 점 $\mathrm{P}'(x', y')$은 방정식 $f(2a-x,\ 2b-y)=0$이 나타내는 도형 위의 점이다.

따라서 방정식 $f(x, y)=0$이 나타내는 도형을 점 (a, b)에 대하여 대칭이동한 도형의 방정식은

$$f(2a-x,\ 2b-y)=0$$

| 예 | 점 $(1, 3)$을 점 $(3, 2)$에 대하여 대칭이동한 점의 좌표를 (a, b)라 하면 점 $(3, 2)$가 두 점 $(1, 3)$, (a, b)를 이은 선분의 중점이므로

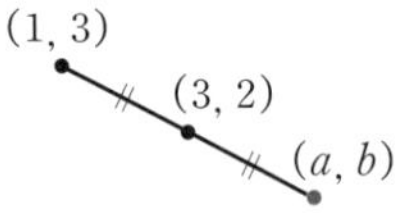

$$\frac{1+a}{2}=3,\ \frac{3+b}{2}=2$$

$$1+a=6,\ 3+b=4$$

$$\therefore a=5,\ b=1$$

따라서 점 $(1, 3)$을 점 $(3, 2)$에 대하여 대칭이동한 점의 좌표는 $(5, 1)$이다.

개념 02 직선에 대한 대칭이동

○ 예제 06

점 $\mathrm{P}(x, y)$를 직선 l: $ax+by+c=0$에 대하여 대칭이동한 점을 $\mathrm{P}'(x', y')$이라 하고, 선분 PP'과 직선 l의 교점을 M이라 하면

$\overline{\mathrm{PM}}=\overline{\mathrm{P'M}}$, $\overline{\mathrm{PP'}}\perp l$

이므로 점 P'의 좌표는 다음 두 조건을 이용하여 구할 수 있다.

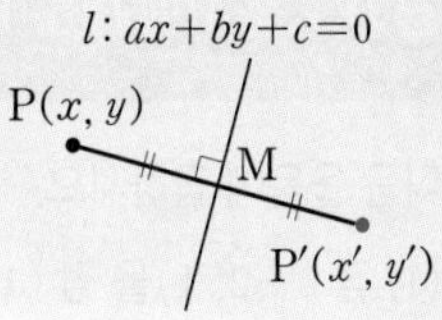

(1) 중점 조건

선분 PP'의 중점 $\mathrm{M}\left(\frac{x+x'}{2}, \frac{y+y'}{2}\right)$이 직선 l 위의 점이다.

➡ $a\times\frac{x+x'}{2}+b\times\frac{y+y'}{2}+c=0$

(2) 수직 조건

직선 PP'과 직선 l은 서로 수직이다.

➡ $\frac{y'-y}{x'-x}\times\left(-\frac{a}{b}\right)=-1$

| 참고 | 직선 $y=-x$에 대하여 대칭이동한 도형의 방정식

방정식 $f(x, y)=0$이 나타내는 도형 위의 임의의 점 $\mathrm{P}(x, y)$를 직선 $y=-x$에 대하여 대칭이동한 점을 $\mathrm{P}'(x', y')$이라 하자.

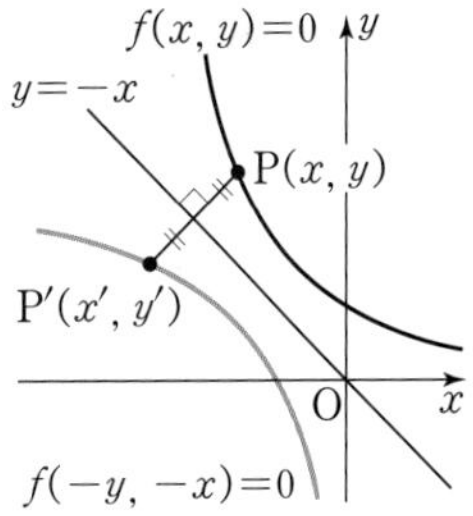

(1) 중점 조건

선분 PP'의 중점 $\left(\frac{x+x'}{2}, \frac{y+y'}{2}\right)$이 직선 $y=-x$ 위의 점이므로

$\frac{y+y'}{2}=-\frac{x+x'}{2}$

$\therefore x'+y'=-x-y$ …… ㉠

(2) 수직 조건

직선 PP'과 직선 $y=-x$는 서로 수직이므로

$\frac{y'-y}{x'-x}\times(-1)=-1$

$\therefore x'-y'=x-y$ …… ㉡

㉠, ㉡을 연립하여 x, y에 대하여 풀면

$x=-y'$, $y=-x'$

그런데 점 $\mathrm{P}(x, y)$는 방정식 $f(x, y)=0$이 나타내는 도형 위의 점이므로

$f(-y', -x')=0$

즉, 점 $\mathrm{P}'(x', y')$은 방정식 $f(-y, -x)=0$이 나타내는 도형 위의 점이다.

따라서 방정식 $f(x, y)=0$이 나타내는 도형을 직선 $y=-x$에 대하여 대칭이동한 도형의 방정식은

$f(-y, -x)=0$

예제 05 / 점에 대한 대칭이동

점 P를 점 M에 대하여 대칭이동한 점을 P′이라 하면 점 M은 선분 PP′의 중점이다.

다음 물음에 답하시오.

(1) 점 $(-2, 1)$을 점 $(1, -2)$에 대하여 대칭이동한 점의 좌표를 구하시오.

(2) 원 $(x+3)^2+(y-2)^2=6$을 점 $(2, 3)$에 대하여 대칭이동한 원의 방정식을 구하시오.

• 유형 만렙 공통수학 2 72쪽에서 문제 더 풀기

| 풀이 | (1) 대칭이동한 점의 좌표를 (a, b)라 하면 점 $(1, -2)$는 두 점 $(-2, 1)$, (a, b)를 이은 선분의 중점이므로

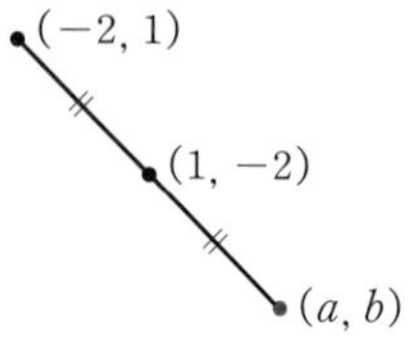

$$\frac{-2+a}{2}=1, \ \frac{1+b}{2}=-2$$

$\therefore a=4, b=-5$

따라서 구하는 점의 좌표는 $(4, -5)$이다.

(2) 원 $(x+3)^2+(y-2)^2=6$의 중심의 좌표는

$(-3, 2)$

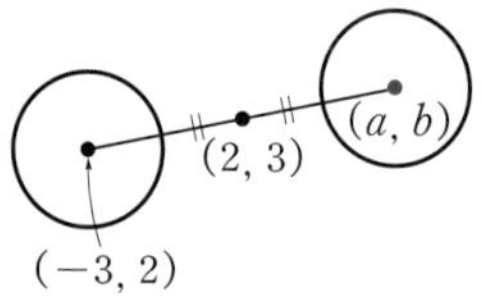

이 점을 점 $(2, 3)$에 대하여 대칭이동한 점의 좌표를 (a, b)라 하면 점 $(2, 3)$은 두 점 $(-3, 2)$, (a, b)를 이은 선분의 중점이므로

$$\frac{-3+a}{2}=2, \ \frac{2+b}{2}=3$$

$\therefore a=7, b=4$

따라서 대칭이동한 원은 중심의 좌표가 $(7, 4)$이고 반지름의 길이가 $\sqrt{6}$인 원이므로 구하는 원의 방정식은

└ 원 $(x+3)^2+(y-2)^2=6$의 반지름의 길이와 같다.

$(x-7)^2+(y-4)^2=6$

답 (1) $(4, -5)$ (2) $(x-7)^2+(y-4)^2=6$

327 유사

원 $(x+1)^2+(y+3)^2=5$를 점 $(-4,\ 0)$에 대하여 대칭이동한 원의 방정식을 구하시오.

328 변형

점 $(a,\ -1)$을 점 $(-2,\ 4)$에 대하여 대칭이동한 점의 좌표가 $(-8,\ b)$일 때, a, b의 값을 구하시오.

329 변형

원 $(x-4)^2+(y+a)^2=4$를 점 $(-2,\ -1)$에 대하여 대칭이동한 원의 방정식이 $(x+b)^2+(y-1)^2=c$일 때, 상수 a, b, c의 값을 구하시오.

330 변형

포물선 $y=x^2-8x+17$을 점 $(a,\ b)$에 대하여 대칭이동한 포물선의 꼭짓점의 좌표가 $(-6,\ -1)$일 때, $a+b$의 값을 구하시오.

예제 06 / 직선에 대한 대칭이동

점 P를 직선 l에 대하여 대칭이동한 점을 P′이라 하면 선분 PP′의 중점이 직선 l 위의 점이고, 직선 PP′과 직선 l은 서로 수직이다.

다음 물음에 답하시오.

(1) 점 $\mathrm{P}(3,\ 1)$을 직선 $y=x+2$에 대하여 대칭이동한 점의 좌표를 구하시오.

(2) 직선 $y=2x+1$을 직선 $y=x-3$에 대하여 대칭이동한 도형의 방정식을 구하시오.

• 유형 만렙 공통수학 2 73쪽에서 문제 더 풀기

| 풀이 | (1) 점 $\mathrm{P}(3,\ 1)$을 직선 $y=x+2$에 대하여 대칭이동한 점을 $\mathrm{P}'(a,\ b)$라 하자.

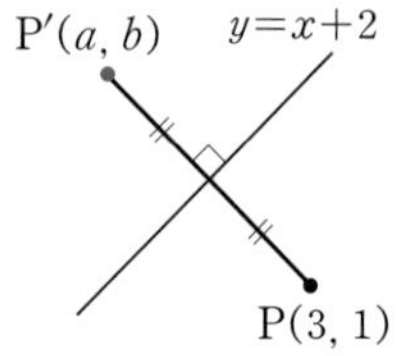

선분 PP′의 중점 $\left(\frac{3+a}{2},\ \frac{1+b}{2}\right)$가 직선 $y=x+2$ 위의 점이므로

$\frac{1+b}{2}=\frac{3+a}{2}+2 \quad \therefore a-b=-6$ ...... ㉠

직선 PP′과 직선 $y=x+2$는 서로 수직이므로

$\frac{b-1}{a-3}\times 1=-1 \quad \therefore a+b=4$ ...... ㉡

㉠, ㉡을 연립하여 풀면 $a=-1,\ b=5$

따라서 구하는 점의 좌표는 $(-1,\ 5)$이다.

(2) 직선 $y=2x+1$ 위의 임의의 점 $\mathrm{P}(x,\ y)$를 직선 $y=x-3$에 대하여 대칭이동한 점을 $\mathrm{P}'(x',\ y')$이라 하자.

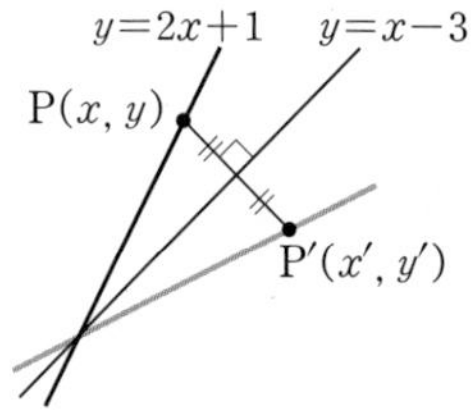

선분 PP′의 중점 $\left(\frac{x+x'}{2},\ \frac{y+y'}{2}\right)$이 직선 $y=x-3$ 위의 점이므로

$\frac{y+y'}{2}=\frac{x+x'}{2}-3 \quad \therefore x-y=-x'+y'+6$ ...... ㉠

직선 PP′과 직선 $y=x-3$은 서로 수직이므로

$\frac{y'-y}{x'-x}\times 1=-1 \quad \therefore x+y=x'+y'$ ...... ㉡

㉠, ㉡을 연립하여 $x,\ y$에 대하여 풀면

$x=y'+3,\ y=x'-3$

점 $\mathrm{P}(x,\ y)$는 직선 $y=2x+1$ 위의 점이므로

$x'-3=2(y'+3)+1 \quad \therefore x'-2y'-10=0$

따라서 구하는 직선의 방정식은

$x-2y-10=0$

답 (1) $(-1,\ 5)$ (2) $x-2y-10=0$

331 유사

점 $(-1,\ 5)$를 직선 $2x-y-3=0$에 대하여 대칭이동한 점의 좌표를 구하시오.

332 유사

직선 $y=3x$를 직선 $y=-x+1$에 대하여 대칭이동한 도형의 방정식을 구하시오.

333 변형

두 점 $(1,\ 1)$, $(-2,\ 0)$이 직선 $y=ax+b$에 대하여 대칭일 때, 상수 a, b의 값을 구하시오.

334 변형

원 $(x+1)^2+(y-2)^2=1$을 직선 $y=x+4$에 대하여 대칭이동한 도형의 방정식을 구하시오.

연습문제

1단계

교과서

335 점 $\mathrm{P}(2,\ 1)$을 x축에 대하여 대칭이동한 점을 Q, 원점에 대하여 대칭이동한 점을 R라 할 때, 세 점 P, Q, R를 꼭짓점으로 하는 삼각형 PQR의 넓이는?

① 4　② 5　③ 6　④ 7　⑤ 8

336 직선 $y=3x-2$를 직선 $y=x$에 대하여 대칭이동한 직선과 수직이고, 점 $(-2,\ 5)$를 지나는 직선의 방정식을 구하시오.

337 포물선 $y=x^2+2mx+m^2-6$을 원점에 대하여 대칭이동한 포물선의 꼭짓점의 좌표가 $(-4,\ a)$일 때, 상수 a, m에 대하여 $a+m$의 값을 구하시오.

338 원 $(x+1)^2+(y-2)^2=5$를 직선 $y=x$에 대하여 대칭이동한 후 x축의 방향으로 -5만큼, y축의 방향으로 3만큼 평행이동한 원이 x축과 만나는 두 점 사이의 거리는?

① 1　② 2　③ 3　④ 4　⑤ 5

339 두 점 $\mathrm{A}(0,\ a)$, $\mathrm{B}(4,\ 1)$과 x축 위를 움직이는 점 P에 대하여 $\overline{\mathrm{AP}}+\overline{\mathrm{BP}}$의 최솟값이 $4\sqrt{2}$가 되도록 하는 a의 값은? (단, $a>0$)

① 1　② 2　③ 3　④ 4　⑤ 5

340 두 포물선 $y=x^2-8x+2$, $y=-x^2+16x-54$가 점 $(a,\ b)$에 대하여 대칭일 때, $a-b$의 값을 구하시오.

• 정답과 해설 64쪽

341 원 $x^2+y^2-8x-4y+11=0$을 직선 $y=ax+b$에 대하여 대칭이동한 원의 방정식이 $x^2+y^2+8x+c=0$일 때, 상수 a, b, c에 대하여 $a+b+c$의 값은?

① 4　② 6　③ 8
④ 10　⑤ 12

2단계

서술형

342 점 (a, b)를 y축에 대하여 대칭이동한 점이 제3사분면 위에 있을 때, 다음 물음에 답하시오.

(1) a, b의 부호를 구하시오.
(2) 점 $(a-b, ab)$를 x축에 대하여 대칭이동한 점이 속하는 사분면을 구하시오.

343 네 점 A(1, 1), B(3, 1), C(3, 3), D(1, 3)을 꼭짓점으로 하는 사각형 ABCD가 있다. 직선 $x-2y+k=0$을 원점에 대하여 대칭이동한 직선이 사각형 ABCD의 넓이를 이등분할 때, 상수 k의 값을 구하시오.

344 직선 l: $2x+y+k=0$을 y축에 대하여 대칭이동한 후 x축의 방향으로 1만큼, y축의 방향으로 -2만큼 평행이동한 직선을 l'이라 하자. x축과 두 직선 l, l'으로 둘러싸인 삼각형의 넓이가 18일 때, 양수 k의 값을 구하시오.

교육청

345 직선 $y=-\frac{1}{2}x-3$을 x축의 방향으로 a만큼 평행이동한 후 직선 $y=x$에 대하여 대칭이동한 직선을 l이라 하자. 직선 l이 원 $(x+1)^2+(y-3)^2=5$와 접하도록 하는 모든 상수 a의 값의 합은?

① 14　② 15　③ 16
④ 17　⑤ 18

교육청

346 중심이 $(4, 2)$이고 반지름의 길이가 2인 원 O_1이 있다. 원 O_1을 직선 $y=x$에 대하여 대칭이동한 후 y축의 방향으로 a만큼 평행이동한 원을 O_2라 하자. 원 O_1과 원 O_2가 서로 다른 두 점 A, B에서 만나고 선분 AB의 길이가 $2\sqrt{3}$일 때, 상수 a의 값은?

① $-2\sqrt{2}$　② -2　③ $-\sqrt{2}$
④ -1　⑤ $-\frac{\sqrt{2}}{2}$

연습문제

• 정답과 해설 66쪽

347 오른쪽 그림과 같이 점 A(7, 3)과 직선 $y=x$ 위를 움직이는 점 B, x축 위를 움직이는 점 C에 대하여 삼각형 ABC의 둘레의 길이의 최솟값을 구하시오.

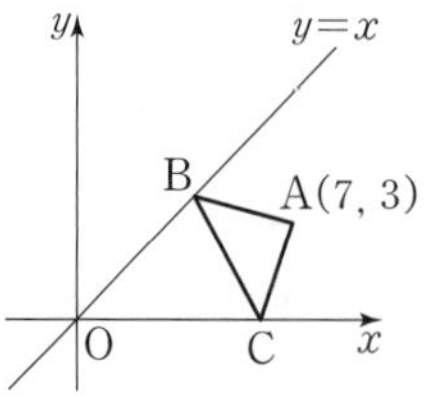

348 직선 $y=2x+5$를 점 $(-1,\ 4)$에 대하여 대칭이동한 직선의 방정식이 $y=ax+b$일 때, 상수 a, b에 대하여 ab의 값을 구하시오.

3단계

서술형

349 점 $\mathrm{P}(1,\ -3)$을 x축에 대하여 대칭이동한 점을 P_1, 점 P_1을 원점에 대하여 대칭이동한 점을 P_2, 점 P_2를 x축에 대하여 대칭이동한 점을 P_3, 점 P_3을 원점에 대하여 대칭이동한 점을 P_4라 하자. 이와 같은 방법으로 계속 이동할 때, 점 P_{103}과 직선 $x+2y=0$ 사이의 거리를 구하시오.

350 방정식 $f(x,\ y)=0$이 나타내는 도형이 오른쪽 그림과 같을 때, 다음 중 방정식 $f(x+1,\ -y)=0$이 나타내는 도형은?

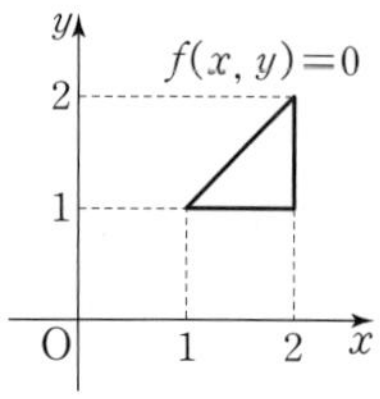

①
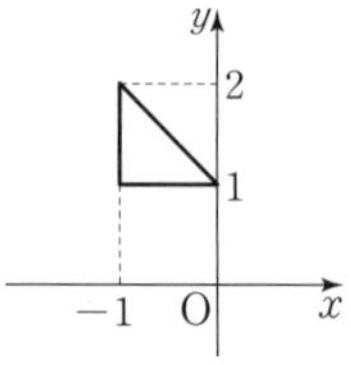

②
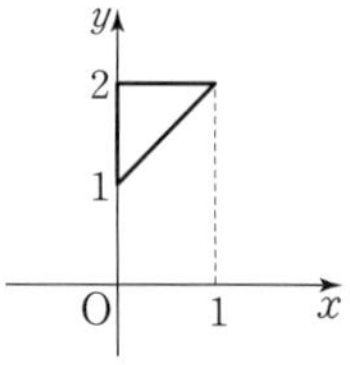

③
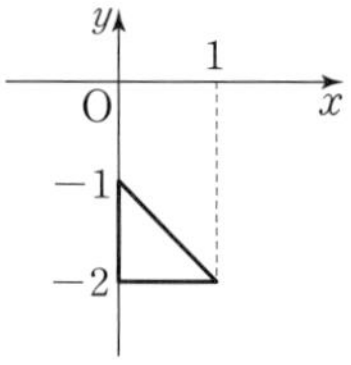

④
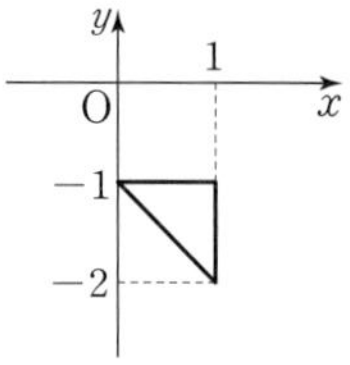

⑤
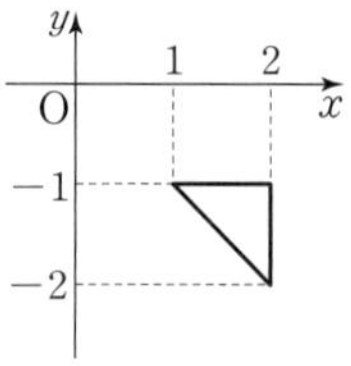

교육청

351 좌표평면 위에 두 점 $\mathrm{A}(-3,\ 2)$, $\mathrm{B}(5,\ 4)$가 있다. $\overline{\mathrm{BP}}=3$인 점 P와 x축 위의 점 Q에 대하여 $\overline{\mathrm{AQ}}+\overline{\mathrm{QP}}$의 최솟값은?

① 5　② 6　③ 7　④ 8　⑤ 9

1

집합의 뜻과 집합 사이의 포함 관계

1 집합의 뜻과 표현

개념 01 집합과 원소

◎ 예제 01

(1) **집합**: 주어진 조건에 따라 대상을 분명하게 정할 수 있을 때, 그 대상들의 모임
(2) **원소**: 집합을 이루는 대상 하나하나

| 예 | • 5 이하의 소수의 모임 ➡ 그 대상이 분명하게 정해지므로 집합이고 원소는 2, 3, 5이다.
• 키가 작은 학생들의 모임 ➡ '키가 작은'은 기준이 명확하지 않아 대상을 분명하게 정할 수 없으므로 집합이 아니다.

개념 02 집합과 원소 사이의 관계

◎ 예제 02

(1) a가 집합 A의 원소일 때, a는 집합 A에 속한다고 하고, 기호로 $\boldsymbol{a \in A}$와 같이 나타낸다.
(2) b가 집합 A의 원소가 아닐 때, b는 집합 A에 속하지 않는다고 하고, 기호로 $\boldsymbol{b \notin A}$와 같이 나타낸다.

| 참고 | • 기호 $\in$는 원소를 뜻하는 Element의 첫 글자 E를 기호로 만든 것이다.
• 일반적으로 집합은 알파벳 대문자 A, B, C, ...로 나타내고, 원소는 알파벳 소문자 a, b, c, ...로 나타낸다.

| 예 | 4의 양의 약수의 집합을 A라 할 때
(1) 1, 2, 4는 집합 A의 원소이므로 $1 \in A$, $2 \in A$, $4 \in A$
(2) 3은 집합 A의 원소가 아니므로 $3 \notin A$

개념 03 집합의 표현 방법

◎ 예제 03, 04

(1) **원소나열법**: 집합에 속하는 모든 원소를 기호 { } 안에 나열하여 집합을 나타내는 방법
(2) **조건제시법**: 집합에 속하는 원소의 공통된 성질을 조건으로 제시하여 집합을 나타내는 방법
(3) **벤 다이어그램**: 집합에 속하는 모든 원소를 원이나 직사각형 같은 도형 안에 나열하여 집합을 나타낸 그림

| 예 | 10 이하의 짝수인 자연수의 집합을 A라 할 때
(1) 원소나열법: $A=\{2,\ 4,\ 6,\ 8,\ 10\}$
(2) 조건제시법: $A=\{x \mid x$는 10 이하의 짝수인 자연수$\}$
(3) 벤 다이어그램:

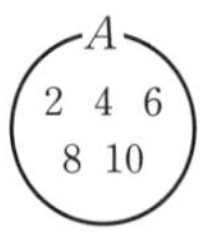

| 참고 | • 원소를 나열하는 순서는 관계없다. ➡ $\{1, 3, 5\}$는 $\{5, 3, 1\}$로 나타낼 수도 있다.
• 같은 원소는 중복하여 쓰지 않는다. ➡ $\{1, 3, 3, 5\}$ (×), $\{1, 3, 5\}$ (○)
• 집합의 원소의 개수가 많고 일정한 규칙이 있을 때는 원소의 일부를 생략하고 '...'을 사용하여 나타낸다.
➡ 200 이하의 자연수의 집합은 $\{1, 2, 3, 4, ..., 200\}$

개념 04 원소의 개수에 따른 집합의 분류

◎ 예제 05, 06

(1) 유한집합과 무한집합

① **유한집합**: 원소가 유한개인 집합

② **무한집합**: 원소가 무수히 많은 집합

(2) 공집합: 원소가 하나도 없는 집합을 **공집합**이라 하고, 기호로 $\varnothing$과 같이 나타낸다.

(3) 유한집합의 원소의 개수

집합 A가 유한집합일 때, 집합 A의 원소의 개수를 기호로 $n(A)$와 같이 나타낸다.

| 참고 | • 공집합은 원소의 개수가 0이므로 유한집합으로 생각한다.
• 기호 $n(A)$에서 n은 수를 뜻하는 number의 첫 글자이다.

| 예 | • 집합 $A=\{1, 2, 3, 4\}$는 원소가 유한개이므로 유한집합이다. ➡ $n(A)=4$
• 집합 $B=\{1, 2, 3, 4, ...\}$는 원소가 무수히 많으므로 무한집합이다.
• 집합 $C=\{x|x$는 $1<x<3$인 홀수$\}$는 원소가 하나도 없으므로 공집합이다. ➡ $n(C)=0$

개념 확인

• 정답과 해설 68쪽

개념 01

352 다음 집합의 원소를 모두 구하시오.

(1) 6보다 작은 자연수의 집합　　(2) 한 자리 자연수 중 홀수의 집합

개념 03

353 12 이하의 3의 양의 배수의 집합을 A라 할 때, 집합 A를 다음 방법으로 나타내시오.

(1) 원소나열법　　(2) 조건제시법　　(3) 벤 다이어그램

개념 04

354 보기에서 다음에 해당하는 것만을 있는 대로 고르시오.

보기
ㄱ. $A=\{x|x$는 9의 양의 약수$\}$　　ㄴ. $B=\{x|x$는 10의 양의 배수$\}$
ㄷ. $C=\{x|x$는 $x>7$인 짝수$\}$　　ㄹ. $D=\{x|x$는 1보다 작은 자연수$\}$

(1) 유한집합　　(2) 무한집합　　(3) 공집합

빈출

예제 01 / 집합의 뜻

기준이 명확하여 그 대상을 분명하게 정할 수 있으면 집합이다.

보기에서 집합인 것만을 있는 대로 고르시오.

보기
ㄱ. 홀수인 자연수의 모임
ㄴ. 맛있는 과일의 모임
ㄷ. 5보다 작은 양의 정수의 모임
ㄹ. 우리나라 광역시의 모임
ㅁ. 4의 양의 배수 중에서 두 자리 수의 모임
ㅂ. 따뜻한 나라의 모임

• 유형 만렙 공통수학 2 84쪽에서 문제 더 풀기

| 풀이 | ㄱ. 그 대상이 1, 3, 5, 7, ...로 분명하므로 집합이다.
ㄴ, ㅂ. '맛있는', '따뜻한'은 기준이 명확하지 않아 대상을 분명하게 정할 수 없으므로 집합이 아니다.
ㄷ. 그 대상이 1, 2, 3, 4로 분명하므로 집합이다.
ㄹ. 그 대상이 부산, 대구, 인천, 광주, 대전, 울산으로 분명하므로 집합이다.
ㅁ. 그 대상이 12, 16, 20, 24, ..., 96으로 분명하므로 집합이다.
따라서 보기에서 집합인 것은 ㄱ, ㄷ, ㄹ, ㅁ이다.

답 ㄱ, ㄷ, ㄹ, ㅁ

예제 02 / 집합과 원소 사이의 관계

a가 집합 A의 원소이면 $a \in A$, b가 집합 A의 원소가 아니면 $b \notin A$이다.

10보다 작은 소수의 집합을 A라 할 때, 보기에서 옳은 것만을 있는 대로 고르시오.

보기
ㄱ. $0 \notin A$　ㄴ. $2 \notin A$　ㄷ. $5 \in A$　ㄹ. $9 \in A$

• 유형 만렙 공통수학 2 84쪽에서 문제 더 풀기

| 풀이 | $A=\{2, 3, 5, 7\}$
ㄱ. 0은 집합 A의 원소가 아니므로 $0 \notin A$
ㄴ. 2는 집합 A의 원소이므로 $2 \in A$
ㄷ. 5는 집합 A의 원소이므로 $5 \in A$
ㄹ. 9는 집합 A의 원소가 아니므로 $9 \notin A$
따라서 보기에서 옳은 것은 ㄱ, ㄷ이다.

답 ㄱ, ㄷ

355 예제 01 유사 교과서

보기에서 집합인 것을 모두 고르시오.

보기
ㄱ. 인구가 많은 도시의 모임
ㄴ. 10에 가까운 짝수의 모임
ㄷ. 9보다 큰 6의 배수의 모임
ㄹ. 수학을 잘하는 학생의 모임
ㅁ. 무서운 영화의 모임
ㅂ. 가장 작은 자연수의 모임

356 예제 02 유사

5로 나누었을 때의 나머지가 2인 자연수의 집합을 A라 할 때, 다음 중 옳지 않은 것은?

① $6 \notin A$ ② $7 \in A$ ③ $8 \in A$
④ $10 \notin A$ ⑤ $12 \in A$

357 예제 01 유사

다음 중 집합이 아닌 것은?

① 자연수의 모임
② 20보다 작은 짝수인 자연수의 모임
③ 일의 자리 숫자가 5인 자연수의 모임
④ 배우기 쉬운 악기의 모임
⑤ 우리 반에서 12월에 태어난 학생의 모임

358 예제 02 변형

방정식 $x^3-2x^2-3x=0$의 해의 집합을 A라 할 때, 보기에서 옳은 것만을 있는 대로 고르시오.

보기
ㄱ. $-1 \notin A$ ㄴ. $0 \in A$
ㄷ. $1 \notin A$ ㄹ. $3 \in A$

예제 03 / 집합의 표현

집합을 원소나열법으로 나타낼 때는 모든 원소를 구해 기호 { } 안에 나열하고, 조건제시법으로 나타낼 때는 원소의 공통된 성질을 찾아 조건으로 제시한다.

다음 집합을 원소나열법으로 나타낸 것은 조건제시법으로, 조건제시법으로 나타낸 것은 원소나열법으로 나타내시오.

(1) $A=\{5, 10, 15, 20, \dots, 100\}$

(2) $B=\{1, 2, 4, 8, 16\}$

(3) $C=\{x \mid x$는 20 이하의 홀수인 자연수$\}$

(4) $D=\{x \mid x$는 $15<x<25$인 짝수$\}$

• 유형 만렙 공통수학 2 85쪽에서 문제 더 풀기

| 풀이 | (1) ㉠ 5, 10, 15, 20, ..., 100은 모두 100 이하의 5의 양의 배수이므로
$A=\{x \mid x$는 100 이하의 5의 양의 배수$\}$

(2) ㉠ 1, 2, 4, 8, 16은 모두 16의 양의 약수이므로
$B=\{x \mid x$는 16의 양의 약수$\}$

(3) 20 이하의 홀수인 자연수는 1, 3, 5, 7, ..., 19이므로
$C=\{1, 3, 5, 7, \dots, 19\}$

(4) $15<x<25$인 짝수는 16, 18, 20, 22, 24이므로
$D=\{16, 18, 20, 22, 24\}$

답 (1) ㉠ $A=\{x \mid x$는 100 이하의 5의 양의 배수$\}$
(2) ㉠ $B=\{x \mid x$는 16의 양의 약수$\}$
(3) $C=\{1, 3, 5, 7, \dots, 19\}$
(4) $D=\{16, 18, 20, 22, 24\}$

359 유사

집합 $A=\{x|x^2-3x-4=0\}$을 원소나열법으로 나타내시오.

360 유사 교과서

집합 $A=\{1, 5, 9, 13, \dots, 49\}$를 조건제시법으로 나타내시오.

361 변형

오른쪽 벤 다이어그램과 같은 집합 A를 원소나열법과 조건제시법으로 각각 나타내시오.

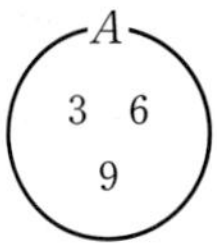

362 변형

다음 중 집합 $\{1, 2, 3, 4, \dots, 8\}$을 조건제시법으로 나타낸 것으로 옳지 않은 것은?

① $\{x|x<9$, x는 자연수$\}$
② $\{x|x\le 8$, x는 양의 정수$\}$
③ $\{x|x$는 9보다 작은 한 자리 자연수$\}$
④ $\{x|1<x<9$, x는 자연수$\}$
⑤ $\{x|1\le x\le 8$, x는 정수$\}$

예제 04 / 조건제시법으로 주어진 집합의 원소

각 집합의 모든 원소를 이용하여 새로운 집합의 원소를 구한 후 중복되지 않게 나열한다.

두 집합 $A=\{1, 2, 4\}$, $B=\{-1, 0, 1\}$에 대하여 다음 집합을 원소나열법으로 나타내시오.

(1) $C=\{a+b \mid a \in A, b \in B\}$

(2) $D=\{ab \mid a \in A, b \in B\}$

• 유형 만렙 공통수학 2 85쪽에서 문제 더 풀기

| 풀이 | (1) 집합 A의 원소 a와 집합 B의 원소 b에 대하여 $a+b$의 값은 오른쪽 표와 같다.

a \ b	-1	0	1
1	0	1	2
2	1	2	3
4	3	4	5

따라서 집합 C를 원소나열법으로 나타내면

$C=\{0, 1, 2, 3, 4, 5\}$

└ 오른쪽 표에서 1, 2, 3은 두 번씩 나오지만 중복되지 않게 한 번만 나열한다.

(2) 집합 A의 원소 a와 집합 B의 원소 b에 대하여 ab의 값은 오른쪽 표와 같다.

a \ b	-1	0	1
1	-1	0	1
2	-2	0	2
4	-4	0	4

따라서 집합 D를 원소나열법으로 나타내면

$D=\{-4, -2, -1, 0, 1, 2, 4\}$

└ 오른쪽 표에서 0은 3번 나오지만 중복되지 않게 한 번만 나열한다.

답 (1) $C=\{0, 1, 2, 3, 4, 5\}$
(2) $D=\{-4, -2, -1, 0, 1, 2, 4\}$

예제 05 / 유한집합과 무한집합

집합의 원소를 구하여 그 개수가 유한개인지, 무수히 많은지, 하나도 없는지 확인한다.

보기에서 유한집합인 것만을 있는 대로 고르시오.

보기

ㄱ. $\{x \mid x$는 $0<x<1$인 유리수$\}$ ㄴ. $\{\varnothing\}$

ㄷ. $\{x \mid x$는 홀수인 8의 양의 배수$\}$ ㄹ. $\{x \mid x=2k-1, k$는 자연수$\}$

• 유형 만렙 공통수학 2 86쪽에서 문제 더 풀기

| 풀이 | ㄱ. $0<x<1$인 유리수 x는 무수히 많으므로 주어진 집합은 무한집합이다.

ㄴ. 주어진 집합의 원소는 1개, 즉 유한개이므로 유한집합이다.

ㄷ. 홀수인 8의 양의 배수는 없으므로 주어진 집합은 공집합 또는 유한집합이다. ◀ 공집합은 유한집합이다.

ㄹ. 주어진 집합의 원소는 1, 3, 5, 7, ...로 무수히 많다. 즉, 무한집합이다.

따라서 보기에서 유한집합인 것은 ㄴ, ㄷ이다.

답 ㄴ, ㄷ

363 예제 04 유사

두 집합 $A=\{0, 2\}$, $B=\{1, 2, 3\}$에 대하여 집합 C를

$$C=\{a-b \mid a\in A, b\in B\}$$

라 할 때, 집합 C를 원소나열법으로 나타내시오.

364 예제 05 유사

보기에서 무한집합인 것의 개수를 구하시오.

보기

ㄱ. $A=\{x \mid x$는 세 자리 자연수$\}$

ㄴ. $B=\{x \mid x$는 3으로 나누어떨어지는 양수$\}$

ㄷ. $C=\{x \mid x$는 9의 양의 약수 중 짝수$\}$

ㄹ. $D=\{x \mid x$는 5와 7의 양의 공배수$\}$

ㅁ. $E=\{x \mid x$는 $x^2-3x<0$인 유리수$\}$

365 예제 04 변형

집합 $A=\{-1, 1, 3\}$에 대하여 집합 B를

$$B=\{ab \mid a\in A, b\in A\}$$

라 할 때, 집합 B의 모든 원소의 합을 구하시오.

366 예제 05 변형

다음 중 공집합인 것은?

① $\{0\}$

② $\{x \mid x$는 두 자리 소수$\}$

③ $\{x \mid x=7k, k$는 자연수$\}$

④ $\{x \mid x$는 $3<x<4$인 정수$\}$

⑤ $\{x \mid x^2=1\}$

빈출

예제 06 / 유한집합의 원소의 개수

$n(A)$는 유한집합 A의 원소의 개수이다.

보기에서 옳은 것만을 있는 대로 고르시오.

보기

ㄱ. $n(\{40\})-n(\{30\})=10$

ㄴ. $n(\{\varnothing\})-n(\varnothing)=1$

ㄷ. $n(\{1, 2\})<n(\{3, 4\})$

ㄹ. $A=\{x|x^2+2=0, x$는 실수$\}$이면 $n(A)=0$

• 유형 만렙 공통수학 2 86쪽에서 문제 더 풀기

| 풀이 | ㄱ. $n(\{40\})=1$, $n(\{30\})=1$이므로

$n(\{40\})-n(\{30\})=1-1=0$

ㄴ. $n(\{\varnothing\})=1$, $n(\varnothing)=0$이므로

$n(\{\varnothing\})-n(\varnothing)=1-0=1$

ㄷ. $n(\{1, 2\})=2$, $n(\{3, 4\})=2$이므로

$n(\{1, 2\})=n(\{3, 4\})$

ㄹ. $x^2+2=0$에서 $x^2=-2$

$x^2=-2$인 실수 x는 없으므로

$n(A)=0$

따라서 보기에서 옳은 것은 ㄴ, ㄹ이다.

답 ㄴ, ㄹ

TIP 집합 $\varnothing$, $\{\varnothing\}$, $\{0\}$의 원소의 개수 비교

(1) 공집합 $\varnothing$은 원소가 하나도 없다. ➡ $n(\varnothing)=0$

(2) 집합 $\{\varnothing\}$은 원소가 $\varnothing$의 1개이다. ➡ $n(\{\varnothing\})=1$

(3) 집합 $\{0\}$은 원소가 0의 1개이다. ➡ $n(\{0\})=1$

367 유사

보기에서 옳은 것만을 있는 대로 고르시오.

보기

ㄱ. $n(\{0\})=0$

ㄴ. $n(\{3, 4, 5\})-n(\{3, 4\})=5$

ㄷ. $A=\{x|x$는 2보다 작은 소수$\}$이면 $n(A)=0$

ㄹ. $A=\{x|x$는 25의 양의 약수$\}$, $B=\{1, 3, 5\}$이면 $n(A)=n(B)$

ㅁ. $A=\{1, 2, 3, 4\}$, $B=\{3, 4, 5, 6\}$이면 $n(A)<n(B)$

368 유사

다음 중 옳은 것은?

① $n(\varnothing)=1$

② $n(\{0\})<n(\{1\})$

③ $n(\{0, 1, 2\})=\{3\}$

④ $n(\{x|x$는 16의 양의 약수$\})=6$

⑤ $n(\{x|0<x<100, x$는 5의 배수$\})=19$

369 변형

세 집합

$A=\{x|x<8, x$는 음이 아닌 정수$\}$,

$B=\{x|x^2-x+1=0, x$는 실수$\}$,

$C=\{\varnothing, 5\}$

에 대하여 $n(A)+n(B)+n(C)$의 값을 구하시오.

370 변형

집합 $A=\{0, 1, 2\}$에 대하여 집합 B, C를

$B=\{a+b|a\in A, b\in A\}$,

$C=\{ab|a\in A, b\in A\}$

라 할 때, $n(B)+n(C)$의 값을 구하시오.

2 집합 사이의 포함 관계

개념 01 부분집합

예제 07, 08

(1) 부분집합

① 두 집합 A, B에 대하여 A의 모든 원소가 B에 속할 때, A를 B의 **부분집합**이라 하고, 기호로 $\boldsymbol{A\subset B}$와 같이 나타낸다.
이때 A는 B에 포함된다 또는 B는 A를 포함한다고 한다.

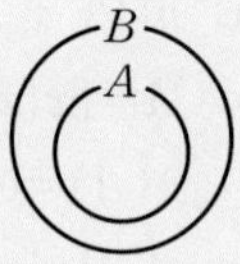

② 집합 A가 집합 B의 부분집합이 아닐 때, 기호로 $\boldsymbol{A\not\subset B}$와 같이 나타낸다.

(2) 부분집합의 성질

① 임의의 집합 A에 대하여

$\varnothing\subset A$ ◀ 공집합은 모든 집합의 부분집합이다.

$A\subset A$ ◀ 모든 집합은 자기 자신의 부분집합이다.

② 세 집합 A, B, C에 대하여 $A\subset B$이고 $B\subset C$이면 $A\subset C$이다.

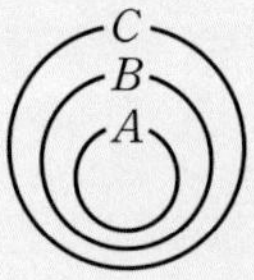

| 참고 | • 기호 ⊂는 포함하다를 뜻하는 Contain의 첫 글자 C를 기호로 만든 것이다.
• $A\not\subset B$이면 집합 A의 원소 중에서 집합 B의 원소가 아닌 것이 있다.

| 예 | • 두 집합 $A=\{1, 3, 5, 7\}$, $B=\{x|x$는 홀수$\}$에 대하여 집합 A의 모든 원소가 집합 B에 속하므로 $A\subset B$이다.
• 두 집합 $A=\{-1, 0\}$, $B=\{0, 1, 2\}$에 대하여 $-1\in A$이지만 $-1\notin B$이므로 $A\not\subset B$이다.

개념 02 서로 같은 집합

예제 08

(1) 두 집합 A, B에 대하여 $A\subset B$이고 $B\subset A$일 때, A와 B는 서로 같다고 하고, 기호로 $\boldsymbol{A=B}$와 같이 나타낸다.

(2) 두 집합 A, B가 서로 같지 않을 때, 기호로 $\boldsymbol{A\neq B}$와 같이 나타낸다.

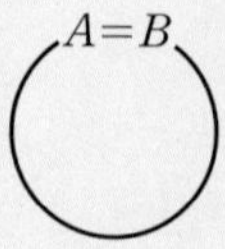

| 참고 | 두 집합이 서로 같으면 두 집합의 모든 원소가 같다.

| 예 | 두 집합 $A=\{1, 2, 4, 8\}$, $B=\{x|x$는 8의 양의 약수$\}$에서 $B=\{1, 2, 4, 8\}$이므로 $A=B$이다.

개념 03 진부분집합

두 집합 A, B에 대하여 A가 B의 부분집합이고 A, B가 서로 같지 않을 때, 즉

$A \subset B$이고 $A \neq B$ ◀ 부분집합 중 자기 자신을 제외한 모든 부분집합

일 때, A를 B의 **진부분집합**이라 한다.

| 참고 | • $A \subset B$는 집합 A가 집합 B의 진부분집합이거나 $A=B$임을 뜻한다.
• 집합 A가 집합 B의 진부분집합이면 $A \subset B$이지만 B의 원소 중에서 A의 원소가 아닌 것이 있다.

| 예 | 집합 $A=\{2, 3\}$에 대하여
• 집합 A의 부분집합 ➡ $\varnothing$, $\{2\}$, $\{3\}$, $\{2, 3\}$
• 집합 A의 진부분집합 ➡ $\varnothing$, $\{2\}$, $\{3\}$

개념 확인

• 정답과 해설 69쪽

개념 01

371 다음 □ 안에 기호 $\subset$, $\not\subset$ 중 알맞은 것을 써넣으시오.

(1) $A=\{x \mid x$는 3의 양의 배수$\}$, $B=\{x \mid x$는 6의 양의 배수$\}$ ➡ A □ B, B □ A

(2) $A=\{x \mid x$는 정사각형$\}$, $B=\{x \mid x$는 마름모$\}$ ➡ A □ B, B □ A

개념 02

372 다음 □ 안에 기호 $=$, $\neq$ 중 알맞은 것을 써넣으시오.

(1) $A=\{1, 3, 5\}$, $B=\{x \mid x$는 5 이하의 홀수인 자연수$\}$ ➡ A □ B

(2) $A=\{1, 21\}$, $B=\{x \mid x$는 21의 양의 약수$\}$ ➡ A □ B

개념 03

373 두 집합 A, B에 대하여 보기에서 A가 B의 진부분집합인 것만을 있는 대로 고르시오.

보기

ㄱ. $A=\varnothing$, $B=\{3, 5\}$

ㄴ. $A=\{x \mid x$는 10보다 작은 소수$\}$, $B=\{x \mid x$는 $0<x<10$인 짝수$\}$

ㄷ. $A=\{2, 4\}$, $B=\{x \mid 1<x<5$, x는 자연수$\}$

빈출

예제 07 / 기호 $\in$, $\subset$의 사용

a가 집합 A의 원소이면 $a\in A$, $\{a\}\subset A$이다.

집합 $A=\{\varnothing, 1, 2, \{1, 2\}\}$에 대하여 다음 중 옳지 않은 것은?

① $\{1\}\subset A$ ② $\{1, 2\}\in A$ ③ $\{1, 2\}\subset A$

④ $\varnothing\in A$ ⑤ $\{\varnothing\}\in A$

• 유형 만렙 공통수학 2 87쪽에서 문제 더 풀기

| 풀이 | 집합 A의 원소는 $\varnothing$, 1, 2, $\{1, 2\}$이다.

① 1은 집합 A의 원소이므로 $\{1\}\subset A$

② $\{1, 2\}$는 집합 A의 원소이므로 $\{1, 2\}\in A$

③ 1, 2는 집합 A의 원소이므로 $\{1, 2\}\subset A$

④, ⑤ $\varnothing$은 집합 A의 원소이므로 $\varnothing\in A$, $\{\varnothing\}\subset A$

따라서 옳지 않은 것은 ⑤이다.

답 ⑤

빈출

예제 08 / 집합 사이의 포함 관계를 이용하여 미지수 구하기

두 집합 A, B에 대하여 $A\subset B$이면 A의 모든 원소가 B의 원소이고, $A=B$이면 A, B의 모든 원소가 같다.

다음 물음에 답하시오.

(1) 두 집합 $A=\{3, a+1\}$, $B=\{4, a, a+4\}$에 대하여 $A\subset B$일 때, 상수 a의 값을 구하시오.

(2) 두 집합 $A=\{1, 4, a^2+a\}$, $B=\{2, a, 3a+1\}$에 대하여 $A=B$일 때, 상수 a의 값을 구하시오.

• 유형 만렙 공통수학 2 88쪽에서 문제 더 풀기

| 풀이 | (1) $A\subset B$이면 $3\in A$에서 $3\in B$이므로

$a=3$ 또는 $a+4=3$ $\quad\therefore a=-1$ 또는 $a=3$

(i) $a=-1$일 때

$A=\{0, 3\}$, $B=\{-1, 3, 4\}$ $\quad\therefore A\not\subset B$

(ii) $a=3$일 때

$A=\{3, 4\}$, $B=\{3, 4, 7\}$ $\quad\therefore A\subset B$

(i), (ii)에서 $a=3$

(2) $A=B$이면 $2\in B$에서 $2\in A$이므로

$a^2+a=2$, $a^2+a-2=0$, $(a+2)(a-1)=0$ $\quad\therefore a=-2$ 또는 $a=1$

(i) $a=-2$일 때

$A=\{1, 2, 4\}$, $B=\{-5, -2, 2\}$ $\quad\therefore A\neq B$

(ii) $a=1$일 때

$A=\{1, 2, 4\}$, $B=\{1, 2, 4\}$ $\quad\therefore A=B$

(i), (ii)에서 $a=1$

답 (1) 3 (2) 1

374 예제 07 유사

집합 $A=\{a, b, \{a\}, \{b, c\}\}$에 대하여 다음 중 옳은 것은?

① $\varnothing \in A$
② $c \in A$
③ $\{a, b\} \subset A$
④ $\{b, c\} \not\in A$
⑤ $\{a, b, \{a\}\} \not\subset A$

375 예제 08 유사

다음 물음에 답하시오.

(1) 두 집합 $A=\{-1, 1\}$, $B=\{0, 1, a^2-a-3\}$에 대하여 $A \subset B$일 때, 양수 a의 값을 구하시오.

(2) 두 집합 $A=\{-2, 8, a^2-3a\}$, $B=\{4, -a+7, 2a\}$에 대하여 $A=B$일 때, 상수 a의 값을 구하시오.

376 예제 07 변형

집합 $A=\{x \mid x$는 12의 양의 약수$\}$에 대하여 다음 중 옳은 것은?

① $\varnothing \not\subset A$
② $\{3, 4\} \in A$
③ $10 \in A$
④ $\{1, 6, 12\} \subset A$
⑤ $\{2, 5, 12\} \subset A$

377 예제 08 변형

두 집합

$$A=\{x \mid x^2-5x-6 \le 0\},\ B=\{x \mid x \le k\}$$

에 대하여 $A \subset B$가 성립하도록 하는 상수 k의 최솟값을 구하시오.

3 부분집합의 개수

개념 01 부분집합의 개수

집합 $A=\{a_1, a_2, a_3, a_4, \dots, a_n\}$에 대하여
(1) 집합 A의 부분집합의 개수 ➡ 2^n
(2) 집합 A의 진부분집합의 개수 ➡ 2^n-1

집합 $A=\{a, b, c\}$에서 각 원소는 부분집합에 포함될 수도 있고 포함되지 않을 수도 있으므로 각 원소의 포함 여부의 경우의 수는 2이다.
따라서 원소가 3개인 집합 A의 부분집합의 개수는

$$2\times2\times2=2^3=8$$

일반적으로 원소가 n개인 집합의 부분집합의 개수는

$$\underbrace{2\times2\times2\times\cdots\times2}_{n\text{개}}=2^n$$

이때 진부분집합은 부분집합 중에서 자기 자신을 제외한 것이므로 원소의 개수가 n인 집합의 진부분집합의 개수는

$$2^n-1$$

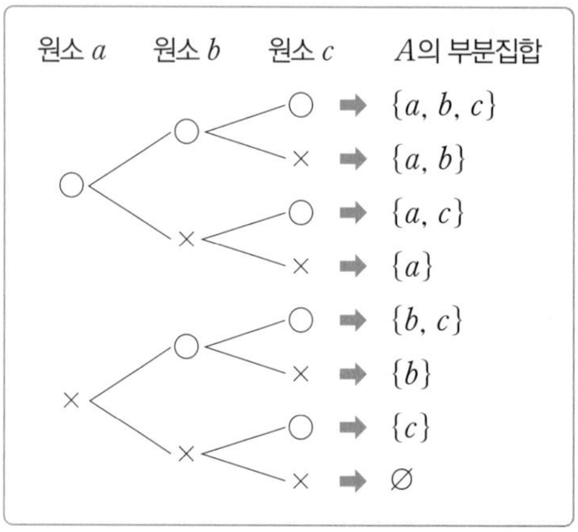

| 예 | 집합 $A=\{1, 2, 3, 4\}$에 대하여
(1) 집합 A의 부분집합의 개수 ➡ $2^4=16$
(2) 집합 A의 진부분집합의 개수 ➡ $2^4-1=16-1=15$

개념 02 특정한 원소를 갖거나 갖지 않는 부분집합의 개수

○ 예제 09, 10

집합 $A=\{a_1, a_2, a_3, a_4, \dots, a_n\}$에 대하여
(1) 집합 A의 원소 중에서 특정한 원소 k개를 반드시 원소로 갖는 부분집합의 개수
➡ 2^{n-k} (단, $k<n$)
(2) 집합 A의 원소 중에서 특정한 원소 l개를 원소로 갖지 않는 부분집합의 개수
➡ 2^{n-l} (단, $l<n$)
(3) 집합 A의 원소 중에서 특정한 원소 k개는 반드시 원소로 갖고 특정한 원소 l개는 원소로 갖지 않는 부분집합의 개수
➡ 2^{n-k-l} (단, $k+l<n$)

집합 $A=\{a, b, c\}$의 부분집합은

$\varnothing, \{a\}, \{b\}, \{c\}, \{a, b\}, \{b, c\}, \{a, c\}, \{a, b, c\}$ …… ㉠

(1) ㉠ 중에서 a를 원소로 갖지 않는 부분집합은

$\varnothing, \{b\}, \{c\}, \{b, c\}$

이는 집합 A에서 원소 a를 제외한 집합 $\{b, c\}$의 부분집합과 같으므로 a를 원소로 갖지 않는 집합 A의 부분집합의 개수는

$2^{3-1}=2^2=4$

(2) ㉠ 중에서 a를 반드시 원소로 갖는 부분집합은

$\{a\}, \{a, b\}, \{a, c\}, \{a, b, c\}$

이는 집합 $\{b, c\}$의 부분집합 $\varnothing, \{b\}, \{c\}, \{b, c\}$에 각각 원소 a를 포함시키는 것과 같으므로 a를 반드시 원소로 갖는 집합 A의 부분집합의 개수는

$2^{3-1}=2^2=4$

(3) ㉠ 중에서 a는 반드시 원소로 갖고 b는 원소로 갖지 않는 부분집합은

$\{a\}, \{a, c\}$

이는 집합 A에서 원소 a, b를 제외한 집합 $\{c\}$의 부분집합 $\varnothing$, $\{c\}$에 각각 원소 a를 포함시키는 것과 같으므로 a는 반드시 원소로 갖고 b는 원소로 갖지 않는 집합 A의 부분집합의 개수는

$2^{3-1-1}=2^1=2$

| 예 | 집합 $A=\{1, 2, 3, 4, 5\}$에 대하여

(1) 집합 A의 부분집합 중에서 1, 2를 반드시 원소로 갖는 부분집합의 개수 ➡ $2^{5-2}=2^3=8$

(2) 집합 A의 부분집합 중에서 5를 원소로 갖지 않는 부분집합의 개수 ➡ $2^{5-1}=2^4=16$

(3) 집합 A의 부분집합 중에서 3, 4는 반드시 원소로 갖고 1은 원소로 갖지 않는 부분집합의 개수 ➡ $2^{5-2-1}=2^2=4$

개념 확인

• 정답과 해설 70쪽

개념 01

378 집합 $A=\{2, 3, 5, 7, 11\}$에 대하여 다음을 구하시오.

(1) 집합 A의 부분집합의 개수

(2) 집합 A의 진부분집합의 개수

개념 02

379 집합 $A=\{1, 2, 4, 8\}$에 대하여 다음을 구하시오.

(1) 집합 A의 부분집합 중에서 2, 4를 반드시 원소로 갖는 부분집합의 개수

(2) 집합 A의 부분집합 중에서 1을 원소로 갖지 않는 부분집합의 개수

(3) 집합 A의 부분집합 중에서 8은 반드시 원소로 갖고 2는 원소로 갖지 않는 부분집합의 개수

빈출

예제 09 / 특정한 원소를 갖거나 갖지 않는 부분집합의 개수

집합 A의 원소 n개 중에서 특정한 k개는 반드시 원소로 갖고 l개는 원소로 갖지 않는 부분집합의 개수는 2^{n-k-l} $(k+l<n)$이다.

집합 $A=\{x|x$는 12의 양의 약수$\}$에 대하여 다음을 구하시오.

(1) 집합 A의 부분집합 중에서 1은 반드시 원소로 갖고 소수는 원소로 갖지 않는 부분집합의 개수

(2) 집합 A의 부분집합 중에서 적어도 한 개의 4의 배수를 원소로 갖는 부분집합의 개수

• 유형 만렙 공통수학 2 90쪽에서 문제 더 풀기

| 풀이 | $A=\{1, 2, 3, 4, 6, 12\}$

(1) 소수는 2, 3의 2개이므로 구하는 부분집합의 개수는

$2^{6-1-2}=2^3=8$

(2) 집합 A의 부분집합의 개수는 $2^6=64$

집합 A의 부분집합 중에서 4의 배수 4, 12를 원소로 갖지 않는 부분집합의 개수는

$2^{6-2}=2^4=16$

따라서 구하는 부분집합의 개수는

$64-16=48$

답 (1) 8 (2) 48

TIP 조건을 만족시키는 원소를 적어도 한 개는 갖는 부분집합의 개수

➡ (모든 부분집합의 개수)−(조건을 만족시키는 원소를 갖지 않는 부분집합의 개수)

예제 10 / $A\subset X\subset B$를 만족시키는 집합 X의 개수

$A\subset X\subset B$를 만족시키는 집합 X의 개수는 집합 B의 부분집합 중에서 집합 A의 모든 원소를 반드시 원소로 갖는 부분집합의 개수와 같다.

두 집합 $A=\{x|x$는 $1<x<9$인 홀수$\}$, $B=\{x|x$는 20 이하의 소수$\}$에 대하여 $A\subset X\subset B$를 만족시키는 집합 X의 개수를 구하시오.

• 유형 만렙 공통수학 2 91쪽에서 문제 더 풀기

| 풀이 | $A=\{3, 5, 7\}$, $B=\{2, 3, 5, 7, 11, 13, 17, 19\}$

따라서 집합 X의 개수는 집합 B의 부분집합 중에서 3, 5, 7을 반드시 원소로 갖는 부분집합의 개수와 같으므로

$2^{8-3}=2^5=32$

답 32

380 예제 09 유사

다음 물음에 답하시오.

(1) 집합 $A=\{x|x$는 한 자리 자연수$\}$의 부분집합 중에서 3의 배수는 반드시 원소로 갖고 5의 배수는 원소로 갖지 않는 부분집합의 개수를 구하시오.

(2) 집합 $A=\{1, 2, 3, 4, 5\}$의 부분집합 중에서 적어도 한 개의 짝수를 원소로 갖는 부분집합의 개수를 구하시오.

381 예제 10 유사

두 집합

$A=\{x|(x-2)(x-4)=0\}$,

$B=\{x|x$는 16의 양의 약수$\}$

에 대하여 $A\subset X\subset B$를 만족시키는 집합 X의 개수를 구하시오.

382 예제 09 변형

집합 $A=\{a, b, c, d, e, f, g\}$에 대하여 $a\in X$, $c\in X$, $g\notin X$를 모두 만족시키는 집합 A의 부분집합 X의 개수를 구하시오.

383 예제 10 변형

두 집합 $A=\{1, 2\}$, $B=\{1, 2, 3, 4, \dots, n\}$에 대하여 $A\subset X\subset B$를 만족시키는 집합 X의 개수가 16일 때, 자연수 n의 값을 구하시오.

연습문제

1단계

384 보기에서 집합인 것의 개수는?

> 보기
> ㄱ. 높은 건물의 모임
> ㄴ. 멋있는 옷의 모임
> ㄷ. 우리 학교 1학년 학생의 모임
> ㄹ. 1에 가까운 수의 모임
> ㅁ. 3보다 큰 자연수의 모임

① 1　　② 2　　③ 3
④ 4　　⑤ 5

385 집합

$A=\{x|x=2^a\times 3^b,\ a,\ b\text{는 자연수}\}$

에 대하여 다음 중 옳은 것은?

① $6\notin A$　　② $12\notin A$　　③ $16\in A$
④ $28\in A$　　⑤ $30\notin A$

서술형

386 세 집합

$X=\{x|x\text{는 20보다 작은 4의 양의 배수}\}$,
$Y=\{x|2x^3-5x^2-3x=0,\ x\text{는 정수}\}$,
$Z=\{x|x\text{는 } 3\le x<14\text{인 소수}\}$

에 대하여 $n(X)+n(Y)+n(Z)$의 값을 구하시오.

387 집합 $A=\{\varnothing,\ -1,\ \{\varnothing\},\ \{-1,\ 0\}\}$에 대하여 다음 중 옳지 않은 것은?

① $\{\varnothing\}\subset A$　　② $\{\varnothing\}\in A$
③ $0\notin A$　　④ $\{-1\}\subset A$
⑤ $\{-1,\ \{-1,\ 0\}\}\in A$

교육청

388 두 집합

$A=\{x|(x-5)(x-a)=0\}$
$B=\{-3,\ 5\}$

에 대하여 $A\subset B$를 만족시키는 양수 a의 값을 구하시오.

389 두 집합

$A=\{-1,\ 1,\ 2a-b\}$,
$B=\{-4,\ -1,\ 3a+2b\}$

에 대하여 $A\subset B$이고 $B\subset A$일 때, $b-a$의 값을 구하시오. (단, a, b는 상수)

• 정답과 해설 71쪽

390 집합

$A=\{x|x$는 $-1<x\leq 6$인 정수$\}$

의 부분집합 중에서 0은 반드시 원소로 갖고 홀수는 원소로 갖지 않는 부분집합의 개수는?

① 2 ② 4 ③ 8
④ 16 ⑤ 32

391 두 집합

$A=\{a, c\}, B=\{a, b, c, d, e, f\}$

에 대하여 $A\subset X\subset B$, $X\neq B$를 만족시키는 집합 X의 개수를 구하시오.

2단계

서술형

392 두 집합 $A=\{-1, 1\}$, $B=\{1, 3\}$에 대하여 집합 $A\otimes B$를

$$A\otimes B=\left\{\frac{b}{a}\,\middle|\,a\in A, b\in B\right\}$$

라 할 때, 집합 $B\otimes(A\otimes B)$의 모든 원소의 곱을 구하시오.

393 집합

$X=\{(x, y)\,|\,|x|+|y|=3, x, y$는 정수$\}$

에 대하여 $n(X)$를 구하시오.

394 집합

$A=\{x|x$는 $k\leq x<10$인 5의 배수$\}$

에 대하여 $n(A)=0$을 만족시키는 자연수 k의 최댓값과 최솟값의 합을 구하시오.

395 세 집합

$A=\{x|x^2+2x-8\leq 0\}$,
$B=\{x|-5\leq x\leq 3\}$,
$C=\{x|a<x<b\}$

에 대하여 $A\subset C\subset B$일 때, ab의 값은?

(단, a, b는 정수)

① -30 ② -15 ③ -5
④ 15 ⑤ 30

연습문제

• 정답과 해설 72쪽

교육청

396 자연수 n에 대하여 자연수 전체 집합의 부분집합 A_n을 다음과 같이 정의하자.

$A_n=\{x|x$는 $\sqrt{n}$ 이하의 홀수$\}$

$A_n \subset A_{25}$를 만족시키는 n의 최댓값을 구하시오.

397 집합 $A=\{x|x^2-6x\leq 0,\ x$는 자연수$\}$의 부분집합 중에서 홀수인 원소가 2개인 부분집합의 개수를 구하시오.

398 두 집합

$A=\{2, 6, 8\}$,

$B=\{x|x$는 24의 양의 약수$\}$

에 대하여 $A\subset X\subset B$, $n(X)\geq 5$를 만족시키는 집합 X의 개수는?

① 10 ② 16 ③ 20
④ 26 ⑤ 32

3단계

399 두 집합 $A=\{3, 4, 5, 6, k\}$, $B=\{2, 4, 6\}$에 대하여 집합 X를

$X=\{x+y|x\in A,\ y\in B\}$

라 할 때, $n(X)=10$이 되도록 하는 자연수 k의 최솟값을 구하시오.

400 집합 $A=\left\{\frac{1}{8}, \frac{1}{4}, \frac{1}{2}, 1\right\}$의 공집합이 아닌 서로 다른 부분집합을 각각 A_1, A_2, A_3, ..., A_{15}라 하자. 집합 A_1의 원소 중 가장 작은 원소를 a_1, 집합 A_2의 원소 중 가장 작은 원소를 a_2, ..., 집합 A_{15}의 원소 중 가장 작은 원소를 a_{15}라 할 때, $a_1+a_2+a_3+\cdots+a_{15}$의 값을 구하시오.

401 자연수 전체의 집합의 부분집합 A에 대하여

'$a\in A$이면 $\frac{81}{a}\in A$이다.'

를 만족시키는 공집합이 아닌 집합 A의 개수는?

① 4 ② 5 ③ 6
④ 7 ⑤ 8

Ⅱ. 집합과 명제

2

집합의 연산

01 집합의 연산

1 집합의 연산

개념 01 합집합과 교집합

예제 01~05

(1) 합집합

두 집합 A, B에 대하여 A에 속하거나 B에 속하는 모든 원소로 이루어진 집합을 A와 B의 **합집합**이라 하고, 기호로 $A\cup B$와 같이 나타낸다.

➡ $\boldsymbol{A\cup B=\{x \mid x\in A}$ **또는** $\boldsymbol{x\in B\}}$

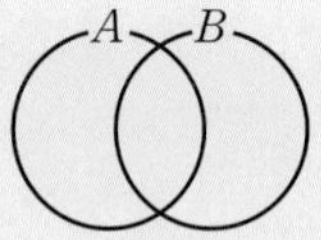

$A\cup B$

(2) 교집합

두 집합 A, B에 대하여 A에도 속하고 B에도 속하는 모든 원소로 이루어진 집합을 A와 B의 **교집합**이라 하고, 기호로 $A\cap B$와 같이 나타낸다.

➡ $\boldsymbol{A\cap B=\{x \mid x\in A}$ **그리고** $\boldsymbol{x\in B\}}$

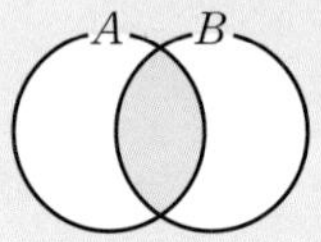

$A\cap B$

(3) 서로소

두 집합 A, B에 대하여 A와 B의 공통인 원소가 하나도 없을 때, 즉 $A\cap B=\varnothing$일 때, A와 B는 **서로소**라 한다.

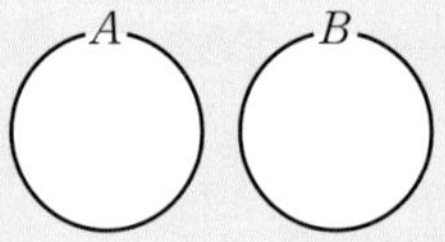

| 참고 | 두 집합 A, B에 대하여 다음과 같은 포함 관계가 성립한다.

$A\subset(A\cup B)$, $B\subset(A\cup B)$, $(A\cap B)\subset A$, $(A\cap B)\subset B$

| 예 |

- 두 집합 $A=\{1, 2, 3, 4\}$, $B=\{3, 4, 5, 6\}$에 대하여
  $A\cup B=\{1, 2, 3, 4, 5, 6\}$
  $A\cap B=\{3, 4\}$

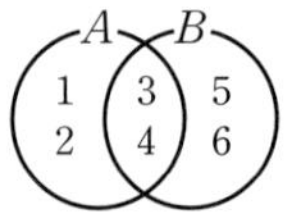

- 두 집합 $A=\{1, 3, 5\}$, $B=\{2, 4, 6\}$에 대하여 $A\cap B=\varnothing$이므로 두 집합 A, B는 서로소이다.

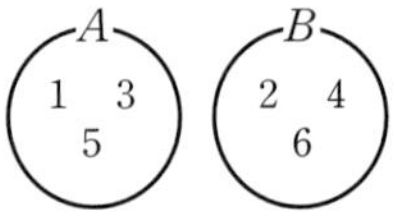

개념 02 합집합과 교집합의 성질

예제 06

두 집합 A, B에 대하여

(1) $A\cup\varnothing=A$, $A\cap\varnothing=\varnothing$

(2) $A\cup A=A$, $A\cap A=A$

(3) $A\cup(A\cap B)=A$, $A\cap(A\cup B)=A$

(3) • $A\cup(A\cap B)=A$

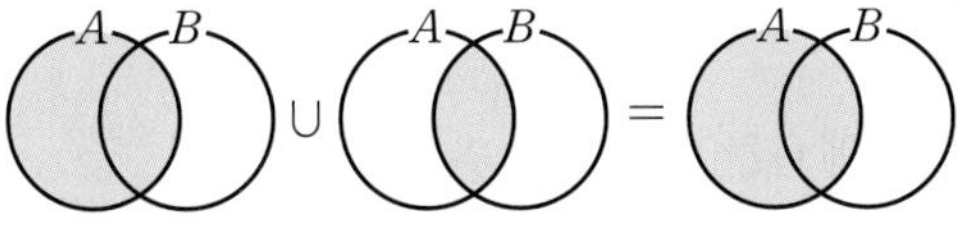

A $\quad$ $A\cap B$ $\quad$ A

• $A\cap(A\cup B)=A$

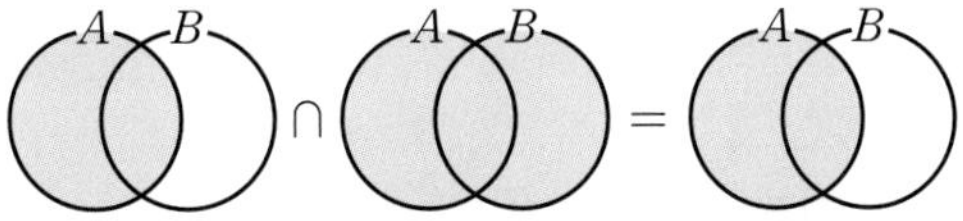

A $\quad$ $A\cup B$ $\quad$ A

| 참고 | 임의의 집합 A에 대하여 $A\cap\varnothing=\varnothing$이므로 공집합은 임의의 집합과 서로소이다.

개념 03 여집합과 차집합

◎ 예제 03~05

(1) 전체집합

어떤 집합에 대하여 그 부분집합을 생각할 때, 처음에 주어진 집합을 **전체집합**이라 하고, 기호로 $\boldsymbol{U}$와 같이 나타낸다.

(2) 여집합

집합 A가 전체집합 U의 부분집합일 때, U의 원소 중에서 A에 속하지 않는 모든 원소로 이루어진 집합을 U에 대한 A의 **여집합**이라 하고, 기호로 $\boldsymbol{A^C}$와 같이 나타낸다.

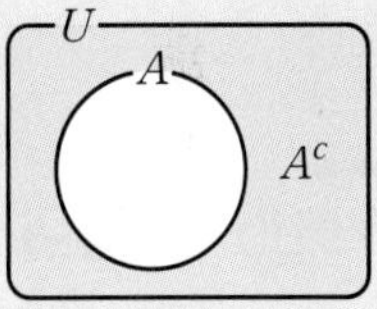

➡ $\boldsymbol{A^C=\{x\mid x\in U}$ **그리고** $\boldsymbol{x\notin A\}}$

(3) 차집합

두 집합 A, B에 대하여 A에는 속하지만 B에는 속하지 않는 모든 원소로 이루어진 집합을 A에 대한 B의 **차집합**이라 하고, 기호로 $\boldsymbol{A-B}$와 같이 나타낸다.

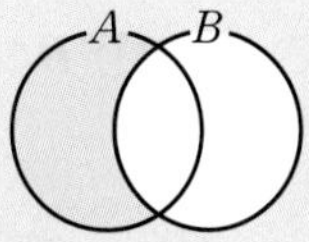

$A-B$

➡ $\boldsymbol{A-B=\{x\mid x\in A}$ **그리고** $\boldsymbol{x\notin B\}}$

| 참고 | • 기호 U는 전체를 뜻하는 Universal의 첫 글자이다.
• 기호 A^C에서 C는 여집합을 뜻하는 Complement의 첫 글자이다.
• 서로 다른 두 집합 A, B에 대하여 $A-B$와 $B-A$는 서로 다른 집합이다.

| 예 | 전체집합 $U=\{1, 2, 3, 4, 5\}$의 두 부분집합 $A=\{1, 3, 5\}$, $B=\{3, 4\}$에 대하여
$A^C=\{2, 4\}$, $B^C=\{1, 2, 5\}$
$A-B=\{1, 5\}$, $B-A=\{4\}$

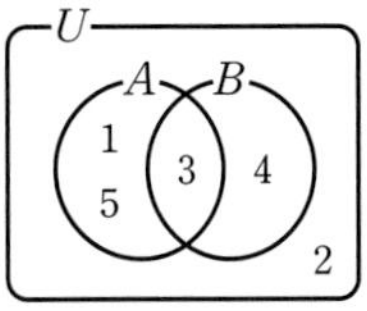

개념 04 여집합과 차집합의 성질

예제 06, 07

전체집합 U의 두 부분집합 A, B에 대하여

(1) $A \cup A^C = U$, $A \cap A^C = \varnothing$

(2) $\varnothing^C = U$, $U^C = \varnothing$

(3) $(A^C)^C = A$

(4) $U - A = A^C$

(5) $\boldsymbol{A - B = A \cap B^C = A - (A \cap B) = (A \cup B) - B} = B^C - A^C$

(5)
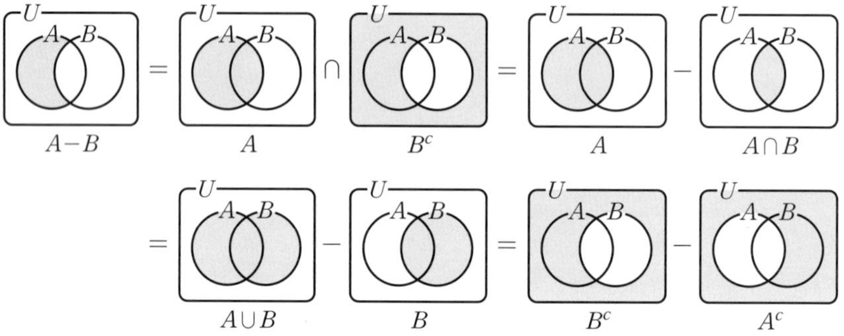

개념 05 집합의 연산을 이용한 여러 가지 표현

예제 06, 07

전체집합 U의 두 부분집합 A, B에 대하여

(1) $B \subset A$와 같은 표현

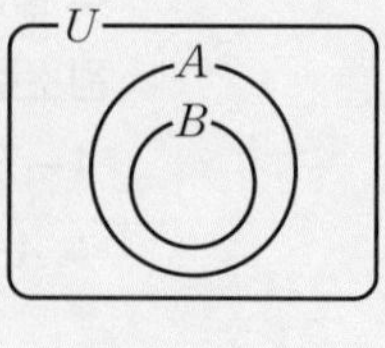

① $A \cup B = A$

② $A \cap B = B$

③ $B - A = \varnothing$ ◀ $B \cap A^C = \varnothing$

④ $A^C \subset B^C$

⑤ $A \cup B^C = U$

(2) $A \cap B = \varnothing$(A와 B는 서로소)과 같은 표현

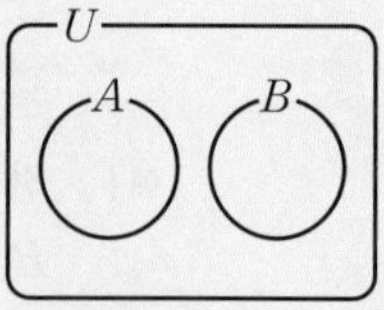

① $A - B = A$

② $B - A = B$

③ $A \subset B^C$

④ $B \subset A^C$

개념 01

402 다음 두 집합 A, B에 대하여 $A\cup B$, $A\cap B$를 구하시오.

(1) $A=\{a, b, c\}$, $B=\{c, d, e, f\}$

(2) $A=\{2, 3, 4, 5, 6\}$, $B=\{3, 6, 9\}$

(3) $A=\{x\mid x$는 5 이하의 자연수$\}$, $B=\{x\mid x$는 10의 양의 약수$\}$

개념 01

403 다음 두 집합 A, B가 서로소인지 아닌지 말하시오.

(1) $A=\{x\mid x$는 8의 양의 약수$\}$, $B=\{x\mid x$는 7의 양의 약수$\}$

(2) $A=\{x\mid x^2+3x+2=0\}$, $B=\{x\mid (x-1)^2=0\}$

개념 03

404 전체집합 $U=\{1, 2, 3, 4, 5, 6, 7\}$의 두 부분집합 $A=\{2, 4, 6\}$, $B=\{1, 2, 6, 7\}$에 대하여 다음 집합을 구하시오.

(1) A^C (2) B^C

(3) $A-B$ (4) $B-A$

(5) $(A\cup B)^C$ (6) $(A\cap B)^C$

개념 04

405 전체집합 U의 두 부분집합 A, B에 대하여 보기에서 옳은 것만을 있는 대로 고르시오.

보기

ㄱ. $A\cup A^C=\varnothing$ ㄴ. $U-A=A^C$

ㄷ. $(A^C)^C\cup U=A$ ㄹ. $B\cap A^C=B-A$

예제 01 / 합집합과 교집합

집합 $A\cup B$는 A와 B의 모든 원소로 이루어진 집합이고, 집합 $A\cap B$는 A와 B에 공통으로 속하는 원소로 이루어진 집합이다.

세 집합 $A=\{2, 4, 6, 9\}$, $B=\{x|x$는 6의 양의 약수$\}$, $C=\{x|x$는 10 이하의 짝수인 자연수$\}$에 대하여 다음 집합을 구하시오.

(1) $A\cap(B\cup C)$ (2) $(A\cap B)\cup C$

• 유형 만렙 공통수학 2 100쪽에서 문제 더 풀기

| 풀이 | $B=\{1, 2, 3, 6\}$, $C=\{2, 4, 6, 8, 10\}$

(1) $B\cup C=\{1, 2, 3, 4, 6, 8, 10\}$

$\therefore A\cap(B\cup C)=\{2, 4, 6\}$

(2) $A\cap B=\{2, 6\}$

$\therefore (A\cap B)\cup C=\{2, 4, 6, 8, 10\}$

답 (1) $\{2, 4, 6\}$ (2) $\{2, 4, 6, 8, 10\}$

예제 02 / 서로소인 집합

두 집합 A, B가 서로소이면 두 집합 A, B에 공통인 원소가 하나도 없다.

다음 중 집합 $\{3, 5, 7, 9\}$와 서로소인 집합은?

① $\{x|x$는 9 이하의 홀수인 자연수$\}$
② $\{x|x$는 $1<x<9$인 홀수$\}$
③ $\{x|x$는 9 이하의 소수$\}$
④ $\{x|x$는 16의 양의 약수$\}$
⑤ $\{x|x^2-6x+5=0\}$

• 유형 만렙 공통수학 2 100쪽에서 문제 더 풀기

| 풀이 | ① $\{1, 3, 5, 7, 9\}$

② $\{3, 5, 7\}$

③ $\{2, 3, 5, 7\}$

④ $\{1, 2, 4, 8, 16\}$

⑤ $x^2-6x+5=0$에서 $(x-1)(x-5)=0$ $\therefore x=1$ 또는 $x=5$

$\therefore \{x|x^2-6x+5=0\}=\{1, 5\}$

따라서 주어진 집합과 서로소인 집합은 ④이다.

답 ④

406 예제 01 유사

세 집합

$A=\{x\,|\,x$는 15 이하의 홀수인 자연수$\}$,

$B=\{x\,|\,x$는 20 이하의 5의 양의 배수$\}$,

$C=\{x\,|\,x$는 10의 양의 약수$\}$

에 대하여 다음 집합을 구하시오.

(1) $A\cap(B\cup C)$

(2) $(A\cap B)\cup C$

407 예제 02 유사

다음 중 집합 $\{3, 4, 5\}$와 서로소인 집합은?

① $\{1, 3, 9\}$

② $\{x\,|\,1<x<5,\ x$는 정수$\}$

③ $\{x\,|\,x$는 5 이하의 소수$\}$

④ $\{x\,|\,x$는 10 이하의 4의 양의 배수$\}$

⑤ $\{x\,|\,x$는 $x^2-2x-3<0$인 자연수$\}$

408 예제 01 변형

두 집합

$A=\{x\,|\,x$는 12 이하의 짝수인 자연수$\}$,

$B=\{x\,|\,x$는 18의 양의 약수$\}$

에 대하여 $n(A\cup B)-n(A\cap B)$의 값을 구하시오.

409 예제 02 변형

집합 $A=\{x\,|\,x$는 7 이하의 자연수$\}$의 부분집합 중에서 집합 $B=\{x\,|\,x$는 8의 양의 약수$\}$와 서로소인 집합의 개수를 구하시오.

예제 03 / 여집합과 차집합

집합 A^C는 전체집합 U에서 집합 A의 원소를 제외한 집합이고, 집합 $A-B$는 집합 A에서 집합 B의 원소를 제외한 집합이다.

전체집합 $U=\{x|x$는 10 이하의 자연수$\}$의 두 부분집합 $A=\{x|x$는 홀수$\}$, $B=\{x|x$는 3의 배수$\}$에 대하여 다음 집합을 구하시오.

(1) $A\cap B^C$ (2) $A^C\cup B$ (3) $(A\cup B)^C$ (4) $U-B^C$

• 유형 만렙 공통수학 2 101쪽에서 문제 더 풀기

| 풀이 | $U=\{1, 2, 3, 4, \dots, 9, 10\}$, $A=\{1, 3, 5, 7, 9\}$, $B=\{3, 6, 9\}$

(1) $B^C=\{1, 2, 4, 5, 7, 8, 10\}$이므로

$A\cap B^C=\{1, 5, 7\}$

(2) $A^C=\{2, 4, 6, 8, 10\}$이므로

$A^C\cup B=\{2, 3, 4, 6, 8, 9, 10\}$

(3) $A\cup B=\{1, 3, 5, 6, 7, 9\}$이므로

$(A\cup B)^C=\{2, 4, 8, 10\}$

(4) $B^C=\{1, 2, 4, 5, 7, 8, 10\}$이므로

$U-B^C=\{3, 6, 9\}$

답 (1) $\{1, 5, 7\}$
(2) $\{2, 3, 4, 6, 8, 9, 10\}$
(3) $\{2, 4, 8, 10\}$
(4) $\{3, 6, 9\}$

| 다른 풀이 | 여집합과 차집합의 성질 이용

(1) $A\cap B^C=A-B=\{1, 5, 7\}$

(4) $U-B^C=U\cap(B^C)^C=U\cap B=B=\{3, 6, 9\}$

410 유사

전체집합 $U=\{x|x$는 8 이하의 자연수$\}$의 두 부분집합

$A=\{x|x$는 짝수$\}$,

$B=\{x|x$는 8의 약수$\}$

에 대하여 다음 집합을 구하시오.

(1) $A^C\cap B$ (2) $A\cup B^C$

(3) $U-A^C$ (4) B^C-A^C

411 변형

전체집합 $U=\{1, 3, 6, 9, 12\}$의 부분집합 $A=\{x|x$는 6의 배수$\}$에 대하여 집합 A^C의 모든 원소의 합을 구하시오.

412 변형

두 집합

$A=\{x|x$는 16의 양의 약수$\}$,

$B=\{x|x$는 20 이하의 4의 양의 배수$\}$

에 대하여 $n(B-A)$를 구하시오.

413 변형

전체집합 $U=\{1, 2, 3, 4, \dots, 12\}$의 두 부분집합

$A=\{x|x=2k+1, k$는 음이 아닌 정수$\}$,

$B=\{x|x=3k+1, k$는 음이 아닌 정수$\}$

에 대하여 집합 $(A\cup B)-(A\cap B)$를 구하시오.

예제 04 ⁄ 집합의 연산을 만족시키는 집합 구하기

주어진 조건을 만족시키도록 벤 다이어그램으로 나타내어 집합을 구한다.

두 집합 A, B에 대하여 $B=\{1, 3, 5, 7\}$, $A\cap B=\{1, 3\}$, $A\cup B=\{1, 2, 3, 5, 6, 7\}$일 때, 집합 A를 구하시오.

• 유형 만렙 공통수학 2 102쪽에서 문제 더 풀기

| 풀이 | 주어진 조건을 만족시키는 두 집합 A, B를 벤 다이어그램으로 나타내면 오른쪽 그림과 같다.

$\therefore A=\{1, 2, 3, 6\}$

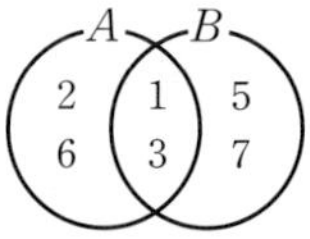

답 $\{1, 2, 3, 6\}$

빈출

예제 05 ⁄ 집합의 연산을 만족시키는 미지수 구하기

주어진 조건을 만족시키도록 집합에 속하는 원소를 찾는다.

두 집합 $A=\{2, 5, a^2-a-8\}$, $B=\{4, a+3, a^2-2a-3\}$에 대하여 $A\cap B=\{4, 5\}$일 때, 상수 a의 값을 구하시오.

• 유형 만렙 공통수학 2 102쪽에서 문제 더 풀기

| 풀이 | $A\cap B=\{4, 5\}$에서 $4\in A$이므로

$a^2-a-8=4$, $a^2-a-12=0$

$(a+3)(a-4)=0$ $\quad\therefore a=-3$ 또는 $a=4$

(i) $a=-3$일 때

$A=\{2, 4, 5\}$, $B=\{0, 4, 12\}$

이때 $A\cap B=\{4\}$이므로 주어진 조건을 만족시키지 않는다.

(ii) $a=4$일 때

$A=\{2, 4, 5\}$, $B=\{4, 5, 7\}$

$\therefore A\cap B=\{4, 5\}$

(i), (ii)에서 $a=4$

답 4

414 예제 04 유사

두 집합 A, B에 대하여

$A=\{2, 3, 4, 5, 6\}$,

$A\cup B=\{2, 3, 4, 5, 6, 7\}$,

$A\cap B=\{2, 3, 5\}$

일 때, 집합 B를 구하시오.

415 예제 05 유사

두 집합

$A=\{a-4, a-3, 1-a\}$,

$B=\{0, 1, a^2-4a\}$

에 대하여 $A\cap B=\{-3, 0\}$일 때, 상수 a의 값을 구하시오.

416 예제 04 변형

전체집합 $U=\{1, 3, 5, 7, 9\}$의 두 부분집합 A, B에 대하여 $A\cap B=\{3, 9\}$, $(A\cup B)^C=\{7\}$, $A-B=\{1\}$일 때, 집합 B를 구하시오.

417 예제 05 변형

두 집합 $A=\{1, 3, a^2+a\}$, $B=\{a-1, 4, 6\}$에 대하여 $B-A=\{4\}$일 때, 상수 a의 값을 구하시오.

빈출

예제 06 ⁄ 집합의 연산과 포함 관계

주어진 조건을 만족시키는 두 집합 사이의 포함 관계를 확인한다.

전체집합 U의 두 부분집합 A, B에 대하여 $B^C \subset A^C$일 때, 다음 중 항상 옳은 것은?

① $B \subset A$ ② $A \cap B = A$ ③ $A \cup B = A$
④ $B - A = \varnothing$ ⑤ $A \cup B^C = U$

• 유형 만렙 공통수학 2 103쪽에서 문제 더 풀기

| 풀이 | $B^C \subset A^C$이면 $A \subset B$이므로 벤 다이어그램으로 나타내면 오른쪽 그림과 같다.

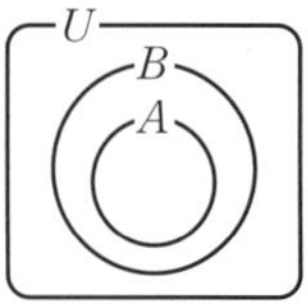

① $A \subset B$
③ $A \cup B = B$
④ $A - B = \varnothing$
⑤ $A^C \cup B = U$
따라서 항상 옳은 것은 ②이다.

답 ②

빈출

예제 07 ⁄ 집합의 연산을 만족시키는 부분집합의 개수

집합 X와 주어진 집합 사이의 포함 관계를 확인하여 집합 X가 반드시 갖는 원소를 찾는다.

두 집합 $A=\{x \mid x$는 5 이하의 자연수$\}$, $B=\{x \mid 1 \le x < 6,\ x$는 홀수$\}$에 대하여 $A \cap X = X$, $(A-B) \cup X = X$를 만족시키는 집합 X의 개수를 구하시오.

• 유형 만렙 공통수학 2 103쪽에서 문제 더 풀기

| 풀이 | $A=\{1, 2, 3, 4, 5\}$, $B=\{1, 3, 5\}$
$A \cap X = X$에서 $X \subset A$
$(A-B) \cup X = X$에서 $(A-B) \subset X$
$\therefore (A-B) \subset X \subset A$
이때 $A-B=\{2, 4\}$이므로
$\{2, 4\} \subset X \subset \{1, 2, 3, 4, 5\}$
따라서 집합 X는 집합 A의 부분집합 중에서 2, 4를 반드시 원소로 갖는 부분집합이므로 구하는 집합 X의 개수는
$2^{5-2}=2^3=8$

답 8

• 정답과 해설 75쪽

418 예제 06 유사

전체집합 U의 두 부분집합 A, B에 대하여 $A\cup B=A$일 때, 보기에서 항상 옳은 것만을 있는 대로 고르시오.

보기

ㄱ. $B\subset A$
ㄴ. $A\cap B=B$
ㄷ. $B^{C}\subset A^{C}$
ㄹ. $(A\cup B)-B=A$

419 예제 07 유사

두 집합

$A=\{x|x$는 6의 양의 약수$\}$,

$B=\{x|x$는 10 이하의 소수$\}$

에 대하여 $B\cap X=X$, $(B-A)\cup X=X$를 만족시키는 집합 X의 개수를 구하시오.

420 예제 06 변형

전체집합 U의 두 부분집합 A, B가 서로소일 때, 보기에서 항상 옳은 것만을 있는 대로 고르시오.

보기

ㄱ. $A-B=A$
ㄴ. $B\cap A^{C}=B$
ㄷ. $B^{C}\subset A$
ㄹ. $A^{C}\cup B^{C}=U$

421 예제 07 변형

전체집합 $U=\{x|x$는 9 이하의 자연수$\}$의 두 부분집합 $A=\{1, 2, 3\}$, $B=\{5, 8\}$에 대하여 $A-X=\varnothing$, $B\cap X^{C}=B$를 만족시키는 집합 U의 부분집합 X의 개수를 구하시오.

2 집합의 연산 법칙

개념 01 집합의 연산 법칙

예제 08~11

세 집합 A, B, C에 대하여

(1) 교환법칙: $A\cup B=B\cup A$, $A\cap B=B\cap A$

(2) 결합법칙: $(A\cup B)\cup C=A\cup(B\cup C)$

$(A\cap B)\cap C=A\cap(B\cap C)$

(3) 분배법칙: $A\cap(B\cup C)=(A\cap B)\cup(A\cap C)$

$A\cup(B\cap C)=(A\cup B)\cap(A\cup C)$

(3) • $A\cap(B\cup C)=(A\cap B)\cup(A\cap C)$

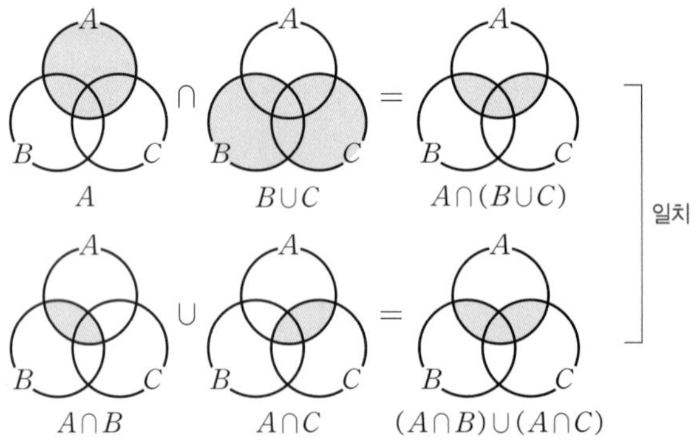

• $A\cup(B\cap C)=(A\cup B)\cap(A\cup C)$

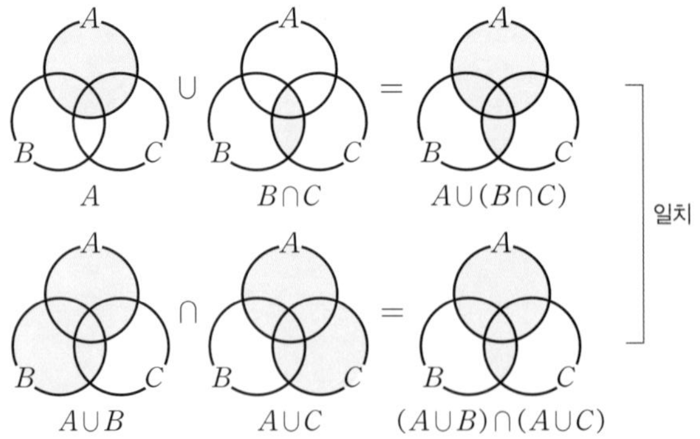

| 참고 | 세 집합 A, B, C에 대하여 결합법칙이 성립하므로 괄호를 생략하여 $A\cup B\cup C$, $A\cap B\cap C$로 나타내기도 한다.

개념 02 드모르간 법칙

예제 08~11

전체집합 U의 두 부분집합 A, B에 대하여 다음이 성립하고 이것을 **드모르간 법칙**이라 한다.

(1) $(A\cup B)^C=A^C\cap B^C$

(2) $(A\cap B)^C=A^C\cup B^C$

(1) $(A\cup B)^C=A^C\cap B^C$

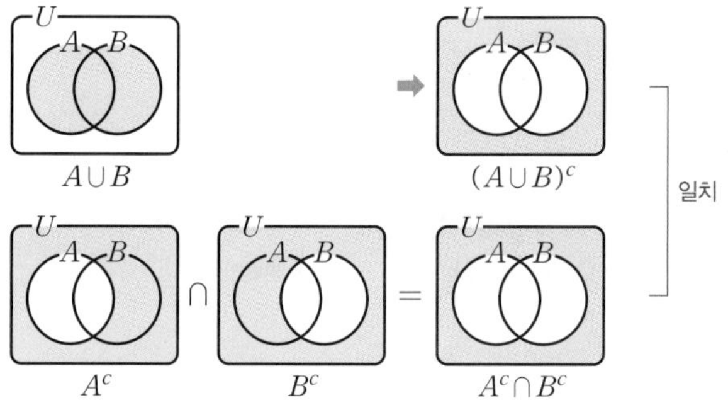

(2) $(A\cap B)^C=A^C\cup B^C$

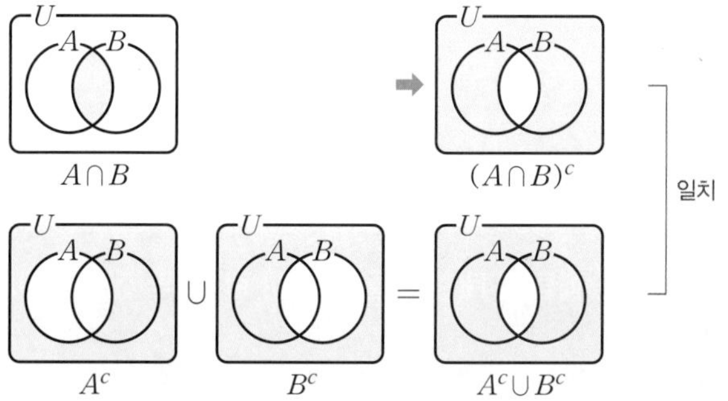

개념 확인

• 정답과 해설 76쪽

개념 01

422 세 집합 $A=\{1, 2, 3\}$, $B=\{2, 3, 4\}$, $C=\{3, 5\}$에 대하여 다음 집합을 구하시오.

(1) $(A\cup B)\cap(A\cup C)$ (2) $A\cup(B\cap C)$

개념 02

423 전체집합 $U=\{1, 3, 5, 7, 9\}$의 두 부분집합 $A=\{1, 3, 5\}$, $B=\{1, 3, 9\}$에 대하여 다음 집합을 구하시오.

(1) $(A\cup B)^C$ (2) $A^C\cap B^C$

빈출

예제 08 / 집합의 연산 법칙과 드모르간 법칙

집합의 연산 법칙과 드모르간 법칙을 이용하여 주어진 집합을 간단히 한다.

전체집합 U의 두 부분집합 A, B에 대하여 다음을 간단히 하시오.

(1) $A\cup(A\cap B)^C$

(2) $(A\cup B)^C\cup(A^C\cap B)$

• 유형 만렙 공통수학 2 104쪽에서 문제 더 풀기

| 풀이 | (1) $A\cup(A\cap B)^C=A\cup(A^C\cup B^C)$ ◀ 드모르간 법칙

$=(A\cup A^C)\cup B^C$ ◀ 결합법칙

$=U\cup B^C$

$=U$

(2) $(A\cup B)^C\cup(A^C\cap B)=(A^C\cap B^C)\cup(A^C\cap B)$ ◀ 드모르간 법칙

$=A^C\cap(B^C\cup B)$ ◀ 분배법칙

$=A^C\cap U$

$=A^C$

답 (1) U (2) A^C

예제 09 / 집합의 연산 법칙과 포함 관계

집합의 연산 법칙을 이용하여 주어진 집합에 대한 식을 간단히 한 후 두 집합 사이의 포함 관계를 확인한다.

전체집합 U의 두 부분집합 A, B에 대하여 $(A\cup B)\cap(A\cup B^C)=A\cup B$일 때, 다음 중 항상 옳은 것은?

① $A\subset B$　② $A^C\subset B^C$　③ $A\cap B=\varnothing$

④ $A\cup B=B$　⑤ $A-B=\varnothing$

• 유형 만렙 공통수학 2 105쪽에서 문제 더 풀기

| 풀이 | 주어진 등식의 좌변을 간단히 하면

$(A\cup B)\cap(A\cup B^C)=A\cup(B\cap B^C)=A\cup\varnothing=A$

즉, $A=A\cup B$이므로 $B\subset A$

① $B\subset A$

② $B\subset A$이므로 $A^C\subset B^C$

③ $A\cap B=B$

④ $A\cup B=A$

⑤ $B-A=\varnothing$

따라서 항상 옳은 것은 ②이다.

답 ②

424 예제 08 유사

전체집합 U의 두 부분집합 A, B에 대하여 다음을 간단히 하시오.

(1) $A\cap(A-B)^C$

(2) $(A-B)\cup(A-B^C)$

425 예제 09 유사

전체집합 U의 두 부분집합 A, B에 대하여

$$\{(A\cap B)\cup(B-A)\}\cap A=A$$

일 때, 다음 중 항상 옳은 것은?

① $A=B$ ② $B\subset A$ ③ $A-B=\varnothing$
④ $A^C\subset B$ ⑤ $B^C\subset A$

426 예제 08 변형

전체집합 U의 두 부분집합 A, B에 대하여 다음 중 $(A\cup B)-(A^C\cap B)$와 항상 같은 집합은?

① U ② A ③ A^C
④ $A\cap B$ ⑤ $A\cup B$

427 예제 09 변형

전체집합 U의 두 부분집합 A, B에 대하여 $\{(A\cup B)\cap(A^C\cup B)\}\cap A^C=\varnothing$일 때, 보기에서 항상 옳은 것만을 있는 대로 고르시오.

보기
ㄱ. $A\cup B=A$ ㄴ. $A\cap B=A$
ㄷ. $A^C\cup B=U$ ㄹ. $A^C\subset B^C$

Ⅱ-2 집합의 연산

예제 10 새롭게 정의된 집합의 연산

주어진 집합의 연산 기호의 정의에 따라 식을 세운 후 집합의 연산 법칙을 이용한다.

전체집합 U의 두 부분집합 A, B에 대하여 연산 △를 $A \triangle B=(A-B)\cup(B-A)$라 할 때, 보기에서 항상 옳은 것만을 있는 대로 고르시오.

보기

ㄱ. $A \triangle A^C=U$　　ㄴ. $A \triangle A=A$　　ㄷ. $A \triangle \varnothing=A$

• 유형 만렙 공통수학 2 106쪽에서 문제 더 풀기

| 풀이 | ㄱ. $A \triangle A^C=(A-A^C)\cup(A^C-A)=\{A\cap(A^C)^C\}\cup(A^C\cap A^C)$
$=(A\cap A)\cup(A^C\cap A^C)=A\cup A^C=U$

ㄴ. $A \triangle A=(A-A)\cup(A-A)=\varnothing\cup\varnothing=\varnothing$

ㄷ. $A \triangle \varnothing=(A-\varnothing)\cup(\varnothing-A)=A\cup\varnothing=A$

따라서 보기에서 항상 옳은 것은 ㄱ, ㄷ이다.

답 ㄱ, ㄷ

TIP 두 차집합 $A-B$와 $B-A$의 합집합을 대칭차집합이라 한다.
➡ $(A-B)\cup(B-A)=(A\cup B)-(A\cap B)=(A\cup B)\cap(A\cap B)^C$

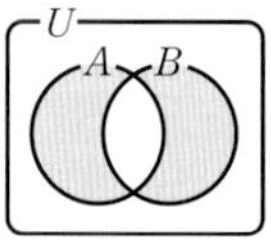

발전 예제 11 배수의 집합의 연산

배수, 공배수의 집합 사이의 포함 관계를 이용한다.

자연수 k의 양의 배수의 집합을 A_k라 할 때, 다음 물음에 답하시오.

(1) $A_n\subset(A_3\cap A_4)$를 만족시키는 자연수 n의 최솟값을 구하시오.

(2) $A_{18}\cap(A_9\cup A_{12})=A_n$을 만족시키는 자연수 n의 값을 구하시오.

• 유형 만렙 공통수학 2 106쪽에서 문제 더 풀기

| 풀이 | (1) $A_3\cap A_4$는 3과 4의 공배수, 즉 12의 배수의 집합이므로 $A_3\cap A_4=A_{12}$
즉, $A_n\subset A_{12}$에서 n은 12의 배수이므로 자연수 n의 최솟값은 12이다.

(2) $A_{18}\cap(A_9\cup A_{12})=(A_{18}\cap A_9)\cup(A_{18}\cap A_{12})$
18은 9의 배수이므로 $A_{18}\subset A_9$　　$\therefore A_{18}\cap A_9=A_{18}$
$A_{18}\cap A_{12}$는 18과 12의 공배수, 즉 36의 배수의 집합이므로 $A_{18}\cap A_{12}=A_{36}$
이때 36은 18의 배수이므로 $A_{36}\subset A_{18}$
따라서 $A_{18}\cap(A_9\cup A_{12})=A_{18}\cup A_{36}=A_{18}$이므로 $n=18$

답 (1) 12 (2) 18

TIP 자연수 k의 양의 배수의 집합을 A_k라 할 때, 두 자연수 m, n에 대하여
(1) m이 n의 배수이면 ➡ $A_m\subset A_n$
(2) $A_m\cap A_n$ ➡ m, n의 공배수의 집합

428 예제 10 유사

전체집합 U의 두 부분집합 A, B에 대하여 연산 ◇를

$$A\diamond B=(A\cup B)-(A\cap B)$$

라 할 때, 보기에서 항상 옳은 것만을 있는 대로 고르시오.

보기

ㄱ. $A^C\diamond B^C=A\diamond B$

ㄴ. $B\diamond U=\varnothing$

ㄷ. $A^C\diamond U=A^C$

429 예제 11 유사

자연수 k의 양의 배수의 집합을 A_k라 할 때, 다음 물음에 답하시오.

(1) $A_n\subset(A_8\cap A_{10})$을 만족시키는 자연수 n의 최솟값을 구하시오.

(2) $A_6\cap(A_8\cup A_{12})=A_n$을 만족시키는 자연수 n의 값을 구하시오.

430 예제 10 변형

전체집합 U의 두 부분집합 A, B에 대하여 연산 ◎를

$$A◎B=(A-B)\cup(B-A^C)$$

라 할 때, 다음 중 A^C◎$(B$◎$A)$와 항상 같은 집합은?

① A ② B ③ A^C ④ B^C ⑤ $A-B$

431 예제 11 변형

전체집합 $U=\{x\,|\,x$는 50 이하의 자연수$\}$의 부분집합 중 자연수 k의 배수의 집합을 A_k라 할 때, 집합 $(A_4\cup A_{10})\cap A_{16}$의 원소의 개수를 구하시오.

3 유한집합의 원소의 개수

개념 01 합집합의 원소의 개수

예제 12~14

(1) 두 집합 A, B가 유한집합일 때,

$$n(A\cup B)=n(A)+n(B)-n(A\cap B)$$

특히 $A\cap B=\varnothing$이면 $n(A\cap B)=0$이므로

$$n(A\cup B)=n(A)+n(B)$$

(2) 세 집합 A, B, C가 유한집합일 때,

$$n(A\cup B\cup C)=n(A)+n(B)+n(C)-n(A\cap B)-n(B\cap C)-n(C\cap A)+n(A\cap B\cap C)$$

(1) 두 집합 A, B에 대하여 오른쪽 벤 다이어그램과 같이 각 영역에 속하는 원소의 개수를 a, b, c라 하면

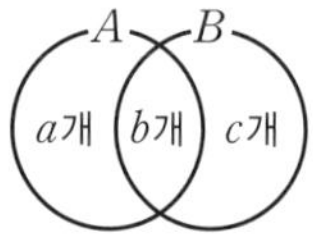

$$n(A\cup B)=a+b+c=(a+b)+(b+c)-b$$
$$=n(A)+n(B)-n(A\cap B)$$

(2) 세 집합 A, B, C에 대하여 오른쪽 벤 다이어그램과 같이 각 영역에 속하는 원소의 개수를 a, b, c, d, e, f, g라 하면

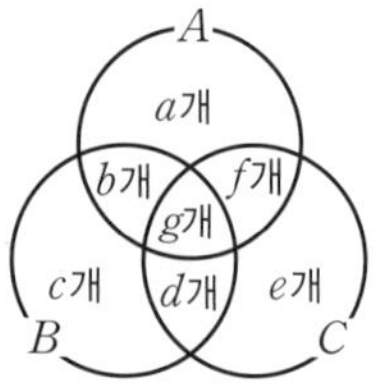

$$n(A\cup B\cup C)$$
$$=a+b+c+d+e+f+g$$
$$=(a+b+f+g)+(b+c+d+g)+(d+e+f+g)-(b+g)-(d+g)-(f+g)+g$$
$$=n(A)+n(B)+n(C)-n(A\cap B)-n(B\cap C)-n(C\cap A)+n(A\cap B\cap C)$$

개념 02 여집합과 차집합의 원소의 개수

예제 12~14

전체집합 U의 두 부분집합 A, B가 유한집합일 때

(1) $n(A^C)=n(U)-n(A)$

(2) $n(A-B)=n(A)-n(A\cap B)=n(A\cup B)-n(B)$

특히 $B\subset A$이면 $A\cap B=B$, $A\cup B=A$이므로 $n(A-B)=n(A)-n(B)$

(1) 전체집합 U의 부분집합 A에 대하여 오른쪽 벤 다이어그램과 같이 각 영역에 속하는 원소의 개수를 a, b라 하면

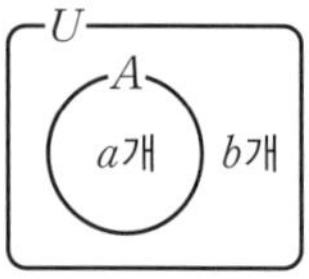

$$n(A^C)=b=(a+b)-a=n(U)-n(A)$$

(2) 두 집합 A, B에 대하여 오른쪽 벤 다이어그램과 같이 각 영역에 속하는 원소의 개수를 a, b, c라 하면

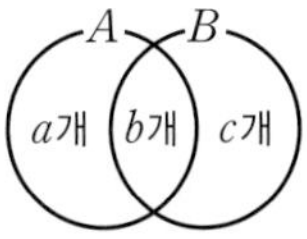

$n(A-B)=a=(a+b)-b=n(A)-n(A\cap B)$

$n(A-B)=a=(a+b+c)-(b+c)=n(A\cup B)-n(B)$

$\therefore n(A-B)=n(A)-n(A\cap B)=n(A\cup B)-n(B)$

| 참고 | 일반적으로는 $n(A-B)\neq n(A)-n(B)$임에 유의한다.

개념 확인

• 정답과 해설 77쪽

개념 01

432 두 집합 A, B에 대하여 다음을 구하시오.

(1) $n(A)=8$, $n(B)=6$, $n(A\cap B)=2$일 때, $n(A\cup B)$

(2) $n(A)=9$, $n(B)=5$, $n(A\cup B)=10$일 때, $n(A\cap B)$

(3) $n(A)=5$, $n(A\cap B)=1$, $n(A\cup B)=11$일 때, $n(B)$

개념 01

433 세 집합 A, B, C에 대하여 $n(A)=10$, $n(B)=12$, $n(C)=15$, $n(A\cap B)=7$, $n(B\cap C)=4$, $n(C\cap A)=5$, $n(A\cap B\cap C)=3$일 때, $n(A\cup B\cup C)$를 구하시오.

개념 02

434 두 집합 A, B에 대하여 $n(A)=30$, $n(B)=15$, $n(A\cap B)=10$일 때, 다음을 구하시오,

(1) $n(A-B)$

(2) $n(B-A)$

개념 02

435 전체집합 U의 두 부분집합 A, B에 대하여 $n(U)=40$, $n(A)=18$, $n(B)=20$, $n(A\cup B)=30$일 때, 다음을 구하시오.

(1) $n(A^C)$

(2) $n(B^C)$

(3) $n(A^C\cap B^C)$

(4) $n((A\cap B)^C)$

빈출

예제 12 / 유한집합의 원소의 개수

주어진 조건을 변형한 후 유한집합의 원소의 개수의 공식을 이용한다.

전체집합 U의 두 부분집합 A, B에 대하여

$$n(U)=45,\ n(A)=23,\ n(B)=20,\ n(A^C\cap B^C)=12$$

일 때, $n(A\cap B)$를 구하시오.

• 유형 만렙 공통수학 2 107쪽에서 문제 더 풀기

| 개념 | 전체집합 U의 두 부분집합 A, B가 유한집합일 때

(1) $n(A\cup B)=n(A)+n(B)-n(A\cap B)$

(2) $n(A^C)=n(U)-n(A)$

(3) $n(A-B)=n(A)-n(A\cap B)=n(A\cup B)-n(B)$

| 풀이 | $A^C\cap B^C=(A\cup B)^C$이므로 $n((A\cup B)^C)=12$

$n((A\cup B)^C)=n(U)-n(A\cup B)$이므로

$$\begin{aligned} n(A\cup B)&=n(U)-n((A\cup B)^C)\\ &=45-12\\ &=33 \end{aligned}$$

$n(A\cup B)=n(A)+n(B)-n(A\cap B)$이므로

$$\begin{aligned} n(A\cap B)&=n(A)+n(B)-n(A\cup B)\\ &=23+20-33\\ &=10 \end{aligned}$$

답 10

436 유사

전체집합 U의 두 부분집합 A, B에 대하여

$n(U)=60$, $n(A)=37$,

$n(A\cup B)=50$, $n(A^C\cup B^C)=42$

일 때, $n(B)$를 구하시오.

437 변형 교과서

전체집합 U의 두 부분집합 A, B에 대하여

$n(U)=30$, $n(A)=16$,

$n(B)=15$, $n(A-B)=6$

일 때, $n((B-A)^C)$를 구하시오.

438 변형

전체집합 U의 두 부분집합 A, B에 대하여

$n(U)=40$, $n(A\cap B)=8$,

$n(A^C\cap B^C)=25$

일 때, $n(A)+n(B)$의 값을 구하시오.

439 변형

전체집합 U의 세 부분집합 A, B, C에 대하여 $A\cap C=\varnothing$이고

$n(A)=5$, $n(B)=6$, $n(C)=3$,

$n(A\cup B)=7$, $n(B\cup C)=8$

일 때, $n(A\cup B\cup C)$를 구하시오.

빈출

예제 13 / 유한집합의 원소의 개수의 활용

주어진 조건을 집합으로 나타낸 후 유한집합의 원소의 개수의 공식을 이용한다.

전체 학생이 30명인 어느 반 학생들에게 수학 문제, 영어 문제를 풀게 했더니 수학 문제를 맞힌 학생은 20명, 영어 문제를 맞힌 학생은 18명, 수학 문제와 영어 문제를 모두 틀린 학생은 7명이었다. 이때 수학 문제만 맞힌 학생 수를 구하시오.

• 유형 만렙 공통수학 2 108쪽에서 문제 더 풀기

| 풀이 | 전체 학생의 집합을 U, 수학 문제를 맞힌 학생의 집합을 A, 영어 문제를 맞힌 학생의 집합을 B라 하면

$n(U)=30$, $n(A)=20$, $n(B)=18$

수학 문제와 영어 문제를 모두 틀린 학생의 집합은 $A^C\cap B^C=(A\cup B)^C$이므로

$n((A\cup B)^C)=7$

$n((A\cup B)^C)=n(U)-n(A\cup B)$이므로

$$n(A\cup B)=n(U)-n((A\cup B)^C)$$
$$=30-7=23$$

수학 문제만 맞힌 학생의 집합은 $A-B$이므로

$$n(A-B)=n(A\cup B)-n(B)$$
$$=23-18=5$$

따라서 구하는 학생 수는 5이다.

답 5

TIP 두 집합 A, B에 대하여

(1) '또는', '적어도 하나는 ~하는' ➡ $A\cup B$

(2) '모두', '둘 다 ~하는' ➡ $A\cap B$

(3) '둘 다 ~하지 않는' ➡ $(A\cup B)^C$

(4) '둘 중 하나만 ~하는' ➡ $A-B$ 또는 $B-A$

440 유사

전체 학생이 35명인 어느 반 학생들을 대상으로 박물관, 미술관에 대한 방문 여부를 조사하였더니 박물관에 가 본 학생은 15명, 미술관에 가 본 학생은 13명, 모두 가 보지 못한 학생은 10명이었다. 이때 박물관과 미술관에 모두 가 본 학생 수를 구하시오.

441 변형

전체 학생이 40명인 어느 반 학생 중에서 여동생만 있는 학생은 14명, 동생이 없는 학생은 5명이다. 이때 남동생이 있는 학생 수를 구하시오.

442 변형

전체 회원이 20명인 어느 독서 모임의 회원들에게 두 책 A, B를 읽게 하였더니 책 A를 읽은 회원은 12명, 책 B를 읽은 회원은 16명이었다. 모두 한 권 이상은 읽었다고 할 때, 두 책 중 한 권만 읽은 회원 수를 구하시오.

443 변형

교육청

어느 학교 56명의 학생들을 대상으로 두 동아리 A, B의 가입여부를 조사한 결과 다음과 같은 사실을 알게 되었다.

> (가) 학생들은 두 동아리 A, B 중 적어도 한 곳에 가입하였다.
> (나) 두 동아리 A, B에 가입한 학생의 수는 각각 35명, 27명이었다.

동아리 A에만 가입한 학생의 수를 구하시오.

발전 예제 14 유한집합의 원소의 개수의 최댓값과 최솟값

유한집합의 원소의 개수의 공식에서 $n(A\cap B)$와 $n(A\cup B)$ 사이의 관계를 생각한다.

전체집합 U의 두 부분집합 A, B에 대하여 $n(U)=50$, $n(A)=32$, $n(B)=23$일 때, $n(A\cap B)$의 최댓값을 M, 최솟값을 m이라 하자. 이때 $M-m$의 값을 구하시오.

• 유형 만렙 공통수학 2 109쪽에서 문제 더 풀기

| 풀이 | $n(A\cap B)=n(A)+n(B)-n(A\cup B)$

$=32+23-n(A\cup B)$

$=55-n(A\cup B)$

(i) $n(A\cap B)$가 최대인 경우는 $n(A\cup B)$가 최소일 때이다.

이때 $n(B)<n(A)$이므로 $B\subset A$

$\therefore M=n(B)=23$

(ii) $n(A\cap B)$가 최소인 경우는 $n(A\cup B)$가 최대일 때이므로

$A\cup B=U$

$\therefore m=55-n(U)=55-50=5$

(i), (ii)에서 $M-m=18$

답 18

| 다른 풀이 | $A\subset(A\cup B)$, $B\subset(A\cup B)$이므로

$n(A)\leq n(A\cup B)$, $n(B)\leq n(A\cup B)$

$\therefore 32\leq n(A\cup B)$ ······ ㉠

$(A\cup B)\subset U$이므로 $n(A\cup B)\leq n(U)$

$\therefore n(A\cup B)\leq 50$ ······ ㉡

㉠, ㉡에서 $32\leq n(A\cup B)\leq 50$

$n(A\cup B)=n(A)+n(B)-n(A\cap B)$

$=32+23-n(A\cap B)$

$=55-n(A\cap B)$

즉, $32\leq 55-n(A\cap B)\leq 50$이므로

$5\leq n(A\cap B)\leq 23$

따라서 $M=23$, $m=5$이므로

$M-m=18$

TIP 전체집합 U의 두 부분집합 A, B에 대하여

(1) $n(B)\leq n(A)$일 때, $n(A\cap B)$가 최대이려면

➡ $n(A\cup B)$가 최소

➡ $B\subset A$

(2) $n(A\cap B)$가 최소이려면

➡ $n(A\cup B)$가 최대

➡ $A\cup B=U$

444 유사

전체집합 U의 두 부분집합 A, B에 대하여

$$n(U)=30,\ n(A)=18,\ n(B)=24$$

일 때, $n(A\cap B)$의 최댓값을 M, 최솟값을 m이라 하자. 이때 $M+m$의 값을 구하시오.

445 변형

어느 도서관을 이용하는 50명의 학생들을 대상으로 도서관까지 오는 데 이용하는 교통수단을 조사하였더니 버스를 이용하는 학생은 34명, 지하철을 이용하는 학생은 29명이었다. 이때 버스와 지하철을 모두 이용하는 학생 수의 최댓값과 최솟값의 합을 구하시오.

446 변형

두 집합 A, B에 대하여

$$n(A)=20,\ n(B)=25,\ n(A\cap B)\geq 12$$

일 때, $n(A\cup B)$의 최댓값을 M, 최솟값을 m이라 하자. 이때 $M-m$의 값을 구하시오.

447 변형

민수네 반 학생 25명이 여름 방학 동안 두 양로원 A, B에 봉사활동을 갔는데 양로원 A에 간 학생은 13명, 양로원 B에 간 학생은 17명이었다. 양로원 B에만 간 학생 수의 최댓값을 M, 최솟값을 m이라 할 때, $M-m$의 값을 구하시오.

연습문제

1단계

448 전체집합 $U=\{1, 2, 3, 4, \dots, 12\}$의 세 부분집합 $A=\{x|x$는 10보다 작은 짝수$\}$,
$B=\{x|x=3n-1, n$은 자연수$\}$,
$C=\{x|x$는 4의 배수$\}$에 대하여 다음 중 옳지 않은 것은?

① $A\cap B=\{2, 8\}$
② $B\cap C^C=\{2, 5, 11\}$
③ $C-A=\{4, 12\}$
④ $A\cup B=\{2, 4, 5, 6, 8, 11\}$
⑤ $C^C=\{1, 2, 3, 5, 6, 7, 9, 10, 11\}$

449 전체집합 $U=\{x|x$는 18의 양의 약수$\}$의 두 부분집합 A, B에 대하여 $A-B=\{1, 3\}$ $B-A=\{18\}$, $(A\cap B)^C=\{1, 2, 3, 18\}$일 때, 집합 A를 구하시오.

450 두 집합

$A=\{1, 3, 5, 2a-b\}$,
$B=\{1, 8, -a+2b\}$

에 대하여 $A-B=\{3\}$일 때, ab의 값을 구하시오. (단, a, b는 상수)

교과서

451 두 집합 A, B에 대하여 $A\cap B=B$일 때, 다음 중 항상 옳은 것은?

① $A\subset B$ ② $A\cup B=B$
③ $(A\cup B)\subset B$ ④ $A\subset(A\cap B)$
⑤ $A\cup(A\cap B)=A$

452 전체집합 U의 세 부분집합 A, B, C에 대하여 보기에서 항상 옳은 것만을 있는 대로 고르시오.

보기
ㄱ. $A\cap(A^C\cup B)=A\cup B$
ㄴ. $(A\cap B)\cup(A^C\cap B)=B$
ㄷ. $(A-B)\cup(A\cap B)=A$
ㄹ. $(A-B)\cup(A-C)=A-(B\cup C)$

453 전체집합 U의 두 부분집합 A, B에 대하여

$(A\cup B)\cap A^C=B$

일 때, 다음 중 항상 옳은 것은?

① $A\subset B$ ② $A^C=B^C$
③ $A\cup B=U$ ④ $A-B=A$
⑤ $A\cup B^C=A$

• 정답과 해설 80쪽

454 전체집합 U의 두 부분집합 A, B에 대하여

$$n(A)=35,\ n(B)=32,\ n(A\cup B)=43$$

일 때, $n(A^C\cap B)$를 구하시오.

서술형

455 전체 학생이 45명인 어느 반 학생들을 대상으로 두 여행지 A, B에 대한 방문 여부를 조사하였더니 여행지 A에 가 본 학생은 25명, 두 여행지 A, B에 모두 가 본 학생은 7명, 모두 가 보지 못한 학생은 3명이었다. 이때 여행지 B에 가 본 학생 수를 구하시오.

2단계

교육청

456 집합 $A=\{1, 2, 3, 4\}$에 대하여 집합 B가 $B-A=\{5, 6\}$을 만족시킨다. 집합 B의 모든 원소의 합이 12일 때, 집합 $A-B$의 모든 원소의 합은?

① 5 ② 6 ③ 7
④ 8 ⑤ 9

457 전체집합 U의 두 부분집합 A, B에 대하여

$A\cup B^C=\{x|x$는 15 이하의 소수$\}$,
$(A\cap B)^C=\{x|x$는 $2\le x\le 7$인 자연수$\}$

일 때, 보기에서 옳은 것만을 있는 대로 고른 것은?

보기
ㄱ. $U=\{2, 3, 4, 5, 6, 7, 11, 13\}$
ㄴ. $A\cap B=\{11, 13\}$
ㄷ. $n(B-A)=2$

① ㄱ ② ㄴ ③ ㄱ, ㄴ
④ ㄱ, ㄷ ⑤ ㄱ, ㄴ, ㄷ

458 두 집합

$A=\{x|x$는 10 이하의 자연수$\}$,
$B=\{x|x$는 6 이상 16 이하의 자연수$\}$

에 대하여 $X\subset A$, $n(X\cup B)=16$을 만족시키는 집합 X의 개수를 구하시오.

459 전체집합 U의 두 부분집합 A, B에 대하여 연산 ◎를

$$A◎B=(A-B)\cup(B-A)$$

라 할 때, 보기에서 항상 옳은 것만을 있는 대로 고르시오.

보기
ㄱ. $A◎B=B◎A$
ㄴ. $A^C◎B^C=A◎B$
ㄷ. $B◎(A◎A)=A$

연습문제

• 정답과 해설 81쪽

460 자연수 k의 양의 배수의 집합을 A_k라 할 때, $A_n \subset (A_9 \cap A_{12})$를 만족시키는 자연수 n의 최솟값을 a, $(A_{10} \cup A_{20}) \subset A_m$을 만족시키는 자연수 m의 최댓값을 b라 하자. 이때 $a+b$의 값을 구하시오.

교육청

461 전체집합
$U=\{x|x$는 50 이하의 자연수$\}$의 두 부분집합
$A=\{x|x$는 30의 약수$\}$,
$B=\{x|x$는 3의 배수$\}$
에 대하여 $n(A^C \cup B)$의 값은?

① 40 ② 42 ③ 44
④ 46 ⑤ 48

462 전체집합 U의 두 부분집합 A, B에 대하여 $n(U)=30$, $n(A)+n(B)=32$일 때, $n(A \cap B)$의 최댓값을 M, 최솟값을 m이라 하자. 이때 $M+m$의 값은?

① 12 ② 14 ③ 16
④ 18 ⑤ 20

3단계

교육청

463 전체집합
$U=\{x|x$는 5 이하의 자연수$\}$의 두 부분집합 $A=\{1, 2\}$, $B=\{2, 3, 4\}$에 대하여
$X \cap A \neq \varnothing$, $X \cap B \neq \varnothing$
을 만족시키는 집합 U의 부분집합 X의 개수를 구하시오.

464 50명의 학생들에게 A, B, C 세 문제를 풀게 하였더니 A, B, C 세 문제를 모두 푼 학생은 5명, A 문제를 푼 학생은 30명, B 문제를 푼 학생은 27명, C 문제를 푼 학생은 24명이었다. 이때 두 문제만 푼 학생 수를 구하시오.
(단, 한 문제도 풀지 못한 학생은 없다.)

서술형

465 전체 학생이 100명인 어느 학교 학생들을 대상으로 두 체험 활동 A, B를 신청한 학생 수를 조사하였더니 체험 활동 A를 신청한 학생은 체험 활동 B를 신청한 학생보다 20명이 많았고, 어느 체험 활동도 신청하지 않은 학생은 하나 이상의 체험 활동을 신청한 학생보다 40명이 적었다. 이때 체험 활동 B만 신청한 학생 수의 최댓값을 구하시오.

Ⅱ. 집합과 명제

3

명제

1 명제와 조건

개념 01 명제

예제 01

참인지 거짓인지를 분명하게 판별할 수 있는 문장이나 식을 **명제**라 한다.

| 참고 | 거짓인 문장이나 식도 명제이다.

| 예 |
- 고구마는 맛있다. ➡ '맛있다.'는 참, 거짓을 분명하게 판별할 수 없으므로 명제가 아니다.
- 3은 6의 약수이다. ➡ 참인 명제이다.
- 1은 소수이다. ➡ 거짓인 명제이다.

개념 02 조건

예제 01

변수를 포함한 문장이나 식의 참, 거짓이 변수의 값에 따라 판별될 때, 그 문장이나 식을 **조건**이라 한다.

| 참고 |
- 일반적으로 조건은 명제가 아니다.
- 일반적으로 명제와 조건은 알파벳 소문자 p, q, r, …로 나타낸다.

| 예 | $x+1=4$ ➡ $x=3$이면 참, $x=2$이면 거짓이므로 조건이다.

개념 03 진리집합

예제 03

전체집합 U의 원소 중에서 조건이 참이 되게 하는 모든 원소의 집합을 그 조건의 **진리집합**이라 한다.

| 참고 |
- 조건 p, q, r, …의 진리집합은 일반적으로 각각 알파벳 대문자 P, Q, R, …로 나타낸다.
- 수에 대한 조건의 진리집합을 구할 때, 전체집합이 주어지지 않으면 실수 전체의 집합을 전체집합 U로 생각한다.

| 예 | 전체집합 $U=\{x|x$는 자연수$\}$에 대하여 조건 p가 'x는 6의 약수'일 때, p의 진리집합을 P라 하면
$P=\{1, 2, 3, 6\}$

개념 04 명제와 조건의 부정

예제 02, 03

(1) 명제 또는 조건 p에 대하여 'p가 아니다.'를 p의 **부정**이라 하고, 기호로 $\sim p$와 같이 나타낸다.

(2) 명제 또는 조건 p와 그 부정 $\sim p$ 사이에는 다음과 같은 관계가 성립한다.

① 조건 p의 진리집합을 P라 하면 조건 $\sim p$의 진리집합은 P^C이다.

② $\sim p$의 부정은 p이다. 즉, $\sim(\sim p)=p$이다. ◀ $(P^C)^C=P$

③ 명제 p가 참이면 $\sim p$는 거짓이고, 명제 p가 거짓이면 $\sim p$는 참이다.

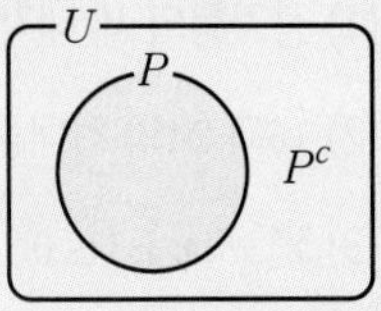

| 참고 | $\sim p$는 'not p'라 읽는다.

| 예 | • 명제 'p: 3은 소수이다.'의 부정 ➡ '$\sim p$: 3은 소수가 아니다.'

• 조건 'p: $x<2$'의 부정 ➡ '$\sim p$: $x\geq 2$' ◀ '<'의 부정을 '>'로 착각하지 않도록 주의한다.

이때 p의 진리집합을 P라 하면 $P=\{x|x<2\}$이고, $\sim p$의 진리집합은 $P^C=\{x|x\geq 2\}$이다.

개념 05 조건 'p 또는 q'와 'p 그리고 q'

예제 03

(1) 두 조건 p, q의 진리집합을 각각 P, Q라 하면

① 조건 'p 또는 q'의 진리집합 ➡ $P\cup Q$

② 조건 'p 그리고 q'의 진리집합 ➡ $P\cap Q$

(2) 두 조건 p, q에 대하여

① 조건 'p 또는 q'의 부정 ➡ $\sim p$ 그리고 $\sim q$ ◀ $(P\cup Q)^C=P^C\cap Q^C$

② 조건 'p 그리고 q'의 부정 ➡ $\sim p$ 또는 $\sim q$ ◀ $(P\cap Q)^C=P^C\cup Q^C$

개념 확인

• 정답과 해설 83쪽

개념 03

466 전체집합 U가 자연수 전체의 집합일 때, 다음 조건의 진리집합을 구하시오.

(1) p: x는 10의 약수이다.

(2) q: $x^2-3x+2=0$

개념 03

467 전체집합 $U=\{x|x$는 4 이하의 자연수$\}$에 대하여 다음 조건의 진리집합을 구하시오.

(1) p: $3x-6=0$

(2) q: $x^2+1>5$

개념 04, 05

468 다음 명제 또는 조건의 부정을 말하시오.

(1) 무리수는 실수이다.

(2) $x=3$이고 $x=7$

예제 01 / 명제

주어진 문장이나 식이 참인지 거짓인지를 분명하게 판별할 수 있으면 명제이다.

다음 중 명제인 것을 찾고, 그 명제의 참, 거짓을 판별하시오.

(1) 삼각형의 세 내각의 크기의 합은 $180°$이다.

(2) 16과 24의 최대공약수는 4이다.

(3) $x^2-4x+1\le 0$

• 유형 만렙 공통수학 2 118쪽에서 문제 더 풀기

| 풀이 | (1) 삼각형의 세 내각의 크기의 합은 $180°$이다.
즉, 참인지 거짓인지 분명하게 판별할 수 있으므로 명제이고, 참인 명제이다.

(2) 16과 24의 최대공약수는 8이다.
즉, 참인지 거짓인지 분명하게 판별할 수 있으므로 명제이고, 거짓인 명제이다.

(3) x의 값에 따라 참, 거짓이 달라지므로 명제가 아니다.

답 (1) 참인 명제 (2) 거짓인 명제 (3) 명제가 아니다.

예제 02 / 명제와 조건의 부정

명제 또는 조건 p에 대하여 p의 부정은 'p가 아니다.'이다.

다음 명제 또는 조건의 부정을 말하시오.

(1) 2는 짝수도 아니고 소수도 아니다.

(2) $2\le x\le 8$

• 유형 만렙 공통수학 2 118쪽에서 문제 더 풀기

| 풀이 | (1) '~아니고 ~아니다.'의 부정은 '~이거나 ~이다.'이므로 주어진 명제의 부정은
2는 짝수이거나 소수이다.

(2) $2\le x\le 8$은 '$x\ge 2$ 그리고 $x\le 8$'과 같은 뜻이다.
'$\ge$ 그리고 $\le$'의 부정은 '$<$ 또는 $>$'이므로 주어진 조건의 부정은
$x<2$ 또는 $x>8$

답 (1) 2는 짝수이거나 소수이다. (2) $x<2$ 또는 $x>8$

469 예제 01 유사

다음 중 명제인 것을 찾고, 그 명제의 참, 거짓을 판별하시오.

(1) 이등변삼각형은 정삼각형이다.

(2) 9의 배수는 3의 배수이다.

(3) $3x(x-4)=2(x-1)$

470 예제 02 유사

다음 명제 또는 조건의 부정을 말하시오.

(1) 8은 2의 배수이거나 3의 배수이다.

(2) $x\le-1$ 또는 $x>5$

471 예제 01 변형

보기에서 참인 명제인 것만을 있는 대로 고르시오.

보기

ㄱ. 직사각형은 평행사변형이다.

ㄴ. 0은 자연수이다.

ㄷ. 짝수와 홀수를 곱하면 홀수이다.

ㄹ. 9의 양의 약수는 18의 양의 약수이다.

472 예제 02 변형

보기에서 그 부정이 참인 명제인 것만을 있는 대로 고르시오.

보기

ㄱ. $2<\sqrt{5}$

ㄴ. $x+1=x+5$

ㄷ. 12는 소수이다.

ㄹ. $\sqrt{4}$는 유리수이다.

예제 03 / 진리집합

전체집합의 원소 중에서 조건이 참이 되게 하는 모든 원소의 집합을 구한다.

전체집합 $U=\{1, 2, 3, 4, 5\}$에 대하여 두 조건 p, q가

p: x는 소수이다., q: $x^2-6x+8=0$

일 때, 다음 조건의 진리집합을 구하시오.

(1) $\sim p$ (2) p 또는 q (3) p 그리고 $\sim q$

• 유형 만렙 공통수학 2 119쪽에서 문제 더 풀기

| 개념 | 두 조건 p, q의 진리집합을 각각 P, Q라 하면

(1) 조건 'p 또는 q'의 진리집합 ➡ $P\cup Q$

(2) 조건 'p 그리고 q'의 진리집합 ➡ $P\cap Q$

| 풀이 | 조건 p의 진리집합을 P라 하면

$P=\{2, 3, 5\}$

q: $x^2-6x+8=0$에서 $(x-2)(x-4)=0$

$\therefore x=2$ 또는 $x=4$

조건 q의 진리집합을 Q라 하면

$Q=\{2, 4\}$

(1) 조건 $\sim p$의 진리집합은 P^C이므로

$P^C=\{1, 4\}$

(2) 조건 'p 또는 q'의 진리집합은 $P\cup Q$이므로

$P\cup Q=\{2, 3, 4, 5\}$

(3) 조건 'p 그리고 $\sim q$'의 진리집합은 $P\cap Q^C$

이때 $Q^C=\{1, 3, 5\}$이므로

$P\cap Q^C=\{3, 5\}$

답 (1) $\{1, 4\}$ (2) $\{2, 3, 4, 5\}$ (3) $\{3, 5\}$

473 유사

전체집합 $U=\{1, 2, 3, 4, 5, 6\}$에 대하여 두 조건 p, q가

p: x는 홀수이다., q: $x^2-7x+12=0$

일 때, 다음 조건의 진리집합을 구하시오.

(1) $\sim q$

(2) p 그리고 q

(3) $\sim p$ 또는 q

474 변형

교육청

전체집합 $U=\{1, 2, 3, 4, 5, 6, 7, 8\}$에 대하여 조건 p가

p: x는 짝수 또는 6의 약수이다.

일 때, 조건 $\sim p$의 진리집합의 모든 원소의 합은?

① 11 ② 12 ③ 13 ④ 14 ⑤ 15

475 변형

실수 전체의 집합에서 두 조건 p, q가

p: $-3<x\le 1$, q: $x\le -2$ 또는 $x>5$

일 때, 조건 '$\sim p$ 그리고 q'의 진리집합을 구하시오.

476 변형

실수 전체의 집합에서 두 조건 p, q가

p: $x\ge 3$, q: $x<-2$

이다. 두 조건 p, q의 진리집합을 각각 P, Q라 할 때, 다음 중 조건 '$-2\le x<3$'의 진리집합인 것은?

① $P\cap Q^C$ ② $P^C\cap Q$ ③ $P^C\cup Q^C$ ④ $P^C\cup Q$ ⑤ $(P\cup Q)^C$

2 명제 $p \longrightarrow q$의 참, 거짓

개념 01 명제 $p \longrightarrow q$

예제 04

두 조건 p, q에 대하여 명제 'p이면 q이다.'를 기호로 $p \longrightarrow q$와 같이 나타낸다.
이때 p를 **가정**, q를 **결론**이라 한다.

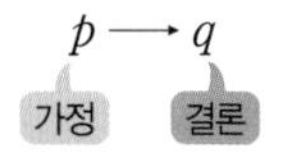

| 참고 | 두 조건 p, q에 대하여 'p이면 q이다.' 꼴의 문장은 참, 거짓을 판별할 수 있으므로 명제가 된다.

| 예 | 명제 '$x=3$이면 $x^2=9$이다.'에서
• 가정 ➡ $x=3$이다. • 결론 ➡ $x^2=9$이다.

개념 02 명제 $p \longrightarrow q$의 참, 거짓과 진리집합 사이의 관계

예제 04~06

명제 $p \longrightarrow q$에 대하여 두 조건 p, q의 진리집합을 각각 P, Q라 할 때
(1) $P \subset Q$이면 명제 $p \longrightarrow q$는 참이다.
거꾸로 명제 $p \longrightarrow q$가 참이면 $P \subset Q$이다.
(2) $P \not\subset Q$이면 명제 $p \longrightarrow q$는 거짓이다.
거꾸로 명제 $p \longrightarrow q$가 거짓이면 $P \not\subset Q$이다.

| 참고 | 명제 $p \longrightarrow q$가 거짓임을 보일 때는 가정 p는 만족시키지만 결론 q는 만족시키지 않는 예가 하나라도 있음을 보이면 된다.
이와 같이 명제가 거짓임을 보이는 예를 **반례**라 한다.
㉥ 명제 '$x^2>0$이면 $x>0$이다.'에 대하여 $x=-1$은 가정 '$x^2>0$이다.'를 만족시키지만 결론 '$x>0$이다.'는 만족시키지 않는다.
따라서 $x=-1$은 반례이고 주어진 명제는 거짓이다.

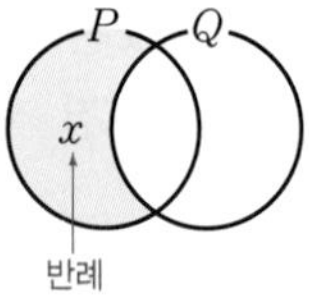

두 조건 p, q가 'p: x는 6의 양의 약수', 'q: x는 12의 양의 약수'일 때, p, q의 진리집합을 각각 P, Q라 하면

$P=\{1, 2, 3, 6\}$, $Q=\{1, 2, 3, 4, 6, 12\}$

(1) 명제 $p \longrightarrow q$: x가 6의 양의 약수이면 x는 12의 양의 약수이다.
이때 두 조건 p, q의 진리집합 P, Q에 대하여 $P \subset Q$이므로 명제 $p \longrightarrow q$는 참이다.
또 참인 명제 $p \longrightarrow q$에 대하여 조건 p를 만족시키는 모든 x가 조건 q를 만족시키므로 $P \subset Q$가 성립한다.
(2) 명제 $q \longrightarrow p$: x가 12의 양의 약수이면 x는 6의 양의 약수이다.
이때 두 조건 q, p의 진리집합 Q, P에 대하여 $Q \not\subset P$이므로 명제 $q \longrightarrow p$는 거짓이다.
또 거짓인 명제 $q \longrightarrow p$에 대하여 반례 $x=4$가 존재한다.
즉, $4 \in Q$이지만 $4 \notin P$이므로 $Q \not\subset P$이다.

개념 03 '모든'이나 '어떤'을 포함한 명제의 참, 거짓

◎ 예제 07

전체집합 U에 대하여 조건 p의 진리집합을 P라 할 때

(1) 명제 '모든 x에 대하여 p이다.'는 $P=U$이면 참 / $P\neq U$이면 거짓 ◀ 하나라도 거짓이면 거짓

(2) 명제 '어떤 x에 대하여 p이다.'는 $P\neq\varnothing$이면 참 ◀ 하나라도 참이면 참 / $P=\varnothing$이면 거짓

(1) 명제 '모든 x에 대하여 p이다.'가 참이려면 전체집합 U에 속하는 모든 원소 x에 대하여 조건 p가 참이어야 하므로 $P=U$이어야 한다. 따라서 $P\neq U$, 즉 전체집합 U에 조건 p를 만족시키지 않는 x가 하나라도 존재하면 이 명제는 거짓이 된다.

(2) 명제 '어떤 x에 대하여 p이다.'가 참이려면 전체집합 U에 속하는 원소 중에서 조건 p가 참이 되게 하는 원소가 적어도 하나는 있어야 하므로 $P\neq\varnothing$이어야 한다. 따라서 $P=\varnothing$, 즉 전체집합 U에 조건 p를 만족시키는 x가 하나도 존재하지 않으면 이 명제는 거짓이 된다.

| 예 | 전체집합 U가 실수 전체의 집합일 때, 조건 p: $x^2=4$의 진리집합을 P라 하면 $P=\{-2, 2\}$

(1) 명제 '모든 x에 대하여 $x^2=4$이다.' ➡ $P\neq U$이므로 이 명제는 거짓이다.

(2) 명제 '어떤 x에 대하여 $x^2=4$이다.' ➡ $P\neq\varnothing$이므로 이 명제는 참이다.

개념 04 '모든'이나 '어떤'을 포함한 명제의 부정

◎ 예제 07

조건 p에 대하여

(1) 명제 '모든 x에 대하여 p이다.'의 부정 ➡ '어떤 x에 대하여 $\sim p$이다.'

(2) 명제 '어떤 x에 대하여 p이다.'의 부정 ➡ '모든 x에 대하여 $\sim p$이다.'

| 예 | (1) 명제 '모든 실수 x에 대하여 $x-5=0$이다.'의 부정

➡ '어떤 실수 x에 대하여 $x-5\neq 0$이다.'

(2) 명제 '어떤 실수 x에 대하여 $x>1$이다.'의 부정

➡ '모든 실수 x에 대하여 $x\leq 1$이다.'

개념 확인

• 정답과 해설 84쪽

개념 01

477 다음 명제의 가정과 결론을 말하시오.

(1) 5의 배수이면 10의 배수이다.

(2) $x=1$이면 $2x-1=0$이다.

개념 03

478 전체집합 U가 실수 전체의 집합일 때, 다음 명제의 참, 거짓을 판별하시오.

(1) 모든 x에 대하여 $|x|\geq 0$이다.

(2) 어떤 x에 대하여 $|x|<0$이다.

빈출

예제 04 / 명제의 참, 거짓

진리집합의 포함 관계를 이용하여 명제의 참, 거짓을 확인한다. 이때 거짓인 명제는 반례를 찾아 거짓임을 보일 수도 있다.

다음 명제의 참, 거짓을 판별하시오. (단, x, y는 실수)

(1) x가 2의 양의 배수이면 x는 4의 양의 배수이다.

(2) $1<x<3$이면 $-2<x<7$이다.

(3) x, y가 무리수이면 $x+y$도 무리수이다.

• 유형 만렙 공통수학 2 119쪽에서 문제 더 풀기

| 풀이 | (1) p: x는 2의 양의 배수, q: x는 4의 양의 배수라 하고, 두 조건 p, q의 진리집합을 각각 P, Q라 하면

$P=\{2, 4, 6, 8, \ldots\}$, $Q=\{4, 8, 12, 16, \ldots\}$ ◀ $2\in P$이지만 $2\notin Q$이다.

따라서 $P\not\subset Q$이므로 주어진 명제는 거짓이다.

(2) p: $1<x<3$, q: $-2<x<7$이라 하고, 두 조건 p, q의 진리집합을 각각 P, Q라 하면

$P=\{x|1<x<3\}$, $Q=\{x|-2<x<7\}$

따라서 $P\subset Q$이므로 주어진 명제는 참이다.

(3) [반례] $x=\sqrt{3}$, $y=-\sqrt{3}$이면 x, y는 무리수이지만 $x+y=0$이므로 $x+y$는 유리수이다.

따라서 주어진 명제는 거짓이다.

답 (1) 거짓 (2) 참 (3) 거짓

예제 05 / 명제의 참, 거짓과 진리집합 사이의 포함 관계

두 조건 p, q의 진리집합 P, Q에 대하여 명제 $p \longrightarrow q$가 참이면 $P\subset Q$이다.

전체집합 U에 대하여 두 조건 p, q의 진리집합을 각각 P, Q라 하자. 명제 $p \longrightarrow \sim q$가 참일 때, 다음 중 항상 옳은 것은?

① $P\cup Q=P$　② $P-Q=\varnothing$　③ $P\cup Q^C=P$

④ $P^C\cup Q=U$　⑤ $P^C\cap Q=Q$

• 유형 만렙 공통수학 2 120쪽에서 문제 더 풀기

| 풀이 | 명제 $p \longrightarrow \sim q$가 참이므로 $P\subset Q^C$　$\therefore P\cap Q=\varnothing$

이를 벤 다이어그램으로 나타내면 오른쪽 그림과 같다.

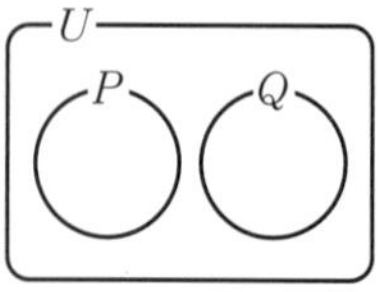

① $P\cup Q\neq P$　② $P-Q=P$　③ $P\cup Q^C=Q^C$

④, ⑤ $Q\subset P^C$이므로 $P^C\cup Q=P^C$, $P^C\cap Q=Q$

따라서 항상 옳은 것은 ⑤이다.

답 ⑤

479 예제 04 유사

다음 명제의 참, 거짓을 판별하시오.
(단, x, y는 실수)

(1) x가 소수이면 x는 홀수이다.

(2) $xy>0$이면 $x>0$이고 $y>0$이다.

(3) $x^2-1=0$이면 $-2<x<2$이다.

480 예제 05 유사

전체집합 U에 대하여 두 조건 p, q의 진리집합을 각각 P, Q라 하자. 명제 $q \longrightarrow p$가 참일 때, 다음 중 항상 옳은 것은?

① $P\subset Q^C$　② $Q\subset P^C$
③ $P\cap Q=\varnothing$　④ $P\cup Q=P$
⑤ $P-Q=\varnothing$

481 예제 04 변형

보기에서 참인 명제인 것만을 있는 대로 고르시오.
(단, x, y는 실수)

보기
ㄱ. $x>y$이면 $x^2>y^2$이다.
ㄴ. $x+y=0$이면 $x^2+y^2=0$이다.
ㄷ. $x^3=8$이면 $x^2=4$이다.

482 예제 05 변형 교과서

전체집합 U에 대하여 세 조건 p, q, r의 진리집합을 각각 P, Q, R라 하자. 세 집합 사이의 포함 관계가 오른쪽 벤 다이어그램과 같을 때, 다음 중 항상 참인 명제는?

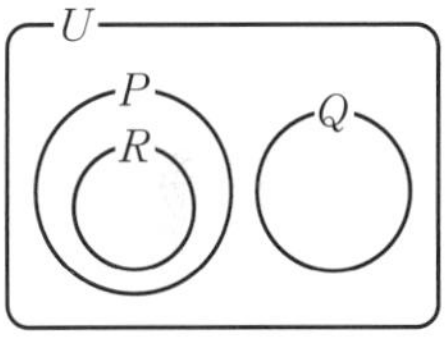

① $p \longrightarrow q$　② $\sim p \longrightarrow \sim r$
③ $q \longrightarrow p$　④ $\sim q \longrightarrow r$
⑤ $r \longrightarrow q$

빈출

예제 06 / 명제가 참이 되도록 하는 상수 구하기

명제가 참이 되도록 조건의 진리집합을 수직선 위에 나타낸다.

다음 물음에 답하시오.

(1) 두 조건 p, q가 p: $-1\le x\le 1$, q: $x-a\ge 2$일 때, 명제 $p\longrightarrow q$가 참이 되도록 하는 상수 a의 값의 범위를 구하시오.

(2) 두 조건 p, q가 p: $x<-2$ 또는 $x\ge 3$, q: $a-3<x\le a+5$일 때, 명제 $\sim p\longrightarrow q$가 참이 되도록 하는 상수 a의 값의 범위를 구하시오.

• 유형 만렙 공통수학 2 120쪽에서 문제 더 풀기

| 풀이 | (1) 두 조건 p, q의 진리집합을 각각 P, Q라 하면

$P=\{x|-1\le x\le 1\}$, $Q=\{x|x\ge a+2\}$

명제 $p\longrightarrow q$가 참이 되려면 $P\subset Q$이어야 하므로 오른쪽 그림에서

$a+2\le -1$ $\quad\therefore a\le -3$

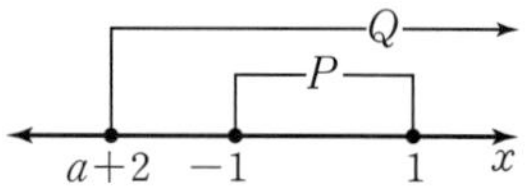

(2) 두 조건 p, q의 진리집합을 각각 P, Q라 하면

$P=\{x|x<-2$ 또는 $x\ge 3\}$, $Q=\{x|a-3<x\le a+5\}$

명제 $\sim p\longrightarrow q$가 참이 되려면 $P^C\subset Q$이어야 한다.

이때 $P^C=\{x|-2\le x<3\}$이므로 오른쪽 그림에서

$a-3<-2$, $3\le a+5$ ◀ $a-3=-2$이면 $P^C\not\subset Q$

$\therefore -2\le a<1$

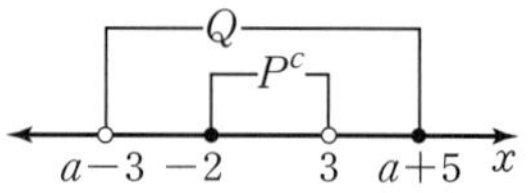

답 (1) $a\le -3$ (2) $-2\le a<1$

• 정답과 해설 85쪽

483 유사

두 조건 p, q가

p: $-3<x<a$, q: $-1<x\le 2$

일 때, 명제 $q \longrightarrow p$가 참이 되도록 하는 상수 a의 값의 범위를 구하시오.

484 유사

두 조건 p, q가

p: $1-a\le x\le 1+a$, q: $x\le -7$ 또는 $x>6$

일 때, 명제 $p \longrightarrow \sim q$가 참이 되도록 하는 상수 a의 값의 범위를 구하시오. (단, $a>0$)

485 변형

명제 '$x=a$이면 $x^2+2x-15=0$이다.'가 참이 되도록 하는 양수 a의 값을 구하시오.

486 변형

세 조건 p, q, r가

p: $-1\le x\le 3$ 또는 $x\ge 4$,

q: $x\ge a$,

r: $b\le x\le 2$

일 때, 두 명제 $p \longrightarrow q$, $r \longrightarrow p$가 모두 참이 되도록 하는 상수 a의 최댓값과 상수 b의 최솟값의 합을 구하시오.

예제 07 / '모든'이나 '어떤'을 포함한 명제의 참, 거짓

'모든 x에 대하여'는 조건을 만족시키지 않는 x가 하나라도 존재하면 거짓이고 '어떤 x에 대하여'는 조건을 만족시키는 x가 하나라도 존재하면 참이다.

다음 명제의 참, 거짓을 판별하시오.

(1) 모든 실수 x에 대하여 $x^2-1>0$이다.

(2) 어떤 실수 x에 대하여 $x^2-3x-4=0$이다.

• 유형 만렙 공통수학 2 121쪽에서 문제 더 풀기

| 풀이 | (1) p: $x^2-1>0$이라 하고 조건 p의 진리집합을 P라 하자.

$x^2-1>0$에서 $(x+1)(x-1)>0$

$\therefore$ $x<-1$ 또는 $x>1$

$\therefore$ $P=\{x|x<-1$ 또는 $x>1\}$

따라서 실수 전체의 집합 U에 대하여 $P\neq U$이므로 주어진 명제는 거짓이다.

(2) p: $x^2-3x-4=0$이라 하고 조건 p의 진리집합을 P라 하자.

$x^2-3x-4=0$에서 $(x+1)(x-4)=0$

$\therefore$ $x=-1$ 또는 $x=4$

$\therefore$ $P=\{-1, 4\}$

따라서 $P\neq\varnothing$이므로 주어진 명제는 참이다.

답 (1) 거짓 (2) 참

| 다른 풀이 | (1) [반례] $x=0$이면 $x^2-1=-1<0$

따라서 주어진 명제는 거짓이다.

(2) $x=-1$이면 $x^2-3x-4=1+3-4=0$

따라서 주어진 명제는 참이다.

487 유사

다음 명제의 참, 거짓을 판별하시오.

(1) 모든 실수 x에 대하여 $|x-2| \geq 0$이다.

(2) 어떤 실수 x에 대하여 $x^2 < 0$이다.

488 변형

교과서

다음 명제의 부정을 말하고, 그 참, 거짓을 판별하시오.

(1) 모든 실수 x에 대하여 $x^2-6x+5>0$이다.

(2) 어떤 실수 x에 대하여 $(x-2)^2 \leq 0$이다.

489 변형

전체집합 $U=\{1, 2, 5, 10\}$의 원소 x에 대하여 다음 중 거짓인 명제는?

① 모든 x에 대하여 $x+5 \leq 15$이다.
② 어떤 x에 대하여 $x^2 > 10$이다.
③ 어떤 x에 대하여 x는 짝수이다.
④ 모든 x에 대하여 x는 10의 양의 약수이다.
⑤ 모든 x에 대하여 $\sqrt{x}$는 무리수이다.

490 변형

명제

'모든 실수 x에 대하여 $x^2+4x-k \geq 0$이다.'

가 참이 되도록 하는 실수 k의 최댓값을 구하시오.

연습문제

1단계

491 x, y, z가 실수일 때, 다음 중 조건 '$(x-y)(y-z)(z-x)=0$'의 부정과 같은 것은?

① $x=y=z$
② $x=y$ 또는 $y=z$ 또는 $z=x$
③ $x\neq y$이고 $y\neq z$이고 $z\neq x$
④ $x\neq y$ 또는 $y\neq z$ 또는 $z\neq x$
⑤ x, y, z 중 서로 다른 것이 적어도 하나 있다.

492 전체집합 $U=\{x|x$는 자연수$\}$에 대하여 두 조건 p, q가

p: x는 홀수이다., q: x는 8의 약수이다.

일 때, 조건 '$\sim p$ 그리고 q'의 진리집합의 모든 원소의 합을 구하시오.

493 다음 중 참인 명제는?

(단, x, y는 실수)

① $x+y\geq 2$이면 $x\geq 1$이고 $y\geq 1$이다.
② $x<1$이면 $x^2\leq 1$이다.
③ $x^3=y^3$이면 $x^2=y^2$이다.
④ $x^3+y^3=0$이면 $x=0$이고 $y=0$이다.
⑤ 자연수 a, b, c에 대하여 a, b가 서로소이고 b, c가 서로소이면 a, c는 서로소이다.

494 전체집합 U에 대하여 두 조건 p, q의 진리집합을 각각 P, Q라 할 때, $P\cap Q=\varnothing$이다. 다음 중 항상 참인 명제는?

① $p \longrightarrow q$
② $q \longrightarrow p$
③ $p \longrightarrow \sim q$
④ $\sim p \longrightarrow q$
⑤ $\sim q \longrightarrow p$

495 보기에서 참인 명제인 것만을 있는 대로 고르시오.

보기
ㄱ. 어떤 실수 x에 대하여 $x^2-2x=0$이다.
ㄴ. 모든 실수 x에 대하여 $2x+1>5$이다.
ㄷ. 모든 실수 x에 대하여 $x^2-x+1>0$이다.

2단계

496 두 다항식 $f(x)$, $g(x)$에 대하여 두 조건 p, q가

p: $f(x)=0$, q: $g(x)=0$

이다. 전체집합 $U=\{x|x$는 실수$\}$에 대하여 두 조건 p, q의 진리집합을 각각 P, Q라 할 때, 다음 중 조건 '$f(x)g(x)\neq 0$'의 진리집합과 항상 같은 집합은?

① $P\cap Q$
② $P\cup Q$
③ $P-Q$
④ $P^C\cup Q^C$
⑤ $(P\cup Q)^C$

497 전체집합 U에 대하여 세 조건 p, q, r의 진리집합을 각각 P, Q, R라 할 때, 다음 중 명제 '$\sim p$이면 q이고 $\sim r$이다.'가 거짓임을 보이는 원소가 속하는 집합은?

① $P\cap(Q^C\cup R)$　② $P^C\cup(Q^C\cap R)$
③ $(P\cup Q)^C\cup R$　④ $(P\cup Q)\cap(R-P)$
⑤ $(P\cup Q)^C\cup(R-P)$

498 전체집합
$U=\{x|x$는 8 이하의 자연수$\}$에 대하여 두 조건 p, q의 진리집합을 각각 P, Q라 하자. 조건 'p: x는 24의 약수이다.'에 대하여 명제 $\sim p \longrightarrow q$가 참이 되도록 하는 집합 Q의 개수를 구하시오.

서술형

499 두 조건 p, q가

p: $x^2-(a+b)x+ab\geq 0$,

q: $-1\leq x<3$

일 때, 명제 $\sim q \longrightarrow p$가 참이 되도록 하는 상수 a의 최솟값과 상수 b의 최댓값의 합을 구하시오. (단, $a<b$)

500 명제

'어떤 실수 x에 대하여 $x^2-ax+2\leq 0$이다.'의 부정이 참이 되도록 하는 정수 a의 개수를 구하시오.

3단계

교육청

501 세 조건 p, q, r가

p: $x>4$

q: $x>5-a$

r: $(x-a)(x+a)>0$

일 때, 명제 $p \longrightarrow q$와 명제 $q \longrightarrow r$가 모두 참이 되도록 하는 실수 a의 최댓값과 최솟값의 합은?

① 3　② $\frac{7}{2}$　③ 4
④ $\frac{9}{2}$　⑤ 5

502 두 조건 p, q가

p: $(x-1)^2+(y-2)^2=2$,

q: $y=-x+a$

일 때, 명제 '어떤 실수 x, y에 대하여 p이면 q이다.'가 참이 되도록 하는 모든 정수 a의 값의 합을 구하시오.

1 명제의 역과 대우

개념 01 명제의 역과 대우

예제 01

명제 $p \longrightarrow q$에 대하여

(1) 명제 $q \longrightarrow p$를 $p \longrightarrow q$의 **역**이라 한다.

(2) 명제 $\sim q \longrightarrow \sim p$를 $p \longrightarrow q$의 **대우**라 한다.

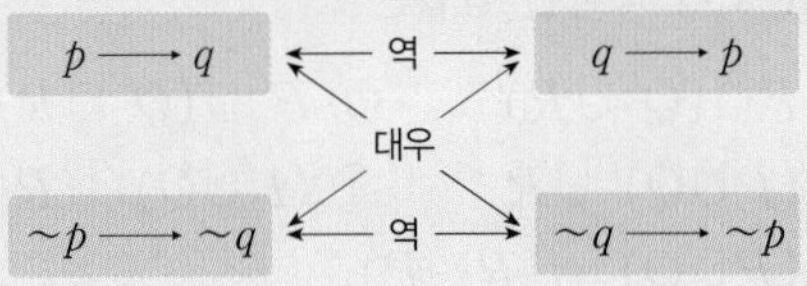

명제 $p \longrightarrow q$에 대하여

(1) 가정과 결론의 위치를 서로 바꾼 명제 $q \longrightarrow p$를 $p \longrightarrow q$의 역이라 한다.

(2) 가정과 결론을 각각 부정하고 위치를 서로 바꾼 명제 $\sim q \longrightarrow \sim p$를 $p \longrightarrow q$의 대우라 한다.

| 예 | 명제 '$x=-2$이면 $x^2=4$이다.'에 대하여

(1) 역: $x^2=4$이면 $x=-2$이다.

(2) 대우: $x^2\neq 4$이면 $x\neq -2$이다.

개념 02 명제와 그 대우의 참, 거짓

예제 01~03

명제와 그 대우의 참, 거짓은 일치한다.

(1) 명제 $p \longrightarrow q$가 참이면 그 대우 $\sim q \longrightarrow \sim p$도 참이다.

(2) 명제 $p \longrightarrow q$가 거짓이면 그 대우 $\sim q \longrightarrow \sim p$도 거짓이다.

전체집합 U에 대하여 두 조건 p, q의 진리집합을 각각 P, Q라 하면 $\sim p$, $\sim q$의 진리집합은 각각 P^C, Q^C이다.

명제 $p \longrightarrow q$가 참이면 $P\subset Q$이므로 $Q^C\subset P^C$

즉, 명제 $\sim q \longrightarrow \sim p$도 참이다.

거꾸로 명제 $\sim q \longrightarrow \sim p$가 참이면 $Q^C\subset P^C$이므로 $P\subset Q$

즉, 명제 $p \longrightarrow q$도 참이다.

따라서 명제 $p \longrightarrow q$와 그 대우 $\sim q \longrightarrow \sim p$의 참, 거짓은 일치한다.

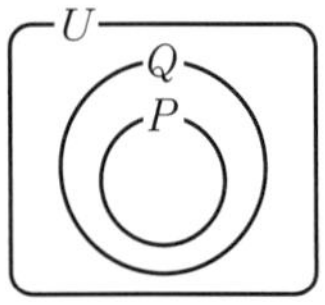

$P\subset Q \Rightarrow Q^C\subset P^C$

| 참고 | 명제 $p \longrightarrow q$가 참일 때 그 역 $q \longrightarrow p$가 반드시 참인 것은 아니다.

| 예 | 명제 '$x>2$이면 $x>0$이다.'에서 $x>2$인 모든 x는 $x>0$이므로 이 명제는 참이다.

(1) 주어진 명제의 역은 '$x>0$이면 $x>2$이다.'

[반례] $x=1$이면 $x>0$이지만 $x<2$이므로 주어진 명제의 역은 거짓이다.

➡ 주어진 명제는 참이고 그 역은 거짓이다.

(2) 주어진 명제의 대우는 '$x\leq 0$이면 $x\leq 2$이다.'

$x\leq 0$인 모든 x는 $x\leq 2$이므로 주어진 명제의 대우는 참이다.

➡ 주어진 명제와 그 대우는 모두 참이다.

개념 03 삼단논법

예제 03

세 조건 p, q, r에 대하여 두 명제 $p \longrightarrow q$, $q \longrightarrow r$가 모두 참이면 명제 $p \longrightarrow r$가 참이다.

세 조건 p, q, r의 진리집합을 각각 P, Q, R라 하자.
명제 $p \longrightarrow q$가 참이면 $P \subset Q$이고, 명제 $q \longrightarrow r$가 참이면 $Q \subset R$이므로

$P \subset R$

따라서 명제 $p \longrightarrow r$는 참이다.

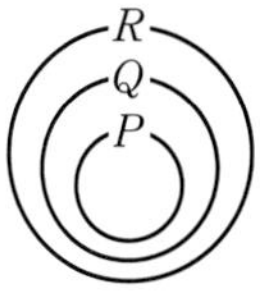

개념 확인

• 정답과 해설 88쪽

개념 01

503 다음 명제의 역과 대우를 말하시오.

(1) x가 12의 양의 약수이면 x는 6의 양의 약수이다.

(2) $x=-3$이면 $x^2=9$이다.

(3) $x>3$이면 $x>5$이다.

(4) $a+b>0$이면 $a>0$ 또는 $b>0$이다.

개념 02

504 명제 $q \longrightarrow p$가 참일 때, 보기에서 항상 참인 명제인 것만을 있는 대로 고르시오.

보기

ㄱ. $p \longrightarrow q$　　ㄴ. $\sim p \longrightarrow \sim q$　　ㄷ. $\sim q \longrightarrow \sim p$

개념 03

505 세 조건 p, q, r에 대하여 두 명제 $p \longrightarrow q$, $q \longrightarrow r$가 모두 참일 때, 보기에서 항상 참인 명제인 것만을 있는 대로 고르시오.

보기

ㄱ. $p \longrightarrow r$　　ㄴ. $\sim q \longrightarrow \sim r$　　ㄷ. $\sim r \longrightarrow \sim p$

빈출

예제 01 / 명제의 역과 대우의 참, 거짓

명제 $p \longrightarrow q$에 대하여 역은 $q \longrightarrow p$이고, 대우는 $\sim q \longrightarrow \sim p$이다.

다음 명제의 역과 대우를 말하고, 그것의 참, 거짓을 판별하시오. (단, x, y는 실수)

(1) $x^2>1$이면 $x>1$이다.

(2) $xy\neq0$이면 $x\neq0$이고 $y\neq0$이다.

• 유형 만렙 공통수학 2 122쪽에서 문제 더 풀기

| 풀이 | (1) 역: $x>1$이면 $x^2>1$이다. (참)

대우: $x\le1$이면 $x^2\le1$이다. (거짓)

[반례] $x=-2$이면 $x\le1$이지만 $x^2>1$이다.

(2) 역: $x\neq0$이고 $y\neq0$이면 $xy\neq0$이다. (참)

대우: $x=0$ 또는 $y=0$이면 $xy=0$이다. (참)

답 풀이 참조

예제 02 / 명제의 대우를 이용하여 상수 구하기

명제 $p \longrightarrow q$가 참이면 그 대우 $\sim q \longrightarrow \sim p$도 참임을 이용한다.

실수 x, y에 대하여 명제 '$x+y\le7$이면 $x\le-1$ 또는 $y\le k$이다.'가 참일 때, 실수 k의 최솟값을 구하시오.

• 유형 만렙 공통수학 2 123쪽에서 문제 더 풀기

| 풀이 | 주어진 명제가 참이므로 그 대우 '$x>-1$이고 $y>k$이면 $x+y>7$이다.'도 참이다.

$x>-1$이고 $y>k$에서 $x+y>k-1$이므로

$k-1\ge7 \qquad \therefore k\ge8$

따라서 실수 k의 최솟값은 8이다.

답 8

506 예제 01 유사

다음 명제의 역과 대우를 말하고, 그것의 참, 거짓을 판별하시오. (단, x는 실수)

(1) $x^2=x$이면 $x=0$ 또는 $x=1$이다.

(2) $x<2$이면 $2x-1<7$이다.

507 예제 02 유사

실수 x, y에 대하여 명제

'$x+y>5$이면 $x>k$ 또는 $y>1$이다.'

가 참일 때, 실수 k의 최댓값을 구하시오.

508 예제 01 변형

다음 중 역과 대우가 모두 참인 명제인 것은? (단, a, b, x는 실수)

① 정사각형이면 마름모이다.
② $ab\neq6$이면 $a\neq2$ 또는 $b\neq3$이다.
③ $a+b$가 정수이면 ab는 정수이다.
④ $|a|+|b|=0$이면 $a=0$이고 $b=0$이다.
⑤ $x>5$이면 $x>10$이다.

509 예제 02 변형 교육청

명제 '$x^2-ax+9\neq0$이면 $x\neq3$이다.'가 참일 때, 상수 a의 값은?

① 5 ② 6 ③ 7 ④ 8 ⑤ 9

예제 03 / 삼단논법

세 조건 p, q, r에 대하여 두 명제 $p \longrightarrow q$, $q \longrightarrow r$가 모두 참이면 명제 $p \longrightarrow r$가 참이다.

세 조건 p, q, r에 대하여 두 명제 $p \longrightarrow q$, $\sim r \longrightarrow \sim q$가 모두 참일 때, 보기에서 항상 참인 명제인 것만을 있는 대로 고르시오.

보기

ㄱ. $p \longrightarrow r$　　ㄴ. $\sim q \longrightarrow \sim p$　　ㄷ. $\sim q \longrightarrow \sim r$　　ㄹ. $\sim r \longrightarrow \sim p$

• 유형 만렙 공통수학 2 123쪽에서 문제 더 풀기

| 풀이 | ㄱ. 명제 $\sim r \longrightarrow \sim q$가 참이면 그 대우 $q \longrightarrow r$도 참이다.
이때 두 명제 $p \longrightarrow q$, $q \longrightarrow r$가 모두 참이므로 명제 $p \longrightarrow r$가 참이다. ◀ 삼단논법

ㄴ. 명제 $p \longrightarrow q$가 참이면 그 대우 $\sim q \longrightarrow \sim p$도 참이다.

ㄹ. ㄱ에서 명제 $p \longrightarrow r$가 참이므로 그 대우 $\sim r \longrightarrow \sim p$도 참이다.

따라서 보기에서 항상 참인 명제인 것은 ㄱ, ㄴ, ㄹ이다.

답 ㄱ, ㄴ, ㄹ

510 유사

세 조건 p, q, r에 대하여 두 명제 $q \longrightarrow p$, $r \longrightarrow \sim p$가 모두 참일 때, 보기에서 항상 참인 명제인 것만을 있는 대로 고르시오.

보기

ㄱ. $p \longrightarrow \sim r$　　ㄴ. $q \longrightarrow \sim r$

ㄷ. $r \longrightarrow \sim q$　　ㄹ. $\sim r \longrightarrow \sim p$

511 유사

교육청

세 조건 p, q, r에 대하여 두 명제 $p \longrightarrow \sim r$와 $q \longrightarrow r$가 모두 참일 때, 다음 명제 중에서 항상 참인 것은?

① $p \longrightarrow \sim q$　② $q \longrightarrow p$

③ $\sim q \longrightarrow \sim r$　④ $r \longrightarrow p$

⑤ $r \longrightarrow q$

512 변형

네 조건 p, q, r, s에 대하여 세 명제 $p \longrightarrow q$, $\sim p \longrightarrow r$, $s \longrightarrow \sim q$가 모두 참일 때, 다음 명제 중 항상 참이라고 할 수 없는 것은?

① $p \longrightarrow \sim s$　② $q \longrightarrow \sim s$

③ $r \longrightarrow p$　④ $\sim r \longrightarrow q$

⑤ $s \longrightarrow \sim p$

513 변형

아래 두 명제가 모두 참일 때, 다음 중 항상 참인 명제인 것은?

(가) A가 김밥을 주문하면 B도 김밥을 주문한다.
(나) A가 김밥을 주문하지 않으면 C가 김밥을 주문한다.

① A가 김밥을 주문하면 C는 김밥을 주문하지 않는다.
② A가 김밥을 주문하지 않으면 B도 김밥을 주문하지 않는다.
③ B가 김밥을 주문하면 C도 김밥을 주문한다.
④ B가 김밥을 주문하지 않으면 C가 김밥을 주문한다.
⑤ C가 김밥을 주문하면 B는 김밥을 주문하지 않는다.

2 충분조건과 필요조건

개념 01 충분조건과 필요조건

예제 04~06

(1) 충분조건과 필요조건

명제 $p \longrightarrow q$가 참일 때, 기호로 $\boldsymbol{p \Longrightarrow q}$와 같이 나타낸다.

이때

p는 q이기 위한 **충분조건**

q는 p이기 위한 **필요조건**

이라 한다.

q이기 위한 충분조건
$p \Longrightarrow q$
p이기 위한 필요조건

(2) 필요충분조건

$p \Longrightarrow q$이고 $q \Longrightarrow p$일 때, p는 q이기 위한 충분조건인 동시에 필요조건이다. 이를

p는 q이기 위한 **필요충분조건**

이라 하고, 기호로 $\boldsymbol{p \Longleftrightarrow q}$와 같이 나타낸다.

이때 q도 p이기 위한 필요충분조건이다.

q이기 위한 필요충분조건
$p \Longleftrightarrow q$
p이기 위한 필요충분조건

| 참고 | •

$p \longrightarrow q$는 참 $q \longrightarrow p$는 거짓	$p \longrightarrow q$는 거짓 $q \longrightarrow p$는 참	$p \longrightarrow q$는 참 $q \longrightarrow p$도 참
$p \Longrightarrow q$	$q \Longrightarrow p$	$p \Longleftrightarrow q$
p는 q이기 위한 충분조건	p는 q이기 위한 필요조건	p는 q이기 위한 필요충분조건

• 명제 $p \longrightarrow q$가 거짓이면 기호로 $p \not\Longrightarrow q$와 같이 나타낸다.

| 예 | (1) 두 조건 p: $x=3$, q: $x^2=9$에 대하여 $p \Longrightarrow q$, $q \not\Longrightarrow p$

따라서 p는 q이기 위한 충분조건, q는 p이기 위한 필요조건이다.

(2) 두 조건 p: $x-5=0$, q: $2x=10$에 대하여 $p \Longleftrightarrow q$

따라서 p는 q이기 위한 필요충분조건이다.

개념 02 충분조건, 필요조건과 진리집합 사이의 관계

예제 05, 06

명제 $p \longrightarrow q$에서 두 조건 p, q의 진리집합을 각각 P, Q라 할 때, 다음이 성립한다.

(1) $P \subset Q$이면 $p \Longrightarrow q$이므로 $\left[\begin{array}{l} p\text{는 } q\text{이기 위한 충분조건} \\ q\text{는 } p\text{이기 위한 필요조건} \end{array}\right.$

(2) $P=Q$이면 $p \Longleftrightarrow q$이므로 $\left[\begin{array}{l} p\text{는 } q\text{이기 위한 필요충분조건} \\ q\text{는 } p\text{이기 위한 필요충분조건} \end{array}\right.$

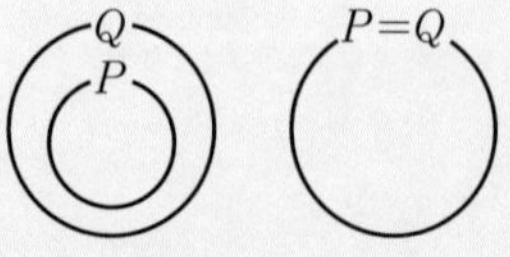

$p \Longrightarrow q$ $\qquad$ $p \Longleftrightarrow q$

| 참고 | $Q \subset P$이면 $q \Longrightarrow p$이므로 $\left[\begin{array}{l} p\text{는 } q\text{이기 위한 필요조건} \\ q\text{는 } p\text{이기 위한 충분조건} \end{array}\right.$

| 예 | 두 조건 p: $-1<x<1$, q: $x<4$의 진리집합을 각각 P, Q라 하면
$P=\{x \mid -1<x<1\}$, $Q=\{x \mid x<4\}$
즉, $P \subset Q$이므로 $p \Longrightarrow q$
따라서 p는 q이기 위한 충분조건이고, q는 p이기 위한 필요조건이다.

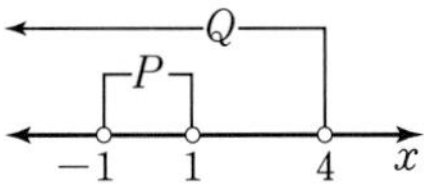

개념 확인

• 정답과 해설 90쪽

개념 01, 02

514 두 조건 p, q의 진리집합을 각각 P, Q라 할 때, 다음 □ 안에 들어갈 알맞은 것을 써넣으시오.

(1) p: x는 9의 양의 배수, q: x는 3의 양의 배수
➡ $P=\{9, 18, 27, 36, \dots\}$, $Q=\{3, 6, 9, 12, \dots\}$
➡ p는 q이기 위한 □조건이다.

(2) p: x는 9의 양의 약수, q: x는 3의 양의 약수
➡ $P=\{1, 3, 9\}$, $Q=\{1, 3\}$
➡ p는 q이기 위한 □조건이다.

(3) p: $2x-3=1$, q: $x=2$
➡ $P=\{2\}$, $Q=\{2\}$
➡ p는 q이기 위한 □조건이다.

개념 02

515 전체집합 U에 대하여 두 조건 p, q의 진리집합을 각각 P, Q라 하자. $P \cap Q=P$일 때, 다음 □ 안에 들어갈 알맞은 것을 써넣으시오.

(1) p는 q이기 위한 □조건이다.

(2) $\sim p$는 $\sim q$이기 위한 □조건이다.

빈출

예제 04 / 충분조건, 필요조건, 필요충분조건

$p \Longrightarrow q$이면 p는 q이기 위한 충분조건, $q \Longrightarrow p$이면 p는 q이기 위한 필요조건, $p \Longleftrightarrow q$이면 p는 q이기 위한 필요충분조건이다.

두 조건 p, q가 다음과 같을 때, p는 q이기 위한 어떤 조건인지 말하시오. (단, x, y, z는 실수)

(1) p: $x^2+y^2=0$, q: $xy=0$

(2) p: $|x+y|=|x|+|y|$, q: $x\geq 0$, $y\geq 0$

(3) p: $x-z>y-z$, q: $x>y$

• 유형 만렙 공통수학 2 124쪽에서 문제 더 풀기

| 풀이 | (1) 명제 $p \longrightarrow q$: $x^2+y^2=0$이면 $x=0$이고 $y=0$이므로 $xy=0$ (참)
명제 $q \longrightarrow p$: [반례] $x=1$, $y=0$이면 $xy=0$이지만 $x^2+y^2\neq 0$이다. (거짓)
따라서 $p \Longrightarrow q$, $q \not\Longrightarrow p$이므로 p는 q이기 위한 충분조건이다.

(2) 명제 $p \longrightarrow q$: [반례] $x=-1$, $y=-1$이면 $|x+y|=|x|+|y|=2$이지만 $x<0$, $y<0$이다. (거짓)
명제 $q \longrightarrow p$: $x\geq 0$, $y\geq 0$이면 $|x+y|=|x|+|y|$이다. (참)
따라서 $p \not\Longrightarrow q$, $q \Longrightarrow p$이므로 p는 q이기 위한 필요조건이다.

(3) 명제 $p \longrightarrow q$: $x-z>y-z$의 양변에 z를 더하면 $x>y$ (참)
명제 $q \longrightarrow p$: $x>y$의 양변에서 z를 빼면 $x-z>y-z$ (참)
따라서 $p \Longleftrightarrow q$이므로 p는 q이기 위한 필요충분조건이다.

답 (1) 충분조건 (2) 필요조건 (3) 필요충분조건

예제 05 / 충분조건, 필요조건과 진리집합 사이의 관계

두 조건 p, q의 진리집합 P, Q에 대하여 p는 q이기 위한 충분조건이면 $P\subset Q$이고, p는 q이기 위한 필요조건이면 $Q\subset P$이다.

전체집합 U에 대하여 두 조건 p, q의 진리집합을 각각 P, Q라 하자. $\sim p$는 $\sim q$이기 위한 충분조건일 때, 다음 중 항상 옳은 것은?

① $P\cap Q=P$ ② $P\cup Q=Q$ ③ $P=Q$
④ $P-Q=\varnothing$ ⑤ $P\cup Q^C=U$

• 유형 만렙 공통수학 2 124쪽에서 문제 더 풀기

| 풀이 | $\sim p$는 $\sim q$이기 위한 충분조건이므로 $\sim p \Longrightarrow \sim q$에서
$P^C\subset Q^C$ $\therefore Q\subset P$
① $P\cap Q=Q$ ② $P\cup Q=P$ ③ $Q\subset P$ ④ $Q-P=\varnothing$
따라서 항상 옳은 것은 ⑤이다.

답 ⑤

516 예제 04 유사

교과서

두 조건 p, q가 다음과 같을 때, p는 q이기 위한 어떤 조건인지 말하시오. (단, x는 실수)

(1) p: $x^3=1$, q: $x^2=1$

(2) p: $2x-1>1$, q: $x>2$

(3) p: $x+1=2$, q: $x^2-2x+1=0$

517 예제 05 유사

전체집합 U에 대하여 두 조건 p, q의 진리집합을 각각 P, Q라 하자. p는 $\sim q$이기 위한 충분조건일 때, 다음 중 항상 옳은 것은?

① $P\cap Q=P$　② $P\cup Q=Q$
③ $P\cap Q^C=\varnothing$　④ $P\cup Q^C=Q^C$
⑤ $P^C-Q=\varnothing$

518 예제 04 변형

다음 중 두 조건 p, q에 대하여 p가 q이기 위한 필요조건이지만 충분조건은 아닌 것은?

(단, x, y는 실수)

① p: x는 10의 배수　q: x는 5의 배수
② p: $x=1$이고 $y=2$　q: $x+y=3$
③ p: $x^2=y^2$　q: $x=y$
④ p: $x>2$　q: $x^2>4$
⑤ p: $x>0$, $y>0$　q: $x+y>0$이고 $xy>0$

519 예제 05 변형

전체집합 U에 대하여 세 조건 p, q, r의 진리집합을 각각 P, Q, R라 하자. q는 p이기 위한 필요조건이고 $\sim q$는 $\sim r$이기 위한 충분조건일 때, 다음 중 항상 옳은 것이라고 할 수 없는 것은?

① $P\subset Q$　② $R\subset Q$
③ $(P\cup R)\subset Q$　④ $(P\cap Q)\subset R$
⑤ $Q^C\subset P^C$

빈출

예제 06 / 충분조건, 필요조건이 되도록 하는 상수 구하기

진리집합의 포함 관계를 만족시키도록 수직선 위에 나타낸다.

두 조건 p, q가

p: $-1<x<4$, q: $|x|\le a$

일 때, p가 q이기 위한 충분조건이 되도록 하는 양수 a의 최솟값을 구하시오.

• 유형 만렙 공통수학 2 125쪽에서 문제 더 풀기

| 풀이 | 두 조건 p, q의 진리집합을 각각 P, Q라 하면

$P=\{x|-1<x<4\}$, $Q=\{x|-a\le x\le a\}$

p가 q이기 위한 충분조건이 되려면 $p \Longrightarrow q$, 즉 $P\subset Q$이어야 하므로

오른쪽 그림에서

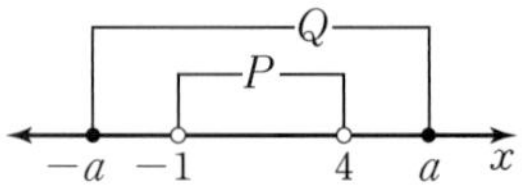

$-a\le -1$, $4\le a$ $\quad\therefore a\ge 4$

따라서 양수 a의 최솟값은 4이다.

답 4

520 유사

교과서

두 조건 p, q가

p: $x<a$, q: $-3<x<5$

일 때, p가 q이기 위한 필요조건이 되도록 하는 상수 a의 최솟값을 구하시오.

521 유사

두 조건 p, q가

p: $a-1<x\le 1$, q: $-3\le x<3-2a$

일 때, q가 p이기 위한 필요조건이 되도록 하는 상수 a의 값의 범위를 구하시오.

522 변형

두 조건 p, q가

p: $2x+a=0$, q: $x^2-3x-4=0$

일 때, p가 q이기 위한 충분조건이 되도록 하는 모든 상수 a의 값의 합을 구하시오.

523 변형

세 조건 p, q, r가

p: $-1\le x\le 0$ 또는 $x\ge 5$,

q: $x\ge a$,

r: $x>b$

이다. q가 p이기 위한 필요조건이고 r가 p이기 위한 충분조건일 때, 상수 a의 최댓값과 상수 b의 최솟값의 합을 구하시오.

연습문제

1단계

524 보기에서 역은 거짓이고 대우는 참인 명제인 것만을 있는 대로 고르시오.
(단, x, y는 실수)

보기
ㄱ. $x^2>y^2$이면 $x>y$이다.
ㄴ. $x^2+y^2=0$이면 $x=0$이고 $y=0$이다.
ㄷ. 두 삼각형이 합동이면 넓이가 같다.

525 두 조건 p, q가

p: $x<a$, q: $x<2$ 또는 $5\le x<8$

일 때, 명제 $\sim q \longrightarrow \sim p$가 참이 되도록 하는 상수 a의 최댓값을 구하시오.

526 세 조건 p, q, r에 대하여 두 명제 $p \longrightarrow q$, $r \longrightarrow \sim q$가 모두 참일 때, 다음 명제 중 항상 참이라고 할 수 없는 것은?

① $p \longrightarrow \sim r$ ② $q \longrightarrow \sim r$
③ $\sim q \longrightarrow \sim p$ ④ $r \longrightarrow p$
⑤ $r \longrightarrow \sim p$

527 다음 중 두 조건 p, q에 대하여 p가 q이기 위한 필요조건이지만 충분조건은 아닌 것은? (단, x, y, z는 실수)

① p: $x=-1$ q: $x^2+x=0$
② p: $x=y=z$ q: $(x-y)(y-z)=0$
③ p: $x=y$ q: $xz=yz$
④ p: $x^2>y^2$ q: $|x|>|y|$
⑤ p: $x>-5$ q: $x>-3$

528 전체집합 U에 대하여 세 조건 p, q, r의 진리집합을 각각 P, Q, R라 하자. 세 집합 P, Q, R 사이의 포함 관계가 위의 벤 다이어그램과 같을 때, 보기에서 항상 옳은 것만을 있는 대로 고른 것은?

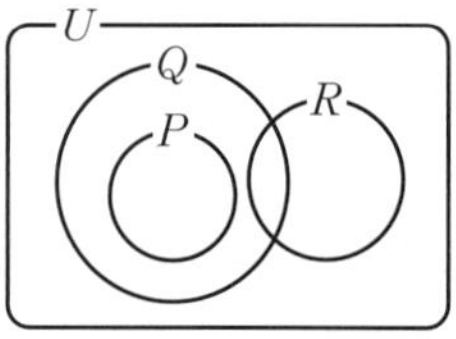

보기
ㄱ. r는 $\sim q$이기 위한 충분조건이다.
ㄴ. $\sim q$는 $\sim p$이기 위한 충분조건이다.
ㄷ. $\sim r$는 p이기 위한 필요조건이다.

① ㄱ ② ㄴ ③ ㄷ
④ ㄱ, ㄷ ⑤ ㄴ, ㄷ

• 정답과 해설 91쪽

529 $x^2+ax-5\neq0$이 $x-2\neq0$이기 위한 충분조건이 되도록 하는 상수 a의 값을 구하시오.

교육청

530 실수 x에 대한 두 조건 p, q가 다음과 같다.

p: $2x-a\leq0$,

q: $x^2-5x+4>0$

p가 $\sim q$이기 위한 필요조건이 되도록 하는 실수 a의 최솟값을 구하시오.

2단계

서술형

531 두 조건 p: $a+1\leq x\leq a+6$, q: $b+5\leq x\leq ab$에 대하여 명제 $p \longrightarrow q$의 역과 대우가 모두 참일 때, $a+b$의 값을 구하시오. (단, $a>0$, $b>0$)

532 명제 '수학을 좋아하는 학생은 과학도 좋아한다.'와 명제 '과학을 좋아하는 학생은 국어도 좋아한다.'가 모두 참일 때, 다음 중 항상 참인 명제인 것은?

① 수학을 좋아하는 학생은 국어를 좋아하지 않는다.
② 국어를 좋아하는 학생은 과학도 좋아한다.
③ 국어를 좋아하는 학생은 수학도 좋아한다.
④ 국어를 좋아하지 않는 학생은 수학도 좋아하지 않는다.
⑤ 과학을 좋아하지 않는 학생은 국어를 좋아한다.

533 네 조건 p, q, r, s에 대하여 두 명제 $p \longrightarrow \sim q$, $\sim p \longrightarrow s$가 모두 참일 때, 다음 중 명제 $q \longrightarrow \sim r$가 참임을 보이기 위하여 필요한 참인 명제는?

① $p \longrightarrow q$　② $q \longrightarrow s$　③ $r \longrightarrow \sim s$
④ $s \longrightarrow q$　⑤ $\sim s \longrightarrow r$

534 네 조건 p, q, r, s에 대하여 p는 q이기 위한 충분조건, $\sim q$는 $\sim s$이기 위한 필요조건, $\sim r$는 s이기 위한 필요조건일 때, 보기에서 항상 참인 명제인 것만을 있는 대로 고르시오.

보기

ㄱ. $p \longrightarrow r$　ㄴ. $p \longrightarrow s$　ㄷ. $q \longrightarrow \sim r$
ㄹ. $q \longrightarrow s$　ㅁ. $r \longrightarrow p$　ㅂ. $s \longrightarrow r$

연습문제

• 정답과 해설 93쪽

535 전체집합 U의 공집합이 아닌 세 부분집합 A, B, C와 두 조건 p, q에 대하여 p가 q이기 위한 필요충분조건인 것만을 보기에서 있는 대로 고르시오.

보기
ㄱ. p: $A=B$ q: $A\cap B=B$
ㄴ. p: $A\cap B=\varnothing$
q: $n(A\cup B)=n(A)+n(B)$
ㄷ. p: $A\not\subset B$이고 $B\not\subset A$ q: $A\cap B=\varnothing$

536 전체집합 U에 대하여 두 조건 p, q의 진리집합을 각각 P, Q라 하자. p는 $\sim q$이기 위한 충분조건일 때, 다음 중 항상 참인 명제가 아닌 것은?

① $x\in P$이면 $x\in Q^C$이다.
② $x\in Q$이면 $x\in P^C$이다.
③ $x\in P^C$이면 $x\in Q$이다.
④ $x\in(P-Q)$이면 $x\in Q^C$이다.
⑤ $x\in(Q-P)$이면 $x\in P^C$이다.

537 '$x\le-4$ 또는 $-3\le x\le-1$'은 $x<a$이기 위한 필요조건이고, $x\ge b$는 $x>0$이기 위한 충분조건일 때, 정수 a, b에 대하여 a의 최댓값과 b의 최솟값의 합을 구하시오.

3단계

교육청

538 두 실수 a, b에 대하여 세 조건 p, q, r는

p: $|a|+|b|=0$
q: $a^2-2ab+b^2=0$
r: $|a+b|=|a-b|$

이다. 옳은 것만을 보기에서 있는 대로 고른 것은?

보기
ㄱ. p는 q이기 위한 충분조건이다.
ㄴ. $\sim p$는 $\sim r$이기 위한 필요조건이다.
ㄷ. q이고 r는 p이기 위한 필요충분조건이다.

① ㄱ ② ㄷ ③ ㄱ, ㄴ
④ ㄴ, ㄷ ⑤ ㄱ, ㄴ, ㄷ

539 세 조건 p, q, r의 진리집합을 각각 P, Q, R라 할 때, $P=\{2\}$, $Q=\{a^2-2,\ b\}$, $R=\{a-1,\ 2b-4\}$이다. p는 q이기 위한 충분조건이고 r는 p이기 위한 필요조건일 때, 상수 a, b에 대하여 $a-b$의 최댓값을 구하시오.

1 명제의 증명

개념 01 정의와 정리

(1) 정의: 용어의 뜻을 명확하게 정한 문장
(2) 정리: 참임이 증명된 명제 중에서 기본이 되는 것
이때 정리는 다른 명제를 증명할 때 사용되기도 한다.

| 참고 | 명제의 가정과 이미 알려진 성질을 근거로 그 명제가 참임을 논리적으로 밝히는 과정을 **증명**이라 한다.

| 예 |
- 이등변삼각형은 두 변의 길이가 같은 삼각형이다. ➡ 정의
  이등변삼각형의 두 밑각의 크기는 같다. ➡ 정리
- 평행사변형은 두 쌍의 대변이 각각 평행한 사각형이다. ➡ 정의
  평행사변형의 두 쌍의 대변의 길이는 각각 같다. ➡ 정리

개념 02 명제의 증명

예제 01, 02

(1) **대우를 이용한 증명**: 명제 $p \longrightarrow q$가 참임을 증명할 때 그 대우 $\sim q \longrightarrow \sim p$가 참임을 보여서 증명하는 방법
(2) **귀류법**: 명제를 증명하는 과정에서 명제를 부정하거나 명제의 결론을 부정하여 가정이나 이미 알려진 사실에 모순됨을 보여서 그 명제가 참임을 증명하는 방법

(1) 명제 $p \longrightarrow q$가 참이면 그 대우 $\sim q \longrightarrow \sim p$도 참이므로 대우가 참임을 증명하여 주어진 명제가 참임을 증명할 수 있다.
예를 들어 명제 '자연수 a, b에 대하여 ab가 홀수이면 a, b는 모두 홀수이다.'가 참임을 직접 증명하기는 어려우므로 이 명제의 대우 '자연수 a, b에 대하여 a 또는 b가 짝수이면 ab는 짝수이다.'가 참임을 증명하여 주어진 명제가 참임을 증명할 수 있다.
(2) 명제 p에 대하여 $\sim p$가 참임을 보이는 과정이나 명제 $p \longrightarrow q$에서 p이지만 $\sim q$임을 보이는 과정에서 모순이 생기는 것을 보여서 명제 p 또는 명제 $p \longrightarrow q$가 참임을 증명할 수 있다.
예를 들어 명제 '정수는 무한하다.'가 참임을 직접 증명하기는 어려우므로 명제를 부정하여 '정수는 유한하다.'라 가정하고 이를 증명하는 과정에서 모순이 생김을 보임으로써 주어진 명제가 참임을 증명할 수 있다.

| 참고 | 명제의 대우에서 전제 조건은 변하지 않는다.
예를 들어 '정수 n에 대하여'라 하면 이것은 가정도 결론도 아닌 n에 대한 조건이므로 그 명제의 대우에서도 이 조건은 그대로 적용된다.

예제 01 / 대우를 이용한 증명

명제 'p이면 q이다.'가 참임을 직접 증명하기 어려울 때는 그 대우 '$\sim q$이면 $\sim p$이다.'가 참임을 증명한다.

명제 '자연수 a, b에 대하여 a^2+b^2이 홀수이면 a, b 중 적어도 하나는 짝수이다.'가 참임을 대우를 이용하여 증명하시오.

• 유형 만렙 공통수학 2 126쪽에서 문제 더 풀기

| 풀이 | 주어진 명제의 대우 '자연수 a, b에 대하여 a, b가 모두 홀수이면 a^2+b^2은 짝수이다.'가 참임을 보이면 된다.

a, b가 모두 홀수이면 $a=2k-1$, $b=2l-1$(k, l은 자연수)로 나타낼 수 있으므로

$$a^2+b^2=(2k-1)^2+(2l-1)^2=4k^2-4k+1+4l^2-4l+1$$
$$=2(2k^2-2k+2l^2-2l+1)$$

이때 $2k^2-2k+2l^2-2l+1=\underbrace{2k(k-1)+2l(l-1)}_{0\text{ 또는 자연수}}+1$은 자연수이므로 a^2+b^2은 짝수이다.

따라서 주어진 명제의 대우가 참이므로 주어진 명제도 참이다.

답 풀이 참조

예제 02 / 귀류법을 이용한 증명

명제의 결론을 부정하여 가정에 모순이 생김을 보여 원래의 명제가 참임을 증명한다.

명제 '$\sqrt{5}$는 무리수이다.'가 참임을 귀류법을 이용하여 증명하시오.

• 유형 만렙 공통수학 2 126쪽에서 문제 더 풀기

| 풀이 | 주어진 명제의 결론을 부정하여 $\sqrt{5}$가 유리수라 가정하면

$\sqrt{5}=\frac{n}{m}$ (m, n은 서로소인 자연수) ······ ㉠

으로 나타낼 수 있다.

㉠의 양변을 제곱하면

$5=\frac{n^2}{m^2}$ $\therefore n^2=5m^2$ ······ ㉡

이때 n^2이 5의 배수이므로 n도 5의 배수이다.

n이 5의 배수이면 $n=5k$(k는 자연수)로 나타낼 수 있으므로 ㉡에 대입하면

$(5k)^2=5m^2$ $\therefore m^2=5k^2$

이때 m^2이 5의 배수이므로 m도 5의 배수이다.

그런데 m, n이 모두 5의 배수이면 m, n이 서로소라는 가정에 모순이다.

따라서 $\sqrt{5}$는 무리수이다.

답 풀이 참조

540 예제 01 유사 교과서

명제 '자연수 a, b에 대하여 ab가 짝수이면 a 또는 b가 짝수이다.'가 참임을 대우를 이용하여 증명하시오.

541 예제 02 유사

$\sqrt{2}$가 무리수임을 이용하여 명제 '$\sqrt{2}+1$은 무리수이다.'가 참임을 귀류법을 이용하여 증명하시오.

542 예제 01 변형

다음은 명제 '자연수 m, n에 대하여 m과 n이 서로소이면 m 또는 n이 홀수이다.'가 참임을 대우를 이용하여 증명하는 과정이다. 이때 (가)~(라)에 들어갈 알맞은 것을 구하시오.

> 주어진 명제의 대우 '자연수 m, n에 대하여 m과 n이 모두 (가) 이면 m과 n은 (나) 가 아니다.'가 참임을 보이면 된다.
> m과 n이 모두 (가) 이면 $m=2k$, $n=2l$ (k, l은 자연수)로 나타낼 수 있다.
> 이때 (다) 는 m과 n의 공약수이므로 m과 n이 모두 (가) 이면 m과 n은 (나) 가 아니다.
> 따라서 주어진 명제의 (라) 가 참이므로 주어진 명제도 참이다.

543 예제 02 변형 교과서

명제 '실수 x, y에 대하여 $x^2+y^2=0$이면 $x=0$이고 $y=0$이다.'가 참임을 귀류법을 이용하여 증명하시오.

2 절대부등식

개념 01 절대부등식

예제 03

(1) 절대부등식: 부등식의 문자에 어떤 실수를 대입하여도 항상 성립하는 부등식

(2) 부등식의 증명에 이용되는 실수의 성질

a, b가 실수일 때

① $a>b \Longleftrightarrow a-b>0$

② $a^2 \geq 0$

③ $a^2+b^2 \geq 0$

④ $a^2+b^2=0 \Longleftrightarrow a=b=0$

⑤ $a>0$, $b>0$일 때, $a>b \Longleftrightarrow a^2>b^2$

⑥ $|a|^2=a^2$, $|a||b|=|ab|$, $|a| \geq a$

| 예 | • 부등식 $x^2-4x+4 \geq 0$은 $(x-2)^2 \geq 0$이므로 모든 실수 x에 대하여 성립한다. ➡ 절대부등식

• 부등식 $x^2-1>0$은 $x=1$일 때는 성립하지 않는다. ➡ 절대부등식이 아니다.

개념 02 여러 가지 절대부등식

예제 03

a, b, c가 실수일 때

(1) $a^2 \pm ab+b^2 \geq 0$ (단, 등호는 $a=b=0$일 때 성립)

(2) $a^2 \pm 2ab+b^2 \geq 0$ (단, 등호는 $a=\mp b$일 때 성립, 복부호 동순)

(3) $a^2+b^2+c^2-ab-bc-ca \geq 0$ (단, 등호는 $a=b=c$일 때 성립)

| 증명 | (1) $a^2 \pm ab+b^2=\left(a \pm \frac{b}{2}\right)^2+\frac{3}{4}b^2$ (복부호 동순)

그런데 $\left(a \pm \frac{b}{2}\right)^2 \geq 0$, $\frac{3}{4}b^2 \geq 0$이므로 $a^2 \pm ab+b^2 \geq 0$

이때 등호는 $a \pm \frac{b}{2}=0$, $b=0$, 즉 $a=b=0$일 때 성립한다.

(2) $a^2 \pm 2ab+b^2=(a \pm b)^2 \geq 0$

이때 등호는 $a \pm b=0$, 즉 $a=\mp b$일 때 성립한다. (복부호 동순)

(3) $a^2+b^2+c^2-ab-bc-ca=\frac{1}{2}(2a^2+2b^2+2c^2-2ab-2bc-2ca)$

$=\frac{1}{2}\{(a-b)^2+(b-c)^2+(c-a)^2\}$

그런데 $(a-b)^2 \geq 0$, $(b-c)^2 \geq 0$, $(c-a)^2 \geq 0$이므로

$a^2+b^2+c^2-ab-bc-ca \geq 0$

이때 등호는 $a-b=0$, $b-c=0$, $c-a=0$, 즉 $a=b=c$일 때 성립한다.

| 참고 | 등호가 포함된 절대부등식이 성립함을 증명할 때는 특별한 말이 없더라도 등호가 성립하는 조건을 찾는다.

개념 03 산술평균과 기하평균의 관계

예제 04, 05, 07

$a>0$, $b>0$일 때,

$\frac{a+b}{2}\ge\sqrt{ab}$ (단, 등호는 $a=b$일 때 성립)

| 증명 | $a>0$, $b>0$일 때,

$$\left(\frac{a+b}{2}\right)^2-(\sqrt{ab})^2=\frac{a^2+2ab+b^2}{4}-ab$$
$$=\frac{a^2-2ab+b^2}{4}$$
$$=\frac{(a-b)^2}{4}\ge0$$
$$\therefore \left(\frac{a+b}{2}\right)^2\ge(\sqrt{ab})^2$$

그런데 $\frac{a+b}{2}>0$, $\sqrt{ab}>0$이므로 $\frac{a+b}{2}\ge\sqrt{ab}$

이때 등호는 $a-b=0$, 즉 $a=b$일 때 성립한다.

| 참고 | 양수 a, b에 대하여 $\frac{a+b}{2}$를 a와 b의 산술평균, $\sqrt{ab}$를 a와 b의 기하평균이라 한다.

| 예 | $a>0$일 때, $a+\frac{9}{a}$에서 $a>0$, $\frac{9}{a}>0$이므로 산술평균과 기하평균의 관계에 의하여

$a+\frac{9}{a}\ge2\sqrt{a\times\frac{9}{a}}=6$ $\left(\text{단, 등호는 } a=\frac{9}{a}\text{, 즉 } a=3\text{일 때 성립}\right)$

따라서 $a+\frac{9}{a}$의 최솟값은 6이다.

개념 04 코시-슈바르츠의 부등식

예제 06, 07

a, b, x, y가 실수일 때,

$(a^2+b^2)(x^2+y^2)\ge(ax+by)^2$ (단, 등호는 $ay=bx$일 때 성립)

| 증명 | a, b, x, y가 실수일 때,

$$(a^2+b^2)(x^2+y^2)-(ax+by)^2=a^2x^2+a^2y^2+b^2x^2+b^2y^2-(a^2x^2+2abxy+b^2y^2)$$
$$=a^2y^2-2abxy+b^2x^2$$
$$=(ay-bx)^2\ge0$$

이때 등호는 $ay-bx=0$, 즉 $ay=bx$일 때 성립한다.

| 예 | x, y가 실수이고 $x^2+y^2=5$일 때, $x+2y$의 값의 범위는 코시-슈바르츠의 부등식에 의하여

$(1^2+2^2)(x^2+y^2)\ge(x+2y)^2$, $5^2\ge(x+2y)^2$

$\therefore -5\le x+2y\le5$ (단, 등호는 $y=2x$일 때 성립)

예제 03 / 절대부등식의 증명

절대부등식은 실수의 성질을 이용하여 증명한다.

실수 a, b에 대하여 다음 부등식이 성립함을 증명하시오.

(1) $(a+b)^2 \geq 4ab$

(2) $|a|+|b| \geq |a+b|$

• 유형 만렙 공통수학 2 127쪽에서 문제 더 풀기

| 풀이 | (1) $(a+b)^2-4ab=a^2+2ab+b^2-4ab$

$=a^2-2ab+b^2$

$=(a-b)^2 \geq 0$

$\therefore (a+b)^2 \geq 4ab$

이때 등호는 $a-b=0$, 즉 $a=b$일 때 성립한다.

(2) $(|a|+|b|)^2-|a+b|^2=|a|^2+2|a||b|+|b|^2-(a+b)^2$

$=a^2+2|ab|+b^2-(a^2+2ab+b^2)$

$=2(|ab|-ab) \geq 0$ ($\because |ab| \geq ab$)

$\therefore (|a|+|b|)^2 \geq |a+b|^2$

그런데 $|a|+|b| \geq 0$, $|a+b| \geq 0$이므로

$|a|+|b| \geq |a+b|$

이때 등호는 $|ab|=ab$, 즉 $ab \geq 0$일 때 성립한다.

답 풀이 참조

TIP 부등식 $A \geq B$가 성립함을 증명할 때

(1) A, B가 다항식이면 $A-B$를 완전제곱식으로 변형하여 (실수)$^2 \geq 0$임을 이용한다.

(2) A, B가 절댓값 기호 또는 근호를 포함한 식이면 $A \geq B$의 양변을 제곱하여 $A^2-B^2 \geq 0$임을 보인다.

544 유사

실수 x, y에 대하여 부등식 $x^2+5y^2 \geq 4xy$가 성립함을 증명하시오.

545 유사

실수 a, b에 대하여 부등식 $|a-b| \geq |a|-|b|$가 성립함을 증명하시오.

546 변형

$a>0$, $b>0$일 때, 부등식 $a^3+b^3 \geq ab(a+b)$가 성립함을 증명하시오.

547 변형

다음은 $a>b>0$일 때, 부등식 $\sqrt{a-b}>\sqrt{a}-\sqrt{b}$가 성립함을 증명하는 과정이다. 이때 (가), (나), (다)에 들어갈 알맞은 것을 구하시오.

$(\sqrt{a-b})^2-(\sqrt{a}-\sqrt{b})^2$
$=a-b-(a-$ (가) $+b)$
$=2\sqrt{ab}-$ (나)
$=2\sqrt{b}(\sqrt{a}-$ (다) $)>0$
$(\because \sqrt{a}>$ (다) $>0)$
$\therefore (\sqrt{a-b})^2>(\sqrt{a}-\sqrt{b})^2$
그런데 $\sqrt{a-b}>0$, $\sqrt{a}-\sqrt{b}>0$이므로
$\sqrt{a-b}>\sqrt{a}-\sqrt{b}$

빈출

예제 04 / 산술평균과 기하평균의 관계 - 합 또는 곱이 일정한 경우

$a>0$, $b>0$이면 $a+b\geq 2\sqrt{ab}$임을 이용하여 최댓값 또는 최솟값을 구한다.

$x>0$, $y>0$일 때, 다음 물음에 답하시오.

(1) $xy=6$일 때, $2x+3y$의 최솟값을 구하시오.

(2) $x+4y=12$일 때, xy의 최댓값을 구하시오.

• 유형 만렙 공통수학 2 127쪽에서 문제 더 풀기

| 풀이 | (1) $2x>0$, $3y>0$이므로 산술평균과 기하평균의 관계에 의하여

$2x+3y\geq 2\sqrt{2x\times 3y}=2\sqrt{6xy}$

이때 $xy=6$이므로

$2x+3y\geq 12$ (단, 등호는 $2x=3y$일 때 성립)

따라서 구하는 최솟값은 12이다.

(2) $x>0$, $4y>0$이므로 산술평균과 기하평균의 관계에 의하여

$x+4y\geq 2\sqrt{x\times 4y}=4\sqrt{xy}$

이때 $x+4y=12$이므로

$12\geq 4\sqrt{xy}$

$\therefore \sqrt{xy}\leq 3$ (단, 등호는 $x=4y$일 때 성립)

양변을 제곱하면 $xy\leq 9$

따라서 구하는 최댓값은 9이다.

답 (1) 12 (2) 9

유제

• 정답과 해설 96쪽

548 유사

양수 x, y에 대하여 $xy=5$일 때, $9x+5y$의 최솟값을 구하시오.

549 유사

양수 x, y에 대하여 $4x+3y=8$일 때, xy의 최댓값을 구하시오.

550 변형

양수 x, y에 대하여 $x^2+16y^2=24$일 때, xy의 최댓값을 구하시오.

551 변형

양수 x, y에 대하여 $2x+y=2$일 때, $\frac{1}{x}+\frac{2}{y}$의 최솟값을 구하시오.

빈출

예제 05 / 산술평균과 기하평균의 관계 - 식을 전개하거나 변형하는 경우

식을 전개하거나 변형한 후 산술평균과 기하평균의 관계를 이용한다.

다음 물음에 답하시오.

(1) $x>0$, $y>0$일 때, $(x+2y)\left(\frac{2}{x}+\frac{1}{y}\right)$의 최솟값을 구하시오.

(2) $x>1$일 때, $x+\frac{9}{x-1}$의 최솟값을 구하시오.

• 유형 만렙 공통수학 2 128쪽에서 문제 더 풀기

| 풀이 | (1) 주어진 식을 전개하여 정리하면

$$(x+2y)\left(\frac{2}{x}+\frac{1}{y}\right)=4+\frac{x}{y}+\frac{4y}{x}$$

$\frac{x}{y}>0$, $\frac{4y}{x}>0$이므로 산술평균과 기하평균의 관계에 의하여

$$\begin{aligned}(x+2y)\left(\frac{2}{x}+\frac{1}{y}\right)&=4+\frac{x}{y}+\frac{4y}{x}\\&\geq 4+2\sqrt{\frac{x}{y}\times\frac{4y}{x}}\\&=4+4=8\ (\text{단, 등호는 } x=2y\text{일 때 성립})\end{aligned}$$

따라서 구하는 최솟값은 8이다.

(2) 주어진 식을 변형하면

$$x+\frac{9}{x-1}=x-1+\frac{9}{x-1}+1$$

$x-1>0$이므로 산술평균과 기하평균의 관계에 의하여

$$\begin{aligned}x+\frac{9}{x-1}&=x-1+\frac{9}{x-1}+1\\&\geq 2\sqrt{(x-1)\times\frac{9}{x-1}}+1\\&=6+1=7\ \left(\text{단, 등호는 } x-1=\frac{9}{x-1}\text{, 즉 } x=4\text{일 때 성립}\right)\end{aligned}$$

따라서 구하는 최솟값은 7이다.

답 (1) 8 (2) 7

TIP 산술평균과 기하평균의 관계를 이용하여 주어진 식의 최솟값을 구할 때는 곱이 상수가 되는 두 양수의 합의 꼴을 포함하도록 식을 변형한다.

➡ $\frac{b}{a}+\frac{a}{b}\ (a>0,\ b>0)$ 또는 $f(x)+\frac{1}{f(x)}\ (f(x)>0)$ 꼴을 포함하도록 식을 변형한다.

552 유사 교과서

$x>0$, $y>0$일 때, $(x+4y)\left(\frac{9}{x}+\frac{1}{y}\right)$의 최솟값을 구하시오.

553 유사

$x>-3$일 때, $2x+\frac{8}{x+3}$의 최솟값을 구하시오.

554 변형

양수 x, y에 대하여 $3x+2y=8$일 때, $\frac{6}{x}+\frac{1}{y}$의 최솟값을 구하시오.

555 변형

$x>\frac{1}{2}$일 때, $6x+1+\frac{3}{2x-1}$은 $x=a$에서 최솟값 b를 갖는다. 이때 $a+b$의 값을 구하시오.

예제 06 / 코시-슈바르츠의 부등식

실수 a, b, x, y에 대하여 $(a^2+b^2)(x^2+y^2) \ge (ax+by)^2$임을 이용하여 최댓값 또는 최솟값을 구한다.

실수 a, b, x, y에 대하여 다음 물음에 답하시오.

(1) $a^2+b^2=6$이고 $x^2+y^2=24$일 때, $ax+by$의 최댓값을 구하시오.

(2) $x^2+y^2=5$일 때, $4x+2y$의 최솟값을 구하시오.

• 유형 만렙 공통수학 2 129쪽에서 문제 더 풀기

| 풀이 | (1) a, b, x, y가 실수이므로 코시-슈바르츠의 부등식에 의하여

$(a^2+b^2)(x^2+y^2) \ge (ax+by)^2$

이때 $a^2+b^2=6$, $x^2+y^2=24$이므로

$6 \times 24 \ge (ax+by)^2$

$12^2 \ge (ax+by)^2$

$\therefore\ -12 \le ax+by \le 12$ (단, 등호는 $ay=bx$일 때 성립)

따라서 구하는 최댓값은 12이다.

(2) x, y가 실수이므로 코시-슈바르츠의 부등식에 의하여

$(4^2+2^2)(x^2+y^2) \ge (4x+2y)^2$

이때 $x^2+y^2=5$이므로

$20 \times 5 \ge (4x+2y)^2$

$10^2 \ge (4x+2y)^2$

$\therefore\ -10 \le 4x+2y \le 10$ (단, 등호는 $2y=x$일 때 성립)

따라서 구하는 최솟값은 -10이다.

답 (1) 12 (2) -10

556 유사

실수 a, b, x, y에 대하여 $a^2+b^2=9$이고 $x^2+y^2=25$일 때, $ax+by$의 최솟값을 구하시오.

557 유사

실수 x, y에 대하여 $x^2+y^2=16$일 때, $3x+4y$의 최댓값을 구하시오.

558 변형

실수 x, y에 대하여 $3x+2y=26$일 때, x^2+y^2의 최솟값을 구하시오.

559 변형

실수 x, y에 대하여 $x^2+y^2=5$일 때, x^2-2x+y^2-y+5의 최댓값을 구하시오.

예제 07 / 절대부등식의 도형에의 활용

선분의 길이는 양수이므로 조건을 만족시키는 식을 세운 후 산술평균과 기하평균의 관계 또는 코시-슈바르츠의 부등식을 이용한다.

오른쪽 그림과 같이 수직인 두 벽면 사이를 길이가 8 m인 막대로 막아 삼각형 모양의 밭을 만들려고 한다. 이 밭의 넓이의 최댓값을 구하시오.

(단, 막대의 두께는 생각하지 않는다.)

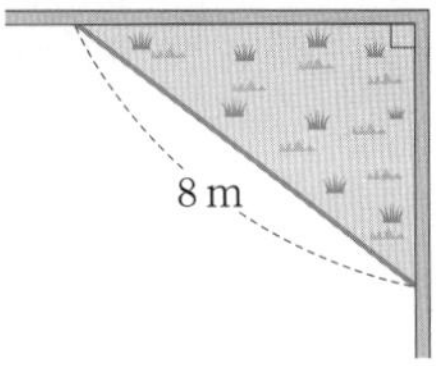

• 유형 만렙 공통수학 2 129쪽에서 문제 더 풀기

| 풀이 | 직각삼각형의 빗변이 아닌 두 변의 길이를 x m, y m라 하면

$x^2+y^2=8^2=64$

$x>0$, $y>0$이므로 산술평균과 기하평균의 관계에 의하여

$x^2+y^2\geq 2\sqrt{x^2\times y^2}=2xy$

이때 $x^2+y^2=64$이므로

$64\geq 2xy$

$\therefore\ xy\leq 32$ (단, 등호는 $x=y$일 때 성립)

직각삼각형의 넓이는 $\frac{1}{2}xy$ m^2이므로

$\frac{1}{2}xy\leq 16$

따라서 구하는 밭의 넓이의 최댓값은 16 m^2이다.

답 16 m^2

• 정답과 해설 98쪽

560 유사

길이가 24 cm인 철사를 모두 사용하여 오른쪽 그림과 같이 큰 직사각형을 만들고 합동인 세 개의 작은 직사각형으로 구역을 나누려고 한다. 이때 큰 직사각형 전체의 넓이의 최댓값을 구하시오.

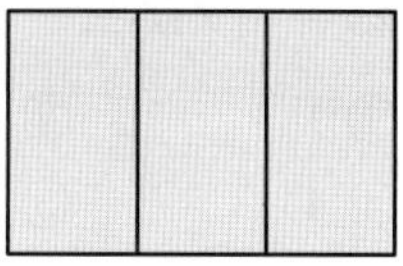

(단, 철사의 굵기는 무시한다.)

561 변형

오른쪽 그림과 같이 반지름의 길이가 2인 원에 내접하는 직사각형의 둘레의 길이의 최댓값을 구하시오.

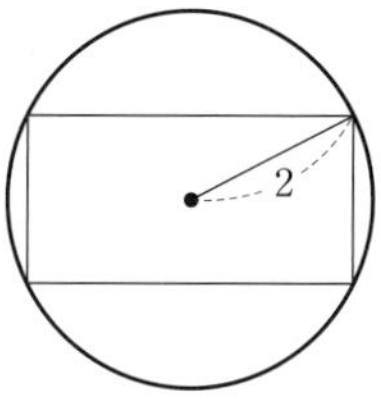

562 변형

$\angle A=90^{\circ}$인 직각삼각형 ABC의 넓이가 10일 때, $\overline{BC}^{2}$의 최솟값을 구하시오.

563 변형

대각선의 길이가 10인 직사각형의 가로의 길이를 3배, 세로의 길이를 4배 늘인 직사각형의 둘레의 길이의 최댓값을 구하시오.

연습문제

1단계

교과서

564 명제 '자연수 a, b, c에 대하여 $a^2+b^2=c^2$이면 a, b, c 중 적어도 하나는 짝수이다.'가 참임을 대우를 이용하여 증명하시오.

565 명제 '자연수 n에 대하여 n^2이 3의 배수가 아니면 n도 3의 배수가 아니다.'가 참임을 귀류법을 이용하여 증명하시오.

566 보기에서 절대부등식인 것만을 있는 대로 고른 것은?

보기

ㄱ. $2x+5>0$　　ㄴ. $|x-1|\geq 0$

ㄷ. $(2x+1)^2>0$　　ㄹ. $x^2+9\geq 6x$

① ㄱ, ㄴ　② ㄱ, ㄷ　③ ㄴ, ㄷ　④ ㄴ, ㄹ　⑤ ㄷ, ㄹ

567 양수 x, y에 대하여 $2x+9y=12$일 때, xy의 최댓값은?

① 1　② 2　③ 3　④ 4　⑤ 5

568 $x>0$, $y>0$일 때, $(x-3y)\left(\frac{3}{x}-\frac{9}{y}\right)$의 최댓값은?

① 12　② 15　③ 18　④ 21　⑤ 24

569 $a^2+b^2=k$를 만족시키는 실수 a, b에 대하여 $a+3b$의 최댓값과 최솟값의 차가 20일 때, 실수 k의 값을 구하시오.

• 정답과 해설 98쪽

2단계

교육청

570 다음은 $n \geq 2$인 자연수 n에 대하여 $\sqrt{n^2-1}$이 무리수임을 증명한 것이다.

> $\sqrt{n^2-1}$이 유리수라고 가정하면
> $\sqrt{n^2-1}=\frac{q}{p}$ (p, q는 서로소인 자연수)로 놓을 수 있다.
> 이 식의 양변을 제곱하여 정리하면
> $p^2(n^2-1)=q^2$이다.
> p는 q^2의 약수이고 p, q는 서로소인 자연수이므로
> $n^2=$ (가) 이다.
> 자연수 k에 대하여
> (i) $q=2k$일 때
> $(2k)^2<n^2<$ (나) 인 자연수 n이 존재하지 않는다.
> (ii) $q=2k+1$일 때
> (나) $<n^2<(2k+2)^2$인 자연수 n이 존재하지 않는다.
> (i)과 (ii)에 의하여
> $\sqrt{n^2-1}=\frac{q}{p}$ (p, q는 서로소인 자연수)를 만족하는 자연수 n은 존재하지 않는다.
> 따라서 $\sqrt{n^2-1}$은 무리수이다.

위의 (가), (나)에 알맞은 식을 각각 $f(q)$, $g(k)$라 할 때, $f(2)+g(3)$의 값은?

① 50 ② 52 ③ 54 ④ 56 ⑤ 58

571 명제 '자연수 a, b에 대하여 $a+b$가 홀수이면 a, b 중에서 하나는 홀수이고 다른 하나는 짝수이다.'가 참임을 귀류법을 이용하여 증명하시오.

교육청

572 $a>b>1$, $c>0$인 세 실수 a, b, c에 대하여 보기에서 옳은 식만을 있는 대로 고른 것은?

> 보기
> ㄱ. $\frac{1}{a+c}<\frac{1}{b+c}$
> ㄴ. $ab+1>a+b$
> ㄷ. $\frac{a}{b}<\frac{a-1}{b-1}$

① ㄱ ② ㄱ, ㄴ ③ ㄱ, ㄷ ④ ㄴ, ㄷ ⑤ ㄱ, ㄴ, ㄷ

서술형

573 직선 $\frac{x}{a}+\frac{y}{b}=1$이 점 $(2, 8)$을 지날 때, 양수 a, b에 대하여 ab의 최솟값을 구하시오.

연습문제

• 정답과 해설 100쪽

574 $x>1$일 때, $\dfrac{x^2-x+16}{x-1}$의 최솟값을 구하시오.

575 이차방정식 $x^2-6x-3a=0$이 서로 다른 두 실근을 가질 때, $9a+\dfrac{1}{a+3}$의 최솟값은? (단, a는 실수)

① -21 ② -8 ③ 6
④ 20 ⑤ 33

576 다음 그림과 같이 반지름의 길이가 6인 반원에 내접하는 직사각형이 있다. 이 직사각형의 넓이의 최댓값을 구하시오.

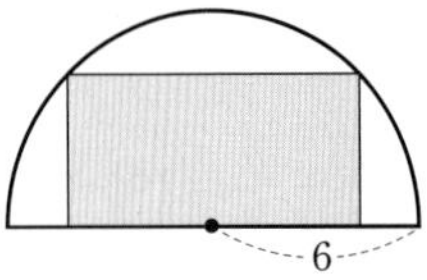

3단계

577 양수 x, y에 대하여 $x+2y=3$일 때, $\sqrt{x}+\sqrt{2y}$의 최댓값을 구하시오.

578 실수 x, y, z에 대하여 $x+y+z=2$, $x^2+y^2+z^2=4$일 때, z의 최댓값을 구하시오.

교육청

579 두 양수 a, b에 대하여 좌표평면 위의 점 $\mathrm{P}(a, b)$를 지나고 직선 OP에 수직인 직선이 y축과 만나는 점을 Q라 하자. 점 $\mathrm{R}\left(-\dfrac{1}{a}, 0\right)$에 대하여 삼각형 OQR의 넓이의 최솟값은? (단, O는 원점이다.)

① $\dfrac{1}{2}$ ② 1 ③ $\dfrac{3}{2}$
④ 2 ⑤ $\dfrac{5}{2}$

III. 함수와 그래프

1 함수

1 함수의 뜻과 그래프

개념 01 대응

공집합이 아닌 두 집합 X, Y에 대하여 X의 원소에 Y의 원소를 짝 지어 주는 것을 집합 X에서 집합 Y로의 **대응**이라 한다.
이때 집합 X의 원소 x에 집합 Y의 원소 y가 짝 지어지면 x에 y가 대응한다고 하고, 기호로

$$x \longrightarrow y$$

와 같이 나타낸다.

| 예 | 두 집합 $X=\{1, 2, 3\}$, $Y=\{2, 3, 4, 5, 6\}$에 대하여 X의 원소 x에 Y의 원소 y가

$$y=2x$$

인 관계로 대응할 때, 이 대응을 그림으로 나타내면 오른쪽과 같다.
이때 X의 원소 1, 2, 3에 Y의 원소 2, 4, 6이 각각 대응한다.

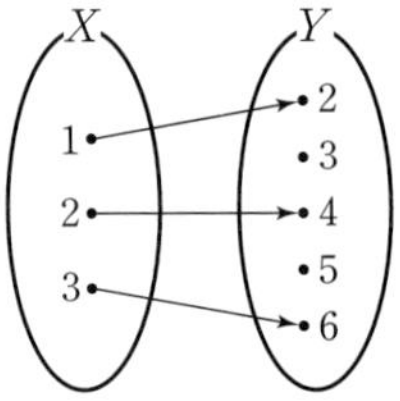

개념 02 함수

○ 예제 01

공집합이 아닌 두 집합 X, Y에 대하여 X의 각 원소에 Y의 원소가 오직 하나씩 대응할 때, 이 대응을 집합 X에서 집합 Y로의 함수라 하고, 이 함수 f를 기호로

$$f : X \longrightarrow Y$$

와 같이 나타낸다.

| 참고 | 함수를 영어로 function이라 하고, 일반적으로 알파벳 소문자 f, g, h, …로 나타낸다.

| 예 |

(1)

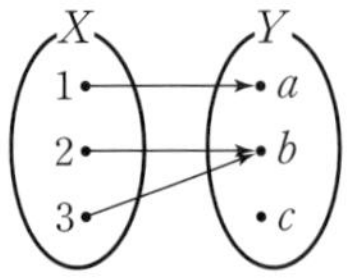

X의 각 원소에 Y의 원소가 1개씩 대응한다.
➡ 함수이다.

(2)

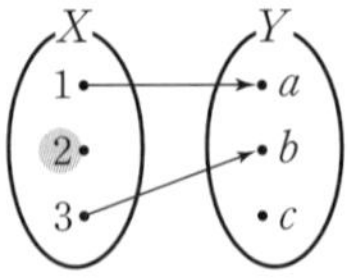

X의 원소 2에 대응하는 Y의 원소가 없다.
➡ 함수가 아니다.

(3)

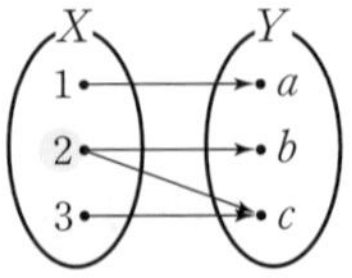

X의 원소 2에 대응하는 Y의 원소가 b, c의 2개이다.
➡ 함수가 아니다.

개념 03 정의역, 공역, 치역

예제 02

(1) 정의역과 공역

함수 $f: X \longrightarrow Y$에서 집합 X를 **정의역**, 집합 Y를 **공역**이라 한다.

(2) 치역

함수 $f: X \longrightarrow Y$에서 정의역 X의 원소 x에 공역 Y의 원소 y가 대응할 때, 기호로 $y=f(x)$와 같이 나타내고, $f(x)$를 x의 함숫값이라 한다.

이때 함수 f의 함숫값 전체의 집합 $\{f(x) \mid x \in X\}$를 함수 f의 **치역**이라 한다.

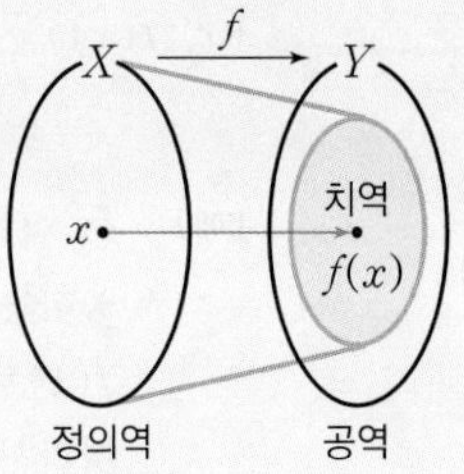

| 참고 | (1) 함수 f의 정의역이나 공역이 따로 주어지지 않은 경우 정의역은 함숫값이 정의되는 실수 전체의 집합으로, 공역은 실수 전체의 집합으로 생각한다.
(2) 치역은 공역의 부분집합이다.

| 예 | 오른쪽 그림에서 집합 X의 각 원소에 집합 Y의 원소가 오직 하나씩 대응하므로 이 대응은 함수이다.
이 함수 $f: X \longrightarrow Y$에서
① 정의역: $\{1, 2, 3, 4\}$
② 공역: $\{a, b, c, d\}$
③ 치역: $\{a, b, c\}$

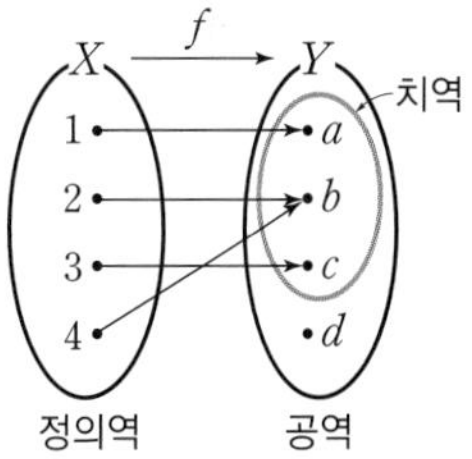

개념 04 서로 같은 함수

예제 03

두 함수 f, g의 정의역과 공역이 각각 같고, 정의역의 모든 원소 x에 대하여 $f(x)=g(x)$일 때, 두 함수 f와 g는 서로 같다고 하고, 기호로

$$\boldsymbol{f=g}$$

와 같이 나타낸다.

| 참고 | 두 함수 f, g가 같지 않을 때는 $f \neq g$와 같이 나타낸다.

| 예 | 두 함수 $f(x)=|x|$, $g(x)=x^2$에 대하여
(1) 정의역이 $\{-1, 0\}$일 때
$f(-1)=g(-1)=1$, $f(0)=g(0)=0$
$\therefore f=g$
(2) 정의역이 $\{1, 2\}$일 때
$f(1)=g(1)=1$이고, $f(2)=2$, $g(2)=4$이므로 $f(2) \neq g(2)$
$\therefore f \neq g$

개념 05 함수의 그래프

예제 04

함수 $f: X \longrightarrow Y$에서 정의역 X의 각 원소 x와 이에 대응하는 함숫값 $f(x)$의 순서쌍 $(x, f(x))$ 전체의 집합 $\{(x, f(x)) | x \in X\}$를 함수 f의 그래프라 한다.

| 예 | 두 집합 $X=\{1, 2, 3\}$, $Y=\{4, 5, 6\}$에 대하여 오른쪽 그림과 같이 대응하는 함수 $f: X \longrightarrow Y$가 있을 때, 정의역의 각 원소에 대한 함숫값은
$f(1)=4$, $f(2)=4$, $f(3)=6$
따라서 함수 f의 그래프를 나타내는 순서쌍 전체의 집합은
$\{(1, 4), (2, 4), (3, 6)\}$

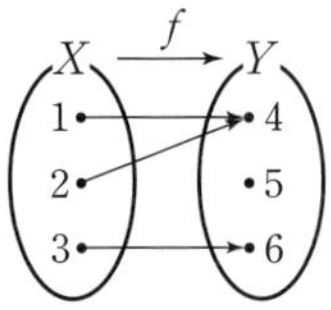

개념 06 함수의 그래프의 표현

예제 04

함수 $y=f(x)$의 정의역과 공역이 실수 전체의 집합의 부분집합일 때, 함수 f의 그래프는 순서쌍 $(x, f(x))$를 좌표로 하는 점을 좌표평면 위에 나타내어 그릴 수 있다.
이때 함수의 그래프는 정의역의 각 원소 k에 대하여 y축에 평행한 직선 $x=k$와 오직 한 점에서 만난다.

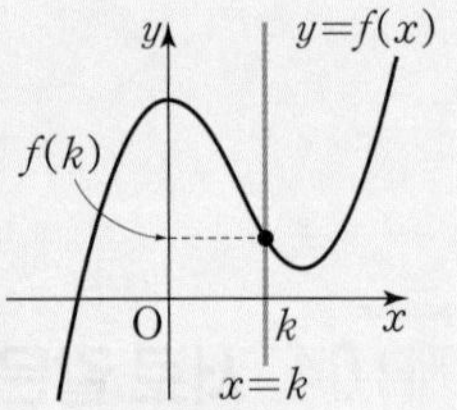

함수의 정의에 의하여 정의역의 각 원소에 공역의 원소가 오직 하나씩만 대응해야 하므로 함수의 그래프는 정의역의 각 원소 k에 대하여 y축에 평행한 직선 $x=k$와 오직 한 점에서 만나야 한다.
따라서 다음과 같이 실수 전체의 집합에서 정의된 그래프에 대하여 직선 $x=k$ (k는 상수)를 그었을 때 직선 $x=k$와 그래프의 교점의 개수를 확인하면

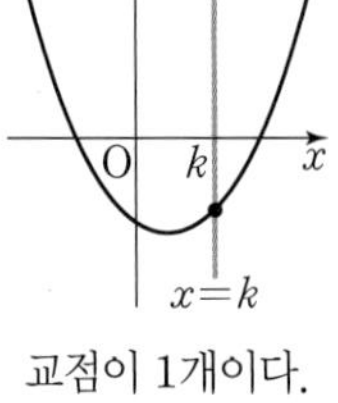

교점이 1개이다.

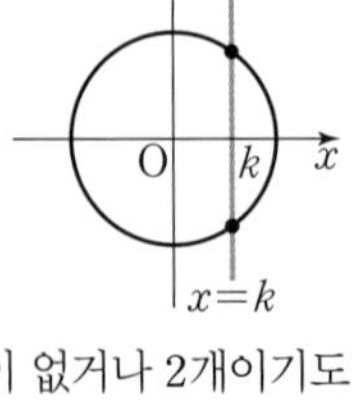

교점이 없거나 2개이기도 하다.

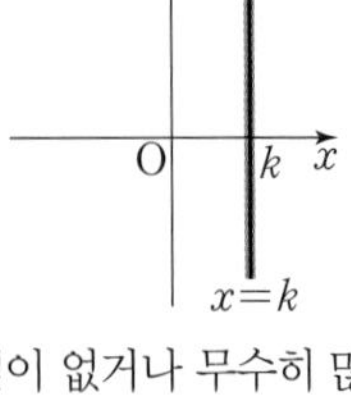

교점이 없거나 무수히 많다.

직선 $x=k$와의 교점이 항상 1개이면 함수의 그래프이다.

직선 $x=k$와의 교점이 없거나 2개 이상인 경우가 있으면 함수의 그래프가 아니다.

개념 02, 03

580 다음 대응이 집합 X에서 집합 Y로의 함수인지 아닌지 말하고, 함수인 경우 정의역, 공역, 치역을 구하시오.

(1)
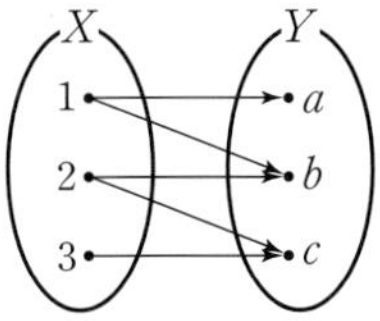

(2)
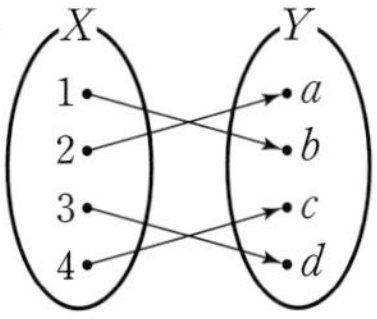

(3)
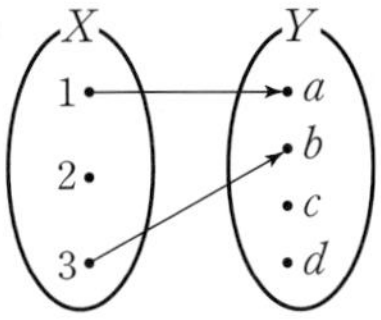

(4)
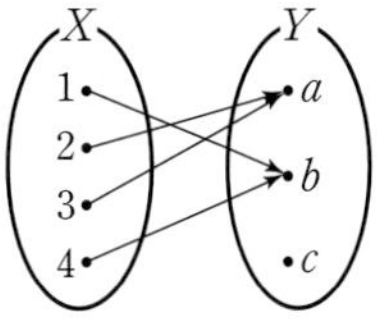

개념 03

581 두 집합 $X=\{-1, 0, 1\}$, $Y=\{-2, -1, 0, 1, 2\}$에 대하여 함수 $f : X \longrightarrow Y$가 다음과 같을 때, 함수 f의 치역을 구하시오.

(1) $f(x)=x-1$

(2) $f(x)=(x-1)^2-2$

(3) $f(x)=2|x|$

(4) $f(x)=x^3-x-1$

개념 04

582 집합 $X=\{0, 1\}$을 정의역으로 하는 두 함수 f, g에 대하여 보기에서 $f=g$인 것만을 있는 대로 고르시오.

보기

ㄱ. $f(x)=-x$, $g(x)=x-1$

ㄴ. $f(x)=x$, $g(x)=x^2$

ㄷ. $f(x)=2x+1$, $g(x)=x^3+x+1$

예제 01 함수의 뜻

집합 X에서 집합 Y로의 함수는 X의 각 원소에 Y의 원소가 오직 하나씩 대응한다.

두 집합 $X=\{0, 1, 2\}$, $Y=\{0, 1, 2, 3\}$에 대하여 X에서 Y로의 함수인 것만을 보기에서 있는 대로 고르시오.

보기

ㄱ. $x \longrightarrow x+1$　　ㄴ. $x \longrightarrow 2x^2$　　ㄷ. $x \longrightarrow |x-2|$　　ㄹ. $x \longrightarrow x^2-x$

• 유형 만렙 공통수학 2　140쪽에서 문제 더 풀기

| 풀이 | 주어진 대응을 그림으로 나타내면 다음과 같다.

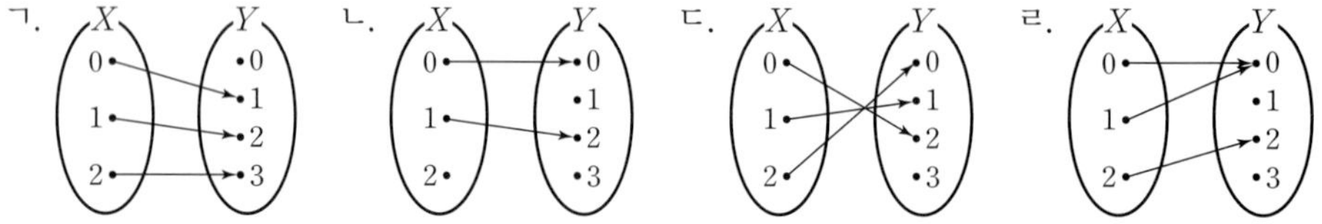

ㄱ, ㄷ, ㄹ. 집합 X의 각 원소에 집합 Y의 원소가 오직 하나씩 대응하므로 함수이다.

ㄴ. 집합 X의 원소 2에 대응하는 집합 Y의 원소가 없으므로 함수가 아니다.

따라서 보기에서 X에서 Y로의 함수인 것은 ㄱ, ㄷ, ㄹ이다.

답 ㄱ, ㄷ, ㄹ

빈출

예제 02 함숫값과 치역

함수 $f(x)$에서 함숫값 $f(k)$는 x 대신 k를 대입하여 구한다. 이때 함숫값 전체의 집합 $\{f(x) | x\in X\}$가 함수 f의 치역이다.

집합 $X=\{x | x$는 6 이하의 자연수$\}$를 정의역으로 하는 함수 f에 대하여

$$f(x)=\begin{cases} -x+1 & (x\text{는 홀수}) \\ x-5 & (x\text{는 짝수}) \end{cases}$$

일 때, 함수 f의 치역을 구하시오.

• 유형 만렙 공통수학 2　140쪽에서 문제 더 풀기

| 풀이 | $X=\{1, 2, 3, 4, 5, 6\}$에 대하여

(i) x가 홀수, 즉 $x=1, 3, 5$일 때

$f(x)=-x+1$이므로

$f(1)=-1+1=0$, $f(3)=-3+1=-2$, $f(5)=-5+1=-4$

(ii) x가 짝수, 즉 $x=2, 4, 6$일 때

$f(x)=x-5$이므로

$f(2)=2-5=-3$, $f(4)=4-5=-1$, $f(6)=6-5=1$

(i), (ii)에서 함수 f의 치역은 $\{-4, -3, -2, -1, 0, 1\}$

답 $\{-4, -3, -2, -1, 0, 1\}$

583 예제 01 유사

두 집합 $X=\{-1, 0, 1\}$, $Y=\{1, 2, 3, 4\}$에 대하여 X에서 Y로의 함수인 것만을 보기에서 있는 대로 고르시오.

보기
ㄱ. $x \longrightarrow x+2$
ㄴ. $x \longrightarrow 2x+3$
ㄷ. $x \longrightarrow x^3+x$
ㄹ. $x \longrightarrow |1-3x|$

584 예제 02 유사

집합 $X=\{x|x$는 7 이하의 자연수$\}$를 정의역으로 하는 함수 f에 대하여

$$f(x)=\begin{cases} x-3 & (x\le 3) \\ 2x-5 & (x>3) \end{cases}$$

일 때, 함수 f의 치역을 구하시오.

585 예제 01 변형

집합 $X=\{0, 1, 2, 3\}$에 대하여 X에서 X로의 함수가 아닌 것을 보기에서 있는 대로 고르시오.

보기
ㄱ. $f(x)=x$
ㄴ. $f(x)=x^2$
ㄷ. $f(x)=3-x$
ㄹ. $f(x)=-x^2+3x$

586 예제 02 변형

실수 전체의 집합에서 정의된 함수 f가

$$f(x)=\begin{cases} 2x+1 & (x\text{는 유리수}) \\ x^2-3 & (x\text{는 무리수}) \end{cases}$$

일 때, $f(5)+f(\sqrt{5})$의 값을 구하시오.

예제 03 / 서로 같은 함수

정의역이 같은 두 함수 f, g에 대하여 $f=g$이면 정의역의 모든 원소 x에 대하여 $f(x)=g(x)$이다.

집합 $X=\{1, 2\}$를 정의역으로 하는 두 함수 $f(x)=ax^2+bx$, $g(x)=-x^3$에 대하여 $f=g$일 때, 상수 a, b의 값을 구하시오.

• 유형 만렙 공통수학 2 142쪽에서 문제 더 풀기

| 풀이 | $f(1)=g(1)$에서 $a+b=-1$ ...... ㉠

$f(2)=g(2)$에서 $4a+2b=-8$

$\therefore 2a+b=-4$ ...... ㉡

㉠, ㉡을 연립하여 풀면

$a=-3$, $b=2$

답 $a=-3$, $b=2$

예제 04 / 함수의 그래프

함수의 그래프는 정의역의 각 원소 k에 대하여 y축에 평행한 직선 $x=k$와 오직 한 점에서 만난다.

실수 전체의 집합에서 정의된 보기의 그래프에서 함수의 그래프인 것만을 있는 대로 고르시오.

보기

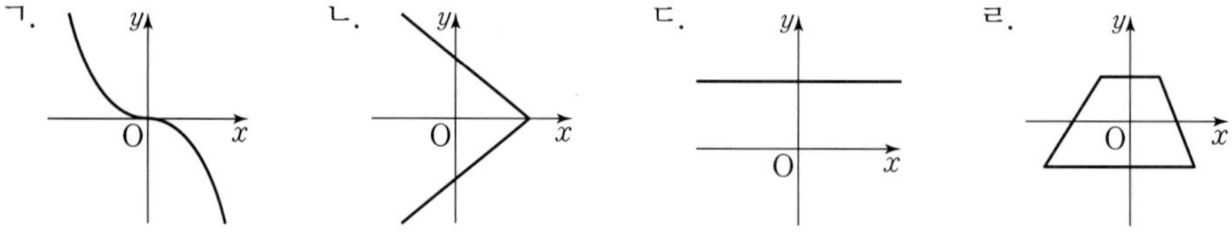

• 유형 만렙 공통수학 2 140쪽에서 문제 더 풀기

| 풀이 | 주어진 그래프에 직선 $x=k$ (k는 상수)를 그어 교점을 나타내면 다음 그림과 같다.

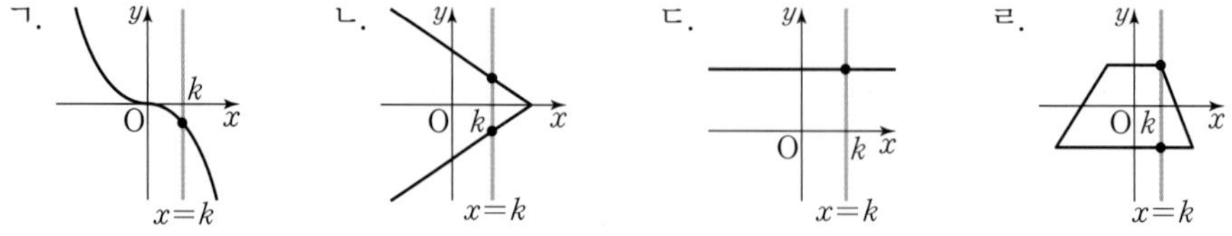

ㄱ, ㄷ. 직선 $x=k$와 오직 한 점에서 만나므로 함수의 그래프이다.

ㄴ, ㄹ. 직선 $x=k$와 만나지 않거나 두 점에서 만나기도 하므로 함수의 그래프가 아니다.

따라서 보기에서 함수의 그래프인 것은 ㄱ, ㄷ이다.

답 ㄱ, ㄷ

587 예제 03 유사 교과서

집합 $X=\{-1,\ 3\}$을 정의역으로 하는 두 함수 $f(x)=ax+b$, $g(x)=-x^2+4x+2$에 대하여 $f=g$일 때, 상수 a, b의 값을 구하시오.

588 예제 04 유사 교과서

실수 전체의 집합에서 정의된 보기의 그래프에서 함수의 그래프인 것만을 있는 대로 고르시오.

보기

ㄱ.
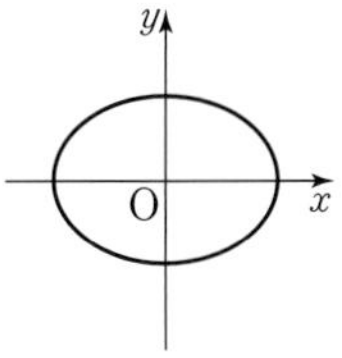

ㄴ.
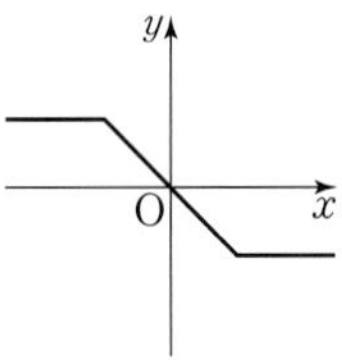

ㄷ.
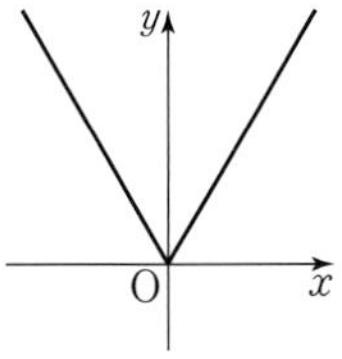

ㄹ.
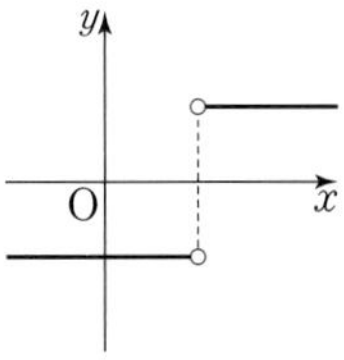

589 예제 03 변형

정의역이 $\{-2,\ 0,\ 2\}$인 두 함수 $f(x)=a|x|+b$, $g(x)=x^2+3$이 서로 같을 때, 상수 a, b에 대하여 $a-b$의 값을 구하시오.

590 예제 04 변형

다음 중 함수의 그래프가 아닌 것은?

①
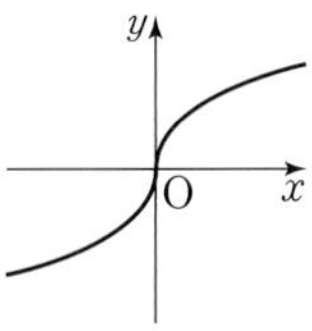

②
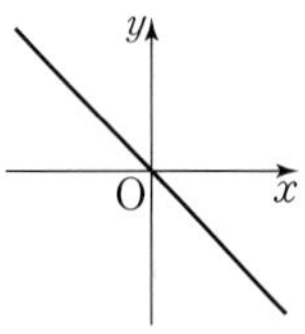

③
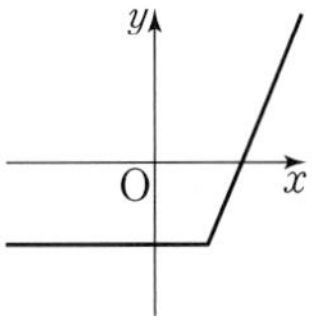

④
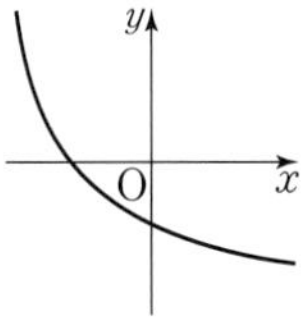

⑤
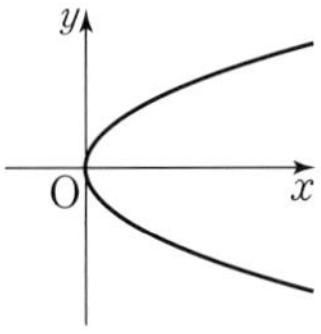

2 여러 가지 함수

개념 01 일대일함수와 일대일대응

예제 05~07

(1) 일대일함수

함수 $f: X \longrightarrow Y$에서 정의역 X의 임의의 두 원소 x_1, x_2에 대하여

$x_1 \neq x_2$이면 $f(x_1) \neq f(x_2)$ ◀ 정의역의 서로 다른 원소에 공역의 서로 다른 원소가 대응하는 함수

일 때, 함수 f를 **일대일함수**라 한다.

(2) 일대일대응

함수 $f: X \longrightarrow Y$에서 두 조건

(i) 일대일함수이다. (ii) 치역과 공역이 같다.

를 모두 만족시킬 때, 함수 f를 **일대일대응**이라 한다.

| 참고 | (1) 명제 '$x_1 \neq x_2$이면 $f(x_1) \neq f(x_2)$이다.'의 대우인 '$f(x_1) = f(x_2)$이면 $x_1 = x_2$이다.'가 성립하여도 일대일함수이다.

(2) 일대일대응이면 일대일함수이다.

| 예 | (1) 일대일함수와 일대일대응

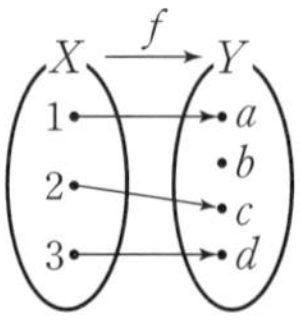

정의역의 서로 다른 두 원소에 대응하는 공역의 원소가 다르고 (치역)$\neq$(공역)이다.

➡ 일대일함수이지만 일대일대응은 아니다.

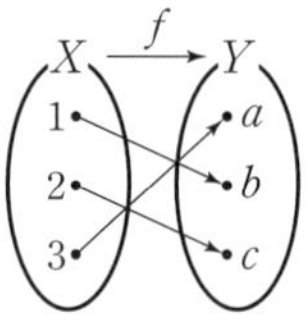

정의역의 서로 다른 두 원소에 대응하는 공역의 원소가 다르고 (치역)=(공역)이다.

➡ 일대일대응이다.

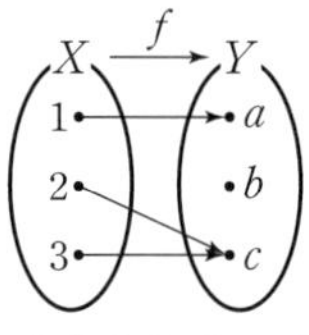

정의역의 서로 다른 두 원소에 대응하는 공역의 원소가 같은 것이 존재한다.

➡ 일대일함수가 아니다.

(2) 일대일함수와 일대일대응의 그래프

다음과 같은 실수 전체의 집합에서 정의된 함수의 그래프와 직선 $y=k$ (k는 상수)에서

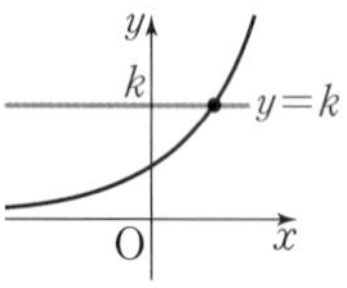

직선 $y=k$와의 교점이 없거나 1개이고 (치역)$\neq$(공역)이다.

➡ 일대일함수의 그래프이지만 일대일대응의 그래프는 아니다.

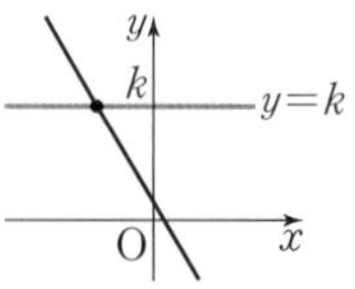

직선 $y=k$와의 교점이 항상 1개이고 (치역)=(공역)이다.

➡ 일대일대응의 그래프이다.

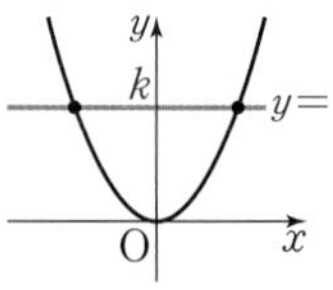

직선 $y=k$와의 교점이 없거나 2개이기도 하다.

➡ 일대일함수의 그래프가 아니다.

개념 02 항등함수와 상수함수

예제 05, 07

(1) 항등함수

함수 $f: X \longrightarrow X$에서 정의역 X의 임의의 원소 x에 대하여

$f(x)=x$ ◀ 정의역과 공역이 같고, 정의역의 각 원소에 자기 자신이 대응하는 함수

일 때, 함수 f를 집합 X에서의 **항등함수**라 한다.

(2) 상수함수

함수 $f: X \longrightarrow Y$에서 정의역 X의 모든 원소 x에 공역 Y의 오직 한 원소 c가 대응할 때, 즉

$f(x)=c$ (c는 상수)

일 때, 함수 f를 **상수함수**라 한다.

| 참고 | (1) 항등함수는 일대일대응이다.
(2) 상수함수의 치역은 원소가 한 개인 집합이다.

| 예 | (1)

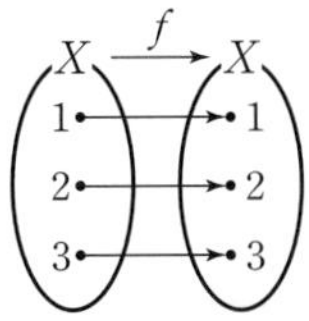

정의역의 각 원소에 자기 자신이 대응한다.
➡ 항등함수이다.

(2)

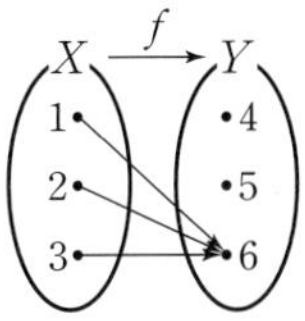

정의역의 모든 원소에 공역의 오직 한 원소가 대응한다.
➡ 상수함수이다.

개념 03 여러 가지 함수의 개수

예제 08, 09

두 집합 $X=\{x_1, x_2, x_3, \dots, x_m\}$, $Y=\{y_1, y_2, y_3, \dots, y_n\}$에 대하여 X에서 Y로의

(1) 함수의 개수 ➡ n^m

(2) 일대일함수의 개수 ➡ ${}_n\mathrm{P}_m$ (단, $m \le n$)

(3) 일대일대응의 개수 ➡ $n!$ (단, $m=n$)

(4) 상수함수의 개수 ➡ n

(1) X의 원소 $x_1, x_2, x_3, \dots, x_m$에 대응할 수 있는 Y의 원소는 각각 $y_1, y_2, y_3, \dots, y_n$의 n가지이므로 함수의 개수는

➡ $\underbrace{n \times n \times n \times \cdots \times n}_{m\text{개}}=n^m$

(2) Y의 원소 n개 중에서 m개를 택하여 X의 원소에 하나씩 대응하면 되므로 일대일함수의 개수는

➡ ${}_n\mathrm{P}_m=n\times(n-1)\times(n-2)\times\cdots\times(n-m+1)$ (단, $m \le n$) ◀ Y의 원소 n개에서 m개를 택하여 일렬로 나열하는 경우의 수

(3) 일대일함수에서 $m=n$인 경우이므로 일대일대응의 개수는

➡ ${}_n\mathrm{P}_n=n!=n\times(n-1)\times(n-2)\times\cdots\times1$ ◀ Y의 원소 n개를 일렬로 나열하는 경우의 수

(4) X의 모든 원소에 대응할 수 있는 Y의 원소는 $y_1, y_2, y_3, \dots, y_n$의 n가지이므로 상수함수의 개수는

➡ n

예제 05 / 여러 가지 함수

주어진 함수의 그래프에 직선 $y=k$ (k는 상수)를 그어 교점의 개수를 확인한다.

정의역과 공역이 실수 전체의 집합인 보기의 함수의 그래프에서 다음에 해당하는 것만을 있는 대로 고르시오.

보기

ㄱ.
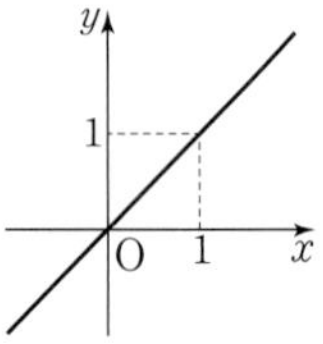

ㄴ.
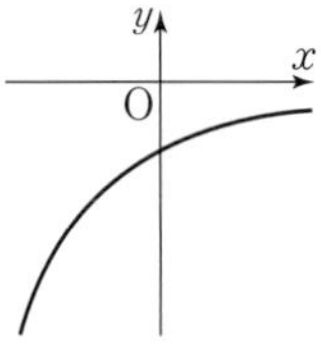

ㄷ.
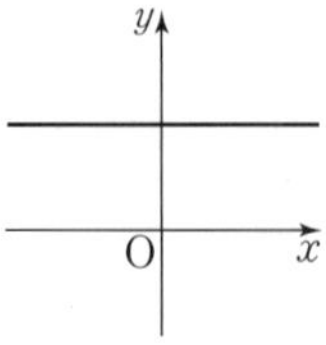

ㄹ.
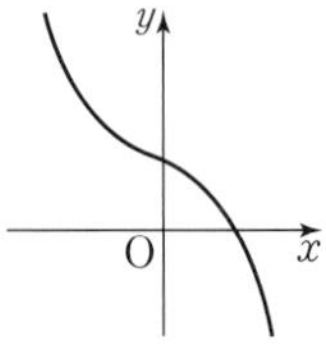

(1) 일대일함수 (2) 일대일대응

(3) 항등함수 (4) 상수함수

• 유형 만렙 공통수학 2 143쪽에서 문제 더 풀기

| 풀이 | 주어진 그래프에 직선 $y=k$ (k는 상수)를 그어 교점을 나타내면 다음 그림과 같다.

ㄱ.
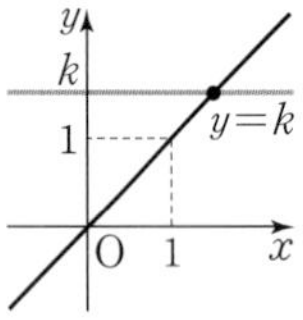

ㄴ.
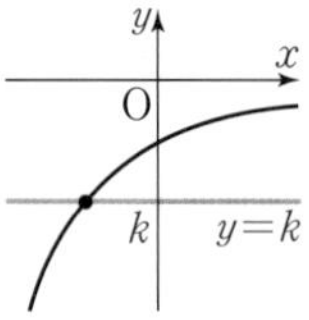

ㄷ.
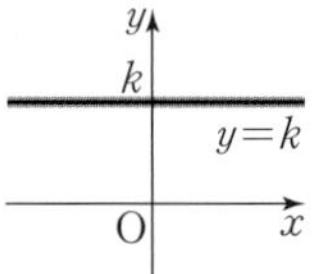

ㄹ.
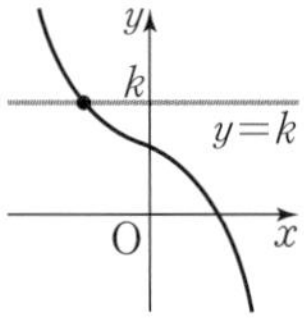

(1) 일대일함수의 그래프는 치역의 각 원소 k에 대하여 직선 $y=k$와의 교점이 1개인 것이므로 ㄱ, ㄴ, ㄹ 이다.

(2) 일대일대응의 그래프는 일대일함수이면서 치역과 공역이 같은 함수, 즉 치역이 실수 전체의 집합인 함수의 그래프이므로 ㄱ, ㄹ이다.

(3) 항등함수의 그래프는 직선 $y=x$이므로 ㄱ이다.

(4) 상수함수의 그래프는 x축에 평행한 직선이므로 ㄷ이다.

답 (1) ㄱ, ㄴ, ㄹ (2) ㄱ, ㄹ (3) ㄱ (4) ㄷ

591 유사 교과서

정의역과 공역이 실수 전체의 집합인 보기의 함수의 그래프에서 다음에 해당하는 것만을 있는 대로 고르시오.

보기

ㄱ.
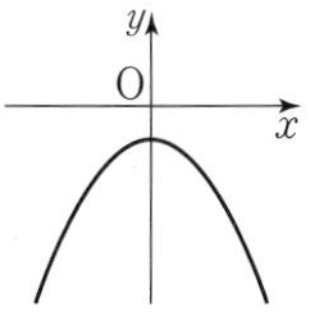

ㄴ.
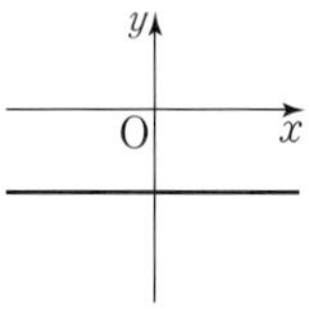

ㄷ.
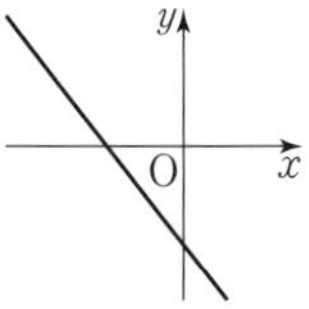

ㄹ.
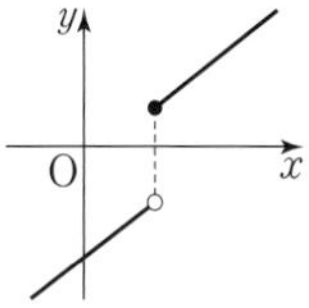

(1) 일대일함수 (2) 일대일대응

(3) 상수함수

592 변형

다음 중 실수 전체의 집합 R에서 R로의 일대일대응의 그래프인 것은?

①
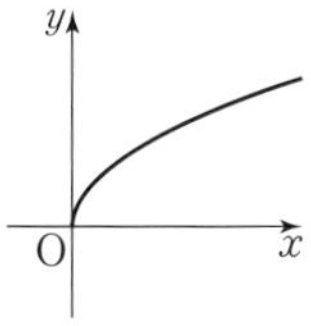

②
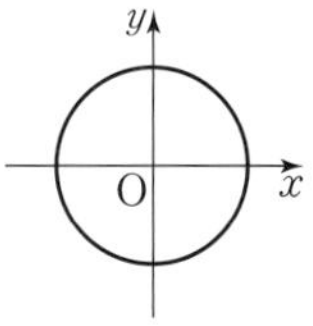

③
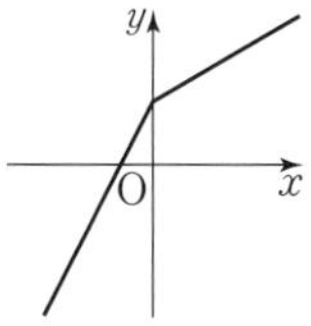

④
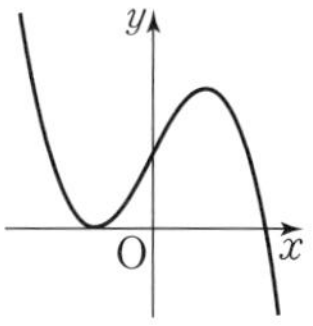

⑤
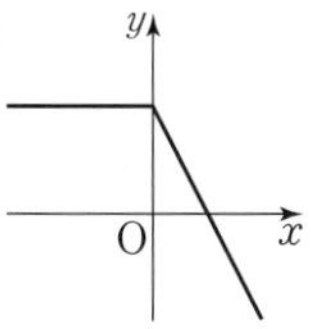

593 변형

정의역과 공역이 실수 전체의 집합인 보기의 함수에서 다음에 해당하는 것만을 있는 대로 고르시오.

보기

ㄱ. $f(x)=5$ ㄴ. $f(x)=x$

ㄷ. $f(x)=5-3x$ ㄹ. $f(x)=x^2+2$

(1) 일대일대응

(2) 항등함수

(3) 상수함수

594 변형

정의역과 공역이 실수 전체의 집합인 보기의 함수에서 일대일함수인 것만을 있는 대로 고르시오.

보기

ㄱ. $y=-x^2$ ㄴ. $y=2x-1$

ㄷ. $y=|x-1|$ ㄹ. $y=-3$

빈출

예제 06 / 일대일대응이 되기 위한 조건

일대일대응이면 치역과 공역이 같으므로 정의역의 양 끝 값에서의 함숫값은 공역의 양 끝 값이다.

두 집합 $X=\{x|-1\le x\le 1\}$, $Y=\{y|-1\le y\le 3\}$에 대하여 X에서 Y로의 함수 $f(x)=ax+b$가 일대일대응이다. 이때 상수 a, b에 대하여 a^2+b^2의 값을 구하시오.

• 유형 만렙 공통수학 2 143쪽에서 문제 더 풀기

| 풀이 | (i) $a>0$일 때

함수 f가 일대일대응이므로 오른쪽 그림과 같이 함수 $y=f(x)$의 그래프가 두 점 $(-1, -1)$, $(1, 3)$을 지난다.

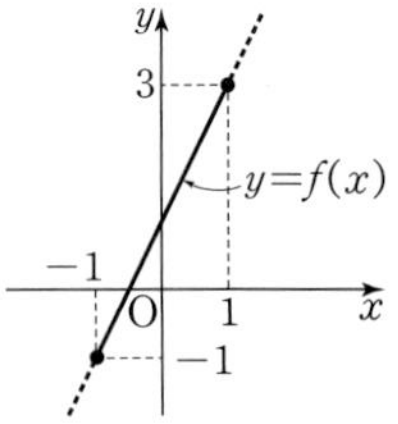

$f(-1)=-1$에서 $-a+b=-1$ ...... ㉠

$f(1)=3$에서 $a+b=3$ ...... ㉡

㉠, ㉡을 연립하여 풀면

$a=2$, $b=1$

$\therefore a^2+b^2=5$

(ii) $a<0$일 때

함수 f가 일대일대응이므로 오른쪽 그림과 같이 함수 $y=f(x)$의 그래프가 두 점 $(-1, 3)$, $(1, -1)$을 지난다.

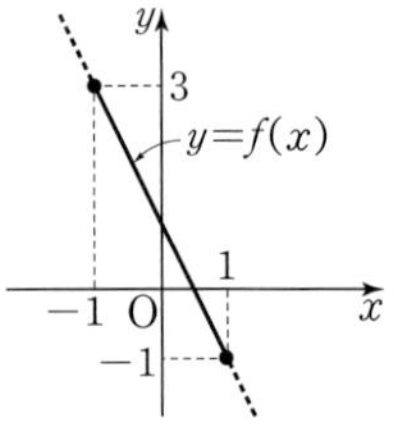

$f(-1)=3$에서 $-a+b=3$ ...... ㉢

$f(1)=-1$에서 $a+b=-1$ ...... ㉣

㉢, ㉣을 연립하여 풀면

$a=-2$, $b=1$

$\therefore a^2+b^2=5$

(i), (ii)에서 $a^2+b^2=5$

답 5

595 유사

두 집합 $X=\{x|1\le x\le 4\}$, $Y=\{y|-3\le y\le 3\}$에 대하여 X에서 Y로의 함수 $f(x)=ax+b$가 일대일대응이다. 이때 상수 a, b에 대하여 ab의 값을 구하시오.

596 변형

두 집합 $X=\{x|-4\le x\le 3\}$, $Y=\{y|-7\le y\le 0\}$에 대하여 X에서 Y로의 함수 $f(x)=ax+b$가 일대일대응일 때, 상수 a, b의 값을 구하시오. (단, $a>0$)

597 변형

두 집합 $X=\{x|-2\le x\le a\}$, $Y=\{y|1\le y\le 4\}$에 대하여 X에서 Y로의 함수 $f(x)=-x+b$가 일대일대응일 때, 상수 a, b의 값을 구하시오.

598 변형

실수 전체의 집합 R에서 R로의 함수

$$f(x)=\begin{cases} -x+2 & (x\le 0) \\ -3x+a & (x>0) \end{cases}$$

가 일대일대응일 때, 상수 a의 값을 구하시오.

빈출

예제 07 / 여러 가지 함수의 함숫값

항등함수 또는 상수함수를 이용하여 알 수 있는 함숫값을 먼저 구한 후 일대일대응의 함숫값을 구한다.

집합 $X=\{1, 2, 3\}$에 대하여 X에서 X로의 세 함수 f, g, h는 각각 일대일대응, 항등함수, 상수함수이고 $f(3)=g(2)=h(1)$, $g(3)-f(2)=h(2)$일 때, $f(1)+g(1)+h(3)$의 값을 구하시오.

• 유형 만렙 공통수학 2 144쪽에서 문제 더 풀기

| 풀이 | 함수 g는 항등함수이므로 $g(x)=x$

$g(2)=2$이므로

$f(3)=g(2)=2$ ...... ㉠

함수 h는 상수함수이고 $h(1)=g(2)=2$이므로

$h(x)=2$

$g(3)=3$, $h(2)=2$이므로 $g(3)-f(2)=h(2)$에서

$3-f(2)=2$

$\therefore f(2)=1$ ...... ㉡

함수 f는 일대일대응이므로 ㉠, ㉡에서

$f(1)=3$

$\therefore f(1)+g(1)+h(3)=3+1+2=6$

$g(x)=x$에서 $g(1)=1$ / $h(x)=2$에서 $h(3)=2$

답 6

599 유사

집합 $X=\{3, 5, 7\}$에 대하여 X에서 X로의 세 함수 f, g, h는 각각 일대일대응, 항등함수, 상수함수이고 $f(3)=g(7)=h(7)$, $f(7)+h(5)=2g(5)$일 때, $f(5)+g(3)+h(3)$의 값을 구하시오.

600 변형

실수 전체의 집합에서 정의된 세 함수 f, g, h에 대하여 f는 항등함수, g는 상수함수이고 $h(x)=f(x)+g(x)$이다. $f(5)=g(1)$일 때, $h(3)$의 값을 구하시오.

601 변형

집합 $X=\{-1, 0, 1\}$에 대하여 X에서 X로의 세 함수 f, g, h는 각각 일대일대응, 항등함수, 상수함수이고, $f(-1)=g(0)$, $f(1)g(1)=1$, $h(0)=f(0)$일 때, $f(0)+g(-1)+h(1)$의 값을 구하시오.

602 변형

자연수 전체의 집합에서 정의된 함수 f는 상수함수이고 $f(1)=2$일 때,

$$f(1)+f(3)+f(5)+\cdots+f(21)$$

의 값을 구하시오.

예제 08 / 여러 가지 함수의 개수

각 함수에서 정의역의 원소에 대응하는 치역의 원소의 개수를 생각한다.

두 집합 $X=\{a, b, c\}$, $Y=\{1, 3, 5, 7\}$에 대하여 다음을 구하시오.

(1) X에서 Y로의 함수의 개수

(2) X에서 Y로의 일대일함수의 개수

(3) X에서 Y로의 상수함수의 개수

• 유형 만렙 공통수학 2 145쪽에서 문제 더 풀기

| 개념 | 두 집합 $X=\{x_1, x_2, x_3, \dots, x_m\}$, $Y=\{y_1, y_2, y_3, \dots, y_n\}$에 대하여 X에서 Y로의

(1) 함수의 개수 ➡ n^m

(2) 일대일함수의 개수 ➡ ${}_nP_m$ (단, $m\le n$)

(3) 일대일대응의 개수 ➡ $n!$ (단, $m=n$)

(4) 상수함수의 개수 ➡ n

| 풀이 | (1) 집합 X의 원소 a, b, c에 대응할 수 있는 집합 Y의 원소가 각각 1, 3, 5, 7의 4가지이므로 구하는 함수의 개수는

$4^3=64$

(2) 집합 X의 원소 a, b, c에 대응하는 집합 Y의 원소를 정하는 경우의 수는 집합 Y의 원소 1, 3, 5, 7 중에서 3개를 택하여 일렬로 나열하는 경우의 수와 같으므로 구하는 함수의 개수는

${}_4P_3=4\times3\times2=24$

(3) 집합 X의 모든 원소가 대응할 수 있는 집합 Y의 원소가 1, 3, 5, 7의 4가지이므로 구하는 함수의 개수는 4이다.

답 (1) 64 (2) 24 (3) 4

발전 예제 09 / 조건을 만족시키는 함수의 개수

대소 관계가 주어진 함수의 개수는 조합을 이용한다.

두 집합 $X=\{-1, 0, 1\}$, $Y=\{2, 4, 6, 8, 10\}$에 대하여 다음 조건을 만족시키는 함수 $f: X \longrightarrow Y$의 개수를 구하시오.

> $x_1\in X$, $x_2\in X$에 대하여 $x_1<x_2$이면 $f(x_1)<f(x_2)$이다.

• 유형 만렙 공통수학 2 145쪽에서 문제 더 풀기

| 풀이 | 집합 Y의 원소 2, 4, 6, 8, 10 중에서 3개를 택하여 크기가 작은 것부터 순서대로 집합 X의 원소 -1, 0, 1에 대응시키면 되므로 구하는 함수 f의 개수는

${}_5C_3={}_5C_2=\frac{5\times4}{2\times1}=10$ ◀ 서로 다른 5개에서 3개를 택하는 조합의 수

답 10

603 예제 08 유사

집합 $X=\{1, 2, 3, 4\}$에 대하여 다음을 구하시오.

(1) X에서 X로의 함수의 개수

(2) X에서 X로의 일대일대응의 개수

(3) X에서 X로의 상수함수의 개수

604 예제 09 유사

두 집합 $X=\{1, 2, 3, 4\}$, $Y=\{1, 2, 3, 4, 5, 6, 7\}$에 대하여 다음 조건을 만족시키는 함수 $f: X \longrightarrow Y$의 개수를 구하시오.

> $x_1 \in X$, $x_2 \in X$에 대하여
> $x_1 < x_2$이면 $f(x_1) > f(x_2)$이다.

605 예제 08 변형

두 집합 $X=\{a, b, c\}$, $Y=\{1, 2, 3, 4, 5\}$에 대하여 다음 조건을 만족시키는 함수 $f: X \longrightarrow Y$의 개수를 구하시오.

> $x_1 \in X$, $x_2 \in X$에 대하여
> $x_1 \neq x_2$이면 $f(x_1) \neq f(x_2)$이다.

606 예제 09 변형

집합 $X=\{1, 2, 3, 4, 5\}$일 때, 집합 X의 모든 원소 x에 대하여 $f(x) \geq 5-x$를 만족시키는 함수 $f: X \longrightarrow X$의 개수를 구하시오.

연습문제

1단계

607 두 집합 $X=\{-1, 0, 1\}$, $Y=\{0, 1, 2, 3\}$에 대하여 다음 중 X에서 Y로의 함수가 아닌 것은?

① $x \longrightarrow |x|$　　② $x \longrightarrow 2x+1$

③ $x \longrightarrow x^3+1$　　④ $x \longrightarrow \dfrac{x^2+x}{2}$

⑤ $x \longrightarrow \begin{cases} x+2 & (x \le 0) \\ x-1 & (x>0) \end{cases}$

608 집합 $X=\{-2, -1, 0, 1, 2\}$를 정의역으로 하는 함수 $f(x)=|2x-1|+2$에 대하여 함수 f의 치역의 모든 원소의 합을 구하시오.

609 집합 $X=\{-1, 0, 1\}$을 정의역으로 하는 네 함수 f, g, h, i가 $f(x)=x$, $g(x)=x^2$, $h(x)=x^3$, $i(x)=\sqrt{x^2}$일 때, 다음 중 서로 같은 함수를 나타낸 것으로 옳은 것은?

① $f=g$　② $f=i$　③ $g=h$
④ $g=i$　⑤ $h=i$

610 보기의 그래프에서 함수의 그래프인 것의 개수를 p, 일대일함수의 그래프인 것의 개수를 q라 할 때, $p+q$의 값을 구하시오. (단, 함수이면 정의역과 공역은 실수 전체의 집합이다.)

보기

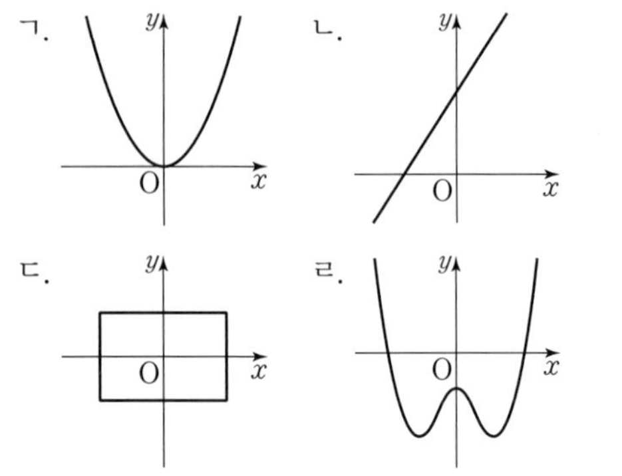

611 두 집합 $X=\{x|x\ge 3\}$, $Y=\{y|y\ge 4\}$에 대하여 X에서 Y로의 함수 $f(x)=x^2-4x+k$가 일대일대응일 때, 상수 k의 값을 구하시오.

서술형

612 실수 전체의 집합에서 정의된 두 함수 f, g는 각각 항등함수, 상수함수이다. $f(3)=g(3)$일 때, $f(7)+g(7)$의 값을 구하시오.

• 정답과 해설 106쪽

613 두 집합 $X=\{a, b, c\}$, $Y=\{1, 2, 3, 4, 5\}$에 대하여 X에서 Y로의 함수의 개수를 a, 일대일함수의 개수를 b, 상수함수의 개수를 c라 할 때, $a-b-c$의 값은?

① 62 ② 61 ③ 60 ④ 59 ⑤ 58

2단계

614 두 집합 $X=\{-2, -1, 0, 1, 2\}$, $Y=\{0, 1, 2, 5, 6, 8\}$에 대하여

$f(x)=\begin{cases} -x+a & (x<0) \\ -x+2 & (x\geq 0) \end{cases}$가 X에서 Y로의 함수가 되도록 하는 정수 a의 개수는?

① 1 ② 2 ③ 3 ④ 4 ⑤ 5

615 집합 $X=\{x\mid -4\leq x\leq 0\}$을 정의역으로 하는 함수 $f(x)=x^2+4x+a$의 치역이 $Y=\{y\mid -9\leq y\leq b\}$일 때, 상수 a, b에 대하여 $a+b$의 값을 구하시오.

서술형

616 임의의 실수 x, y에 대하여 함수 f가

$$f(x+y)=f(x)+f(y)$$

를 만족시키고 $f(-2)=3$일 때, 다음 값을 구하시오.

(1) $f(0)$

(2) $f(2)$

617 정의역이 집합 X인 두 함수 $f(x)=2x^2-3x-2$, $g(x)=x^2+2$가 서로 같은 함수가 되도록 하는 집합 X를 모두 구하시오. (단, $X\neq\varnothing$)

교과서

618 함수 $f(x)=|2x-1|+ax+4$가 일대일대응일 때, 상수 a의 값의 범위는?

① $a\leq -2$ 또는 $a\geq 2$

② $a<-2$ 또는 $a>2$

③ $a<-1$ 또는 $a>1$

④ $-2<a<2$

⑤ $-1<a<1$

연습문제

• 정답과 해설 108쪽

교육청

619 집합 $X=\{-2, -1, 3\}$에 대하여 함수 $f : X \longrightarrow X$가

$$f(x)=\begin{cases} ax^2+bx-2 & (x<0) \\ 3 & (x\geq 0) \end{cases}$$

이다. 함수 $f(x)$가 항등함수가 되도록 하는 두 상수 a, b에 대하여 $a+b$의 값은?

① -5 ② -4 ③ -3
④ -2 ⑤ -1

620 집합 $X=\{1, 3, 5, 7\}$에 대하여 X에서 X로의 세 함수 f, g, h는 각각 일대일대응, 항등함수, 상수함수이다. 세 함수가 다음 조건을 만족시킬 때, $f(5)+g(3)+h(1)$의 값을 구하시오.

> (가) $f(1)=g(1)=h(3)$
> (나) $2f(7)=f(3)+f(5)$
> (다) $f(3)>f(5)$

621 두 집합 $X=\{1, 2, 3, 4, 5\}$, $Y=\{1, 2, 3, 4, 5, 6, 7, 8\}$에 대하여 다음 조건을 만족시키는 함수 $f : X \longrightarrow Y$의 개수를 구하시오.

> (가) $f(3)=4$
> (나) 집합 X의 임의의 두 원소 x_1, x_2에 대하여 $x_1<x_2$이면 $f(x_1)<f(x_2)$이다.

3단계

622 집합 $U=\{x|x$는 20 이하의 자연수$\}$의 공집합이 아닌 부분집합 X를 정의역으로 하는 함수

$f(x)=(x$를 4로 나누었을 때의 나머지$)$

에 대하여 함수 f의 치역이 $\{1\}$이 되도록 하는 정의역 X의 개수는?

① 7 ② 15 ③ 31
④ 63 ⑤ 127

교육청

623 집합 $X=\{3, 4, 5, 6, 7\}$에 대하여 함수 $f : X \longrightarrow X$는 일대일대응이다. $3\leq n\leq 5$인 모든 자연수 n에 대하여 $f(n)f(n+2)$의 값이 짝수일 때, $f(3)+f(7)$의 최댓값을 구하시오.

624 집합 $X=\{-3, -2, -1, 0, 1, 2, 3\}$에 대하여 $f(-x)=-f(x)$를 만족시키는 X에서 X로의 함수 f의 개수를 구하시오.

1 합성함수

개념 01 합성함수

예제 01~05

(1) 세 집합 X, Y, Z에 대하여 두 함수 f, g가

$f: X \longrightarrow Z$, $g: Z \longrightarrow Y$

일 때, X의 임의의 원소 x에 함숫값 $f(x)$를 대응시키고, 다시 이 $f(x)$에 $g(f(x))$를 대응시키면 X를 정의역, Y를 공역으로 하는 새로운 함수를 정의할 수 있다.

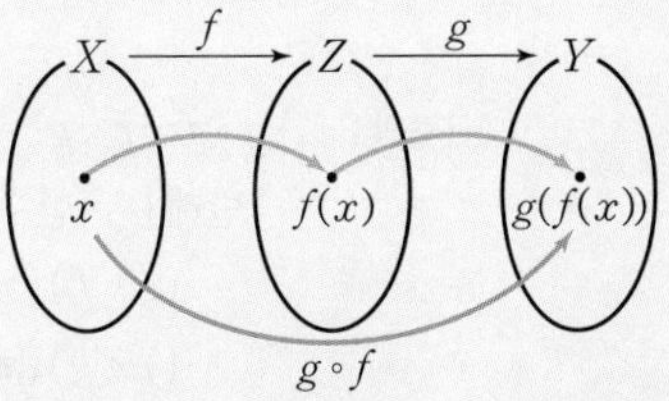

이 함수를 f와 g의 **합성함수**라 하고, 기호로

$\boldsymbol{g \circ f}$

와 같이 나타낸다.

(2) 합성함수 $g \circ f: X \longrightarrow Y$에서 x의 함숫값을 기호로

$(\boldsymbol{g \circ f})(\boldsymbol{x})$

와 같이 나타낸다.

이때 $(g \circ f)(x) = g(f(x))$이므로 두 함수 f와 g의 합성함수를

$\boldsymbol{y = g(f(x))}$

와 같이 나타낼 수 있다.

즉, 세 집합 X, Y, Z에 대하여 두 함수 $f: X \longrightarrow Z$, $g: Z \longrightarrow Y$의 합성함수는

$g \circ f: X \longrightarrow Y$, $(g \circ f)(x) = g(f(x))$

| 참고 | • 합성함수 $g \circ f$가 정의되려면 함수 f의 치역이 함수 g의 정의역의 부분집합이어야 한다.
• 합성함수 $g \circ f$의 정의역은 함수 f의 정의역과 같고 공역은 함수 g의 공역과 같다.

| 예 | 두 함수 $f: X \longrightarrow Z$, $g: Z \longrightarrow Y$가 다음 그림과 같을 때,

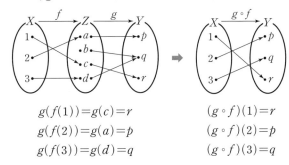

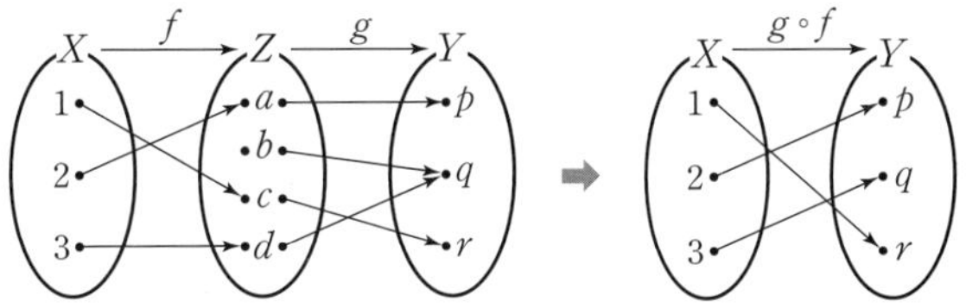

$g(f(1)) = g(c) = r$ $\qquad (g \circ f)(1) = r$

$g(f(2)) = g(a) = p$ $\qquad (g \circ f)(2) = p$

$g(f(3)) = g(d) = q$ $\qquad (g \circ f)(3) = q$

따라서 이 대응 관계는 X에서 Y로의 새로운 함수가 되고 이 함수를 $g \circ f$와 같이 나타낸다.

개념 02 합성함수의 성질

예제 01~05

세 함수 f, g, h에 대하여

(1) $g \circ f \neq f \circ g$ ◀ 교환법칙이 성립하지 않는다.

(2) $h \circ (g \circ f) = (h \circ g) \circ f$ ◀ 결합법칙이 성립한다.

(3) $f \circ I = I \circ f = f$ (단, I는 항등함수)

| 증명 | (1) $g \circ f \neq f \circ g$

[반례] 두 함수 $f(x)=x+1$, $g(x)=2x$에 대하여

$(g \circ f)(x)=g(f(x))=g(x+1)=2(x+1)=2x+2$

$(f \circ g)(x)=f(g(x))=f(2x)=2x+1$

$\therefore g \circ f \neq f \circ g$

(2) $h \circ (g \circ f)=(h \circ g) \circ f$

세 함수 $f: X \longrightarrow Y$, $g: Y \longrightarrow Z$, $h: Z \longrightarrow W$에 대하여

$g \circ f: X \longrightarrow Z$이므로 $h \circ (g \circ f): X \longrightarrow W$

$h \circ g: Y \longrightarrow W$이므로 $(h \circ g) \circ f: X \longrightarrow W$

즉, 두 합성함수 $h \circ (g \circ f)$와 $(h \circ g) \circ f$는 모두 X에서 W로의 함수이다.

이때 정의역 X의 임의의 원소 x에 대하여

$(h \circ (g \circ f))(x)=h((g \circ f)(x))=h(g(f(x)))$

$((h \circ g) \circ f)(x)=(h \circ g)(f(x))=h(g(f(x)))$

$\therefore h \circ (g \circ f)=(h \circ g) \circ f$

(3) $f \circ I=I \circ f=f$ (단, I는 항등함수)

항등함수 I에 대하여 $I(x)=x$이므로

$(f \circ I)(x)=f(I(x))=f(x)$

$(I \circ f)(x)=I(f(x))=f(x)$

$\therefore f \circ I=I \circ f=f$

| 참고 | 세 함수 f, g, h에 대하여 결합법칙이 성립하므로 $h \circ (g \circ f)$, $(h \circ g) \circ f$를 $h \circ g \circ f$로 나타내기도 한다.

| 예 | 세 함수 f, g, h에 대하여 $(f \circ g)(x)=x+3$, $h(x)=2x-1$일 때, $(f \circ (g \circ h))(2)$의 값은

$(f \circ (g \circ h))(2)=((f \circ g) \circ h)(2)$ ◀ 결합법칙이 성립한다.

$=(f \circ g)(h(2))$

$=(f \circ g)(3)$

$=3+3=6$

개념 01

625 두 함수 $f: X \longrightarrow Y$, $g: Y \longrightarrow X$가 오른쪽 그림과 같을 때, 다음을 구하시오.

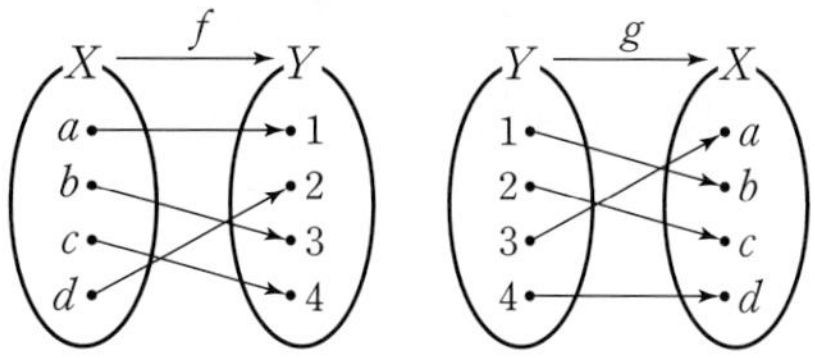

(1) $(g \circ f)(a)$ (2) $(g \circ f)(b)$

(3) $(g \circ f)(d)$ (4) $(f \circ g)(1)$

(5) $(f \circ g)(2)$ (6) $(f \circ g)(4)$

개념 01, 02

626 두 함수 $f(x)=x^2$, $g(x)=3x$에 대하여 다음을 구하시오.

(1) $(g \circ f)(-1)$ (2) $(f \circ g)(-1)$

(3) $(g \circ f)(2)$ (4) $(f \circ g)(2)$

개념 01, 02

627 세 함수 $f(x)=x-2$, $g(x)=x^2+1$, $h(x)=3x+2$에 대하여 다음을 구하시오.

(1) $(f \circ g)(x)$ (2) $(g \circ h)(x)$

(3) $((f \circ g) \circ h)(x)$ (4) $(f \circ (g \circ h))(x)$

빈출

예제 01 / 합성함수의 함숫값

$(f\circ g)(a)=f(g(a))$임을 이용하여 함숫값을 구한다.

다음 물음에 답하시오.

(1) 함수 $f: X \longrightarrow X$가 오른쪽 그림과 같을 때,
$f(1)+(f\circ f)(3)+(f\circ f\circ f)(4)$의 값을 구하시오.

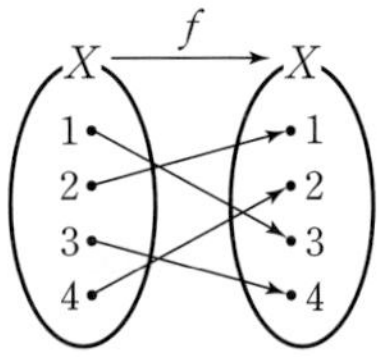

(2) 두 함수 $f(x)=2x+5$, $g(x)=\begin{cases} x^2+3 & (x<1) \\ 4 & (x\geq 1) \end{cases}$에 대하여 $(f\circ g)(3)+(g\circ f)(-3)$의 값을 구하시오.

• 유형 만렙 공통수학 2 146쪽에서 문제 더 풀기

| 풀이 | (1) $f(1)=3$

$(f\circ f)(3)=f(f(3))=f(4)=2$

$(f\circ f\circ f)(4)=f(f(f(4)))=f(f(2))=f(1)=3$

$\therefore f(1)+(f\circ f)(3)+(f\circ f\circ f)(4)=8$

(2) $(f\circ g)(3)=f(g(3))$ ◀ $x=3$일 때 $g(x)=4$

$=f(4)=13$

$(g\circ f)(-3)=g(f(-3))$

$=g(-1)=4$ ◀ $x=-1$일 때 $g(x)=x^2+3$

$\therefore (f\circ g)(3)+(g\circ f)(-3)=17$

답 (1) 8 (2) 17

628 유사

함수 $f: X \longrightarrow X$가 오른쪽 그림과 같을 때, $(f\circ f)(2)+(f\circ f\circ f)(2)$의 값을 구하시오.

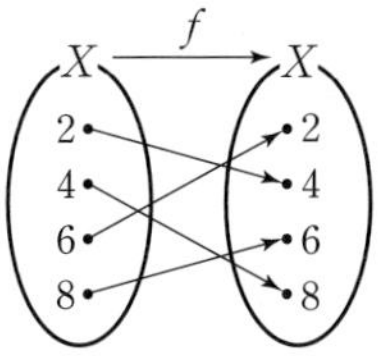

629 유사

두 함수 $f(x)=-x^2+5$,

$g(x)=\begin{cases} 3x+1 & (x<0) \\ -2x+1 & (x\geq 0) \end{cases}$에 대하여

$(g\circ f)(3)-(f\circ g)(3)$의 값을 구하시오.

630 변형

두 함수 $f: X \longrightarrow Y$, $g: Y \longrightarrow Z$가 다음 그림과 같을 때, $(g\circ f)(x)=6$을 만족시키는 x의 값을 구하시오.

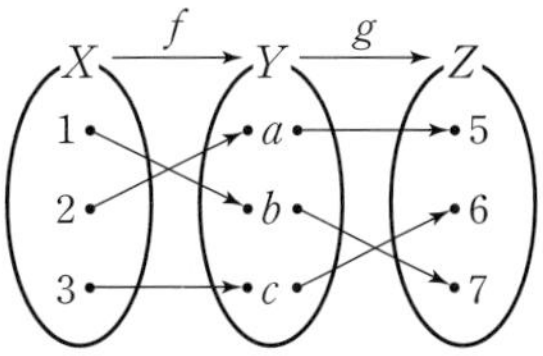

631 변형

세 함수 f, g, h에 대하여

$$(f\circ g)(x)=2x^2+1,\ h(x)=-x-5$$

일 때, $(f\circ(g\circ h))(-1)$의 값을 구하시오.

빈출

예제 02 / 합성함수를 이용하여 상수 구하기

합성함수를 구한 후 항등식의 성질을 이용한다.

두 함수 $f(x)=ax-1$, $g(x)=3x-2$에 대하여 $f\circ g=g\circ f$일 때, 상수 a의 값을 구하시오.

• 유형 만렙 공통수학 2 147쪽에서 문제 더 풀기

| 풀이 | $(f\circ g)(x)=f(g(x))=f(3x-2)$

$=a(3x-2)-1$

$=3ax-2a-1$

$(g\circ f)(x)=g(f(x))=g(ax-1)$

$=3(ax-1)-2$

$=3ax-5$

$f\circ g=g\circ f$에서

$3ax-2a-1=3ax-5$

이 식이 x에 대한 항등식이므로

$-2a-1=-5$, $-2a=-4$

$\therefore a=2$

답 2

예제 03 / $f\circ g=h$를 만족시키는 함수 f 또는 g 구하기

합성함수의 식에 주어진 함수를 대입하여 등식을 정리하거나 치환을 이용하여 조건을 만족시키는 함수를 구한다.

두 함수 $f(x)=x-2$, $g(x)=2x+1$에 대하여 다음을 만족시키는 함수 $h(x)$를 구하시오.

(1) $f\circ h=g$ (2) $h\circ f=g$

• 유형 만렙 공통수학 2 148쪽에서 문제 더 풀기

| 풀이 | (1) $(f\circ h)(x)=f(h(x))=h(x)-2$

$f\circ h=g$에서 $h(x)-2=2x+1$

$\therefore h(x)=2x+3$

(2) $(h\circ f)(x)=h(f(x))=h(x-2)$

$h\circ f=g$에서 $h(x-2)=2x+1$

$x-2=t$로 놓으면 $x=t+2$

$\therefore h(t)=2(t+2)+1=2t+5$

$\therefore h(x)=2x+5$ ◀ t를 x로 바꾸어 나타낸다.

답 (1) $h(x)=2x+3$ (2) $h(x)=2x+5$

632 예제 02 유사

두 함수 $f(x)=-x+a$, $g(x)=5x-6$에 대하여 $f \circ g=g \circ f$일 때, 상수 a의 값을 구하시오.

633 예제 03 유사

두 함수 $f(x)=2x-3$, $g(x)=4x-1$에 대하여 다음을 만족시키는 함수 $h(x)$를 구하시오.

(1) $f \circ h=g$

(2) $h \circ f=g$

634 예제 02 변형

함수 $f(x)=ax+b$ $(a>0)$에 대하여 $(f \circ f)(x)=9x-16$일 때, $f(2)-f(1)$의 값을 구하시오. (단, a, b는 상수)

635 예제 03 변형

실수 전체의 집합에서 정의된 함수 f가 $f\left(\frac{x-2}{3}\right)=3x+1$을 만족시킬 때, 함수 $f(x)$를 구하시오.

예제 04 / f^n 꼴의 합성함수

f^2, f^3, f^4, ...을 차례대로 구하여 함수식의 규칙을 찾는다.

함수 $f(x)=x-1$에 대하여 $f^1=f$, $f^{n+1}=f\circ f^n$ (n은 자연수)이라 할 때, $f^{25}(50)$의 값을 구하시오.

• 유형 만렙 공통수학 2 148쪽에서 문제 더 풀기

| 풀이 | $f^2(x)=(f\circ f)(x)=f(f(x))=f(x-1)=(x-1)-1=x-2$

$f^3(x)=(f\circ f^2)(x)=f(f^2(x))=f(x-2)=(x-2)-1=x-3$

$f^4(x)=(f\circ f^3)(x)=f(f^3(x))=f(x-3)=(x-3)-1=x-4$

⋮

$\therefore f^n(x)=x-n$ (단, n은 자연수)

따라서 $f^{25}(x)=x-25$이므로

$f^{25}(50)=50-25=25$

답 25

발전 예제 05 / 합성함수의 그래프

두 함수 f, g에서 식이 달라지는 경계의 x의 값을 기준으로 정의역의 범위를 나누어 합성함수의 식을 구한다.

정의역이 $\{x|-1\le x\le 1\}$인 두 함수 $y=f(x)$, $y=g(x)$의 그래프가 오른쪽 그림과 같을 때, 합성함수 $y=(f\circ g)(x)$의 그래프를 그리시오.

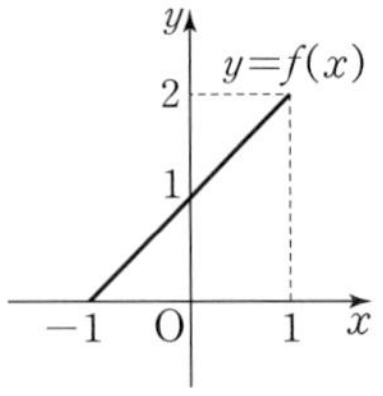

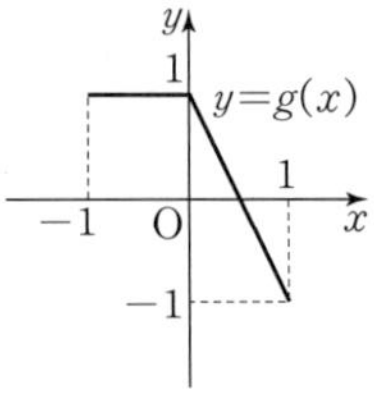

• 유형 만렙 공통수학 2 149쪽에서 문제 더 풀기

| 풀이 | 주어진 그래프에서 두 함수 f, g의 식을 구하면

$f(x)=x+1\,(-1\le x\le 1)$, $g(x)=\begin{cases} 1 & (-1\le x<0) \\ -2x+1 & (0\le x\le 1)\end{cases}$

$\therefore (f\circ g)(x)=f(g(x))=g(x)+1$

$=\begin{cases} 2 & (-1\le x<0) \\ -2x+2 & (0\le x\le 1)\end{cases}$

따라서 합성함수 $y=(f\circ g)(x)$의 그래프는 오른쪽 그림과 같다.

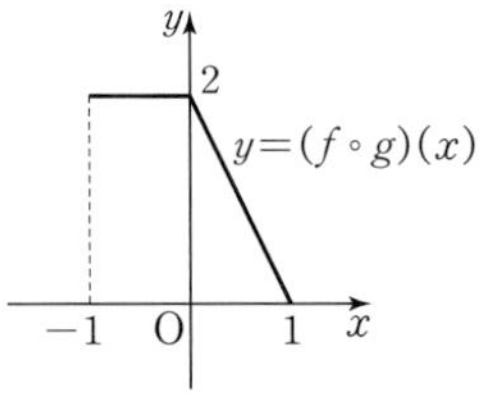

답 풀이 참조

636 예제 04 유사

함수 $f(x)=2x$에 대하여

$f^1=f,\ f^{n+1}=f\circ f^n$ (n은 자연수)

이라 할 때, $f^8(2)$의 값을 구하시오.

637 예제 05 유사

정의역이 $\{x|0\le x\le 3\}$인 두 함수 $y=f(x)$, $y=g(x)$의 그래프가 다음 그림과 같을 때, 합성함수 $y=(g\circ f)(x)$의 그래프를 그리시오.

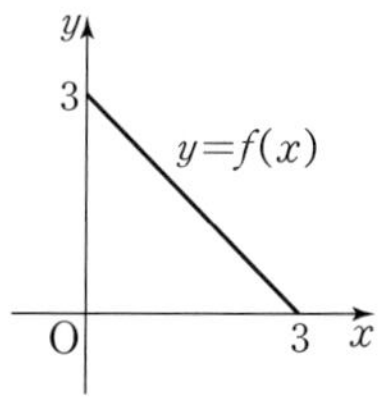

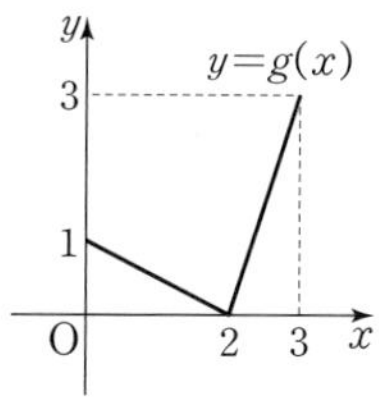

638 예제 04 변형

함수 $f: X \longrightarrow X$가 오른쪽 그림과 같고

$f^1=f,\ f^{n+1}=f\circ f^n$ (n은 자연수)

이라 할 때, $f^{50}(1)-f^{100}(4)$의 값을 구하시오.

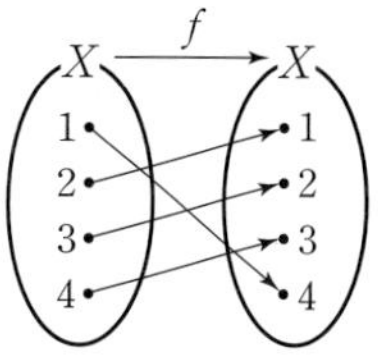

639 예제 05 변형

정의역이 $\{x|0\le x\le 2\}$인 함수 $y=f(x)$의 그래프가 오른쪽 그림과 같을 때, 합성함수 $y=(f\circ f)(x)$의 그래프를 그리시오.

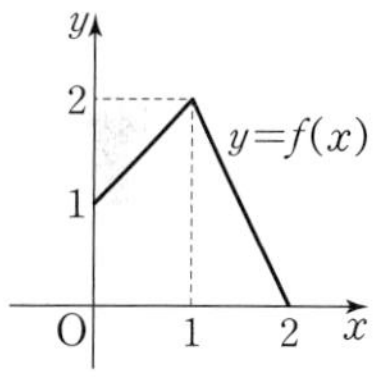

연습문제

1단계

교육청

640 그림은 두 함수 $f: X \longrightarrow Y$, $g: Y \longrightarrow Z$를 나타낸 것이다.

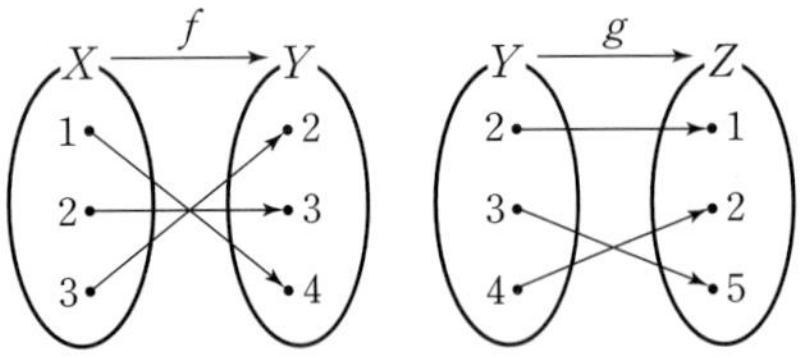

$(g \circ f)(2)$의 값은?

① 1　② 2　③ 3
④ 4　⑤ 5

641 두 함수 $f(x)=\frac{1}{2}x^2-2$, $g(x)=3x+1$에 대하여 $(g \circ f)(4)+(f \circ g)(-3)$의 값은?

① 48　② 49　③ 50
④ 51　⑤ 52

서술형

642 두 함수 $f(x)=x+2$, $g(x)=-3x+7$에 대하여 $(f \circ g)(a)=6$을 만족시키는 상수 a의 값을 구하시오.

교과서

643 두 함수 $f(x)=3x-2$, $g(x)=-2x+k$에 대하여 $f \circ g=g \circ f$일 때, 상수 k의 값은?

① 1　② 2　③ 3
④ 4　⑤ 5

644 두 함수 $f(x)=2x+1$, $g(x)=x+4$에 대하여 함수 $h(x)$가 $h \circ f=g$를 만족시킨다. 이때 $h(-3)$의 값을 구하시오.

2단계

645 집합 $X=\{-1, 0, 1\}$에 대하여 X에서 X로의 함수 f, g가 모두 일대일대응이고 $f(0)=g(1)=-1$, $(g \circ f)(0)=(f \circ g)(1)=0$일 때, $f(1)+g(0)$의 값은?

① -2　② -1　③ 0
④ 1　⑤ 2

646 집합 $X=\{1, 2, 3, 4\}$에 대하여 함수 $f : X \longrightarrow X$가 오른쪽 그림과 같다. 함수 $g : X \longrightarrow X$에 대하여

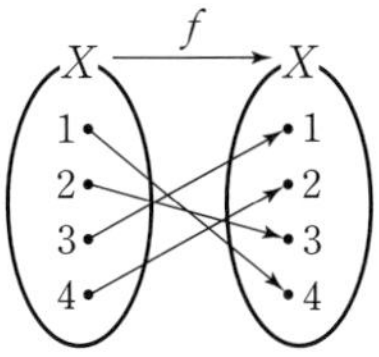

$f \circ g=g \circ f$이고 $g(2)=1$일 때, $g(4)$의 값을 구하시오.

647 두 함수 $f(x)=x^2+4x+k$, $g(x)=x-1$에 대하여 함수 $y=(f \circ g)(x)$가 $-2 \le x \le 3$에서 최솟값 1, 최댓값 M을 갖는다. 이때 상수 k, M에 대하여 $k+M$의 값은?

① 12 ② 15 ③ 17
④ 20 ⑤ 22

서술형

648 세 함수 f, g, h에 대하여

$(f \circ g)(x)=5x-3$,

$((h \circ f) \circ g)(2x+1)=5x-7$

일 때, $h(4)$의 값을 구하시오.

649 자연수 전체의 집합에서 정의된 함수 $f(x)$가

$$f(x)=\begin{cases} \dfrac{x}{2} & (x\text{는 짝수}) \\ \dfrac{x+1}{2} & (x\text{는 홀수}) \end{cases}$$

이고 $f^1=f$, $f^{n+1}=f \circ f^n$이라 할 때, $f^n(50)=1$을 만족시키는 자연수 n의 최솟값은?

① 4 ② 5 ③ 6
④ 7 ⑤ 8

3단계

교육청

650 두 함수

$f(x)=x+a$

$$g(x)=\begin{cases} 2x-6 & (x<a) \\ x^2 & (x \ge a) \end{cases}$$

에 대하여 $(g \circ f)(1)+(f \circ g)(4)=57$을 만족시키는 모든 실수 a의 값의 합을 S라 할 때, $10S^2$의 값을 구하시오.

651 $0 \le x \le 2$에서 정의된 함수 $y=f(x)$의 그래프가 오른쪽 그림과 같을 때, 방정식 $f(f(x))=-f(x)+2$의 서로 다른 실근의 개수를 구하시오.

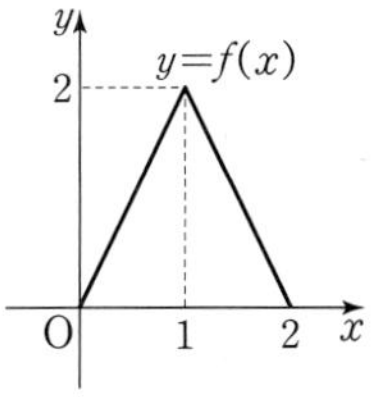

Ⅲ-1 함수

1 역함수

개념 01 역함수

예제 01, 02

함수 $f: X \longrightarrow Y$가 일대일대응이면 Y의 각 원소 y에 대하여 $y=f(x)$인 X의 원소 x가 오직 하나 존재한다.
이때 Y의 각 원소 y에 $y=f(x)$인 X의 원소 x를 대응시키면 Y를 정의역, X를 공역으로 하는 새로운 함수를 정의할 수 있다.
이 함수를 함수 f의 **역함수**라 하고, 기호로

$$f^{-1}: Y \longrightarrow X,\ x=f^{-1}(y)$$

와 같이 나타낸다.

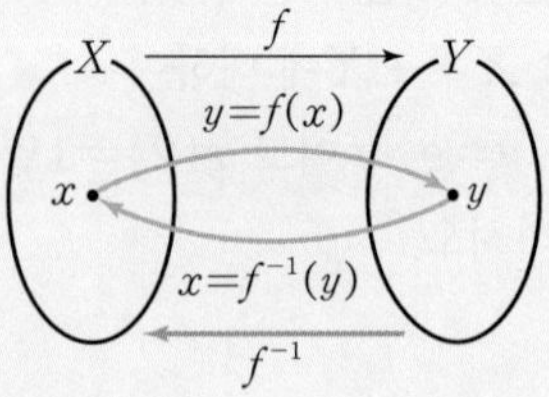

| 참고 | 함수 f의 역함수가 존재하기 위한 필요충분조건은 함수 f가 일대일대응인 것이다.
오른쪽 그림과 같이 함수 $f: X \longrightarrow Y$가 일대일대응이 아니면 그 역의 대응은 함수가 아니다.
즉, 역함수가 정의되지 않는다.

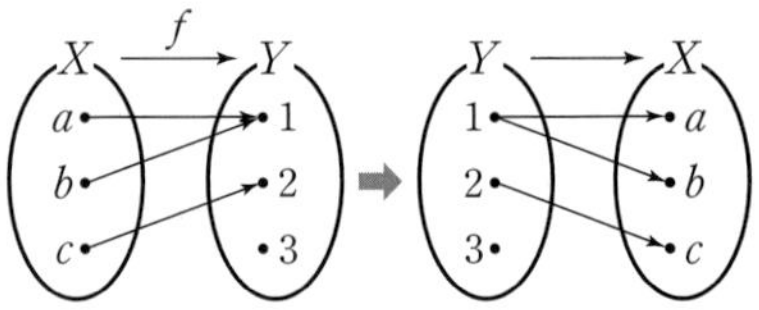

| 예 | 오른쪽 그림과 같은 함수 $f: X \longrightarrow Y$에 대하여
$f(a)=3,\ f(b)=1,\ f(c)=2$이므로
$f^{-1}(3)=a,\ f^{-1}(1)=b,\ f^{-1}(2)=c$

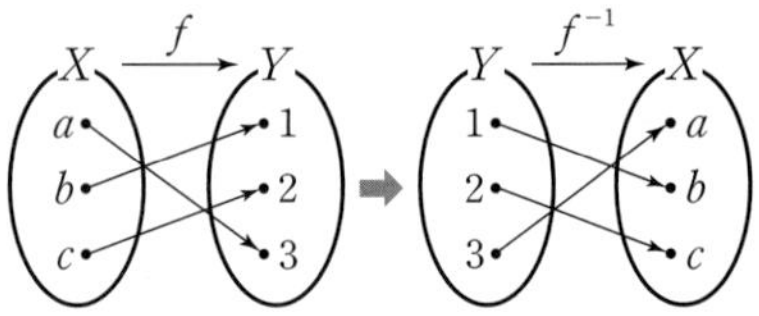

개념 02 역함수 구하기

예제 03

함수를 나타낼 때는 일반적으로 정의역의 원소를 x, 치역의 원소를 y로 나타내므로 함수 $y=f(x)$의 역함수 $x=f^{-1}(y)$도 x와 y를 서로 바꾸어

$$\boldsymbol{y=f^{-1}(x)}$$

와 같이 나타낸다.
따라서 함수 $y=f(x)$가 일대일대응일 때, 역함수 $y=f^{-1}(x)$는 다음과 같이 구할 수 있다.

$$y=f(x) \xrightarrow{x\text{에 대하여 푼다.}} x=f^{-1}(y) \xrightarrow{x\text{와 }y\text{를 서로 바꾼다.}} y=f^{-1}(x)$$

| 참고 | 함수 f의 역함수 f^{-1}는 f의 치역을 정의역으로 한다.

| 예 | 함수 $y=3x+2$의 역함수를 구해 보자.
함수 $y=3x+2$는 일대일대응이므로 역함수가 존재한다.
$y=3x+2$를 x에 대하여 풀면
$3x=y-2 \qquad \therefore\ x=\frac{1}{3}y-\frac{2}{3}$
x와 y를 서로 바꾸면 구하는 역함수는
$y=\frac{1}{3}x-\frac{2}{3}$

개념 03 역함수의 성질

◎ 예제 04

(1) 함수 $f : X \longrightarrow Y$가 일대일대응일 때, 그 역함수 $f^{-1} : Y \longrightarrow X$에 대하여
① $(f^{-1})^{-1}=f$
② $(f^{-1}\circ f)(x)=x$ (단, $x\in X$) ◀ $f^{-1}\circ f$는 X에서의 항등함수
$(f\circ f^{-1})(y)=y$ (단, $y\in Y$) ◀ $f\circ f^{-1}$는 Y에서의 항등함수

(2) 두 함수 $f : X \longrightarrow Y$, $g : Y \longrightarrow X$에 대하여
$g\circ f=I_X,\ f\circ g=I_Y \Longleftrightarrow g=f^{-1}$

(3) 두 함수 $f : X \longrightarrow Y$, $g : Y \longrightarrow Z$가 모두 일대일대응이고 그 역함수가 각각 f^{-1}, g^{-1}일 때,
$(g\circ f)^{-1}=f^{-1}\circ g^{-1}$

| 증명 | (1) ① $y=f(x)$에서 역함수의 정의에 의하여
$x=f^{-1}(y)$
$x=f^{-1}(y)$에서 역함수의 정의에 의하여
$y=(f^{-1})^{-1}(x)$
즉, $y=f(x)$는 $y=(f^{-1})^{-1}(x)$이므로
$f(x)=(f^{-1})^{-1}(x)$
$\therefore\ (f^{-1})^{-1}=f$

② 역함수의 정의에 의하여 집합 X의 원소 x와 집합 Y의 원소 y에 대하여
$y=f(x) \Longleftrightarrow x=f^{-1}(y)$
이므로
$(f^{-1}\circ f)(x)=f^{-1}(f(x))=f^{-1}(y)=x\ (x\in X)$
$\therefore\ f^{-1}\circ f=I_X$ ◀ X에서의 항등함수
$(f\circ f^{-1})(y)=f(f^{-1}(y))=f(x)=y\ (y\in Y)$
$\therefore\ f\circ f^{-1}=I_Y$ ◀ Y에서의 항등함수

(2) $\Longleftarrow$는 (1)의 ②에 의하여 성립하므로 $\Longrightarrow$만 보이면 된다.

$g \circ f = I_X$에서 $(g \circ f)(x) = I_X(x) = x$이므로 f는 일대일함수이다.

또 $f \circ g = I_Y$에서 $(f \circ g)(y) = I_Y(y) = y$이므로 f의 치역과 공역은 서로 같다.

따라서 f는 일대일대응이고 역함수 f^{-1}가 존재하므로

$$\begin{aligned} g &= g \circ I_Y = g \circ (f \circ f^{-1}) \\ &= (g \circ f) \circ f^{-1} \\ &= I_X \circ f^{-1} = f^{-1} \end{aligned}$$

$\therefore\ g = f^{-1}$

(3) $$\begin{aligned} (g \circ f) \circ (f^{-1} \circ g^{-1}) &= g \circ (f \circ f^{-1}) \circ g^{-1} \\ &= g \circ I \circ g^{-1} \\ &= g \circ g^{-1} = I \end{aligned}$$

마찬가지로 $(f^{-1} \circ g^{-1}) \circ (g \circ f) = I$이므로 $f^{-1} \circ g^{-1}$는 $g \circ f$의 역함수이다.

$\therefore\ (g \circ f)^{-1} = f^{-1} \circ g^{-1}$

개념 04 역함수의 그래프

예제 05, 06

함수 $y=f(x)$의 그래프와 그 역함수 $y=f^{-1}(x)$의 그래프는 직선 $y=x$에 대하여 대칭이다.

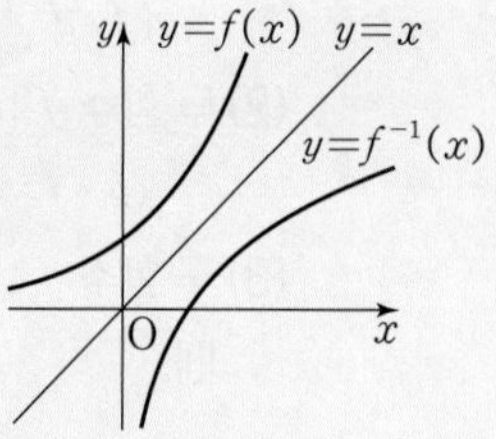

함수 $y=f(x)$의 역함수 $y=f^{-1}(x)$가 존재할 때, 함수 $y=f(x)$의 그래프 위의 임의의 점 (a, b)에 대하여

$$b=f(a) \Longleftrightarrow a=f^{-1}(b)$$

이므로 점 (b, a)는 역함수 $y=f^{-1}(x)$의 그래프 위의 점이다.

이때 점 (a, b)와 점 (b, a)는 직선 $y=x$에 대하여 대칭이므로 함수 $y=f(x)$의 그래프와 그 역함수 $y=f^{-1}(x)$의 그래프는 직선 $y=x$에 대하여 대칭이다.

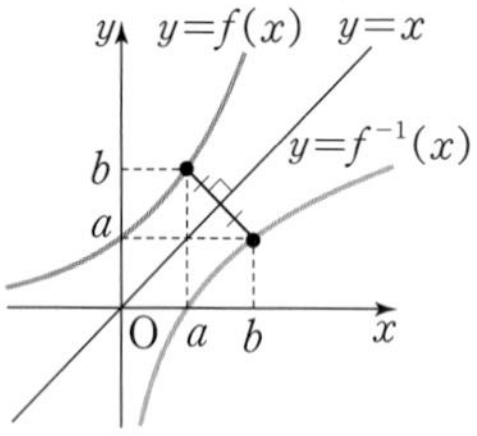

개념 01

652 보기의 함수 $f : X \longrightarrow Y$에서 역함수가 존재하는 것만을 있는 대로 고르시오.

보기

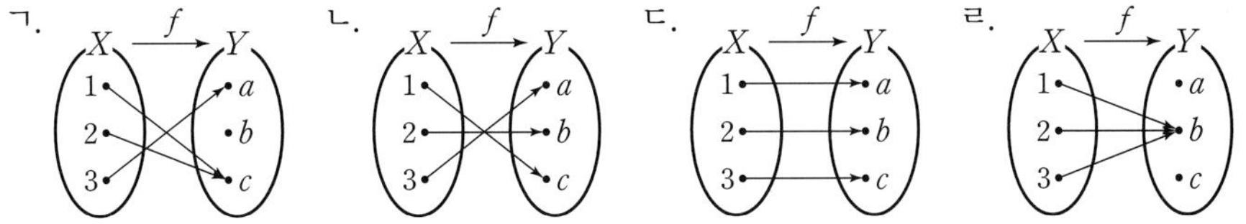

개념 01

653 함수 $f : X \longrightarrow Y$가 오른쪽 그림과 같을 때, 다음을 구하시오.

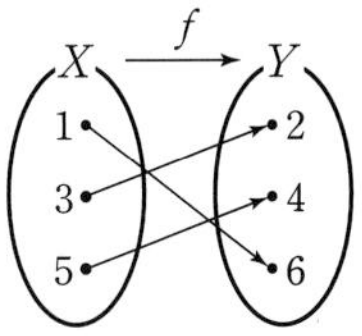

(1) $f^{-1}(2)$

(2) $f(1)+f^{-1}(4)$

개념 01

654 함수 $f(x)=5x-2$에 대하여 다음 등식을 만족시키는 상수 a의 값을 구하시오.

(1) $f^{-1}(8)=a$　　(2) $f^{-1}(a)=1$

개념 02

655 다음 함수의 역함수를 구하시오.

(1) $y=\frac{1}{2}x+4$　　(2) $y=-4x+3$

개념 03

656 함수 $f : X \longrightarrow Y$가 오른쪽 그림과 같을 때, 다음을 구하시오.

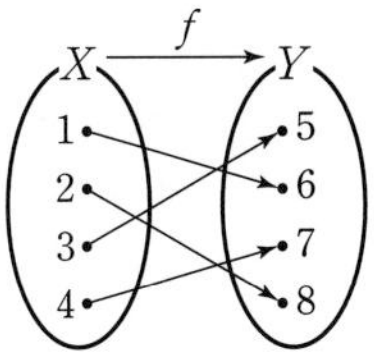

(1) $(f^{-1})^{-1}(1)$　　(2) $(f^{-1})^{-1}(3)$

(3) $(f^{-1}\circ f)(2)$　　(4) $(f\circ f^{-1})(7)$

빈출

예제 01 / 역함수의 함숫값

함수 f의 역함수가 f^{-1}일 때, $f^{-1}(a)=b$이면 $f(b)=a$이다.

다음 물음에 답하시오.

(1) 함수 $f(x)=3x+2$에 대하여 $f^{-1}(-4)$의 값을 구하시오.

(2) 함수 $f(x)=ax+b$에 대하여 $f(2)=7$, $f^{-1}(1)=-1$일 때, 상수 a, b의 값을 구하시오.

• 유형 만렙 공통수학 2 149쪽에서 문제 더 풀기

| 풀이 | (1) $f^{-1}(-4)=k$ (k는 상수)라 하면 $f(k)=-4$이므로

$3k+2=-4$, $3k=-6$

$\therefore k=-2$

$\therefore f^{-1}(-4)=-2$

(2) $f(2)=7$에서

$2a+b=7$ …… ㉠

$f^{-1}(1)=-1$에서 $f(-1)=1$이므로

$-a+b=1$ …… ㉡

㉠, ㉡을 연립하여 풀면

$a=2$, $b=3$

답 (1) -2 (2) $a=2$, $b=3$

657 유사

함수 $f(x)=-5x+4$에 대하여 $f^{-1}(9)$의 값을 구하시오.

658 유사 교과서

함수 $f(x)=ax+b$에 대하여 $f(3)=6$, $f^{-1}(-2)=1$일 때, $f(5)$의 값을 구하시오.

(단, a, b는 상수)

659 변형

두 함수 $f(x)=ax-6$, $g(x)=x+a$에 대하여 $g^{-1}(5)=2$일 때, $f^{-1}(-3)+g(1)$의 값을 구하시오. (단, a는 상수)

660 변형

함수 $f(x)=ax+b$에 대하여 $f^{-1}(0)=3$, $(f\circ f)(3)=6$일 때, ab의 값을 구하시오.

(단, a, b는 상수)

예제 02 / 역함수가 존재하기 위한 조건

함수 f의 역함수 f^{-1}가 존재하려면 함수 f가 일대일대응이어야 한다.

함수 $f(x)=\begin{cases}(3-a)x+2a & (x<2)\\ 2x+2 & (x\geq 2)\end{cases}$의 역함수가 존재하도록 하는 상수 a의 값의 범위를 구하시오.

• 유형 만렙 공통수학 2 150쪽에서 문제 더 풀기

| 풀이 | 함수 f의 역함수가 존재하려면 함수 f가 일대일대응이어야 하므로 함수 $y=f(x)$의 그래프는 오른쪽 그림과 같아야 한다.

따라서 $x<2$일 때, $x\geq 2$일 때의 직선의 기울기의 부호가 서로 같아야 하므로

$3-a>0 \qquad \therefore a<3$

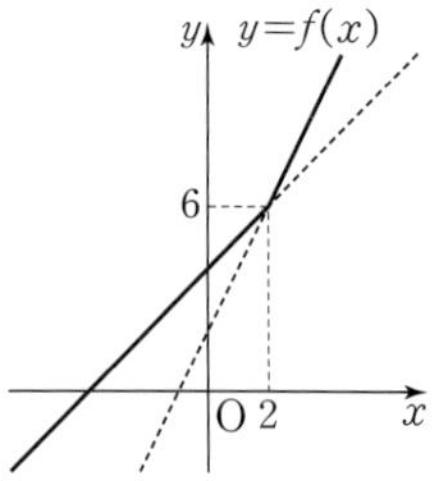

답 $a<3$

예제 03 / 역함수 구하기

역함수를 구한 후 주어진 역함수와 비교한다.

함수 $f(x)=4x+a$의 역함수가 $f^{-1}(x)=bx-3$일 때, 상수 a, b에 대하여 ab의 값을 구하시오.

• 유형 만렙 공통수학 2 151쪽에서 문제 더 풀기

| 풀이 | $y=4x+a$라 하고 x에 대하여 풀면

$4x=y-a \qquad \therefore x=\frac{1}{4}y-\frac{1}{4}a$

x와 y를 서로 바꾸면 $y=\frac{1}{4}x-\frac{1}{4}a$

$\therefore f^{-1}(x)=\frac{1}{4}x-\frac{1}{4}a$

즉, $\frac{1}{4}x-\frac{1}{4}a=bx-3$이므로

$\frac{1}{4}=b$, $-\frac{1}{4}a=-3$

따라서 $a=12$, $b=\frac{1}{4}$이므로

$ab=3$

답 3

661 예제 02 유사

함수

$$f(x)=\begin{cases} -3x+5 & (x<-1) \\ (4a-8)x+4a & (x\geq -1) \end{cases}$$

의 역함수가 존재하도록 하는 상수 a의 값의 범위를 구하시오.

662 예제 03 유사

함수 $y=ax-6$의 역함수가 $y=-\frac{1}{2}x+b$일 때, 상수 a, b에 대하여 $a-b$의 값을 구하시오.

663 예제 02 변형

집합 $X=\{x|a\leq x\leq 4\}$에서 집합 $Y=\{y|-1\leq y\leq b\}$로의 함수 $f(x)=5x-6$의 역함수가 존재할 때, 상수 a, b에 대하여 $a+b$의 값을 구하시오.

664 예제 03 변형

함수 f에 대하여 $f(-x+3)=4x-4$일 때, $f^{-1}(x)$를 구하시오.

빈출

예제 04 / 역함수의 성질

역함수의 성질을 이용하여 식을 간단히 한다.

두 함수 $f(x)=2x-3$, $g(x)=x+4$에 대하여 다음 값을 구하시오.

(1) $(f \circ g)^{-1}(1)$

(2) $(f \circ (g \circ f)^{-1} \circ f)(4)$

• 유형 만렙 공통수학 2 152쪽에서 문제 더 풀기

| 개념 | (1) 함수 $f: X \longrightarrow Y$가 일대일대응일 때, 그 역함수 $f^{-1}: Y \longrightarrow X$에 대하여

① $(f^{-1})^{-1}=f$

② $(f^{-1} \circ f)(x)=x$ (단, $x \in X$), $(f \circ f^{-1})(y)=y$ (단, $y \in Y$)

(2) 두 함수 $f: X \longrightarrow Y$, $g: Y \longrightarrow Z$가 모두 일대일대응이고 그 역함수가 각각 f^{-1}, g^{-1}일 때,

$(g \circ f)^{-1}=f^{-1} \circ g^{-1}$

| 풀이 | (1) $(f \circ g)^{-1}(1)=(g^{-1} \circ f^{-1})(1)=g^{-1}(f^{-1}(1))$

$f^{-1}(1)=k$ (k는 상수)라 하면 $f(k)=1$이므로

$2k-3=1$, $2k=4$ $\quad \therefore k=2$

$\therefore f^{-1}(1)=2$

$\therefore (f \circ g)^{-1}(1)=g^{-1}(f^{-1}(1))=g^{-1}(2)$

이때 $g^{-1}(2)=l$ (l은 상수)이라 하면 $g(l)=2$이므로

$l+4=2$ $\quad \therefore l=-2$

$\therefore g^{-1}(2)=-2$

$\therefore (f \circ g)^{-1}(1)=g^{-1}(2)=-2$

(2) $(f \circ (g \circ f)^{-1} \circ f)(4)=(f \circ f^{-1} \circ g^{-1} \circ f)(4)$

$=(g^{-1} \circ f)(4)$ ◀ $f \circ f^{-1}=I$

$=g^{-1}(f(4))$

$=g^{-1}(5)$

$g^{-1}(5)=k$ (k는 상수)라 하면 $g(k)=5$이므로

$k+4=5$ $\quad \therefore k=1$

$\therefore g^{-1}(5)=1$

$\therefore (f \circ (g \circ f)^{-1} \circ f)(4)=g^{-1}(5)=1$

답 (1) -2 (2) 1

665 유사

두 함수 $f(x)=4x+3$, $g(x)=3x-5$에 대하여 $(g\circ f^{-1})^{-1}(-2)$의 값을 구하시오.

666 유사

두 함수 $f(x)=-5x+3$, $g(x)=x+6$에 대하여 $(g^{-1}\circ(f\circ g^{-1})^{-1}\circ g)(2)$의 값을 구하시오.

667 변형

교과서

집합 $X=\{1, 2, 3, 4\}$에 대하여 X에서 X로의 두 함수 f, g가 다음 그림과 같을 때, $(f^{-1}\circ g^{-1})^{-1}(4)+(g\circ(f\circ g)^{-1})(2)$의 값을 구하시오.

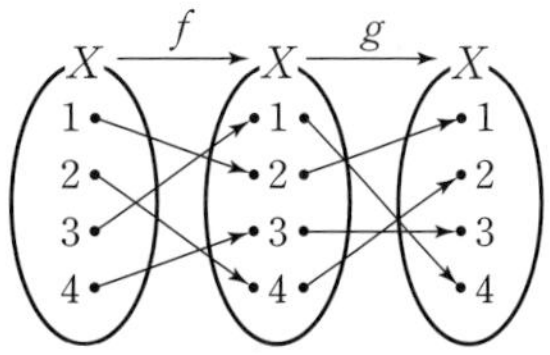

668 변형

두 함수 $f(x)=\frac{1}{3}x+3$, $g(x)=x-1$에 대하여 $(f^{-1}\circ(f^{-1}\circ g)^{-1}\circ f^{-1})(k)=9$를 만족시키는 상수 k의 값을 구하시오.

예제 05 / 그래프를 이용하여 역함수의 함숫값 구하기

$f(a)=b$이면 $f^{-1}(b)=a$이므로 함수 $y=f(x)$의 그래프와 직선 $y=x$를 이용하여 함숫값을 구한다.

함수 $y=f(x)$의 그래프와 직선 $y=x$가 오른쪽 그림과 같을 때, $(f\circ f)^{-1}(4)$의 값을 구하시오. (단, 모든 점선은 x축 또는 y축에 평행하다.)

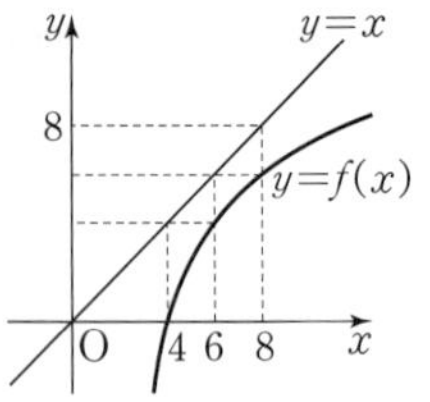

• 유형 만렙 공통수학 2 153쪽에서 문제 더 풀기

| 풀이 | $(f\circ f)^{-1}(4)=(f^{-1}\circ f^{-1})(4)=f^{-1}(f^{-1}(4))$ ⋯⋯ ㉠

$f^{-1}(4)=k$ (k는 상수)라 하면 $f(k)=4$

오른쪽 그림에서 $f(6)=4$이므로 $k=6$ $\quad\therefore f^{-1}(4)=6$

이를 ㉠에 대입하면 $(f\circ f)^{-1}(4)=f^{-1}(6)$ ⋯⋯ ㉡

$f^{-1}(6)=l$ (l은 상수)이라 하면 $f(l)=6$

오른쪽 그림에서 $f(8)=6$이므로 $l=8$ $\quad\therefore f^{-1}(6)=8$

이를 ㉡에 대입하면 $(f\circ f)^{-1}(4)=8$

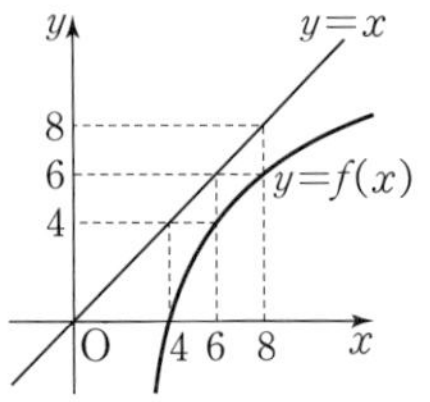

답 8

예제 06 / 역함수의 그래프의 성질

함수 $y=f(x)$의 그래프와 그 역함수 $y=f^{-1}(x)$의 그래프는 직선 $y=x$에 대하여 대칭임을 이용한다.

함수 $f(x)=3x-2$와 그 역함수 $y=f^{-1}(x)$의 그래프의 교점의 좌표를 구하시오.

• 유형 만렙 공통수학 2 153쪽에서 문제 더 풀기

| 풀이 | 함수 $y=f(x)$의 그래프와 그 역함수 $y=f^{-1}(x)$의 그래프는 오른쪽 그림과 같이 직선 $y=x$에 대하여 대칭이므로 두 함수 $y=f(x)$, $y=f^{-1}(x)$의 그래프의 교점은 함수 $y=f(x)$의 그래프와 직선 $y=x$의 교점과 같다.

$3x-2=x$에서 $2x=2$

$\therefore x=1$

따라서 교점의 좌표는 $(1, 1)$이다.

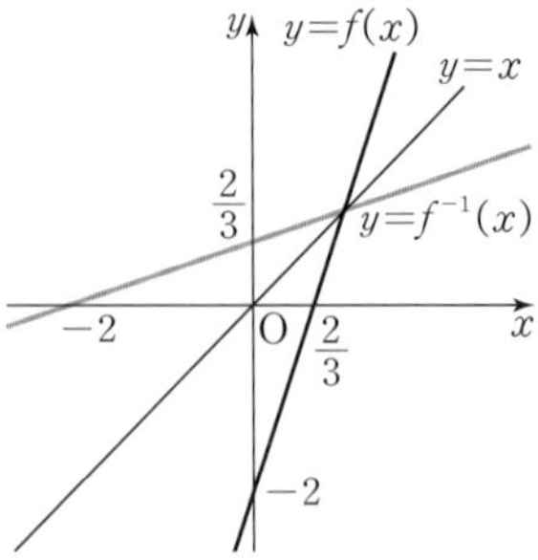

답 $(1, 1)$

669 예제 05 유사

함수 $y=f(x)$의 그래프와 직선 $y=x$가 다음 그림과 같을 때, $(f \circ f)^{-1}(b)$의 값을 구하시오.

(단, 모든 점선은 x축 또는 y축에 평행하다.)

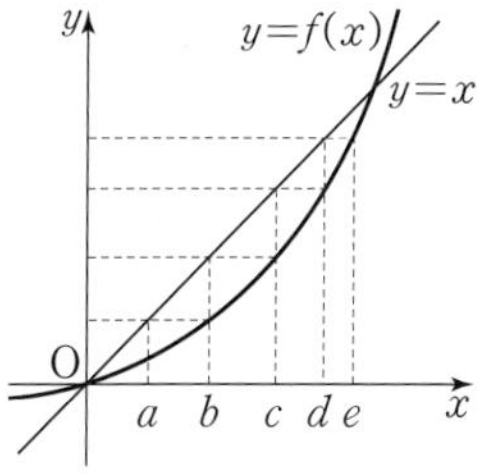

670 예제 06 유사

함수 $f(x)=-\frac{1}{2}x+3$과 그 역함수 $y=f^{-1}(x)$의 그래프의 교점의 좌표를 (a, b)라 할 때, $a+b$의 값을 구하시오.

671 예제 05 변형 교과서

두 함수 $y=f(x)$, $y=g(x)$의 그래프와 직선 $y=x$가 다음 그림과 같을 때, $(g \circ f^{-1})^{-1}(4)$의 값을 구하시오.

(단, 모든 점선은 x축 또는 y축에 평행하다.)

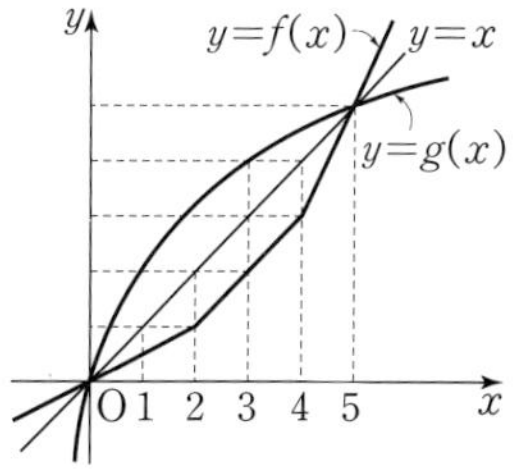

672 예제 06 변형

함수 $f(x)=(x+1)^2-1\,(x\geq -1)$의 역함수를 $g(x)$라 할 때, 두 함수 $y=f(x)$, $y=g(x)$의 그래프가 서로 다른 두 점에서 만난다. 이때 이 두 점 사이의 거리를 구하시오.

Ⅲ-1 함수

연습문제

1단계

673 함수 $f(x)=2x+a$에 대하여 $f^{-1}(-3)=1$일 때, $f(3)$의 값은? (단, a는 상수)

① -2　② -1　③ 0
④ 1　⑤ 2

서술형

674 함수 f에 대하여 $f(4x-3)=2x+5$일 때, $f(3)+f^{-1}(4)$의 값을 구하시오.

675 실수 전체의 집합에서 정의된 함수 $f(x)=|x+2|+ax+3$의 역함수가 존재하도록 하는 상수 a의 값의 범위를 구하시오.

676 함수 $f(x)=-\frac{2}{3}x+\frac{4}{9}$의 역함수가 $f^{-1}(x)=ax+b$일 때, 상수 a, b에 대하여 ab의 값은?

① $-\frac{1}{3}$　② $-\frac{2}{3}$　③ -1
④ $-\frac{4}{3}$　⑤ $-\frac{5}{3}$

교과서

677 일차함수 $f(x)=ax+3$의 역함수 $f^{-1}(x)$에 대하여 $f=f^{-1}$일 때, $f(-a)$의 값을 구하시오. (단, a는 상수)

678 두 함수 $f(x)=x-7$, $g(x)=\frac{1}{2}x-4$에 대하여 $(f\circ(f\circ g)^{-1}\circ f)(2)$의 값은?

① 1　② 3　③ 5
④ 7　⑤ 9

• 정답과 해설 115쪽

679 두 함수 f, g에 대하여
$f^{-1}(x)=\frac{1}{2}x-1$, $g(x)=2x+4$일 때,
$f\circ h=g$를 만족시키는 함수 $h(x)$를 구하시오.

교과서

680 함수 $y=f(x)$의 그래프와 직선 $y=x$가 다음 그림과 같다. 함수 $f(x)$의 역함수를 $g(x)$라 할 때, $(g\circ g)(k)$의 값을 구하시오.

(단, 모든 점선은 x축 또는 y축에 평행하다.)

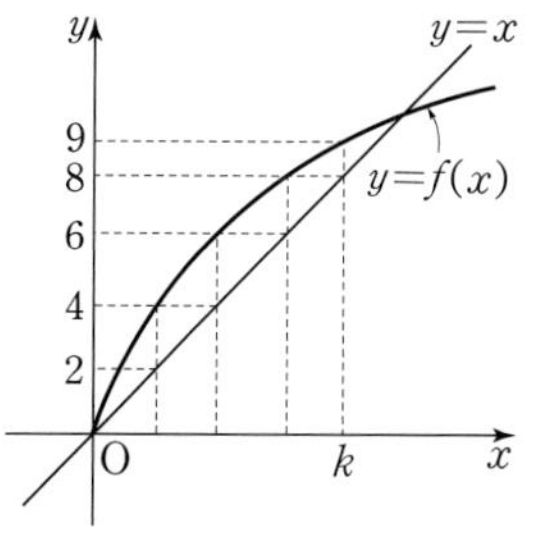

2단계

681 함수 $f(x)=\begin{cases}-x^2+4x & (x<2)\\ 2x & (x\geq 2)\end{cases}$에 대하여 $(f\circ f)(1)+f^{-1}(-5)$의 값은?

① 4 ② 5 ③ 6
④ 7 ⑤ 8

682 두 함수 $f(x)=2x-a$, $g(x)=x^2-x$에 대하여 함수 $y=(g\circ f^{-1})(x)$의 그래프가 점 $(1, 6)$을 지날 때, 양수 a의 값을 구하시오.

교육청

683 두 정수 a, b에 대하여 함수

$$f(x)=\begin{cases}a(x-2)^2+b & (x<2)\\ -2x+10 & (x\geq 2)\end{cases}$$

는 실수 전체의 집합에서 정의된 역함수를 갖는다. $a+b$의 최솟값은?

① 1 ② 3 ③ 5
④ 7 ⑤ 9

684 집합 $X=\{x\,|\,x\geq a\}$에 대하여 X에서 X로의 함수 $f(x)=x^2-6x-18$의 역함수가 존재할 때, 상수 a의 값을 구하시오.

Ⅲ-1 함수

연습문제

• 정답과 해설 117쪽

서술형

685 두 함수 $f(x)=2x-6$, $g(x)=4x-5$에 대하여 $(f\circ(g^{-1}\circ f)^{-1}\circ f^{-1})(x)=ax+b$일 때, ab의 값을 구하시오. (단, a, b는 상수)

686 함수 $f(x)=\frac{1}{2}x+3$에 대하여 두 함수 $g(x)$, $h(x)$가 모든 실수 x에서 $(f\circ g\circ h)(x)=h(x)$를 만족시킬 때, $g(2)$의 값은?

① -5 ② -4 ③ -3
④ -2 ⑤ -1

687 함수 $f(x)=x^2-2x+a\ (x\geq1)$의 역함수를 $g(x)$라 할 때, 방정식 $f(x)=g(x)$가 서로 다른 두 실근을 갖는다. 이때 실수 a의 값의 범위를 구하시오.

3단계

교육청

688 집합 $X=\{1, 2, 3, 4, 5\}$에 대하여 X에서 X로의 함수 f의 역함수가 존재하고

$$f(1)+2f(3)=12,\ f^{-1}(1)-f^{-1}(3)=2$$

일 때, $f(4)+f^{-1}(4)$의 값은?

① 5 ② 6 ③ 7
④ 8 ⑤ 9

689 함수 $f(x)=x^2-8x+a\ (x\geq4)$의 그래프와 그 역함수 $y=f^{-1}(x)$의 그래프가 서로 다른 두 점에서 만날 때, 이 두 점 사이의 거리가 $\sqrt{2}$이다. 이때 실수 a의 값을 구하시오.

690 함수 $f(x)=\begin{cases}\frac{1}{2}x-2 & (x<0)\\ 2x-2 & (x\geq0)\end{cases}$에 대하여 $y=f(x)$의 그래프와 그 역함수 $y=f^{-1}(x)$의 그래프로 둘러싸인 도형의 넓이를 구하시오.

III. 함수와 그래프

2

유리함수

1 유리식

개념 01 유리식

두 다항식 A, $B\,(B\neq 0)$에 대하여 $\dfrac{A}{B}$ 꼴로 나타내어지는 식을 **유리식**이라 한다.

특히 B가 상수이면 $\dfrac{A}{B}$는 다항식이므로 다항식도 유리식이다.

| 참고 | 유리식 중에서 다항식이 아닌 유리식을 분수식이라 한다.

유리식: 다항식 | 분수식

| 예 | $\underbrace{5x+2,\ \dfrac{x+1}{3}}_{\text{다항식}},\ \underbrace{\dfrac{1}{x+4},\ \dfrac{x-1}{2x+1}}_{\text{분수식}}$ ➡ 유리식

개념 02 유리식의 성질

세 다항식 A, B, $C\,(BC\neq 0)$에 대하여

(1) $\dfrac{A}{B}=\dfrac{A\times C}{B\times C}$

(2) $\dfrac{A}{B}=\dfrac{A\div C}{B\div C}$

| 참고 | 두 개 이상의 유리식을 통분할 때는 (1)의 성질을, 약분할 때는 (2)의 성질을 이용한다.

개념 03 유리식의 사칙연산

◎ 예제 01~03

네 다항식 A, B, C, D에 대하여

(1) $\dfrac{A}{C}+\dfrac{B}{C}=\dfrac{A+B}{C}$ (단, $C\neq 0$)

(2) $\dfrac{A}{C}-\dfrac{B}{C}=\dfrac{A-B}{C}$ (단, $C\neq 0$)

(3) $\dfrac{A}{B}\times\dfrac{C}{D}=\dfrac{AC}{BD}$ (단, $BD\neq 0$)

(4) $\dfrac{A}{B}\div\dfrac{C}{D}=\dfrac{A}{B}\times\dfrac{D}{C}=\dfrac{AD}{BC}$ (단, $BCD\neq 0$)

유리식의 계산은 유리수의 계산과 같은 방법으로 한다.
즉, 덧셈과 뺄셈은 분모를 통분하여 계산한다. 또 곱셈은 분모는 분모끼리, 분자는 분자끼리 곱하고 나눗셈은 나누는 식의 분자, 분모를 바꾸어 곱하여 계산한다.

| 참고 | 유리식의 덧셈, 곱셈에 대하여 교환법칙과 결합법칙이 성립한다.

개념 01

691 보기에서 다음에 해당하는 것만을 있는 대로 고르시오.

보기

ㄱ. $4x+7$　　ㄴ. $\frac{3x^2+2x+1}{4}$　　ㄷ. $\frac{1}{(x+1)(x^2+1)}$

ㄹ. $\frac{x}{x-1}$　　ㅁ. $\frac{5}{4}+\frac{2x}{3}$　　ㅂ. $\frac{x^2+x}{x+2}$

(1) 다항식　　(2) 다항식이 아닌 유리식

개념 02

692 다음 유리식을 통분하시오.

(1) $\frac{1}{xy}$, $\frac{1}{yz}$, $\frac{1}{zx}$　　(2) $\frac{1}{x^2+3x}$, $\frac{x}{x^2+2x-3}$

개념 02

693 다음 유리식을 약분하시오.

(1) $\frac{6a^2bx^3y^2}{2abx^4y^2}$　　(2) $\frac{x^2-x-6}{x^3-4x}$

개념 03

694 다음 식을 계산하시오.

(1) $\frac{4}{x+5}+\frac{1}{x-2}$　　(2) $\frac{1}{x^2-1}-\frac{2}{x+1}$

(3) $\frac{x-3}{x^2+x}\times\frac{x}{x^2-9}$　　(4) $\frac{x-5}{x+4}\div\frac{x^2-4x-5}{x^2+4x}$

예제 01 유리식의 사칙연산

분자, 분모를 각각 인수분해한 후 공통인 식을 찾아 통분하거나 약분하여 계산한다.

다음 식을 계산하시오.

(1) $\dfrac{x-3}{x^2-6x+8}-\dfrac{x}{x^2-4}$

(2) $\dfrac{x^3+x^2}{x^3-1}\div\dfrac{x^2+x}{x-1}$

• 유형 만렙 공통수학 2 162쪽에서 문제 더 풀기

| 풀이 | (1) $\dfrac{x-3}{x^2-6x+8}-\dfrac{x}{x^2-4}=\dfrac{x-3}{(x-2)(x-4)}-\dfrac{x}{(x+2)(x-2)}$

$=\dfrac{(x-3)(x+2)-x(x-4)}{(x+2)(x-2)(x-4)}$

$=\dfrac{3x-6}{(x+2)(x-2)(x-4)}$

$=\dfrac{3(x-2)}{(x+2)(x-2)(x-4)}$

$=\dfrac{3}{(x+2)(x-4)}$

(2) $\dfrac{x^3+x^2}{x^3-1}\div\dfrac{x^2+x}{x-1}=\dfrac{x^3+x^2}{x^3-1}\times\dfrac{x-1}{x^2+x}$

$=\dfrac{x^2(x+1)}{(x-1)(x^2+x+1)}\times\dfrac{x-1}{x(x+1)}$

$=\dfrac{x}{x^2+x+1}$

답 (1) $\dfrac{3}{(x+2)(x-4)}$ (2) $\dfrac{x}{x^2+x+1}$

695 유사

교과서

다음 식을 계산하시오.

(1) $\frac{x+2}{x^2+4x}+\frac{x+7}{x^2+2x-8}$

(2) $\frac{x-2}{x^2+3x+2}-\frac{x-1}{x^2-x-6}$

696 유사

교과서

다음 식을 계산하시오.

(1) $\frac{x^2-3x-18}{x^2+8x+7}\times\frac{x+7}{x^2-4x-12}$

(2) $\frac{x^2+3x-4}{x^2-9}\div\frac{x^2+x-2}{x-3}$

697 변형

$\frac{2x}{x-y}-\frac{2y}{x+y}+\frac{4xy}{x^2-y^2}$를 계산하시오.

698 변형

$\frac{x^2+x-12}{x^2+5x+6}\times\frac{x^2+2x}{x^2-x-20}\div\frac{x^2-3x}{x^2-4x-5}$를 계산하시오.

예제 02 / 유리식을 포함한 항등식

유리식을 포함한 항등식이 주어진 경우에는 양변의 분모를 같게한 후 분자의 동류항의 계수를 비교한다.

분모를 0으로 만들지 않는 모든 실수 x에 대하여 등식 $\frac{a}{x+2}+\frac{b}{x-1}=\frac{4x-1}{x^2+x-2}$이 성립할 때, 상수 a, b의 값을 구하시오.

• 유형 만렙 공통수학 2 162쪽에서 문제 더 풀기

| 풀이 | 주어진 식의 좌변을 통분하여 정리하면

$$\frac{a}{x+2}+\frac{b}{x-1}=\frac{a(x-1)+b(x+2)}{(x+2)(x-1)}$$

$$=\frac{(a+b)x-(a-2b)}{x^2+x-2}$$

이때 $\frac{(a+b)x-(a-2b)}{x^2+x-2}=\frac{4x-1}{x^2+x-2}$이 x에 대한 항등식이므로

$a+b=4$, $a-2b=1$

두 식을 연립하여 풀면

$a=3$, $b=1$

답 $a=3$, $b=1$

| 다른 풀이 | $x^2+x-2=(x+2)(x-1)$이므로 주어진 식의 양변에 $(x+2)(x-1)$을 곱하면

$a(x-1)+b(x+2)=4x-1$

$\therefore (a+b)x-(a-2b)=4x-1$

이 식이 x에 대한 항등식이므로

$a+b=4$, $a-2b=1$

두 식을 연립하여 풀면

$a=3$, $b=1$

699 유사

분모를 0으로 만들지 않는 모든 실수 x에 대하여 등식

$$\frac{a}{x+1}+\frac{b}{x+3}=\frac{2x+10}{x^2+4x+3}$$

이 성립할 때, $a-b$의 값을 구하시오.

(단, a, b는 상수)

700 유사

분모를 0으로 만들지 않는 모든 실수 x에 대하여 등식

$$\frac{ax+b}{(x+1)^2}-\frac{b}{x-2}=\frac{x^2-5x-3}{x^3-3x-2}$$

이 성립할 때, 상수 a, b의 값을 구하시오.

701 변형

분모를 0으로 만들지 않는 모든 실수 x에 대하여 등식

$$\frac{a}{x}+\frac{b}{x-2}+\frac{c}{x+3}=\frac{x+18}{x^3+x^2-6x}$$

이 성립할 때, 상수 a, b, c의 값을 구하시오.

702 변형

$x\neq1$인 모든 실수 x에 대하여 등식

$$\frac{a}{x-1}-\frac{2x+b}{x^2+x+1}=\frac{3x+c}{x^3-1}$$

가 성립할 때, $a+b+c$의 값을 구하시오.

(단, a, b, c는 상수)

예제 03 / 여러 가지 유리식의 계산

주어진 유리식이 복잡할 때는 식을 변형한 후 계산한다.

다음 식을 계산하시오.

(1) $\frac{3x^2-3x+2}{x-1}-\frac{3x^2+6x+1}{x+2}$

(2) $\frac{1}{x(x+1)}+\frac{1}{(x+1)(x+2)}+\frac{1}{(x+2)(x+3)}$

(3) $1+\frac{1}{1+\frac{1}{x+1}}$

• 유형 만렙 공통수학 2 163쪽에서 문제 더 풀기

| 풀이 | (1) $\frac{3x^2-3x+2}{x-1}-\frac{3x^2+6x+1}{x+2}=\frac{3x(x-1)+2}{x-1}-\frac{3x(x+2)+1}{x+2}$

$=\left(3x+\frac{2}{x-1}\right)-\left(3x+\frac{1}{x+2}\right)=\frac{2}{x-1}-\frac{1}{x+2}$

$=\frac{2(x+2)-(x-1)}{(x+2)(x-1)}=\frac{x+5}{(x+2)(x-1)}$

(2) $\frac{1}{x(x+1)}+\frac{1}{(x+1)(x+2)}+\frac{1}{(x+2)(x+3)}$

$=\left(\frac{1}{x}-\frac{1}{x+1}\right)+\left(\frac{1}{x+1}-\frac{1}{x+2}\right)+\left(\frac{1}{x+2}-\frac{1}{x+3}\right)$ ◀ $\frac{1}{AB}=\frac{1}{B-A}\left(\frac{1}{A}-\frac{1}{B}\right)$

$=\frac{1}{x}-\frac{1}{x+3}=\frac{x+3-x}{x(x+3)}=\frac{3}{x(x+3)}$

(3) $1+\frac{1}{1+\frac{1}{x+1}}=1+\frac{1}{\frac{x+1+1}{x+1}}=1+\frac{1}{\frac{x+2}{x+1}}=1+\frac{x+1}{x+2}$

$=\frac{x+2+x+1}{x+2}=\frac{2x+3}{x+2}$

답 (1) $\frac{x+5}{(x+2)(x-1)}$ (2) $\frac{3}{x(x+3)}$ (3) $\frac{2x+3}{x+2}$

| 다른 풀이 | (3) 분자, 분모에 각각 $x+1$을 곱하면

$1+\frac{1}{1+\frac{1}{x+1}}=1+\frac{x+1}{x+1+1}=1+\frac{x+1}{x+2}=\frac{x+2+x+1}{x+2}=\frac{2x+3}{x+2}$

TIP

(1) (분자의 차수)≥(분모의 차수)인 유리식

➡ 분자를 분모로 나누어 분자의 차수가 분모의 차수보다 작게 식을 변형한 후 계산한다.

(2) 분모가 두 인수의 곱인 유리식 ➡ $\frac{1}{AB}=\frac{1}{B-A}\left(\frac{1}{A}-\frac{1}{B}\right)$ $(A\neq B,\ AB\neq 0)$임을 이용한다.

(3) 분모 또는 분자가 분수식 ➡ $\frac{\frac{A}{B}}{\frac{C}{D}}=\frac{A}{B}\div\frac{C}{D}=\frac{A}{B}\times\frac{D}{C}=\frac{AD}{BC}$ $(BCD\neq 0)$임을 이용한다.

703 유사

다음 식을 계산하시오.

(1) $\frac{x^2-2x+1}{x+1}-\frac{x^2-6x+4}{x-3}$

(2) $\frac{1}{(x+1)(x+3)}+\frac{1}{(x+3)(x+5)}+\frac{1}{(x+5)(x+7)}$

(3) $1-\cfrac{1}{1+\cfrac{1}{1-\cfrac{1}{a}}}$

704 변형

$\frac{x}{x-1}-\frac{x+1}{x}+\frac{x+3}{x+2}-\frac{x+2}{x+1}$를 계산하시오.

705 변형

$$\frac{1}{x^2-3x}+\frac{1}{x^2+3x}+\frac{1}{x^2+9x+18}=\frac{a}{(x+b)(x+c)}$$

일 때, 상수 a, b, c의 값을 구하시오. (단, $b<c$)

706 변형

$\dfrac{1-\frac{a+2b}{a-b}}{\frac{a}{a-b}-1}$를 계산하시오.

2 유리함수의 그래프

개념 01 유리함수

(1) 유리함수

함수 $y=f(x)$에서 $f(x)$가 x에 대한 유리식일 때, 이 함수를 **유리함수**라 한다.
특히 $f(x)$가 x에 대한 다항식일 때, 이 함수를 **다항함수**라 한다.

(2) 유리함수의 정의역

유리함수의 정의역이 주어져 있지 않은 경우에는 **분모가 0이 되지 않도록 하는 실수 전체의 집합**을 정의역으로 생각한다.

| 참고 | • 다항식도 유리식이므로 다항함수도 유리함수이고, 유리함수 중에서 다항함수가 아닌 유리함수를 분수함수라 한다.
• 다항함수의 정의역은 실수 전체의 집합이다.

유리함수

다항함수	분수함수

| 예 | (1) $\underbrace{y=3x+2,\ y=\frac{x+1}{2}}_{\text{다항함수}},\ \underbrace{y=\frac{2}{x+4},\ y=\frac{5x-1}{x+1}}_{\text{분수함수}}$ ➡ 유리함수

(2) $y=\frac{3}{x-2}$의 정의역 ➡ $\{x \mid x\neq 2$인 모든 실수$\}$

$y=\frac{4}{x^2+1}$의 정의역 ➡ $\{x \mid x$는 모든 실수$\}$

└ 분모를 0으로 만드는 실수 x의 값은 존재하지 않는다.

개념 02 유리함수 $y=\frac{k}{x}\ (k\neq 0)$의 그래프

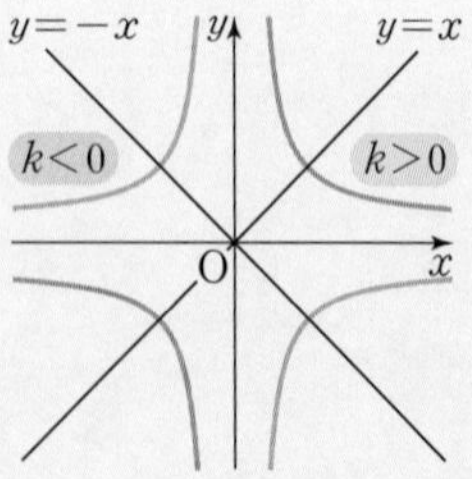

(1) 정의역: $\{x \mid x\neq 0$인 실수$\}$
치역: $\{y \mid y\neq 0$인 실수$\}$

(2) $k>0$이면 그래프는 제1사분면, 제3사분면에 있고
$k<0$이면 그래프는 제2사분면, 제4사분면에 있다.

(3) 점근선은 x축, y축이다.

(4) 원점에 대하여 대칭이고, 두 직선 $y=x$, $y=-x$에 대하여 대칭이다.

(5) $|k|$의 값이 커질수록 그래프는 원점에서 멀어진다.

유리함수 $y=\frac{k}{x}\ (k\neq0)$의 그래프는 상수 k의 값에 따라 다음 그림과 같다.

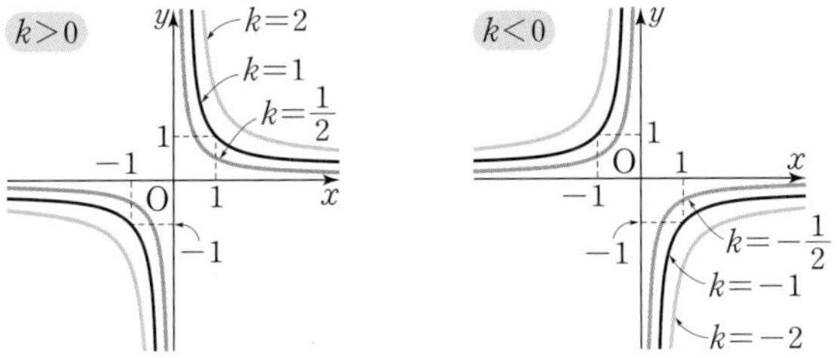

위의 그림에서 유리함수 $y=\frac{k}{x}\ (k\neq0)$의 그래프는 원점과 두 직선 $y=x$, $y=-x$에 대하여 대칭이고, $|k|$의 값이 커질수록 원점에서 멀어진다.
이때 곡선이 어떤 직선에 한없이 가까워지면 이 직선을 그 곡선의 **점근선**이라 한다.

| 참고 | 유리함수 $y=\frac{k}{x}\ (k\neq0)$의 그래프는 직선 $y=x$에 대하여 대칭이므로 유리함수 $y=\frac{k}{x}\ (k\neq0)$의 역함수는 자기 자신이다.

개념 03 유리함수 $y=\frac{k}{x-p}+q\ (k\neq0)$의 그래프

예제 04~09

유리함수 $y=\frac{k}{x-p}+q\ (k\neq0)$의 그래프는 유리함수 $y=\frac{k}{x}$의 그래프를 x축의 방향으로 p만큼, y축의 방향으로 q만큼 평행이동한 것이다.

(1) **정의역**: $\{x|x\neq p$인 실수$\}$
치역: $\{y|y\neq q$인 실수$\}$
(2) 점근선은 두 직선 $x=p$, $y=q$이다.
(3) 점 (p, q)에 대하여 대칭이고, 두 직선 $y=(x-p)+q$, $y=-(x-p)+q$에 대하여 대칭이다.

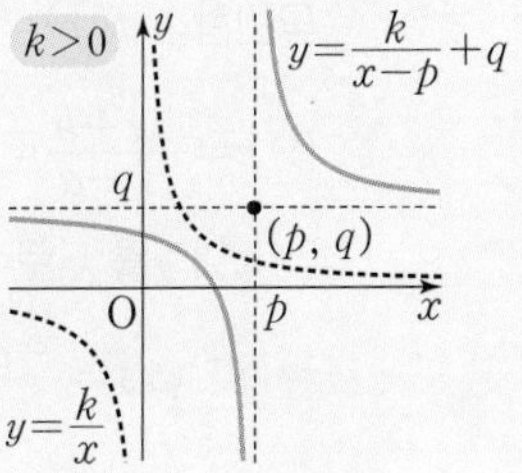

| 예 | 유리함수 $y=\frac{3}{x-2}+4$의 그래프는 유리함수 $y=\frac{3}{x}$의 그래프를 x축의 방향으로 2만큼, y축의 방향으로 4만큼 평행이동한 것이다.
(1) 정의역: $\{x|x\neq2$인 실수$\}$, 치역: $\{y|y\neq4$인 실수$\}$
(2) 점근선의 방정식: $x=2$, $y=4$
(3) 점 $(2, 4)$에 대하여 대칭이고 두 직선 $y=(x-2)+4$, $y=-(x-2)+4$, 즉 $y=x+2$, $y=-x+6$에 대하여 대칭이다.

개념 04 유리함수 $y=\dfrac{ax+b}{cx+d}\ (ad-bc\neq 0,\ c\neq 0)$의 그래프

예제 04~10

유리함수 $y=\dfrac{ax+b}{cx+d}\ (ad-bc\neq 0,\ c\neq 0)$의 그래프는 $y=\dfrac{k}{x-p}+q\ (k\neq 0)$ 꼴로 변형하여 그린다.

분자를 분모로 나누어 $\dfrac{(\text{나머지})}{(\text{분모})}+(\text{몫})$ 꼴로 변형

유리함수 $y=\dfrac{ax+b}{cx+d}$에서 $ad-bc\neq 0$, $c\neq 0$이어야 하는 이유를 확인해 보자.

(i) $c=0$인 경우

$$y=\frac{ax+b}{d}=\frac{a}{d}x+\frac{b}{d}$$ ➡ 다항함수

(ii) $c\neq 0$, $ad-bc=0$인 경우

$$y=\frac{ax+b}{cx+d}=\frac{\frac{a}{c}(cx+d)+b-\frac{ad}{c}}{cx+d}=\frac{b-\frac{ad}{c}}{cx+d}+\frac{a}{c}=\frac{\frac{-(ad-bc)}{c}}{cx+d}+\frac{a}{c}=\frac{a}{c}$$ ➡ 상수함수

| 참고 | 유리함수 $y=\dfrac{ax+b}{cx+d}$의 그래프의 점근선은 두 직선 $x=-\dfrac{d}{c}$, $y=\dfrac{a}{c}$이다.

| 예 | 유리함수 $y=\dfrac{x-2}{x-3}$의 그래프를 그려 보자.

$$y=\frac{x-2}{x-3}=\frac{(x-3)+1}{x-3}=\frac{1}{x-3}+1$$

따라서 $y=\dfrac{x-2}{x-3}$의 그래프는 $y=\dfrac{1}{x}$의 그래프를 x축의 방향으로 3만큼, y축의 방향으로 1만큼 평행이동한 것이므로 오른쪽 그림과 같다.

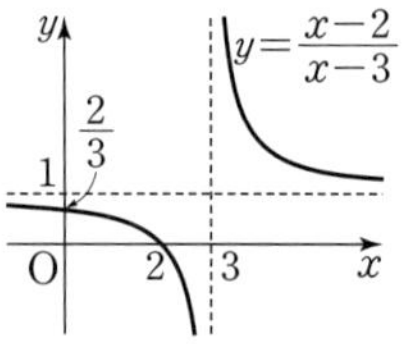

개념 05 유리함수 $y=\dfrac{ax+b}{cx+d}\ (ad-bc\neq 0,\ c\neq 0)$의 역함수 구하기

예제 11

유리함수 $f(x)=\dfrac{ax+b}{cx+d}\ (ad-bc\neq 0,\ c\neq 0)$의 역함수 $f^{-1}(x)$는 다음과 같은 순서로 구한다.

(i) $y=\dfrac{ax+b}{cx+d}$로 놓고 x에 대하여 푼다. 즉, $x=f^{-1}(y)$ 꼴로 나타낸다.

(ii) x와 y를 서로 바꾸어 $y=f^{-1}(x)$로 나타낸다.

➡ $f^{-1}(x)=\dfrac{-dx+b}{cx-a}$ ◀ $y=\dfrac{ax+b}{cx+d}$에서 a와 d의 위치가 서로 바뀌고 그 부호가 각각 바뀐다.

| 예 | 유리함수 $y=\dfrac{2x+3}{3x+4}$의 역함수를 구해 보자.

$y=\dfrac{2x+3}{3x+4}$을 x에 대하여 풀면

$(3x+4)y=2x+3$, $(3y-2)x=-4y+3$ $\quad\therefore x=\dfrac{-4y+3}{3y-2}$

x와 y를 서로 바꾸면 구하는 역함수는

$$y=\frac{-4x+3}{3x-2}$$

개념 01, 03

707 다음 유리함수의 정의역을 구하시오.

(1) $y=\frac{5}{x-4}$

(2) $y=\frac{2x+1}{x+1}$

(3) $y=\frac{x}{x^2-9}$

(4) $y=\frac{2}{x^2+5}$

개념 02, 03

708 다음 유리함수의 그래프를 그리고, 점근선의 방정식을 구하시오.

(1) $y=\frac{1}{x}$

(2) $y=-\frac{1}{2x}$

(3) $y=\frac{2}{x-2}$

(4) $y=-\frac{3}{x}-2$

개념 04

709 다음 유리함수를 $y=\frac{k}{x-p}+q$ 꼴로 나타내시오. (단, k, p, q는 상수)

(1) $y=\frac{2x+5}{x+1}$

(2) $y=\frac{1-x}{x+3}$

(3) $y=\frac{4x-9}{x-2}$

(4) $y=\frac{6-3x}{x-4}$

개념 05

710 다음 유리함수의 역함수를 구하시오.

(1) $y=\frac{3x-1}{x}$

(2) $y=\frac{4x+3}{2x-5}$

빈출

예제 04 / 유리함수의 그래프

유리함수 $y=\frac{ax+b}{cx+d}$ 의 그래프는 $y=\frac{k}{x-p}+q$ 꼴로 변형하여 그린다.

다음 유리함수의 그래프를 그리고, 정의역, 치역, 점근선의 방정식을 구하시오.

(1) $y=\frac{4}{x+2}+1$

(2) $y=\frac{2x-9}{x-4}$

• 유형 만렙 공통수학 2 166쪽에서 문제 더 풀기

| 개념 | 유리함수 $y=\frac{k}{x-p}+q\,(k\neq0)$의 그래프

➡ 정의역: $\{x\,|\,x\neq p$인 실수$\}$, 치역: $\{y\,|\,y\neq q$인 실수$\}$, 점근선의 방정식: $x=p$, $y=q$

| 풀이 | (1) $y=\frac{4}{x+2}+1$의 그래프는 $y=\frac{4}{x}$의 그래프를 x축의 방향으로 -2만큼, y축의 방향으로 1만큼 평행이동한 것이므로 오른쪽 그림과 같다.

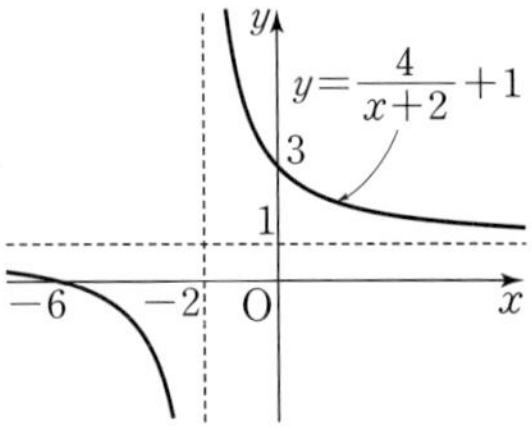

∴ 정의역: $\{x\,|\,x\neq-2$인 실수$\}$,
치역: $\{y\,|\,y\neq1$인 실수$\}$,
점근선의 방정식: $x=-2$, $y=1$

(2) $y=\frac{2x-9}{x-4}=\frac{2(x-4)-1}{x-4}=-\frac{1}{x-4}+2$

따라서 $y=\frac{2x-9}{x-4}$의 그래프는 $y=-\frac{1}{x}$의 그래프를 x축의 방향으로 4만큼, y축의 방향으로 2만큼 평행이동한 것이므로 오른쪽 그림과 같다.

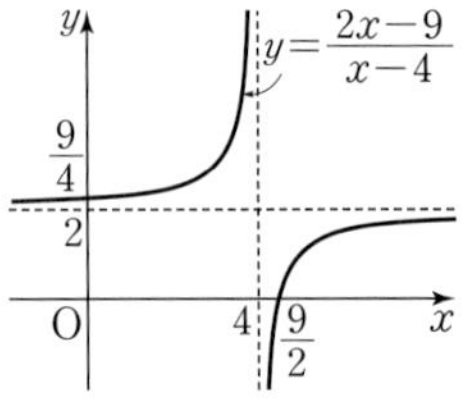

∴ 정의역: $\{x\,|\,x\neq4$인 실수$\}$,
치역: $\{y\,|\,y\neq2$인 실수$\}$,
점근선의 방정식: $x=4$, $y=2$

답 풀이 참조

• 정답과 해설 122쪽

711 유사

유리함수 $y=-\frac{3}{x-3}+2$의 그래프를 그리고, 정의역, 치역, 점근선의 방정식을 구하시오.

712 유사

유리함수 $y=\frac{3-x}{x-2}$의 그래프를 그리고, 정의역, 치역, 점근선의 방정식을 구하시오.

713 변형

유리함수 $y=\frac{x+1}{x-1}$의 정의역이 $\{x|-1\le x<1$ 또는 $x\ge 2\}$일 때, 치역을 구하시오.

714 변형

유리함수 $y=\frac{2x+1}{x+1}$의 그래프가 지나지 않는 사분면을 구하시오.

빈출

예제 05 / 유리함수의 그래프의 평행이동

유리함수 $y=\frac{k}{x-p}+q$의 그래프는 유리함수 $y=\frac{k}{x}$의 그래프를 x축의 방향으로 p만큼, y축의 방향으로 q만큼 평행이동한 것이다.

유리함수 $y=\frac{4x-5}{x-2}$의 그래프는 유리함수 $y=\frac{k}{x}$의 그래프를 x축의 방향으로 a만큼, y축의 방향으로 b만큼 평행이동한 것이다. 이때 상수 k, a, b에 대하여 $k+a+b$의 값을 구하시오.

• 유형 만렙 공통수학 2 166쪽에서 문제 더 풀기

| 풀이 | $y=\frac{4x-5}{x-2}=\frac{4(x-2)+3}{x-2}=\frac{3}{x-2}+4$

따라서 $y=\frac{4x-5}{x-2}$의 그래프는 $y=\frac{3}{x}$의 그래프를 x축의 방향으로 2만큼, y축의 방향으로 4만큼 평행이동한 것이다.

즉, $k=3$, $a=2$, $b=4$이므로

$k+a+b=9$

답 9

715 유사

유리함수 $y=\frac{5x+9}{x+3}$의 그래프는 유리함수 $y=\frac{k}{x}$의 그래프를 x축의 방향으로 a만큼, y축의 방향으로 b만큼 평행이동한 것이다. 이때 상수 k, a, b에 대하여 $k-a+b$의 값을 구하시오.

716 유사

교육청

함수 $y=\frac{2}{x}$의 그래프를 x축의 방향으로 a만큼, y축의 방향으로 b만큼 평행이동하였더니 함수 $y=\frac{3x-1}{x-1}$의 그래프와 일치하였다. 두 상수 a, b에 대하여 $a+b$의 값은?

① 2 ② 4 ③ 6
④ 8 ⑤ 10

717 변형

유리함수 $y=\frac{ax-1}{x+b}$의 그래프를 x축의 방향으로 -3만큼, y축의 방향으로 -2만큼 평행이동하면 유리함수 $y=\frac{5}{x}$의 그래프와 일치할 때, 상수 a, b에 대하여 $a+b$의 값을 구하시오.

718 변형

보기에서 그 그래프가 유리함수 $y=-\frac{3}{x}$의 그래프를 평행이동하여 겹쳐지는 유리함수인 것만을 있는 대로 고르시오.

보기

ㄱ. $y=\frac{-2x-1}{x-1}$　　ㄴ. $y=\frac{5-x}{x-2}$

ㄷ. $y=\frac{3x+3}{x+2}$　　ㄹ. $y=\frac{4x-5}{2x-1}$

예제 06 유리함수의 최대, 최소

주어진 정의역에서 유리함수의 그래프를 그려 최댓값과 최솟값을 구한다.

정의역이 $\{x \mid -2 \le x \le 1\}$인 유리함수 $y=\dfrac{3x+2}{x-2}$의 최댓값과 최솟값을 구하시오.

• 유형 만렙 공통수학 2 167쪽에서 문제 더 풀기

| 풀이 | $y=\dfrac{3x+2}{x-2}=\dfrac{3(x-2)+8}{x-2}=\dfrac{8}{x-2}+3$

따라서 $y=\dfrac{3x+2}{x-2}$의 그래프는 $y=\dfrac{8}{x}$의 그래프를 x축의 방향으로 2만큼, y축의 방향으로 3만큼 평행이동한 것이다.

$-2 \le x \le 1$에서 $y=\dfrac{3x+2}{x-2}$의 그래프는 오른쪽 그림과 같으므로

$x=-2$일 때 최댓값 1, $x=1$일 때 최솟값 -5를 갖는다.

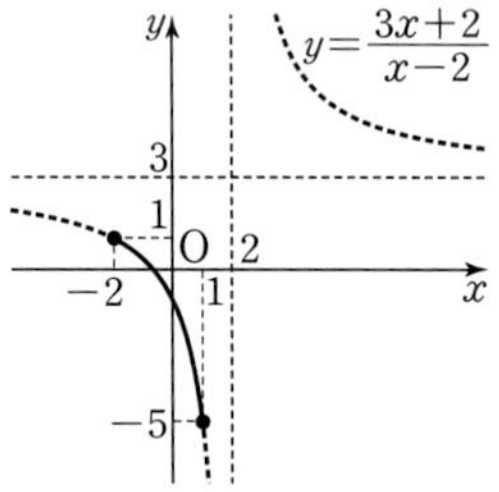

답 최댓값: 1, 최솟값: -5

719 유사

다음 유리함수의 최댓값과 최솟값을 구하시오.

(1) $y=\frac{-4x-6}{x+2}$ $(-1\le x\le 2)$

(2) $y=\frac{3x-9}{x-1}$ $(2\le x\le 7)$

720 변형

정의역이 $\{x\mid -4\le x\le 0\}$인 유리함수 $y=\frac{4x+a}{x-1}$의 최댓값이 3일 때, 상수 a의 값을 구하시오. (단, $a>-4$)

721 변형

정의역이 $\{x\mid -2\le x\le 1\}$인 유리함수 $y=\frac{3x+a}{x+4}$의 최솟값이 $\frac{1}{2}$일 때, 최댓값을 구하시오. (단, $a<12$)

722 변형

정의역이 $\{x\mid -1\le x\le a\}$인 유리함수 $y=\frac{-3x}{x+2}$의 최댓값이 b, 최솟값이 -2일 때, 상수 a, b에 대하여 $a+b$의 값을 구하시오.

예제 07 ⁄ 유리함수의 그래프의 대칭성

유리함수 $y=\frac{k}{x-p}+q$의 그래프는 점근선의 교점 (p, q)에 대하여 대칭이고, 점 (p, q)를 지나고 기울기가 ±1인 두 직선에 대하여 대칭이다.

유리함수 $y=\frac{5x+6}{x+2}$의 그래프가 두 직선 $y=x+a$, $y=-x+b$에 대하여 대칭일 때, 상수 a, b의 값을 구하시오.

• 유형 만렙 공통수학 2 168쪽에서 문제 더 풀기

| 풀이 | $y=\frac{5x+6}{x+2}=\frac{5(x+2)-4}{x+2}=-\frac{4}{x+2}+5$

즉, $y=\frac{5x+6}{x+2}$의 그래프는 $y=-\frac{4}{x}$의 그래프를 x축의 방향으로 -2만큼, y축의 방향으로 5만큼 평행이동한 것이므로 점 $(-2, 5)$에 대하여 대칭이다.

따라서 두 직선 $y=x+a$, $y=-x+b$가 모두 점 $(-2, 5)$를 지나므로

$5=-2+a$, $5=2+b$

$\therefore a=7, b=3$

답 $a=7$, $b=3$

| 다른 풀이 | $y=\frac{5x+6}{x+2}=-\frac{4}{x+2}+5$의 그래프는 $y=-\frac{4}{x}$의 그래프를 x축의 방향으로 -2만큼, y축의 방향으로 5만큼 평행이동한 것이고, $y=-\frac{4}{x}$의 그래프는 두 직선 $y=x$, $y=-x$에 대하여 대칭이므로

$y=\frac{5x+6}{x+2}$의 그래프는 두 직선 $y=x$, $y=-x$를 각각 x축의 방향으로 -2만큼, y축의 방향으로 5만큼 평행이동한 두 직선에 대하여 대칭이다.

두 직선 $y=x$, $y=-x$를 평행이동하면

$y=(x+2)+5$, $y=-(x+2)+5$

$\therefore y=x+7, y=-x+3$

이 직선이 $y=x+a$, $y=-x+b$와 일치하므로

$a=7$, $b=3$

723 유사

유리함수 $y=\frac{2x+5}{x+1}$의 그래프가 두 직선 $y=x+a$, $y=-x+b$에 대하여 대칭일 때, 상수 a, b의 값을 구하시오.

724 변형

교육청

함수 $f(x)=\frac{x+1}{2x-1}$에 대하여 유리함수 $y=f(x)$의 그래프가 점 (p, q)에 대하여 대칭일 때, $p+q$의 값은?

① $\frac{1}{4}$ ② $\frac{1}{2}$ ③ $\frac{3}{4}$
④ 1 ⑤ $\frac{5}{4}$

725 변형

유리함수 $y=\frac{ax-7}{x+b}$의 그래프가 두 직선 $y=x+1$, $y=-x-5$에 대하여 대칭일 때, ab의 값을 구하시오. (단, a, b는 상수)

726 변형

유리함수 $y=\frac{ax-5}{4-2x}$의 그래프가 점 $(b, -3)$에 대하여 대칭일 때, $a+b$의 값을 구하시오.

(단, a, b는 상수)

빈출

예제 08 / 유리함수의 식 구하기

점근선의 방정식을 이용하여 유리함수의 식을 세운 후 그래프가 지나는 점의 좌표를 대입한다.

유리함수 $y=\dfrac{ax+b}{x+c}$의 그래프가 오른쪽 그림과 같을 때, 상수 a, b, c의 값을 구하시오.

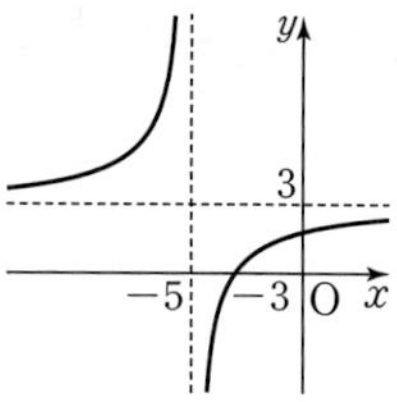

• 유형 만렙 공통수학 2 170쪽에서 문제 더 풀기

| 풀이 | 주어진 그래프에서 점근선의 방정식이 $x=-5$, $y=3$이므로 함수의 식을

$y=\dfrac{k}{x+5}+3\,(k<0)$ ······ ㉠

으로 놓을 수 있다.

㉠의 그래프가 점 $(-3, 0)$을 지나므로

$0=\dfrac{k}{-3+5}+3$ $\quad\therefore k=-6$

이를 ㉠에 대입하면

$y=\dfrac{-6}{x+5}+3=\dfrac{-6+3(x+5)}{x+5}=\dfrac{3x+9}{x+5}$

$\therefore a=3$, $b=9$, $c=5$

답 $a=3$, $b=9$, $c=5$

727 유사

유리함수 $y=\dfrac{a}{x+b}+c$의 그래프가 오른쪽 그림과 같을 때, 상수 a, b, c의 값을 구하시오.

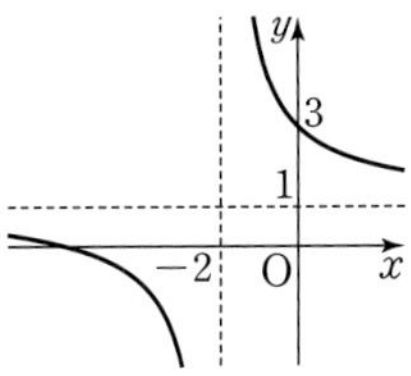

728 유사

유리함수 $y=\dfrac{ax+b}{x+c}$의 그래프가 오른쪽 그림과 같을 때, 상수 a, b, c에 대하여 $a-b+c$의 값을 구하시오.

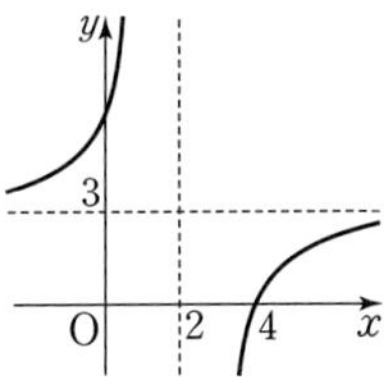

729 변형

유리함수 $y=\dfrac{ax+b}{x+c}$의 그래프가 점 $(0,\ 5)$를 지나고 점근선의 방정식이 $x=-1$, $y=-2$일 때, 상수 a, b, c에 대하여 $a+b+c$의 값을 구하시오.

730 변형

유리함수 $y=\dfrac{ax-4}{x+b}$의 그래프가 오른쪽 그림과 같을 때, 상수 a, b, c에 대하여 $a+b+c$의 값을 구하시오.

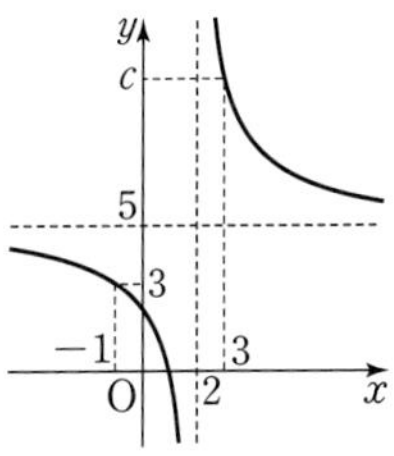

발전 예제 09 유리함수의 그래프와 직선의 위치 관계

직선이 항상 지나는 점의 좌표를 구한 후 그 점을 지나는 직선의 기울기를 움직여 보면서 유리함수의 그래프와의 위치 관계를 파악한다.

유리함수 $y=\frac{x}{x+1}$의 그래프와 직선 $y=mx+1$이 만나지 않도록 하는 실수 m의 값의 범위를 구하시오.

• 유형 만렙 공통수학 2 170쪽에서 문제 더 풀기

| 풀이 | $y=\frac{x}{x+1}=\frac{(x+1)-1}{x+1}=-\frac{1}{x+1}+1$

즉, $y=\frac{x}{x+1}$의 그래프는 $y=-\frac{1}{x}$의 그래프를 x축의 방향으로 -1만큼, y축의 방향으로 1만큼 평행이동한 것이고, $y=mx+1$은 m의 값에 관계없이 항상 점 $(0, 1)$을 지나는 직선이다.

따라서 $y=\frac{x}{x+1}$의 그래프와 직선 $y=mx+1$이 만나지 않으려면 오른쪽 그림과 같아야 한다.

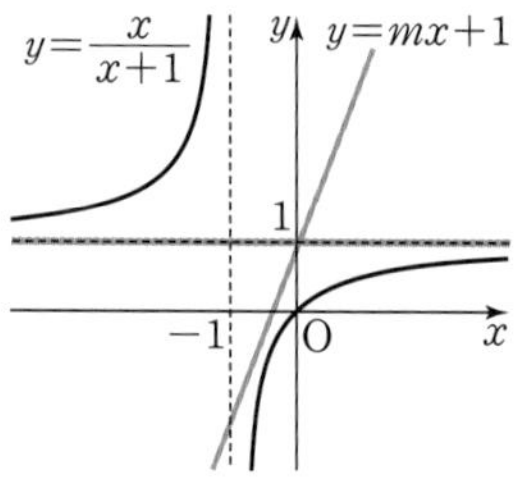

(i) $m=0$일 때

직선 $y=1$은 점근선이므로 $y=\frac{x}{x+1}$의 그래프와 만나지 않는다.

(ii) $m\neq0$일 때

$\frac{x}{x+1}=mx+1$에서 $x=(mx+1)(x+1)$

$x=mx^2+mx+x+1$ $\quad\therefore mx^2+mx+1=0$

이 이차방정식의 실근이 존재하지 않아야 하므로 판별식을 D라 하면

$D=m^2-4m<0$

$m(m-4)<0$ $\quad\therefore 0<m<4$

(i), (ii)에서 구하는 실수 m의 값의 범위는

$0\leq m<4$

답 $0\leq m<4$

731 유사

유리함수 $y=\frac{2x}{x-2}$의 그래프와 직선 $y=mx+2$가 만나지 않도록 하는 실수 m의 값의 범위를 구하시오.

732 변형

유리함수 $y=\frac{x-4}{x-3}$의 그래프와 직선 $y=x+m$이 만나지 않도록 하는 정수 m의 최솟값을 구하시오.

733 변형

유리함수 $y=\frac{3-2x}{x+3}$의 그래프와 직선 $y=ax-2$가 한 점에서 만나도록 하는 실수 a의 값을 구하시오.

734 변형

유리함수 $y=\frac{4}{x+2}-1$의 그래프와 직선 $y=a(x+2)$가 만나도록 하는 실수 a의 값의 범위를 구하시오.

예제 10 / 유리함수의 합성

f^2, f^3, f^4, ...을 차례대로 구하여 함수식의 규칙을 찾는다.

유리함수 $f(x)=\frac{1}{1-x}$에 대하여 $f^1=f$, $f^{n+1}=f\circ f^n$ (n은 자연수)이라 할 때, $f^{123}(4)$의 값을 구하시오.

• 유형 만렙 공통수학 2 171쪽에서 문제 더 풀기

| 풀이 | $f^2(x)=(f\circ f)(x)=f(f(x))=\frac{1}{1-\frac{1}{1-x}}=\frac{1}{\frac{1-x-1}{1-x}}=\frac{x-1}{x}$

$f^3(x)=(f\circ f^2)(x)=f(f^2(x))=\frac{1}{1-\frac{x-1}{x}}=\frac{1}{\frac{x-(x-1)}{x}}=x$

$\vdots$

따라서 $f^3(x)=f^6(x)=f^9(x)=\cdots=f^{3n}(x)=x$ (n은 자연수)이므로

$f^{123}(4)=f^{3\times 41}(4)=4$

답 4

빈출

예제 11 / 유리함수의 역함수

유리함수 $y=\frac{ax+b}{cx+d}$의 역함수는 y를 x에 대하여 푼 후 x와 y를 서로 바꾸어 구한다.

유리함수 $y=\frac{-x+3}{x+2}$의 역함수를 구하시오.

• 유형 만렙 공통수학 2 172쪽에서 문제 더 풀기

| 풀이 | $y=\frac{-x+3}{x+2}$을 x에 대하여 풀면

$(x+2)y=-x+3$, $(y+1)x=-2y+3$ $\quad\therefore x=\frac{-2y+3}{y+1}$

x와 y를 서로 바꾸면 구하는 역함수는

$y=\frac{-2x+3}{x+1}$

답 $y=\frac{-2x+3}{x+1}$

735 예제 10 유사

유리함수 $f(x)=\frac{x-1}{x+1}$에 대하여

$f^1=f,\ f^{n+1}=f\circ f^n$ (n은 자연수)

이라 할 때, $f^{30}(3)$의 값을 구하시오.

736 예제 11 유사

유리함수 $f(x)=\frac{2x-1}{-x+a}$의 역함수가 $f^{-1}(x)=\frac{3x+b}{x+c}$일 때, 상수 a, b, c의 값을 구하시오.

737 예제 10 변형

유리함수 $f(x)=\frac{x}{x+1}$에 대하여

$f^1=f,\ f^{n+1}=f\circ f^n$ (n은 자연수)

이라 할 때, $f^{20}(5)$의 값을 구하시오.

738 예제 11 변형

유리함수 $f(x)=\frac{ax-3}{x-2}$에 대하여 $f=f^{-1}$일 때, 상수 a의 값을 구하시오.

연습문제

1단계

739 $\dfrac{x+1}{x-2}+\dfrac{2}{x+3}-\dfrac{x-7}{x^2+x-6}$을 계산하시오.

740 분모를 0으로 만들지 않는 모든 실수 x에 대하여 등식

$$\frac{3x}{x^2-3x+2}+\frac{4}{1-x}=\frac{cx+d}{(x-a)(x-b)}$$

가 성립할 때, 상수 a, b, c, d에 대하여 $ab-cd$의 값을 구하시오.

741 유리함수 $y=\dfrac{3}{x}$의 그래프를 x축의 방향으로 4만큼, y축의 방향으로 5만큼 평행이동한 그래프가 점 $(5, a)$를 지날 때, a의 값은?

① 4 ② 5 ③ 6
④ 7 ⑤ 8

교육청

742 유리함수 $f(x)=\dfrac{3x+k}{x+4}$의 그래프를 x축의 방향으로 -2만큼, y축의 방향으로 3만큼 평행이동한 곡선을 $y=g(x)$라 하자. 곡선 $y=g(x)$의 두 점근선의 교점이 곡선 $y=f(x)$ 위의 점일 때, 상수 k의 값은?

① -6 ② -3 ③ 0
④ 3 ⑤ 6

743 유리함수 $y=\dfrac{-x-3}{x+2}$의 그래프에 대하여 보기에서 옳은 것만을 있는 대로 고르시오.

보기

ㄱ. $y=-\dfrac{1}{x}$의 그래프를 x축의 방향으로 2만큼, y축의 방향으로 -1만큼 평행이동한 것이다.

ㄴ. 점근선의 방정식은 $x=2$, $y=-1$이다.

ㄷ. 직선 $y=x+1$에 대하여 대칭이다.

ㄹ. 제1사분면을 지나지 않는다.

서술형

744 $b\le x\le 1$에서 유리함수 $y=\dfrac{ax}{x-2}$의 최댓값이 2, 최솟값이 -3일 때, 상수 a, b에 대하여 $a+b$의 값을 구하시오. (단, $a>0$)

• 정답과 해설 128쪽

745 유리함수

$y=\dfrac{x+a}{bx+c}$의 그래프가 오른쪽 그림과 같을 때, 상수 a, b, c에 대하여 abc의 값은?

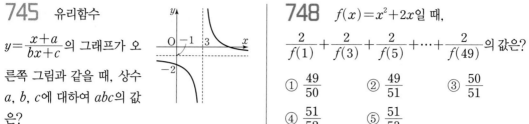

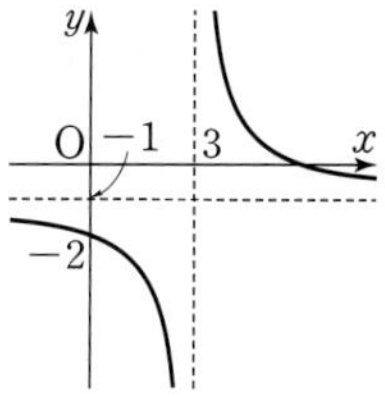

① -18 ② -6 ③ 6
④ 18 ⑤ 24

746 두 유리함수 $f(x)=\dfrac{2x+7}{x+5}$, $g(x)=\dfrac{2x+3}{x}$에 대하여 $(f^{-1}\circ g)^{-1}(-4)$의 값을 구하시오.

2단계

747 다음 식을 계산하시오.

$$\frac{x^2}{(x-y)(x-z)}+\frac{y^2}{(y-x)(y-z)}+\frac{z^2}{(z-x)(z-y)}$$

748 $f(x)=x^2+2x$일 때,

$\dfrac{2}{f(1)}+\dfrac{2}{f(3)}+\dfrac{2}{f(5)}+\cdots+\dfrac{2}{f(49)}$의 값은?

① $\dfrac{49}{50}$ ② $\dfrac{49}{51}$ ③ $\dfrac{50}{51}$
④ $\dfrac{51}{52}$ ⑤ $\dfrac{51}{53}$

749 $x^2+x+1=0$일 때,

$\dfrac{\dfrac{x}{x+1}+\dfrac{1}{x-1}}{\dfrac{1}{x+1}+\dfrac{1}{x-1}}$의 값을 구하시오.

750 두 유리함수 $y=\dfrac{1}{x+4}-k$, $y=\dfrac{2x+1}{x-k}$의 그래프의 점근선으로 둘러싸인 부분의 넓이가 24일 때, 양수 k의 값을 구하시오.

연습문제

• 정답과 해설 130쪽

751 유리함수 $y=\frac{2a-x}{x-2}$의 그래프가 제2 사분면을 지나지 않도록 하는 상수 a의 값의 범위를 구하시오. (단, $a\neq1$)

752 두 집합 $A=\left\{(x,\ y)\middle|y=\frac{x+2}{5-x}\right\}$, $B=\{(x,\ y)\,|\,y=x+m\}$에 대하여 $n(A\cap B)=1$일 때, 모든 상수 m의 값의 합은?

① -12　② -6　③ -3
④ 3　⑤ 6

753 유리함수 $f(x)=\frac{x-1}{x}$에 대하여

$f^1=f$, $f^{n+1}=f\circ f^n$ (n은 자연수)

이라 할 때, $f^{45}(8)$의 값을 구하시오.

754 유리함수 $f(x)=\frac{3x+1}{x-1}$의 역함수를 $g(x)$라 할 때, $y=g(x)$의 그래프를 x축의 방향으로 m만큼, y축의 방향으로 n만큼 평행이동하면 $y=f(x)$의 그래프와 겹쳐진다. 이때 mn의 값을 구하시오.

3단계

755 다음 그림과 같이 함수 $y=\frac{3}{x-4}+3\,(x>4)$의 그래프 위의 한 점 P에서 이 함수의 그래프의 두 점근선에 내린 수선의 발을 각각 Q, R라 하고, 두 점근선의 교점을 S라 할 때, 직사각형 PRSQ의 둘레의 길이의 최솟값을 구하시오.

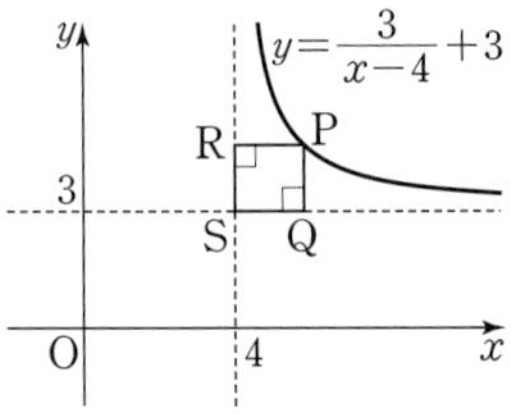

756 $3\le x\le4$에서 부등식 $mx+2\le\frac{2x-2}{x-2}\le nx+2$가 항상 성립할 때, 상수 m의 최댓값과 상수 n의 최솟값의 합을 구하시오.

III. 함수와 그래프

3

무리함수

1 무리식

개념 01 무리식

근호 안에 문자가 포함된 식 중에서 유리식으로 나타낼 수 없는 식을 **무리식**이라 한다.

| 예 | $\sqrt{x+2}$, $\dfrac{1}{\sqrt{4x-1}}$, $\sqrt{x+1}+\sqrt{3-x}$는 무리식이다.

개념 02 무리식의 값이 실수가 되기 위한 조건

무리식의 값이 실수가 되려면 근호 안의 식의 값이 0 이상이어야 하고 분모는 0이 아니어야 한다.

➡ (근호 안의 식의 값)≥ 0, (분모)$\neq 0$

| 예 | • 무리식 $\sqrt{2x+3}$의 값이 실수가 되려면 ➡ $2x+3\geq 0$에서 $x\geq -\dfrac{3}{2}$

• 무리식 $\dfrac{2}{\sqrt{x-1}}$의 값이 실수가 되려면 ➡ $x-1\geq 0$이고 $x-1\neq 0$이므로 $x>1$

개념 03 무리식의 계산

예제 01

무리식의 계산은 무리수의 계산과 같은 방법으로 제곱근의 성질을 이용한다.
특히 분모가 무리식인 경우에는 분모를 유리화하여 계산한다.

(1) 제곱근의 성질

$a>0$, $b>0$일 때

① $\sqrt{a}\sqrt{b}=\sqrt{ab}$ ② $\dfrac{\sqrt{a}}{\sqrt{b}}=\sqrt{\dfrac{a}{b}}$ ③ $\sqrt{a^2b}=a\sqrt{b}$ ④ $\sqrt{\dfrac{a}{b^2}}=\dfrac{\sqrt{a}}{b}$

(2) 분모의 유리화

$a>0$, $b>0$일 때

① $\dfrac{a}{\sqrt{b}}=\dfrac{a\sqrt{b}}{\sqrt{b}\sqrt{b}}=\dfrac{a\sqrt{b}}{b}$

② $\dfrac{c}{\sqrt{a}+\sqrt{b}}=\dfrac{c(\sqrt{a}-\sqrt{b})}{(\sqrt{a}+\sqrt{b})(\sqrt{a}-\sqrt{b})}=\dfrac{c(\sqrt{a}-\sqrt{b})}{a-b}$ (단, $a\neq b$)

③ $\dfrac{c}{\sqrt{a}-\sqrt{b}}=\dfrac{c(\sqrt{a}+\sqrt{b})}{(\sqrt{a}-\sqrt{b})(\sqrt{a}+\sqrt{b})}=\dfrac{c(\sqrt{a}+\sqrt{b})}{a-b}$ (단, $a\neq b$)

개념 02

757 다음 무리식의 값이 실수가 되도록 하는 실수 x의 값의 범위를 구하시오.

(1) $\sqrt{x+4}+3x$

(2) $\sqrt{x-5}+\sqrt{3x+6}$

(3) $\sqrt{8-4x}-\dfrac{2}{\sqrt{x+3}}$

(4) $\dfrac{\sqrt{x+2}}{\sqrt{1-2x}}$

개념 03

758 다음 식의 분모를 유리화하시오.

(1) $\dfrac{x-1}{\sqrt{x}-1}$

(2) $\dfrac{x}{\sqrt{x+9}-3}$

(3) $\dfrac{4}{\sqrt{x+2}-\sqrt{x-2}}$

(4) $\dfrac{\sqrt{x}+\sqrt{x-1}}{\sqrt{x}-\sqrt{x-1}}$

개념 03

759 다음 식을 계산하시오.

(1) $\dfrac{2}{1+\sqrt{x}}+\dfrac{2}{1-\sqrt{x}}$

(2) $\dfrac{1}{\sqrt{x}-\sqrt{y}}-\dfrac{1}{\sqrt{x}+\sqrt{y}}$

예제 01 / 무리식의 계산

주어진 무리식의 분모를 유리화하거나 통분하여 계산한다.

다음 물음에 답하시오.

(1) $\frac{2x}{\sqrt{x+3}-2}-\frac{2x}{\sqrt{x+3}+2}$를 계산하시오.

(2) $x=\sqrt{5}$일 때, $\frac{\sqrt{x+1}-\sqrt{x-1}}{\sqrt{x+1}+\sqrt{x-1}}$의 값을 구하시오.

• **유형 만렙** 공통수학 2 182쪽에서 문제 더 풀기

| 풀이 | (1) $\frac{2x}{\sqrt{x+3}-2}-\frac{2x}{\sqrt{x+3}+2}=\frac{2x(\sqrt{x+3}+2)-2x(\sqrt{x+3}-2)}{(\sqrt{x+3}-2)(\sqrt{x+3}+2)}$ ◀ 통분

$=\frac{2x\sqrt{x+3}+4x-2x\sqrt{x+3}+4x}{x+3-4}$

$=\frac{8x}{x-1}$

(2) $\frac{\sqrt{x+1}-\sqrt{x-1}}{\sqrt{x+1}+\sqrt{x-1}}=\frac{(\sqrt{x+1}-\sqrt{x-1})^2}{(\sqrt{x+1}+\sqrt{x-1})(\sqrt{x+1}-\sqrt{x-1})}$ ◀ 분모의 유리화

$=\frac{x+1-2\sqrt{x^2-1}+x-1}{x+1-(x-1)}$

$=\frac{2x-2\sqrt{x^2-1}}{2}$

$=x-\sqrt{x^2-1}$

$=\sqrt{5}-\sqrt{5-1}$ ◀ $x=\sqrt{5}$를 대입

$=\sqrt{5}-2$

답 (1) $\frac{8x}{x-1}$ (2) $\sqrt{5}-2$

760 유사

$\dfrac{1}{x+\sqrt{x^2-1}}+\dfrac{1}{x-\sqrt{x^2-1}}$을 계산하시오.

761 유사

$x=\sqrt{3}$일 때, $\dfrac{\sqrt{x}-1}{\sqrt{x}+1}+\dfrac{\sqrt{x}+1}{\sqrt{x}-1}$의 값을 구하시오.

762 변형

$\dfrac{1}{\sqrt{x}+\sqrt{x+1}}+\dfrac{1}{\sqrt{x+1}+\sqrt{x+2}}+\dfrac{1}{\sqrt{x+2}+\sqrt{x+3}}$

을 계산하시오.

763 변형

$x=\dfrac{1}{\sqrt{2}-1}$, $y=\dfrac{1}{\sqrt{2}+1}$일 때, $\dfrac{\sqrt{x}-\sqrt{y}}{\sqrt{x}+\sqrt{y}}$의 값을 구하시오.

2 무리함수의 그래프

개념 01 무리함수

(1) 무리함수

함수 $y=f(x)$에서 $f(x)$가 x에 대한 무리식일 때, 이 함수를 **무리함수**라 한다.

(2) 무리함수의 정의역

무리함수의 정의역이 주어져 있지 않은 경우에는 **근호 안의 식의 값이 0 이상이 되도록 하는 실수 전체의 집합**을 정의역으로 생각한다.

| 예 | (1) $y=\sqrt{x}$, $y=\sqrt{2x+1}$, $y=\sqrt{1-3x}+2$는 무리함수이다.

(2) $y=\sqrt{3x+1}$에서 $3x+1\geq0$, 즉 $x\geq-\frac{1}{3}$이므로 이 함수의 정의역은

$\left\{x \middle| x\geq-\frac{1}{3}\right\}$

개념 02 무리함수 $y=\sqrt{x}$의 그래프

무리함수 $y=\sqrt{x}$, $y=-\sqrt{x}$, $y=\sqrt{-x}$, $y=-\sqrt{-x}$의 그래프는 오른쪽 그림과 같다.

이때 무리함수 $y=-\sqrt{x}$, $y=\sqrt{-x}$, $y=-\sqrt{-x}$의 그래프는 무리함수 $y=\sqrt{x}$의 그래프를 각각 x축, y축, 원점에 대하여 대칭이동한 것이다.

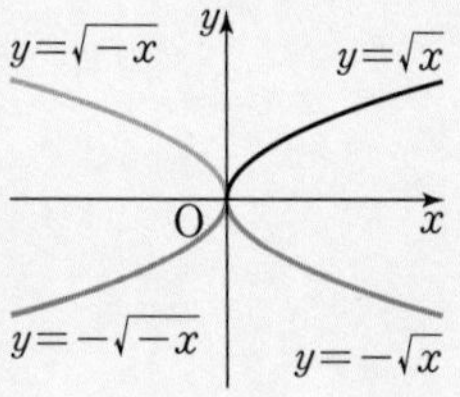

| 참고 | 무리함수 $y=\sqrt{x}\,(x\geq0)$의 그래프는 그 역함수의 그래프를 이용하여 그릴 수 있다.

$y=\sqrt{x}$를 x에 대하여 풀면 $x=y^2\,(y\geq0)$

x와 y를 서로 바꾸면 $y=x^2\,(x\geq0)$

따라서 무리함수 $y=\sqrt{x}$의 역함수는 $y=x^2\,(x\geq0)$이다.

이때 함수 $y=\sqrt{x}$의 그래프는 그 역함수 $y=x^2\,(x\geq0)$의 그래프와 직선 $y=x$에 대하여 대칭이므로 오른쪽 그림과 같다.

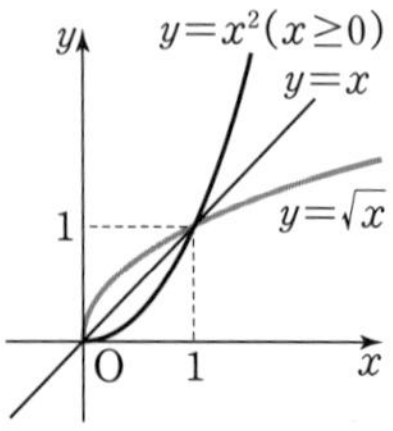

개념 03 무리함수 $y=\sqrt{ax}$, $y=-\sqrt{ax}$ $(a\neq 0)$의 그래프

(1) 무리함수 $y=\sqrt{ax}$ $(a\neq 0)$의 그래프

① $a>0$일 때

정의역: $\{x\,|\,x\geq 0\}$, 치역: $\{y\,|\,y\geq 0\}$

② $a<0$일 때

정의역: $\{x\,|\,x\leq 0\}$, 치역: $\{y\,|\,y\geq 0\}$

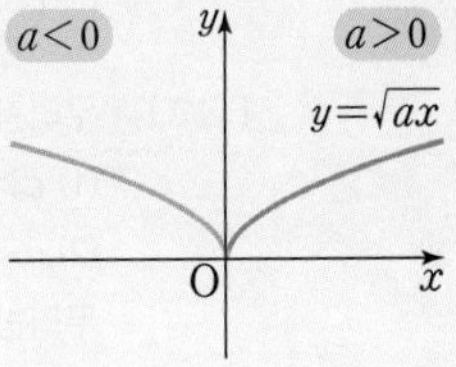

(2) 무리함수 $y=-\sqrt{ax}$ $(a\neq 0)$의 그래프

① $a>0$일 때

정의역: $\{x\,|\,x\geq 0\}$, 치역: $\{y\,|\,y\leq 0\}$

② $a<0$일 때

정의역: $\{x\,|\,x\leq 0\}$, 치역: $\{y\,|\,y\leq 0\}$

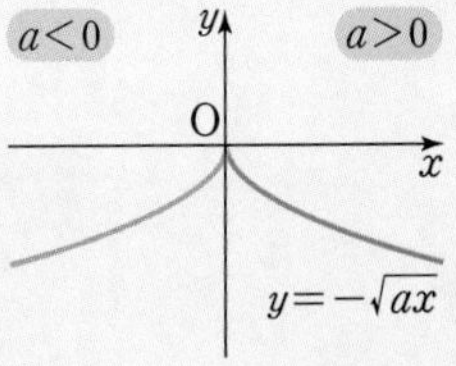

| 참고 | (1) 무리함수 $y=\sqrt{ax}$ $(a\neq 0)$의 그래프는 그 역함수 $y=\frac{1}{a}x^2$ $(x\geq 0)$의 그래프와 직선 $y=x$에 대하여 대칭이다.

또 무리함수 $y=-\sqrt{ax}$의 그래프는 무리함수 $y=\sqrt{ax}$의 그래프와 x축에 대하여 대칭이다.

(2) 무리함수 $y=\sqrt{ax}$ $(a\neq 0)$의 그래프는 상수 a의 값에 따라 오른쪽 그림과 같으므로 $|a|$의 값이 커질수록 x축에서 멀어진다.

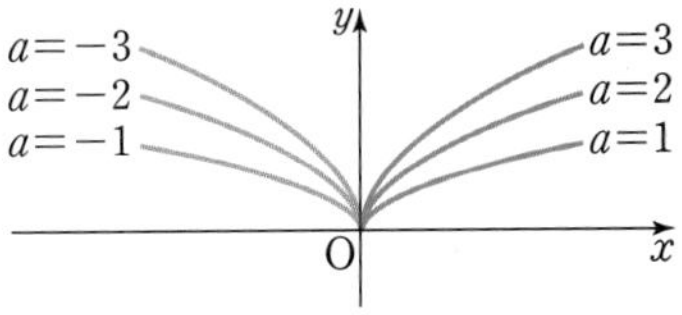

개념 04 무리함수 $y=\sqrt{a(x-p)}+q$ $(a\neq 0)$의 그래프

예제 02~06, 08

무리함수 $y=\sqrt{a(x-p)}+q$ $(a\neq 0)$의 그래프는 무리함수 $y=\sqrt{ax}$의 그래프를 x축의 방향으로 p만큼, y축의 방향으로 q만큼 평행이동한 것이다.

(1) $a>0$일 때

정의역: $\{x\,|\,x\geq p\}$, 치역: $\{y\,|\,y\geq q\}$

(2) $a<0$일 때

정의역: $\{x\,|\,x\leq p\}$, 치역: $\{y\,|\,y\geq q\}$

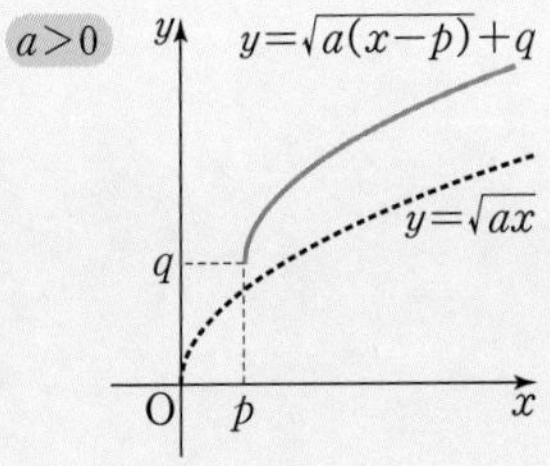

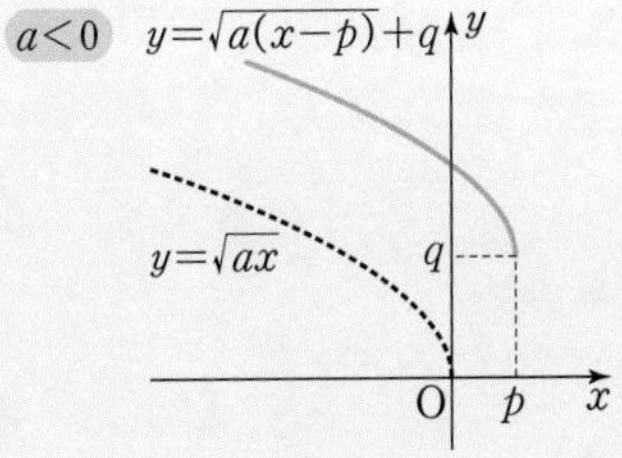

$y=\sqrt{a(x-p)}+q\,(a>0)$에서 (근호 안의 식의 값)≥ 0이어야 하므로

$a(x-p)\geq 0 \qquad \therefore x\geq p\ (\because a>0)$

또 $\sqrt{a(x-p)}\geq 0$이므로 $y\geq q$

따라서 무리함수 $y=\sqrt{a(x-p)}+q\,(a>0)$의 정의역은 $\{x\,|\,x\geq p\}$, 치역은 $\{y\,|\,y\geq q\}$이다.

| 참고 | • 무리함수 $y=-\sqrt{a(x-p)}+q\,(a\neq 0)$에서

(1) $a>0$일 때, 정의역: $\{x\,|\,x\geq p\}$, 치역: $\{y\,|\,y\leq q\}$

(2) $a<0$일 때, 정의역: $\{x\,|\,x\leq p\}$, 치역: $\{y\,|\,y\leq q\}$

• 무리함수 $y=\sqrt{a(x-p)}+q\,(a\neq 0)$의 그래프를 그릴 때는 점 $(p,\ q)$가 그래프의 시작점이라 생각하고 그린다.

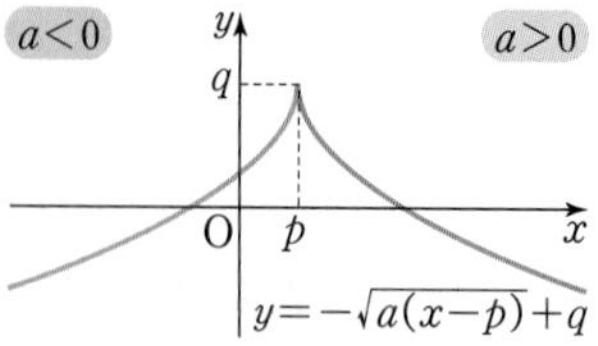

개념 05 무리함수 $y=\sqrt{ax+b}+c\,(a\neq 0)$의 그래프

○ 예제 02~08

무리함수 $y=\sqrt{ax+b}+c\,(a\neq 0)$의 그래프는 $y=\sqrt{a\left(x+\frac{b}{a}\right)}+c$로 변형하여 그린다.

이때 $y=\sqrt{ax+b}+c$의 그래프는 $y=\sqrt{ax}$의 그래프를 x축의 방향으로 $-\frac{b}{a}$만큼, y축의 방향으로 c만큼 평행이동한 것이다.

| 예 | $y=\sqrt{3x+6}+1$의 그래프를 그려 보자.

$y=\sqrt{3x+6}+1=\sqrt{3(x+2)}+1$

따라서 $y=\sqrt{3x+6}+1$의 그래프는 $y=\sqrt{3x}$의 그래프를 x축의 방향으로 -2만큼, y축의 방향으로 1만큼 평행이동한 것이므로 다음 그림과 같다.

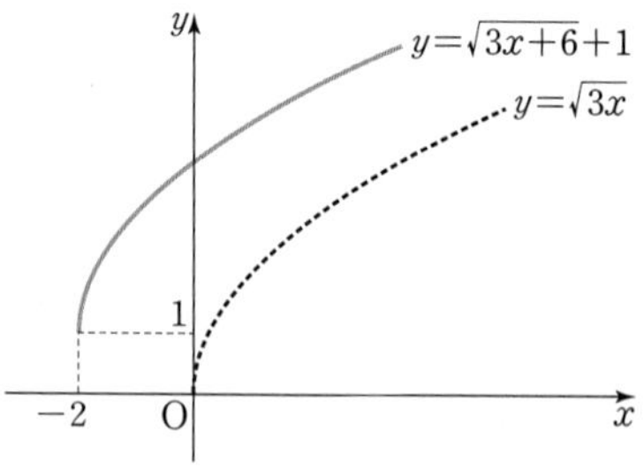

• 정답과 해설 133쪽

개념 01, 04

764 다음 무리함수의 정의역을 구하시오.

(1) $y=\sqrt{x+6}$

(2) $y=\sqrt{2x-4}$

(3) $y=\sqrt{5-x}$

(4) $y=-\sqrt{2-3x}+1$

개념 03

765 다음 무리함수의 그래프를 그리고, 정의역과 치역을 구하시오.

(1) $y=\sqrt{3x}$

(2) $y=-\sqrt{3x}$

(3) $y=\sqrt{-3x}$

(4) $y=-\sqrt{-3x}$

개념 05

766 다음 무리함수를 $y=\pm\sqrt{a(x-p)}+q\,(a\neq0)$ 꼴로 나타내시오. (단, a, p, q는 상수)

(1) $y=\sqrt{5x-1}-3$

(2) $y=-\sqrt{2x+8}+1$

빈출

예제 02 / 무리함수의 그래프

무리함수 $y=\sqrt{ax+b}+c$의 그래프는 $y=\sqrt{a\left(x+\frac{b}{a}\right)}+c$로 변형하여 그린다.

다음 무리함수의 그래프를 그리고, 정의역과 치역을 구하시오.

(1) $y=\sqrt{2x-6}+5$　　(2) $y=-\sqrt{1-x}-3$

• 유형 만렙 공통수학 2 185쪽에서 문제 더 풀기

| 개념 | 무리함수 $y=\sqrt{a(x-p)}+q\ (a\neq0)$의 그래프에서

(1) $a>0$일 때, 정의역: $\{x|x\geq p\}$, 치역: $\{y|y\geq q\}$

(2) $a<0$일 때, 정의역: $\{x|x\leq p\}$, 치역: $\{y|y\geq q\}$

| 풀이 | (1) $y=\sqrt{2x-6}+5=\sqrt{2(x-3)}+5$

따라서 무리함수 $y=\sqrt{2x-6}+5$의 그래프는 $y=\sqrt{2x}$의 그래프를 x축의 방향으로 3만큼, y축의 방향으로 5만큼 평행이동한 것이므로 오른쪽 그림과 같다.

$\therefore$ 정의역: $\{x|x\geq3\}$, 치역: $\{y|y\geq5\}$

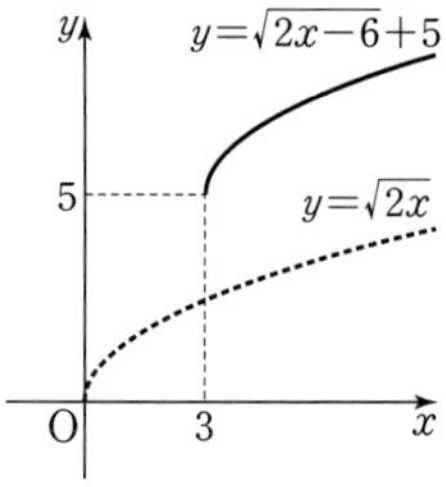

(2) $y=-\sqrt{1-x}-3=-\sqrt{-(x-1)}-3$

따라서 무리함수 $y=-\sqrt{1-x}-3$의 그래프는 $y=-\sqrt{-x}$의 그래프를 x축의 방향으로 1만큼, y축의 방향으로 -3만큼 평행이동한 것이므로 오른쪽 그림과 같다.

$\therefore$ 정의역: $\{x|x\leq1\}$, 치역: $\{y|y\leq-3\}$

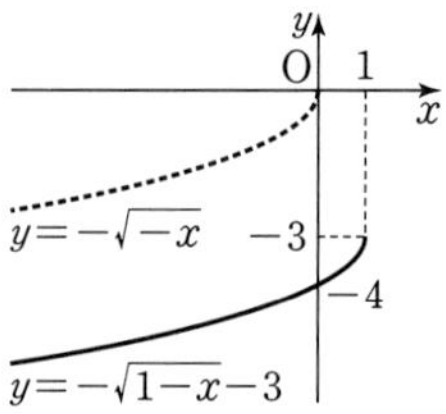

답 풀이 참조

767 유사

무리함수 $y=\sqrt{3-3x}+4$의 그래프를 그리고, 정의역과 치역을 구하시오.

768 유사

무리함수 $y=-\sqrt{2x+4}+2$의 그래프를 그리고, 정의역과 치역을 구하시오.

769 변형

무리함수 $y=\sqrt{3x-9}-2$의 치역이 $\{y|y\geq 1\}$일 때, 정의역을 구하시오.

770 변형

무리함수 $y=\sqrt{4-x}-1$의 그래프가 지나지 않는 사분면을 구하시오.

빈출

예제 03 / 무리함수의 그래프의 평행이동과 대칭이동

도형의 평행이동과 대칭이동을 이용하여 함수의 그래프의 식을 구한다. 이때 이동하는 순서에 주의한다.

무리함수 $y=\sqrt{2x}-3$의 그래프를 x축의 방향으로 2만큼, y축의 방향으로 4만큼 평행이동한 후 x축에 대하여 대칭이동하면 무리함수 $y=-\sqrt{ax+b}+c$의 그래프와 일치한다. 이때 상수 a, b, c에 대하여 $a+b+c$의 값을 구하시오.

• 유형 만렙 공통수학 2 184쪽에서 문제 더 풀기

| 풀이 | $y=\sqrt{2x}-3$의 그래프를 x축의 방향으로 2만큼, y축의 방향으로 4만큼 평행이동한 그래프의 식은

$y=\sqrt{2(x-2)}-3+4 \quad \therefore y=\sqrt{2x-4}+1$

이 함수의 그래프를 x축에 대하여 대칭이동한 그래프의 식은

$-y=\sqrt{2x-4}+1 \quad \therefore y=-\sqrt{2x-4}-1$

이 식이 $y=-\sqrt{ax+b}+c$와 일치하므로

$a=2$, $b=-4$, $c=-1$

$\therefore a+b+c=-3$

답 -3

771 유사

교과서

무리함수 $y=\sqrt{3x+1}$의 그래프를 x축의 방향으로 -1만큼, y축의 방향으로 3만큼 평행이동한 후 y축에 대하여 대칭이동하면 무리함수 $y=\sqrt{ax+b}+c$의 그래프와 일치한다. 이때 상수 a, b, c에 대하여 $a+b+c$의 값을 구하시오.

772 변형

무리함수 $y=\sqrt{-x}$의 그래프를 x축의 방향으로 a만큼, y축의 방향으로 b만큼 평행이동한 후 원점에 대하여 대칭이동하면 무리함수 $y=-\sqrt{x-2}-5$의 그래프와 일치할 때, $a+b$의 값을 구하시오.

773 변형

교육청

함수 $y=\sqrt{x-1}+a$의 그래프를 x축의 방향으로 b만큼, y축의 방향으로 -1만큼 평행이동하면 $y=\sqrt{x-4}$의 그래프와 일치한다. $a+b$의 값은? (단, a, b는 상수이다.)

① 1 ② 2 ③ 3
④ 4 ⑤ 5

774 변형

보기에서 그 그래프가 무리함수 $y=\sqrt{2x}$의 그래프를 평행이동 또는 대칭이동하여 겹쳐지는 무리함수인 것만을 있는 대로 고르시오.

보기

ㄱ. $y=\sqrt{-2x}$ ㄴ. $y=2\sqrt{x}$
ㄷ. $y=-\sqrt{2x}+1$ ㄹ. $y=\sqrt{2x+1}$

예제 04 / 무리함수의 최대, 최소

주어진 정의역에서 무리함수의 그래프를 그려 최댓값과 최솟값을 구한다.

정의역이 $\{x|5\le x\le 11\}$인 무리함수 $y=\sqrt{2x-6}+2$의 최댓값과 최솟값을 구하시오.

• 유형 만렙 공통수학 2 185쪽에서 문제 더 풀기

| 풀이 | $y=\sqrt{2x-6}+2=\sqrt{2(x-3)}+2$

따라서 $y=\sqrt{2x-6}+2$의 그래프는 $y=\sqrt{2x}$의 그래프를 x축의 방향으로 3만큼, y축으로 방향으로 2만큼 평행이동한 것이다.

$5\le x\le 11$에서 $y=\sqrt{2x-6}+2$의 그래프는 오른쪽 그림과 같으므로

$x=11$일 때 최댓값 6, $x=5$일 때 최솟값 4를 갖는다.

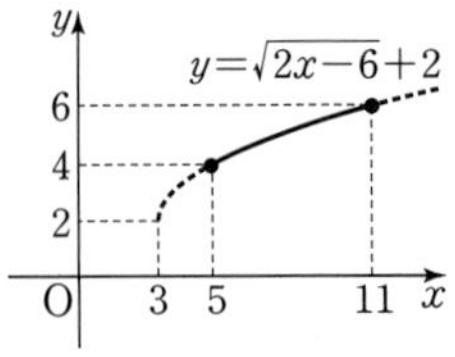

답 최댓값: 6, 최솟값: 4

• 정답과 해설 135쪽

775 유사

다음 무리함수의 최댓값과 최솟값을 구하시오.

(1) $y=\sqrt{3-x}+2\ (-6\le x\le 2)$

(2) $y=-\sqrt{2x-4}+4\ (4\le x\le 10)$

776 변형

정의역이 $\{x\mid -3\le x\le 5\}$인 무리함수 $y=-\sqrt{a-x}+5$의 최댓값이 4일 때, 상수 a의 값을 구하시오. (단, $a>5$)

777 변형

교과서

정의역이 $\{x\mid 0\le x\le 9\}$인 무리함수 $y=-\sqrt{3x+9}+a$의 최솟값이 -8일 때, 최댓값을 구하시오. (단, a는 상수)

778 변형

정의역이 $\{x\mid a\le x\le 2\}$인 무리함수 $y=\sqrt{8-2x}+b$의 최댓값이 1, 최솟값이 -1일 때, 상수 a, b에 대하여 ab의 값을 구하시오.

빈출

예제 05 / 무리함수의 식 구하기

그래프가 시작하는 점의 좌표를 이용하여 무리함수의 식을 세운 후 그래프가 지나는 점의 좌표를 대입한다.

무리함수 $y=\sqrt{ax+b}+c$의 그래프가 오른쪽 그림과 같을 때, 상수 a, b, c의 값을 구하시오.

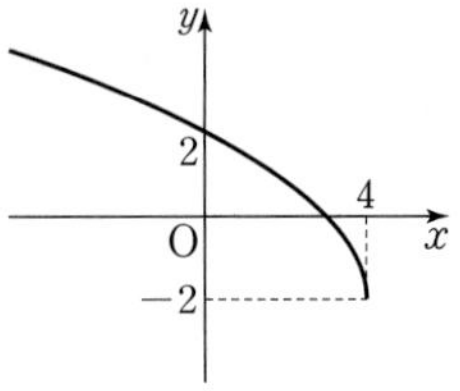

• 유형 만렙 공통수학 2 187쪽에서 문제 더 풀기

| 풀이 | 주어진 그래프는 $y=\sqrt{ax}$ $(a<0)$의 그래프를 x축의 방향으로 4만큼, y축의 방향으로 -2만큼 평행이동한 것이므로 함수의 식을

$y=\sqrt{a(x-4)}-2$ ...... ㉠

로 놓을 수 있다.

㉠의 그래프가 점 $(0, 2)$를 지나므로

$2=\sqrt{-4a}-2$, $\sqrt{-4a}=4$

양변을 제곱하면

$-4a=16$ $\therefore a=-4$

이를 ㉠에 대입하면

$y=\sqrt{-4(x-4)}-2=\sqrt{-4x+16}-2$

$\therefore b=16$, $c=-2$

답 $a=-4$, $b=16$, $c=-2$

779 유사

교과서

무리함수 $y=-\sqrt{ax+b}+c$의 그래프가 오른쪽 그림과 같을 때, 상수 a, b, c의 값을 구하시오.

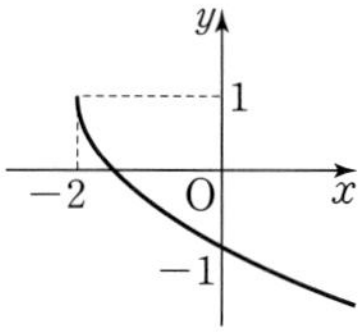

780 변형

오른쪽 그림과 같은 무리함수의 그래프가 점 $(-6, k)$를 지날 때, k의 값을 구하시오.

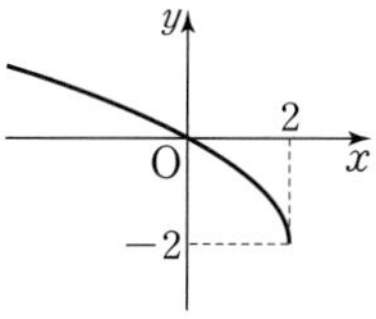

781 변형

무리함수 $y=\sqrt{ax+6}+b$의 그래프가 다음 그림과 같을 때, 상수 a, b, c에 대하여 $a+b+c$의 값을 구하시오.

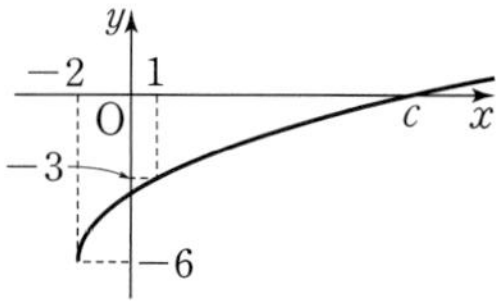

782 변형

무리함수 $y=a\sqrt{bx+9}+c$의 그래프가 오른쪽 그림과 같을 때, 상수 a, b, c에 대하여 abc의 값을 구하시오.

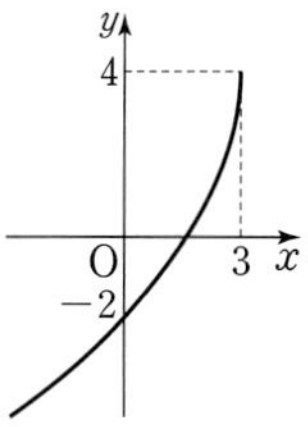

발전 예제 06 / 무리함수의 그래프와 직선의 위치 관계

무리함수의 그래프를 그린 후 주어진 위치 관계를 만족시키도록 직선을 움직여 본다.

무리함수 $y=\sqrt{x-1}$의 그래프와 직선 $y=x+k$의 위치 관계가 다음과 같을 때, 실수 k의 값 또는 범위를 구하시오.

(1) 서로 다른 두 점에서 만난다.

(2) 한 점에서 만난다.

(3) 만나지 않는다.

• 유형 만렙 공통수학 2 188쪽에서 문제 더 풀기

| 풀이 | $y=\sqrt{x-1}$의 그래프는 $y=\sqrt{x}$의 그래프를 x축의 방향으로 1만큼 평행이동한 것이고, $y=x+k$는 기울기가 1이고 y절편이 k인 직선이다.

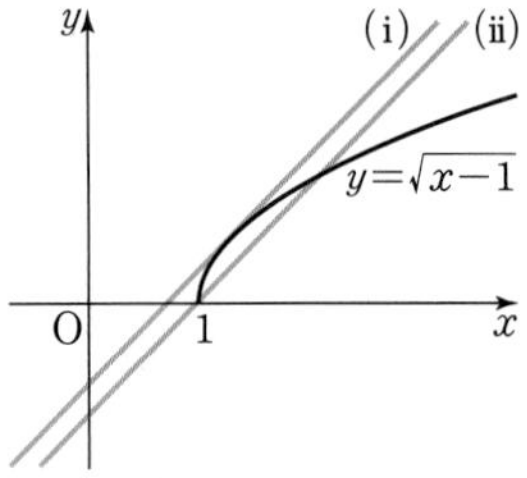

(i) 직선 $y=x+k$와 $y=\sqrt{x-1}$의 그래프가 접할 때

$x+k=\sqrt{x-1}$의 양변을 제곱하면

$x^2+2kx+k^2=x-1$

$\therefore\ x^2+(2k-1)x+k^2+1=0$

이 이차방정식의 판별식을 D라 하면

$D=(2k-1)^2-4(k^2+1)=0$

$-4k-3=0 \qquad \therefore\ k=-\frac{3}{4}$

(ii) 직선 $y=x+k$가 점 $(1,\ 0)$을 지날 때

$0=1+k \qquad \therefore\ k=-1$

(1) 서로 다른 두 점에서 만나는 경우는 직선 $y=x+k$가 (ii)이거나 (i)과 (ii) 사이에 있을 때이므로

$-1\le k<-\frac{3}{4}$

(2) 한 점에서 만나는 경우는 직선 $y=x+k$가 (i)이거나 (ii)보다 아래쪽에 있을 때이므로

$k=-\frac{3}{4}$ 또는 $k<-1$

(3) 만나지 않는 경우는 직선 $y=x+k$가 (i)보다 위쪽에 있을 때이므로

$k>-\frac{3}{4}$

답 (1) $-1\le k<-\frac{3}{4}$ (2) $k=-\frac{3}{4}$ 또는 $k<-1$ (3) $k>-\frac{3}{4}$

유제

• 정답과 해설 137쪽

783 유사

무리함수 $y=\sqrt{x+1}$의 그래프와 직선 $y=\frac{1}{2}x+k$가 서로 다른 두 점에서 만나도록 하는 실수 k의 값의 범위를 구하시오.

784 유사

무리함수 $y=\sqrt{6-2x}$의 그래프와 직선 $y=-x+k$가 한 점에서 만나도록 하는 실수 k의 값 또는 범위를 구하시오.

785 유사

무리함수 $y=-\sqrt{5-2x}$의 그래프와 직선 $y=x+k$가 만나지 않도록 하는 실수 k의 값의 범위를 구하시오.

786 변형

무리함수 $y=\sqrt{4x-3}$의 그래프와 직선 $y=mx+1$이 만나도록 하는 실수 m의 값의 범위를 구하시오.

예제 07 / 무리함수의 역함수

무리함수 $y=\sqrt{ax+b}+c$의 역함수는 $y-c=\sqrt{ax+b}$의 양변을 제곱하여 x에 대하여 푼 후 x와 y를 서로 바꾸어 구한다.

무리함수 $y=\sqrt{x-2}+1$의 역함수가 $y=x^2+ax+b\,(x\geq c)$일 때, 상수 a, b, c의 값을 구하시오.

• 유형 만렙 공통수학 2 189쪽에서 문제 더 풀기

| 풀이 | 무리함수 $y=\sqrt{x-2}+1$의 치역이 $\{y\,|\,y\geq 1\}$이므로 그 역함수의 정의역은 $\{x\,|\,x\geq 1\}$이다.

$y=\sqrt{x-2}+1$에서 $y-1=\sqrt{x-2}$

양변을 제곱하면

$y^2-2y+1=x-2 \qquad \therefore x=y^2-2y+3$

x와 y를 서로 바꾸면 주어진 무리함수의 역함수는

$y=x^2-2x+3\ (x\geq 1)$

$\therefore a=-2,\ b=3,\ c=1$

답 $a=-2,\ b=3,\ c=1$

예제 08 / 무리함수와 그 역함수의 그래프의 교점

무리함수의 그래프와 그 역함수의 그래프는 직선 $y=x$에 대하여 대칭임을 이용한다.

무리함수 $f(x)=\sqrt{2x-1}+2$의 그래프와 그 역함수 $y=f^{-1}(x)$의 그래프의 교점의 좌표를 구하시오.

• 유형 만렙 공통수학 2 190쪽에서 문제 더 풀기

| 풀이 | $f(x)=\sqrt{2x-1}+2=\sqrt{2\left(x-\frac{1}{2}\right)}+2$

함수 $y=f(x)$의 그래프와 그 역함수 $y=f^{-1}(x)$의 그래프는 오른쪽 그림과 같이 직선 $y=x$에 대하여 대칭이므로 두 함수 $y=f(x)$, $y=f^{-1}(x)$의 그래프의 교점은 함수 $y=f(x)$의 그래프와 직선 $y=x$의 교점과 같다.

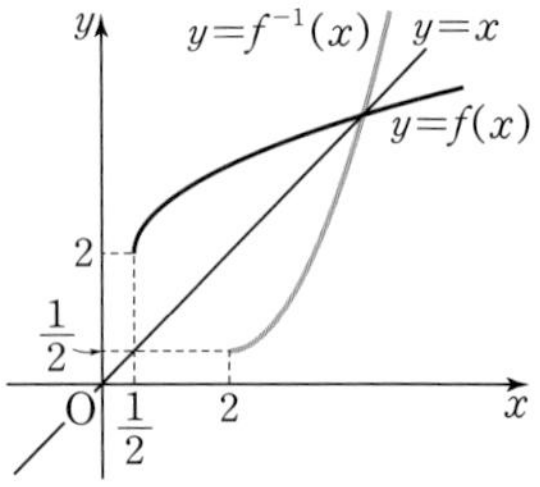

$\sqrt{2x-1}+2=x$에서 $\sqrt{2x-1}=x-2$

양변을 제곱하면

$2x-1=x^2-4x+4,\ x^2-6x+5=0$

$(x-1)(x-5)=0 \qquad \therefore x=1$ 또는 $x=5$

그런데 역함수 $f^{-1}(x)$의 정의역이 $\{x\,|\,x\geq 2\}$이므로 $x=5$

따라서 교점의 좌표는 $(5,\ 5)$이다.

답 $(5,\ 5)$

787 예제 07 유사

무리함수 $y=-\sqrt{2x-3}-1$의 역함수가 $y=ax^2+x+b\,(x\le c)$일 때, 상수 a, b, c에 대하여 abc의 값을 구하시오.

788 예제 08 유사

무리함수 $f(x)=\sqrt{3x+4}$의 그래프와 그 역함수 $y=f^{-1}(x)$의 그래프의 교점의 좌표를 구하시오.

789 예제 07 변형

무리함수 $f(x)=\sqrt{a-2x}-3$에 대하여 $f^{-1}(-1)=-\frac{1}{2}$일 때, $f^{-1}(2)$의 값을 구하시오.

(단, a는 상수)

790 예제 08 변형

무리함수 $f(x)=\sqrt{x-2}+2$의 역함수를 $g(x)$라 할 때, 두 함수 $y=f(x)$, $y=g(x)$의 그래프가 서로 다른 두 점에서 만난다. 이때 이 두 점 사이의 거리를 구하시오.

연습문제

1단계

791 $x=\dfrac{\sqrt{3}-\sqrt{2}}{\sqrt{3}+\sqrt{2}}$, $y=\dfrac{\sqrt{3}+\sqrt{2}}{\sqrt{3}-\sqrt{2}}$일 때, $\sqrt{x}+\sqrt{y}$의 값을 구하시오.

792 무리함수 $y=-\sqrt{ax-2}-3$의 그래프가 점 $(1, -4)$를 지날 때, 이 함수의 정의역은? (단, a는 상수)

① $\left\{x \middle| x\ge -\dfrac{2}{3}\right\}$ ② $\left\{x \middle| x\le -\dfrac{2}{3}\right\}$
③ $\left\{x \middle| x\ge \dfrac{2}{3}\right\}$ ④ $\left\{x \middle| x\le \dfrac{2}{3}\right\}$
⑤ $\{x | x\ge 2\}$

교육청

793 함수 $y=\sqrt{2x}$의 그래프를 x축의 방향으로 1만큼, y축의 방향으로 3만큼 평행이동한 그래프가 점 $(9, a)$를 지날 때, a의 값은?

① 5 ② 6 ③ 7
④ 8 ⑤ 9

서술형

794 정의역이 $\{x | a\le x\le 4\}$인 무리함수 $f(x)=\sqrt{2x-4a}+3$의 최솟값이 5일 때, 다음 물음에 답하시오. (단, $a<0$)

(1) 상수 a의 값을 구하시오.
(2) $f(x)$의 최댓값을 구하시오.

교육청

795 무리함수 $f(x)=\sqrt{x+a}+b$의 그래프가 그림과 같을 때, $f(7)$의 값은?

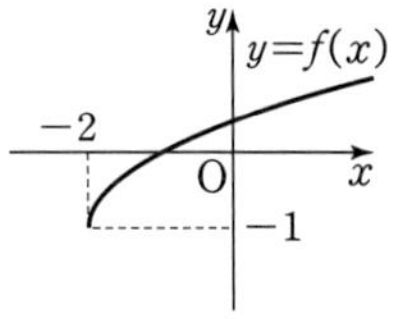

(단, a, b는 상수이다.)

① $\dfrac{3}{2}$ ② 2 ③ $\dfrac{5}{2}$
④ 3 ⑤ $\dfrac{7}{2}$

796 무리함수 $y=-\sqrt{2x-2}$의 그래프와 직선 $y=-x+k$가 서로 다른 두 점에서 만나도록 하는 실수 k의 값의 범위를 구하시오.

• 정답과 해설 139쪽

797 집합 $X=\{x|x>1\}$에 대하여 X에서 X로의 두 함수 $f(x)$, $g(x)$가 $f(x)=\frac{x+2}{x-1}$, $g(x)=\sqrt{2x-1}$일 때, $(f\circ(g\circ f)^{-1}\circ f)(4)$의 값은?

① 2 ② $\frac{5}{2}$ ③ 3
④ $\frac{7}{2}$ ⑤ 4

2단계

798 $\sqrt{x+1}-\sqrt{2-x}$의 값이 실수일 때, $\sqrt{x^2+4x+4}+\sqrt{4x^2-24x+36}$을 계산하면?

① $-3x-8$ ② $-x+4$ ③ $-x+8$
④ $x-4$ ⑤ $3x-4$

799 무리함수 $y=-\sqrt{12-3x}+a$의 그래프가 제4사분면을 지나지 않도록 하는 정수 a의 최솟값을 구하시오.

교과서

800 다음 중 무리함수 $y=-\sqrt{ax+a}-1\,(a\neq 0)$의 그래프에 대한 설명으로 항상 옳은 것은? (단, a는 상수)

① 정의역은 $\{x|x\geq -1\}$이다.
② 치역은 $\{y|y\geq -1\}$이다.
③ $y=-\sqrt{ax}$의 그래프를 x축의 방향으로 1만큼, y축의 방향으로 -1만큼 평행이동한 것이다.
④ $y=\sqrt{ax+a}-1$의 그래프와 x축에 대하여 대칭이다.
⑤ $y=-\sqrt{-ax+a}-1$의 그래프와 y축에 대하여 대칭이다.

801 무리함수 $y=\sqrt{ax}$의 그래프를 y축에 대하여 대칭이동한 후 x축의 방향으로 12만큼 평행이동한 그래프와 무리함수 $y=\sqrt{x}$의 그래프가 만나는 점을 A라 하자. 원점 O와 점 B$(12, 0)$에 대하여 삼각형 AOB의 넓이가 18일 때, 양수 a의 값을 구하시오.

802 두 함수 $f(x)=\sqrt{3-x}+2$, $g(x)=x+1$에 대하여 $-6\leq x\leq 0$에서 함수 $y=(f\circ g)(x)$의 최댓값을 M, 최솟값을 m이라 할 때, $M-m$의 값을 구하시오.

연습문제

• 정답과 해설 141쪽

803 유리함수

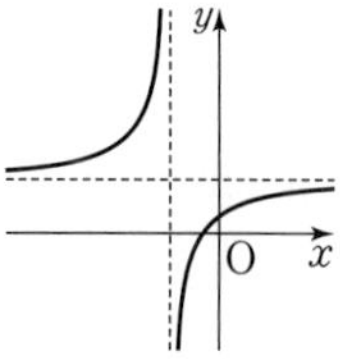

$y=\dfrac{a}{x+b}+c$의 그래프가 오른쪽 그림과 같을 때, 다음 중 무리함수 $y=\sqrt{ax+b}+c$의 그래프의 개형은? (단, a, b, c는 상수)

①
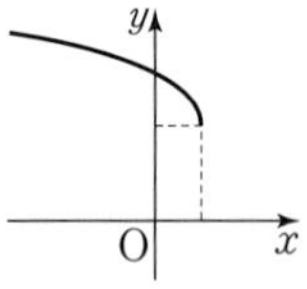

②
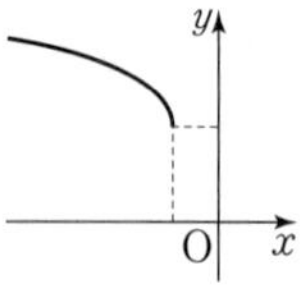

③
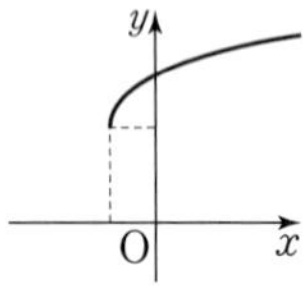

④
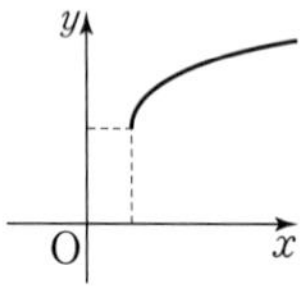

⑤
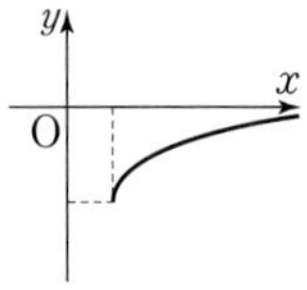

804 함수 $f(x)=\begin{cases} 3-\sqrt{-x} & (x\le 0) \\ \sqrt{x+9} & (x>0) \end{cases}$에 대하여 $(f^{-1}\circ f^{-1})(k)=-4$를 만족시키는 상수 k의 값을 구하시오.

서술형

805 무리함수 $y=4\sqrt{x}$의 그래프를 x축의 방향으로 a만큼, y축의 방향으로 1만큼 평행이동한 그래프의 식을 $y=f(x)$라 하자. $y=f(x)$의 그래프와 그 역함수 $y=f^{-1}(x)$의 그래프가 접할 때, a의 값을 구하시오.

3단계

교육청

806 좌표평면 위의 두 곡선

$$y=-\sqrt{kx+2k}+4,\ y=\sqrt{-kx+2k}-4$$

에 대하여 보기에서 옳은 것만을 있는 대로 고른 것은? (단, k는 0이 아닌 실수이다.)

보기

ㄱ. 두 곡선은 서로 원점에 대하여 대칭이다.

ㄴ. $k<0$이면 두 곡선은 한 점에서 만난다.

ㄷ. 두 곡선이 서로 다른 두 점에서 만나도록 하는 k의 최댓값은 16이다.

① ㄱ ② ㄴ ③ ㄱ, ㄴ
④ ㄱ, ㄷ ⑤ ㄱ, ㄴ, ㄷ

807 함수 $y=\sqrt{|x|-3}$의 그래프와 직선 $y=-x+a$가 만나지 않도록 하는 실수 a의 값의 범위를 구하시오.

교육청

808 두 함수 $f(x)=\dfrac{1}{5}x^2+\dfrac{1}{5}k\ (x\ge 0)$, $g(x)=\sqrt{5x-k}$에 대하여 $y=f(x)$, $y=g(x)$의 그래프가 서로 다른 두 점에서 만나도록 하는 모든 정수 k의 개수는?

① 5 ② 7 ③ 9
④ 11 ⑤ 13

I. 도형의 방정식

I-1. 평면좌표

01 두 점 사이의 거리

개념 확인 9쪽

001 (1) 4 (2) 5 (3) 6 (4) 3
002 (1) 5 (2) $\sqrt{2}$ (3) $2\sqrt{5}$ (4) $5\sqrt{2}$ (5) $\sqrt{10}$ (6) 10

유제 11~19쪽

003 3 004 1, 3 005 1 006 8
007 $(0, -1)$ 008 $(3, 1)$ 009 $\sqrt{5}$
010 2 011 정삼각형
012 $\angle A=90°$인 직각이등변삼각형
013 $-3\sqrt{3}$ 014 1, 6 015 79, $(0, -1)$
016 $2\sqrt{13}$ 017 $(1, 1)$ 018 $\sqrt{5}$
019 풀이 참조 020 풀이 참조
021 (가) $-c$ (나) b^2 (다) a^2+b^2 (라) c^2

연습문제 20~22쪽

022 ② 023 2 024 5 025 ⑤
026 30 027 ④ 028 30 029 −6
030 ④ 031 ③ 032 $\frac{17}{4}$
033 $(0, -1)$
034 (가) $a+c$ (나) $2a^2+2b^2+2c^2$ (다) $a^2+b^2+c^2$
035 116 036 ② 037 ③

I-1. 평면좌표

02 선분의 내분점

개념 확인 25쪽

038 (1) B (2) C (3) 2
039 (1) 3 (2) 5 (3) 4
040 (1) $(4, -2)$ (2) $\left(-1, \frac{1}{2}\right)$ (3) $(2, -1)$

유제 27~37쪽

041 $2\sqrt{5}$ 042 20 043 $\left(\frac{5}{2}, 1\right)$
044 $a=5$, $b=-2$ 045 $0<t<\frac{3}{8}$
046 −1 047 $\frac{11}{15}$ 048 ③
049 $(-7, -2)$ 050 $(-5, 4)$
051 15 052 7 053 $a=-1$, $b=6$
054 $\left(-\frac{4}{3}, -\frac{8}{3}\right)$ 055 $a=7$, $b=11$
056 3 057 $3x-y-4=0$ 058 $\frac{40}{9}$
059 $a=-1$, $b=1$ 060 $(2, 5)$ 061 $(4, 2)$

연습문제 38~40쪽

062 ③ 063 $\left(-\frac{3}{4}, \frac{1}{4}\right)$ 064 $\frac{1}{3}$
065 ② 066 $(-5, -3)$
067 $C(1, -3)$, $D(4, -1)$ 068 13
069 ① 070 $(7, 6)$ 071 ① 072 ④
073 $(7, 9)$, $(-1, -7)$ 074 6 075 14
076 ④ 077 ② 078 ⑤

I-2. 직선의 방정식

01 두 직선의 위치 관계

개념 확인 45쪽

079 (1) $y=2x+7$ (2) $y=-x+2$ (3) $x+3y=-6$
080 (1) $x=-2$ (2) $y=1$
081 (1) 제3사분면, 제4사분면
(2) 제1사분면, 제4사분면
(3) 제2사분면, 제4사분면
(4) 제1사분면, 제2사분면, 제3사분면
082 (1) $(0, 1)$ (2) $(-3, -2)$

유제 47~57쪽

083 $y=4x-2$ 084 $y=-x+5$
085 $y=x+9$ 086 ② 087 −6
088 −1 089 $\frac{x}{5}-\frac{y}{3}=1$ 090 ①

091 $y=\frac{1}{3}x$　092 $y=x$　093 $\frac{7}{2}$

094 $y=\frac{2}{3}x$

095 제1사분면, 제2사분면, 제3사분면

096 제1사분면, 제3사분면, 제4사분면

097 제2사분면, 제3사분면

098 제3사분면　099 $(1, 2)$

100 $x+y+3=0$　101 $\sqrt{5}$　102 $\frac{1}{2}$

103 $\frac{1}{2}<m<3$

104 $m<-1$ 또는 $m>\frac{5}{3}$

105 $-\frac{1}{2}\le m\le 2$　106 $-2\le m\le 0$

개념 확인 59쪽

107 (1) 5 (2) $-\frac{1}{5}$　108 (1) 4 (2) -1

유제 61~65쪽

109 $y=-\frac{3}{2}x+1$　110 $y=-2x-1$

111 4　112 $y=4x-7$　113 4

114 -12　115 $\frac{4}{3}$　116 3

117 $y=4x-1$　118 9

119 $y=3x-8$　120 -3, 10

연습문제 66~69쪽

121 9　122 -6　123 ③

124 $y=2x+7$　125 ⑤

126 $3x+2y-5=0$　127 ③　128 ②

129 -15　130 $\frac{1}{3}$

131 (1) $y=-\frac{3}{4}x+\frac{15}{4}$ (2) $y=\frac{1}{2}x$

(3) $\left(3, \frac{3}{2}\right)$

132 $10x-3y-31=0$　133 ③　134 4

135 ④　136 $(2, -2)$

137 $-2\le m\le 1$　138 21　139 ③

140 $3x-2y-8=0$　141 1　142 4

143 125　144 1

02 점과 직선 사이의 거리

개념 확인 71쪽

145 (1) 2 (2) $\sqrt{2}$ (3) $\sqrt{13}$ (4) $\sqrt{5}$

146 (1) $\frac{\sqrt{5}}{5}$ (2) $\sqrt{10}$

유제 73~77쪽

147 -10

148 $2x-3y-10=0$ 또는 $2x-3y+16=0$

149 -7, 15　150 $x+2y=0$

151 -25, 15　152 $\frac{13}{2}$　153 $\frac{\sqrt{5}}{2}$

154 3　155 $x-y+2=0$ 또는 $x+y=0$

156 $2x-2y-1=0$

157 $3x-9y+2=0$ 또는 $3x+y+2=0$

158 $4x+6y-7=0$ 또는 $6x-4y+3=0$

연습문제 78~80쪽

159 1　160 ①　161 28　162 10

163 ③　164 ②

165 $4x-y-3=0$ 또는 $8x-7y-1=0$

166 $\frac{\sqrt{5}}{5}$　167 6　168 ②　169 ①

170 20　171 6　172 ④　173 ③

174 $2x-y+4=0$　175 $3x+y-6=0$

01 원의 방정식

개념 확인 85쪽

176 (1) $(0, 0)$, $\sqrt{6}$　(2) $(1, 0)$, 1

(3) $(0, -3)$, $\sqrt{3}$　(4) $(-1, 2)$, 2

177 (1) $x^2+y^2=5$ (2) $(x-1)^2+(y+2)^2=16$

178 (1) $(3, 0)$, 3 (2) $(-1, -2)$, 4

179 (1) $(x-3)^2+(y-1)^2=1$

(2) $(x+2)^2+(y-4)^2=4$

(3) $(x-5)^2+(y+5)^2=25$

180 (1) $(x-1)^2+(y-2)^2=4$
(2) $(x+3)^2+(y-4)^2=9$
(3) $(x-4)^2+(y-4)^2=16$
181 $2x-4y+3=0$

유제 87~101쪽

182 (1) $(x-5)^2+(y-3)^2=25$
(2) $x^2+y^2=13$
183 (1) $(x-1)^2+(y+3)^2=20$
(2) $(x+1)^2+y^2=9$
184 $(x-2)^2+(y+3)^2=5$
185 1
186 $x^2+(y-4)^2=20$
187 $(x-2)^2+(y-2)^2=5$
188 10π 189 5
190 $a=-8$, $b=1$, $c=-4$
191 $a<-\frac{5}{3}$ 또는 $a>\frac{5}{3}$
192 2 193 $-6\le k<10$
194 $x^2+y^2-x+17y=0$
195 10 196 100π 197 1
198 $(x-3)^2+(y+2)^2=9$
199 $(x-4)^2+(y-5)^2=25$
200 18
201 $(x-3)^2+(y-2)^2=4$ 또는
$(x-11)^2+(y-10)^2=100$
202 $(x-2)^2+(y+2)^2=4$,
$(x-10)^2+(y+10)^2=100$
203 4 204 $12\sqrt{2}$
205 $(x-3)^2+(y-3)^2=9$
206 50 207 $x^2+y^2=8$ 208 4
209 6π 210 -3
211 $x^2+y^2-10x+5y=0$ 212 2
213 1

연습문제 102~104쪽

214 ③ 215 $x^2+(y-6)^2=5$ 216 ④
217 $\frac{5}{3}$ 218 8 219 ⑤ 220 4
221 -3 222 $\frac{3}{2}$ 223 ④ 224 -1
225 ② 226 3 227 ① 228 14
229 82π 230 ② 231 $6x+8y-25=0$

02 원과 직선의 위치 관계

개념 확인 105쪽

232 (1) 서로 다른 두 점에서 만난다.
(2) 한 점에서 만난다(접한다).
(3) 만나지 않는다.

유제 107~119쪽

233 (1) $-\sqrt{10}<k<\sqrt{10}$
(2) $k=\pm\sqrt{10}$
(3) $k<-\sqrt{10}$ 또는 $k>\sqrt{10}$
234 $-2\sqrt{2}\le k\le 2\sqrt{2}$ 235 $k<-3$ 또는 $k>7$
236 $\frac{3}{4}$ 237 $4\sqrt{5}$ 238 6 239 $\sqrt{14}$
240 1 241 4 242 ① 243 5
244 4 245 $y=\sqrt{3}x\pm2$
246 $y=-3x\pm4\sqrt{5}$ 247 18 248 5
249 3 250 ⑤ 251 8 252 -1
253 $y=2$ 또는 $12x-5y-26=0$
254 $x+y+4=0$ 또는 $x-y-4=0$ 255 ③
256 $y=0$ 또는 $4x-3y=0$

연습문제 120~122쪽

257 ② 258 $2\sqrt{5}$ 259 4 260 30
261 $y=x+2$ 262 2 263 ②
264 1 265 $2\sqrt{3}\pi$ 266 20 267 -14
268 ④ 269 -5 270 2 271 5
272 ⑤ 273 4 274 ④ 275 ②

01 평행이동

개념 확인 125쪽

276 (1) $(3, -2)$ (2) $(-2, -1)$
277 (1) $x-2y+7=0$
(2) $y=x^2+8x+18$
(3) $(x+4)^2+(y-1)^2=3$

유제 127~131쪽

278 $a=1,\ b=5$　279 $(6,\ 4)$　280 5
281 7　282 $a=2,\ n=-2$
283 $a=-3,\ b=6$　284 -3　285 -1
286 ⑤　287 $a=4,\ b=11$
288 $a=-8,\ b=-1,\ k=16$　289 -10

연습문제 132~134쪽

290 7　291 ④　292 -4　293 ②
294 ①　295 10　296 ⑤　297 ③
298 -8　299 ④　300 ④　301 $\frac{3\sqrt{10}}{5}$
302 ④　303 6　304 $2\sqrt{5}$　305 $(3,\ 3)$
306 11

Ⅰ-4. 도형의 이동

02 대칭이동

개념 확인 137쪽

307 (1) $(1,\ -2)$　(2) $(-1,\ 2)$
(3) $(-1,\ -2)$　(4) $(2,\ 1)$
308 (1) $x+2y+1=0$　(2) $x+2y-1=0$
(3) $x-2y-1=0$　(4) $2x-y-1=0$
309 (1) $(x+5)^2+(y+4)^2=1$
(2) $(x-5)^2+(y-4)^2=1$
(3) $(x-5)^2+(y+4)^2=1$
(4) $(x-4)^2+(y+5)^2=1$
310 (1) $y=-(x+2)^2+3$
(2) $y=(x-2)^2-3$
(3) $y=-(x-2)^2+3$

유제 139~151쪽

311 ①　312 $y=-2x$
313 $a=-5,\ b=3$　314 6　315 ①
316 12　317 $a=-2,\ b=3$
318 $x^2+y^2-6x-4y-1=0$
319 $y=-x^2-14x-38$
320 $(x-6)^2+(y+3)^2=4$
321 $a=1,\ b=3$　322 -3　323 10
324 $\sqrt{34}$　325 $(3,\ 3),\ 2\sqrt{10}$　326 $3\sqrt{2}$
327 $(x+7)^2+(y-3)^2=5$
328 $a=4,\ b=9$　329 $a=3,\ b=8,\ c=4$
330 -1　331 $(7,\ 1)$　332 $x-3y+2=0$
333 $a=-3,\ b=-1$
334 $(x+2)^2+(y-3)^2=1$

연습문제 152~154쪽

335 ①　336 $y=-3x-1$　337 2
338 ②　339 ③　340 8　341 ①
342 (1) $a>0,\ b<0$　(2) 제1사분면　343 -2
344 4　345 ①　346 ②　347 $2\sqrt{29}$
348 14　349 $\sqrt{5}$　350 ④　351 ③

Ⅱ. 집합과 명제

Ⅱ-1. 집합의 뜻과 집합 사이의 포함 관계

01 집합의 뜻과 집합 사이의 포함 관계

개념 확인 157쪽

352 (1) 1, 2, 3, 4, 5　(2) 1, 3, 5, 7, 9
353 (1) $A=\{3,\ 6,\ 9,\ 12\}$
(2) 예 $A=\{x\,|\,x$는 12 이하의 3의 양의 배수$\}$
(3)
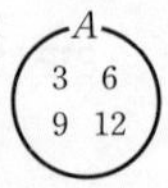

354 (1) ㄱ, ㄹ　(2) ㄴ, ㄷ　(3) ㄹ

유제 159~165쪽

355 ㄷ, ㅂ　356 ③　357 ④
358 ㄴ, ㄷ, ㄹ　359 $A=\{-1,\ 4\}$
360 예 $A=\{x\,|\,x=4k-3,\ k$는 13 이하의 자연수$\}$
361 원소나열법: $A=\{3,\ 6,\ 9\}$
조건제시법:
예 $A=\{x\,|\,x$는 9 이하의 3의 양의 배수$\}$

362 ④ 363 $C=\{-3, -2, -1, 0, 1\}$
364 3 365 9 366 ④ 367 ㄷ, ㄹ
368 ⑤ 369 10 370 9

개념 확인 167쪽

371 (1) $\not\subset$, $\subset$ (2) $\subset$, $\not\subset$
372 (1) $=$ (2) $\neq$ 373 ㄱ, ㄷ

유제 169쪽

374 ③ 375 (1) 2 (2) -1 376 ④
377 6

개념 확인 171쪽

378 (1) 32 (2) 31 379 (1) 4 (2) 8 (3) 4

유제 173쪽

380 (1) 32 (2) 24 381 8 382 16
383 6

연습문제 174~176쪽

384 ② 385 ⑤ 386 11 387 ⑤
388 5 389 3 390 ③ 391 15
392 -1 393 12 394 15 395 ②
396 48 397 24 398 ④ 399 9
400 4 401 ④

01 집합의 연산

개념 확인 181쪽

402 (1) $A\cup B=\{a, b, c, d, e, f\}$
$A\cap B=\{c\}$
(2) $A\cup B=\{2, 3, 4, 5, 6, 9\}$
$A\cap B=\{3, 6\}$
(3) $A\cup B=\{1, 2, 3, 4, 5, 10\}$
$A\cap B=\{1, 2, 5\}$

403 (1) 서로소가 아니다. (2) 서로소이다.
404 (1) $\{1, 3, 5, 7\}$ (2) $\{3, 4, 5\}$ (3) $\{4\}$
(4) $\{1, 7\}$ (5) $\{3, 5\}$ (6) $\{1, 3, 4, 5, 7\}$
405 ㄴ, ㄹ

유제 183~189쪽

406 (1) $\{1, 5, 15\}$ (2) $\{1, 2, 5, 10, 15\}$
407 ⑤ 408 8 409 16
410 (1) $\{1\}$ (2) $\{2, 3, 4, 5, 6, 7, 8\}$
(3) $\{2, 4, 6, 8\}$ (4) $\{6\}$
411 13 412 2 413 $\{3, 4, 5, 9, 10, 11\}$
414 $\{2, 3, 5, 7\}$ 415 1
416 $\{3, 5, 9\}$ 417 2 418 ㄱ, ㄴ
419 4 420 ㄱ, ㄴ, ㄹ 421 16

개념 확인 191쪽

422 (1) $\{1, 2, 3\}$ (2) $\{1, 2, 3\}$
423 (1) $\{7\}$ (2) $\{7\}$

유제 193~195쪽

424 (1) $A\cap B$ (2) A 425 ③ 426 ②
427 ㄱ, ㄹ 428 ㄱ 429 (1) 40 (2) 12
430 ③ 431 3

개념 확인 197쪽

432 (1) 12 (2) 4 (3) 7 433 24
434 (1) 20 (2) 5
435 (1) 22 (2) 20 (3) 10 (4) 32

유제 199~203쪽

436 31 437 25 438 23 439 9
440 3 441 21 442 12 443 29
444 30 445 42 446 8 447 8

연습문제 204~206쪽

448 ③ 449 $\{1, 3, 6, 9\}$ 450 42
451 ⑤ 452 ㄴ, ㄷ 453 ④ 454 8
455 24 456 ⑤ 457 ⑤ 458 32
459 ㄱ, ㄴ 460 46 461 ④ 462 ④
463 22 464 21 465 25

Ⅱ-3. 명제

01 명제와 조건

개념 확인 209쪽

466 (1) $\{1, 2, 5, 10\}$ (2) $\{1, 2\}$
467 (1) $\{2\}$ (2) $\{3, 4\}$
468 (1) 무리수는 실수가 아니다.
(2) $x\neq3$ 또는 $x\neq7$

유제 211~213쪽

469 (1) 거짓인 명제 (2) 참인 명제
(3) 명제가 아니다.
470 (1) 8은 2의 배수도 아니고 3의 배수도 아니다.
(2) $-1<x\leq5$
471 ㄱ, ㄹ 472 ㄴ, ㄷ
473 (1) $\{1, 2, 5, 6\}$ (2) $\{3\}$ (3) $\{2, 3, 4, 6\}$
474 ② 475 $\{x|x\leq-3$ 또는 $x>5\}$
476 ⑤

개념 확인 215쪽

477 (1) 가정: 5의 배수이다.
결론: 10의 배수이다.
(2) 가정: $x=1$이다.
결론: $2x-1=0$이다.
478 (1) 참 (2) 거짓

유제 217~221쪽

479 (1) 거짓 (2) 거짓 (3) 참
480 ④ 481 ㄷ 482 ② 483 $a>2$
484 $0<a\leq5$ 485 3 486 -2
487 (1) 참 (2) 거짓
488 (1) 어떤 실수 x에 대하여 $x^2-6x+5\leq0$이다. (참)
(2) 모든 실수 x에 대하여 $(x-2)^2>0$이다. (거짓)
489 ⑤ 490 -4

연습문제 222~223쪽

491 ③ 492 14 493 ③ 494 ③
495 ㄱ, ㄷ 496 ⑤ 497 ⑤ 498 64
499 2 500 5 501 ② 502 15

Ⅱ-3. 명제

02 명제의 역과 대우

개념 확인 225쪽

503 (1) 역: x가 6의 약수이면 x는 12의 양의 약수이다.
대우: x가 6의 약수가 아니면 x는 12의 양의 약수가 아니다.
(2) 역: $x^2=9$이면 $x=-3$이다.
대우: $x^2\neq9$이면 $x\neq-3$이다.
(3) 역: $x>5$이면 $x>3$이다.
대우: $x\leq5$이면 $x\leq3$이다.
(4) 역: $a>0$ 또는 $b>0$이면 $a+b>0$이다.
대우: $a\leq0$이고 $b\leq0$이면 $a+b\leq0$이다.
504 ㄴ 505 ㄱ, ㄷ

유제 227~229쪽

506 (1) 역: $x=0$ 또는 $x=1$이면 $x^2=x$이다. (참)
대우: $x\neq0$이고 $x\neq1$이면 $x^2\neq x$이다. (참)
(2) 역: $2x-1<7$이면 $x<2$이다. (거짓)
대우: $2x-1\geq7$이면 $x\geq2$이다. (참)
507 4 508 ④ 509 ②
510 ㄱ, ㄴ, ㄷ 511 ① 512 ③
513 ④

개념 확인 231쪽

514 (1) 충분 (2) 필요 (3) 필요충분
515 (1) 충분 (2) 필요

유제 233~235쪽

516 (1) 충분조건 (2) 필요조건 (3) 필요충분조건
517 ④ 518 ③ 519 ④ 520 5
521 $-2 \le a < 1$ 522 -6 523 4

연습문제 236~238쪽

524 ㄷ 525 2 526 ④ 527 ⑤
528 ⑤ 529 $\frac{1}{2}$ 530 8 531 8
532 ④ 533 ③ 534 ㄴ, ㄷ, ㄹ
535 ㄴ 536 ③ 537 -3 538 ⑤
539 1

03 명제의 증명

유제 241~253쪽

540 풀이 참조 541 풀이 참조
542 (가) 짝수 (나) 서로소 (다) 2 (라) 대우
543 풀이 참조 544 풀이 참조
545 풀이 참조 546 풀이 참조
547 (가) $2\sqrt{ab}$ (나) $2b$ (다) $\sqrt{b}$ 548 30
549 $\frac{4}{3}$ 550 3 551 4 552 25
553 2 554 4 555 11 556 -15
557 20 558 52 559 15 560 18 cm^2
561 $8\sqrt{2}$ 562 40 563 100

연습문제 254~256쪽

564 풀이 참조 565 풀이 참조
566 ④ 567 ② 568 ① 569 10
570 ③ 571 풀이 참조 572 ⑤
573 64 574 9 575 ① 576 36
577 $\sqrt{6}$ 578 2 579 ②

Ⅲ. 함수와 그래프

01 함수의 뜻과 그래프

개념 확인 261쪽

580 (1) 함수가 아니다.
(2) 함수이다.
정의역: $\{1, 2, 3, 4\}$
공역: $\{a, b, c, d\}$
치역: $\{a, b, c, d\}$
(3) 함수가 아니다.
(4) 함수이다.
정의역: $\{1, 2, 3, 4\}$
공역: $\{a, b, c\}$
치역: $\{a, b\}$
581 (1) $\{-2, -1, 0\}$ (2) $\{-2, -1, 2\}$
(3) $\{0, 2\}$ (4) $\{-1\}$
582 ㄴ, ㄷ

유제 263~275쪽

583 ㄱ, ㄹ 584 $\{-2, -1, 0, 3, 5, 7, 9\}$
585 ㄴ 586 13 587 $a=2, b=-1$
588 ㄴ, ㄷ 589 -1 590 ⑤
591 (1) ㄷ, ㄹ (2) ㄷ (3) ㄴ 592 ③
593 (1) ㄴ, ㄷ (2) ㄴ (3) ㄱ 594 ㄴ
595 -10 596 $a=1, b=-3$
597 $a=1, b=2$ 598 2 599 15
600 8 601 -3 602 22
603 (1) 256 (2) 24 (3) 4 604 35
605 60 606 600

연습문제 276~278쪽

607 ② 608 15 609 ④ 610 4
611 7 612 10 613 ③ 614 ③
615 -10 616 (1) 0 (2) -3
617 $\{-1\}, \{4\}, \{-1, 4\}$ 618 ②
619 ③ 620 7 621 18 622 ③
623 12 624 343

02 합성함수

개념 확인 281쪽

625 (1) b (2) a (3) c (4) 3 (5) 4 (6) 2

626 (1) 3 (2) 9 (3) 12 (4) 36

627 (1) $(f\circ g)(x)=x^2-1$

(2) $(g\circ h)(x)=9x^2+12x+5$

(3) $((f\circ g)\circ h)(x)=9x^2+12x+3$

(4) $(f\circ(g\circ h))(x)=9x^2+12x+3$

유제 283~287쪽

628 14　629 9　630 3　631 33

632 3

633 (1) $h(x)=2x+1$ (2) $h(x)=2x+5$

634 3　635 $f(x)=9x+7$　636 512

637

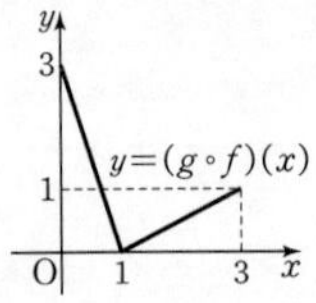

638 -1

639

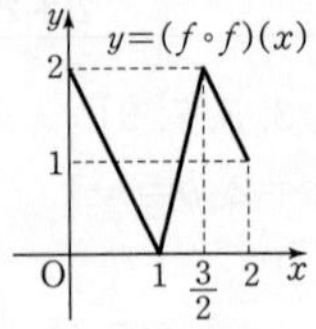

연습문제 288~289쪽

640 ⑤　641 ②　642 1　643 ③

644 2　645 ⑤　646 3　647 ⑤

648 -6　649 ③　650 40　651 3

03 역함수

개념 확인 293쪽

652 ㄴ, ㄷ　653 (1) 3 (2) 11

654 (1) 2 (2) 3

655 (1) $y=2x-8$ (2) $y=-\frac{1}{4}x+\frac{3}{4}$

656 (1) 6 (2) 5 (3) 2 (4) 7

유제 295~301쪽

657 -1　658 14　659 5　660 -12

661 $a<2$　662 1　663 15

664 $f^{-1}(x)=-\frac{1}{4}x+2$　665 7

666 -1　667 4　668 5　669 d

670 4　671 2　672 $\sqrt{2}$

연습문제 302~304쪽

673 ④　674 3　675 $a<-1$ 또는 $a>1$

676 ③　677 2　678 ③

679 $h(x)=x+1$　680 4　681 ②

682 5　683 ④　684 9　685 14

686 ④　687 $a<\frac{9}{4}$　688 ②　689 20

690 12

01 유리함수

개념 확인 307쪽

691 (1) ㄱ, ㄴ, ㅁ (2) ㄷ, ㄹ, ㅂ

692 (1) $\frac{z}{xyz}, \frac{x}{xyz}, \frac{y}{xyz}$

(2) $\frac{x-1}{x(x+3)(x-1)}, \frac{x^2}{x(x+3)(x-1)}$

693 (1) $\frac{3a}{x}$ (2) $\frac{x-3}{x(x-2)}$

694 (1) $\frac{5x-3}{(x+5)(x-2)}$ (2) $\frac{3-2x}{(x+1)(x-1)}$

(3) $\frac{1}{(x+1)(x+3)}$ (4) $\frac{x}{x+1}$

유제 309~313쪽

695 (1) $\frac{2x-1}{x(x-2)}$ (2) $\frac{-5x+7}{(x+1)(x+2)(x-3)}$

696 (1) $\frac{x+3}{(x+1)(x+2)}$ (2) $\frac{x+4}{(x+2)(x+3)}$

697 $\frac{2(x+y)}{x-y}$ 698 $\frac{x+1}{x+3}$

699 6 700 $a=2$, $b=1$

701 $a=-3$, $b=2$, $c=1$ 702 6

703 (1) $\frac{9x-7}{(x+1)(x-3)}$ (2) $\frac{3}{(x+1)(x+7)}$

(3) $\frac{a}{2a-1}$

704 $\frac{4x+2}{x(x+1)(x+2)(x-1)}$

705 $a=3$, $b=-3$, $c=6$ 706 -3

개념 확인 317쪽

707 (1) $\{x|x\neq 4$인 실수$\}$

(2) $\{x|x\neq -1$인 실수$\}$

(3) $\{x|x\neq \pm 3$인 실수$\}$

(4) $\{x|x$는 모든 실수$\}$

708 (1)

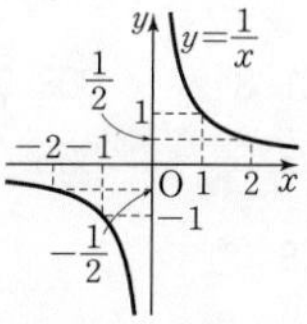

점근선의 방정식:
$x=0$, $y=0$

(2)

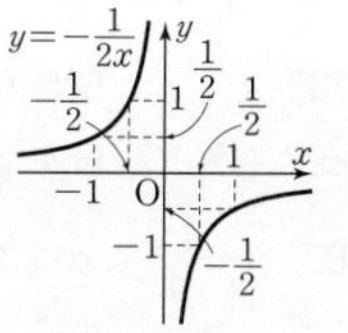

점근선의 방정식:
$x=0$, $y=0$

(3)

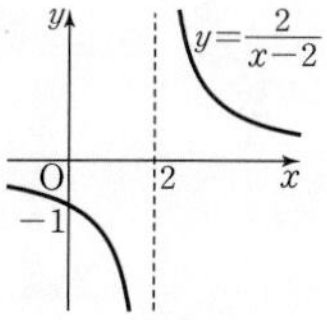

점근선의 방정식:
$x=2$, $y=0$

(4)

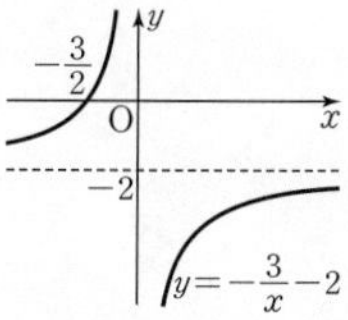

점근선의 방정식:
$x=0$, $y=-2$

709 (1) $y=\frac{3}{x+1}+2$ (2) $y=\frac{4}{x+3}-1$

(3) $y=-\frac{1}{x-2}+4$ (4) $y=-\frac{6}{x-4}-3$

710 (1) $y=-\frac{1}{x-3}$ (2) $y=\frac{5x+3}{2x-4}$

유제 319~331쪽

711

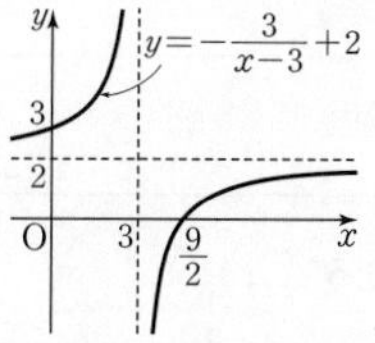

정의역: $\{x|x\neq 3$인 실수$\}$,
치역: $\{y|y\neq 2$인 실수$\}$,
점근선의 방정식: $x=3$, $y=2$

712

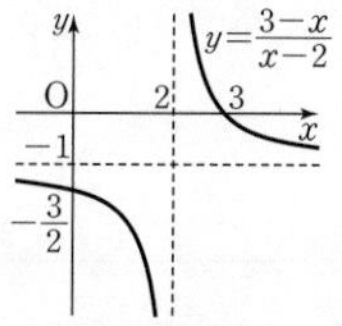

정의역: $\{x|x\neq 2$인 실수$\}$,
치역: $\{y|y\neq -1$인 실수$\}$,
점근선의 방정식: $x=2$, $y=-1$

713 $\{y|y\leq 0$ 또는 $1<y\leq 3\}$

714 제4사분면 715 2 716 ②

717 -1 718 ㄱ, ㄷ

719 (1) 최댓값: -2, 최솟값: $-\frac{7}{2}$

(2) 최댓값: 2, 최솟값: -3

720 1 721 2 722 7

723 $a=3$, $b=1$ 724 ④ 725 -6

726 8 727 $a=4$, $b=2$, $c=1$ 728 13

729 4 730 14 731 $-4<m\leq 0$

732 -3 733 -4 734 $a\geq -\frac{1}{16}$

735 $-\frac{1}{3}$ 736 $a=3$, $b=1$, $c=2$ 737 $\frac{5}{101}$

738 2

연습문제 332~334쪽

739 $\frac{x+2}{x-2}$ 740 10 741 ⑤ 742 ⑤

743 ㄷ, ㄹ 744 -1 745 ④ 746 -1

747 1 748 ③ 749 $-\frac{1}{2}$ 750 2

751 $0\leq a<1$ 또는 $a>1$ 752 ① 753 8

754 -4 755 $4\sqrt{3}$ 756 $\frac{11}{12}$

01 무리함수

개념 확인 337쪽

757 (1) $x\geq -4$ (2) $x\geq 5$
(3) $-3<x\leq 2$ (4) $-2\leq x<\frac{1}{2}$

758 (1) $\sqrt{x}+1$ (2) $\sqrt{x+9}+3$
(3) $\sqrt{x+2}+\sqrt{x-2}$ (4) $2x-1+2\sqrt{x^2-x}$

759 (1) $\frac{4}{1-x}$ (2) $\frac{2\sqrt{y}}{x-y}$

유제 339쪽

760 $2x$ 761 $4+2\sqrt{3}$
762 $\sqrt{x+3}-\sqrt{x}$ 763 $\sqrt{2}-1$

개념 확인 343쪽

764 (1) $\{x|x\geq -6\}$ (2) $\{x|x\geq 2\}$
(3) $\{x|x\leq 5\}$ (4) $\left\{x \middle| x\leq \frac{2}{3}\right\}$

765 (1) 정의역: $\{x|x\geq 0\}$, 치역: $\{y|y\geq 0\}$
(2) 정의역: $\{x|x\geq 0\}$, 치역: $\{y|y\leq 0\}$
(3) 정의역: $\{x|x\leq 0\}$, 치역: $\{y|y\geq 0\}$
(4) 정의역: $\{x|x\leq 0\}$, 치역: $\{y|y\leq 0\}$

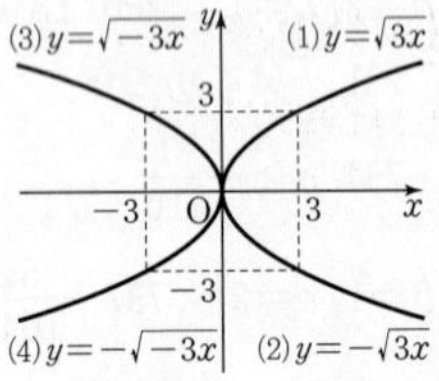

766 (1) $y=\sqrt{5\left(x-\frac{1}{5}\right)}-3$
(2) $y=-\sqrt{2(x+4)}+1$

유제 345~355쪽

767

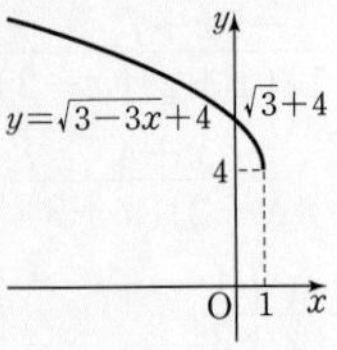

정의역: $\{x|x\leq 1\}$,
치역: $\{y|y\geq 4\}$

768

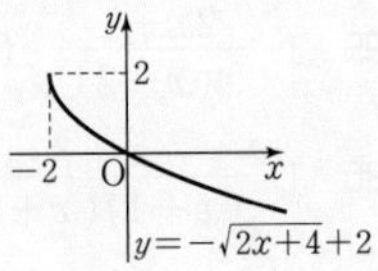

정의역: $\{x|x\geq -2\}$,
치역: $\{y|y\leq 2\}$

769 $\{x|x\geq 6\}$ 770 제3사분면
771 4 772 3 773 ④
774 ㄱ, ㄷ, ㄹ
775 (1) 최댓값: 5, 최솟값: 3
(2) 최댓값: 2, 최솟값: 0
776 6 777 -5 778 12
779 $a=2$, $b=4$, $c=1$ 780 2 781 7
782 24 783 $\frac{1}{2}\leq k<1$
784 $k=\frac{7}{2}$ 또는 $k<3$ 785 $k<-3$
786 $-\frac{4}{3}\leq m\leq \frac{2}{3}$ 787 -1 788 (4, 4)
789 -11 790 $\sqrt{2}$

연습문제 356~358쪽

791 $2\sqrt{3}$ 792 ③ 793 ③
794 (1) -2 (2) 7 795 ②
796 $\frac{1}{2}<k\leq 1$ 797 ② 798 ③
799 4 800 ⑤ 801 3 802 $\sqrt{2}$
803 ① 804 $\sqrt{10}$ 805 5 806 ④
807 $-\frac{11}{4}<a<3$ 808 ②

개념 루트

정답과 해설

공통수학 2

책 속의 가접 별책 (특허 제 0557442호)

'정답과 해설'은 본책에서 쉽게 분리할 수 있도록 제작되었으므로 유통 과정에서 분리될 수 있으나 파본이 아닌 정상제품입니다.

visang

ABOVE IMAGINATION

우리는 남다른 상상과 혁신으로
교육 문화의 새로운 전형을 만들어
모든 이의 행복한 경험과 성장에 기여한다

개념
루트

정답과 해설

공통수학 2

정답과 해설

I. 도형의 방정식

I-1. 평면좌표

01 두 점 사이의 거리

개념 확인 9쪽

001 답 (1) **4** (2) **5** (3) **6** (4) **3**

(1) $\overline{AB}=|5-1|=4$

(2) $\overline{AB}=|-3-2|=5$

(3) $\overline{AB}=|4-(-2)|=6$

(4) $\overline{OA}=|3-0|=3$

002 답 (1) **5** (2) $\mathbf{\sqrt{2}}$ (3) $\mathbf{2\sqrt{5}}$ (4) $\mathbf{5\sqrt{2}}$ (5) $\mathbf{\sqrt{10}}$ (6) **10**

(1) $\overline{AB}=\sqrt{(4-1)^2+(5-1)^2}$

$=\sqrt{25}=5$

(2) $\overline{AB}=\sqrt{(1-2)^2+\{0-(-1)\}^2}=\sqrt{2}$

(3) $\overline{AB}=\sqrt{(-1-3)^2+\{-1-(-3)\}^2}$

$=\sqrt{20}=2\sqrt{5}$

(4) $\overline{AB}=\sqrt{\{2-(-5)\}^2+(7-6)^2}$

$=\sqrt{50}=5\sqrt{2}$

(5) $\overline{OA}=\sqrt{1^2+3^2}=\sqrt{10}$

(6) $\overline{OA}=\sqrt{8^2+(-6)^2}=\sqrt{100}=10$

유제 11~19쪽

003 답 **3**

$\overline{AB}=\sqrt{41}$이므로

$\sqrt{(a+2-1)^2+\{2-(-3)\}^2}=\sqrt{41}$

$\sqrt{a^2+2a+26}=\sqrt{41}$

양변을 제곱하면

$a^2+2a+26=41$, $a^2+2a-15=0$

$(a+5)(a-3)=0$

$\therefore a=-5$ 또는 $a=3$

따라서 양수 a의 값은 3이다.

004 답 **1, 3**

$\overline{AB}=2\overline{BC}$이므로

$\sqrt{(3-5)^2+\{2-(-2)\}^2}=2\sqrt{(1-3)^2+(a-2)^2}$

$2\sqrt{5}=2\sqrt{a^2-4a+8}$

$\sqrt{5}=\sqrt{a^2-4a+8}$

양변을 제곱하면

$5=a^2-4a+8$, $a^2-4a+3=0$

$(a-1)(a-3)=0$

$\therefore a=1$ 또는 $a=3$

005 답 **1**

$\overline{AB}=\sqrt{(a-3)^2+(-1-a)^2}$

$=\sqrt{2a^2-4a+10}$

$=\sqrt{2(a-1)^2+8}$

따라서 선분 AB의 길이는 $a=1$일 때 최소가 된다.

| 참고 | 선분 AB의 길이는 $a=1$일 때 최소이고 그때의 길이는 $\sqrt{8}=2\sqrt{2}$이다.

006 답 **8**

$\overline{AC}:\overline{BC}=1:2$에서 $2\overline{AC}=\overline{BC}$이므로

$2\sqrt{4^2+(-2-1)^2}=\sqrt{(4-a)^2+(-2-6)^2}$

$10=\sqrt{a^2-8a+80}$

양변을 제곱하면

$100=a^2-8a+80$

$a^2-8a-20=0$

$(a+2)(a-10)=0$

$\therefore a=-2$ 또는 $a=10$

따라서 모든 a의 값의 합은

$-2+10=8$

| 참고 | 이차방정식 $a^2-8a-20=0$에서 근과 계수의 관계에 의하여 구하는 a의 값의 합이 8임을 알 수도 있다.

007 답 **(0, −1)**

y축 위의 점 P의 좌표를 $(0, a)$라 하면

$\overline{AP}=\overline{BP}$에서 $\overline{AP}^2=\overline{BP}^2$이므로

$\{-(-3)\}^2+(a-1)^2=(-2)^2+\{a-(-4)\}^2$

$a^2-2a+10=a^2+8a+20$

$-10a=10$

$\therefore a=-1$

따라서 점 P의 좌표는 $(0, -1)$이다.

008 답 **(3, 1)**

직선 $y=x-2$ 위의 점 P의 좌표를 $(a,\ a-2)$라 하면

$\overline{AP}=\overline{BP}$에서 $\overline{AP}^2=\overline{BP}^2$이므로

$\{a-(-2)\}^2+\{a-2-(-1)\}^2$

$=(a-1)^2+(a-2-6)^2$

$(a+2)^2+(a-1)^2=(a-1)^2+(a-8)^2$

$(a+2)^2=(a-8)^2$

$a^2+4a+4=a^2-16a+64$

$20a=60 \qquad \therefore a=3$

따라서 점 P의 좌표는 $(3,\ 1)$이다.

009 답 $\sqrt{5}$

x축 위의 점 P의 좌표를 $(a,\ 0)$이라 하면

$\overline{AP}=\overline{BP}$에서 $\overline{AP}^2=\overline{BP}^2$이므로

$\{a-(-1)\}^2+(-1)^2=(a-1)^2+\{-(-3)\}^2$

$a^2+2a+2=a^2-2a+10$

$4a=8 \qquad \therefore a=2$

$\therefore$ P$(2,\ 0)$

또 y축 위의 점 Q의 좌표를 $(0,\ b)$라 하면

$\overline{AQ}=\overline{BQ}$에서 $\overline{AQ}^2=\overline{BQ}^2$이므로

$\{-(-1)\}^2+(b-1)^2=(-1)^2+\{b-(-3)\}^2$

$b^2-2b+2=b^2+6b+10$

$-8b=8 \qquad \therefore b=-1$

$\therefore$ Q$(0,\ -1)$

$\therefore \overline{PQ}=\sqrt{(-2)^2+(-1)^2}=\sqrt{5}$

010 답 **2**

점 P$(a,\ b)$가 직선 $y=-2x+1$ 위의 점이므로

$b=-2a+1 \qquad \cdots\cdots$ ㉠

$\therefore$ P$(a,\ -2a+1)$

$\overline{AP}=\overline{BP}$에서 $\overline{AP}^2=\overline{BP}^2$이므로

$\{a-(-2)\}^2+\{-2a+1-(-1)\}^2$

$=(a-3)^2+(-2a+1-4)^2$

$5a^2-4a+8=5a^2+6a+18$

$-10a=10 \qquad \therefore a=-1$

이를 ㉠에 대입하면 $b=3$

$\therefore a+b=2$

011 답 **정삼각형**

$\overline{AB}=\sqrt{\{-(-\sqrt{3})\}^2+(4-1)^2}=\sqrt{12}=2\sqrt{3}$

$\overline{BC}=\sqrt{(\sqrt{3})^2+(1-4)^2}=\sqrt{12}=2\sqrt{3}$

$\overline{CA}=\sqrt{(-\sqrt{3}-\sqrt{3})^2+(1-1)^2}=\sqrt{12}=2\sqrt{3}$

$\therefore \overline{AB}=\overline{BC}=\overline{CA}$

따라서 삼각형 ABC는 정삼각형이다.

| 참고 | 두 점 A, C의 y좌표가 같으므로 $\overline{CA}$의 길이를 $|-\sqrt{3}-\sqrt{3}|=2\sqrt{3}$과 같이 구할 수도 있다.

012 답 **$\angle$A$=90°$인 직각이등변삼각형**

$\overline{AB}=\sqrt{(-3-1)^2+(-2-1)^2}=5$

$\overline{BC}=\sqrt{\{4-(-3)\}^2+\{-3-(-2)\}^2}=\sqrt{50}=5\sqrt{2}$

$\overline{CA}=\sqrt{(1-4)^2+\{1-(-3)\}^2}=5$

$\overline{AB}^2=25,\ \overline{BC}^2=50,\ \overline{CA}^2=25$이므로

$\overline{AB}^2+\overline{CA}^2=\overline{BC}^2$

또 $\overline{AB}=\overline{CA}$이므로 삼각형 ABC는 $\angle$A$=90°$인 직각이등변삼각형이다.

013 답 $-3\sqrt{3}$

삼각형 ABC가 정삼각형이므로

$\overline{AB}=\overline{BC}=\overline{CA}$

$\overline{AB}=\overline{BC}$에서 $\overline{AB}^2=\overline{BC}^2$이므로

$(\sqrt{3}-3)^2+(a-1)^2=(-3-\sqrt{3})^2+(-1-a)^2$

$a^2-2a+13-6\sqrt{3}=a^2+2a+13+6\sqrt{3}$

$-4a=12\sqrt{3}$

$\therefore a=-3\sqrt{3}$

014 답 **1, 6**

$\overline{AB}=\sqrt{(5-2)^2+(-5)^2}=\sqrt{34}$

$\overline{BC}=\sqrt{(a-5)^2+4^2}=\sqrt{a^2-10a+41}$

$\overline{CA}=\sqrt{(2-a)^2+(5-4)^2}=\sqrt{a^2-4a+5}$

삼각형 ABC가 $\angle$C$=90°$인 직각삼각형이 되려면

$\overline{BC}^2+\overline{CA}^2=\overline{AB}^2$이어야 하므로

$a^2-10a+41+a^2-4a+5=34$

$a^2-7a+6=0,\ (a-1)(a-6)=0$

$\therefore a=1$ 또는 $a=6$

015 답 **79, (0, −1)**

y축 위의 점 P의 좌표를 $(0,\ a)$라 하면

$\overline{AP}^2+\overline{BP}^2$

$=\{-(-6)\}^2+(a-2)^2+(-5)^2+\{a-(-4)\}^2$

$=2a^2+4a+81$

$=2(a+1)^2+79$

따라서 $\overline{AP}^2+\overline{BP}^2$은 $a=-1$일 때 최솟값 79를 갖고, 그때의 점 P의 좌표는 $(0,\ -1)$이다.

016 답 $2\sqrt{13}$

$A(-5,\ -2)$, $B(1,\ 2)$, $P(x,\ y)$라 하면

$\sqrt{(x+5)^2+(y+2)^2}+\sqrt{(x-1)^2+(y-2)^2}$

$=\overline{AP}+\overline{BP}$

$\overline{AP}+\overline{BP}$의 값이 최소인 경우는 점 P가 선분 AB 위에 있을 때이므로

$\overline{AP}+\overline{BP}\ge\overline{AB}$

$=\sqrt{\{1-(-5)\}^2+\{2-(-2)\}^2}$

$=\sqrt{52}=2\sqrt{13}$

따라서 구하는 최솟값은 $2\sqrt{13}$이다.

017 답 $(1,\ 1)$

직선 $y=x$ 위의 점 P의 좌표를 $(a,\ a)$라 하면

$\overline{AP}^2+\overline{BP}^2$

$=(a-1)^2+(a-5)^2+\{a-(-2)\}^2+a^2$

$=4a^2-8a+30$

$=4(a-1)^2+26$

따라서 $\overline{AP}^2+\overline{BP}^2$은 $a=1$일 때 최솟값 26을 갖고, 그때의 점 P의 좌표는 $(1,\ 1)$이다.

018 답 $\sqrt{5}$

$\sqrt{x^2+y^2-2x+4y+5}=\sqrt{(x-1)^2+(y+2)^2}$

$O(0,\ 0)$, $A(1,\ -2)$, $P(x,\ y)$라 하면

$\sqrt{x^2+y^2}+\sqrt{(x-1)^2+(y+2)^2}=\overline{OP}+\overline{AP}$

$\overline{OP}+\overline{AP}$의 값이 최소인 경우는 점 P가 선분 OA 위에 있을 때이므로

$\overline{OP}+\overline{AP}\ge\overline{OA}=\sqrt{1^2+(-2)^2}=\sqrt{5}$

따라서 구하는 최솟값은 $\sqrt{5}$이다.

019 답 풀이 참조

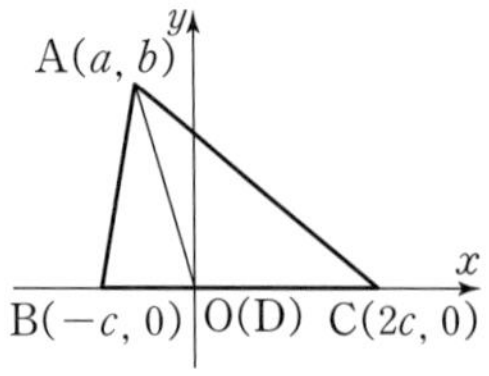

오른쪽 그림과 같이 직선 BC를 x축, 점 D를 지나고 직선 BC에 수직인 직선을 y축으로 하는 좌표평면을 잡으면 점 D는 원점이 된다.

$A(a,\ b)$, $B(-c,\ 0)$이라 하면 $2\overline{BD}=\overline{CD}$에서 $C(2c,\ 0)$이므로

$\overline{AB}^2=(-c-a)^2+(-b)^2=a^2+2ac+c^2+b^2$

$\overline{AC}^2=(2c-a)^2+(-b)^2=a^2-4ac+4c^2+b^2$

$\overline{AD}^2=a^2+b^2$

$\overline{BD}^2=c^2$

따라서

$2\overline{AB}^2+\overline{AC}^2=3(a^2+b^2+2c^2)$,

$3(\overline{AD}^2+2\overline{BD}^2)=3(a^2+b^2+2c^2)$

이므로

$2\overline{AB}^2+\overline{AC}^2=3(\overline{AD}^2+2\overline{BD}^2)$

020 답 풀이 참조

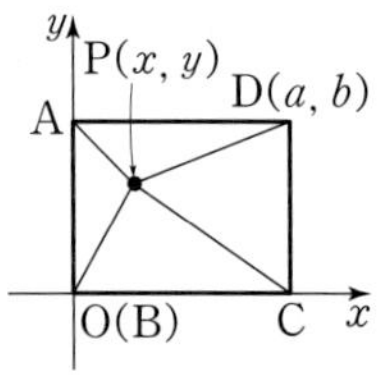

오른쪽 그림과 같이 직선 BC를 x축, 직선 AB를 y축으로 하는 좌표평면을 잡으면 점 B는 원점이 된다.

$D(a,\ b)$라 하면 $A(0,\ b)$, $C(a,\ 0)$이므로 $P(x,\ y)$라 하면

$\overline{AP}^2=x^2+(y-b)^2$, $\overline{CP}^2=(x-a)^2+y^2$

$\overline{BP}^2=x^2+y^2$, $\overline{DP}^2=(x-a)^2+(y-b)^2$

따라서

$\overline{AP}^2+\overline{CP}^2=x^2+(y-b)^2+(x-a)^2+y^2$,

$\overline{BP}^2+\overline{DP}^2=x^2+y^2+(x-a)^2+(y-b)^2$

이므로

$\overline{AP}^2+\overline{CP}^2=\overline{BP}^2+\overline{DP}^2$

021 답 (가) $-c$ (나) b^2 (다) a^2+b^2 (라) c^2

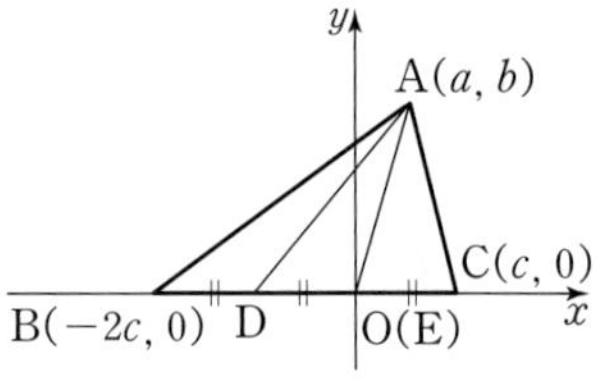

오른쪽 그림과 같이 직선 BC를 x축, 점 E를 지나고 직선 BC에 수직인 직선을 y축으로 하는 좌표평면을 잡으면 점 E는 원점이 된다.

$A(a,\ b)$, $C(c,\ 0)$이라 하면 $B(-2c,\ 0)$,

D((가) $-c$, 0)이므로

$\overline{AB}^2=(a+2c)^2+$ (나) b^2 $=a^2+4ac+4c^2+b^2$

$\overline{AC}^2=(a-c)^2+$ (나) b^2 $=a^2-2ac+c^2+b^2$

$\overline{AD}^2=(a+c)^2+b^2=a^2+2ac+c^2+b^2$

$\overline{AE}^2=$ (다) a^2+b^2

$\overline{DE}^2=$ (라) c^2

따라서

$\overline{AB}^2+\overline{AC}^2=2a^2+2ac+5c^2+2b^2$,

$\overline{AD}^2+\overline{AE}^2+4\overline{DE}^2=2a^2+2ac+5c^2+2b^2$

이므로

$\overline{AB}^2+\overline{AC}^2=\overline{AD}^2+\overline{AE}^2+4\overline{DE}^2$

연습문제 20~22쪽

022 답 ②

$\overline{AB}=3$이므로

$\sqrt{\{3-(a+1)\}^2+\{-2-(a-1)\}^2}=3$

$\sqrt{2a^2-2a+5}=3$

양변을 제곱하면

$2a^2-2a+5=9,\ a^2-a-2=0$

$(a+1)(a-2)=0 \qquad \therefore a=-1$ 또는 $a=2$

따라서 모든 a의 값의 합은

$-1+2=1$

023 답 2

$l^2=(-1-2t)^2+\{2t-(-3)\}^2$

$=8t^2+16t+10$

$=8(t+1)^2+2$

따라서 l^2은 $t=-1$일 때 최솟값 2를 갖는다.

024 답 5

$\overline{AC}=2\overline{BC}$이므로

$\sqrt{(a-1)^2+\{3-(-1)\}^2}=2\sqrt{(a-2)^2+(3-1)^2}$

$\sqrt{a^2-2a+17}=2\sqrt{a^2-4a+8}$

양변을 제곱하면

$a^2-2a+17=4(a^2-4a+8)$

$3a^2-14a+15=0,\ (3a-5)(a-3)=0$

$\therefore a=\frac{5}{3}$ 또는 $a=3$

따라서 모든 a의 값의 곱은

$\frac{5}{3}\times 3=5$

| 참고 | 이차방정식 $3a^2-14a+15=0$에서 근과 계수의 관계에 의하여 구하는 a의 값의 곱이 $\frac{15}{3}=5$임을 알 수도 있다.

025 답 ⑤

점 $P(a, b)$가 직선 $3x-y+2=0$ 위의 점이므로

$3a-b+2=0 \qquad \therefore b=3a+2 \qquad \cdots\cdots$ ㉠

$\therefore P(a, 3a+2)$

$\overline{AP}=\overline{BP}$에서 $\overline{AP}^2=\overline{BP}^2$이므로

$\{a-(-1)\}^2+(3a+2-2)^2$

$=\{a-(-4)\}^2+(3a+2-5)^2$

$10a^2+2a+1=10a^2-10a+25$

$12a=24 \qquad \therefore a=2$

이를 ㉠에 대입하면 $b=8$

$\therefore ab=16$

026 답 30

x축 위의 점 C의 좌표를 $(a, 0)$이라 하면

$\overline{AC}=\overline{BC}$에서 $\overline{AC}^2=\overline{BC}^2$이므로

$\{a-(-2)\}^2=a^2+(-6)^2$

$a^2+4a+4=a^2+36$

$4a=32 \qquad \therefore a=8$

$\therefore C(8, 0)$

따라서 오른쪽 그림에서 삼각형 ABC의 넓이는

$\frac{1}{2}\times|8-(-2)|\times 6=30$

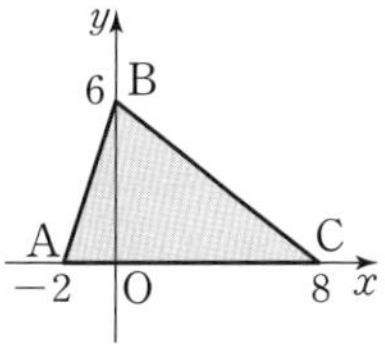

027 답 ④

$\overline{AB}=\sqrt{(-1-3)^2+(-2-1)^2}=5$

$\overline{BC}=\sqrt{\{1-(-1)\}^2+\{2-(-2)\}^2}=\sqrt{20}=2\sqrt{5}$

$\overline{CA}=\sqrt{(3-1)^2+(1-2)^2}=\sqrt{5}$

$\overline{AB}^2=25,\ \overline{BC}^2=20,\ \overline{CA}^2=5$이므로

$\overline{BC}^2+\overline{CA}^2=\overline{AB}^2$

따라서 삼각형 ABC는 $\angle C=90°$인 직각삼각형이다.

028 답 30

직선 $y=x-1$ 위의 점 P의 좌표를 $(a, a-1)$이라 하면 ▸▸▸▸▸▸ ❶

$\overline{AP}^2+\overline{BP}^2$

$=\{a-(-4)\}^2+(a-1-1)^2$

$+(a-3)^2+\{a-1-(-2)\}^2$

$=4a^2+30$ ▸▸▸▸▸▸ ❷

따라서 $\overline{AP}^2+\overline{BP}^2$은 $a=0$일 때 최솟값 30을 갖는다. ▸▸▸▸▸▸ ❸

단계	채점 기준	비율
❶	점 P의 좌표를 a를 이용하여 나타내기	20 %
❷	$\overline{AP}^2+\overline{BP}^2$을 a에 대한 식으로 나타내기	50 %
❸	$\overline{AP}^2+\overline{BP}^2$의 최솟값 구하기	30 %

029 답 −6

평행사변형 ABCD에서 두 쌍의 대변의 길이가 각각 같으므로

$\overline{AB}=\overline{CD},\ \overline{AD}=\overline{BC} \qquad \cdots\cdots$ ㉠

이때 평행사변형 ABCD의 둘레의 길이가 $6\sqrt{13}$이므로

$\overline{AB}+\overline{BC}+\overline{CD}+\overline{AD}=6\sqrt{13}$

$2(\overline{AB}+\overline{BC})=6\sqrt{13}$ ($\because$ ㉠)

$\overline{AB}+\overline{BC}=3\sqrt{13}$

$\sqrt{\{-3-(-1)\}^2+(-3)^2}+\sqrt{\{1-(-3)\}^2+k^2}$

$=3\sqrt{13}$

$\sqrt{13}+\sqrt{16+k^2}=3\sqrt{13}$, $\sqrt{16+k^2}=2\sqrt{13}$

양변을 제곱하면

$16+k^2=52$, $k^2=36$ $\quad\therefore k=\pm6$

따라서 음수 k의 값은 -6이다.

030 답 ④

외심 P의 좌표를 (a, b)라 하면 점 P에서 세 꼭짓점 A, B, C에 이르는 거리가 같으므로

$\overline{AP}=\overline{BP}=\overline{CP}$

$\overline{AP}=\overline{BP}$에서 $\overline{AP}^2=\overline{BP}^2$이므로

$(a-2)^2+(b-3)^2=(a-1)^2+b^2$

$a^2+b^2-4a-6b+13=a^2+b^2-2a+1$

$-2a-6b=-12$ $\quad\therefore a+3b=6$ $\quad\cdots\cdots$ ㉠

$\overline{BP}=\overline{CP}$에서 $\overline{BP}^2=\overline{CP}^2$이므로

$(a-1)^2+b^2=(a-5)^2+(b-4)^2$

$a^2+b^2-2a+1=a^2+b^2-10a-8b+41$

$8a+8b=40$ $\quad\therefore a+b=5$ $\quad\cdots\cdots$ ㉡

㉠, ㉡을 연립하여 풀면 $a=\frac{9}{2}$, $b=\frac{1}{2}$

따라서 외심 P의 좌표는 $\left(\frac{9}{2}, \frac{1}{2}\right)$이다.

| 참고 | 삼각형의 외심에서 세 꼭짓점에 이르는 거리는 같다.

031 답 ③

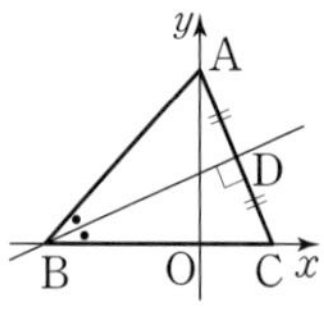

오른쪽 그림과 같이 ∠ABC의 이등분선이 선분 AC와 만나는 점을 D라 하면 직선 BD가 선분 AC를 수직이등분한다.

즉, 삼각형 ABC가 $\overline{BA}=\overline{BC}$인 이등변삼각형이므로

$\overline{BA}^2=\overline{BC}^2$에서

$\{-(-3)\}^2+a^2=\{1-(-3)\}^2$

$a^2+9=16$, $a^2=7$

$\therefore a=\pm\sqrt{7}$

따라서 양수 a의 값은 $\sqrt{7}$이다.

032 답 $\frac{17}{4}$

$\overline{AB}=\sqrt{(3-2)^2+2^2}=\sqrt{5}$

$\overline{BC}=\sqrt{(4-3)^2+(k-1-2)^2}=\sqrt{k^2-6k+10}$

$\overline{CA}=\sqrt{(2-4)^2+(-k+1)^2}=\sqrt{k^2-2k+5}$

(i) $\overline{AB}=\overline{BC}$일 때

$\overline{AB}^2=\overline{BC}^2$이므로

$5=k^2-6k+10$, $k^2-6k+5=0$

$(k-1)(k-5)=0$ $\quad\therefore k=1$ 또는 $k=5$

이때 $k=5$이면 $\overline{AB}=\overline{BC}=\sqrt{5}$, $\overline{CA}=\sqrt{20}=2\sqrt{5}$에서 $\overline{AB}+\overline{BC}=\overline{CA}$이므로 삼각형이 만들어지지 않는다.

$\therefore k=1$

(ii) $\overline{BC}=\overline{CA}$일 때

$\overline{BC}^2=\overline{CA}^2$이므로

$k^2-6k+10=k^2-2k+5$

$4k=5$ $\quad\therefore k=\frac{5}{4}$

(iii) $\overline{CA}=\overline{AB}$일 때

$\overline{CA}^2=\overline{AB}^2$이므로

$k^2-2k+5=5$, $k^2-2k=0$

$k(k-2)=0$ $\quad\therefore k=0$ 또는 $k=2$

따라서 양수 k의 값은 2이다.

(i), (ii), (iii)에서 모든 양수 k의 값의 합은

$1+\frac{5}{4}+2=\frac{17}{4}$

033 답 (0, −1)

점 P의 좌표를 (a, b)라 하면

$\overline{AP}^2=\{a-(-6)\}^2+\{b-(-5)\}^2$

$=a^2+b^2+12a+10b+61$

$\overline{BP}^2=(a-4)^2+\{b-(-1)\}^2$

$=a^2+b^2-8a+2b+17$

$\overline{CP}^2=(a-2)^2+(b-3)^2$

$=a^2+b^2-4a-6b+13$

$\therefore \overline{AP}^2+\overline{BP}^2+\overline{CP}^2$

$=3a^2+3b^2+6b+91$

$=3a^2+3(b+1)^2+88$ ▸▸▸▸▸▸ ❶

모든 실수 a, b에 대하여 $a^2\geq0$, $(b+1)^2\geq0$이므로 $\overline{AP}^2+\overline{BP}^2+\overline{CP}^2$은 $a=0$, $b=-1$일 때 최솟값 88을 갖고, 그때의 점 P의 좌표는 $(0, -1)$이다.

▸▸▸▸▸▸ ❷

단계	채점 기준	비율
❶	점 P의 좌표를 (a, b)로 놓고 $\overline{AP}^2+\overline{BP}^2+\overline{CP}^2$을 a, b에 대한 식으로 나타내기	60 %
❷	$\overline{AP}^2+\overline{BP}^2+\overline{CP}^2$의 값이 최소가 될 때의 점 P의 좌표 구하기	40 %

034 답 (가) $a+c$ (나) $2a^2+2b^2+2c^2$

(다) $a^2+b^2+c^2$

오른쪽 그림과 같이 직선 BC를 x축, 점 B를 지나고 직선 BC에 수직인 직선을 y축으로 하는 좌표평면을 잡으면 점 B는 원점이 된다.

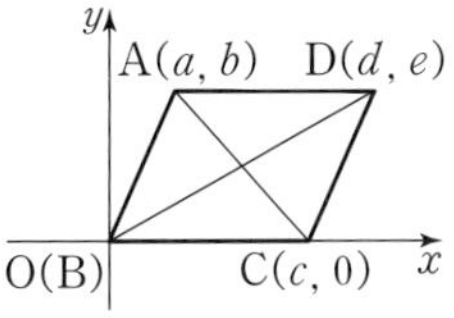

A(a, b), C(c, 0), D(d, e)라 하면 두 대각선 AC, BD의 중점이 일치하므로

$\frac{a+c}{2}=\frac{d}{2}$, $\frac{b}{2}=\frac{e}{2}$

$\therefore d=a+c, e=b$

$\therefore$ D((가) $a+c$, b)

$\overline{AC}^2=(c-a)^2+(-b)^2=a^2-2ac+c^2+b^2$

$\overline{BD}^2=(a+c)^2+b^2=a^2+2ac+c^2+b^2$

$\overline{AB}^2=a^2+b^2$

$\overline{BC}^2=c^2$

따라서

$\overline{AC}^2+\overline{BD}^2=$ (나) $2a^2+2b^2+2c^2$,

$\overline{AB}^2+\overline{BC}^2=$ (다) $a^2+b^2+c^2$

이므로

$\overline{AC}^2+\overline{BD}^2=2(\overline{AB}^2+\overline{BC}^2)$

035 답 116

| 접근 방법 | 정사각형은 모두 닮은 도형이고, 서로 닮은 세 평면도형의 닮음비가 $a:b:c$일 때, 넓이의 비는 $a^2:b^2:c^2$임을 이용한다.

$B_4(30, 18)$이므로

$\overline{OA_4}=30$, $\overline{B_4A_4}=18$

$\overline{A_3A_4}=\overline{B_4A_4}=18$이므로

$\overline{OA_3}=\overline{OA_4}-\overline{A_3A_4}$

$=30-18=12$

$\therefore A_3(12, 0)$

이때 정사각형 $OA_1B_1C_1$, $A_1A_2B_2C_2$, $A_2A_3B_3C_3$의 넓이의 비가 $1:4:9$이므로 닮음비는 $1:2:3$이다.

즉, $\overline{OA_1}:\overline{A_1A_2}:\overline{A_2A_3}=1:2:3$이므로

$\overline{OA_1}=\overline{OA_3}\times\frac{1}{1+2+3}=12\times\frac{1}{6}=2$

$\overline{A_1A_2}=\overline{OA_3}\times\frac{2}{1+2+3}=12\times\frac{2}{6}=4$

$\overline{A_2A_3}=\overline{OA_3}\times\frac{3}{1+2+3}=12\times\frac{3}{6}=6$

이때 $\overline{B_1A_1}=\overline{OA_1}=2$이므로

$B_1(2, 2)$

또 $\overline{B_3A_3}=\overline{A_2A_3}=6$이므로

$B_3(12, 6)$

$\therefore \overline{B_1B_3}^2=(12-2)^2+(6-2)^2=116$

036 답 ②

| 접근 방법 | (거리)=(속력)×(시간)임을 이용하여 t초 후의 두 사람의 위치를 좌표로 나타낸다.

O 지점을 원점으로 하는 좌표평면 위에 주어진 조건을 나타내면 오른쪽 그림과 같다.

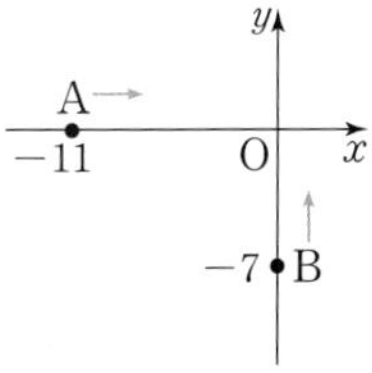

A, B 두 사람은 각각 초속 3 m, 초속 5 m의 속력으로 움직이므로 t초 동안 움직인 거리는 각각 $3t$ m, $5t$ m이다.

A, B 두 사람이 처음 출발한 위치가 각각 $(-11, 0)$, $(0, -7)$이므로 출발한 지 t초 후의 위치를 각각 P, Q라 하면

$P(-11+3t, 0)$, $Q(0, -7+5t)$

$\therefore \overline{PQ}=\sqrt{\{-(-11+3t)\}^2+(-7+5t)^2}$

$=\sqrt{9t^2-66t+121+25t^2-70t+49}$

$=\sqrt{34t^2-136t+170}$

$=\sqrt{34(t-2)^2+34}$

즉, $t=2$일 때, $\overline{PQ}$는 최솟값 $\sqrt{34}$를 갖는다.

따라서 두 사람이 가장 가까이 있을 때의 거리는 $\sqrt{34}$ m이다.

037 답 ③

$A(3, 0)$, $B(0, k)$, $P(x, y)$라 하면

$\sqrt{(x-3)^2+y^2}+\sqrt{x^2+(y-k)^2}=\overline{AP}+\overline{BP}$

$\overline{AP}+\overline{BP}$의 값이 최소인 경우는 점 P가 선분 AB 위에 있을 때이므로

$\overline{AP}+\overline{BP}\geq\overline{AB}$

$=\sqrt{(-3)^2+k^2}$

$=\sqrt{9+k^2}$

즉, $\overline{AP}+\overline{BP}$의 최솟값은 $\sqrt{9+k^2}$이므로

$\sqrt{9+k^2}=5$

양변을 제곱하면

$9+k^2=25$, $k^2=16$

$\therefore k=\pm4$

따라서 양수 k의 값은 4이다.

02 선분의 내분점

개념 확인 25쪽

038 답 (1) **B** (2) **C** (3) **2**

039 답 (1) **3** (2) **5** (3) **4**

(1) $\frac{2\times9+3\times(-1)}{2+3}=3$

(2) $\frac{2\times(-1)+3\times9}{2+3}=5$

(3) $\frac{-1+9}{2}=4$

040 답 (1) $\mathbf{(4,\ -2)}$ (2) $\left(-1,\ \frac{1}{2}\right)$ (3) $\mathbf{(2,\ -1)}$

(1) $\left(\frac{2\times8+1\times(-4)}{2+1},\ \frac{2\times(-4)+1\times2}{2+1}\right)$

$\therefore (4,\ -2)$

(2) $\left(\frac{3\times(-4)+1\times8}{3+1},\ \frac{3\times2+1\times(-4)}{3+1}\right)$

$\therefore \left(-1,\ \frac{1}{2}\right)$

(3) $\left(\frac{-4+8}{2},\ \frac{2+(-4)}{2}\right)$

$\therefore (2,\ -1)$

유제 27~37쪽

041 답 $2\sqrt{5}$

선분 AB를 5 : 1로 내분하는 점 P의 좌표는

$\left(\frac{5\times4+1\times(-2)}{5+1},\ \frac{5\times(-9)+1\times3}{5+1}\right)$

$\therefore (3,\ -7)$

선분 AB의 중점 M의 좌표는

$\left(\frac{-2+4}{2},\ \frac{3-9}{2}\right)$

$\therefore (1,\ -3)$

따라서 두 점 P, M 사이의 거리는

$\sqrt{(1-3)^2+\{-3-(-7)\}^2}=2\sqrt{5}$

042 답 **20**

선분 AB를 1 : 3으로 내분하는 점의 좌표가 $(b,\ 1)$이므로

$\frac{1\times2+3\times(-6)}{1+3}=b,\ \frac{1\times a+3\times3}{1+3}=1$

$-4=b,\ a+9=4$

$\therefore a=-5,\ b=-4$

$\therefore ab=20$

043 답 $\left(\frac{5}{2},\ 1\right)$

선분 AB를 2 : 1로 내분하는 점 P의 좌표는

$\left(\frac{2\times5+1\times(-1)}{2+1},\ \frac{2\times2+1\times5}{2+1}\right)$

$\therefore (3,\ 3)$

선분 BC를 3 : 4로 내분하는 점 Q의 좌표는

$\left(\frac{3\times(-2)+4\times5}{3+4},\ \frac{3\times(-5)+4\times2}{3+4}\right)$

$\therefore (2,\ -1)$

따라서 선분 PQ의 중점의 좌표는

$\left(\frac{3+2}{2},\ \frac{3-1}{2}\right)$

$\therefore \left(\frac{5}{2},\ 1\right)$

044 답 $\boldsymbol{a=5,\ b=-2}$

선분 AB를 1 : 2로 내분하는 점의 좌표가 $(b+3,\ a-5)$이므로

$\frac{1\times a+2\times(-1)}{1+2}=b+3,\ \frac{1\times b+2\times1}{1+2}=a-5$

$\frac{a-2}{3}=b+3,\ \frac{b+2}{3}=a-5$

$a-3b=11,\ 3a-b=17$

두 식을 연립하여 풀면

$a=5,\ b=-2$

045 답 $\boldsymbol{0<t<\frac{3}{8}}$

$t:(1-t)$에서 $t>0,\ 1-t>0$이므로

$0<t<1$ ...... ㉠

선분 AB를 $t:(1-t)$로 내분하는 점의 좌표는

$\left(\frac{t\times5+(1-t)\times(-3)}{t+(1-t)},\ \frac{t\times(-1)+(1-t)\times4}{t+(1-t)}\right)$

$\therefore (8t-3,\ -5t+4)$

이 점이 제2사분면 위에 있으므로 (x좌표)<0, (y좌표)>0

$8t-3<0,\ -5t+4>0$

$\therefore t<\frac{3}{8}$ ...... ㉡

㉠, ㉡의 공통부분을 구하면

$0<t<\frac{3}{8}$

046 답 -1

선분 AB를 3 : 1로 내분하는 점의 좌표는

$\left(\frac{3\times7+1\times(-5)}{3+1}, \frac{3\times a+1\times3}{3+1}\right)$

$\therefore \left(4, \frac{3a+3}{4}\right)$

이 점이 x축 위에 있으므로 ◀ (y좌표)$=0$

$\frac{3a+3}{4}=0$, $3a+3=0$

$\therefore a=-1$

047 답 $\frac{11}{15}$

$(1-t) : t$에서 $t>0$, $1-t>0$이므로

$0<t<1$ …… ㉠

선분 AB를 $(1-t) : t$로 내분하는 점의 좌표는

$\left(\frac{(1-t)\times1+t\times(-2)}{(1-t)+t}, \frac{(1-t)\times(-4)+t\times6}{(1-t)+t}\right)$

$\therefore (-3t+1, 10t-4)$

이 점이 제3사분면 위에 있으므로

$-3t+1<0$, $10t-4<0$ └ (x좌표)<0, (y좌표)<0

$\therefore \frac{1}{3}<t<\frac{2}{5}$ …… ㉡

㉠, ㉡의 공통부분을 구하면 $\frac{1}{3}<t<\frac{2}{5}$

따라서 $\alpha=\frac{1}{3}$, $\beta=\frac{2}{5}$이므로

$\alpha+\beta=\frac{11}{15}$

048 답 ③

선분 AB를 1 : 2로 내분하는 점의 좌표는

$\left(\frac{1\times6+2\times0}{1+2}, \frac{1\times0+2\times a}{1+2}\right)$

$\therefore \left(2, \frac{2a}{3}\right)$

이 점이 직선 $y=-x$ 위에 있으므로

$\frac{2a}{3}=-2$ $\therefore a=-3$

049 답 $(-7, -2)$

$3\overline{AB}=\overline{BC}$에서 $\overline{AB} : \overline{BC}=1 : 3$

x좌표가 음수인 점 C에 대하여 세 점 A, B, C의 위치를 그림으로 나타내면 오른쪽과 같으므로 점 B는 선분 AC를 1 : 3으로 내분하는 점이다.

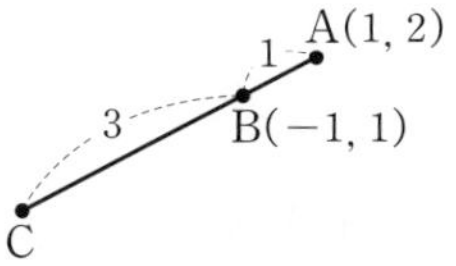

점 C의 좌표를 (a, b)라 하면

$\frac{1\times a+3\times1}{1+3}=-1$, $\frac{1\times b+3\times2}{1+3}=1$

$a+3=-4$, $b+6=4$

$\therefore a=-7$, $b=-2$

따라서 점 C의 좌표는 $(-7, -2)$이다.

050 답 $(-5, 4)$

$\overline{AB}=2\overline{BC}$에서 $\overline{AB} : \overline{BC}=2 : 1$

세 점 A, B, C의 위치를 그림으로 나타내면 오른쪽과 같으므로 점 B는 선분 AC를 2 : 1로 내분하는 점이다.

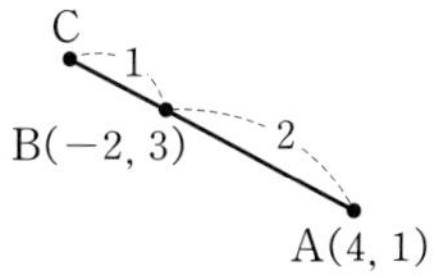

점 C의 좌표를 (a, b)라 하면

$\frac{2\times a+1\times4}{2+1}=-2$, $\frac{2\times b+1\times1}{2+1}=3$

$2a+4=-6$, $2b+1=9$

$\therefore a=-5$, $b=4$

따라서 점 C의 좌표는 $(-5, 4)$이다.

051 답 15

$3\overline{AB}=2\overline{BC}$에서 $\overline{AB} : \overline{BC}=2 : 3$

점 $C(a, b)$에서 $a>0$이므로 세 점 A, B, C의 위치를 그림으로 나타내면 오른쪽과 같다.

즉, 점 B는 선분 AC를 2 : 3으로 내분하는 점이므로

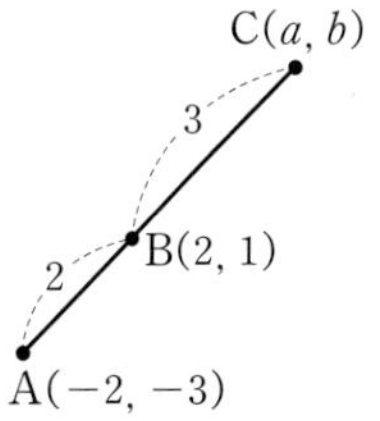

$\frac{2\times a+3\times(-2)}{2+3}=2$,

$\frac{2\times b+3\times(-3)}{2+3}=1$

$2a-6=10$, $2b-9=5$ $\therefore a=8$, $b=7$

$\therefore a+b=15$

052 답 7

$5\overline{AP}=2\overline{BP}$에서 $\overline{AP} : \overline{BP}=2 : 5$

세 점 A, B, P의 위치를 그림으로 나타내면 오른쪽과 같다.

즉, 점 A는 선분 BP를 3 : 2로 내분하는 점이므로

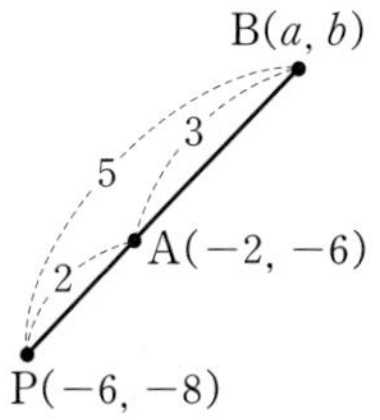

$\frac{3\times(-6)+2\times a}{3+2}=-2$,

$\frac{3\times(-8)+2\times b}{3+2}=-6$

$-18+2a=-10$, $-24+2b=-30$

$\therefore a=4$, $b=-3$

$\therefore a-b=7$

053 답 $a=-1$, $b=6$

평행사변형의 두 대각선은 서로 다른 것을 이등분하므로 선분 AC의 중점과 선분 BD의 중점이 일치한다.

선분 AC의 중점의 좌표는

$\left(\frac{2+8}{2}, \frac{1+1}{2}\right)$ $\therefore (5, 1)$ …… ㉠

선분 BD의 중점의 좌표는

$\left(\frac{4+b}{2}, \frac{a+3}{2}\right)$ …… ㉡

㉠, ㉡이 일치하므로

$5=\frac{4+b}{2}$, $1=\frac{a+3}{2}$

$\therefore a=-1$, $b=6$

054 답 $\left(-\frac{4}{3}, -\frac{8}{3}\right)$

선분 OC가 $\angle$AOB의 이등분선이므로

$\overline{OA} : \overline{OB}=\overline{AC} : \overline{BC}$

이때 $\overline{OA}=\sqrt{(-6)^2+(-2)^2}=2\sqrt{10}$,

$\overline{OB}=\sqrt{1^2+(-3)^2}=\sqrt{10}$이므로

$\overline{AC} : \overline{BC}=2\sqrt{10} : \sqrt{10}=2 : 1$

따라서 점 C는 변 AB를 $2 : 1$로 내분하는 점이므로 점 C의 좌표는

$\left(\frac{2\times1+1\times(-6)}{2+1}, \frac{2\times(-3)+1\times(-2)}{2+1}\right)$

$\therefore \left(-\frac{4}{3}, -\frac{8}{3}\right)$

055 답 $a=7$, $b=11$

마름모의 두 대각선은 서로 다른 것을 이등분하므로 선분 AC의 중점과 선분 BD의 중점이 일치한다.

선분 AC의 중점의 좌표는

$\left(\frac{a+9}{2}, \frac{3+5}{2}\right)$

$\therefore \left(\frac{a+9}{2}, 4\right)$ …… ㉠

선분 BD의 중점의 좌표는

$\left(\frac{5+b}{2}, \frac{7+1}{2}\right)$

$\therefore \left(\frac{5+b}{2}, 4\right)$ …… ㉡

㉠, ㉡이 일치하므로

$\frac{a+9}{2}=\frac{5+b}{2}$

$\therefore a-b=-4$ …… ㉢

또 마름모의 네 변의 길이는 모두 같으므로

$\overline{AB}=\overline{BC}$에서 $\overline{AB}^2=\overline{BC}^2$

$(5-a)^2+(7-3)^2=(9-5)^2+(5-7)^2$

$a^2-10a+21=0$, $(a-3)(a-7)=0$

$\therefore a=7$ ($\because a>5$)

이를 ㉢에 대입하면

$b=11$

056 답 3

선분 AD가 $\angle$A의 이등분선이므로

$\overline{AB} : \overline{AC}=\overline{BD} : \overline{CD}$

이때 $\overline{AB}=\sqrt{(-4+1)^2+(3-5)^2}=\sqrt{13}$,

$\overline{AC}=\sqrt{(8+1)^2+(-1-5)^2}=3\sqrt{13}$이므로

$\overline{BD} : \overline{CD}=\sqrt{13} : 3\sqrt{13}=1 : 3$

즉, 점 D는 변 BC를 $1 : 3$으로 내분하는 점이므로 점 D의 좌표는

$\left(\frac{1\times8+3\times(-4)}{1+3}, \frac{1\times(-1)+3\times3}{1+3}\right)$

$\therefore (-1, 2)$

따라서 선분 AD의 길이는

$|5-2|=3$

057 답 $3x-y-4=0$

점 B의 좌표를 (a, b)라 하면 점 B가 직선 $3x-y-1=0$ 위의 점이므로

$3a-b-1=0$ …… ㉠

점 P의 좌표를 (x, y)라 하면

$x=\frac{1\times a+3\times1}{1+3}=\frac{a+3}{4}$

$y=\frac{1\times b+3\times(-2)}{1+3}=\frac{b-6}{4}$

$\therefore a=4x-3$, $b=4y+6$

이를 ㉠에 대입하면

$3(4x-3)-(4y+6)-1=0$

$\therefore 3x-y-4=0$

058 답 $\frac{40}{9}$

삼각형 ABC의 무게중심의 좌표가 (a, b)이므로

$\frac{2+4-1}{3}=a$, $\frac{5+3}{3}=b$

$\therefore a=\frac{5}{3}, b=\frac{8}{3}$

$\therefore ab=\frac{40}{9}$

059 답 $a=-1, b=1$

삼각형 ABC의 무게중심의 좌표가 $(-2, 1)$이므로

$\frac{3+a-8}{3}=-2, \frac{-2+4+b}{3}=1$

$a-5=-6, 2+b=3$

$\therefore a=-1, b=1$

060 답 $(2, 5)$

두 점 B, C의 좌표를 각각 (x_1, y_1), (x_2, y_2)라 하면

삼각형 ABC의 무게중심의 좌표가 $(3, 2)$이므로

$\frac{5+x_1+x_2}{3}=3, \frac{-4+y_1+y_2}{3}=2$

$\therefore x_1+x_2=4, y_1+y_2=10$

따라서 선분 BC의 중점의 좌표는

$\left(\frac{x_1+x_2}{2}, \frac{y_1+y_2}{2}\right)$

$\therefore (2, 5)$

061 답 $(4, 2)$

삼각형 DEF의 무게중심은 삼각형 ABC의 무게중심과 일치하므로 구하는 무게중심의 좌표는

$\left(\frac{4-2+10}{3}, \frac{-3+6+3}{3}\right)$

$\therefore (4, 2)$

| 다른 풀이 |

선분 AB를 1 : 2로 내분하는 점 D의 좌표는

$\left(\frac{1\times(-2)+2\times4}{1+2}, \frac{1\times6+2\times(-3)}{1+2}\right)$

$\therefore (2, 0)$

선분 BC를 1 : 2로 내분하는 점 E의 좌표는

$\left(\frac{1\times10+2\times(-2)}{1+2}, \frac{1\times3+2\times6}{1+2}\right)$

$\therefore (2, 5)$

선분 CA를 1 : 2로 내분하는 점 F의 좌표는

$\left(\frac{1\times4+2\times10}{1+2}, \frac{1\times(-3)+2\times3}{1+2}\right)$

$\therefore (8, 1)$

따라서 삼각형 DEF의 무게중심의 좌표는

$\left(\frac{2+2+8}{3}, \frac{0+5+1}{3}\right)$

$\therefore (4, 2)$

연습문제

38~40쪽

062 답 ③

선분 AB를 1 : 2로 내분하는 점의 좌표가 $(0, 1)$이므로

$\frac{1\times(b+1)+2\times2}{1+2}=0, \frac{1\times3+2\times(a-2)}{1+2}=1$

$\frac{b+5}{3}=0, \frac{2a-1}{3}=1$

$b+5=0, 2a-1=3$

$\therefore a=2, b=-5$

따라서 $B(-4, 3)$, $C(4, -5)$이므로 선분 BC의 중점의 좌표는

$\left(\frac{-4+4}{2}, \frac{3-5}{2}\right)$

$\therefore (0, -1)$

063 답 $\left(-\frac{3}{4}, \frac{1}{4}\right)$

선분 AB를 b : 2로 내분하는 점의 좌표가 $(1, 2)$이므로

$\frac{b\times3+2\times a}{b+2}=1, \frac{b\times4+2\times(-1)}{b+2}=2$

$2a+3b=b+2, 4b-2=2b+4$

$\therefore a=-2, b=3$

따라서 $A(-2, -1)$이므로 선분 AB를 1 : 3으로 내분하는 점의 좌표는

$\left(\frac{1\times3+3\times(-2)}{1+3}, \frac{1\times4+3\times(-1)}{1+3}\right)$

$\therefore \left(-\frac{3}{4}, \frac{1}{4}\right)$

064 답 $\frac{1}{3}$

$t : (1-t)$에서 $t>0, 1-t>0$이므로

$0<t<1$ …… ㉠

선분 AB를 $t : (1-t)$로 내분하는 점의 좌표는

$\left(\frac{t\times(-1)+(1-t)\times5}{t+(1-t)}, \frac{t\times3+(1-t)\times(-2)}{t+(1-t)}\right)$

$\therefore (-6t+5, 5t-2)$

이 점이 제1사분면 위에 있으므로

$-6t+5>0, 5t-2>0$

$\therefore \frac{2}{5}<t<\frac{5}{6}$ …… ㉡

㉠, ㉡의 공통부분을 구하면

$\frac{2}{5}<t<\frac{5}{6}$

따라서 $\alpha=\frac{2}{5}$, $\beta=\frac{5}{6}$이므로

$\alpha\beta=\frac{1}{3}$

065 답 ②

선분 AB를 $k:1$로 내분하는 점의 좌표는

$\left(\frac{k\times2+1\times(-2)}{k+1}, \frac{k\times4+1\times0}{k+1}\right)$

$\therefore \left(\frac{2k-2}{k+1}, \frac{4k}{k+1}\right)$

이 점이 직선 $y=2x+1$ 위에 있으므로

$\frac{4k}{k+1}=2\times\frac{2k-2}{k+1}+1$

$\frac{4k}{k+1}=\frac{5k-3}{k+1}$

$4k=5k-3$

$\therefore k=3$

066 답 $(-5, -3)$

$3\overline{AB}=2\overline{BC}$에서 $\overline{AB}:\overline{BC}=2:3$

점 C는 제3사분면 위의 점이므로 점 C의 x좌표는 음수이다.

따라서 세 점 A, B, C의 위치를 그림으로 나타내면 오른쪽과 같으므로 점 A는 선분 BC를 $2:1$로 내분하는 점이다.

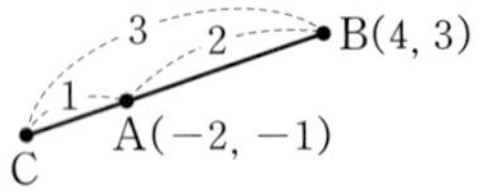

점 C의 좌표를 (a, b)라 하면

$\frac{2\times a+1\times4}{2+1}=-2$, $\frac{2\times b+1\times3}{2+1}=-1$

$2a+4=-6$, $2b+3=-3$

$\therefore a=-5, b=-3$

따라서 점 C의 좌표는 $(-5, -3)$이다.

067 답 C$(1, -3)$, D$(4, -1)$

평행사변형의 두 대각선은 서로 다른 것을 이등분하므로 선분 AC의 중점과 선분 BD의 중점이 일치한다.

이때 두 대각선 AC, BD의 교점의 좌표가 $(1, 0)$이므로 선분 AC의 중점과 선분 BD의 중점의 좌표는 모두 $(1, 0)$이다. ▸▸▸▸▸▸ ❶

점 C의 좌표를 (a, b)라 하면 선분 AC의 중점의 좌표가 $(1, 0)$이므로

$\frac{1+a}{2}=1$, $\frac{3+b}{2}=0$

$1+a=2$, $3+b=0$

$\therefore a=1, b=-3$

$\therefore$ C$(1, -3)$ ▸▸▸▸▸▸ ❷

점 D의 좌표를 (c, d)라 하면 선분 BD의 중점의 좌표가 $(1, 0)$이므로

$\frac{-2+c}{2}=1$, $\frac{1+d}{2}=0$

$-2+c=2$, $1+d=0$

$\therefore c=4, d=-1$

$\therefore$ D$(4, -1)$ ▸▸▸▸▸▸ ❸

단계	채점 기준	비율
❶	$\overline{AC}$, $\overline{BD}$의 중점의 좌표 구하기	20 %
❷	점 C의 좌표 구하기	40 %
❸	점 D의 좌표 구하기	40 %

068 답 13

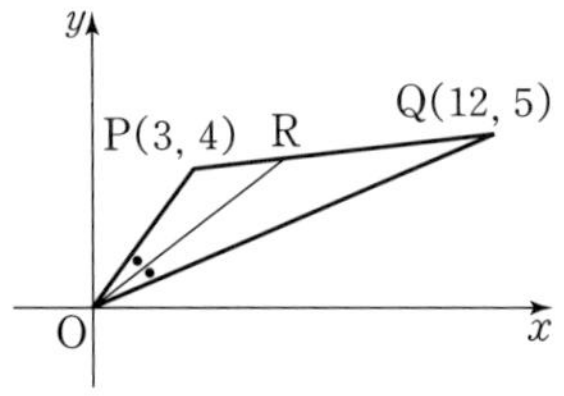

위의 그림과 같이 ∠POQ의 이등분선과 선분 PQ와의 교점을 R라 하면

$\overline{OP}:\overline{OQ}=\overline{PR}:\overline{QR}$

이때 $\overline{OP}=\sqrt{3^2+4^2}=5$, $\overline{OQ}=\sqrt{12^2+5^2}=13$이므로

$\overline{PR}:\overline{QR}=5:13$

즉, 점 R는 선분 PQ를 $5:13$으로 내분하는 점이므로 점 R의 x좌표는

$\frac{5\times12+13\times3}{5+13}=\frac{11}{2}$

따라서 $a=2$, $b=11$이므로

$a+b=13$

069 답 ①

삼각형 ABC의 무게중심은 세 변 AB, BC, CA의 중점을 꼭짓점으로 하는 삼각형의 무게중심과 일치하므로 구하는 무게중심의 좌표는

$\left(\frac{3-1+4}{3}, \frac{1+6+5}{3}\right)$

$\therefore (2, 4)$

| 다른 풀이 |

세 점 A, B, C의 좌표를 각각 (x_1, y_1), (x_2, y_2), (x_3, y_3)이라 하자.

선분 AB의 중점의 좌표가 (3, 1)이므로

$\frac{x_1+x_2}{2}=3,\ \frac{y_1+y_2}{2}=1$

$\therefore\ x_1+x_2=6,\ y_1+y_2=2$ ······ ㉠

선분 BC의 중점의 좌표가 (−1, 6)이므로

$\frac{x_2+x_3}{2}=-1,\ \frac{y_2+y_3}{2}=6$

$\therefore\ x_2+x_3=-2,\ y_2+y_3=12$ ······ ㉡

선분 CA의 중점의 좌표가 (4, 5)이므로

$\frac{x_3+x_1}{2}=4,\ \frac{y_3+y_1}{2}=5$

$\therefore\ x_1+x_3=8,\ y_1+y_3=10$ ······ ㉢

㉠, ㉡, ㉢에서

$2(x_1+x_2+x_3)=12,\ 2(y_1+y_2+y_3)=24$

$\therefore\ x_1+x_2+x_3=6,\ y_1+y_2+y_3=12$

따라서 삼각형 ABC의 무게중심의 좌표는

$\left(\frac{x_1+x_2+x_3}{3},\ \frac{y_1+y_2+y_3}{3}\right)$

$\therefore$ (2, 4)

070 답 (7, 6)

점 P◎Q는 선분 PQ를 1 : 2로 내분하는 점이므로 그 좌표는

$\left(\frac{1\times(-5)+2\times7}{1+2},\ \frac{1\times2+2\times(-4)}{1+2}\right)$

$\therefore$ (3, −2)

점 R◎(P◎Q)는 두 점 (9, 10), (3, −2)를 이은 선분을 1 : 2로 내분하는 점이므로 그 좌표는

$\left(\frac{1\times3+2\times9}{1+2},\ \frac{1\times(-2)+2\times10}{1+2}\right)$

$\therefore$ (7, 6)

071 답 ①

선분 AB가 y축에 의하여 $m : n$으로 내분되므로 선분 AB를 $m : n$으로 내분하는 점은 y축 위에 있다.

선분 AB를 $m : n$으로 내분하는 점의 좌표는

$\left(\frac{m\times3+n\times(-1)}{m+n},\ \frac{m\times(-1)+n\times4}{m+n}\right)$

$\therefore\ \left(\frac{3m-n}{m+n},\ \frac{-m+4n}{m+n}\right)$

이 점이 y축 위에 있으므로

$\frac{3m-n}{m+n}=0$

$3m-n=0$

$\therefore\ \frac{n}{m}=3$

072 답 ④

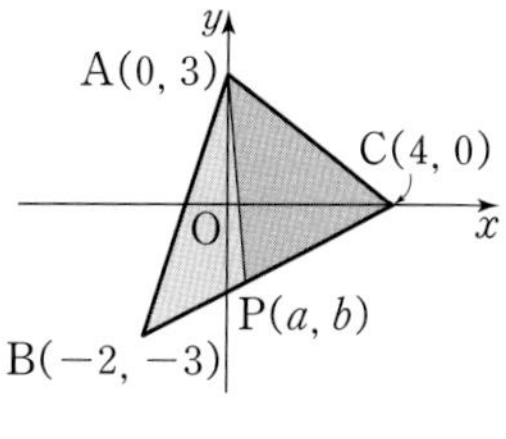

오른쪽 그림에서 두 삼각형 ABP, APC의 두 밑변 BP, PC에 대한 높이가 같으므로 $\overline{BP}$, $\overline{PC}$의 길이의 비는 두 삼각형의 넓이의 비와 같다.

$\therefore\ \overline{BP} : \overline{PC}=\triangle ABP : \triangle APC=3 : 4$

따라서 점 P(a, b)는 선분 BC를 3 : 4로 내분하는 점이므로

$\frac{3\times4+4\times(-2)}{3+4}=a,\ \frac{3\times0+4\times(-3)}{3+4}=b$

$\therefore\ a=\frac{4}{7},\ b=-\frac{12}{7}$

$\therefore\ a-b=\frac{16}{7}$

073 답 (7, 9), (−1, −7)

$4\overline{AB}=\overline{BC}$에서 $\overline{AB} : \overline{BC}=1 : 4$

(i) 세 점 A, B, C의 위치가 오른쪽 그림과 같은 경우 점 B는 선분 AC를 1 : 4로 내분하는 점이다.

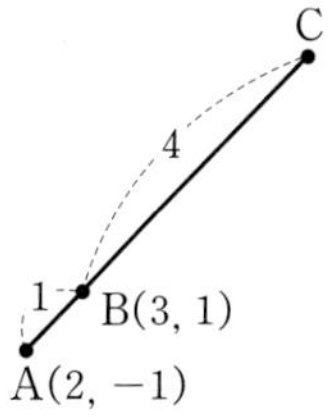

점 C의 좌표를 (a, b)라 하면

$\frac{1\times a+4\times2}{1+4}=3,$

$\frac{1\times b+4\times(-1)}{1+4}=1$

$a+8=15,\ b-4=5$

$\therefore\ a=7,\ b=9$

따라서 이때의 점 C의 좌표는 (7, 9)이다.

(ii) 세 점 A, B, C의 위치가 오른쪽 그림과 같은 경우 점 A는 선분 BC를 1 : 3으로 내분하는 점이다.

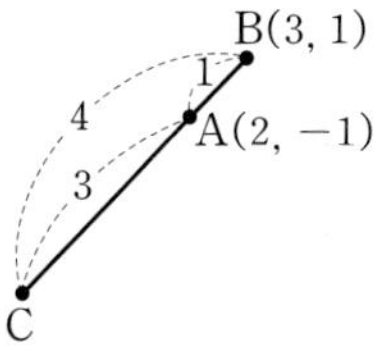

점 C의 좌표를 (c, d)라 하면

$\frac{1\times c+3\times3}{1+3}=2,\ \frac{1\times d+3\times1}{1+3}=-1$

$c+9=8,\ d+3=-4$

$\therefore\ c=-1,\ d=-7$

따라서 이때의 점 C의 좌표는 (−1, −7)이다.

(i), (ii)에서 구하는 점 C의 좌표는

(7, 9), (−1, −7)

074 답 6

삼각형의 내심은 삼각형의 내각의 이등분선의 교점이므로 다음 그림에서 직선 AI는 $\angle A$의 이등분선이다.

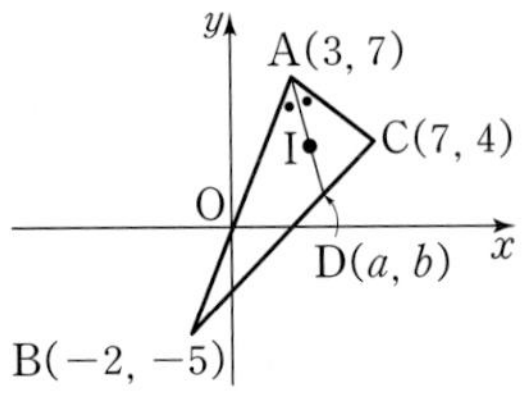

$\therefore \overline{AB} : \overline{AC} = \overline{BD} : \overline{CD}$

이때 $\overline{AB}=\sqrt{(-2-3)^2+(-5-7)^2}=13$,

$\overline{AC}=\sqrt{(7-3)^2+(4-7)^2}=5$이므로

$\overline{BD} : \overline{CD}=13 : 5$

즉, 점 D는 변 BC를 $13 : 5$로 내분하는 점이므로 점 D의 좌표는

$\left(\dfrac{13\times7+5\times(-2)}{13+5}, \dfrac{13\times4+5\times(-5)}{13+5}\right)$

$\therefore \left(\dfrac{9}{2}, \dfrac{3}{2}\right)$

따라서 $a=\dfrac{9}{2}$, $b=\dfrac{3}{2}$이므로

$a+b=6$

075 답 14

두 점 A, B는 직선 $y=2x+6$ 위의 점이므로 두 점의 좌표를 각각 $(\alpha, 2\alpha+6)$, $(\beta, 2\beta+6)$이라 하면 삼각형 OAB의 무게중심의 좌표는

$\left(\dfrac{0+\alpha+\beta}{3}, \dfrac{0+2\alpha+6+2\beta+6}{3}\right)$

$\therefore \left(\dfrac{\alpha+\beta}{3}, \dfrac{2(\alpha+\beta)+12}{3}\right)$ ...... ㉠

이때 이차함수 $y=x^2-8x+1$의 그래프와 직선 $y=2x+6$이 만나는 두 점의 x좌표는 이차방정식 $x^2-8x+1=2x+6$, 즉 $x^2-10x-5=0$의 두 실근과 같으므로 이차방정식 $x^2-10x-5=0$의 두 실근은 α, β이다.

이때 이차방정식의 근과 계수의 관계에 의하여

$\alpha+\beta=10$

이를 ㉠에 대입하면 삼각형 OAB의 무게중심의 좌표는

$\left(\dfrac{10}{3}, \dfrac{2\times10+12}{3}\right)$

$\therefore \left(\dfrac{10}{3}, \dfrac{32}{3}\right)$

따라서 $a=\dfrac{10}{3}$, $b=\dfrac{32}{3}$이므로

$a+b=14$

076 답 ④

점 B의 좌표를 (a, b)라 하면 변 AB의 중점의 좌표가 $(3, 0)$이므로

$\dfrac{2+a}{2}=3$, $\dfrac{4+b}{2}=0$

$2+a=6$, $4+b=0$ $\quad\therefore a=4$, $b=-4$

$\therefore B(4, -4)$

점 C의 좌표를 (c, d)라 하면 삼각형 ABC의 무게중심의 좌표가 $(4, 2)$이므로

$\dfrac{2+4+c}{3}=4$, $\dfrac{4-4+d}{3}=2$

$6+c=12$, $d=6$ $\quad\therefore c=6$, $d=6$

$\therefore C(6, 6)$

따라서 변 AC를 $1 : 2$로 내분하는 점의 좌표는

$\left(\dfrac{1\times6+2\times2}{1+2}, \dfrac{1\times6+2\times4}{1+2}\right)$ $\quad\therefore \left(\dfrac{10}{3}, \dfrac{14}{3}\right)$

077 답 ②

| 접근 방법 | 평행선과 선분의 길이의 비를 이용하여 $\overline{BA} : \overline{AP}$를 구한 후 점 A가 선분 BP의 내분점임을 이용한다.

삼각형 BCP에서 $\overline{AD} /\!/ \overline{PC}$이므로

$\overline{BD} : \overline{DC}=\overline{BA} : \overline{AP}$

이때 $\overline{BC}=\sqrt{\{5-(-7)\}^2+\{1-(-8)\}^2}=15$,

$\overline{DC}=\overline{AC}=\sqrt{(5-1)^2+(1-4)^2}=5$이므로

$\overline{BD}=\overline{BC}-\overline{DC}=15-5=10$

$\therefore \overline{BA} : \overline{AP}=10 : 5=2 : 1$

따라서 점 A는 선분 BP를 $2 : 1$로 내분하는 점이므로

$\dfrac{2\times a+1\times(-7)}{2+1}=1$, $\dfrac{2\times b+1\times(-8)}{2+1}=4$

$2a-7=3$, $2b-8=12$ $\quad\therefore a=5$, $b=10$

$\therefore b-a=5$

078 답 ⑤

| 접근 방법 | 선분 AP의 중점의 좌표를 점 P의 좌표에 대한 식으로 나타낸다.

점 P의 좌표를 (a, b)라 하면 점 P가 직선 $y=-2x+3$ 위의 점이므로

$b=-2a+3$ ...... ㉠

선분 AP의 중점의 좌표를 (x, y)라 하면

$x=\dfrac{2+a}{2}$, $y=\dfrac{3+b}{2}$ $\quad\therefore a=2x-2$, $b=2y-3$

이를 ㉠에 대입하면

$2y-3=-2(2x-2)+3$

$\therefore 2x+y-5=0$

01 두 직선의 위치 관계

개념 확인 45쪽

079 답 (1) $\boldsymbol{y=2x+7}$ (2) $\boldsymbol{y=-x+2}$
(3) $\boldsymbol{x+3y=-6}$

(1) $y-1=2\{x-(-3)\}$ $\therefore y=2x+7$

(2) $y-(-2)=\dfrac{3-(-2)}{-1-4}(x-4)$ $\therefore y=-x+2$

(3) $\dfrac{x}{-6}+\dfrac{y}{-2}=1$ $\therefore x+3y=-6$

080 답 (1) $\boldsymbol{x=-2}$ (2) $\boldsymbol{y=1}$

081 답 (1) **제3사분면, 제4사분면**
(2) **제1사분면, 제4사분면**
(3) **제2사분면, 제4사분면**
(4) **제1사분면, 제2사분면, 제3사분면**

(1) $ax+by+c=0$에서 $a=0$, $b\neq0$이므로

$by+c=0$ $\therefore y=-\dfrac{c}{b}$

이때 $b>0$, $c>0$이므로 $-\dfrac{c}{b}<0$

따라서 직선 $ax+by+c=0$의 개형은 오른쪽 그림과 같으므로 제3사분면, 제4사분면을 지난다.

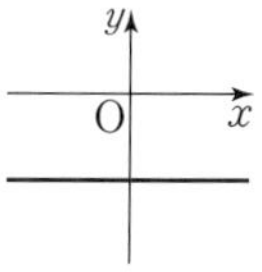

(2) $ax+by+c=0$에서 $a\neq0$, $b=0$이므로

$ax+c=0$ $\therefore x=-\dfrac{c}{a}$

이때 $a>0$, $c<0$이므로 $-\dfrac{c}{a}>0$

따라서 직선 $ax+by+c=0$의 개형은 오른쪽 그림과 같으므로 제1사분면, 제4사분면을 지난다.

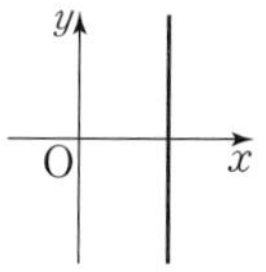

(3) $ab>0$이므로 $b\neq0$

$ax+by+c=0$에서 $b\neq0$, $c=0$이므로

$ax+by=0$ $\therefore y=-\dfrac{a}{b}x$

이때 $ab>0$이므로 $-\dfrac{a}{b}<0$

즉, 직선 $ax+by+c=0$의 기울기는 음수이고 원점을 지나므로 직선의 개형은 오른쪽 그림과 같다. 따라서 직선은 제2사분면, 제4사분면을 지난다.

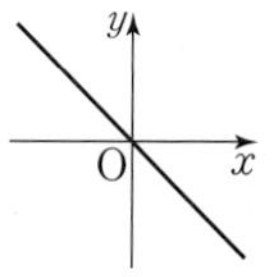

(4) $ax+by+c=0$에서 $b\neq0$이므로

$y=-\dfrac{a}{b}x-\dfrac{c}{b}$

이때 $a>0$, $b<0$, $c>0$이므로

$-\dfrac{a}{b}>0$, $-\dfrac{c}{b}>0$

즉, 직선 $ax+by+c=0$의 기울기와 y절편이 모두 양수이므로 직선의 개형은 오른쪽 그림과 같다. 따라서 직선은 제1사분면, 제2사분면, 제3사분면을 지난다.

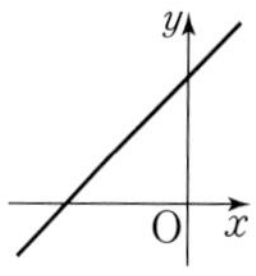

082 답 (1) $\boldsymbol{(0, 1)}$ (2) $\boldsymbol{(-3, -2)}$

(1) $(x+y-1)+k(x-y+1)=0$이 k의 값에 관계없이 항상 성립해야 하므로

$x+y-1=0$, $x-y+1=0$

두 식을 연립하여 풀면

$x=0$, $y=1$

따라서 구하는 점의 좌표는 $(0, 1)$이다.

(2) $(x-3y-3)+k(3x-2y+5)=0$이 k의 값에 관계없이 항상 성립해야 하므로

$x-3y-3=0$, $3x-2y+5=0$

두 식을 연립하여 풀면

$x=-3$, $y=-2$

따라서 구하는 점의 좌표는 $(-3, -2)$이다.

유제 47~57쪽

083 답 $\boldsymbol{y=4x-2}$

두 점 $(5, -2)$, $(-3, 6)$을 이은 선분의 중점의 좌표는

$\left(\dfrac{5-3}{2}, \dfrac{-2+6}{2}\right)$ $\therefore (1, 2)$

따라서 점 $(1, 2)$를 지나고 기울기가 4인 직선의 방정식은

$y-2=4(x-1)$ $\therefore y=4x-2$

084 답 $\boldsymbol{y=-x+5}$

세 점 $\mathrm{A}(1, 4)$, $\mathrm{B}(-3, 5)$, $\mathrm{C}(-1, 9)$를 꼭짓점으로 하는 삼각형 ABC의 무게중심의 좌표는

$\left(\dfrac{1-3-1}{3}, \dfrac{4+5+9}{3}\right)$ $\therefore (-1, 6)$

따라서 두 점 $(-1, 6)$, $\mathrm{A}(1, 4)$를 지나는 직선의 방정식은

$y-4=\dfrac{4-6}{1-(-1)}(x-1)$ $\therefore y=-x+5$

085 답 $\boldsymbol{y=x+9}$

직선의 기울기는 $\tan 45°=1$

따라서 점 $(-2,\ 7)$을 지나고 기울기가 1인 직선의 방정식은

$y-7=x-(-2)\qquad \therefore\ y=x+9$

086 답 ②

두 점 $(-2,\ 5)$, $(1,\ 1)$을 지나는 직선의 방정식은

$y-1=\dfrac{1-5}{1-(-2)}(x-1)$

$\therefore\ y=-\dfrac{4}{3}x+\dfrac{7}{3}$

따라서 구하는 y절편은 $\dfrac{7}{3}$이다.

087 답 $\boldsymbol{-6}$

x절편이 2이고 y절편이 5인 직선의 방정식은

$\dfrac{x}{2}+\dfrac{y}{5}=1$

이 직선이 점 $(-k,\ 2k+2)$를 지나므로

$\dfrac{-k}{2}+\dfrac{2k+2}{5}=1$

$-5k+2(2k+2)=10$

$-k+4=10\qquad \therefore\ k=-6$

088 답 $\boldsymbol{-1}$

세 점 A, B, C가 한 직선 위에 있으려면 직선 AB의 기울기와 직선 BC의 기울기가 같아야 하므로

$\dfrac{1-k}{-1-(-4)}=\dfrac{3-1}{2-(-1)}$

$\dfrac{1-k}{3}=\dfrac{2}{3}$, $1-k=2\qquad \therefore\ k=-1$

| 다른 풀이 |

두 점 $\mathrm{B}(-1,\ 1)$, $\mathrm{C}(2,\ 3)$을 지나는 직선의 방정식은

$y-1=\dfrac{3-1}{2-(-1)}\{x-(-1)\}$

$\therefore\ y=\dfrac{2}{3}x+\dfrac{5}{3}$

점 $\mathrm{A}(-4,\ k)$가 직선 $y=\dfrac{2}{3}x+\dfrac{5}{3}$ 위의 점이므로

$k=\dfrac{2}{3}\times(-4)+\dfrac{5}{3}=-1$

089 답 $\boldsymbol{\dfrac{x}{5}-\dfrac{y}{3}=1}$

직선 $\dfrac{x}{5}+\dfrac{y}{6}=1$의 x절편은 5이므로

$\mathrm{P}(5,\ 0)$

직선 $\dfrac{x}{4}-\dfrac{y}{3}=1$, 즉 $\dfrac{x}{4}+\dfrac{y}{-3}=1$의 y절편은 -3이므로

$\mathrm{Q}(0,\ -3)$

따라서 두 점 P, Q를 지나는 직선의 방정식은

$\dfrac{x}{5}+\dfrac{y}{-3}=1\qquad \therefore\ \dfrac{x}{5}-\dfrac{y}{3}=1$

090 답 ①

세 점 A, B, C가 한 직선 위에 있으려면 직선 AB의 기울기와 직선 BC의 기울기가 같아야 하므로

$\dfrac{1-a}{1-(-1)}=\dfrac{-7-1}{a-1}$

$\dfrac{1-a}{2}=\dfrac{-8}{a-1}$, $(a-1)^2=16$

$a-1=\pm4\qquad \therefore\ a=-3$ 또는 $a=5$

따라서 양수 a의 값은 5이다.

091 답 $\boldsymbol{y=\dfrac{1}{3}x}$

원점을 지나는 직선이 삼각형 AOB의 넓이를 이등분하려면 그 직선은 선분 AB의 중점을 지나야 한다.

선분 AB의 중점의 좌표는

$\left(\dfrac{2+4}{2},\ \dfrac{3-1}{2}\right)$

$\therefore\ (3,\ 1)$

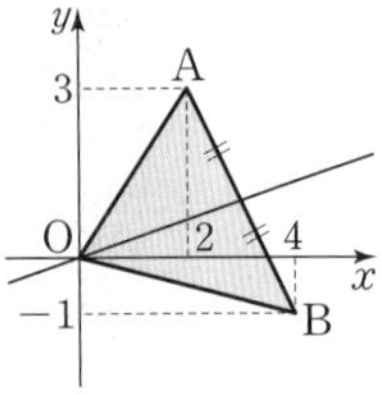

따라서 원점과 점 $(3,\ 1)$을 지나는 직선의 방정식은

$y=\dfrac{1}{3}x$

092 답 $\boldsymbol{y=x}$

점 $(1,\ 1)$을 지나는 직선이 마름모 ABCD의 넓이를 이등분하려면 그 직선은 마름모 ABCD의 두 대각선의 교점을 지나야 한다.

오른쪽 그림에서 마름모 ABCD의 두 대각선의 교점은 두 점 $(0,\ 4)$, $(8,\ 4)$를 이은 선분의 중점이므로 그 좌표는

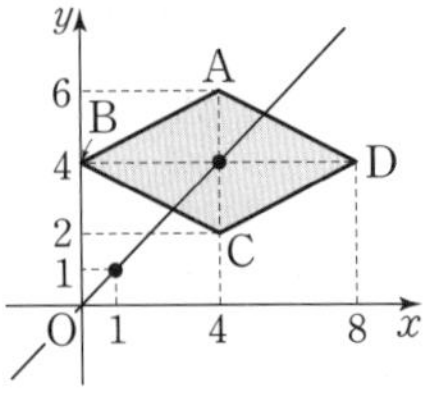

$\left(\dfrac{8}{2},\ \dfrac{4+4}{2}\right)\qquad \therefore\ (4,\ 4)$

따라서 두 점 $(1,\ 1)$, $(4,\ 4)$를 지나는 직선의 방정식은

$y-1=\dfrac{4-1}{4-1}(x-1)$

$\therefore\ y=x$

093 답 $\frac{7}{2}$

직선 $y=ax-2$는 점 $B(0, -2)$를 지나므로 삼각형 ABC의 넓이를 이등분하려면 선분 AC의 중점을 지나야 한다.

선분 AC의 중점의 좌표는

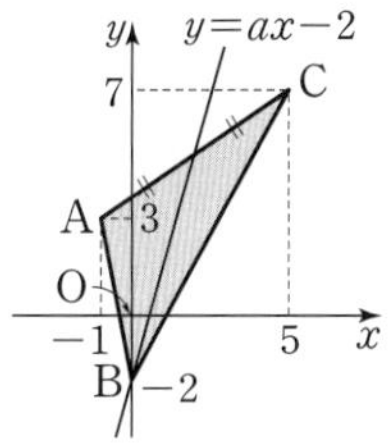

$\left(\frac{-1+5}{2}, \frac{3+7}{2}\right)$

$\therefore (2, 5)$

따라서 직선 $y=ax-2$가 점 $(2, 5)$를 지나야 하므로

$5=2a-2 \qquad \therefore a=\frac{7}{2}$

| 참고 | 직선 $y=ax-2$에서 a는 두 점 $B(0, -2)$, $(2, 5)$를 지나는 직선의 기울기이므로

$a=\frac{5-(-2)}{2}=\frac{7}{2}$

094 답 $y=\frac{2}{3}x$

원점을 지나는 직선이 직사각형 ABCD의 넓이를 이등분하려면 그 직선은 직사각형 ABCD의 두 대각선의 교점을 지나야 한다.

오른쪽 그림과 같이 직사각형의 두 대각선의 교점은 두 점 $A(1, 3)$, $C(5, 1)$을 이은 선분의 중점이므로 그 좌표는

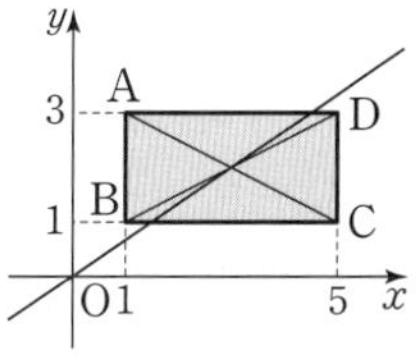

$\left(\frac{1+5}{2}, \frac{3+1}{2}\right) \qquad \therefore (3, 2)$

따라서 원점과 점 $(3, 2)$를 지나는 직선의 방정식은

$y=\frac{2}{3}x$

095 답 제1사분면, 제2사분면, 제3사분면

$ab<0$, $bc<0$이므로 $b\neq0$

따라서 $ax+by+c=0$에서

$y=-\frac{a}{b}x-\frac{c}{b}$

$ab<0$, $bc<0$에서 $-\frac{a}{b}>0$, $-\frac{c}{b}>0$

즉, 직선 $ax+by+c=0$의 기울기와 y절편은 모두 양수이므로 직선의 개형은 오른쪽 그림과 같다.

따라서 직선은 제1사분면, 제2사분면, 제3사분면을 지난다.

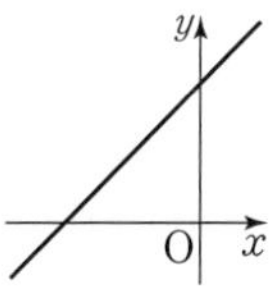

096 답 제1사분면, 제3사분면, 제4사분면

$ac<0$, $bc>0$이므로 $a\neq0$, $b\neq0$

따라서 $ax+by+c=0$에서

$y=0$일 때, $ax+c=0 \qquad \therefore x=-\frac{c}{a}$

$x=0$일 때, $by+c=0 \qquad \therefore y=-\frac{c}{b}$

$ac<0$, $bc>0$에서 $-\frac{c}{a}>0$, $-\frac{c}{b}<0$

즉, 직선 $ax+by+c=0$의 x절편은 양수이고 y절편은 음수이므로 직선의 개형은 오른쪽 그림과 같다.

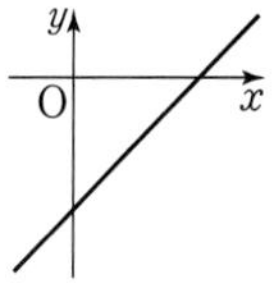

따라서 직선은 제1사분면, 제3사분면, 제4사분면을 지난다.

| 다른 풀이 |

$b\neq0$이므로 $ax+by+c=0$에서

$y=-\frac{a}{b}x-\frac{c}{b}$

$ac<0$, $bc>0$이므로 (a, c의 부호는 서로 다르고, b, c의 부호는 서로 같다.)

$a>0$, $b<0$, $c<0$ 또는 $a<0$, $b>0$, $c>0$

$\therefore -\frac{a}{b}>0$, $-\frac{c}{b}<0$

즉, 직선 $ax+by+c=0$의 기울기는 양수이고 y절편은 음수이므로 직선의 개형은 오른쪽 그림과 같다.

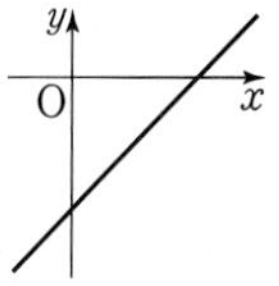

따라서 직선은 제1사분면, 제3사분면, 제4사분면을 지난다.

097 답 제2사분면, 제3사분면

$ac>0$, $bc=0$이므로 $a\neq0$, $b=0$, $c\neq0$

따라서 $ax+by+c=0$에서

$ax+c=0 \qquad \therefore x=-\frac{c}{a}$

$ac>0$에서 $-\frac{c}{a}<0$이므로 직선 $ax+by+c=0$의 개형은 오른쪽 그림과 같다.

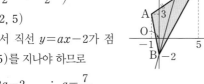

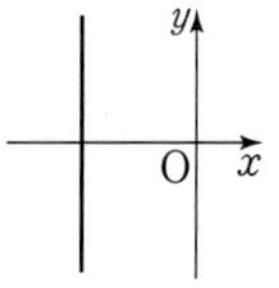

따라서 직선은 제2사분면, 제3사분면을 지난다.

098 답 제3사분면

주어진 직선이 y축에 평행하지 않으므로 $b\neq0$

따라서 $ax+by+c=0$에서

$y=-\frac{a}{b}x-\frac{c}{b}$

이때 주어진 직선의 기울기가 양수이고 y절편이 음수이므로

$-\frac{a}{b}>0,\ -\frac{c}{b}<0$

$cx+by+a=0$에서 $y=-\frac{c}{b}x-\frac{a}{b}$

즉, 직선 $cx+by+a=0$의 기울기는 음수이고 y절편은 양수이므로 직선의 개형은 오른쪽 그림과 같다.

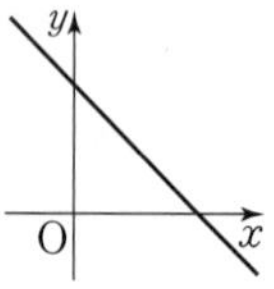

따라서 직선은 제3사분면을 지나지 않는다.

099 답 (1, 2)

주어진 식을 k에 대하여 정리하면

$(x+4y-9)+k(2x+y-4)=0$

이 식이 k의 값에 관계없이 항상 성립해야 하므로

$x+4y-9=0,\ 2x+y-4=0$

두 식을 연립하여 풀면

$x=1,\ y=2$

따라서 구하는 점의 좌표는 (1, 2)이다.

100 답 $x+y+3=0$

두 직선의 교점을 지나는 직선의 방정식은

$(x-2y-3)+k(3x+y+5)=0$ (단, k는 실수) …… ㉠

직선 ㉠이 점 (1, −4)를 지나므로

$(1+8-3)+k(3-4+5)=0$

$6+4k=0 \qquad \therefore k=-\frac{3}{2}$

이를 ㉠에 대입하면 구하는 직선의 방정식은

$(x-2y-3)-\frac{3}{2}(3x+y+5)=0$

$2(x-2y-3)-3(3x+y+5)=0$

$-7x-7y-21=0$

$\therefore x+y+3=0$

| 다른 풀이 |

$x-2y-3=0,\ 3x+y+5=0$을 연립하여 풀면

$x=-1,\ y=-2$

즉, 주어진 두 직선의 교점의 좌표는 (−1, −2)이다.

따라서 구하는 직선은 두 점 (1, −4), (−1, −2)를 지나는 직선이므로

$y-(-4)=\frac{-2-(-4)}{-1-1}(x-1)$

$\therefore x+y+3=0$

101 답 $\sqrt{5}$

주어진 식을 k에 대하여 정리하면

$(2x-3y-1)+k(-x+5y-3)=0$

이 식이 k의 값에 관계없이 항상 성립해야 하므로

$2x-3y-1=0,\ -x+5y-3=0$

두 식을 연립하여 풀면

$x=2,\ y=1$

즉, 점 P의 좌표는 (2, 1)이다.

따라서 점 P와 원점 사이의 거리는

$\sqrt{2^2+1^2}=\sqrt{5}$

102 답 $\frac{1}{2}$

두 직선의 교점을 지나는 직선의 방정식은

$(2x+y-2)+k(4x-3y-2)=0$ (단, k는 실수) …… ㉠

직선 ㉠이 점 (−2, −1)을 지나므로

$(-4-1-2)+k(-8+3-2)=0$

$-7-7k=0 \qquad \therefore k=-1$

이를 ㉠에 대입하면

$(2x+y-2)-(4x-3y-2)=0$

$-2x+4y=0 \qquad \therefore y=\frac{1}{2}x$

따라서 구하는 기울기는 $\frac{1}{2}$이다.

103 답 $\frac{1}{2}<m<3$

$mx-y-m+1=0$을 m에 대하여 정리하면

$(x-1)m-(y-1)=0$ …… ㉠

이 식이 m의 값에 관계없이 항상 성립해야 하므로

$x-1=0,\ y-1=0 \qquad \therefore x=1,\ y=1$

즉, 직선 ㉠은 m의 값에 관계없이 항상 점 (1, 1)을 지난다.

오른쪽 그림과 같이 두 직선이 제3사분면에서 만나도록 직선 ㉠을 움직여 보면

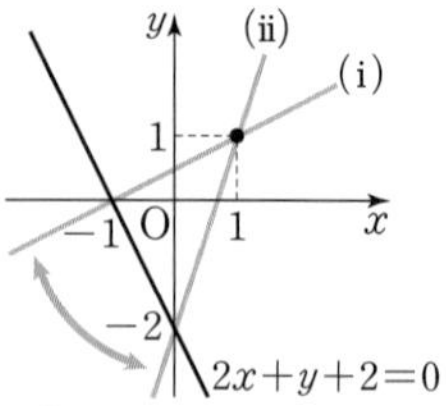

(i) 직선 ㉠이 점 (−1, 0)을 지날 때

$-2m+1=0 \qquad \therefore m=\frac{1}{2}$

(ii) 직선 ㉠이 점 (0, −2)를 지날 때

$-m+3=0 \qquad \therefore m=3$

(i), (ii)에서 m의 값의 범위는

$\frac{1}{2}<m<3$

104 답 $m<-1$ 또는 $m>\frac{5}{3}$

$mx-y+3m-3=0$을 m에 대하여 정리하면

$(x+3)m-(y+3)=0$ ······ ㉠

이 식이 m의 값에 관계없이 항상 성립해야 하므로

$x+3=0$, $y+3=0$

$\therefore x=-3$, $y=-3$

즉, 직선 ㉠은 m의 값에 관계없이 항상 점 $(-3, -3)$을 지난다.

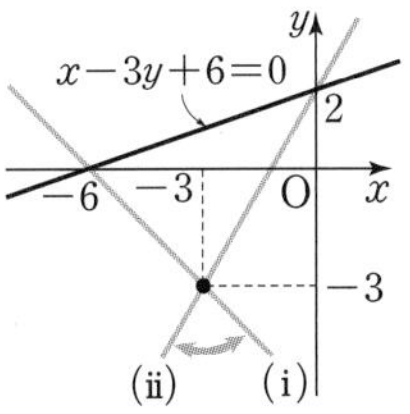

오른쪽 그림과 같이 두 직선이 제2사분면에서 만나도록 직선 ㉠을 움직여 보면

(i) 직선 ㉠이 점 $(-6, 0)$을 지날 때

$-3m-3=0$

$\therefore m=-1$

(ii) 직선 ㉠이 점 $(0, 2)$를 지날 때

$3m-5=0$ $\quad\therefore m=\frac{5}{3}$

(i), (ii)에서 m의 값의 범위는

$m<-1$ 또는 $m>\frac{5}{3}$

105 답 $-\frac{1}{2}\le m\le 2$

$mx-y-m+2=0$을 m에 대하여 정리하면

$(x-1)m-(y-2)=0$ ······ ㉠

이 식이 m의 값에 관계없이 항상 성립해야 하므로

$x-1=0$, $y-2=0$

$\therefore x=1$, $y=2$

즉, 직선 ㉠은 m의 값에 관계없이 항상 점 $(1, 2)$를 지난다.

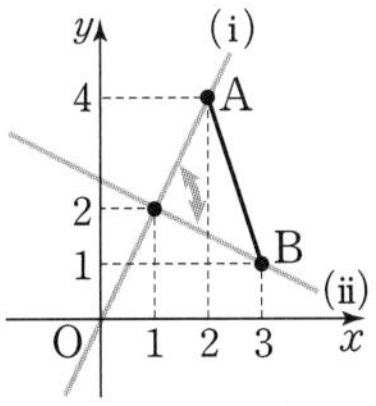

오른쪽 그림과 같이 직선 ㉠이 선분 AB와 만나도록 직선 ㉠을 움직여 보면

(i) 직선 ㉠이 점 $A(2, 4)$를 지날 때

$m-2=0$

$\therefore m=2$

(ii) 직선 ㉠이 점 $B(3, 1)$을 지날 때

$2m+1=0$ $\quad\therefore m=-\frac{1}{2}$

(i), (ii)에서 m의 값의 범위는

$-\frac{1}{2}\le m\le 2$

106 답 $-2\le m\le 0$

$mx+y-2m-4=0$을 m에 대하여 정리하면

$(x-2)m+y-4=0$ ······ ㉠

이 식이 m의 값에 관계없이 항상 성립해야 하므로

$x-2=0$, $y-4=0$ $\quad\therefore x=2$, $y=4$

즉, 직선 ㉠은 m의 값에 관계없이 항상 점 $(2, 4)$를 지난다.

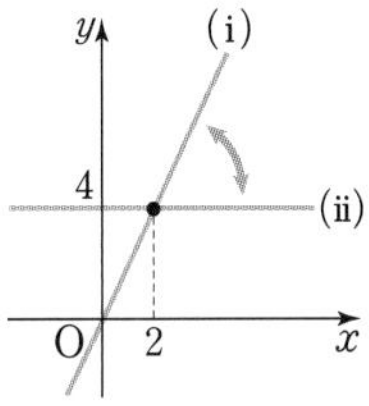

오른쪽 그림과 같이 직선 ㉠이 제4사분면을 지나지 않도록 직선 ㉠을 움직여 보면

(i) 직선 ㉠이 점 $(0, 0)$을 지날 때

$-2m-4=0$ $\quad\therefore m=-2$

(ii) 직선 ㉠이 점 $(0, 4)$를 지날 때

$-2m=0$ $\quad\therefore m=0$

(i), (ii)에서 m의 값의 범위는

$-2\le m\le 0$

개념 확인 59쪽

107 답 (1) 5 (2) $-\frac{1}{5}$

(2) $5\times m=-1$ $\quad\therefore m=-\frac{1}{5}$

108 답 (1) 4 (2) -1

(1) $\frac{a}{2}=\frac{2}{1}\ne\frac{3}{-1}$ $\quad\therefore a=4$

(2) $a\times 2+2\times 1=0$ $\quad\therefore a=-1$

유제 61~65쪽

109 답 $y=-\frac{3}{2}x+1$

x절편이 2이고 y절편이 3인 직선은 두 점 $(2, 0)$, $(0, 3)$을 지나는 직선이므로 이 직선의 기울기는 $-\frac{3}{2}$이다.

따라서 기울기가 $-\frac{3}{2}$이고 점 $(-2, 4)$를 지나는 직선의 방정식은

$y-4=-\frac{3}{2}\{x-(-2)\}$

$\therefore y=-\frac{3}{2}x+1$

110 답 $y=-2x-1$

직선 $y=\frac{1}{2}x+9$에 수직인 직선의 기울기를 m이라 하면

$\frac{1}{2}\times m=-1 \qquad \therefore m=-2$

따라서 기울기가 -2이고 점 $(1, -3)$을 지나는 직선의 방정식은

$y-(-3)=-2(x-1)$

$\therefore y=-2x-1$

111 답 4

$x+y-7=0$에서 $y=-x+7$이므로 이 직선의 기울기는 -1이다.

따라서 기울기가 -1이고 점 $(5, 3)$을 지나는 직선의 방정식은

$y-3=-(x-5)$

$\therefore y=-x+8$

이 직선이 점 $(4, a)$를 지나므로

$a=-4+8=4$

112 답 $y=4x-7$

선분 AB의 중점의 좌표는

$\left(\frac{3+1}{2}, \frac{-5+7}{2}\right) \qquad \therefore (2, 1)$

$x+4y-2=0$에서 $y=-\frac{1}{4}x+\frac{1}{2}$이므로 이 직선의 기울기는 $-\frac{1}{4}$이다.

직선 $y=-\frac{1}{4}x+\frac{1}{2}$에 수직인 직선의 기울기를 m이라 하면

$-\frac{1}{4}\times m=-1 \qquad \therefore m=4$

따라서 기울기가 4이고 점 $(2, 1)$을 지나는 직선의 방정식은

$y-1=4(x-2)$

$\therefore y=4x-7$

113 답 4

두 직선이 서로 평행하려면

$\frac{1}{k}=\frac{k-3}{4}\neq\frac{1}{-1}$

(i) $\frac{1}{k}=\frac{k-3}{4}$에서 $k(k-3)=4$

$k^2-3k-4=0, (k+1)(k-4)=0$

$\therefore k=-1$ 또는 $k=4$

(ii) $\frac{1}{k}\neq\frac{1}{-1}$에서 $k\neq-1$

(i), (ii)에서 $k=4$

114 답 -12

두 직선이 서로 수직이려면

$a\times1+3\times\{-(a+8)\}=0$

$-2a-24=0$

$\therefore a=-12$

115 답 $\frac{4}{3}$

두 직선이 서로 평행하려면

$\frac{2a-1}{a}=\frac{1}{-1}\neq\frac{1}{3}$

$\frac{2a-1}{a}=\frac{1}{-1}$에서 $-(2a-1)=a$

$-3a=-1 \qquad \therefore a=\frac{1}{3}$

$\therefore \alpha=\frac{1}{3}$

두 직선이 서로 수직이려면

$(2a-1)\times a+1\times(-1)=0$

$2a^2-a-1=0, (2a+1)(a-1)=0$

$\therefore a=-\frac{1}{2}$ 또는 $a=1$

그런데 $\beta>0$이므로 $\beta=1$

$\therefore \alpha+\beta=\frac{4}{3}$

116 답 3

두 직선 $ax+y+1=0$, $2x+by-3=0$이 서로 평행하므로

$\frac{a}{2}=\frac{1}{b}\neq\frac{1}{-3}$

$\frac{a}{2}=\frac{1}{b}$에서 $ab=2 \qquad \cdots\cdots ㉠$

두 직선 $ax+y+1=0$, $x-(b-1)y+4=0$이 서로 수직이므로

$a\times1+1\times\{-(b-1)\}=0$

$\therefore b=a+1 \qquad \cdots\cdots ㉡$

㉡을 ㉠에 대입하면

$a(a+1)=2, a^2+a-2=0$

$(a+2)(a-1)=0 \qquad \therefore a=-2$ 또는 $a=1$

그런데 $a>0$이므로 $a=1$

이를 ㉡에 대입하면 $b=2$

$\therefore a+b=3$

117 답 $y=4x-1$

두 점 $A(-3, 4)$, $B(5, 2)$를 지나는 직선의 기울기는

$\frac{2-4}{5-(-3)}=-\frac{1}{4}$

선분 AB의 수직이등분선의 기울기를 m이라 하면

$-\frac{1}{4}\times m=-1 \quad \therefore m=4$

선분 AB의 중점의 좌표는

$\left(\frac{-3+5}{2}, \frac{4+2}{2}\right) \quad \therefore (1, 3)$

따라서 기울기가 4이고 점 $(1, 3)$을 지나는 직선의 방정식은

$y-3=4(x-1) \quad \therefore y=4x-1$

118 답 9

$2x-y-4=0$ ⋯⋯ ㉠

$x+2y-7=0$ ⋯⋯ ㉡

$ax-4y-1=0$ ⋯⋯ ㉢

(i) 세 직선이 모두 평행할 때

두 직선 ㉠, ㉡의 기울기는 각각 2, $-\frac{1}{2}$이므로

세 직선이 모두 평행한 경우는 없다.

(ii) 세 직선 중 두 직선이 서로 평행할 때

두 직선 ㉠, ㉢이 서로 평행하면

$\frac{2}{a}=\frac{-1}{-4}\neq\frac{-4}{-1} \quad \therefore a=8$

두 직선 ㉡, ㉢이 서로 평행하면

$\frac{1}{a}=\frac{2}{-4}\neq\frac{-7}{-1} \quad \therefore a=-2$

(iii) 세 직선이 한 점에서 만날 때

㉠, ㉡을 연립하여 풀면

$x=3$, $y=2$

즉, 직선 ㉢이 점 $(3, 2)$를 지나야 하므로

$3a-8-1=0 \quad \therefore a=3$

(i), (ii), (iii)에서 모든 상수 a의 값의 합은

$8+(-2)+3=9$

119 답 $y=3x-8$

$x+3y-6=0$에서

$y=0$일 때, $x-6=0 \quad \therefore x=6$

$x=0$일 때, $3y-6=0 \quad \therefore y=2$

$\therefore A(6, 0), B(0, 2)$

두 점 $A(6, 0)$, $B(0, 2)$를 지나는 직선의 기울기는

$\frac{2}{-6}=-\frac{1}{3}$

선분 AB의 수직이등분선의 기울기를 m이라 하면

$-\frac{1}{3}\times m=-1 \quad \therefore m=3$

선분 AB의 중점의 좌표는

$\left(\frac{6}{2}, \frac{2}{2}\right) \quad \therefore (3, 1)$

따라서 기울기가 3이고 점 $(3, 1)$을 지나는 직선의 방정식은

$y-1=3(x-3)$

$\therefore y=3x-8$

120 답 -3, 10

세 직선에 의하여 생기는 교점이 두 개가 되려면 오른쪽 그림과 같이 세 직선 중 두 직선만 평행해야 한다.

$3x+2y-4=0$ ⋯⋯ ㉠

$5x-y+2=0$ ⋯⋯ ㉡

$ax-2y+3=0$ ⋯⋯ ㉢

이때 두 직선 ㉠, ㉡의 기울기는 각각 $-\frac{3}{2}$, 5이므로 서로 평행하지 않다.

즉, 세 직선에 의하여 생기는 교점이 두 개가 되는 경우는 다음과 같다.

(i) 두 직선 ㉠, ㉢이 서로 평행할 때

$\frac{3}{a}=\frac{2}{-2}\neq\frac{-4}{3} \quad \therefore a=-3$

(ii) 두 직선 ㉡, ㉢이 서로 평행할 때

$\frac{5}{a}=\frac{-1}{-2}\neq\frac{2}{3} \quad \therefore a=10$

(i), (ii)에서 상수 a의 값은 -3, 10이다.

연습문제

66~69쪽

121 답 9

$5x-2y+7=0$에서 $y=\frac{5}{2}x+\frac{7}{2}$이므로 이 직선의 기울기는 $\frac{5}{2}$이다.

기울기가 $\frac{5}{2}$이고 점 $(-2, 4)$를 지나는 직선의 방정식은

$y-4=\frac{5}{2}\{x-(-2)\}$

$\therefore y=\frac{5}{2}x+9$

따라서 구하는 y절편은 9이다.

122 답 **−6**

세 점 A, B, C가 한 직선 위에 있으려면 직선 AB의 기울기와 직선 BC의 기울기가 같아야 하므로

$\dfrac{3-(-2k+1)}{(k+2)-4}=\dfrac{(k+3)-3}{(k-2)-(k+2)}$

$\dfrac{2k+2}{k-2}=\dfrac{k}{-4}$

$-4(2k+2)=k(k-2)$

$k^2+6k+8=0,\ (k+4)(k+2)=0$

$\therefore\ k=-4$ 또는 $k=-2$

따라서 모든 k의 값의 합은

$-4+(-2)=-6$

123 답 ③

$ab>0$이므로 $b\neq0$

따라서 $ax+by+c=0$에서

$y=-\dfrac{a}{b}x-\dfrac{c}{b}$

$ab>0,\ ac<0$이므로 ─ a, b의 부호는 서로 같고, a, c의 부호는 서로 다르다.

$a>0,\ b>0,\ c<0$ 또는 $a<0,\ b<0,\ c>0$

$\therefore\ -\dfrac{a}{b}<0,\ -\dfrac{c}{b}>0$

따라서 직선 $ax+by+c=0$의 기울기는 음수이고 y절편은 양수이므로 직선의 개형은 오른쪽 그림과 같다.

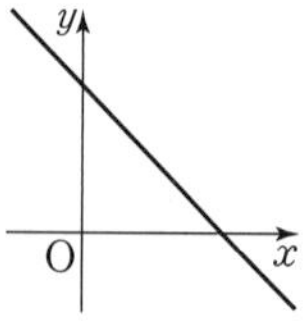

124 답 $\boldsymbol{y=2x+7}$

주어진 식을 k에 대하여 정리하면

$(x+2y-9)+k(3x+y-2)=0$

이 식이 k의 값에 관계없이 항상 성립해야 하므로

$x+2y-9=0,\ 3x+y-2=0$

두 식을 연립하여 풀면

$x=-1,\ y=5$

$\therefore\ \mathrm{P}(-1,\ 5)$ ▸▸▸▸▸▸ ❶

따라서 두 점 $\mathrm{P}(-1,\ 5)$, $(1,\ 9)$를 지나는 직선의 방정식은

$y-5=\dfrac{9-5}{1-(-1)}\{x-(-1)\}$

$\therefore\ y=2x+7$ ▸▸▸▸▸▸ ❷

단계	채점 기준	비율
❶	점 P의 좌표 구하기	50 %
❷	점 P와 점 (1, 9)를 지나는 직선의 방정식 구하기	50 %

125 답 ⑤

두 직선의 교점을 지나는 직선의 방정식은

$(2x-y-4)+k(x+3y+2)=0$ (단, k는 실수) …… ㉠

직선 ㉠이 점 $(2,\ -2)$를 지나므로

$(4+2-4)+k(2-6+2)=0$

$2-2k=0 \qquad \therefore\ k=1$

이를 ㉠에 대입하면

$(2x-y-4)+(x+3y+2)=0$

$\therefore\ 3x+2y-2=0$

⑤ $3\times4+2\times(-5)-2=0$이므로 점 $(4,\ -5)$는 이 직선 위에 있다.

126 답 $\boldsymbol{3x+2y-5=0}$

$x+2y-3=0,\ x-2y+1=0$을 연립하여 풀면

$x=1,\ y=1$

즉, 주어진 두 직선의 교점의 좌표는 $(1,\ 1)$이다.

$3x+2y+2=0$에서 $y=-\dfrac{3}{2}x-1$이므로 이 직선에 평행한 직선의 기울기는 $-\dfrac{3}{2}$이다.

따라서 점 $(1,\ 1)$을 지나고 기울기가 $-\dfrac{3}{2}$인 직선의 방정식은

$y-1=-\dfrac{3}{2}(x-1)$

$\therefore\ 3x+2y-5=0$

| 다른 풀이 |

두 직선의 교점을 지나는 직선의 방정식은

$(x+2y-3)+k(x-2y+1)=0$ (단, k는 실수) …… ㉠

$\therefore\ (1+k)x+(2-2k)y-3+k=0$

이 직선이 직선 $3x+2y+2=0$에 평행하므로

$\dfrac{1+k}{3}=\dfrac{2-2k}{2}\neq\dfrac{-3+k}{2}$

$\dfrac{1+k}{3}=\dfrac{2-2k}{2}$에서

$2(1+k)=3(2-2k)$

$8k=4 \qquad \therefore\ k=\dfrac{1}{2}$

이를 ㉠에 대입하면 구하는 직선의 방정식은

$(x+2y-3)+\dfrac{1}{2}(x-2y+1)=0$

$2(x+2y-3)+(x-2y+1)=0$

$\therefore\ 3x+2y-5=0$

127 답 ③

$3x+2y-1=0$에서 $y=-\frac{3}{2}x+\frac{1}{2}$이므로 이 직선의 기울기는 $-\frac{3}{2}$이다.

직선 $3x+2y-1=0$에 수직인 직선의 기울기를 m이라 하면

$-\frac{3}{2}\times m=-1 \quad \therefore m=\frac{2}{3}$

따라서 기울기가 $\frac{2}{3}$이고 점 $(6, a)$를 지나는 직선의 방정식은

$y-a=\frac{2}{3}(x-6) \quad \therefore y=\frac{2}{3}x+a-4$

이 직선이 원점을 지나므로

$0=a-4 \quad \therefore a=4$

128 답 ②

두 직선 $x+ay+2=0$, $2x+by+1=0$이 서로 수직이므로

$1\times2+ab=0 \quad \therefore ab=-2$

두 직선 $x+ay+2=0$, $x-(b-1)y+3=0$이 서로 평행하므로

$\frac{1}{1}=\frac{a}{-(b-1)}\neq\frac{2}{3}$

$\frac{1}{1}=\frac{a}{-(b-1)}$에서

$a=-b+1 \quad \therefore a+b=1$

$\therefore a^2+b^2=(a+b)^2-2ab$

$=1^2-2\times(-2)=5$

| 참고 | $a=-b+1$을 $ab=-2$에 대입하면

$b(-b+1)=-2$, $b^2-b-2=0$

$(b+1)(b-2)=0 \quad \therefore b=-1$ 또는 $b=2$

$\therefore a=2, b=-1$ 또는 $a=-1, b=2$

이는 모두 $\frac{a}{-(b-1)}\neq\frac{2}{3}$를 만족시킨다.

129 답 −15

두 점 $A(a, -7)$, $B(1, b)$를 지나는 직선의 기울기는

$\frac{b-(-7)}{1-a}=\frac{b+7}{1-a}$

선분 AB의 수직이등분선 $x+3y+4=0$, 즉

$y=-\frac{1}{3}x-\frac{4}{3}$의 기울기가 $-\frac{1}{3}$이므로

$\frac{b+7}{1-a}\times\left(-\frac{1}{3}\right)=-1$

$\frac{b+7}{1-a}=3$, $b+7=3-3a$

$\therefore 3a+b=-4 \quad \cdots\cdots$ ㉠

선분 AB의 중점의 좌표는

$\left(\frac{a+1}{2}, \frac{-7+b}{2}\right)$

이 점이 직선 $x+3y+4=0$ 위의 점이므로

$\frac{a+1}{2}+3\times\frac{-7+b}{2}+4=0$

$\therefore a+3b=12 \quad \cdots\cdots$ ㉡

㉠, ㉡을 연립하여 풀면

$a=-3$, $b=5$

$\therefore ab=-15$

130 답 $\frac{1}{3}$

$x-y+1=0 \quad \cdots\cdots$ ㉠

$x+y+3=0 \quad \cdots\cdots$ ㉡

$y=k(x-1)$에서 $kx-y-k=0 \quad \cdots\cdots$ ㉢

(i) 세 직선이 모두 평행할 때

두 직선 ㉠, ㉡의 기울기는 각각 1, −1이므로 세 직선이 모두 평행한 경우는 없다.

(ii) 세 직선 중 두 직선이 서로 평행할 때

두 직선 ㉠, ㉢이 서로 평행하면

$\frac{1}{k}=\frac{-1}{-1}\neq\frac{1}{-k} \quad \therefore k=1$

두 직선 ㉡, ㉢이 서로 평행하면

$\frac{1}{k}=\frac{1}{-1}\neq\frac{3}{-k} \quad \therefore k=-1$

(iii) 세 직선이 한 점에서 만날 때

㉠, ㉡을 연립하여 풀면

$x=-2$, $y=-1$

즉, 직선 ㉢이 점 $(-2, -1)$을 지나야 하므로

$-2k+1-k=0 \quad \therefore k=\frac{1}{3}$

(i), (ii), (iii)에서 모든 상수 k의 값의 합은

$1+(-1)+\frac{1}{3}=\frac{1}{3}$

131 답 (1) $y=-\frac{3}{4}x+\frac{15}{4}$ (2) $y=\frac{1}{2}x$

(3) $\left(3, \frac{3}{2}\right)$

(1) $y=\frac{-3}{5-1}(x-5)$

$\therefore y=-\frac{3}{4}x+\frac{15}{4}$ ▸▸▸▸▸▸ ❶

(2) $y=\frac{2}{4}x \quad \therefore y=\frac{1}{2}x$ ▸▸▸▸▸▸ ❷

(3) $-\frac{3}{4}x+\frac{15}{4}=\frac{1}{2}x$에서

$-3x+15=2x \qquad \therefore x=3$

이를 $y=\frac{1}{2}x$에 대입하면

$y=\frac{1}{2}\times 3=\frac{3}{2}$

따라서 두 대각선의 교점의 좌표는 $\left(3, \frac{3}{2}\right)$이다.

▸▸▸▸▸▸ ❸

단계	채점 기준	비율
❶	두 점 A, B를 지나는 직선의 방정식 구하기	30 %
❷	두 점 O, C를 지나는 직선의 방정식 구하기	30 %
❸	두 대각선의 교점의 좌표 구하기	40 %

132 답 $10x-3y-31=0$

다음 그림에서 두 삼각형 ABP, APC의 두 밑변 BP, PC에 대한 높이가 같으므로 $\overline{BP}$, $\overline{PC}$의 길이의 비는 두 삼각형의 넓이의 비와 같다.

$\therefore \overline{BP}:\overline{PC}=\triangle ABP:\triangle APC=2:1$

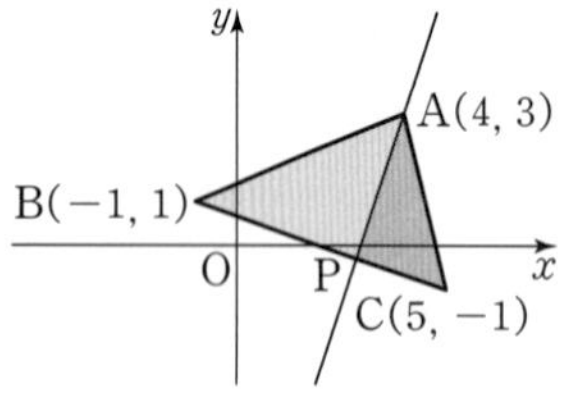

즉, 점 P는 선분 BC를 2 : 1로 내분하는 점이므로 점 P의 좌표는

$\left(\frac{2\times5+1\times(-1)}{2+1}, \frac{2\times(-1)+1\times1}{2+1}\right)$

$\therefore \left(3, -\frac{1}{3}\right)$

따라서 두 점 A(4, 3), $P\left(3, -\frac{1}{3}\right)$을 지나는 직선의 방정식은

$y-3=\frac{-\frac{1}{3}-3}{3-4}(x-4)$

$\therefore 10x-3y-31=0$

133 답 ③

직선 l의 y절편을 $a(a\neq0)$라 하면 x절편은 $3a$이므로 직선 l의 방정식은

$\frac{x}{3a}+\frac{y}{a}=1$

$\therefore y=-\frac{1}{3}x+a$

즉, 직선 l의 기울기는 $-\frac{1}{3}$이다.

따라서 기울기가 $-\frac{1}{3}$이고 점 $(-7, 3)$을 지나는 직선의 방정식은

$y-3=-\frac{1}{3}\{x-(-7)\}$

$\therefore x+3y-2=0$

134 답 4

$k\neq0$이므로 $2x+y-6k=0$에서

$\frac{x}{3k}+\frac{y}{6k}=1$

이 직선의 x절편, y절편은 각각 $3k$, $6k$이고 $k>0$이므로 오른쪽 그림에서 이 직선과 x축, y축으로 둘러싸인 도형의 넓이는

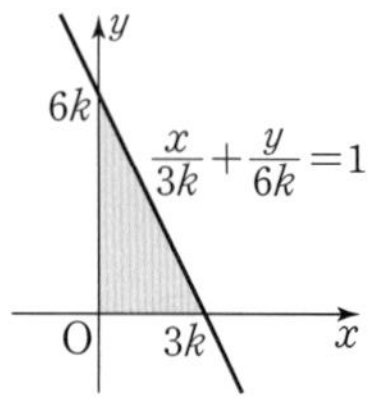

$\frac{1}{2}\times3k\times6k=9k^2$

즉, $9k^2=144$이므로

$k^2=16 \qquad \therefore k=\pm4$

따라서 양수 k의 값은 4이다.

135 답 ④

이차함수 $y=f(x)$의 그래프의 꼭짓점의 좌표가 $(2, -4)$이므로 이 그래프는 직선 $x=2$에 대하여 대칭이다.

이때 이 그래프가 원점을 지나므로 점 B의 좌표는 $(4, 0)$이다.

직선 $y=mx$는 원점 O를 지나므로 삼각형 OAB의 넓이를 이등분하려면 오른쪽 그림과 같이 선분 AB의 중점을 지나야 한다.

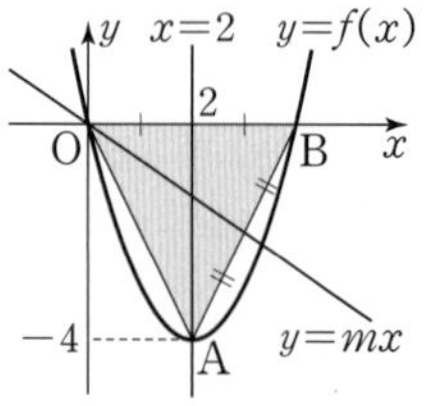

선분 AB의 중점의 좌표는

$\left(\frac{2+4}{2}, \frac{-4}{2}\right) \qquad \therefore (3, -2)$

따라서 직선 $y=mx$가 점 $(3, -2)$를 지나야 하므로

$-2=3m \qquad \therefore m=-\frac{2}{3}$

136 답 $(2, -2)$

$a-b=2$에서 $b=a-2$

이를 $ax+by=4$에 대입하면

$ax+(a-2)y=4$

$\therefore (x+y)a-2y-4=0$

이 식이 a의 값에 관계없이 항상 성립해야 하므로

$x+y=0,\ -2y-4=0$

$\therefore\ x=2,\ y=-2$

따라서 구하는 점의 좌표는 $(2,\ -2)$이다.

137 답 $-2\le m\le 1$

$mx-y+m+2=0$을 m에 대하여 정리하면

$(x+1)m-(y-2)=0$ ⋯⋯ ㉠

이 식이 m의 값에 관계없이 항상 성립해야 하므로

$x+1=0,\ y-2=0$

$\therefore\ x=-1,\ y=2$

즉, 직선 ㉠은 m의 값에 관계없이 항상 점 $(-1,\ 2)$를 지난다.

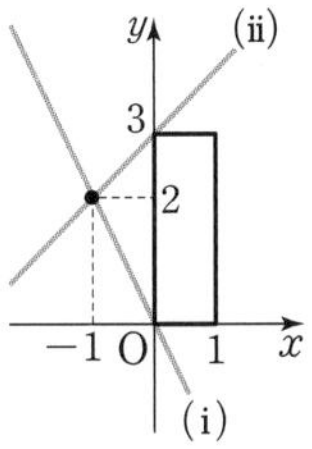

오른쪽 그림과 같이 직선 ㉠이 주어진 직사각형과 만나도록 직선 ㉠을 움직여 보면

(i) 직선 ㉠이 점 $(0,\ 0)$을 지날 때

$m+2=0$ $\therefore\ m=-2$

(ii) 직선 ㉠이 점 $(0,\ 3)$을 지날 때

$m-1=0$ $\therefore\ m=1$

(i), (ii)에서 m의 값의 범위는

$-2\le m\le 1$

138 답 21

직선 l_1은 점 $(1,\ 2)$를 지나고 기울기가 1인 직선이므로 그 직선의 방정식은

$y-2=x-1$

$\therefore\ y=x+1$

$6x-y-4=0$에서 $y=6x-4$이므로 이 직선의 기울기는 6이다.

직선 l_2의 기울기를 m이라 하면

$6\times m=-1$ $\therefore\ m=-\frac{1}{6}$

따라서 직선 l_2는 점 $(-1,\ 0)$을 지나고 기울기가 $-\frac{1}{6}$인 직선이므로 그 직선의 방정식은

$y=-\frac{1}{6}\{x-(-1)\}$

$\therefore\ y=-\frac{1}{6}x-\frac{1}{6}$

직선 l_3은 점 $(5,\ -3)$을 지나고 x축에 수직인 직선이므로 그 직선의 방정식은

$x=5$

두 직선 $l_1,\ l_2$의 교점의 좌표를 구하면

$x+1=-\frac{1}{6}x-\frac{1}{6}$에서

$\frac{7}{6}x=-\frac{7}{6}$ $\therefore\ x=-1$

이를 $y=x+1$에 대입하면 $y=0$

따라서 두 직선 $l_1,\ l_2$의 교점의 좌표는 $(-1,\ 0)$이다.

$y=x+1$에 $x=5$를 대입하면 $y=6$이므로 두 직선 l_1, l_3의 교점의 좌표는 $(5,\ 6)$이다.

$y=-\frac{1}{6}x-\frac{1}{6}$에 $x=5$를 대입하면 $y=-1$이므로 두 직선 $l_2,\ l_3$의 교점의 좌표는 $(5,\ -1)$이다.

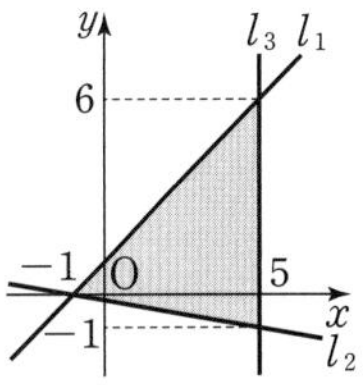

따라서 오른쪽 그림에서 구하는 도형의 넓이는

$\frac{1}{2}\times\{5-(-1)\}\times\{6-(-1)\}$

$=\frac{1}{2}\times 6\times 7=21$

139 답 ③

ㄱ. $a=0$일 때

직선 l의 방정식은 $-y+2=0$ $\therefore\ y=2$

직선 m의 방정식은 $4x+8=0$ $\therefore\ x=-2$

따라서 두 직선 $l,\ m$은 각각 x축, y축에 평행하므로 서로 수직이다.

ㄴ. $ax-y+a+2=0$을 a에 대하여 정리하면

$(x+1)a-(y-2)=0$

이 식이 a의 값에 관계없이 항상 성립해야 하므로

$x+1=0,\ y-2=0$ $\therefore\ x=-1,\ y=2$

따라서 직선 l이 a의 값에 관계없이 항상 지나는 점의 좌표는 $(-1,\ 2)$이다.

ㄷ. (i) $a=0$일 때

두 직선 l과 m은 서로 수직이다. ($\because$ ㄱ)

(ii) $a\neq 0$일 때

두 직선이 평행하려면

$\frac{a}{4}=\frac{-1}{a}\neq\frac{a+2}{3a+8}$

$\frac{a}{4}=\frac{-1}{a}$에서 $a^2=-4$

그런데 이를 만족시키는 실수 a의 값은 존재하지 않으므로 두 직선 l과 m이 평행이 되기 위한 a의 값은 존재하지 않는다.

따라서 보기에서 옳은 것은 ㄱ, ㄷ이다.

| 참고 | 실수 a에 대하여 $a\neq 0$일 때, $a^2>0$이다.

140 답 $3x-2y-8=0$

마름모의 두 대각선은 서로 다른 것을 수직이등분하므로 직선 BD는 선분 AC의 수직이등분선이다.
두 점 A(1, 4), C(7, 0)을 지나는 직선의 기울기는

$\frac{-4}{7-1}=-\frac{2}{3}$

선분 AC의 수직이등분선의 기울기를 m이라 하면

$-\frac{2}{3}\times m=-1 \qquad \therefore m=\frac{3}{2}$

선분 AC의 중점의 좌표는

$\left(\frac{1+7}{2}, \frac{4}{2}\right) \qquad \therefore (4, 2)$

따라서 기울기가 $\frac{3}{2}$이고 점 (4, 2)를 지나는 직선의 방정식은

$y-2=\frac{3}{2}(x-4)$

$\therefore 3x-2y-8=0$

141 답 1

세 직선이 좌표평면을 네 개의 영역으로 나누려면 오른쪽 그림과 같이 모두 평행해야 한다.

$ax+y+3=0 \quad \cdots\cdots$ ㉠
$8x-(b+1)y+b=0 \quad \cdots\cdots$ ㉡
$8x+2y-5=0 \quad \cdots\cdots$ ㉢

(i) 두 직선 ㉠, ㉢이 서로 평행할 때

$\frac{a}{8}=\frac{1}{2}\neq\frac{3}{-5} \qquad \therefore a=4$

(ii) 두 직선 ㉡, ㉢이 서로 평행할 때

$\frac{8}{8}=\frac{-(b+1)}{2}\neq\frac{b}{-5}$

$\frac{8}{8}=\frac{-(b+1)}{2}$에서

$b+1=-2 \qquad \therefore b=-3$

(i), (ii)에서 $a+b=1$

142 답 4

| 접근 방법 | 삼각형의 두 꼭짓점에서 그 대변에 내린 두 수선의 방정식을 구하여 두 수선의 교점의 좌표를 구한다.

오른쪽 그림과 같이 점 A에서 변 BC에 내린 수선의 발을 D, 점 C에서 변 AB에 내린 수선의 발을 E라 하고, 두 직선 AD, CE의 교점을 H라 하자.

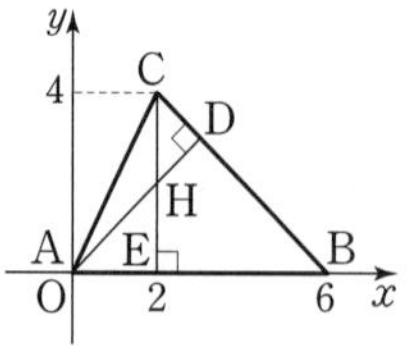

직선 BC의 기울기는 $\frac{4}{2-6}=-1$이므로 직선 AD의 기울기를 m이라 하면

$m\times(-1)=-1 \qquad \therefore m=1$

즉, 직선 AD는 점 A(0, 0)을 지나고 기울기가 1인 직선이므로 그 직선의 방정식은

$y=x$

직선 CE는 점 (2, 0)을 지나고 y축에 평행하므로 그 직선의 방정식은

$x=2$

따라서 점 H는 두 직선 $y=x$, $x=2$의 교점이므로 H(2, 2)

이때 구하는 세 수선의 교점이 점 H와 같으므로

$a=2, b=2 \qquad \therefore a+b=4$

143 답 125

| 접근 방법 | 이차함수의 그래프와 직선이 접하면 이차함수의 식과 직선의 방정식을 연립하여 얻은 이차방정식이 중근을 가짐을 이용하여 점 P의 좌표를 구한다.

직선 l_1의 기울기를 m이라 하면 직선 l_1은 점 P(1, 1)을 지나고 기울기가 m인 직선이므로 그 직선의 방정식은

$y-1=m(x-1)$

$\therefore y=mx-m+1 \quad \cdots\cdots$ ㉠

직선 l_1이 이차함수 $y=x^2$의 그래프와 접하므로 이차방정식 $x^2=mx-m+1$, 즉 $x^2-mx+m-1=0$은 중근을 갖는다.
이 이차방정식의 판별식을 D라 하면

$D=(-m)^2-4(m-1)=0$

$m^2-4m+4=0,\ (m-2)^2=0 \qquad \therefore m=2$

이를 ㉠에 대입하면 직선 l_1의 방정식은

$y=2x-2+1 \qquad \therefore y=2x-1$

이 직선의 y절편은 -1이므로 Q(0, -1)

직선 l_2의 기울기를 n이라 하면 두 직선 l_1, l_2가 서로 수직이므로

$2\times n=-1 \qquad \therefore n=-\frac{1}{2}$

즉, 직선 l_2는 점 P(1, 1)을 지나고 기울기가 $-\frac{1}{2}$인 직선이므로 그 직선의 방정식은

$y-1=-\frac{1}{2}(x-1)$

$\therefore y=-\frac{1}{2}x+\frac{3}{2} \quad \cdots\cdots$ ㉡

직선 l_2와 이차함수 $y=x^2$의 교점의 x좌표는

$x^2=-\frac{1}{2}x+\frac{3}{2}$에서 $2x^2+x-3=0$

$(2x+3)(x-1)=0 \qquad \therefore x=-\frac{3}{2}$ 또는 $x=1$

이때 점 R는 점 P가 아닌 점이므로 $x=-\frac{3}{2}$

이를 ㉡에 대입하면

$y=-\frac{1}{2}\times\left(-\frac{3}{2}\right)+\frac{3}{2}=\frac{9}{4} \qquad \therefore \mathrm{R}\left(-\frac{3}{2}, \frac{9}{4}\right)$

따라서 $\overline{\mathrm{PQ}}=\sqrt{(-1)^2+(-1-1)^2}=\sqrt{5}$,

$\overline{\mathrm{PR}}=\sqrt{\left(-\frac{3}{2}-1\right)^2+\left(\frac{9}{4}-1\right)^2}=\frac{5\sqrt{5}}{4}$이므로

$S=\frac{1}{2}\times\overline{\mathrm{PQ}}\times\overline{\mathrm{PR}}=\frac{1}{2}\times\sqrt{5}\times\frac{5\sqrt{5}}{4}=\frac{25}{8}$

$\therefore 40S=40\times\frac{25}{8}=125$

144 답 1

| 접근 방법 | 평행한 두 직선은 만나지 않음을 이용한다.

$ax+y-a+3=0$을 a에 대하여 정리하면

$(x-1)a+y+3=0 \qquad \cdots\cdots$ ㉠

이 식이 a의 값에 관계없이 항상 성립해야 하므로

$x-1=0,\ y+3=0 \qquad \therefore x=1,\ y=-3$

즉, 직선 ㉠은 a의 값에 관계없이 항상 점 $(1, -3)$을 지난다.

오른쪽 그림과 같이 두 직선이 제1사분면에서 만나도록 직선 ㉠을 움직여 보면

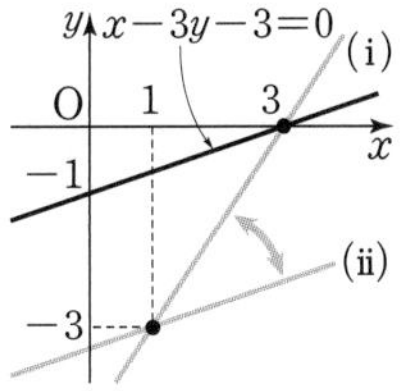

(i) 직선 ㉠이 점 $(3, 0)$을 지날 때

$2a+3=0 \qquad \therefore a=-\frac{3}{2}$

(ii) 직선 ㉠, 즉 $ax+y-a+3=0$이 직선 $x-3y-3=0$에 평행할 때

$\frac{a}{1}=\frac{1}{-3}\neq\frac{-a+3}{-3} \qquad \therefore a=-\frac{1}{3}$

(i), (ii)에서 a의 값의 범위는

$-\frac{3}{2}<a<-\frac{1}{3}$

따라서 $m=-\frac{3}{2},\ n=-\frac{1}{3}$이므로

$2mn=1$

| 참고 | 직선 $ax+y-a+3=0$의 기울기는 $-a$이고, 위의 그림에서 조건을 만족시키는 직선의 기울기는 양수이므로 직선의 기울기가 커질수록 a의 값이 작아짐에 주의한다.

02 점과 직선 사이의 거리

개념 확인 71쪽

145 답 (1) 2 (2) $\sqrt{2}$ (3) $\sqrt{13}$ (4) $\sqrt{5}$

(1) $\frac{|3\times4+4\times0-2|}{\sqrt{3^2+4^2}}=\frac{10}{5}=2$

(2) $\frac{|1\times0-1\times2+4|}{\sqrt{1^2+(-1)^2}}=\frac{2}{\sqrt{2}}=\sqrt{2}$

(3) $\frac{|2\times1+3\times(-5)|}{\sqrt{2^2+3^2}}=\frac{13}{\sqrt{13}}=\sqrt{13}$

(4) $\frac{|-5|}{\sqrt{2^2+(-1)^2}}=\frac{5}{\sqrt{5}}=\sqrt{5}$

146 답 (1) $\frac{\sqrt{5}}{5}$ (2) $\sqrt{10}$

(1) 평행한 두 직선 $x+2y=0$, $x+2y+1=0$ 사이의 거리는 직선 $x+2y=0$ 위의 한 점 $(0, 0)$과 직선 $x+2y+1=0$ 사이의 거리와 같으므로

$\frac{|1|}{\sqrt{1^2+2^2}}=\frac{1}{\sqrt{5}}=\frac{\sqrt{5}}{5}$

(2) 평행한 두 직선 $3x+y+1=0$, $3x+y-9=0$ 사이의 거리는 직선 $3x+y+1=0$ 위의 한 점 $(0, -1)$과 직선 $3x+y-9=0$ 사이의 거리와 같으므로

$\frac{|3\times0+1\times(-1)-9|}{\sqrt{3^2+1^2}}=\frac{10}{\sqrt{10}}=\sqrt{10}$

유제 73~77쪽

147 답 −10

점 $(2, -1)$과 직선 $x-3y+k=0$ 사이의 거리가 $\sqrt{10}$이려면

$\frac{|1\times2-3\times(-1)+k|}{\sqrt{1^2+(-3)^2}}=\sqrt{10}$

$|5+k|=10$

$5+k=\pm10$

$\therefore k=-15$ 또는 $k=5$

따라서 모든 상수 k의 값의 합은

$-15+5=-10$

148 답 $2x-3y-10=0$ 또는 $2x-3y+16=0$

$2x-3y+1=0$에서 $y=\frac{2}{3}x+\frac{1}{3}$

구하는 직선의 기울기가 $\frac{2}{3}$이므로 직선의 방정식을

$y=\frac{2}{3}x+a$라 하면

$2x-3y+3a=0$ …… ㉠

점 $(-3, -1)$과 직선 ㉠ 사이의 거리가 $\sqrt{13}$이므로

$\frac{|2\times(-3)-3\times(-1)+3a|}{\sqrt{2^2+(-3)^2}}=\sqrt{13}$

$|3a-3|=13$, $3a-3=\pm13$

$\therefore 3a=-10$ 또는 $3a=16$

이를 ㉠에 대입하면 구하는 직선의 방정식은

$2x-3y-10=0$ 또는 $2x-3y+16=0$

149 답 -7, 15

점 $(2, 8)$과 직선 $x-2y+3=0$ 사이의 거리는

$\frac{|1\times2-2\times8+3|}{\sqrt{1^2+(-2)^2}}=\frac{11}{\sqrt{5}}$

점 $(2, 8)$과 직선 $2x-y+k=0$ 사이의 거리는

$\frac{|2\times2-1\times8+k|}{\sqrt{2^2+(-1)^2}}=\frac{|k-4|}{\sqrt{5}}$

점 $(2, 8)$에서 두 직선에 이르는 거리가 같으므로

$\frac{11}{\sqrt{5}}=\frac{|k-4|}{\sqrt{5}}$

$|k-4|=11$, $k-4=\pm11$

$\therefore k=-7$ 또는 $k=15$

150 답 $x+2y=0$

구하는 직선의 기울기를 m이라 하면 원점을 지나고 기울기가 m인 직선의 방정식은

$y=mx$ $\quad\therefore mx-y=0$ …… ㉠

점 $(1, 2)$와 직선 ㉠ 사이의 거리가 $\sqrt{5}$이므로

$\frac{|m\times1-1\times2|}{\sqrt{m^2+(-1)^2}}=\sqrt{5}$

$|m-2|=\sqrt{5(m^2+1)}$

양변을 제곱하면

$m^2-4m+4=5m^2+5$

$4m^2+4m+1=0$

$(2m+1)^2=0$ $\quad\therefore m=-\frac{1}{2}$

이를 ㉠에 대입하면 구하는 직선의 방정식은

$-\frac{1}{2}x-y=0$ $\quad\therefore x+2y=0$

151 답 -25, 15

평행한 두 직선 $x+7y+a=0$, $x+7y-5=0$ 사이의 거리는 직선 $x+7y-5=0$ 위의 한 점 $(5, 0)$과 직선 $x+7y+a=0$ 사이의 거리와 같다.

따라서 점 $(5, 0)$과 직선 $x+7y+a=0$ 사이의 거리가 $2\sqrt{2}$이므로

$\frac{|1\times5+a|}{\sqrt{1^2+7^2}}=2\sqrt{2}$

$|5+a|=20$, $5+a=\pm20$

$\therefore a=-25$ 또는 $a=15$

152 답 $\frac{13}{2}$

변 OA의 길이는

$\sqrt{3^2+4^2}=5$

직선 OA의 방정식은

$y=\frac{4}{3}x$ $\quad\therefore 4x-3y=0$

오른쪽 그림과 같이 점 B$(-1, 3)$과 직선 $4x-3y=0$ 사이의 거리를 h라 하면

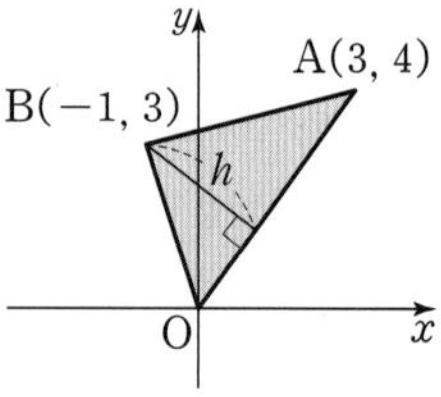

$h=\frac{|4\times(-1)-3\times3|}{\sqrt{4^2+(-3)^2}}$

$=\frac{13}{5}$

따라서 삼각형 OAB의 넓이는

$\frac{1}{2}\times\overline{OA}\times h=\frac{1}{2}\times5\times\frac{13}{5}=\frac{13}{2}$

153 답 $\frac{\sqrt{5}}{2}$

두 직선 $x+2y+3=0$, $2x+ay+1=0$이 서로 평행하므로

$\frac{1}{2}=\frac{2}{a}\neq\frac{3}{1}$ $\quad\therefore a=4$

평행한 두 직선 $x+2y+3=0$, $2x+4y+1=0$ 사이의 거리는 직선 $x+2y+3=0$ 위의 한 점 $(-3, 0)$과 직선 $2x+4y+1=0$ 사이의 거리와 같다.

따라서 구하는 거리는

$\frac{|2\times(-3)+1|}{\sqrt{2^2+4^2}}=\frac{\sqrt{5}}{2}$

154 답 3

변 AB의 길이는

$\sqrt{(5-1)^2+\{2-(-2)\}^2}=4\sqrt{2}$

직선 AB의 방정식은

$y-(-2)=\frac{2-(-2)}{5-1}(x-1)$

$\therefore x-y-3=0$

오른쪽 그림과 같이 점 $C(2, a)$와 직선 $x-y-3=0$ 사이의 거리를 h라 하면

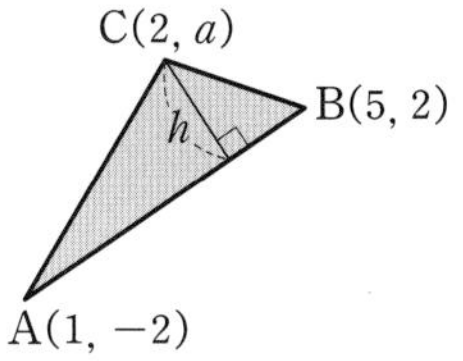

$h=\frac{|1\times2-1\times a-3|}{\sqrt{1^2+(-1)^2}}$

$=\frac{|-1-a|}{\sqrt{2}}$

따라서 삼각형 ABC의 넓이는

$\frac{1}{2}\times\overline{AB}\times h=\frac{1}{2}\times4\sqrt{2}\times\frac{|-1-a|}{\sqrt{2}}$

$=2|-1-a|$

즉, $2|-1-a|=8$이므로

$|-1-a|=4$

$-1-a=\pm4$

$\therefore a=-5$ 또는 $a=3$

따라서 양수 a의 값은 3이다.

155 답 $x-y+2=0$ 또는 $x+y=0$

두 직선 $x+3y-2=0$, $3x+y+2=0$이 이루는 각의 이등분선 위의 임의의 점을 $P(x, y)$라 하면 점 P에서 주어진 두 직선에 이르는 거리가 같으므로

$\frac{|x+3y-2|}{\sqrt{1^2+3^2}}=\frac{|3x+y+2|}{\sqrt{3^2+1^2}}$

$|x+3y-2|=|3x+y+2|$

$x+3y-2=\pm(3x+y+2)$

$\therefore x-y+2=0$ 또는 $x+y=0$

156 답 $2x-2y-1=0$

두 직선 $x+2y=0$, $4x+2y-1=0$이 이루는 각의 이등분선 위의 임의의 점을 $P(x, y)$라 하면 점 P에서 주어진 두 직선에 이르는 거리가 같으므로

$\frac{|x+2y|}{\sqrt{1^2+2^2}}=\frac{|4x+2y-1|}{\sqrt{4^2+2^2}}$

$2|x+2y|=|4x+2y-1|$

$2(x+2y)=\pm(4x+2y-1)$

$\therefore 2x-2y-1=0$ 또는 $6x+6y-1=0$

따라서 기울기가 양수인 직선의 방정식은

$2x-2y-1=0$

157 답 $3x-9y+2=0$ 또는 $3x+y+2=0$

x축, 즉 직선 $y=0$과 직선 $3x-4y+2=0$이 이루는 각의 이등분선 위의 임의의 점을 $P(x, y)$라 하면 점 P에서 주어진 두 직선에 이르는 거리가 같으므로

$|y|=\frac{|3x-4y+2|}{\sqrt{3^2+(-4)^2}}$

$5|y|=|3x-4y+2|$

$5y=\pm(3x-4y+2)$

$\therefore 3x-9y+2=0$ 또는 $3x+y+2=0$

158 답 $4x+6y-7=0$ 또는 $6x-4y+3=0$

점 P의 좌표를 (x, y)라 하면 점 P에서 두 직선 $x-5y+5=0$, $5x+y-2=0$에 이르는 거리가 같으므로

$\frac{|x-5y+5|}{\sqrt{1^2+(-5)^2}}=\frac{|5x+y-2|}{\sqrt{5^2+1^2}}$

$|x-5y+5|=|5x+y-2|$

$x-5y+5=\pm(5x+y-2)$

$\therefore 4x+6y-7=0$ 또는 $6x-4y+3=0$

연습문제 78~80쪽

159 답 1

주어진 식을 k에 대하여 정리하면

$(2x-y-5)+k(x+y+2)=0$

이 식이 k의 값에 관계없이 항상 성립해야 하므로

$2x-y-5=0$, $x+y+2=0$

두 식을 연립하여 풀면

$x=1$, $y=-3$

즉, 점 P의 좌표는 $(1, -3)$이다.

따라서 점 $P(1, -3)$과 직선 $4x+3y+10=0$ 사이의 거리는

$\frac{|4\times1+3\times(-3)+10|}{\sqrt{4^2+3^2}}=1$

160 답 ①

점 $(-4, 3)$과 직선 $x+ay+3=0$ 사이의 거리가 $2\sqrt{2}$이려면

$\frac{|1\times(-4)+a\times3+3|}{\sqrt{1^2+a^2}}=2\sqrt{2}$

$|-1+3a|=2\sqrt{2(1+a^2)}$

양변을 제곱하면

$1-6a+9a^2=8+8a^2$

$a^2-6a-7=0$, $(a+1)(a-7)=0$

$\therefore a=-1$ 또는 $a=7$

따라서 모든 상수 a의 값의 곱은

$(-1)\times7=-7$

161 답 28

$x-4y+6=0$에서 $y=\frac{1}{4}x+\frac{3}{2}$

이 직선의 기울기는 $\frac{1}{4}$이므로 이 직선에 수직인 직선의 기울기를 m이라 하면

$\frac{1}{4}\times m=-1 \quad \therefore m=-4$

기울기가 -4인 직선의 방정식을 $y=-4x+a$라 하면

$4x+y-a=0$ ······ ㉠ ▸▸▸▸▸▸ ❶

점 $(5, -6)$과 직선 ㉠ 사이의 거리가 $\sqrt{17}$이므로

$\frac{|4\times5+1\times(-6)-a|}{\sqrt{4^2+1^2}}=\sqrt{17}$

$|14-a|=17$, $14-a=\pm17$

$\therefore a=-3$ 또는 $a=31$

이때 직선 ㉠의 y절편은 a이므로 두 직선의 y절편은 -3, 31이다. ▸▸▸▸▸▸ ❷

따라서 구하는 합은

$-3+31=28$ ▸▸▸▸▸▸ ❸

단계	채점 기준	비율
❶	직선 $x-4y+6=0$에 수직인 직선의 방정식 세우기	30 %
❷	두 직선의 y절편 구하기	60 %
❸	두 직선의 y절편의 합 구하기	10 %

162 답 10

평행한 두 직선 $y=-4x+7$, $y=-4x-k$ 사이의 거리는 직선 $y=-4x+7$ 위의 한 점 $(0, 7)$과 직선 $y=-4x-k$, 즉 $4x+y+k=0$ 사이의 거리와 같다.

즉, 점 $(0, 7)$과 직선 $4x+y+k=0$ 사이의 거리가 $\sqrt{17}$이므로

$\frac{|1\times7+k|}{\sqrt{4^2+1^2}}=\sqrt{17}$

$|7+k|=17$, $7+k=\pm17$

$\therefore k=-24$ 또는 $k=10$

따라서 양수 k의 값은 10이다.

163 답 ③

두 직선 $2x+(a-1)y+1=0$, $ax+y-5=0$이 서로 평행하므로

$\frac{2}{a}=\frac{a-1}{1}\neq\frac{1}{-5}$

$\frac{2}{a}=\frac{a-1}{1}$에서

$a(a-1)=2$

$a^2-a-2=0$, $(a+1)(a-2)=0$

$\therefore a=2$ ($\because a>0$)

평행한 두 직선 $2x+y+1=0$, $2x+y-5=0$ 사이의 거리는 직선 $2x+y+1=0$ 위의 한 점 $(0, -1)$과 직선 $2x+y-5=0$ 사이의 거리와 같으므로 구하는 거리는

$\frac{|1\times(-1)-5|}{\sqrt{2^2+1^2}}=\frac{6\sqrt{5}}{5}$

164 답 ②

$x+2y-4=0$에서

$y=0$일 때, $x-4=0 \quad \therefore x=4$

$x=0$일 때, $2y-4=0 \quad \therefore y=2$

$\therefore$ A$(4, 0)$, B$(0, 2)$

변 AB의 길이는

$\sqrt{(-4)^2+2^2}=2\sqrt{5}$

오른쪽 그림과 같이 점 C$(2, 4)$와 직선 $x+2y-4=0$ 사이의 거리를 h라 하면

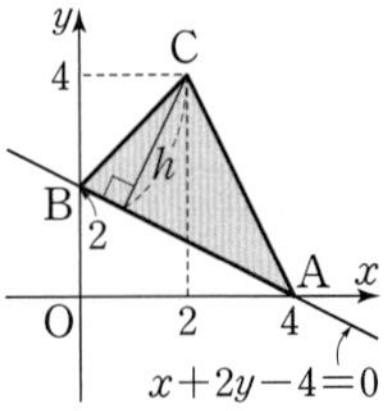

$h=\frac{|1\times2+2\times4-4|}{\sqrt{1^2+2^2}}$

$=\frac{6\sqrt{5}}{5}$

따라서 삼각형 ABC의 넓이는

$\frac{1}{2}\times\overline{AB}\times h=\frac{1}{2}\times2\sqrt{5}\times\frac{6\sqrt{5}}{5}=6$

165 답 $4x-y-3=0$ 또는 $8x-7y-1=0$

점 P의 좌표를 (x, y)라 하면 $d=2d'$이므로

$\frac{|2x-3y+1|}{\sqrt{2^2+(-3)^2}}=2\times\frac{|3x-2y-1|}{\sqrt{3^2+(-2)^2}}$

$|2x-3y+1|=2|3x-2y-1|$

$2x-3y+1=\pm2(3x-2y-1)$

$\therefore 4x-y-3=0$ 또는 $8x-7y-1=0$

166 답 $\frac{\sqrt{5}}{5}$

$2x-y-1+k(x+2y)=0$에서

$(2+k)x+(-1+2k)y-1=0$

이 직선과 원점 사이의 거리 $f(k)$는

$$f(k)=\frac{|-1|}{\sqrt{(2+k)^2+(-1+2k)^2}}$$

$$=\frac{1}{\sqrt{5(k^2+1)}}$$

이때 $f(k)$는 분모가 최소일 때 최댓값을 갖고, k^2+1은 $k=0$일 때 최솟값 1을 가지므로 $f(k)$의 최댓값은

$$\frac{1}{\sqrt{5}}=\frac{\sqrt{5}}{5}$$

| 다른 풀이 |

$2x-y-1=0$, $x+2y=0$을 연립하여 풀면

$x=\frac{2}{5}$, $y=-\frac{1}{5}$

즉, 직선 $2x-y-1+k(x+2y)=0$은 k의 값에 관계없이 항상 점 $\left(\frac{2}{5}, -\frac{1}{5}\right)$을 지난다.

따라서 주어진 직선과 원점 사이의 거리의 최댓값은 점 $\left(\frac{2}{5}, -\frac{1}{5}\right)$과 원점 사이의 거리와 같으므로

$$\sqrt{\left(\frac{2}{5}\right)^2+\left(-\frac{1}{5}\right)^2}=\sqrt{\frac{1}{5}}=\frac{\sqrt{5}}{5}$$

| 참고 | 오른쪽 그림에서 $d_1<d$, $d_2<d$이므로 점 A를 지나는 임의의 직선과 점 O 사이의 거리의 최댓값은 점 O에서 $\overline{OA}$에 수직인 직선 사이의 거리 d, 즉 $\overline{OA}$의 길이와 같음을 알 수 있다.

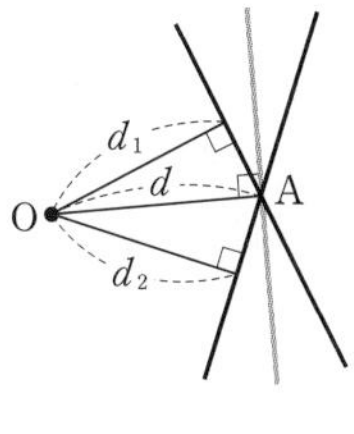

167 답 6

점 $(-2, 2)$를 지나는 직선의 기울기를 m이라 하면 직선의 방정식은

$y-2=m\{x-(-2)\}$

$\therefore mx-y+2m+2=0$

원점과 이 직선 사이의 거리가 k이므로

$$\frac{|2m+2|}{\sqrt{m^2+(-1)^2}}=k$$

$|2m+2|=k\sqrt{m^2+1}$

양변을 제곱하면

$4m^2+8m+4=k^2m^2+k^2$

$(k^2-4)m^2-8m+k^2-4=0$ ······ ㉠

두 직선의 기울기의 합은 m에 대한 이차방정식 ㉠의 두 근의 합과 같으므로 이차방정식의 근과 계수의 관계에 의하여

$$-\frac{-8}{k^2-4}=4$$

$4k^2-16=8$

$\therefore k^2=6$

168 답 ②

학교를 원점, 도서관과 체육관을 각각 점 A, B라 하고 좌표평면 위에 주어진 조건을 나타내면 오른쪽 그림과 같다.

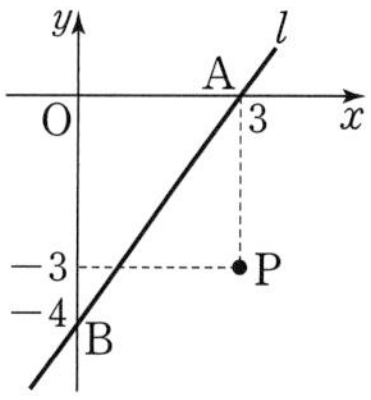

이때 직선 도로 l은 x절편이 3, y절편이 -4인 직선이므로 직선 l의 방정식은

$$\frac{x}{3}+\frac{y}{-4}=1$$

$\therefore 4x-3y-12=0$

점 $P(3, -3)$과 이 직선 사이의 거리는

$$\frac{|4\times3-3\times(-3)-12|}{\sqrt{4^2+(-3)^2}}=\frac{9}{5}$$

따라서 새로 만드는 도로의 길이는 $\frac{9}{5}$ km이다.

169 답 ①

변 BC의 길이는

$\sqrt{(7-3)^2+(4-2)^2}=2\sqrt{5}$

직선 BC의 방정식은

$$y-2=\frac{4-2}{7-3}(x-3)$$

$\therefore x-2y+1=0$

점 $D(5, 6)$과 직선 $x-2y+1=0$ 사이의 거리를 h라 하면

$$h=\frac{|1\times5-2\times6+1|}{\sqrt{1^2+(-2)^2}}=\frac{6\sqrt{5}}{5}$$

따라서 평행사변형 ABCD의 넓이는

$$\overline{BC}\times h=2\sqrt{5}\times\frac{6\sqrt{5}}{5}$$

$$=12$$

170 답 20

$x-y+1=0$ ······ ㉠

$x+7y+9=0$ ······ ㉡

$3x+y-13=0$ ······ ㉢

삼각형의 세 꼭짓점은 두 직선 ㉠과 ㉡, ㉡과 ㉢, ㉠과 ㉢의 교점과 같다.

㉠과 ㉡을 연립하여 풀면

$x=-2,\ y=-1$

㉡과 ㉢을 연립하여 풀면

$x=5,\ y=-2$

㉠과 ㉢을 연립하여 풀면

$x=3,\ y=4$

따라서 삼각형의 세 꼭짓점의 좌표는

$(-2,\ -1),\ (5,\ -2),\ (3,\ 4)$ ▸▸▸▸▸▸ ❶

삼각형의 세 꼭짓점을 $A(-2,\ -1)$, $B(5,\ -2)$, $C(3,\ 4)$라 하자.

변 AC의 길이는

$\sqrt{\{3-(-2)\}^2+\{4-(-1)\}^2}=5\sqrt{2}$

다음 그림과 같이 점 $B(5,\ -2)$와 직선 $x-y+1=0$ 사이의 거리를 h라 하면

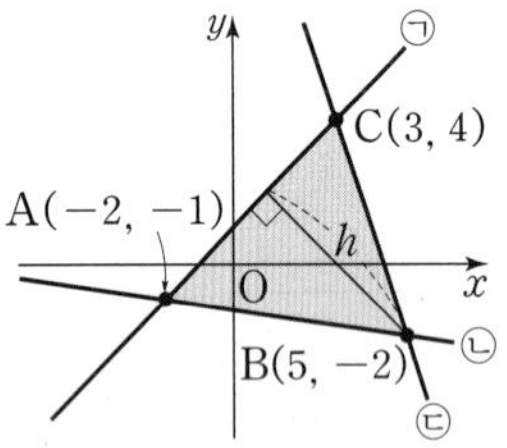

$$h=\frac{|1\times5-1\times(-2)+1|}{\sqrt{1^2+(-1)^2}}=4\sqrt{2}$$ ▸▸▸▸▸▸ ❷

따라서 구하는 삼각형의 넓이는

$$\frac{1}{2}\times\overline{AC}\times h=\frac{1}{2}\times5\sqrt{2}\times4\sqrt{2}$$

$$=20$$ ▸▸▸▸▸▸ ❸

단계	채점 기준	비율
❶	삼각형의 세 꼭짓점의 좌표 구하기	40 %
❷	삼각형의 밑변의 길이와 높이 구하기	40 %
❸	삼각형의 넓이 구하기	20 %

171 답 6

주어진 두 직선이 이루는 각의 이등분선 위의 점 $(2,\ a)$에서 두 직선 $5x+2y-6=0$, $2x-5y+7=0$에 이르는 거리가 같으므로

$$\frac{|5\times2+2\times a-6|}{\sqrt{5^2+2^2}}=\frac{|2\times2-5\times a+7|}{\sqrt{2^2+(-5)^2}}$$

$|2a+4|=|-5a+11|$

$2a+4=\pm(-5a+11)$

$\therefore a=1$ 또는 $a=5$

따라서 모든 a의 값의 합은

$1+5=6$

172 답 ④

| 접근 방법 | 점 P에서 마름모 위의 어떤 점까지의 거리가 최대, 최소인지 파악한다.

점 P에서 마름모 ABCD 위의 점까지의 거리의 최댓값은 점 P와 점 A 사이의 거리와 같고 최솟값은 점 P와 직선 CD 사이의 거리와 같다.

$P(4,\ 5)$, $A(-4,\ 0)$이므로

$\overline{PA}=\sqrt{(-4-4)^2+(-5)^2}=\sqrt{89}$

$\therefore M=\sqrt{89}$

두 점 C, D를 지나는 직선의 방정식은

$$\frac{x}{4}+\frac{y}{3}=1$$

$\therefore 3x+4y-12=0$

이 직선과 점 P 사이의 거리는

$$\frac{|3\times4+4\times5-12|}{\sqrt{3^2+4^2}}=4$$

$\therefore m=4$

$\therefore M^2+m^2=89+16=105$

173 답 ③

| 접근 방법 | 점 B가 x축 위의 점임을 이용하여 점 B의 좌표를 미지수를 이용하여 나타낸다.

원점과 점 $A(8,\ 6)$을 지나는 직선의 방정식은

$y=\frac{3}{4}x \qquad \therefore 3x-4y=0$

점 B가 선분 OH 위의 점이므로 점 B의 좌표를 $(a,\ 0)\ (a>0)$이라 하면 점 B와 직선 $3x-4y=0$ 사이의 거리는

$$\overline{BI}=\frac{|3a|}{\sqrt{3^2+(-4)^2}}=\frac{3a}{5}\ (\because a>0)$$

이때 $H(8,\ 0)$이므로

$\overline{BH}=\overline{OH}-\overline{OB}=8-a$

$\overline{BH}=\overline{BI}$에서

$8-a=\frac{3a}{5} \qquad \therefore a=5$

즉, $B(5,\ 0)$이므로 직선 AB의 방정식은

$y=\frac{-6}{5-8}(x-5) \qquad \therefore y=2x-10$

따라서 $m=2$, $n=-10$이므로

$m+n=-8$

174 답 $2x-y+4=0$

| 접근 방법 | 선분 AB의 길이는 평행한 두 직선 $x+2y-2=0$, $x+2y+3=0$ 사이의 거리와 같다.

다음 그림에서 평행한 두 직선 $x+2y-2=0$, $x+2y+3=0$ 사이의 거리는 직선 $x+2y-2=0$ 위의 한 점 $(2, 0)$과 직선 $x+2y+3=0$ 사이의 거리와 같으므로

$$\overline{AB}=\frac{|1\times2+3|}{\sqrt{1^2+2^2}}=\sqrt{5}$$

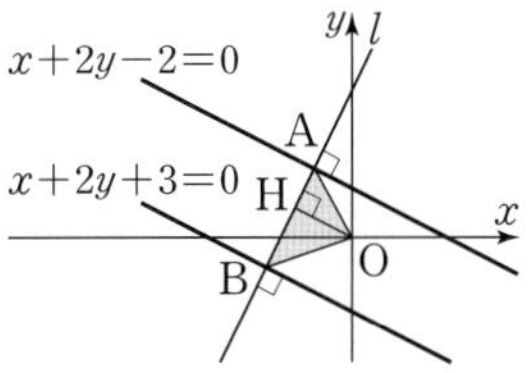

원점 O에서 직선 l에 내린 수선의 발을 H라 하면 삼각형 OAB의 넓이가 2이므로

$$\frac{1}{2}\times\sqrt{5}\times\overline{OH}=2$$

$$\therefore \overline{OH}=\frac{4\sqrt{5}}{5}$$

직선 $x+2y-2=0$, 즉 $y=-\frac{1}{2}x+1$에 수직인 직선 l의 기울기를 m이라 하면

$$-\frac{1}{2}\times m=-1 \qquad \therefore m=2$$

따라서 직선 l의 방정식을 $y=2x+a$라 하면 원점 O와 직선 l, 즉 $2x-y+a=0$ 사이의 거리는 $\overline{OH}$의 길이와 같으므로

$$\frac{|a|}{\sqrt{2^2+(-1)^2}}=\frac{4\sqrt{5}}{5}$$

$|a|=4 \qquad \therefore a=\pm4$

그런데 점 A가 제2사분면 위의 점이므로 직선 $y=2x+a$의 y절편이 직선 $y=-\frac{1}{2}x+1$의 y절편보다 크다.

즉, $a>1$이므로

$a=4$

따라서 구하는 직선 l의 방정식은

$y=2x+4$

$\therefore 2x-y+4=0$

175 답 $3x+y-6=0$

| 접근 방법 | 삼각형의 내심의 정의를 이용하여 구하는 직선이 어떤 직선인지 파악한다.

삼각형의 내심은 세 내각의 이등분선의 교점이므로 점 A와 삼각형 ABC의 내심을 지나는 직선은 $\angle$A의 이등분선과 같다.

직선 AB의 방정식은

$$y-1=\frac{1-3}{-1}x$$

$\therefore 2x-y+1=0 \qquad \cdots\cdots$ ㉠

직선 AC의 방정식은

$$y-3=\frac{1-3}{5-1}(x-1)$$

$\therefore x+2y-7=0 \qquad \cdots\cdots$ ㉡

다음 그림과 같이 두 직선 ㉠, ㉡이 이루는 각의 이등분선 위의 임의의 점을 $P(x, y)$라 하면 점 P에서 두 직선에 이르는 거리가 같으므로

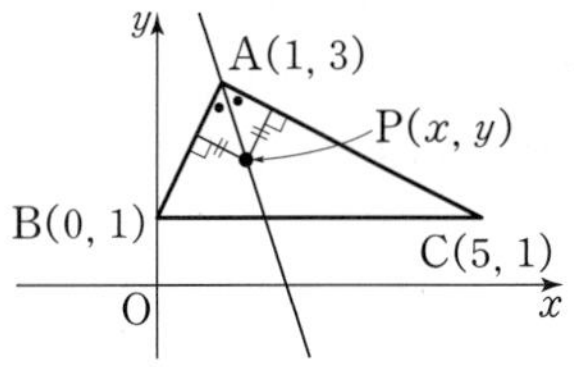

$$\frac{|2x-y+1|}{\sqrt{2^2+(-1)^2}}=\frac{|x+2y-7|}{\sqrt{1^2+2^2}}$$

$|2x-y+1|=|x+2y-7|$

$2x-y+1=\pm(x+2y-7)$

$\therefore x-3y+8=0$ 또는 $3x+y-6=0$

위의 그림에서 $\angle$A의 이등분선의 기울기는 음수이어야 하므로 구하는 직선의 방정식은

$3x+y-6=0$

| 참고 | 두 직선 AB와 AC가 이루는 각의 이등분선은 2개이고, 이때 삼각형 ABC의 내심을 지나는 직선은 기울기가 음수인 직선이다.

01 원의 방정식

개념 확인 85쪽

176 답 (1) $(0, 0)$, $\sqrt{6}$ (2) $(1, 0)$, 1
(3) $(0, -3)$, $\sqrt{3}$ (4) $(-1, 2)$, 2

177 답 (1) $x^2+y^2=5$
(2) $(x-1)^2+(y+2)^2=16$

178 답 (1) $(3, 0)$, 3 (2) $(-1, -2)$, 4

(1) $x^2+y^2-6x=0$에서
$(x-3)^2+y^2=9$
따라서 원의 중심의 좌표는 $(3, 0)$이고 반지름의 길이는 3이다.

(2) $x^2+y^2+2x+4y-11=0$에서
$(x+1)^2+(y+2)^2=16$
따라서 원의 중심의 좌표는 $(-1, -2)$이고 반지름의 길이는 4이다.

179 답 (1) $(x-3)^2+(y-1)^2=1$
(2) $(x+2)^2+(y-4)^2=4$
(3) $(x-5)^2+(y+5)^2=25$

180 답 (1) $(x-1)^2+(y-2)^2=4$
(2) $(x+3)^2+(y-4)^2=9$
(3) $(x-4)^2+(y-4)^2=16$

181 답 $2x-4y+3=0$

$x^2+y^2-3-(x^2+y^2-4x+8y-9)=0$
$\therefore 2x-4y+3=0$

유제 87~101쪽

182 답 (1) $(x-5)^2+(y-3)^2=25$
(2) $x^2+y^2=13$

(1) 원의 반지름의 길이를 r라 하면 원의 방정식은
$(x-5)^2+(y-3)^2=r^2$
이 원이 점 $(1, 0)$을 지나므로
$(1-5)^2+(-3)^2=r^2$ $\therefore r^2=25$
따라서 구하는 원의 방정식은
$(x-5)^2+(y-3)^2=25$

(2) 원의 반지름의 길이를 r라 하면 원의 방정식은
$x^2+y^2=r^2$
이 원이 점 $(2, -3)$을 지나므로
$2^2+(-3)^2=r^2$ $\therefore r^2=13$
따라서 구하는 원의 방정식은
$x^2+y^2=13$

183 답 (1) $(x-1)^2+(y+3)^2=20$
(2) $(x+1)^2+y^2=9$

(1) 원의 중심은 선분 AB의 중점과 같으므로 원의 중심의 좌표는
$\left(\frac{5-3}{2}, \frac{-1-5}{2}\right)$ $\therefore (1, -3)$
원의 반지름의 길이는 $\frac{1}{2}\overline{AB}$와 같으므로
$\frac{1}{2}\overline{AB}=\frac{1}{2}\sqrt{(-3-5)^2+\{-5-(-1)\}^2}$
$=2\sqrt{5}$
따라서 구하는 원의 방정식은
$(x-1)^2+(y+3)^2=20$

(2) 원의 중심은 선분 AB의 중점과 같으므로 원의 중심의 좌표는
$\left(\frac{-4+2}{2}, 0\right)$ $\therefore (-1, 0)$
원의 반지름의 길이는 $\frac{1}{2}\overline{AB}$와 같으므로
$\frac{1}{2}\overline{AB}=\frac{1}{2}\times|2-(-4)|=3$
따라서 구하는 원의 방정식은
$(x+1)^2+y^2=9$

184 답 $(x-2)^2+(y+3)^2=5$

원 $(x-2)^2+(y+3)^2=7$의 중심의 좌표는
$(2, -3)$
구하는 원의 반지름의 길이를 r라 하면 원의 방정식은
$(x-2)^2+(y+3)^2=r^2$
이 원이 점 $(4, -2)$를 지나므로
$(4-2)^2+(-2+3)^2=r^2$ $\therefore r^2=5$
따라서 구하는 원의 방정식은
$(x-2)^2+(y+3)^2=5$

185 답 1

원의 중심은 두 점 $(-2, -3)$, $(4, -1)$을 이은 선분의 중점과 같으므로 원의 중심의 좌표는
$\left(\frac{-2+4}{2}, \frac{-3-1}{2}\right)$ $\therefore (1, -2)$

원의 반지름의 길이는

$\frac{1}{2}\sqrt{\{4-(-2)\}^2+\{-1-(-3)\}^2}=\sqrt{10}$

따라서 원의 방정식은

$(x-1)^2+(y+2)^2=10$

이 원이 점 $(2, a)$를 지나므로

$1^2+(a+2)^2=10$, $(a+2)^2=9=3^2$

$a+2=\pm 3$ $\quad\therefore a=-5$ 또는 $a=1$

따라서 양수 a의 값은 1이다.

186 답 $\boldsymbol{x^2+(y-4)^2=20}$

원의 중심이 y축 위에 있으므로 중심의 좌표를 $(0, a)$, 반지름의 길이를 r라 하면 원의 방정식은

$x^2+(y-a)^2=r^2$ $\quad\cdots\cdots$ ㉠

원 ㉠이 점 $(-4, 6)$을 지나므로

$(-4)^2+(6-a)^2=r^2$

$\therefore a^2-12a+52=r^2$ $\quad\cdots\cdots$ ㉡

원 ㉠이 점 $(2, 8)$을 지나므로

$2^2+(8-a)^2=r^2$

$\therefore a^2-16a+68=r^2$ $\quad\cdots\cdots$ ㉢

㉡$-$㉢을 하면

$4a-16=0$ $\quad\therefore a=4$

이를 ㉡에 대입하면

$16-48+52=r^2$ $\quad\therefore r^2=20$

따라서 구하는 원의 방정식은

$x^2+(y-4)^2=20$

| 다른 풀이 |

중심의 좌표를 $(0, a)$라 하면 이 점과 두 점 $(-4, 6)$, $(2, 8)$ 사이의 거리가 서로 같으므로

$\sqrt{(-4)^2+(6-a)^2}=\sqrt{2^2+(8-a)^2}$

양변을 제곱하면

$a^2-12a+52=a^2-16a+68$

$4a=16$ $\quad\therefore a=4$

즉, 원의 중심의 좌표는 $(0, 4)$이고, 원의 반지름의 길이는 두 점 $(0, 4)$, $(2, 8)$ 사이의 거리와 같으므로

$\sqrt{2^2+(8-4)^2}=2\sqrt{5}$

따라서 구하는 원의 방정식은

$x^2+(y-4)^2=20$

187 답 $\boldsymbol{(x-2)^2+(y-2)^2=5}$

원의 중심이 직선 $y=x$ 위에 있으므로 중심의 좌표를 (a, a), 반지름의 길이를 r라 하면 원의 방정식은

$(x-a)^2+(y-a)^2=r^2$ $\quad\cdots\cdots$ ㉠

원 ㉠이 점 $(1, 0)$을 지나므로

$(1-a)^2+(-a)^2=r^2$

$\therefore 2a^2-2a+1=r^2$ $\quad\cdots\cdots$ ㉡

원 ㉠이 점 $(4, 3)$을 지나므로

$(4-a)^2+(3-a)^2=r^2$

$\therefore 2a^2-14a+25=r^2$ $\quad\cdots\cdots$ ㉢

㉡$-$㉢을 하면

$12a-24=0$ $\quad\therefore a=2$

이를 ㉡에 대입하면

$8-4+1=r^2$ $\quad\therefore r^2=5$

따라서 구하는 원의 방정식은

$(x-2)^2+(y-2)^2=5$

| 다른 풀이 |

중심의 좌표를 (a, a)라 하면 이 점과 두 점 $(1, 0)$, $(4, 3)$ 사이의 거리가 서로 같으므로

$\sqrt{(1-a)^2+(-a)^2}=\sqrt{(4-a)^2+(3-a)^2}$

양변을 제곱하면

$2a^2-2a+1=2a^2-14a+25$

$12a=24$ $\quad\therefore a=2$

즉, 원의 중심의 좌표는 $(2, 2)$이고, 원의 반지름의 길이는 두 점 $(2, 2)$, $(1, 0)$ 사이의 거리와 같으므로

$\sqrt{(1-2)^2+(-2)^2}=\sqrt{5}$

따라서 구하는 원의 방정식은

$(x-2)^2+(y-2)^2=5$

188 답 $\boldsymbol{10\pi}$

원의 중심이 x축 위에 있으므로 중심의 좌표를 $(a, 0)$, 반지름의 길이를 r라 하면 원의 방정식은

$(x-a)^2+y^2=r^2$ $\quad\cdots\cdots$ ㉠

원 ㉠이 점 $(2, 1)$을 지나므로

$(2-a)^2+1^2=r^2$

$\therefore a^2-4a+5=r^2$ $\quad\cdots\cdots$ ㉡

원 ㉠이 점 $(-2, -3)$을 지나므로

$(-2-a)^2+(-3)^2=r^2$

$\therefore a^2+4a+13=r^2$ $\quad\cdots\cdots$ ㉢

㉢$-$㉡을 하면

$8a+8=0$ $\quad\therefore a=-1$

이를 ㉡에 대입하면

$1+4+5=r^2$ $\quad\therefore r^2=10$

따라서 구하는 원의 넓이는

$\pi r^2=10\pi$

189 답 5

원의 중심이 직선 $y=-x+2$ 위에 있으므로 중심의 좌표를 $(a,\ -a+2)$, 반지름의 길이를 r라 하면 원의 방정식은

$(x-a)^2+(y+a-2)^2=r^2$ …… ㉠

원 ㉠이 점 $(1,\ 2)$를 지나므로

$(1-a)^2+a^2=r^2$

$\therefore\ 2a^2-2a+1=r^2$ …… ㉡

원 ㉠이 점 $(0,\ -5)$를 지나므로

$(-a)^2+(a-7)^2=r^2$

$\therefore\ 2a^2-14a+49=r^2$ …… ㉢

㉡−㉢을 하면

$12a-48=0 \quad \therefore\ a=4$

이를 ㉡에 대입하면

$32-8+1=r^2 \quad \therefore\ r^2=25$

$\therefore\ r=5\ (\because\ r>0)$

따라서 구하는 원의 반지름의 길이는 5이다.

190 답 $a=-8,\ b=1,\ c=-4$

$x^2+y^2-2x+8y+a=0$에서

$(x-1)^2+(y+4)^2=-a+17$

이 원의 중심의 좌표는 $(1,\ -4)$이므로

$b=1,\ c=-4$

이 원의 반지름의 길이는 $\sqrt{-a+17}$이므로

$\sqrt{-a+17}=5$

양변을 제곱하면

$-a+17=25 \quad \therefore\ a=-8$

191 답 $a<-\frac{5}{3}$ 또는 $a>\frac{5}{3}$

$x^2+y^2+4x+6ay+29=0$에서

$(x+2)^2+(y+3a)^2=9a^2-25$

이 방정식이 원을 나타내려면

$9a^2-25>0,\ a^2>\frac{25}{9}$

$\therefore\ a<-\frac{5}{3}$ 또는 $a>\frac{5}{3}$

192 답 2

$x^2+y^2+2kx+4ky+6k^2-4k+3=0$에서

$(x+k)^2+(y+2k)^2=-k^2+4k-3$

이 원의 넓이가 π이려면 반지름의 길이가 1이어야 하므로

$-k^2+4k-3=1,\ k^2-4k+4=0$

$(k-2)^2=0 \quad \therefore\ k=2$

193 답 $-6\le k<10$

$x^2+y^2+6x-2y+k=0$에서

$(x+3)^2+(y-1)^2=10-k$

이 방정식이 반지름의 길이가 4 이하인 원을 나타내려면

$0<\sqrt{10-k}\le 4,\ 0<10-k\le 16$

$\therefore\ -6\le k<10$

194 답 $x^2+y^2-x+17y=0$

구하는 원의 방정식을 $x^2+y^2+Ax+By+C=0$으로 놓으면 이 원이 점 $(0,\ 0)$을 지나므로

$C=0$

$\therefore\ x^2+y^2+Ax+By=0$ …… ㉠

원 ㉠이 점 $(1,\ 0)$을 지나므로

$1+A=0 \quad \therefore\ A=-1$

원 ㉠이 점 $(-5,\ -2)$를 지나므로

$25+4-5A-2B=0$

$34-2B=0 \quad \therefore\ B=17$

따라서 구하는 원의 방정식은

$x^2+y^2-x+17y=0$

195 답 10

주어진 세 점을 $\mathrm{A}(0,\ 0)$, $\mathrm{B}(6,\ 0)$, $\mathrm{C}(-4,\ 4)$라 하고 원의 중심을 $\mathrm{P}(p,\ q)$라 하면

$\overline{\mathrm{AP}}=\overline{\mathrm{BP}}=\overline{\mathrm{CP}}$

$\overline{\mathrm{AP}}=\overline{\mathrm{BP}}$에서 $\overline{\mathrm{AP}}^2=\overline{\mathrm{BP}}^2$이므로

$p^2+q^2=(p-6)^2+q^2$

$-12p+36=0 \quad \therefore\ p=3$

$\overline{\mathrm{AP}}=\overline{\mathrm{CP}}$에서 $\overline{\mathrm{AP}}^2=\overline{\mathrm{CP}}^2$이므로

$p^2+q^2=\{p-(-4)\}^2+(q-4)^2$

$8p-8q+32=0$

$-8q+56=0 \quad \therefore\ q=7$

$\therefore\ p+q=10$

| 다른 풀이 |

구하는 원의 방정식을 $x^2+y^2+Ax+By+C=0$으로 놓으면 이 원이 점 $(0,\ 0)$을 지나므로

$C=0$

$\therefore\ x^2+y^2+Ax+By=0$ …… ㉠

원 ㉠이 점 $(6,\ 0)$을 지나므로

$36+6A=0 \quad \therefore\ A=-6$

원 ㉠이 점 $(-4,\ 4)$를 지나므로

$16+16-4A+4B=0$

$56+4B=0 \quad \therefore\ B=-14$

즉, 원의 방정식은

$x^2+y^2-6x-14y=0$

$\therefore (x-3)^2+(y-7)^2=58$

따라서 원의 중심의 좌표는 $(3, 7)$이므로

$p=3, q=7 \quad \therefore p+q=10$

| 참고 | 세 점을 지나는 원의 중심의 좌표를 구하는 문제는 원의 중심과 주어진 세 점 사이의 거리가 서로 같음을 이용하면 원의 방정식을 구하지 않아도 해결할 수 있다.

196 답 100π

주어진 세 점을 $A(0, 1)$, $B(2, 3)$, $C(2, 15)$라 하고 원의 중심을 $P(a, b)$라 하면

$\overline{AP}=\overline{BP}=\overline{CP}$

$\overline{AP}=\overline{BP}$에서 $\overline{AP}^2=\overline{BP}^2$이므로

$a^2+(b-1)^2=(a-2)^2+(b-3)^2$

$\therefore a+b=3 \quad \cdots\cdots ㉠$

$\overline{BP}=\overline{CP}$에서 $\overline{BP}^2=\overline{CP}^2$이므로

$(a-2)^2+(b-3)^2=(a-2)^2+(b-15)^2$

$24b=216 \quad \therefore b=9$

이를 ㉠에 대입하여 풀면

$a=-6$

즉, 원의 중심은 $P(-6, 9)$이므로 반지름의 길이는

$\overline{AP}=\sqrt{(-6)^2+(9-1)^2}=10$

따라서 구하는 원의 넓이는

$\pi\times10^2=100\pi$

197 답 1

원의 방정식을 $x^2+y^2+Ax+By+C=0$으로 놓으면 이 원이 점 $(0, 0)$을 지나므로

$C=0$

$\therefore x^2+y^2+Ax+By=0 \quad \cdots\cdots ㉠$

원 ㉠이 점 $(0, -5)$를 지나므로

$25-5B=0 \quad \therefore B=5$

원 ㉠이 점 $(3, 1)$을 지나므로

$9+1+3A+B=0$

$15+3A=0 \quad \therefore A=-5$

즉, 원의 방정식은

$x^2+y^2-5x+5y=0$

이 원이 점 $(2, k)$를 지나므로

$4+k^2-10+5k=0$

$k^2+5k-6=0, (k+6)(k-1)=0$

$\therefore k=-6$ 또는 $k=1$

따라서 양수 k의 값은 1이다.

198 답 $(x-3)^2+(y+2)^2=9$

선분 AB를 1 : 2로 내분하는 점의 좌표는

$\left(\frac{1\times(-1)+2\times5}{1+2}, \frac{1\times2+2\times(-4)}{1+2}\right)$

$\therefore (3, -2)$

즉, 원의 중심의 좌표는 $(3, -2)$이고 이 원이 y축에 접하므로 반지름의 길이는 $|3|=3$이다.

따라서 구하는 원의 방정식은

$(x-3)^2+(y+2)^2=9$

199 답 $(x-4)^2+(y-5)^2=25$

원의 중심의 좌표를 (a, b)라 하면 이 원이 x축에 접하므로 반지름의 길이는 $|b|$이다.

즉, 원의 방정식은

$(x-a)^2+(y-b)^2=b^2 \quad \cdots\cdots ㉠$

원 ㉠이 점 $(1, 1)$을 지나므로

$(1-a)^2+(1-b)^2=b^2 \quad \cdots\cdots ㉡$

원 ㉠이 점 $(7, 1)$을 지나므로

$(7-a)^2+(1-b)^2=b^2 \quad \cdots\cdots ㉢$

㉢−㉡을 하면

$(7-a)^2-(1-a)^2=0$

$48-12a=0 \quad \therefore a=4$

이를 ㉡에 대입하면

$(-3)^2+(1-b)^2=b^2$

$10-2b=0 \quad \therefore b=5$

따라서 구하는 원의 방정식은

$(x-4)^2+(y-5)^2=25$

200 답 18

원의 중심의 좌표를 (a, b)라 하면 이 원이 y축에 접하므로 반지름의 길이는 $|a|$이다.

즉, 원의 방정식은

$(x-a)^2+(y-b)^2=a^2 \quad \cdots\cdots ㉠$

원 ㉠이 점 $(-6, 0)$을 지나므로

$(-6-a)^2+(-b)^2=a^2$

$\therefore b^2+12a+36=0 \quad \cdots\cdots ㉡$

원 ㉠이 점 $(-3, 3)$을 지나므로

$(-3-a)^2+(3-b)^2=a^2$

$\therefore b^2-6b+6a+18=0 \quad \cdots\cdots ㉢$

㉡−㉢을 하면

$6a+6b+18=0$

$\therefore a=-b-3 \quad \cdots\cdots ㉣$

ⓔ을 ⓛ에 대입하면

$b^2+12(-b-3)+36=0$

$b^2-12b=0,\ b(b-12)=0$

$\therefore\ b=0$ 또는 $b=12$

이를 ⓔ에 대입하면

$b=0$일 때 $a=-3$, $b=12$일 때 $a=-15$

따라서 두 원의 반지름의 길이는 각각 $|-3|=3$, $|-15|=15$이므로 구하는 합은

$3+15=18$

201 답 $(x-3)^2+(y-2)^2=4$ 또는 $(x-11)^2+(y-10)^2=100$

원의 중심이 직선 $y=x-1$ 위에 있으므로 중심의 좌표를 $(a,\ a-1)$이라 하면 이 원이 x축에 접하므로 반지름의 길이는 $|a-1|$이다.

즉, 원의 방정식은

$(x-a)^2+(y-a+1)^2=(a-1)^2$

이 원이 점 $(5,\ 2)$를 지나므로

$(5-a)^2+(3-a)^2=(a-1)^2$

$a^2-14a+33=0,\ (a-3)(a-11)=0$

$\therefore\ a=3$ 또는 $a=11$

따라서 구하는 원의 방정식은

$(x-3)^2+(y-2)^2=4$ 또는

$(x-11)^2+(y-10)^2=100$

202 답 $(x-2)^2+(y+2)^2=4$, $(x-10)^2+(y+10)^2=100$

점 $(2,\ -4)$를 지나고 x축과 y축에 동시에 접하는 두 원은 제4사분면 위에 있으므로 원의 반지름의 길이를 r라 하면 원의 중심의 좌표는 $(r,\ -r)$이다.

즉, 원의 방정식은

$(x-r)^2+(y+r)^2=r^2$

이 원이 점 $(2,\ -4)$를 지나므로

$(2-r)^2+(-4+r)^2=r^2$

$r^2-12r+20=0,\ (r-2)(r-10)=0$

$\therefore\ r=2$ 또는 $r=10$

따라서 구하는 두 원의 방정식은

$(x-2)^2+(y+2)^2=4,\ (x-10)^2+(y+10)^2=100$

203 답 4

점 $(-1,\ -1)$을 지나고 x축과 y축에 동시에 접하는 두 원은 제3사분면 위에 있으므로 원의 반지름의 길이를 r라 하면 원의 중심의 좌표는 $(-r,\ -r)$이다.

즉, 원의 방정식은

$(x+r)^2+(y+r)^2=r^2$

이 원이 점 $(-1,\ -1)$을 지나므로

$(-1+r)^2+(-1+r)^2=r^2$

$r^2-4r+2=0 \qquad \therefore\ r=2\pm\sqrt{2}$

따라서 두 원의 반지름의 길이는 각각 $2-\sqrt{2}$, $2+\sqrt{2}$이므로 구하는 합은

$(2-\sqrt{2})+(2+\sqrt{2})=4$

| 참고 | 이차방정식 $r^2-4r+2=0$에서 근과 계수의 관계에 의하여 두 반지름의 길이의 합은 4이다.

204 답 $12\sqrt{2}$

점 $(-3,\ 6)$을 지나고 x축과 y축에 동시에 접하는 두 원은 제2사분면 위에 있으므로 원의 반지름의 길이를 r라 하면 원의 중심의 좌표는 $(-r,\ r)$이다.

즉, 원의 방정식은

$(x+r)^2+(y-r)^2=r^2$

이 원이 점 $(-3,\ 6)$을 지나므로

$(-3+r)^2+(6-r)^2=r^2$

$r^2-18r+45=0,\ (r-3)(r-15)=0$

$\therefore\ r=3$ 또는 $r=15$

따라서 두 원의 중심의 좌표는 각각 $(-3,\ 3)$, $(-15,\ 15)$이므로 두 점 사이의 거리는

$\sqrt{\{-15-(-3)\}^2+(15-3)^2}=12\sqrt{2}$

205 답 $(x-3)^2+(y-3)^2=9$

원의 중심이 제1사분면 위에 있으므로 원의 반지름의 길이를 r라 하면 원의 중심의 좌표는 $(r,\ r)$이다.

즉, 원의 방정식은

$(x-r)^2+(y-r)^2=r^2$

이때 원의 중심 $(r,\ r)$가 직선 $x+2y=9$ 위에 있으므로

$r+2r=9,\ 3r=9 \qquad \therefore\ r=3$

따라서 구하는 원의 방정식은

$(x-3)^2+(y-3)^2=9$

| 다른 풀이 |

원의 중심이 직선 $x+2y=9$, 즉 $y=\dfrac{9-x}{2}$ 위에 있으므로 중심의 좌표를 $\left(a,\ \dfrac{9-a}{2}\right)$라 하자.

이 원이 x축과 y축에 동시에 접하므로

$|a|=\left|\dfrac{9-a}{2}\right|,\ \dfrac{9-a}{2}=\pm a$

$\therefore\ a=-9$ 또는 $a=3$

이때 원의 중심은 제1사분면 위에 있으므로 $a>0$

$\therefore a=3$

따라서 구하는 원의 방정식은

$(x-3)^2+(y-3)^2=9$

206 답 50

$x^2+y^2+4x-8y+15=0$에서

$(x+2)^2+(y-4)^2=5$

원점과 원의 중심 $(-2, 4)$ 사이의 거리를 d라 하면

$d=\sqrt{(-2)^2+4^2}=2\sqrt{5}$

원의 반지름의 길이를 r라 하면 $r=\sqrt{5}$

따라서 오른쪽 그림에서

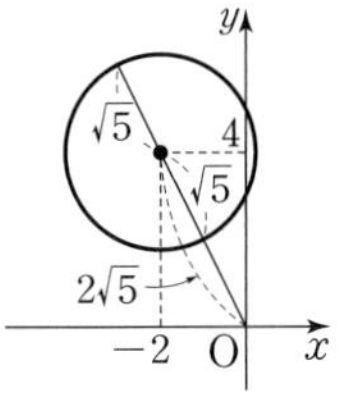

$M=d+r=2\sqrt{5}+\sqrt{5}=3\sqrt{5}$

$m=d-r=2\sqrt{5}-\sqrt{5}=\sqrt{5}$

$\therefore M^2+m^2=45+5=50$

207 답 $x^2+y^2=8$

$\overline{AP}:\overline{BP}=1:2$에서 $2\overline{AP}=\overline{BP}$

$\therefore 4\overline{AP}^2=\overline{BP}^2$

$P(x, y)$라 하면 점 P가 나타내는 도형의 방정식은

$4\{(x-1)^2+(y-1)^2\}=(x-4)^2+(y-4)^2$

$\therefore x^2+y^2=8$

208 답 4

점 $(-3, 3)$과 원 $x^2+(y+1)^2=r^2$의 중심 $(0, -1)$ 사이의 거리를 d라 하면

$d=\sqrt{(-3)^2+\{3-(-1)\}^2}=5$

원의 반지름의 길이는 r이므로 오른쪽 그림에서 점 $(-3, 3)$과 원 위의 점 사이의 거리의 최솟값은

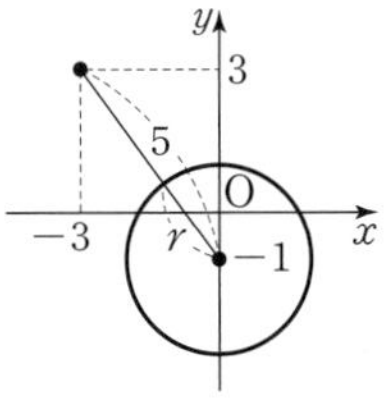

$d-r=5-r$

이때 최솟값이 1이므로

$5-r=1 \qquad \therefore r=4$

209 답 6π

$P(x, y)$라 하면 점 P가 나타내는 도형의 방정식은

$\{x-(-2)\}^2+y^2+(x-4)^2+y^2=36$

$x^2+y^2-2x-8=0 \qquad \therefore (x-1)^2+y^2=9$

따라서 점 P가 나타내는 도형은 중심이 점 $(1, 0)$이고 반지름의 길이가 3인 원이므로 구하는 둘레의 길이는

$2\pi\times3=6\pi$

210 답 -3

두 원의 교점을 지나는 직선의 방정식은

$x^2+y^2-3y-7-(x^2+y^2+5x-y-1)=0$

$\therefore 5x+2y+6=0$

$x=0$일 때, $2y+6=0 \qquad \therefore y=-3$

따라서 구하는 y절편은 -3이다.

211 답 $x^2+y^2-10x+5y=0$

두 원의 교점을 지나는 원의 방정식은

$x^2+y^2+2x-4y-6+k(x^2+y^2-6x+2y-2)=0$

(단, $k\neq-1$)

$\cdots\cdots$ ㉠

원 ㉠이 원점을 지나므로

$-6-2k=0 \qquad \therefore k=-3$

이를 ㉠에 대입하면 구하는 원의 방정식은

$x^2+y^2+2x-4y-6-3(x^2+y^2-6x+2y-2)=0$

$\therefore x^2+y^2-10x+5y=0$

212 답 2

두 원의 교점을 지나는 직선의 방정식은

$x^2+y^2+3x-2y-5-(x^2+y^2-x+4y-3)=0$

$\therefore 2x-3y-1=0$

이 직선이 점 $(a, 1)$을 지나므로

$2a-3-1=0 \qquad \therefore a=2$

213 답 1

두 원의 교점을 지나는 원의 방정식은

$x^2+y^2+4x-5+k(x^2+y^2-2x-3ay+1)=0$

(단, $k\neq-1$)

$\cdots\cdots$ ㉠

원 ㉠이 점 $(-1, 0)$을 지나므로

$1-4-5+k(1+2+1)=0$

$-8+4k=0 \qquad \therefore k=2$

이를 ㉠에 대입하면

$x^2+y^2+4x-5+2(x^2+y^2-2x-3ay+1)=0$

$x^2+y^2-2ay-1=0$

$\therefore x^2+(y-a)^2=a^2+1$

원의 넓이가 2π이려면

$a^2+1=2, a^2=1$

$\therefore a=\pm1$

따라서 양수 a의 값은 1이다.

214 답 ③

$x^2+y^2-4x+6y+7=0$에서

$(x-2)^2+(y+3)^2=6$

이 원의 중심의 좌표는 $(2,\ -3)$

구하는 원의 반지름의 길이를 r라 하면 원의 방정식은

$(x-2)^2+(y+3)^2=r^2$

이 원이 점 $(-4,\ 5)$를 지나므로

$(-4-2)^2+(5+3)^2=r^2$

$r^2=100$

$\therefore r=10\ (\because r>0)$

따라서 구하는 원의 반지름의 길이는 10이다.

215 답 $x^2+(y-6)^2=5$

선분 AB를 $2:1$로 내분하는 점 P의 좌표는

$\left(\frac{2\times(-6)+1\times6}{2+1},\ \frac{2\times3+1\times9}{2+1}\right)$

$\therefore (-2,\ 5)$

선분 AB를 $1:2$로 내분하는 점 Q의 좌표는

$\left(\frac{1\times(-6)+2\times6}{1+2},\ \frac{1\times3+2\times9}{1+2}\right)$

$\therefore (2,\ 7)$

구하는 원의 중심은 선분 PQ의 중점과 같으므로 원의 중심의 좌표는

$\left(\frac{-2+2}{2},\ \frac{5+7}{2}\right)$ $\quad\therefore (0,\ 6)$

원의 반지름의 길이는 $\frac{1}{2}\overline{PQ}$와 같으므로

$\frac{1}{2}\overline{PQ}=\frac{1}{2}\sqrt{\{2-(-2)\}^2+(7-5)^2}=\sqrt{5}$

따라서 구하는 원의 방정식은

$x^2+(y-6)^2=5$

| 다른 풀이 |

두 점 P, Q는 다음 그림과 같이 선분 AB의 삼등분점이므로 구하는 원의 중심의 좌표는 선분 AB의 중점의 좌표와 같다.

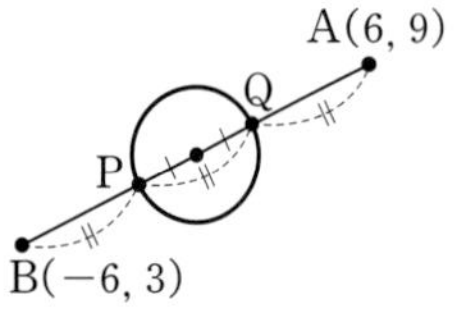

즉, 구하는 원의 중심의 좌표는

$\left(\frac{6-6}{2},\ \frac{9+3}{2}\right)$ $\quad\therefore (0,\ 6)$

이때 원의 지름의 길이는 $\frac{1}{3}\overline{AB}$이므로 반지름의 길이는

$\frac{1}{2}\times\left(\frac{1}{3}\overline{AB}\right)=\frac{1}{6}\overline{AB}$

$=\frac{1}{6}\sqrt{(-6-6)^2+(3-9)^2}$

$=\frac{1}{6}\times6\sqrt{5}=\sqrt{5}$

따라서 구하는 원의 방정식은

$x^2+(y-6)^2=5$

216 답 ④

$x^2+y^2-4x-2ay-19=0$에서

$(x-2)^2+(y-a)^2=a^2+23$

이 원의 중심의 좌표는 $(2,\ a)$

따라서 직선 $y=2x+3$이 점 $(2,\ a)$를 지나므로

$a=2\times2+3=7$

217 답 $\frac{5}{3}$

$x^2+y^2+2ky+4k^2-k-2=0$에서

$x^2+(y+k)^2=-3k^2+k+2$ ▸▸▸▸▸▸ ❶

이 방정식이 원을 나타내려면

$-3k^2+k+2>0,\ 3k^2-k-2<0$

$(3k+2)(k-1)<0$

$\therefore -\frac{2}{3}<k<1$ ▸▸▸▸▸▸ ❷

따라서 $\alpha=-\frac{2}{3},\ \beta=1$이므로

$\beta-\alpha=\frac{5}{3}$ ▸▸▸▸▸▸ ❸

단계	채점 기준	비율
❶	방정식 변형하기	40 %
❷	k의 값의 범위 구하기	40 %
❸	$\beta-\alpha$의 값 구하기	20 %

218 답 8

점 $(2,\ 2)$를 지나고 x축과 y축에 동시에 접하는 두 원은 제1사분면 위에 있으므로 원의 반지름의 길이를 r라 하면 원의 중심의 좌표는 $(r,\ r)$이다.

즉, 원의 방정식은

$(x-r)^2+(y-r)^2=r^2$

이 원이 점 $(2,\ 2)$를 지나므로

$(2-r)^2+(2-r)^2=r^2$

$r^2-8r+8=0$ $\quad\therefore r=4\pm2\sqrt{2}$

따라서 두 원의 중심의 좌표는 $(4-2\sqrt{2},\ 4-2\sqrt{2})$, $(4+2\sqrt{2},\ 4+2\sqrt{2})$이므로 두 점 사이의 거리는

$\sqrt{\{4+2\sqrt{2}-(4-2\sqrt{2})\}^2+\{4+2\sqrt{2}-(4-2\sqrt{2})\}^2}$

$=8$

219 답 ⑤

$x^2+y^2-2x+6y-6=0$에서

$(x-1)^2+(y+3)^2=16$

점 $\mathrm{A}(-4,\ a)$와 원의 중심 $(1,\ -3)$ 사이의 거리를 d라 하면

$d=\sqrt{\{1-(-4)\}^2+(-3-a)^2}$

$\quad=\sqrt{(a+3)^2+25}$

원의 반지름의 길이를 r라 하면

$r=4$

오른쪽 그림에서 선분 AP의 길이의 최댓값은

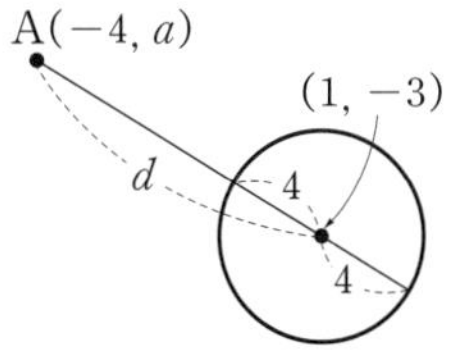

$d+r=\sqrt{(a+3)^2+25}+4$

이때 최댓값이 17이므로

$\sqrt{(a+3)^2+25}+4=17$

$\sqrt{(a+3)^2+25}=13$

양변을 제곱하면

$(a+3)^2+25=169$

$(a+3)^2=144,\ a+3=\pm 12$

$\therefore\ a=-15$ 또는 $a=9$

따라서 양수 a의 값은 9이다.

220 답 4

두 원의 교점을 지나는 직선의 방정식은

$x^2+y^2-3x-5y-1-(x^2+y^2+ay-3)=0$

$\therefore\ 3x+(a+5)y-2=0$

이 직선이 직선 $y=3x+5$, 즉 $3x-y+5=0$에 수직이므로

$3\times 3+(a+5)\times(-1)=0$

$-a+4=0 \qquad \therefore\ a=4$

221 답 −3

$x^2+y^2-8x+6y+10=0$에서

$(x-4)^2+(y+3)^2=15$

직선 $y=ax+9$가 이 원의 넓이를 이등분하려면 원의 중심 $(4,\ -3)$을 지나야 하므로

$-3=4a+9$

$\therefore\ a=-3$

222 답 $\frac{3}{2}$

$x^2+y^2-2(m+1)x+2my+3m^2-m-3=0$에서

$\{x-(m+1)\}^2+(y+m)^2=-m^2+3m+4$

이 방정식이 원을 나타내려면

$-m^2+3m+4>0,\ m^2-3m-4<0$

$(m+1)(m-4)<0 \qquad \therefore\ -1<m<4$

이 원의 넓이를 S라 하면

$S=\pi(-m^2+3m+4)$

$\quad=-\pi\left\{\left(m-\frac{3}{2}\right)^2-\frac{25}{4}\right\}$

따라서 $-1<m<4$에서 $m=\frac{3}{2}$일 때 S의 값이 최대이다.

223 답 ④

$x-2y=0 \qquad \cdots\cdots$ ㉠

$x+y=0 \qquad \cdots\cdots$ ㉡

$x-3y+4=0 \qquad \cdots\cdots$ ㉢

㉠, ㉡을 연립하여 풀면 $x=0,\ y=0$

㉡, ㉢을 연립하여 풀면 $x=-1,\ y=1$

㉢, ㉠을 연립하여 풀면 $x=8,\ y=4$

즉, 삼각형의 세 꼭짓점의 좌표는

$(0,\ 0),\ (-1,\ 1),\ (8,\ 4)$

구하는 원의 방정식을 $x^2+y^2+Ax+By+C=0$으로 놓으면 이 원이 점 $(0,\ 0)$을 지나므로

$C=0$

$\therefore\ x^2+y^2+Ax+By=0 \qquad \cdots\cdots$ ㉣

원 ㉣이 점 $(-1,\ 1)$을 지나므로

$1+1-A+B=0$

$\therefore\ A-B=2 \qquad \cdots\cdots$ ㉤

원 ㉣이 점 $(8,\ 4)$를 지나므로

$64+16+8A+4B=0$

$\therefore\ 2A+B=-20 \qquad \cdots\cdots$ ㉥

㉤, ㉥을 연립하여 풀면

$A=-6,\ B=-8$

따라서 구하는 원의 방정식은

$x^2+y^2-6x-8y=0$

224 답 −1

원 $(x+k)^2+(y-4)^2=2k^2-3k-10$의 중심 $(-k,\ 4)$가 제2사분면 위에 있으므로

$-k<0 \qquad \therefore\ k>0$

이 원이 y축에 접하므로 반지름의 길이는 $|-k|$이다.

따라서 $(-k)^2=2k^2-3k-10$이므로

$k^2-3k-10=0$, $(k+2)(k-5)=0$

$\therefore k=5$ ($\because k>0$) ▸▸▸▸▸▸ ❶

즉, 주어진 원의 방정식은

$(x+5)^2+(y-4)^2=25$

$y=0$을 대입하면

$(x+5)^2+(-4)^2=25$, $x^2+10x+16=0$

$(x+8)(x+2)=0$ $\therefore x=-8$ 또는 $x=-2$

따라서 주어진 원이 x축과 만나는 두 점의 좌표는

$(-8, 0)$, $(-2, 0)$이므로

$\alpha=-8$, $\beta=-2$ ($\because \alpha<\beta$) ▸▸▸▸▸▸ ❷

$\therefore k+\alpha-\beta=-1$ ▸▸▸▸▸▸ ❸

단계	채점 기준	비율
❶	k의 값 구하기	50 %
❷	α, β의 값 구하기	40 %
❸	$k+\alpha-\beta$의 값 구하기	10 %

225 답 ②

점 A(3, 4)와 원 $x^2+y^2=1$ 위의 한 점 P를 지름의 양 끝 점으로 하는 원 중에서 반지름의 길이가 최소인 원의 지름의 길이는 두 점 A, P 사이의 거리의 최솟값과 같다.

점 A(3, 4)와 원의 중심 (0, 0) 사이의 거리를 d라 하면

$d=\sqrt{(-3)^2+(-4)^2}=5$

원 $x^2+y^2=1$의 반지름의 길이를 r라 하면 $r=1$

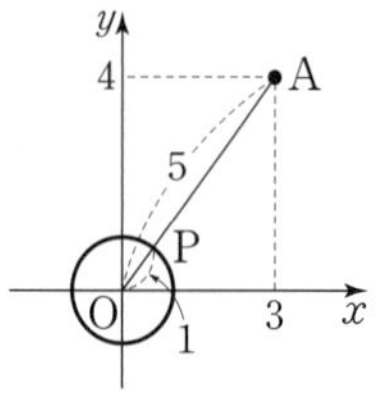

오른쪽 그림에서 두 점 A, P 사이의 거리의 최솟값은

$d-r=5-1=4$

따라서 반지름의 길이가 최소일 때의 원의 반지름의 길이는 $\frac{4}{2}=2$이므로 구하는 넓이는

$\pi\times2^2=4\pi$

226 답 3

점 P에서 두 점 A(−2, 1), B(1, 1)에 이르는 거리의 비가 2 : 1이므로 $\overline{AP}:\overline{BP}=2:1$에서

$\overline{AP}=2\overline{BP}$ $\therefore \overline{AP}^2=4\overline{BP}^2$

P(x, y)라 하면 점 P가 나타내는 도형의 방정식은

$\{x-(-2)\}^2+(y-1)^2=4\{(x-1)^2+(y-1)^2\}$

$x^2+y^2-4x-2y+1=0$

$\therefore (x-2)^2+(y-1)^2=4$

따라서 점 P는 중심이 점 (2, 1)이고 반지름의 길이가 2인 원 위를 움직이므로 다음 그림과 같이 삼각형 ABP의 넓이는 $\overline{AB}$가 밑변이고 높이가 원의 반지름의 길이와 같을 때 최대이다.

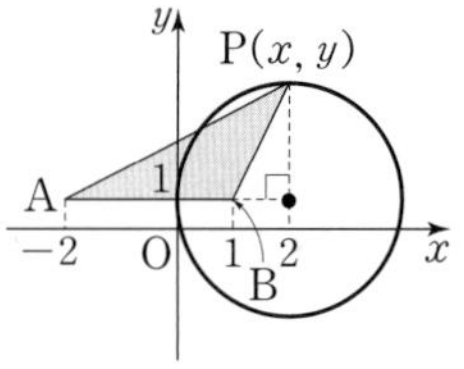

따라서 삼각형 ABP의 넓이의 최댓값은

$\frac{1}{2}\times|1-(-2)|\times2=3$

227 답 ①

두 원의 교점을 지나는 원의 방정식은

$x^2+y^2-4x-2+k(x^2+y^2+4x+6y-2)=0$

(단, $k\neq-1$)

$\therefore (k+1)x^2+(k+1)y^2+4(k-1)x+6ky$
$-2(k+1)=0$

이때 $k\neq-1$이므로

$x^2+y^2+\frac{4(k-1)}{k+1}x+\frac{6k}{k+1}y-2=0$ ⋯⋯ ㉠

원 ㉠의 중심이 y축 위에 있으므로 원의 중심의 x좌표는 0이다.

즉, ㉠의 x항의 계수가 0이어야 하므로

$\frac{4(k-1)}{k+1}=0$, $k-1=0$ $\therefore k=1$

이를 ㉠에 대입하면 $x^2+y^2+3y-2=0$

따라서 $a=3$, $b=-2$이므로

$ab=-6$

228 답 14

| 접근 방법 | ∠BOA는 반원에 대한 원주각이므로 선분 AB가 원의 지름임을 이용한다.

∠BOA=90°이므로 선분 AB는 원의 지름이다.

점 A가 x축 위의 점이므로 A$(t, 0)$ $(t>0)$이라 하면

$\overline{OA}=t$

㈎에서 $\overline{OB}=\overline{OA}+4$이므로 $\overline{OB}=t+4$

즉, B$(0, t+4)$이므로 선분 AB의 중점의 좌표는

$\left(\frac{t}{2}, \frac{t+4}{2}\right)$

이 점이 원의 중심 C와 일치하고, ㈏에서 점 C는 직선 $y=3x$ 위에 있으므로

$\frac{t+4}{2}=3\times\frac{t}{2}$, $t+4=3t$ $\therefore t=2$

즉, C(1, 3)이므로 $a=1$, $b=3$

또 원의 반지름의 길이 r는 두 점 A(2, 0), C(1, 3) 사이의 거리와 같으므로 $r=\overline{AC}$에서

$r^2=\overline{AC}^2$ $\quad\therefore r^2=(1-2)^2+3^2=10$

$\therefore a+b+r^2=14$

| 다른 풀이 |

(나)에서 원의 중심 C(a, b)가 직선 $y=3x$ 위의 점이므로

$b=3a$ ...... ㉠

$\therefore$ C(a, $3a$)

원의 반지름의 길이를 r라 하면 원의 방정식은

$(x-a)^2+(y-3a)^2=r^2$

이 원이 원점을 지나므로

$(-a)^2+(-3a)^2=r^2$ $\quad\therefore r^2=10a^2$ ...... ㉡

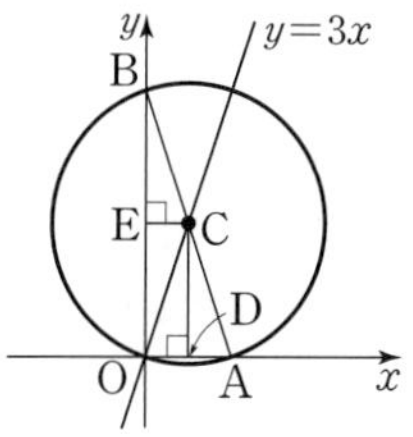

오른쪽 그림과 같이 점 C에서 x축, y축에 내린 수선의 발을 각각 D, E라 하면

D(a, 0), E(0, $3a$)

이때 두 삼각형 CBO, COA는 모두 이등변삼각형이므로

$\overline{OD}=\overline{AD}$, $\overline{BE}=\overline{OE}$

$\therefore \overline{OA}=2\overline{OD}=2a$, $\overline{OB}=2\overline{OE}=2\times3a=6a$

(가)에서 $\overline{OB}-\overline{OA}=4$이므로

$6a-2a=4$ $\quad\therefore a=1$

이를 ㉠, ㉡에 각각 대입하면

$b=3$, $r^2=10$

$\therefore a+b+r^2=14$

| 참고 | 이등변삼각형의 꼭지각의 꼭짓점에서 밑변에 내린 수선의 발은 밑변의 중점이다.

229 답 82π

x축과 y축에 동시에 접하는 원의 중심은 직선 $y=x$ 또는 직선 $y=-x$ 위에 있다.

따라서 주어진 원의 중심은 다음 그림과 같이 곡선 $y=x^2-20$과 직선 $y=x$ 또는 직선 $y=-x$의 교점이다.

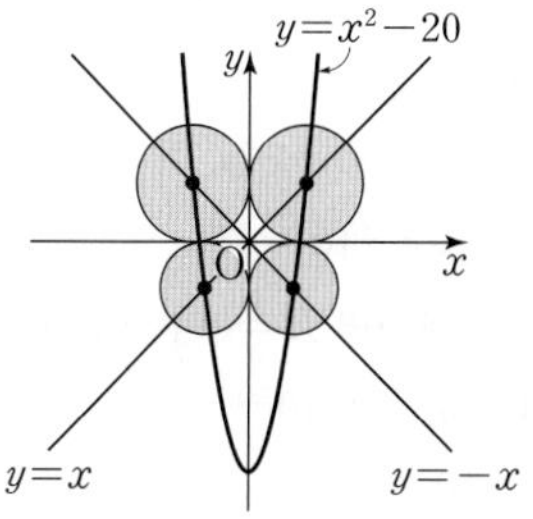

(i) 원의 중심이 곡선 $y=x^2-20$과 직선 $y=x$의 교점인 경우

$x^2-20=x$에서

$x^2-x-20=0$, $(x+4)(x-5)=0$

$\therefore x=-4$ 또는 $x=5$

즉, 이때 원의 중심의 좌표는 각각

$(-4, -4)$, $(5, 5)$

(ii) 원의 중심이 곡선 $y=x^2-20$과 직선 $y=-x$의 교점인 경우

$x^2-20=-x$에서

$x^2+x-20=0$, $(x+5)(x-4)=0$

$\therefore x=-5$ 또는 $x=4$

즉, 이때 원의 중심의 좌표는 각각

$(-5, 5)$, $(4, -4)$

(i), (ii)에서 네 원의 반지름의 길이는 각각 4, 5, 5, 4이므로 네 원의 넓이의 합은

$\pi\times4^2+\pi\times5^2+\pi\times5^2+\pi\times4^2$

$=16\pi+25\pi+25\pi+16\pi=82\pi$

230 답 ②

B(a, b)라 하면 점 B는 원 $(x-1)^2+(y+2)^2=4$ 위의 점이므로

$(a-1)^2+(b+2)^2=4$ ...... ㉠

M(x, y)라 하면

$x=\dfrac{3+a}{2}$, $y=\dfrac{2+b}{2}$

$\therefore a=2x-3$, $b=2y-2$

이를 ㉠에 대입하면

$(2x-4)^2+(2y)^2=4$

$\therefore (x-2)^2+y^2=1$

따라서 점 M이 나타내는 도형은 중심이 점 (2, 0)이고 반지름의 길이가 1인 원이므로 구하는 둘레의 길이는

$2\pi\times1=2\pi$

231 답 $6x+8y-25=0$

| 접근 방법 | 세 점 A, B, P를 지나는 원이 원 $x^2+y^2=16$과 합동임을 이용하여 원의 방정식을 구한다.

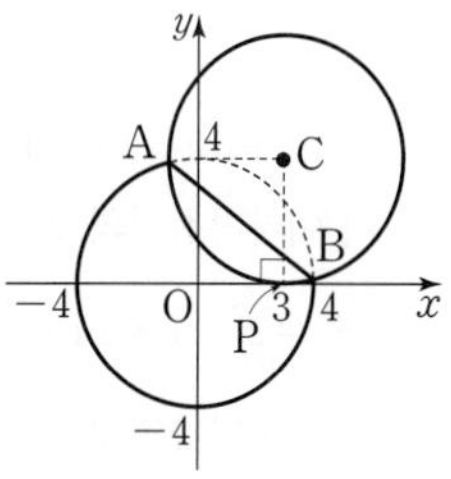

오른쪽 그림과 같이 세 점 A, B, P를 지나는 원은 반지름의 길이가 4이고 x축에 접하므로 이 원의 중심을 C라 하면

C(3, 4)

따라서 세 점 A, B, P를 지나는 원의 방정식은

$(x-3)^2+(y-4)^2=16$

$\therefore\ x^2+y^2-6x-8y+9=0$

이때 직선 AB는 두 원 $x^2+y^2=16$,

$x^2+y^2-6x-8y+9=0$의 교점을 지나는 직선이므로

$x^2+y^2-16-(x^2+y^2-6x-8y+9)=0$

$\therefore\ 6x+8y-25=0$

02 원과 직선의 위치 관계

개념 확인 105쪽

232 답 **(1) 서로 다른 두 점에서 만난다.**

(2) 한 점에서 만난다(접한다).

(3) 만나지 않는다.

(1) $x-y-3=0$에서 $y=x-3$이므로 이를

$x^2+y^2=8$에 대입하면

$x^2+(x-3)^2=8$

$\therefore\ 2x^2-6x+1=0$

이 이차방정식의 판별식을 D라 하면

$\frac{D}{4}=(-3)^2-2\times1=7>0$

따라서 서로 다른 두 점에서 만난다.

(2) $x+y-4=0$에서 $y=-x+4$이므로 이를

$x^2+y^2=8$에 대입하면

$x^2+(-x+4)^2=8$

$\therefore\ x^2-4x+4=0$

이 이차방정식의 판별식을 D라 하면

$\frac{D}{4}=(-2)^2-1\times4=0$

따라서 한 점에서 만난다(접한다).

(3) $x+y+6=0$에서 $y=-x-6$이므로 이를

$x^2+y^2=8$에 대입하면

$x^2+(-x-6)^2=8$

$\therefore\ x^2+6x+14=0$

이 이차방정식의 판별식을 D라 하면

$\frac{D}{4}=3^2-1\times14=-5<0$

따라서 만나지 않는다.

| 다른 풀이 | 원의 중심과 직선 사이의 거리 이용

원 $x^2+y^2=8$의 중심의 좌표는 $(0, 0)$

반지름의 길이를 r라 하면 $r=2\sqrt{2}$

(1) 원의 중심과 직선 $x-y-3=0$ 사이의 거리를 d라 하면

$d=\frac{|-3|}{\sqrt{1^2+(-1)^2}}=\frac{3\sqrt{2}}{2}$

$\therefore\ d<r$

따라서 서로 다른 두 점에서 만난다.

(2) 원의 중심과 직선 $x+y-4=0$ 사이의 거리를 d라 하면

$d=\frac{|-4|}{\sqrt{1^2+1^2}}=2\sqrt{2}$

$\therefore\ d=r$

따라서 한 점에서 만난다(접한다).

(3) 원의 중심과 직선 $x+y+6=0$ 사이의 거리를 d라 하면

$d=\frac{|6|}{\sqrt{1^2+1^2}}=3\sqrt{2}$

$\therefore\ d>r$

따라서 만나지 않는다.

유제 107~119쪽

233 답 **(1)** $-\sqrt{10}<k<\sqrt{10}$

(2) $k=\pm\sqrt{10}$

(3) $k<-\sqrt{10}$ **또는** $k>\sqrt{10}$

$y=3x+k$를 $x^2+y^2=1$에 대입하면

$x^2+(3x+k)^2=1$

$\therefore\ 10x^2+6kx+k^2-1=0$

이 이차방정식의 판별식을 D라 하면

$\frac{D}{4}=(3k)^2-10(k^2-1)=-k^2+10$

(1) 서로 다른 두 점에서 만나려면 $D>0$이어야 하므로

$-k^2+10>0$, $k^2-10<0$

$(k+\sqrt{10})(k-\sqrt{10})<0$

$\therefore\ -\sqrt{10}<k<\sqrt{10}$

(2) 한 점에서 만나려면 $D=0$이어야 하므로

$-k^2+10=0$, $k^2=10$

$\therefore\ k=\pm\sqrt{10}$

(3) 만나지 않으려면 $D<0$이어야 하므로

$-k^2+10<0$, $k^2-10>0$

$(k+\sqrt{10})(k-\sqrt{10})>0$

$\therefore k<-\sqrt{10}$ 또는 $k>\sqrt{10}$

| 다른 풀이 | 원의 중심과 직선 사이의 거리 이용

원 $x^2+y^2=1$의 중심 $(0, 0)$과 직선 $y=3x+k$, 즉 $3x-y+k=0$ 사이의 거리를 d라 하면

$$d=\frac{|k|}{\sqrt{3^2+(-1)^2}}=\frac{|k|}{\sqrt{10}}$$

반지름의 길이를 r라 하면 $r=1$

(1) 서로 다른 두 점에서 만나려면 $d<r$이어야 하므로

$\frac{|k|}{\sqrt{10}}<1$, $|k|<\sqrt{10}$

$\therefore -\sqrt{10}<k<\sqrt{10}$

(2) 한 점에서 만나려면 $d=r$이어야 하므로

$\frac{|k|}{\sqrt{10}}=1$, $|k|=\sqrt{10}$

$\therefore k=\pm\sqrt{10}$

(3) 만나지 않으려면 $d>r$이어야 하므로

$\frac{|k|}{\sqrt{10}}>1$, $|k|>\sqrt{10}$

$\therefore k<-\sqrt{10}$ 또는 $k>\sqrt{10}$

234 답 $-2\sqrt{2}\le k\le 2\sqrt{2}$

$x+y-k=0$에서 $y=-x+k$이므로 이를 $x^2+y^2=4$에 대입하면

$x^2+(-x+k)^2=4$

$\therefore 2x^2-2kx+k^2-4=0$

이 이차방정식의 판별식을 D라 하면

$\frac{D}{4}=(-k)^2-2(k^2-4)=-k^2+8$

원과 직선이 만나려면 $D\ge 0$이어야 하므로 (서로 다른 두 점에서 만나거나 한 점에서 만나야 한다.)

$-k^2+8\ge 0$, $k^2-8\le 0$

$(k+2\sqrt{2})(k-2\sqrt{2})\le 0$

$\therefore -2\sqrt{2}\le k\le 2\sqrt{2}$

| 다른 풀이 | 원의 중심과 직선 사이의 거리 이용

원의 중심 $(0, 0)$과 직선 $x+y-k=0$ 사이의 거리는

$$\frac{|-k|}{\sqrt{1^2+1^2}}=\frac{|k|}{\sqrt{2}}$$

이때 원의 반지름의 길이가 2이므로 원과 직선이 만나려면

$\frac{|k|}{\sqrt{2}}\le 2$, $|k|\le 2\sqrt{2}$ $\quad\therefore -2\sqrt{2}\le k\le 2\sqrt{2}$

235 답 $k<-3$ 또는 $k>7$

$x^2+y^2-2x-4=0$에서

$(x-1)^2+y^2=5$

원의 중심 $(1, 0)$과 직선 $y=-2x+k$, 즉 $2x+y-k=0$ 사이의 거리는

$$\frac{|2-k|}{\sqrt{2^2+1^2}}=\frac{|2-k|}{\sqrt{5}}$$

이때 원의 반지름의 길이는 $\sqrt{5}$이므로 원과 직선이 만나지 않으려면

$\frac{|2-k|}{\sqrt{5}}>\sqrt{5}$, $|2-k|>5$

$2-k<-5$ 또는 $2-k>5$

$\therefore k<-3$ 또는 $k>7$

| 다른 풀이 | 판별식 이용

$y=-2x+k$를 $x^2+y^2-2x-4=0$에 대입하면

$x^2+(-2x+k)^2-2x-4=0$

$\therefore 5x^2-2(1+2k)x+k^2-4=0$

이 이차방정식의 판별식을 D라 하면

$$\frac{D}{4}=\{-(1+2k)\}^2-5(k^2-4)$$
$$=-k^2+4k+21$$

원과 직선이 만나지 않으려면 $D<0$이어야 하므로

$-k^2+4k+21<0$, $k^2-4k-21>0$

$(k+3)(k-7)>0$

$\therefore k<-3$ 또는 $k>7$

| 참고 | 원과 직선의 위치 관계를 파악할 때, 원의 중심이 원점이 아닌 경우에는 원의 중심과 직선 사이의 거리를 이용하는 것이 편리하다.

236 답 $\frac{3}{4}$

원의 중심 $(-1, 3)$과 직선 $y=kx$, 즉 $kx-y=0$ 사이의 거리는

$$\frac{|-k-3|}{\sqrt{k^2+(-1)^2}}=\frac{|-k-3|}{\sqrt{k^2+1}}$$

이때 원의 반지름의 길이는 3이므로 직선이 원에 접하려면

$\frac{|-k-3|}{\sqrt{k^2+1}}=3$, $|-k-3|=3\sqrt{k^2+1}$

양변을 제곱하면

$k^2+6k+9=9k^2+9$

$4k^2-3k=0$, $k(4k-3)=0$

$\therefore k=\frac{3}{4}$ ($\because k\neq 0$)

237 답 $4\sqrt{5}$

$x^2+y^2+4x-8y-16=0$에서

$(x+2)^2+(y-4)^2=36$

오른쪽 그림과 같이 원의 중심을 $\mathrm{C}(-2,\ 4)$라 하고, 점 C에서 직선 $3x+4y+10=0$에 내린 수선의 발을 H라 하자.

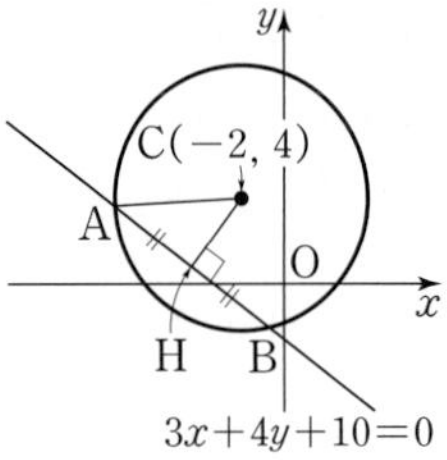

선분 CH의 길이는 점 C와 직선 $3x+4y+10=0$ 사이의 거리와 같으므로

$\overline{\mathrm{CH}}=\dfrac{|-6+16+10|}{\sqrt{3^2+4^2}}=4$

삼각형 CAH는 직각삼각형이고 $\overline{\mathrm{CA}}=6$이므로

$\overline{\mathrm{AH}}=\sqrt{\overline{\mathrm{CA}}^2-\overline{\mathrm{CH}}^2}=\sqrt{6^2-4^2}=2\sqrt{5}$

$\therefore\ \overline{\mathrm{AB}}=2\overline{\mathrm{AH}}=2\times2\sqrt{5}=4\sqrt{5}$

238 답 6

$x^2+y^2+6x+4y+8=0$에서

$(x+3)^2+(y+2)^2=5$

오른쪽 그림과 같이 원의 중심을 $\mathrm{C}(-3,\ -2)$라 하면 반지름 CP는 접선 AP와 수직이므로 삼각형 ACP는 $\angle\mathrm{CPA}=90°$인 직각삼각형이다.

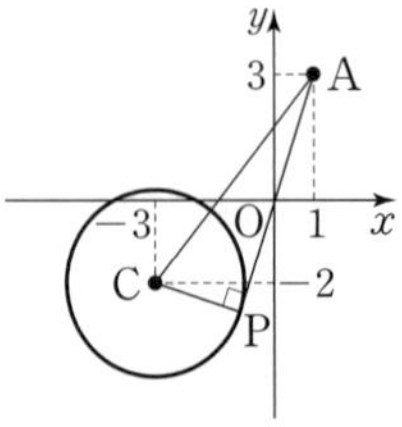

두 점 $\mathrm{A}(1,\ 3)$, $\mathrm{C}(-3,\ -2)$ 사이의 거리는

$\overline{\mathrm{AC}}=\sqrt{(-3-1)^2+(-2-3)^2}=\sqrt{41}$

직각삼각형 ACP에서 $\overline{\mathrm{CP}}=\sqrt{5}$이므로

$\overline{\mathrm{AP}}=\sqrt{\overline{\mathrm{AC}}^2-\overline{\mathrm{CP}}^2}=\sqrt{(\sqrt{41})^2-(\sqrt{5})^2}=6$

239 답 $\sqrt{14}$

오른쪽 그림과 같이 원과 직선의 두 교점을 A, B라 하고, 원의 중심을 $\mathrm{C}(2,\ 2)$라 하자.

점 C에서 직선 $x-y+k=0$에 내린 수선의 발을 H라 하면 선분 CH의 길이는 점 C와 직선 $x-y+k=0$ 사이의 거리와 같으므로

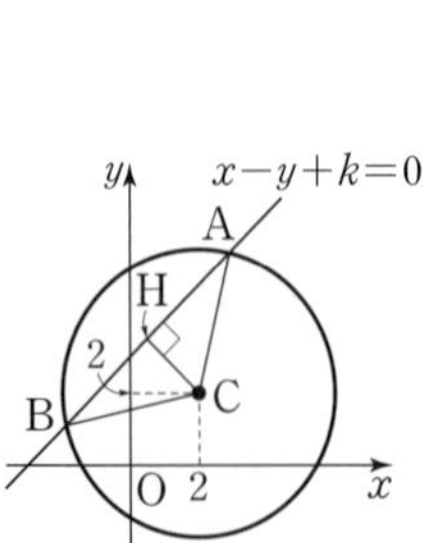

$\overline{\mathrm{CH}}=\dfrac{|2-2+k|}{\sqrt{1^2+(-1)^2}}=\dfrac{|k|}{\sqrt{2}}$

원과 직선이 만나서 생기는 현의 길이가 6이므로

$\overline{\mathrm{AB}}=6$

$\therefore\ \overline{\mathrm{AH}}=\dfrac{1}{2}\overline{\mathrm{AB}}=\dfrac{1}{2}\times6=3$

이때 삼각형 CAH는 직각삼각형이고 $\overline{\mathrm{CA}}=4$이므로

$\overline{\mathrm{CH}}^2=\overline{\mathrm{CA}}^2-\overline{\mathrm{AH}}^2$에서

$\dfrac{k^2}{2}=4^2-3^2,\ k^2=14\qquad\therefore\ k=\pm\sqrt{14}$

따라서 양수 k의 값은 $\sqrt{14}$이다.

240 답 1

$x^2+y^2+4x-2y=20$에서

$(x+2)^2+(y-1)^2=25$

오른쪽 그림과 같이 원의 중심을 $\mathrm{C}(-2,\ 1)$이라 하면 반지름 CP는 접선 AP와 수직이므로 삼각형 APC는 $\angle\mathrm{APC}=90°$인 직각삼각형이다.

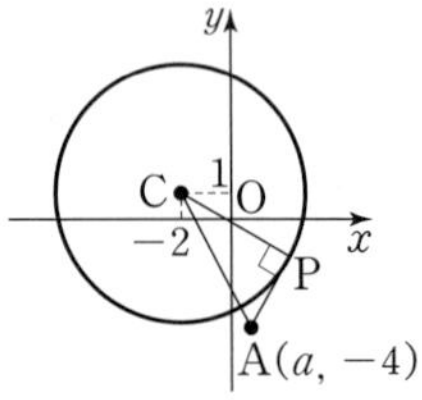

두 점 $\mathrm{A}(a,\ -4)$, $\mathrm{C}(-2,\ 1)$ 사이의 거리는

$\overline{\mathrm{AC}}=\sqrt{(-2-a)^2+\{1-(-4)\}^2}$

$\quad=\sqrt{a^2+4a+29}$

직각삼각형 APC에서 $\overline{\mathrm{CP}}=5$이므로

$\overline{\mathrm{AP}}=\sqrt{\overline{\mathrm{AC}}^2-\overline{\mathrm{CP}}^2}=\sqrt{a^2+4a+29-5^2}$

$\quad=\sqrt{(a+2)^2}=|a+2|$

즉, $|a+2|=3$이므로

$a+2=\pm3\qquad\therefore\ a=-5$ 또는 $a=1$

따라서 양수 a의 값은 1이다.

241 답 4

$x^2+y^2+2x-6y+1=0$에서

$(x+1)^2+(y-3)^2=9$

원의 중심 $(-1,\ 3)$과 직선 $2x-3y-2=0$ 사이의 거리를 d라 하면

$d=\dfrac{|-2-9-2|}{\sqrt{2^2+(-3)^2}}=\sqrt{13}$

원의 반지름의 길이를 r라 하면 $r=3$

오른쪽 그림에서 원 위의 점과 직선 사이의 거리의

최댓값은

$d+r=\sqrt{13}+3$

최솟값은

$d-r=\sqrt{13}-3$

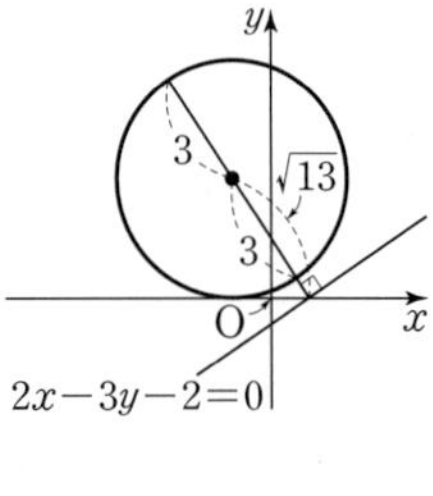

따라서 $M=\sqrt{13}+3$, $m=\sqrt{13}-3$이므로

$Mm=(\sqrt{13}+3)(\sqrt{13}-3)=13-9=4$

242 답 ①

원의 중심 (3, 2)와 직선 $2x-y+8=0$ 사이의 거리를 d라 하면

$$d=\frac{|6-2+8|}{\sqrt{2^2+(-1)^2}}=\frac{12\sqrt{5}}{5}$$

원의 반지름의 길이를 r라 하면 $r=\sqrt{5}$

오른쪽 그림에서 원 위의 점과 직선 사이의 거리의 최솟값은

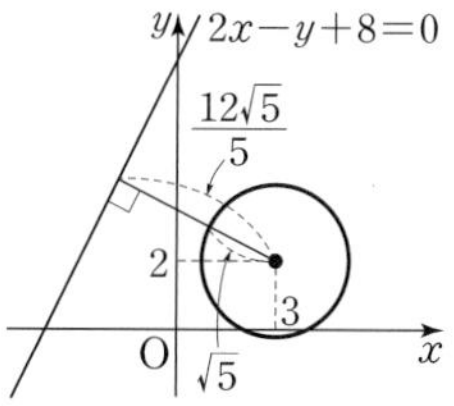

$$d-r=\frac{12\sqrt{5}}{5}-\sqrt{5}$$

$$=\frac{7\sqrt{5}}{5}$$

243 답 5

$x^2+y^2+6x+7=0$에서

$(x+3)^2+y^2=2$

원의 중심 $(-3, 0)$과 직선 $y=-x+k$, 즉 $x+y-k=0$ 사이의 거리를 d라 하면

$$d=\frac{|-3-k|}{\sqrt{1^2+1^2}}=\frac{|-3-k|}{\sqrt{2}}$$

원의 반지름의 길이를 r라 하면 $r=\sqrt{2}$

오른쪽 그림에서 원 위의 점과 직선 사이의 거리의 최댓값은

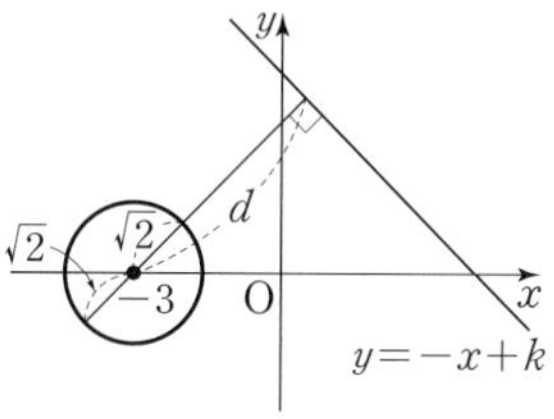

$d+r$

$$=\frac{|-3-k|}{\sqrt{2}}+\sqrt{2}$$

이때 최댓값은 $5\sqrt{2}$이므로

$$\frac{|-3-k|}{\sqrt{2}}+\sqrt{2}=5\sqrt{2}$$

$$\frac{|-3-k|}{\sqrt{2}}=4\sqrt{2}$$

$|-3-k|=8$, $-3-k=\pm8$

$\therefore$ $k=-11$ 또는 $k=5$

따라서 양수 k의 값은 5이다.

244 답 4

원의 중심 (0, 0)과 직선 $4x+3y-10=0$ 사이의 거리를 d라 하면

$$d=\frac{|-10|}{\sqrt{4^2+3^2}}=2$$

원의 반지름의 길이를 r라 하면 $r=1$

오른쪽 그림에서 원 위의 점 P와 직선 사이의 거리를 l이라 하면 l의 최댓값은

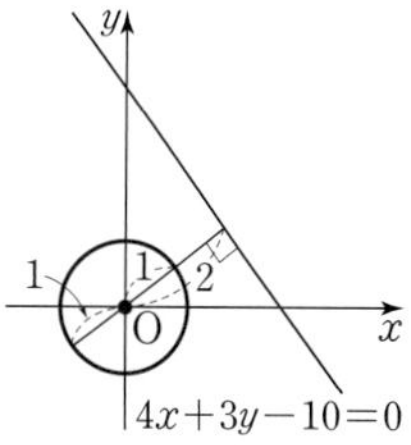

$d+r=2+1=3$

l의 최솟값은

$d-r=2-1=1$

$\therefore$ $1\le l\le 3$

따라서 자연수 l의 값은 1, 2, 3이다.

이때 $l=1$, $l=3$이 되는 점 P는 각각 1개이고 $l=2$가 되는 점 P는 2개이므로 구하는 점 P의 개수는

$1+1+2=4$

245 답 $y=\sqrt{3}x\pm2$

원 $x^2+y^2=1$의 반지름의 길이는 1이므로 구하는 직선의 방정식은

$y=\sqrt{3}x\pm\sqrt{(\sqrt{3})^2+1}$

$\therefore$ $y=\sqrt{3}x\pm2$

| 다른 풀이 | 판별식 이용

기울기가 $\sqrt{3}$인 직선의 방정식을 $y=\sqrt{3}x+n$이라 하자.

$y=\sqrt{3}x+n$을 $x^2+y^2=1$에 대입하면

$x^2+(\sqrt{3}x+n)^2=1$

$\therefore$ $4x^2+2\sqrt{3}nx+n^2-1=0$

이 이차방정식의 판별식을 D라 할 때, 원과 직선이 접하려면 $D=0$이어야 하므로

$$\frac{D}{4}=(\sqrt{3}n)^2-4(n^2-1)=0$$

$n^2=4$

$\therefore$ $n=\pm2$

따라서 구하는 직선의 방정식은

$y=\sqrt{3}x\pm2$

| 다른 풀이 | 원의 중심과 직선 사이의 거리 이용

기울기가 $\sqrt{3}$인 직선의 방정식을 $y=\sqrt{3}x+n$, 즉 $\sqrt{3}x-y+n=0$이라 하자.

이 직선과 원이 접하려면 원의 중심 (0, 0)과 이 직선 사이의 거리가 원의 반지름의 길이 1과 같아야 하므로

$$\frac{|n|}{\sqrt{(\sqrt{3})^2+(-1)^2}}=1$$

$|n|=2$

$\therefore$ $n=\pm2$

따라서 구하는 직선의 방정식은

$y=\sqrt{3}x\pm2$

246 답 $y=-3x\pm4\sqrt{5}$

직선 $x-3y-1=0$, 즉 $y=\frac{1}{3}x-\frac{1}{3}$에 수직인 직선의 기울기는 -3이고, 원 $x^2+y^2=8$의 반지름의 길이는 $2\sqrt{2}$이므로 구하는 직선의 방정식은

$y=-3x\pm2\sqrt{2}\times\sqrt{(-3)^2+1}$

$\therefore y=-3x\pm4\sqrt{5}$

247 답 18

직선 $y=x+2$에 평행한 직선의 기울기는 1이고, 원 $x^2+y^2=9$의 반지름의 길이는 3이므로 접선의 방정식은

$y=x\pm3\sqrt{1^2+1}\qquad\therefore y=x\pm3\sqrt{2}$

따라서 $k=\pm3\sqrt{2}$이므로

$k^2=18$

248 답 5

기울기가 -2인 직선의 방정식을 $y=-2x+n$, 즉 $2x+y-n=0$이라 하자.

이 직선과 원이 접하려면 원의 중심 $(-1, 2)$와 이 직선 사이의 거리가 원의 반지름의 길이 $\sqrt{5}$와 같아야 하므로

$\frac{|-2+2-n|}{\sqrt{2^2+1^2}}=\sqrt{5}$, $|n|=5\qquad\therefore n=\pm5$

따라서 두 직선 $y=-2x-5$, $y=-2x+5$가 x축과 만나는 두 점의 좌표는 각각 $\left(-\frac{5}{2}, 0\right)$, $\left(\frac{5}{2}, 0\right)$이다.

$\therefore \overline{AB}=\left|\frac{5}{2}-\left(-\frac{5}{2}\right)\right|=5$

249 답 3

원 $x^2+y^2=5$ 위의 점 $(-1, 2)$에서의 접선의 방정식은

$-x+2y=5\qquad\therefore y=\frac{1}{2}x+\frac{5}{2}$

이 식이 $y=mx+n$과 일치하므로

$m=\frac{1}{2}$, $n=\frac{5}{2}\qquad\therefore m+n=3$

| 다른 풀이 | 수직임을 이용

원의 중심 $(0, 0)$과 접점 $(-1, 2)$를 지나는 직선의 기울기는

$\frac{2}{-1}=-2$

원의 중심과 접점을 지나는 직선은 접선에 수직이므로 접선의 기울기는 $\frac{1}{2}$

따라서 기울기가 $\frac{1}{2}$이고 점 $(-1, 2)$를 지나는 접선의 방정식은

$y-2=\frac{1}{2}\{x-(-1)\}\qquad\therefore y=\frac{1}{2}x+\frac{5}{2}$

이 식이 $y=mx+n$과 일치하므로

$m=\frac{1}{2}$, $n=\frac{5}{2}\qquad\therefore m+n=3$

250 답 ⑤

원 $x^2+y^2=10$ 위의 점 $(3, 1)$에서의 접선의 방정식은

$3x+y=10$

이 접선이 점 $(1, a)$를 지나므로

$3+a=10\qquad\therefore a=7$

251 답 8

점 (a, b)가 원 $x^2+y^2=20$ 위의 점이므로

$a^2+b^2=20\qquad\cdots\cdots$ ㉠

원 위의 점 (a, b)에서의 접선의 방정식은

$ax+by=20\qquad\therefore y=-\frac{a}{b}x+\frac{20}{b}$

이 접선의 기울기가 -2이므로

$-\frac{a}{b}=-2\qquad\therefore a=2b$

이를 ㉠에 대입하면

$4b^2+b^2=20$, $b^2=4\qquad\therefore b=\pm2$

이를 $a=2b$에 대입하면

$b=-2$일 때 $a=-4$, $b=2$일 때 $a=4$

$\therefore ab=8$

| 참고 | 직선 $ax+by=20$에서 $a=0$일 때와 $b=0$일 때의 직선은 각각 x축과 y축에 평행하므로 직선의 기울기가 -2일 수 없다.
따라서 $a\neq0$, $b\neq0$이다.

252 답 -1

원의 중심 $(1, -2)$와 접점 $(-2, 2)$를 지나는 직선의 기울기는

$\frac{2-(-2)}{-2-1}=-\frac{4}{3}$

원의 중심과 접점을 지나는 직선은 접선에 수직이므로 접선의 기울기는 $\frac{3}{4}$

따라서 기울기가 $\frac{3}{4}$이고 점 $(-2, 2)$를 지나는 접선의 방정식은

$y-2=\frac{3}{4}\{x-(-2)\}\qquad\therefore 3x-4y+14=0$

이 식이 $ax+by+14=0$과 일치하므로

$a=3,\ b=-4$

$\therefore\ a+b=-1$

253 답 $\boldsymbol{y=2}$ **또는** $\boldsymbol{12x-5y-26=0}$

접점의 좌표를 $(x_1,\ y_1)$이라 하면 접선의 방정식은

$x_1x+y_1y=4$ …… ㉠

이 직선이 점 $(3,\ 2)$를 지나므로

$3x_1+2y_1=4$

$\therefore\ 2y_1=4-3x_1$ …… ㉡

또 접점 $(x_1,\ y_1)$은 원 $x^2+y^2=4$ 위의 점이므로

$x_1^2+y_1^2=4$ …… ㉢

㉡, ㉢을 연립하여 풀면

$x_1=0,\ y_1=2$ 또는 $x_1=\frac{24}{13},\ y_1=-\frac{10}{13}$

이를 ㉠에 대입하면 구하는 접선의 방정식은

$y=2$ 또는 $12x-5y-26=0$

| 다른 풀이 | 원의 중심과 직선 사이의 거리 이용

접선의 기울기를 m이라 하면 점 $(3,\ 2)$를 지나는 접선의 방정식은

$y-2=m(x-3)$

$\therefore\ mx-y-3m+2=0$ …… ㉠

원의 중심 $(0,\ 0)$과 접선 ㉠ 사이의 거리가 원의 반지름의 길이 2와 같아야 하므로

$\frac{|-3m+2|}{\sqrt{m^2+(-1)^2}}=2$

$|-3m+2|=2\sqrt{m^2+1}$

양변을 제곱하면

$9m^2-12m+4=4m^2+4$

$5m^2-12m=0,\ m(5m-12)=0$

$\therefore\ m=0$ 또는 $m=\frac{12}{5}$

이를 ㉠에 대입하면 구하는 접선의 방정식은

$y=2$ 또는 $12x-5y-26=0$

| 다른 풀이 | 판별식 이용

접선의 기울기를 m이라 하면 점 $(3,\ 2)$를 지나는 접선의 방정식은

$y-2=m(x-3)$

$\therefore\ y=mx-3m+2$ …… ㉠

이를 $x^2+y^2=4$에 대입하면

$x^2+(mx-3m+2)^2=4$

$\therefore\ (m^2+1)x^2+2(-3m^2+2m)x+9m^2-12m=0$

이 이차방정식의 판별식을 D라 할 때, 원과 직선이 접하려면 $D=0$이어야 하므로

$\frac{D}{4}=(-3m^2+2m)^2-(m^2+1)(9m^2-12m)=0$

$5m^2-12m=0,\ m(5m-12)=0$

$\therefore\ m=0$ 또는 $m=\frac{12}{5}$

이를 ㉠에 대입하면 구하는 접선의 방정식은

$y=2$ 또는 $12x-5y-26=0$

254 답 $\boldsymbol{x+y+4=0}$ **또는** $\boldsymbol{x-y-4=0}$

접점의 좌표를 $(x_1,\ y_1)$이라 하면 접선의 방정식은

$x_1x+y_1y=8$ …… ㉠

이 직선이 점 $(0,\ -4)$를 지나므로

$-4y_1=8$ $\therefore\ y_1=-2$

또 접점 $(x_1,\ y_1)$은 원 $x^2+y^2=8$ 위의 점이므로

$x_1^2+y_1^2=8$

$y_1=-2$를 대입하면

$x_1^2+(-2)^2=8,\ x_1^2=4$

$\therefore\ x_1=\pm2$

따라서 $x_1=-2,\ y_1=-2$ 또는 $x_1=2,\ y_1=-2$이므로 이를 ㉠에 대입하면 구하는 접선의 방정식은

$x+y+4=0$ 또는 $x-y-4=0$

255 답 ③

접점의 좌표를 $(x_1,\ y_1)$이라 하면 접선의 방정식은

$x_1x+y_1y=2$ …… ㉠

이 직선이 점 $(2,\ -4)$를 지나므로

$2x_1-4y_1=2$ $\therefore\ x_1=2y_1+1$ …… ㉡

또 접점 $(x_1,\ y_1)$은 원 $x^2+y^2=2$ 위의 점이므로

$x_1^2+y_1^2=2$ …… ㉢

㉡, ㉢을 연립하여 풀면

$x_1=-1,\ y_1=-1$ 또는 $x_1=\frac{7}{5},\ y_1=\frac{1}{5}$

이를 ㉠에 대입하면 접선의 방정식은

$y=-x-2$ 또는 $y=-7x+10$

따라서 두 접선이 y축과 만나는 점의 좌표는 각각 $(0,\ -2),\ (0,\ 10)$이므로

$a=-2,\ b=10$ 또는 $a=10,\ b=-2$

$\therefore\ a+b=8$

256 답 $\boldsymbol{y=0}$ **또는** $\boldsymbol{4x-3y=0}$

$x^2+y^2+4x+2y+4=0$에서

$(x+2)^2+(y+1)^2=1$

접선의 기울기를 m이라 하면 원점을 지나는 접선의 방정식은

$y=mx$ $\quad\therefore mx-y=0$ $\quad\cdots\cdots$ ㉠

원의 중심 $(-2,\ -1)$과 접선 ㉠ 사이의 거리가 원의 반지름의 길이 1과 같아야 하므로

$$\frac{|-2m+1|}{\sqrt{m^2+(-1)^2}}=1$$

$|-2m+1|=\sqrt{m^2+1}$

양변을 제곱하면

$4m^2-4m+1=m^2+1$

$3m^2-4m=0,\ m(3m-4)=0$

$\therefore m=0$ 또는 $m=\frac{4}{3}$

이를 ㉠에 대입하면 구하는 접선의 방정식은

$y=0$ 또는 $4x-3y=0$

연습문제 120~122쪽

257 답 ②

원의 중심 $(1,\ 0)$과 직선 $x+2y+5=0$ 사이의 거리가 원의 반지름의 길이 r와 같으므로

$$r=\frac{|1+5|}{\sqrt{1^2+2^2}}=\frac{6\sqrt{5}}{5}$$

258 답 $2\sqrt{5}$

$x^2+y^2-6x+4y+4=0$에서

$(x-3)^2+(y+2)^2=9$

오른쪽 그림과 같이 원의 중심 C$(3,\ -2)$에서 직선 $4x+3y+4=0$에 내린 수선의 발을 H라 하면 선분 CH의 길이는 점 C와 직선 $4x+3y+4=0$ 사이의 거리와 같으므로

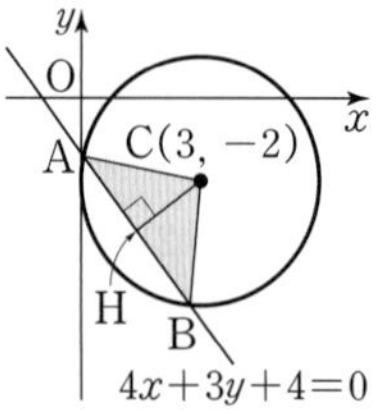

$$\overline{CH}=\frac{|12-6+4|}{\sqrt{4^2+3^2}}=2$$

삼각형 CAH는 직각삼각형이고 $\overline{CA}=3$이므로

$\overline{AH}=\sqrt{\overline{CA}^2-\overline{CH}^2}$

$=\sqrt{3^2-2^2}=\sqrt{5}$

$\therefore \overline{AB}=2\overline{AH}=2\times\sqrt{5}=2\sqrt{5}$

따라서 삼각형 ABC의 넓이는

$\frac{1}{2}\times\overline{AB}\times\overline{CH}=\frac{1}{2}\times2\sqrt{5}\times2=2\sqrt{5}$

259 답 4

오른쪽 그림과 같이 원의 중심을 C$(-1,\ 1)$이라 하면 반지름 CT는 접선 PT와 수직이므로 삼각형 CTP는 $\angle\mathrm{CTP}=90°$인 직각삼각형이다.

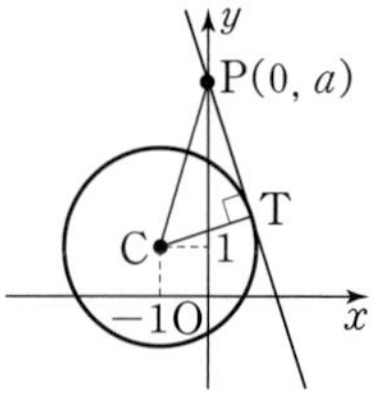

두 점 P$(0,\ a)$, C$(-1,\ 1)$ 사이의 거리는

$\overline{PC}=\sqrt{(-1)^2+(1-a)^2}=\sqrt{a^2-2a+2}$

직각삼각형 CTP에서 $\overline{PT}=\sqrt{7}$, $\overline{CT}=\sqrt{3}$이고

$\overline{PC}^2=\overline{PT}^2+\overline{CT}^2$이므로

$a^2-2a+2=7+3,\ a^2-2a-8=0$

$(a+2)(a-4)=0$ $\quad\therefore a=-2$ 또는 $a=4$

따라서 양수 a의 값은 4이다.

260 답 30

원의 중심 $(3,\ 0)$과 직선 $3x-y+11=0$ 사이의 거리를 d라 하면

$$d=\frac{|9+11|}{\sqrt{3^2+(-1)^2}}=2\sqrt{10}$$

원의 반지름의 길이를 r라 하면 $r=\sqrt{10}$

오른쪽 그림에서

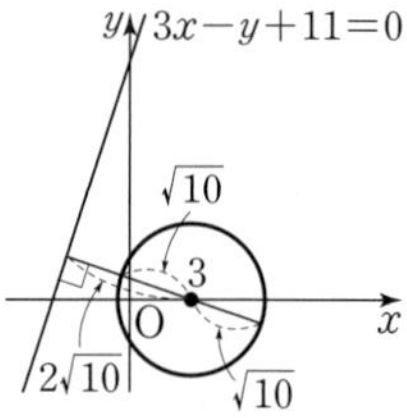

$M=d+r$

$=2\sqrt{10}+\sqrt{10}$

$=3\sqrt{10}$

$m=d-r$

$=2\sqrt{10}-\sqrt{10}$

$=\sqrt{10}$

$\therefore Mm=30$

261 답 $y=x+2$

직선 $x+y+2=0$, 즉 $y=-x-2$에 수직인 직선의 기울기는 1이고, 원 $x^2+y^2=2$의 반지름의 길이는 $\sqrt{2}$이므로 접선의 방정식은

$y=x\pm\sqrt{2}\times\sqrt{1^2+1}$

$\therefore y=x\pm2$ ▸▸▸▸▸▸ ❶

따라서 제4사분면을 지나지 않는 직선의 방정식은

$y=x+2$ ▸▸▸▸▸▸ ❷

단계	채점 기준	비율
❶	접선의 방정식 구하기	70 %
❷	접선 중 제4사분면을 지나지 않는 직선의 방정식 구하기	30 %

262 답 2

$x^2+y^2-6x-4y+8=0$에서

$(x-3)^2+(y-2)^2=5$

원의 중심 $(3, 2)$와 접점 $(1, 3)$을 지나는 직선의 기울기는

$\frac{3-2}{1-3}=-\frac{1}{2}$

원의 중심과 접점을 지나는 직선은 접선에 수직이므로 접선의 기울기는 2

따라서 기울기가 2이고 점 $(1, 3)$을 지나는 접선의 방정식은

$y-3=2(x-1)$ $\quad\therefore 2x-y+1=0$

이 식이 $ax-y+b=0$과 일치하므로

$a=2$, $b=1$

$\therefore ab=2$

263 답 ②

접선의 기울기를 m이라 하면 점 $(4, -1)$을 지나는 접선의 방정식은

$y+1=m(x-4)$

$\therefore mx-y-4m-1=0$

원의 중심 $(0, 0)$과 이 직선 사이의 거리가 원의 반지름의 길이 3과 같아야 하므로

$\frac{|-4m-1|}{\sqrt{m^2+(-1)^2}}=3$

$|-4m-1|=3\sqrt{m^2+1}$

양변을 제곱하면

$16m^2+8m+1=9m^2+9$

$\therefore 7m^2+8m-8=0$

이 이차방정식이 서로 다른 두 실근을 갖고, 이 두 실근은 접선의 기울기와 같으므로 이차방정식의 근과 계수의 관계에 의하여 두 접선의 기울기의 합은 $-\frac{8}{7}$이다.

| 참고 | 이차방정식 $7m^2+8m-8=0$의 판별식을 D라 하면

$\frac{D}{4}=4^2-7\times(-8)=72>0$

따라서 이차방정식 $7m^2+8m-8=0$은 서로 다른 두 실근을 갖는다.

264 답 1

a, b의 값은 원과 직선의 교점의 개수이므로

0 또는 1 또는 2

이때 $a+b=3$이므로 $a=1$, $b=2$ ($\because a<b$)

(i) $a=1$일 때

직선 $y=-x+k$와 원 $x^2+(y-3)^2=2$가 접해야 한다.

원의 중심 $(0, 3)$과 직선 $y=-x+k$, 즉 $x+y-k=0$ 사이의 거리는

$\frac{|3-k|}{\sqrt{1^2+1^2}}=\frac{|3-k|}{\sqrt{2}}$

이때 원의 반지름의 길이는 $\sqrt{2}$이므로 원과 직선이 접하려면

$\frac{|3-k|}{\sqrt{2}}=\sqrt{2}$, $|3-k|=2$

$3-k=\pm 2$ $\quad\therefore k=1$ 또는 $k=5$

(ii) $b=2$일 때

직선 $y=-x+k$와 원 $(x-1)^2+(y+1)^2=1$이 서로 다른 두 점에서 만나야 한다.

원의 중심 $(1, -1)$과 직선 $y=-x+k$, 즉 $x+y-k=0$ 사이의 거리는

$\frac{|-k|}{\sqrt{1^2+1^2}}=\frac{|k|}{\sqrt{2}}$

원의 반지름의 길이는 1이므로 원과 직선이 서로 다른 두 점에서 만나려면

$\frac{|k|}{\sqrt{2}}<1$, $|k|<\sqrt{2}$ $\quad\therefore -\sqrt{2}<k<\sqrt{2}$

(i), (ii)에서 $k=1$

265 답 $2\sqrt{3}\pi$

두 점 A, B를 지나는 원 중에서 그 둘레의 길이가 최소인 원은 반지름의 길이가 최소인 원, 즉 선분 AB를 지름으로 하는 원이다.

$x^2+y^2+2x-8y+1=0$에서

$(x+1)^2+(y-4)^2=16$

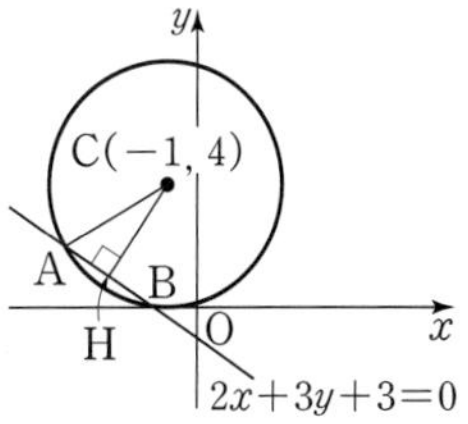

오른쪽 그림과 같이 원의 중심을 C$(-1, 4)$라 하고, 점 C에서 직선 $2x+3y+3=0$에 내린 수선의 발을 H라 하면 선분 CH의 길이는 점 C와 직선 $2x+3y+3=0$ 사이의 거리와 같으므로

$\overline{CH}=\frac{|-2+12+3|}{\sqrt{2^2+3^2}}=\sqrt{13}$

삼각형 CAH는 직각삼각형이고 $\overline{CA}=4$이므로

$\overline{AH}=\sqrt{\overline{CA}^2-\overline{CH}^2}=\sqrt{4^2-(\sqrt{13})^2}=\sqrt{3}$

따라서 두 점 A, B를 지나는 원 중에서 그 둘레의 길이가 최소인 원의 반지름의 길이는 선분 AH의 길이와 같으므로 구하는 둘레의 길이는

$2\pi\times\overline{AH}=2\pi\times\sqrt{3}=2\sqrt{3}\pi$

266 답 20

오른쪽 그림과 같이 원의 중심을 C(3, 0)이라 하면

$\angle PAC=\angle QAC$이므로

$\angle PAC=\frac{1}{2}\angle PAQ$

$=\frac{1}{2}\times 60°=30°$

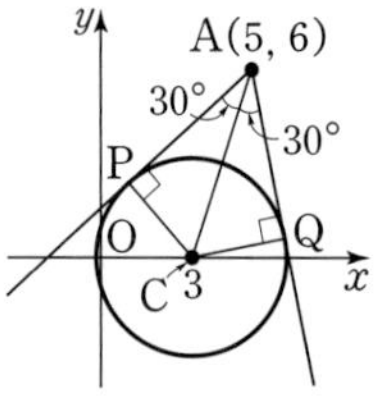

이때 반지름 PC는 접선 AP와 수직이므로 삼각형 APC는 $\angle APC=90°$인 직각삼각형이다.

두 점 A(5, 6), C(3, 0) 사이의 거리는

$\overline{AC}=\sqrt{(3-5)^2+(-6)^2}=2\sqrt{10}$

따라서 직각삼각형 APC에서

$\overline{AP}=\overline{AC}\cos 30°=2\sqrt{10}\times\frac{\sqrt{3}}{2}=\sqrt{30}$

$\overline{PC}=\overline{AC}\sin 30°=2\sqrt{10}\times\frac{1}{2}=\sqrt{10}$

$\therefore k=\sqrt{30},\ r=\sqrt{10}$

$\therefore k^2-r^2=30-10=20$

267 답 −14

원의 중심이 직선 $y=x-1$ 위에 있으므로 중심의 좌표를 $(a, a-1)$이라 하면 이 원이 x축에 접하므로 반지름의 길이는 $|a-1|$이다.

즉, 원의 방정식은

$(x-a)^2+(y-a+1)^2=(a-1)^2$ …… ㉠

원 ㉠이 점 (1, 2)를 지나므로

$(1-a)^2+(3-a)^2=(a-1)^2$

$(3-a)^2=0 \quad \therefore a=3$

이를 ㉠에 대입하면 원의 방정식은

$(x-3)^2+(y-2)^2=4$

직선 $3x-y+1=0$에서 $y=3x+1$이므로 이 직선에 평행한 직선의 방정식을 $y=3x+n$, 즉

$3x-y+n=0$이라 하자.

이 직선과 원이 접하려면 원의 중심 (3, 2)와 이 직선 사이의 거리가 원의 반지름의 길이 2와 같아야 하므로

$\frac{|9-2+n|}{\sqrt{3^2+(-1)^2}}=2,\ |7+n|=2\sqrt{10}$

$7+n=\pm 2\sqrt{10}$

$\therefore n=-7-2\sqrt{10}$ 또는 $n=-7+2\sqrt{10}$

직선 $y=3x+n$의 y절편은 n이므로 구하는 y절편의 합은

$(-7-2\sqrt{10})+(-7+2\sqrt{10})=-14$

268 답 ④

점 $(a, 4\sqrt{3})$은 원 $x^2+y^2=r^2$ 위의 점이므로

$a^2+(4\sqrt{3})^2=r^2 \quad \therefore a^2+48=r^2$ …… ㉠

원 $x^2+y^2=r^2$ 위의 점 $(a, 4\sqrt{3})$에서의 접선의 방정식은

$ax+4\sqrt{3}y=r^2 \quad \therefore ax+4\sqrt{3}y-r^2=0$

이 식이 $x-\sqrt{3}y+b=0$과 일치하므로

$\frac{a}{1}=\frac{4\sqrt{3}}{-\sqrt{3}}=\frac{-r^2}{b}$

$\frac{a}{1}=\frac{4\sqrt{3}}{-\sqrt{3}}$에서 $a=-4$

이를 ㉠에 대입하면

$64=r^2 \quad \therefore r=8\ (\because r>0)$

또 $\frac{4\sqrt{3}}{-\sqrt{3}}=\frac{-r^2}{b}$에서

$4b=r^2=64 \quad \therefore b=16$

$\therefore a+b+r=20$

269 답 −5

$x^2+y^2-18x+71=0$에서

$(x-9)^2+y^2=10$

원의 중심 (9, 0)과 접점 (6, 1)을 지나는 직선의 기울기는

$\frac{1}{6-9}=-\frac{1}{3}$

원의 중심과 접점을 지나는 직선은 접선에 수직이므로 접선의 기울기는 3

따라서 기울기가 3이고 점 (6, 1)을 지나는 접선의 방정식은

$y-1=3(x-6)$

$\therefore 3x-y-17=0$ …… ㉠ ▸▸▸▸▸▸ ❶

$x^2+y^2-4x+2y+k=0$에서

$(x-2)^2+(y+1)^2=5-k$

이 원과 직선 ㉠이 접하려면 원의 중심 (2, −1)과 직선 ㉠ 사이의 거리가 반지름의 길이 $\sqrt{5-k}$와 같아야 하므로

$\frac{|6+1-17|}{\sqrt{3^2+(-1)^2}}=\sqrt{5-k},\ \sqrt{10}=\sqrt{5-k}$

양변을 제곱하면

$10=5-k \qquad \therefore k=-5$ ▸▸▸▸▸▸ ❷

단계	채점 기준	비율
❶	접선의 방정식 구하기	50 %
❷	k의 값 구하기	50 %

270 답 2

점 (4, 0)을 지나는 접선의 기울기를 m이라 하면 접선의 방정식은

$y=m(x-4)$

$\therefore mx-y-4m=0$

이 직선과 원의 중심 $(0,\ a)$ 사이의 거리가 원의 반지름의 길이 $\sqrt{10}$과 같아야 하므로

$\dfrac{|-a-4m|}{\sqrt{m^2+(-1)^2}}=\sqrt{10}$

$|-a-4m|=\sqrt{10(m^2+1)}$

양변을 제곱하면

$a^2+8am+16m^2=10m^2+10$

$\therefore 6m^2+8am+a^2-10=0$

이 이차방정식의 두 실근은 두 접선의 기울기와 같고, 두 접선이 수직이므로 이 이차방정식의 두 근의 곱은 -1이다.

따라서 이차방정식의 근과 계수의 관계에 의하여

$\dfrac{a^2-10}{6}=-1,\ a^2=4 \qquad \therefore a=\pm 2$

따라서 양수 a의 값은 2이다.

271 답 5

$x^2+y^2+2x-4y=0$에서

$(x+1)^2+(y-2)^2=5$

점 (2, 1)을 지나는 접선의 기울기를 m이라 하면 접선의 방정식은

$y-1=m(x-2)$

$\therefore mx-y-2m+1=0 \qquad \cdots\cdots$ ㉠

원의 중심 $(-1,\ 2)$와 접선 ㉠ 사이의 거리가 원의 반지름의 길이 $\sqrt{5}$와 같아야 하므로

$\dfrac{|-m-2-2m+1|}{\sqrt{m^2+(-1)^2}}=\sqrt{5}$

$|-3m-1|=\sqrt{5(m^2+1)}$

양변을 제곱하면

$9m^2+6m+1=5m^2+5$

$2m^2+3m-2=0,\ (m+2)(2m-1)=0$

$\therefore m=-2$ 또는 $m=\dfrac{1}{2}$

이를 ㉠에 대입하면 접선의 방정식은

$2x+y-5=0$ 또는 $\dfrac{1}{2}x-y=0$

$\therefore y=-2x+5$ 또는 $y=\dfrac{1}{2}x$

따라서 오른쪽 그림에서 구하는 삼각형의 넓이는

$\dfrac{1}{2}\times 2\times 5=5$

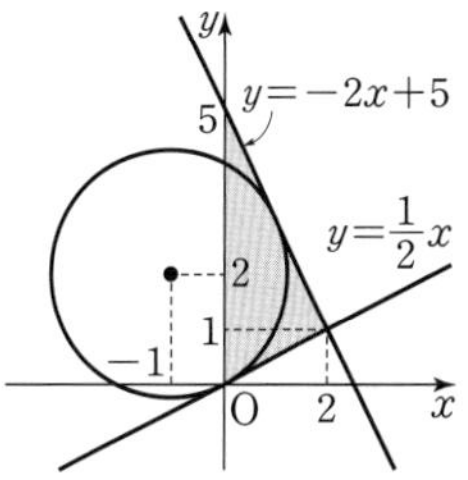

272 답 ⑤

(가)에서 원 C가 원점을 지나므로

$a^2-9=0,\ a^2=9 \qquad \therefore a=\pm 3$

(i) $a=-3$일 때

원 C의 방정식은 $x^2+y^2-4x+6y=0$

$\therefore (x-2)^2+(y+3)^2=13$

(ii) $a=3$일 때

원 C의 방정식은 $x^2+y^2-4x-6y=0$

$\therefore (x-2)^2+(y-3)^2=13$

오른쪽 그림에서 $a=3$일 때, 원 C는 직선 $y=-2$와 만나지 않으므로 (나)에서

$a=-3$

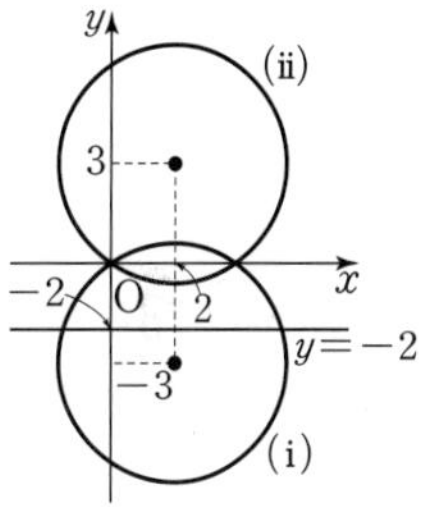

오른쪽 그림과 같이 원 $(x-2)^2+(y+3)^2=13$과 직선 $y=-2$의 두 교점을 A, B라 하고, 원의 중심을 C(2, −3)이라 하자.

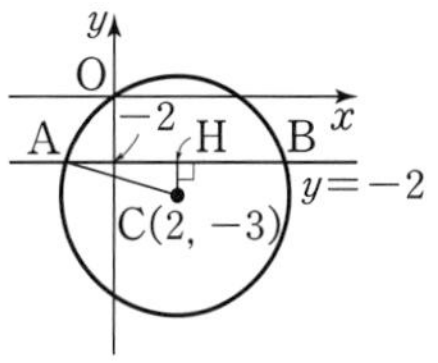

점 C에서 직선 $y=-2$에 내린 수선의 발을 H라 하면 선분 CH의 길이는 점 C와 직선 $y=-2$ 사이의 거리와 같으므로

$\overline{CH}=|-3-(-2)|=1$

삼각형 ACH는 직각삼각형이고 $\overline{AC}=\sqrt{13}$이므로

$\overline{AH}=\sqrt{\overline{AC}^2-\overline{CH}^2}=\sqrt{(\sqrt{13})^2-1^2}=2\sqrt{3}$

따라서 구하는 두 점 사이의 거리는

$\overline{AB}=2\overline{AH}=2\times 2\sqrt{3}=4\sqrt{3}$

273 답 4

| 접근 방법 | 두 원의 공통인 현은 두 원의 교점을 지나는 직선의 일부임을 이용한다.

두 원의 교점을 지나는 직선의 방정식은

$x^2+y^2-17-(x^2+y^2-6x-4y+9)=0$

$\therefore\ 3x+2y-13=0$ ······ ㉠

오른쪽 그림과 같이 두 원의 교점을 A, B라 하고 원 $x^2+y^2=17$의 중심인 원점 O에서 직선 ㉠에 내린 수선의 발을 H라 하자.

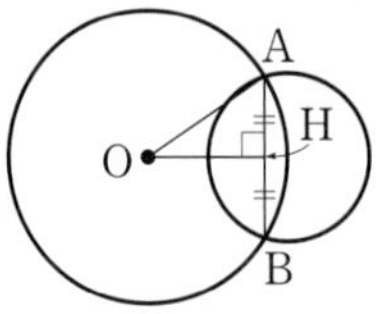

선분 OH의 길이는 점 O와 직선 ㉠ 사이의 거리와 같으므로

$$\overline{OH}=\frac{|-13|}{\sqrt{3^2+2^2}}=\sqrt{13}$$

삼각형 AOH는 직각삼각형이고 $\overline{OA}=\sqrt{17}$이므로

$$\overline{AH}=\sqrt{\overline{OA}^2-\overline{OH}^2}$$
$$=\sqrt{(\sqrt{17})^2-(\sqrt{13})^2}=2$$

$\therefore\ \overline{AB}=2\overline{AH}=2\times2=4$

274 답 ④

| 접근 방법 | 삼각형 ABP의 밑변을 $\overline{AB}$로 생각할 때, 점 P의 위치에 따라 삼각형 ABP의 높이가 달라짐을 이용한다.

$\overline{AB}=\sqrt{1^2+(-\sqrt{3})^2}=2$

삼각형 ABP에서 밑변을 $\overline{AB}$라 하면 높이는 원 위의 점 P와 직선 AB 사이의 거리와 같다.

삼각형 ABP의 높이를 h라 하면 삼각형 ABP의 넓이는

$$\frac{1}{2}\times\overline{AB}\times h=\frac{1}{2}\times2\times h=h$$

즉, 삼각형 ABP의 넓이가 자연수가 되려면 h가 자연수이어야 한다.

이때 직선 AB의 방정식은

$$\frac{x}{1}+\frac{y}{\sqrt{3}}=1$$

$\therefore\ \sqrt{3}x+y-\sqrt{3}=0$

원의 중심 $(1,\ 10)$과 직선 $\sqrt{3}x+y-\sqrt{3}=0$ 사이의 거리를 d라 하면

$$d=\frac{|\sqrt{3}+10-\sqrt{3}|}{\sqrt{(\sqrt{3})^2+1^2}}=5$$

원의 반지름의 길이를 r라 하면

$r=3$

오른쪽 그림에서 원 위의 점과 직선 AB 사이의 거리, 즉 h의 값이 최대일 때는 점 P가 점 P_1일 때이므로 최댓값은

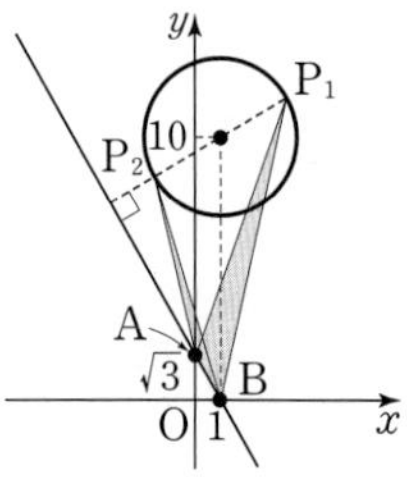

$d+r=5+3=8$

최소일 때는 점 P가 점 P_2일 때이므로 최솟값은

$d-r=5-3=2$

$\therefore\ 2\le h\le 8$

따라서 h가 될 수 있는 자연수는 2, 3, 4, ..., 8이다.

이때 $h=2$, $h=8$이 되는 점 P는 P_1, P_2의 각각 1개이고 $h=3$, 4, 5, 6, 7이 되는 점 P는 각각 2개이므로 구하는 점 P의 개수는

$1+1+2\times5=12$

275 답 ②

| 접근 방법 | $\frac{y}{x}$는 원점 $(0,\ 0)$과 점 $P(x,\ y)$를 지나는 직선의 기울기와 같음을 이용한다.

$\frac{y}{x}=k$ (k는 상수)로 놓으면

$y=kx$ ······ ㉠

점 $P(x,\ y)$가 원 $(x-3)^2+(y-2)^2=1$ 위의 점이므로 ㉠은 원 위의 점 P와 원점을 지나고 기울기가 k인 직선이다.

즉, k는 오른쪽 그림에서 직선 ㉠이 (i)일 때 최댓값, (ii)일 때 최솟값을 갖는다.

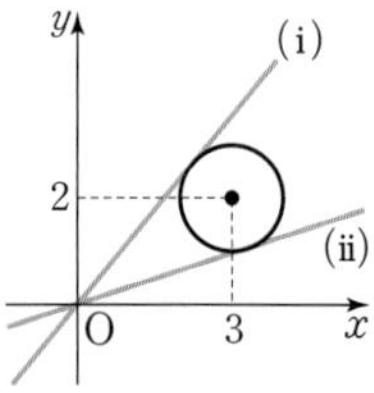

두 직선 (i), (ii)는 모두 원과 접하므로 원의 중심 (3, 2)와 직선 $y=kx$, 즉 $kx-y=0$ 사이의 거리는 원의 반지름의 길이 1과 같다.

따라서 $\frac{|3k-2|}{\sqrt{k^2+(-1)^2}}=1$이므로

$|3k-2|=\sqrt{k^2+1}$

양변을 제곱하면

$9k^2-12k+4=k^2+1$

$\therefore\ 8k^2-12k+3=0$

이 이차방정식은 서로 다른 두 실근을 갖고, M, m은 이 이차방정식의 두 근이므로 이차방정식의 근과 계수의 관계에 의하여

$Mm=\frac{3}{8}$ $\therefore\ 8Mm=3$

01 평행이동

개념 확인 125쪽

276 답 (1) $(3, -2)$ (2) $(-2, -1)$

(2) $(-5+3, 1-2)$ $\therefore (-2, -1)$

277 답 (1) $x-2y+7=0$
(2) $y=x^2+8x+18$
(3) $(x+4)^2+(y-1)^2=3$

(1) $(x+4)-2(y-1)+1=0$ $\therefore x-2y+7=0$

(2) $y-1=(x+4)^2+1$ $\therefore y=x^2+8x+18$

유제 127~131쪽

278 답 $a=1, b=5$

평행이동 $(x, y) \longrightarrow (x+2, y+5)$는 x축의 방향으로 2만큼, y축의 방향으로 5만큼 평행이동하는 것이다.

이 평행이동에 의하여 점 $(3, a)$가 옮겨지는 점의 좌표는

$(3+2, a+5)$ $\therefore (5, a+5)$

이 점이 점 $(b, 6)$과 일치하므로

$5=b, a+5=6$ $\therefore a=1, b=5$

279 답 $(6, 4)$

점 $(-3, 2)$를 x축의 방향으로 a만큼, y축의 방향으로 b만큼 평행이동한 점의 좌표를 $(1, -2)$라 하면

$-3+a=1, 2+b=-2$ $\therefore a=4, b=-4$

이 평행이동에 의하여 점 $(2, 8)$이 옮겨지는 점의 좌표는

$(2+4, 8-4)$ $\therefore (6, 4)$

280 답 5

평행이동 $(x, y) \longrightarrow (x-2, y+6)$은 x축의 방향으로 -2만큼, y축의 방향으로 6만큼 평행이동하는 것이다.

이 평행이동에 의하여 점 $(-1, a)$가 옮겨지는 점의 좌표는

$(-1-2, a+6)$ $\therefore (-3, a+6)$

이 점이 직선 $y=-3x+2$ 위에 있으므로

$a+6=-3\times(-3)+2$

$\therefore a=5$

281 답 7

점 $(-4, 3)$을 x축의 방향으로 a만큼, y축의 방향으로 b만큼 평행이동한 점의 좌표가 $(1, 5)$이므로

$-4+a=1, 3+b=5$

$\therefore a=5, b=2$

$\therefore a+b=7$

282 답 $a=2, n=-2$

직선 $ax-y+3=0$을 x축의 방향으로 5만큼, y축의 방향으로 n만큼 평행이동한 직선의 방정식은

$a(x-5)-(y-n)+3=0$

$\therefore ax-y-5a+n+3=0$

이 직선이 직선 $2x-y-9=0$과 일치하므로

$a=2, -5a+n+3=-9$

$a=2$를 $-5a+n+3=-9$에 대입하면

$-10+n+3=-9$

$\therefore n=-2$

283 답 $a=-3, b=6$

점 $(1, 2)$를 x축의 방향으로 p만큼, y축의 방향으로 q만큼 평행이동한 점의 좌표를 $(-1, 3)$이라 하면

$1+p=-1, 2+q=3$

$\therefore p=-2, q=1$

이 평행이동에 의하여 직선 $x-3y+1=0$이 옮겨지는 직선의 방정식은

$(x+2)-3(y-1)+1=0$

$\therefore x-3y+6=0$

이 직선이 직선 $x+ay+b=0$과 일치하므로

$a=-3, b=6$

284 답 -3

직선 $y=-x-7$을 x축의 방향으로 a만큼, y축의 방향으로 5만큼 평행이동한 직선의 방정식은

$y-5=-(x-a)-7$

$\therefore y=-x+a-2$

이 직선이 점 $(-6, 1)$을 지나므로

$1=6+a-2$

$\therefore a=-3$

285 답 -1

평행이동 $(x, y) \longrightarrow (x+a, y+a+3)$은 x축의 방향으로 a만큼, y축의 방향으로 $a+3$만큼 평행이동하는 것이다.

이 평행이동에 의하여 직선 $2x+y+9=0$이 옮겨지는 직선의 방정식은

$2(x-a)+(y-a-3)+9=0$

$\therefore 2x+y-3a+6=0$

이 직선이 처음 직선과 일치하므로

$-3a+6=9$

$\therefore a=-1$

286 답 ⑤

원 $x^2+(y+4)^2=10$을 x축의 방향으로 -4만큼, y축의 방향으로 2만큼 평행이동한 원의 방정식은

$(x+4)^2+(y-2+4)^2=10$

$(x+4)^2+(y+2)^2=10$

$\therefore x^2+y^2+8x+4y+10=0$

이 원이 원 $x^2+y^2+ax+by+c=0$과 일치하므로

$a=8,\ b=4,\ c=10$

$\therefore a+b+c=22$

287 답 $a=4,\ b=11$

포물선 $y=x^2$을 x축의 방향으로 a만큼, y축의 방향으로 -5만큼 평행이동한 포물선의 방정식은

$y+5=(x-a)^2$

$\therefore y=x^2-2ax+a^2-5$

이 포물선이 포물선 $y=x^2-8x+b$와 일치하므로

$-2a=-8,\ a^2-5=b$

$\therefore a=4,\ b=11$

| 다른 풀이 |

포물선 $y=x^2$의 꼭짓점의 좌표는 $(0,\ 0)$

이 점을 x축의 방향으로 a만큼, y축의 방향으로 -5만큼 평행이동한 점의 좌표는

$(a,\ -5)$

이 점이 포물선 $y=x^2-8x+b=(x-4)^2+b-16$의 꼭짓점 $(4,\ b-16)$과 일치하므로

$a=4,\ -5=b-16$

$\therefore a=4,\ b=11$

288 답 $a=-8,\ b=-1,\ k=16$

점 $(3,\ 0)$을 x축의 방향으로 p만큼, y축의 방향으로 q만큼 평행이동한 점의 좌표를 $(-1,\ 2)$라 하면

$3+p=-1,\ q=2 \qquad \therefore p=-4,\ q=2$

$x^2+y^2+8x+6y+k=0$에서

$(x+4)^2+(y+3)^2=25-k$

이 원의 중심의 좌표가 $(-4,\ -3)$이므로 주어진 평행이동에 의하여 이 원의 중심이 옮겨지는 점의 좌표는

$(-4-4,\ -3+2) \qquad \therefore (-8,\ -1)$

$\therefore a=-8,\ b=-1$

또 두 원의 반지름의 길이는 일치하므로

$\sqrt{25-k}=3$

양변을 제곱하면

$25-k=9 \qquad \therefore k=16$

| 다른 풀이 |

원 $x^2+y^2+8x+6y+k=0$에서

$(x+4)^2+(y+3)^2=25-k$

주어진 평행이동에 의하여 이 원이 옮겨지는 원의 방정식은

$(x+4+4)^2+(y-2+3)^2=25-k$

$\therefore (x+8)^2+(y+1)^2=25-k$

따라서 이 원의 중심의 좌표는 $(-8,\ -1)$이므로

$a=-8,\ b=-1$

또 두 원의 반지름의 길이는 일치하므로

$\sqrt{25-k}=3$

양변을 제곱하면

$25-k=9 \qquad \therefore k=16$

| 참고 | 평행이동한 원의 중심이나 포물선의 꼭짓점의 좌표를 구할 때는 각각 원의 중심, 포물선의 꼭짓점의 평행이동을 이용하는 것이 편리하다.

289 답 -10

포물선 $y=x^2+4x-3=(x+2)^2-7$의 꼭짓점의 좌표는

$(-2,\ -7)$

도형 $f(x,\ y)=0$을 도형 $f(x-3,\ y+4)=0$으로 옮기는 평행이동은 x축의 방향으로 3만큼, y축의 방향으로 -4만큼 평행이동하는 것이므로 이 평행이동에 의하여 포물선의 꼭짓점이 옮겨지는 점의 좌표는

$(-2+3,\ -7-4) \qquad \therefore (1,\ -11)$

따라서 $a=1,\ b=-11$이므로

$a+b=-10$

| 다른 풀이 |

$y=x^2+4x-3=(x+2)^2-7$

주어진 평행이동에 의하여 이 포물선이 옮겨지는 포물선의 방정식은

$y+4=(x-3+2)^2-7$

$\therefore y=(x-1)^2-11$

따라서 이 포물선의 꼭짓점의 좌표는 $(1,\ -11)$이므로

$a=1,\ b=-11$

$\therefore\ a+b=-10$

연습문제 132~134쪽

290 답 **7**

점 $(6,\ 1)$을 x축의 방향으로 -3만큼, y축의 방향으로 a만큼 평행이동한 점의 좌표는

$(6-3,\ 1+a)$ $\quad\therefore\ (3,\ 1+a)$

이 점이 점 $(b,\ 5)$와 일치하므로

$3=b,\ 1+a=5$ $\quad\therefore\ a=4,\ b=3$

$\therefore\ a+b=7$

291 답 ④

점 $(-1,\ 3)$을 x축의 방향으로 a만큼, y축의 방향으로 b만큼 평행이동한 점의 좌표를 $(2,\ -5)$라 하면

$-1+a=2,\ 3+b=-5$

$\therefore\ a=3,\ b=-8$

이 평행이동에 의하여 점 $(5,\ 2)$로 옮겨지는 점의 좌표를 $(c,\ d)$라 하면

$c+3=5,\ d-8=2$

$\therefore\ c=2,\ d=10$

따라서 구하는 점의 좌표는 $(2,\ 10)$이다.

| 다른 풀이 |

주어진 평행이동은 x축의 방향으로 3만큼, y축의 방향으로 -8만큼 평행이동하는 것이다.

따라서 이 평행이동에 의하여 점 $(5,\ 2)$로 옮겨지는 점은 점 $(5,\ 2)$를 x축의 방향으로 -3만큼, y축의 방향으로 8만큼 평행이동한 점이므로 구하는 점의 좌표는

$(5-3,\ 2+8)$ $\quad\therefore\ (2,\ 10)$

292 답 **-4**

평행이동 $(x,\ y) \longrightarrow (x+a,\ y-1)$은 x축의 방향으로 a만큼, y축의 방향으로 -1만큼 평행이동하는 것이다.

이 평행이동에 의하여 점 $(3,\ -1)$이 옮겨지는 점의 좌표는

$(3+a,\ -1-1)$ $\quad\therefore\ (3+a,\ -2)$

이 점이 직선 $2x-y=0$ 위에 있으므로

$2(3+a)-(-2)=0$

$2a=-8$ $\quad\therefore\ a=-4$

293 답 ②

직선 $2x+y+5=0$을 x축의 방향으로 2만큼, y축의 방향으로 -1만큼 평행이동한 직선의 방정식은

$2(x-2)+(y+1)+5=0$

$\therefore\ 2x+y+2=0$

이 직선이 직선 $2x+y+a=0$과 일치하므로

$a=2$

294 답 ①

직선 $y=ax+b$를 x축의 방향으로 -1만큼, y축의 방향으로 2만큼 평행이동한 직선의 방정식은

$y-2=a(x+1)+b$

$\therefore\ y=ax+a+b+2$

이 직선이 직선 $y=2x+3$과 y축 위에서 수직으로 만나므로 두 직선의 기울기의 곱은 -1이고, y절편은 서로 같다.

즉, $a\times2=-1,\ a+b+2=3$이므로

$a=-\frac{1}{2},\ b=\frac{3}{2}$

$\therefore\ ab=-\frac{3}{4}$

295 답 **10**

원 $(x-2)^2+(y+1)^2=a$를 x축의 방향으로 -3만큼, y축의 방향으로 m만큼 평행이동한 원의 방정식은

$(x+3-2)^2+(y-m+1)^2=a$

$\therefore\ (x+1)^2+(y-m+1)^2=a$ $\quad\cdots\cdots$ ㉠

$x^2+y^2+2x-2y-3=0$에서

$(x+1)^2+(y-1)^2=5$ $\quad\cdots\cdots$ ㉡

㉠과 ㉡이 일치하므로

$-m+1=-1,\ a=5$ $\quad\therefore\ a=5,\ m=2$

$\therefore\ am=10$

| 다른 풀이 |

원 $(x-2)^2+(y+1)^2=a$의 중심의 좌표는 $(2,\ -1)$

이 점을 x축의 방향으로 -3만큼, y축의 방향으로 m만큼 평행이동한 점의 좌표는

$(2-3,\ -1+m)$ $\quad\therefore\ (-1,\ -1+m)$

이 점이 원 $x^2+y^2+2x-2y-3=0$, 즉 $(x+1)^2+(y-1)^2=5$의 중심 $(-1,\ 1)$과 일치하므로

$-1+m=1$ $\quad\therefore\ m=2$

또 두 원의 반지름의 길이는 일치하므로

$a=5$

$\therefore\ am=10$

296 답 ⑤

포물선 $y=x^2-2x-5=(x-1)^2-6$의 꼭짓점의 좌표는

$(1,\ -6)$

이 점을 x축의 방향으로 1만큼, y축의 방향으로 a만큼 평행이동한 점의 좌표는

$(1+1,\ -6+a)$ $\quad\therefore (2,\ -6+a)$

이 점이 x축 위에 있으므로

$-6+a=0$ $\quad\therefore a=6$

297 답 ③

점 A$(3,\ 0)$을 x축의 방향으로 -6만큼, y축의 방향으로 a만큼 평행이동한 점 B의 좌표는

$(3-6,\ a)$ $\quad\therefore (-3,\ a)$

이때 $a>0$이므로 오른쪽 그림에서 삼각형 OAB의 넓이는

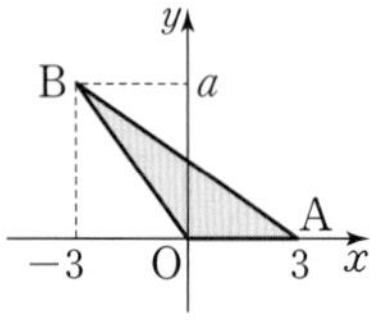

$\frac{1}{2}\times3\times a=\frac{3}{2}a$

즉, $\frac{3}{2}a=6$이므로

$a=4$

298 답 -8

평행이동 $(x,\ y) \longrightarrow (x+5,\ y+a)$는 x축의 방향으로 5만큼, y축의 방향으로 a만큼 평행이동하는 것이다.

이 평행이동에 의하여 점 A$(-2,\ 4)$가 옮겨지는 점 B의 좌표는

$(-2+5,\ 4+a)$ $\quad\therefore (3,\ 4+a)$

$\overline{OA}:\overline{OB}=2:3$에서 $3\overline{OA}=2\overline{OB}$

따라서 $9\overline{OA}^2=4\overline{OB}^2$이므로

$9\{(-2)^2+4^2\}=4\{3^2+(4+a)^2\}$

$180=36+4(4+a)^2$

$(4+a)^2=36,\ 4+a=\pm6$

$\therefore a=-10$ 또는 $a=2$

따라서 모든 a의 값의 합은

$-10+2=-8$

299 답 ④

직선 $3x+4y+17=0$을 x축의 방향으로 n만큼 평행이동한 직선의 방정식은

$3(x-n)+4y+17=0$

$\therefore 3x+4y-3n+17=0$

이 직선이 원 $x^2+y^2=1$에 접하므로 원의 중심 $(0,\ 0)$과 직선 사이의 거리는 원의 반지름의 길이 1과 같다.

즉, $\frac{|-3n+17|}{\sqrt{3^2+4^2}}=1$이므로

$|-3n+17|=5$

$-3n+17=\pm5$

$\therefore n=4$ 또는 $n=\frac{22}{3}$

따라서 자연수 n의 값은 4이다.

300 답 ④

직선 $y=3x+2$를 x축의 방향으로 a만큼, y축의 방향으로 b만큼 평행이동한 직선의 방정식은

$y-b=3(x-a)+2$

$\therefore y=3x-3a+b+2$ $\quad\cdots\cdots$ ㉠

$\overline{AB}=\sqrt{(4-2)^2+3^2}=\sqrt{13}$

$\overline{BC}=\sqrt{(2-4)^2+(6-3)^2}=\sqrt{13}$

$\overline{CD}=\sqrt{(-2)^2+(3-6)^2}=\sqrt{13}$

$\overline{DA}=\sqrt{2^2+(-3)^2}=\sqrt{13}$

즉, 사각형 ABCD는 마름모이므로 직선 ㉠이 사각형 ABCD의 넓이를 이등분하려면 두 대각선 AC와 BD의 교점, 즉 선분 AC의 중점을 지나야 한다.

선분 AC의 중점의 좌표는

$\left(\frac{2+2}{2},\ \frac{0+6}{2}\right)$

$\therefore (2,\ 3)$

따라서 직선 ㉠이 점 $(2,\ 3)$을 지나야 하므로

$3=3\times2-3a+b+2$

$\therefore 3a-b=5$

301 답 $\frac{3\sqrt{10}}{5}$

$x^2+y^2-2x+6y+6=0$에서

$(x-1)^2+(y+3)^2=4$

원의 중심 $(1,\ -3)$을 x축의 방향으로 a만큼, y축의 방향으로 b만큼 평행이동하면 원 $x^2+y^2=4$의 중심 $(0,\ 0)$으로 옮겨지므로

$1+a=0,\ -3+b=0$

$\therefore a=-1,\ b=3$ ▸▸▸▸▸▸ ❶

따라서 이 평행이동에 의하여 직선 $3x-y+4=0$이 옮겨지는 직선 l'의 방정식은

$3(x+1)-(y-3)+4=0$

$\therefore 3x-y+10=0$ ▸▸▸▸▸▸ ❷

따라서 두 직선 l, l' 사이의 거리는 직선 $3x-y+4=0$ 위의 한 점 $(0, 4)$와 직선 $3x-y+10=0$ 사이의 거리와 같으므로 구하는 거리는

$\frac{|-4+10|}{\sqrt{3^2+(-1)^2}}=\frac{3\sqrt{10}}{5}$ ▸▸▸▸▸▸ ❸

단계	채점 기준	비율
❶	평행이동 구하기	40 %
❷	직선 l'의 방정식 구하기	30 %
❸	두 직선 l, l' 사이의 거리 구하기	30 %

302 답 ④

평행이동 $(x, y) \longrightarrow (x+4, y-5)$는 x축의 방향으로 4만큼, y축의 방향으로 -5만큼 평행이동하는 것이다.

이 평행이동에 의하여 포물선 $y=(x+2)^2+8$이 옮겨지는 포물선의 방정식은

$y+5=(x-4+2)^2+8$, $y=(x-2)^2+3$

$\therefore y=x^2-4x+7$ ······ ㉠

$x^2-4x+7=-2x+10$에서 $x^2-2x-3=0$

$(x+1)(x-3)=0$ $\therefore x=-1$ 또는 $x=3$

이를 $y=-2x+10$에 대입하면

$x=-1$일 때 $y=12$, $x=3$일 때 $y=4$

따라서 포물선 ㉠이 직선 $y=-2x+10$과 만나는 두 점 A, B의 좌표는 $(-1, 12)$, $(3, 4)$이므로 선분 AB의 중점의 좌표는

$\left(\frac{-1+3}{2}, \frac{12+4}{2}\right)$ $\therefore (1, 8)$

303 답 6

원 $(x-a)^2+(y-a)^2=b^2$을 y축의 방향으로 -2만큼 평행이동한 원의 방정식은

$(x-a)^2+(y+2-a)^2=b^2$ ······ ㉠

원 ㉠이 직선 $y=x$와 접하므로 원의 중심 $(a, a-2)$와 직선 $y=x$, 즉 $x-y=0$ 사이의 거리가 원의 반지름의 길이 b와 같다.

즉, $\frac{|a-(a-2)|}{\sqrt{1^2+(-1)^2}}=b$이므로 $b=\sqrt{2}$

원 ㉠이 x축과 접하므로 반지름의 길이는 $|a-2|$

따라서 $|a-2|=|b|$이므로

$a-2=b$ ($\because a>2, b>0$)

$\therefore a=b+2=2+\sqrt{2}$

$\therefore a^2-4b=(2+\sqrt{2})^2-4\sqrt{2}=6$

304 답 $2\sqrt{5}$

점 $(-1, 1)$을 x축의 방향으로 a만큼, y축의 방향으로 b만큼 평행이동한 점의 좌표를 $(1, -1)$이라 하면

$-1+a=1$, $1+b=-1$

$\therefore a=2, b=-2$ ▸▸▸▸▸▸ ❶

이 평행이동에 의하여 원 $x^2+y^2=9$가 옮겨지는 원의 방정식은

$(x-2)^2+(y+2)^2=9$ ······ ㉠

$x=0$을 ㉠에 대입하면

$(-2)^2+(y+2)^2=9$, $(y+2)^2=5$

$y+2=\pm\sqrt{5}$ $\therefore y=-2\pm\sqrt{5}$

즉, 원 ㉠이 y축과 만나는 두 점의 좌표는

$(0, -2-\sqrt{5})$, $(0, -2+\sqrt{5})$ ▸▸▸▸▸▸ ❷

따라서 원 ㉠이 y축에 의하여 잘리는 현의 길이는 이 두 점 사이의 거리와 같으므로

$|-2+\sqrt{5}-(-2-\sqrt{5})|=2\sqrt{5}$ ▸▸▸▸▸▸ ❸

단계	채점 기준	비율
❶	평행이동 구하기	40 %
❷	평행이동한 원이 y축과 만나는 두 점의 좌표 구하기	40 %
❸	평행이동한 원이 y축에 의하여 잘리는 현의 길이 구하기	20 %

305 답 (3, 3)

| 접근 방법 | 평행사변형의 두 대각선의 중점이 일치함을 이용하여 점 C의 좌표를 구한 후 평행사변형 AOBC를 DEFG로 옮기는 평행이동을 찾는다.

사각형 AOBC가 평행사변형이므로 두 대각선 AB와 OC의 중점이 일치한다.

선분 AB의 중점의 좌표는

$\left(\frac{1+3}{2}, \frac{2-1}{2}\right)$ $\therefore \left(2, \frac{1}{2}\right)$

C(a, b)라 하면 선분 OC의 중점의 좌표는

$\left(\frac{a}{2}, \frac{b}{2}\right)$

따라서 $2=\frac{a}{2}$, $\frac{1}{2}=\frac{b}{2}$이므로

$a=4$, $b=1$ $\therefore$ C$(4, 1)$

즉, 평행이동에 의하여 점 C$(4, 1)$이 점 G$(6, 2)$로 옮겨진 것이므로 점 $(4, 1)$을 x축의 방향으로 m만큼, y축의 방향으로 n만큼 평행이동한 점의 좌표를 $(6, 2)$라 하면

$4+m=6$, $1+n=2$ $\therefore m=2, n=1$

따라서 이 평행이동에 의하여 점 A(1, 2)가 옮겨지는 점 D의 좌표는

$(1+2,\ 2+1)$ $\therefore (3,\ 3)$

306 답 **11**

| 접근 방법 | 원과 직선이 두 점에서 만나려면 원의 중심과 직선 사이의 거리가 원의 반지름의 길이보다 짧아야 함을 이용한다.

원 $(x-2)^2+(y-3)^2=9$를 x축의 방향으로 m만큼 평행이동한 원 C_1의 방정식은

$(x-m-2)^2+(y-3)^2=9$

원 C_1의 중심 $(m+2,\ 3)$과 직선 $4x-3y=0$ 사이의 거리는

$\dfrac{|4(m+2)-9|}{\sqrt{4^2+(-3)^2}}=\dfrac{|4m-1|}{5}$

원 C_1의 반지름의 길이는 3이므로 (가)에서

$\dfrac{|4m-1|}{5}<3,\ |4m-1|<15$

$-15<4m-1<15$

$\therefore -\dfrac{7}{2}<m<4$ ...... ㉠

원 $(x-m-2)^2+(y-3)^2=9$를 y축의 방향으로 n만큼 평행이동한 원 C_2의 방정식은

$(x-m-2)^2+(y-n-3)^2=9$

원 C_2의 중심 $(m+2,\ n+3)$과 직선 $4x-3y=0$ 사이의 거리는

$\dfrac{|4(m+2)-3(n+3)|}{\sqrt{4^2+(-3)^2}}=\dfrac{|4m-3n-1|}{5}$

원 C_2의 반지름의 길이는 3이므로 (나)에서

$\dfrac{|4m-3n-1|}{5}<3$

$|4m-3n-1|<15$

$-15<4m-3n-1<15$

$-14-4m<-3n<16-4m$

$\therefore \dfrac{4m-16}{3}<n<\dfrac{4m+14}{3}$ ...... ㉡

㉠, ㉡에서 $m+n$의 값이 최대이려면 m의 값이 최대이어야 한다.

㉠에서 자연수 m의 최댓값은 3이고, $m=3$일 때 ㉡에서 $-\dfrac{4}{3}<n<\dfrac{26}{3}$이므로 자연수 n의 최댓값은 8이다.

따라서 $m+n$의 최댓값은

$3+8=11$

02 대칭이동

개념 확인 137쪽

307 답 (1) $(1,\ -2)$ (2) $(-1,\ 2)$ (3) $(-1,\ -2)$ (4) $(2,\ 1)$

308 답 (1) $x+2y+1=0$ (2) $x+2y-1=0$ (3) $x-2y-1=0$ (4) $2x-y-1=0$

(1) $x-2(-y)+1=0$ $\therefore x+2y+1=0$

(2) $-x-2y+1=0$ $\therefore x+2y-1=0$

(3) $-x-2(-y)+1=0$ $\therefore x-2y-1=0$

(4) $y-2x+1=0$ $\therefore 2x-y-1=0$

309 답 (1) $(x+5)^2+(y+4)^2=1$ (2) $(x-5)^2+(y-4)^2=1$ (3) $(x-5)^2+(y+4)^2=1$ (4) $(x-4)^2+(y+5)^2=1$

(1) $(x+5)^2+(-y-4)^2=1$
$\therefore (x+5)^2+(y+4)^2=1$

(2) $(-x+5)^2+(y-4)^2=1$
$\therefore (x-5)^2+(y-4)^2=1$

(3) $(-x+5)^2+(-y-4)^2=1$
$\therefore (x-5)^2+(y+4)^2=1$

(4) $(y+5)^2+(x-4)^2=1$
$\therefore (x-4)^2+(y+5)^2=1$

310 답 (1) $y=-(x+2)^2+3$ (2) $y=(x-2)^2-3$ (3) $y=-(x-2)^2+3$

(1) $-y=(x+2)^2-3$ $\therefore y=-(x+2)^2+3$

(2) $y=(-x+2)^2-3$ $\therefore y=(x-2)^2-3$

(3) $-y=(-x+2)^2-3$ $\therefore y=-(x-2)^2+3$

유제 139~151쪽

311 답 ①

점 $(3,\ 2)$를 직선 $y=x$에 대하여 대칭이동한 점 A의 좌표는 $(2,\ 3)$

점 $A(2,\ 3)$을 원점에 대하여 대칭이동한 점 B의 좌표는 $(-2,\ -3)$

따라서 선분 AB의 길이는

$\sqrt{(-2-2)^2+(-3-3)^2}=2\sqrt{13}$

312 답 $y=-2x$

점 $(-1,\ -2)$를 x축에 대하여 대칭이동한 점 P의 좌표는 $(-1,\ 2)$

점 $(-1,\ -2)$를 y축에 대하여 대칭이동한 점 Q의 좌표는 $(1,\ -2)$

따라서 직선 PQ의 방정식은

$y-2=\frac{-2-2}{1-(-1)}\{x-(-1)\}$ $\therefore\ y=-2x$

313 답 $a=-5,\ b=3$

점 $(3,\ a)$를 y축에 대하여 대칭이동한 점의 좌표는 $(-3,\ a)$

이 점을 원점에 대하여 대칭이동한 점의 좌표는 $(3,\ -a)$

이 점이 점 $(b,\ 5)$와 일치하므로

$3=b,\ -a=5$ $\therefore\ a=-5,\ b=3$

314 답 6

점 $(-2,\ k)$를 원점에 대하여 대칭이동한 점 A의 좌표는 $(2,\ -k)$

점 $(-2,\ k)$를 직선 $y=x$에 대하여 대칭이동한 점 B의 좌표는 $(k,\ -2)$

$\therefore\ \overline{AB}=\sqrt{(k-2)^2+\{-2-(-k)\}^2}$

$=|k-2|\times\sqrt{2}$

즉, $|k-2|\times\sqrt{2}=4\sqrt{2}$이므로

$|k-2|=4,\ k-2=\pm4$

$\therefore\ k=-2$ 또는 $k=6$

따라서 양수 k의 값은 6이다.

315 답 ①

직선 $y=ax-6$을 x축에 대하여 대칭이동한 직선의 방정식은

$-y=ax-6$ $\therefore\ y=-ax+6$

이 직선이 점 $(2,\ 4)$를 지나므로

$4=-2a+6$ $\therefore\ a=1$

316 답 12

원 $x^2+y^2+8x-2y+k=0$을 원점에 대하여 대칭이동한 원의 방정식은

$(-x)^2+(-y)^2+8(-x)-2(-y)+k=0$

$\therefore\ x^2+y^2-8x+2y+k=0$

이 원이 점 $(3,\ -3)$을 지나므로

$9+9-24-6+k=0$

$\therefore\ k=12$

317 답 $a=-2,\ b=3$

포물선 $y=x^2+ax+b$를 y축에 대하여 대칭이동한 포물선의 방정식은

$y=(-x)^2+a(-x)+b$

$\therefore\ y=x^2-ax+b$

포물선 $y=x^2-ax+b=\left(x-\frac{a}{2}\right)^2-\frac{a^2}{4}+b$의 꼭짓점의 좌표는

$\left(\frac{a}{2},\ -\frac{a^2}{4}+b\right)$

이 점이 점 $(-1,\ 2)$와 일치하므로

$\frac{a}{2}=-1,\ -\frac{a^2}{4}+b=2$

$\therefore\ a=-2,\ b=3$

| 다른 풀이 |

포물선 $y=x^2+ax+b=\left(x+\frac{a}{2}\right)^2-\frac{a^2}{4}+b$의 꼭짓점의 좌표는

$\left(-\frac{a}{2},\ -\frac{a^2}{4}+b\right)$

이 점을 y축에 대하여 대칭이동한 점의 좌표는

$\left(\frac{a}{2},\ -\frac{a^2}{4}+b\right)$

└ 포물선의 대칭이동은 포물선의 꼭짓점의 대칭이동으로 생각할 수 있다.

이 점이 점 $(-1,\ 2)$와 일치하므로

$\frac{a}{2}=-1,\ -\frac{a^2}{4}+b=2$

$\therefore\ a=-2,\ b=3$

318 답 $x^2+y^2-6x-4y-1=0$

원 $x^2+y^2+4x-6y-1=0$을 직선 $y=x$에 대하여 대칭이동한 원의 방정식은

$x^2+y^2-6x+4y-1=0$

이 원을 x축에 대하여 대칭이동한 원의 방정식은

$x^2+(-y)^2-6x+4(-y)-1=0$

$\therefore\ x^2+y^2-6x-4y-1=0$

319 답 $y=-x^2-14x-38$

포물선 $y=x^2-6x+1$을 원점에 대하여 대칭이동한 포물선의 방정식은

$-y=(-x)^2-6(-x)+1$

$\therefore\ y=-x^2-6x-1$

이 포물선을 x축의 방향으로 -4만큼, y축의 방향으로 3만큼 평행이동한 포물선의 방정식은

$y-3=-(x+4)^2-6(x+4)-1$

$\therefore\ y=-x^2-14x-38$

320 답 $(x-6)^2+(y+3)^2=4$

원 $(x+1)^2+(y-5)^2=4$를 x축의 방향으로 -2만큼, y축의 방향으로 1만큼 평행이동한 원의 방정식은

$(x+2+1)^2+(y-1-5)^2=4$

$\therefore (x+3)^2+(y-6)^2=4$

이 원을 직선 $y=x$에 대하여 대칭이동한 원의 방정식은

$(x-6)^2+(y+3)^2=4$

321 답 $a=1$, $b=3$

점 $(-1, 2)$를 원점에 대하여 대칭이동한 점의 좌표는

$(1, -2)$

이 점을 x축의 방향으로 a만큼, y축의 방향으로 b만큼 평행이동한 점의 좌표가 $(2, 1)$이므로

$1+a=2$, $-2+b=1$

$\therefore a=1$, $b=3$

322 답 -3

직선 $y=5x-1$을 x축의 방향으로 a만큼, y축의 방향으로 2만큼 평행이동한 직선의 방정식은

$y-2=5(x-a)-1$

$\therefore y=5x-5a+1$

이 직선을 y축에 대하여 대칭이동한 직선의 방정식은

$y=5(-x)-5a+1$

$\therefore y=-5x-5a+1$

이 직선이 점 $(3, 1)$을 지나므로

$1=-15-5a+1$

$\therefore a=-3$

323 답 10

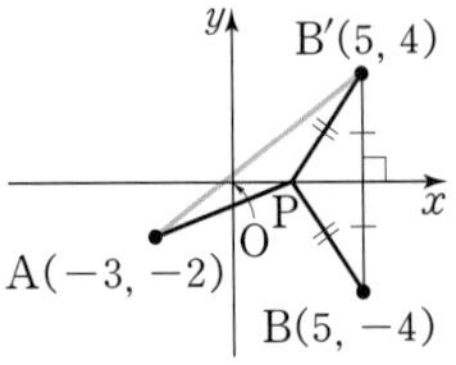

점 $B(5, -4)$를 x축에 대하여 대칭이동한 점을 B′이라 하면

$B'(5, 4)$

이때 $\overline{BP}=\overline{B'P}$이므로

$\overline{AP}+\overline{BP}=\overline{AP}+\overline{B'P}$

$\geq \overline{AB'}$

$=\sqrt{\{5-(-3)\}^2+\{4-(-2)\}^2}$

$=10$

따라서 $\overline{AP}+\overline{BP}$의 최솟값은 10이다.

324 답 $\sqrt{34}$

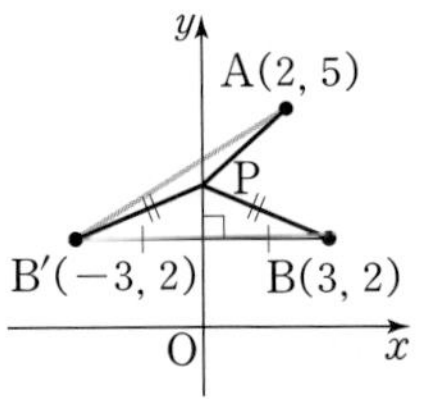

점 $B(3, 2)$를 y축에 대하여 대칭이동한 점을 B′이라 하면

$B'(-3, 2)$

이때 $\overline{BP}=\overline{B'P}$이므로

$\overline{AP}+\overline{BP}=\overline{AP}+\overline{B'P}$

$\geq \overline{AB'}$

$=\sqrt{(-3-2)^2+(2-5)^2}$

$=\sqrt{34}$

따라서 $\overline{AP}+\overline{BP}$의 최솟값은 $\sqrt{34}$이다.

325 답 $(3, 3)$, $2\sqrt{10}$

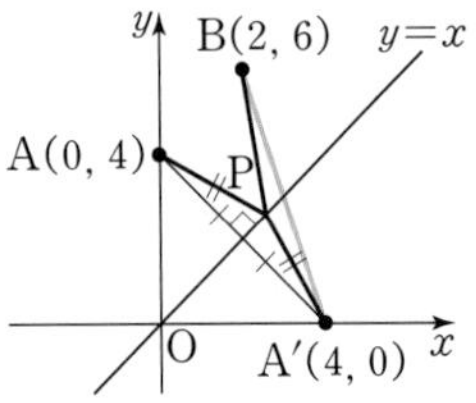

점 $A(0, 4)$를 직선 $y=x$에 대하여 대칭이동한 점을 A′이라 하면

$A'(4, 0)$

이때 $\overline{AP}=\overline{A'P}$이므로

$\overline{AP}+\overline{BP}=\overline{A'P}+\overline{BP}$

$\geq \overline{A'B}$

$=\sqrt{(2-4)^2+6^2}$

$=2\sqrt{10}$

따라서 $\overline{AP}+\overline{BP}$의 최솟값은 $2\sqrt{10}$이다.

이때 $\overline{AP}+\overline{BP}$가 최솟값을 갖도록 하는 점 P는 직선 A′B와 직선 $y=x$의 교점이다.

직선 A′B의 방정식은

$y=\dfrac{6}{2-4}(x-4)$

$\therefore y=-3x+12$

$-3x+12=x$에서 $x=3$

따라서 점 P의 좌표는 $(3, 3)$이다.

326 답 $3\sqrt{2}$

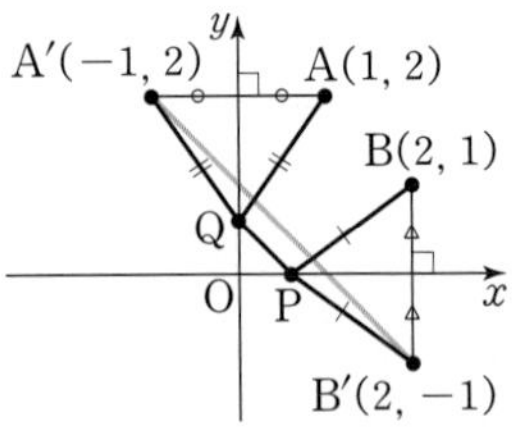

점 $A(1, 2)$를 y축에 대하여 대칭이동한 점을 A′이라 하면

$A'(-1, 2)$

점 $B(2, 1)$을 x축에 대하여 대칭이동한 점을 B′이라 하면

$B'(2, -1)$

이때 $\overline{AQ}=\overline{A'Q}$, $\overline{BP}=\overline{B'P}$이므로

$$\begin{aligned}\overline{AQ}+\overline{QP}+\overline{PB}&=\overline{A'Q}+\overline{QP}+\overline{B'P}\\&\ge\overline{A'B'}\\&=\sqrt{\{2-(-1)\}^2+(-1-2)^2}\\&=3\sqrt{2}\end{aligned}$$

따라서 $\overline{AQ}+\overline{QP}+\overline{PB}$의 최솟값은 $3\sqrt{2}$이다.

327 답 $(x+7)^2+(y-3)^2=5$

원 $(x+1)^2+(y+3)^2=5$의 중심의 좌표는

$(-1, -3)$

이 점을 점 $(-4, 0)$에 대하여 대칭이동한 점의 좌표를 (a, b)라 하면 점 $(-4, 0)$은 두 점 $(-1, -3)$, (a, b)를 이은 선분의 중점이므로

$\frac{-1+a}{2}=-4$, $\frac{-3+b}{2}=0$ $\quad\therefore a=-7, b=3$

따라서 대칭이동한 원은 중심의 좌표가 $(-7, 3)$이고 반지름의 길이가 $\sqrt{5}$인 원이므로 구하는 원의 방정식은

$(x+7)^2+(y-3)^2=5$

328 답 $a=4$, $b=9$

점 $(-2, 4)$는 두 점 $(a, -1)$, $(-8, b)$를 이은 선분의 중점이므로

$\frac{a-8}{2}=-2$, $\frac{-1+b}{2}=4$

$\therefore a=4, b=9$

329 답 $a=3$, $b=8$, $c=4$

원 $(x-4)^2+(y+a)^2=4$의 중심의 좌표는

$(4, -a)$

원 $(x+b)^2+(y-1)^2=c$의 중심의 좌표는

$(-b, 1)$

즉, 점 $(4, -a)$를 점 $(-2, -1)$에 대하여 대칭이동한 점의 좌표가 $(-b, 1)$이다.

따라서 점 $(-2, -1)$은 두 점 $(4, -a)$, $(-b, 1)$을 이은 선분의 중점이므로

$\frac{4-b}{2}=-2$, $\frac{-a+1}{2}=-1$ $\quad\therefore a=3, b=8$

또 두 원의 반지름의 길이가 같으므로

$c=4$

330 답 -1

포물선 $y=x^2-8x+17=(x-4)^2+1$의 꼭짓점의 좌표는 $(4, 1)$

즉, 점 $(4, 1)$을 점 (a, b)에 대하여 대칭이동한 점의 좌표가 $(-6, -1)$이다.

따라서 점 (a, b)는 두 점 $(4, 1)$, $(-6, -1)$을 이은 선분의 중점이므로

$\frac{4-6}{2}=a$, $\frac{1-1}{2}=b$

$\therefore a=-1, b=0$

$\therefore a+b=-1$

331 답 $(7, 1)$

점 $(-1, 5)$를 직선 $2x-y-3=0$에 대하여 대칭이동한 점의 좌표를 (a, b)라 하자.

두 점 $(-1, 5)$, (a, b)를 이은 선분의 중점 $\left(\frac{-1+a}{2}, \frac{5+b}{2}\right)$가 직선 $2x-y-3=0$ 위의 점이므로

$2\times\frac{-1+a}{2}-\frac{5+b}{2}-3=0$

$\therefore 2a-b=13 \quad\cdots\cdots ㉠$

두 점 $(-1, 5)$, (a, b)를 지나는 직선과 직선 $2x-y-3=0$, 즉 $y=2x-3$은 서로 수직이므로

$\frac{b-5}{a-(-1)}\times2=-1$

$\therefore a+2b=9 \quad\cdots\cdots ㉡$

㉠, ㉡을 연립하여 풀면 $a=7$, $b=1$

따라서 구하는 점의 좌표는 $(7, 1)$이다.

332 답 $x-3y+2=0$

직선 $y=3x$ 위의 임의의 점 $P(x, y)$를 직선 $y=-x+1$에 대하여 대칭이동한 점을 $P'(x', y')$이라 하자.

선분 PP′의 중점 $\left(\frac{x+x'}{2}, \frac{y+y'}{2}\right)$이 직선 $y=-x+1$ 위의 점이므로

$\frac{y+y'}{2}=-\frac{x+x'}{2}+1$

$\therefore x+y=-x'-y'+2 \quad\cdots\cdots ㉠$

직선 PP′과 직선 $y=-x+1$은 서로 수직이므로

$\frac{y'-y}{x'-x}\times(-1)=-1$

$\therefore x-y=x'-y' \quad\cdots\cdots ㉡$

㉠, ㉡을 연립하여 x, y에 대하여 풀면

$x=-y'+1$, $y=-x'+1$

점 P는 직선 $y=3x$ 위의 점이므로

$-x'+1=3(-y'+1)$ $\quad\therefore x'-3y'+2=0$

따라서 구하는 직선의 방정식은

$x-3y+2=0$

333 답 $a=-3,\ b=-1$

두 점 $(1,\ 1)$, $(-2,\ 0)$을 이은 선분의 중점

$\left(\frac{1-2}{2},\ \frac{1}{2}\right)$, 즉 $\left(-\frac{1}{2},\ \frac{1}{2}\right)$이 직선 $y=ax+b$ 위의 점이므로

$\frac{1}{2}=-\frac{1}{2}a+b \qquad \therefore a-2b=-1 \qquad \cdots\cdots$ ㉠

두 점 $(1,\ 1)$, $(-2,\ 0)$을 지나는 직선과 직선 $y=ax+b$는 서로 수직이므로

$\frac{-1}{-2-1}\times a=-1 \qquad \therefore a=-3$

이를 ㉠에 대입하면

$-3-2b=-1 \qquad \therefore b=-1$

334 답 $(x+2)^2+(y-3)^2=1$

원 $(x+1)^2+(y-2)^2=1$의 중심 $(-1,\ 2)$를 직선 $y=x+4$에 대하여 대칭이동한 점의 좌표를 $(a,\ b)$라 하자.

두 점 $(-1,\ 2)$, $(a,\ b)$를 이은 선분의 중점

$\left(\frac{-1+a}{2},\ \frac{2+b}{2}\right)$가 직선 $y=x+4$ 위의 점이므로

$\frac{2+b}{2}=\frac{-1+a}{2}+4 \qquad \therefore a-b=-5 \qquad \cdots\cdots$ ㉠

두 점 $(-1,\ 2)$, $(a,\ b)$를 지나는 직선과 직선 $y=x+4$는 서로 수직이므로

$\frac{b-2}{a-(-1)}\times 1=-1 \qquad \therefore a+b=1 \qquad \cdots\cdots$ ㉡

㉠, ㉡을 연립하여 풀면 $a=-2,\ b=3$

따라서 대칭이동한 원은 중심이 점 $(-2,\ 3)$이고 반지름의 길이가 1인 원이므로 구하는 원의 방정식은

$(x+2)^2+(y-3)^2=1$

연습문제 152~154쪽

335 답 ①

점 P$(2,\ 1)$을 x축에 대하여 대칭이동한 점 Q의 좌표는 $(2,\ -1)$

점 P$(2,\ 1)$을 원점에 대하여 대칭이동한 점 R의 좌표는 $(-2,\ -1)$

따라서 오른쪽 그림과 같이 세 점 P, Q, R를 꼭짓점으로 하는 삼각형 PQR의 넓이는

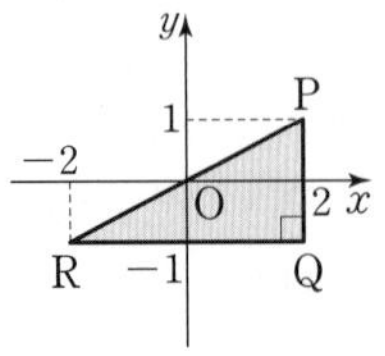

$\frac{1}{2}\times\overline{RQ}\times\overline{PQ}$

$=\frac{1}{2}\times\{2-(-2)\}\times\{1-(-1)\}=4$

336 답 $y=-3x-1$

직선 $y=3x-2$를 직선 $y=x$에 대하여 대칭이동한 직선의 방정식은

$x=3y-2 \qquad \therefore y=\frac{1}{3}x+\frac{2}{3}$

이 직선과 수직인 직선의 기울기는 -3이므로 기울기가 -3이고 점 $(-2,\ 5)$를 지나는 직선의 방정식은

$y-5=-3\{x-(-2)\}$

$\therefore y=-3x-1$

337 답 2

포물선 $y=x^2+2mx+m^2-6=(x+m)^2-6$의 꼭짓점의 좌표는

$(-m,\ -6)$

이 점을 원점에 대하여 대칭이동한 점 $(m,\ 6)$이 점 $(-4,\ a)$와 일치하므로

$m=-4,\ a=6$

$\therefore a+m=2$

338 답 ②

원 $(x+1)^2+(y-2)^2=5$를 직선 $y=x$에 대하여 대칭이동한 원의 방정식은

$(x-2)^2+(y+1)^2=5$

이 원을 x축의 방향으로 -5만큼, y축의 방향으로 3만큼 평행이동한 원의 방정식은

$(x+5-2)^2+(y-3+1)^2=5$

$\therefore (x+3)^2+(y-2)^2=5 \qquad \cdots\cdots$ ㉠

$y=0$을 ㉠에 대입하면

$(x+3)^2+(-2)^2=5,\ (x+3)^2=1$

$x+3=\pm 1 \qquad \therefore x=-4$ 또는 $x=-2$

즉, 원 ㉠이 x축과 만나는 두 점의 좌표는 $(-4,\ 0)$, $(-2,\ 0)$이므로 구하는 거리는

$|-2-(-4)|=2$

339 답 ③

점 B$(4,\ 1)$을 x축에 대하여 대칭이동한 점을 B$'$이라 하면

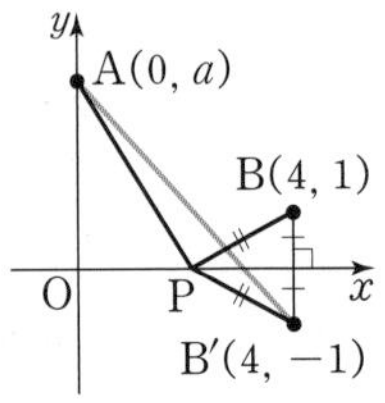

B$'(4,\ -1)$

이때 $\overline{BP}=\overline{B'P}$이므로

$\overline{AP}+\overline{BP}=\overline{AP}+\overline{B'P}$

$\geq\overline{AB'}$

$=\sqrt{4^2+(-1-a)^2}$

$=\sqrt{a^2+2a+17}$

따라서 $\overline{AP}+\overline{BP}$의 최솟값은 $\sqrt{a^2+2a+17}$이므로
$\sqrt{a^2+2a+17}=4\sqrt{2}$
양변을 제곱하면
$a^2+2a+17=32$, $a^2+2a-15=0$
$(a+5)(a-3)=0$
$\therefore a=3$ ($\because a>0$)

340 답 8
포물선 $y=x^2-8x+2=(x-4)^2-14$의 꼭짓점의 좌표는
$(4, -14)$
포물선 $y=-x^2+16x-54=-(x-8)^2+10$의 꼭짓점의 좌표는
$(8, 10)$
즉, 점 $(4, -14)$를 점 (a, b)에 대하여 대칭이동한 점의 좌표가 $(8, 10)$이다.
따라서 점 (a, b)는 두 점 $(4, -14)$, $(8, 10)$을 이은 선분의 중점이므로
$\frac{4+8}{2}=a$, $\frac{-14+10}{2}=b$ $\quad\therefore a=6, b=-2$
$\therefore a-b=8$

341 답 ①
$x^2+y^2-8x-4y+11=0$에서
$(x-4)^2+(y-2)^2=9$
$x^2+y^2+8x+c=0$에서
$(x+4)^2+y^2=16-c$
두 원의 반지름의 길이가 같으므로
$9=16-c$ $\quad\therefore c=7$
두 원의 중심 $(4, 2)$, $(-4, 0)$을 이은 선분의 중점의 좌표는
$\left(\frac{4-4}{2}, \frac{2}{2}\right)$ $\quad\therefore (0, 1)$
이 점이 직선 $y=ax+b$ 위의 점이므로
$b=1$
두 점 $(4, 2)$, $(-4, 0)$을 지나는 직선과 직선 $y=ax+b$는 서로 수직이므로
$\frac{-2}{-4-4}\times a=-1$ $\quad\therefore a=-4$
$\therefore a+b+c=4$

342 답 (1) $a>0$, $b<0$ (2) 제1사분면
(1) 점 (a, b)를 y축에 대하여 대칭이동한 점의 좌표는
$(-a, b)$ ▸▸▸▸▸▸ ❶
이 점이 제3사분면 위에 있으므로
$-a<0$, $b<0$
$\therefore a>0$, $b<0$ ▸▸▸▸▸▸ ❷
(2) 점 $(a-b, ab)$를 x축에 대하여 대칭이동한 점의 좌표는
$(a-b, -ab)$ ▸▸▸▸▸▸ ❸
이때 $a>0$, $b<0$이므로
$a-b>0$, $-ab>0$
따라서 점 $(a-b, -ab)$가 속하는 사분면은 제1사분면이다. ▸▸▸▸▸▸ ❹

단계	채점 기준	비율
❶	점 (a, b)를 y축에 대하여 대칭이동한 점의 좌표 구하기	20 %
❷	a, b의 부호 구하기	30 %
❸	점 $(a-b, ab)$를 x축에 대하여 대칭이동한 점의 좌표 구하기	20 %
❹	점 $(a-b, ab)$를 x축에 대하여 대칭이동한 점이 속하는 사분면 구하기	30 %

343 답 -2
직선 $x-2y+k=0$을 원점에 대하여 대칭이동한 직선의 방정식은
$-x-2(-y)+k=0$ $\quad\therefore x-2y-k=0$
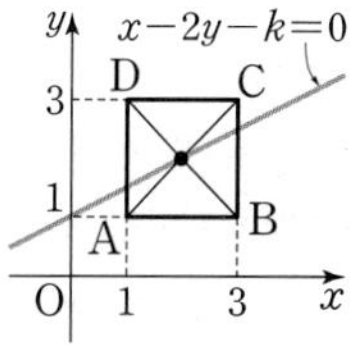

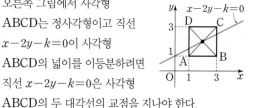

오른쪽 그림에서 사각형 ABCD는 정사각형이고 직선 $x-2y-k=0$이 사각형 ABCD의 넓이를 이등분하려면 직선 $x-2y-k=0$은 사각형 ABCD의 두 대각선의 교점을 지나야 한다.
이때 두 대각선의 교점은 선분 AC의 중점이므로 그 좌표는
$\left(\frac{1+3}{2}, \frac{1+3}{2}\right)$ $\quad\therefore (2, 2)$
따라서 직선 $x-2y-k=0$이 점 $(2, 2)$를 지나야 하므로
$2-4-k=0$ $\quad\therefore k=-2$

344 답 4
직선 $2x+y+k=0$을 y축에 대하여 대칭이동한 직선의 방정식은
$-2x+y+k=0$
$\therefore 2x-y-k=0$

이 직선을 x축의 방향으로 1만큼, y축의 방향으로 -2만큼 평행이동한 직선 l'의 방정식은

$2(x-1)-(y+2)-k=0$

$\therefore\ 2x-y-k-4=0$

두 직선 l, l'의 방정식을 연립하여 풀면

$x=1$, $y=-k-2$

즉, 두 직선 l, l'의 교점의 좌표는

$(1,\ -k-2)$

이때 $k>0$이므로 두 직선 l, l'은 오른쪽 그림과 같고 x축과 두 직선 l, l'으로 둘러싸인 삼각형의 넓이가 18이므로

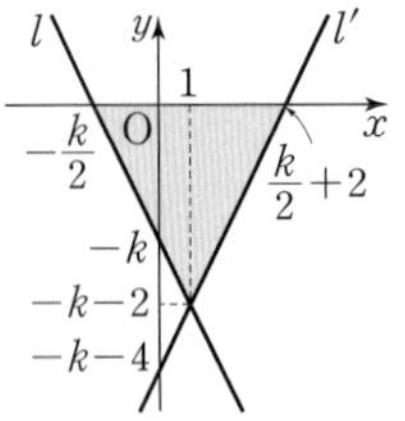

$\frac{1}{2}\times\left\{\frac{k}{2}+2-\left(-\frac{k}{2}\right)\right\}\times(k+2)=18$

$(k+2)^2=36$, $k+2=\pm6$

$\therefore\ k=-8$ 또는 $k=4$

따라서 구하는 양수 k의 값은 4이다.

345 답 ①

직선 $y=-\frac{1}{2}x-3$을 x축의 방향으로 a만큼 평행이동한 직선의 방정식은

$y=-\frac{1}{2}(x-a)-3$

$\therefore\ y=-\frac{1}{2}x+\frac{a}{2}-3$

이 직선을 직선 $y=x$에 대하여 대칭이동한 직선 l의 방정식은

$x=-\frac{1}{2}y+\frac{a}{2}-3\qquad\therefore\ 2x+y-a+6=0$

직선 l이 원 $(x+1)^2+(y-3)^2=5$와 접하려면 원의 중심 $(-1,\ 3)$과 직선 l 사이의 거리가 반지름의 길이 $\sqrt{5}$와 같아야 하므로

$\frac{|-2+3-a+6|}{\sqrt{2^2+1^2}}=\sqrt{5}$

$|-a+7|=5$, $-a+7=\pm5$

$\therefore\ a=2$ 또는 $a=12$

따라서 구하는 합은

$2+12=14$

346 답 ②

중심이 점 $(4,\ 2)$이고 반지름의 길이가 2인 원 O_1의 방정식은

$(x-4)^2+(y-2)^2=4$

원 O_1을 직선 $y=x$에 대하여 대칭이동한 원의 방정식은

$(x-2)^2+(y-4)^2=4$

이 원을 y축의 방향으로 a만큼 평행이동한 원 O_2의 방정식은

$(x-2)^2+(y-a-4)^2=4$

오른쪽 그림과 같이 두 원 O_1, O_2의 중심을 각각 C, D라 하면 두 원 O_1, O_2의 반지름의 길이가 같으므로 사각형 ACBD는 마름모이다.

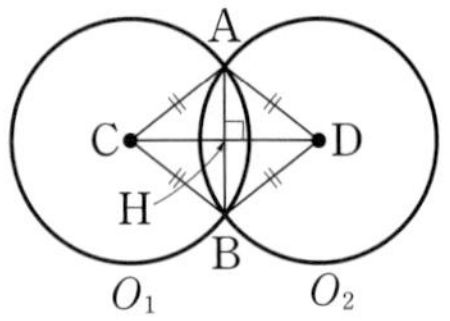

따라서 $\overline{AB}$와 $\overline{CD}$는 서로를 수직이등분하므로 $\overline{AB}$와 $\overline{CD}$가 만나는 점을 H라 하면

$\overline{AH}=\frac{1}{2}\overline{AB}=\frac{1}{2}\times2\sqrt{3}=\sqrt{3}$

이때 삼각형 ACH는 $\angle AHC=90^\circ$인 직각삼각형이고 $\overline{AC}=2$이므로 직각삼각형 ACH에서

$\overline{CH}=\sqrt{\overline{AC}^2-\overline{AH}^2}$

$=\sqrt{2^2-(\sqrt{3})^2}=1$

$\therefore\ \overline{CD}=2\overline{CH}=2\times1=2$

이때 $C(4,\ 2)$, $D(2,\ a+4)$이므로

$\sqrt{(2-4)^2+\{(a+4)-2\}^2}=2$

$\sqrt{a^2+4a+8}=2$

양변을 제곱하면

$a^2+4a+8=4$, $a^2+4a+4=0$

$(a+2)^2=0$

$\therefore\ a=-2$

347 답 $2\sqrt{29}$

점 $A(7,\ 3)$을 직선 $y=x$에 대하여 대칭이동한 점을 A', x축에 대하여 대칭이동한 점을 A''이라 하면

$A'(3,\ 7)$, $A''(7,\ -3)$

이때 $\overline{AB}=\overline{A'B}$, $\overline{CA}=\overline{CA''}$이므로 삼각형 ABC의 둘레의 길이는

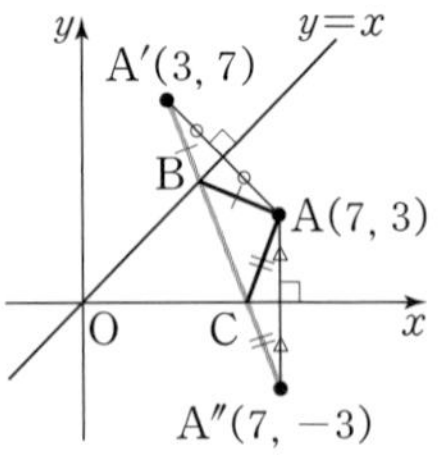

$\overline{AB}+\overline{BC}+\overline{CA}$

$=\overline{A'B}+\overline{BC}+\overline{CA''}$

$\geq\overline{A'A''}$

$=\sqrt{(7-3)^2+(-3-7)^2}$

$=2\sqrt{29}$

따라서 삼각형 ABC의 둘레의 길이의 최솟값은 $2\sqrt{29}$이다.

348 답 14

직선 $y=2x+5$ 위의 임의의 점 $P(x, y)$를 점 $(-1, 4)$에 대하여 대칭이동한 점을 $P'(x', y')$이라 하면 선분 PP'의 중점이 점 $(-1, 4)$이므로

$\frac{x+x'}{2}=-1$, $\frac{y+y'}{2}=4$

$\therefore x=-2-x'$, $y=8-y'$

이를 $y=2x+5$에 대입하면

$8-y'=2(-2-x')+5$ $\quad\therefore y'=2x'+7$

따라서 대칭이동한 직선의 방정식은 $y=2x+7$이므로

$a=2$, $b=7$

$\therefore ab=14$

349 답 $\sqrt{5}$

| 접근 방법 | 점 P를 주어진 방법대로 이동한 점을 차례대로 구하여 규칙을 찾는다.

점 $P(1, -3)$을 x축에 대하여 대칭이동한 점 P_1의 좌표는

$(1, 3)$

점 P_1을 원점에 대하여 대칭이동한 점 P_2의 좌표는

$(-1, -3)$

점 P_2를 x축에 대하여 대칭이동한 점 P_3의 좌표는

$(-1, 3)$

점 P_3을 원점에 대하여 대칭이동한 점 P_4의 좌표는

$(1, -3)$

점 P_4를 x축에 대하여 대칭이동한 점 P_5의 좌표는

$(1, 3)$

⋮

즉, 점 P_1, P_2, P_3, P_4, ...의 좌표는 $(1, 3)$, $(-1, -3)$, $(-1, 3)$, $(1, -3)$이 이 순서대로 반복된다. ▸▸▸▸▸▸ ❶

이때 $103=4\times25+3$에서 점 P_{103}의 좌표는 점 P_3의 좌표와 같으므로

$P_{103}(-1, 3)$ ▸▸▸▸▸▸ ❷

따라서 점 P_{103}과 직선 $x+2y=0$ 사이의 거리는

$\frac{|-1+6|}{\sqrt{1^2+2^2}}=\sqrt{5}$ ▸▸▸▸▸▸ ❸

단계	채점 기준	비율
❶	점 P_1, P_2, P_3, P_4, ...의 좌표의 규칙 찾기	50 %
❷	점 P_{103}의 좌표 구하기	40 %
❸	점 P_{103}과 직선 $x+2y=0$ 사이의 거리 구하기	10 %

350 답 ④

| 접근 방법 | $f(x, y)=0$에 x, y 대신 각각 어떤 식을 대입하면 $f(x+1, -y)=0$이 되는지 생각해 본다.

$f(x, y)=0 \longrightarrow f(x+1, y)=0 \longrightarrow f(x+1, -y)=0$

따라서 방정식 $f(x+1, -y)=0$이 나타내는 도형은 방정식 $f(x, y)=0$이 나타내는 도형을 x축의 방향으로 -1만큼 평행이동한 후 x축에 대하여 대칭이동한 것과 같으므로 ④이다.

| 다른 풀이 |

$f(x, y)=0 \longrightarrow f(x, -y)=0 \longrightarrow f(x+1, -y)=0$

따라서 방정식 $f(x+1, -y)=0$이 나타내는 도형은 방정식 $f(x, y)=0$이 나타내는 도형을 x축에 대하여 대칭이동한 후 x축의 방향으로 -1만큼 평행이동한 것과 같으므로 ④이다.

351 답 ③

| 접근 방법 | 점 B에서 일정한 거리에 있는 점 P가 어떤 도형 위의 점인지 파악한다.

$B(5, 4)$에 대하여 $\overline{BP}=3$인 점 P는 중심이 점 $(5, 4)$이고 반지름의 길이가 3인 원 위의 점이다.

즉, 구하는 최솟값은 점 A와 원 $(x-5)^2+(y-4)^2=9$ 위의 점 P, x축 위의 점 Q에 대하여 $\overline{AQ}+\overline{QP}$의 최솟값과 같다.

점 $A(-3, 2)$를 x축에 대하여 대칭이동한 점을 A'이라 하면

$A'(-3, -2)$

$\overline{AQ}=\overline{A'Q}$이므로

$\overline{AQ}+\overline{QP}=\overline{A'Q}+\overline{QP}$

이때 $\overline{A'Q}+\overline{QP}$는 다음 그림과 같이 두 점 P, Q가 선분 $A'B$ 위에 있을 때 최솟값을 갖는다.

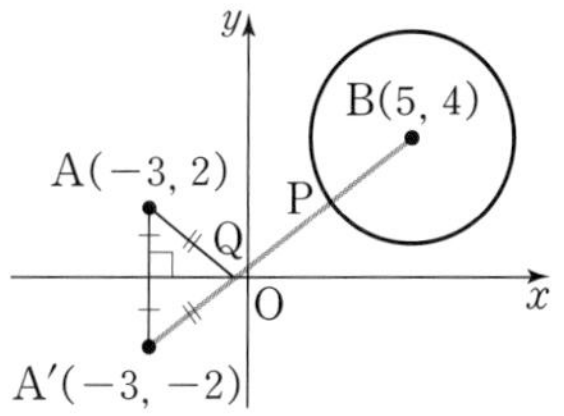

$\therefore \overline{AQ}+\overline{QP}=\overline{A'Q}+\overline{QP}$
$\geq \overline{A'B}-\overline{BP}$
$=\sqrt{\{5-(-3)\}^2+\{4-(-2)\}^2}-3$
$=10-3=7$

따라서 $\overline{AQ}+\overline{QP}$의 최솟값은 7이다.

Ⅱ. 집합과 명제

Ⅱ-1. 집합의 뜻과 집합 사이의 포함 관계

01 집합의 뜻과 집합 사이의 포함 관계

개념 확인 157쪽

352 답 (1) **1, 2, 3, 4, 5** (2) **1, 3, 5, 7, 9**

353 답 (1) $\boldsymbol{A=\{3, 6, 9, 12\}}$

(2) 예 $\boldsymbol{A=\{x\,|\,x}$**는 12 이하의 3의 양의 배수**$\boldsymbol{\}}$

(3)

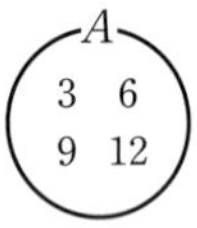

354 답 (1) ㄱ, ㄹ (2) ㄴ, ㄷ (3) ㄹ

ㄱ. $A=\{1, 3, 9\}$ ➡ 유한집합

ㄴ. $B=\{10, 20, 30, 40, \dots\}$ ➡ 무한집합

ㄷ. $C=\{8, 10, 12, 14, \dots\}$ ➡ 무한집합

ㄹ. 1보다 작은 자연수는 존재하지 않는다.
➡ 공집합, 유한집합

유제 159~165쪽

355 답 ㄷ, ㅂ

ㄱ, ㄴ, ㄹ, ㅁ. '많은', '가까운', '잘하는', '무서운'은 기준이 명확하지 않아 대상을 분명하게 정할 수 없으므로 집합이 아니다.

ㄷ. 원소가 12, 18, 24, 30, ...인 집합이다.

ㅂ. 원소가 1인 집합이다.

따라서 보기에서 집합인 것은 ㄷ, ㅂ이다.

356 답 ③

$A=\{2, 7, 12, 17, \dots\}$

① 6은 집합 A의 원소가 아니므로 $6\notin A$

② 7은 집합 A의 원소이므로 $7\in A$

③ 8은 집합 A의 원소가 아니므로 $8\notin A$

④ 10은 집합 A의 원소가 아니므로 $10\notin A$

⑤ 12는 집합 A의 원소이므로 $12\in A$

따라서 옳지 않은 것은 ③이다.

357 답 ④

① 원소가 1, 2, 3, 4, ...인 집합이다.

② 원소가 2, 4, 6, 8, ..., 18인 집합이다.

③ 원소가 5, 15, 25, 35, ...인 집합이다.

④ '쉬운'은 기준이 명확하지 않아 대상을 분명하게 정할 수 없으므로 집합이 아니다.

⑤ 12월에 태어난 학생은 대상을 분명하게 정할 수 있으므로 집합이다.

따라서 집합이 아닌 것은 ④이다.

358 답 ㄴ, ㄷ, ㄹ

$x^3-2x^2-3x=0$에서

$x(x+1)(x-3)=0$

$\therefore x=-1$ 또는 $x=0$ 또는 $x=3$

$\therefore A=\{-1, 0, 3\}$

ㄱ. -1은 집합 A의 원소이므로 $-1\in A$

ㄴ. 0은 집합 A의 원소이므로 $0\in A$

ㄷ. 1은 집합 A의 원소가 아니므로 $1\notin A$

ㄹ. 3은 집합 A의 원소이므로 $3\in A$

따라서 보기에서 옳은 것은 ㄴ, ㄷ, ㄹ이다.

359 답 $\boldsymbol{A=\{-1, 4\}}$

$x^2-3x-4=0$에서 $(x+1)(x-4)=0$

$\therefore x=-1$ 또는 $x=4$

$\therefore A=\{-1, 4\}$

360 답 예 $\boldsymbol{A=\{x\,|\,x=4k-3,\ k}$**는 13 이하의 자연수**$\boldsymbol{\}}$

361 답 **원소나열법:** $\boldsymbol{A=\{3, 6, 9\}}$

조건제시법:

예 $\boldsymbol{A=\{x\,|\,x}$**는 9 이하의 3의 양의 배수**$\boldsymbol{\}}$

362 답 ④

①, ②, ③, ⑤ $\{1, 2, 3, 4, \dots, 8\}$

④ $\{2, 3, 4, 5, 6, 7, 8\}$

따라서 집합 $\{1, 2, 3, 4, \dots, 8\}$을 조건제시법으로 나타낸 것으로 옳지 않은 것은 ④이다.

363 답 $\boldsymbol{C=\{-3, -2, -1, 0, 1\}}$

집합 A의 원소 a와 집합 B의 원소 b에 대하여 $a-b$의 값은 오른쪽 표와 같으므로

a \ b	1	2	3
0	-1	-2	-3
2	1	0	-1

$C=\{-3, -2, -1, 0, 1\}$

364 답 3

ㄱ. 집합 $A=\{100, 101, 102, 103, \dots, 999\}$는 유한 집합이다.

ㄴ. 3으로 나누어떨어지는 양수는 3의 양의 배수이므로 $B=\{3, 6, 9, 12, \dots\}$
즉, 집합 B는 무한집합이다.

ㄷ. 9의 양의 약수는 1, 3, 9이고 이 중 짝수는 없으므로 집합 C는 공집합이다.

ㄹ. 5와 7의 양의 공배수는 35의 양의 배수와 같으므로 $D=\{35, 70, 105, 140, \dots\}$
즉, 집합 D는 무한집합이다.

ㅁ. $x^2-3x<0$에서 $x(x-3)<0$
$\therefore 0<x<3$
이를 만족시키는 유리수 x는 무수히 많으므로 집합 E는 무한집합이다.

따라서 보기에서 무한집합인 것은 ㄴ, ㄹ, ㅁ의 3개이다.

365 답 9

집합 A의 원소 a와 b에 대하여 ab의 값은 오른쪽 표와 같으므로

$a \backslash b$	-1	1	3
-1	1	-1	-3
1	-1	1	3
3	-3	3	9

$B=\{-3, -1, 1, 3, 9\}$
따라서 집합 B의 모든 원소의 합은
$-3+(-1)+1+3+9=9$

366 답 ④

① 주어진 집합의 원소는 1개이므로 공집합이 아니다.
② 두 자리 소수는 11, 13, 17, 19, …, 97이므로 주어진 집합은 공집합이 아니다.
③ 주어진 집합의 원소는 7, 14, 21, 28, …이므로 공집합이 아니다. ◀ 무한집합이다.
④ $3<x<4$를 만족시키는 정수는 없으므로 주어진 집합은 공집합이다.
⑤ 주어진 집합의 원소는 -1, 1이므로 공집합이 아니다.

따라서 공집합인 것은 ④이다.

367 답 ㄷ, ㄹ

ㄱ. $n(\{0\})=1$

ㄴ. $n(\{3, 4, 5\})=3$, $n(\{3, 4\})=2$이므로
$n(\{3, 4, 5\})-n(\{3, 4\})=1$

ㄷ. $A=\varnothing$이므로 $n(A)=0$

ㄹ. $A=\{1, 5, 25\}$이므로 $n(A)=3$
이때 $n(B)=3$이므로 $n(A)=n(B)$

ㅁ. $n(A)=4$, $n(B)=4$이므로 $n(A)=n(B)$

따라서 보기에서 옳은 것은 ㄷ, ㄹ이다.

368 답 ⑤

① $n(\varnothing)=0$
② $n(\{0\})=1$, $n(\{1\})=1$이므로
$n(\{0\})=n(\{1\})$
③ $n(\{0, 1, 2\})=3$
④ $n(\{x|x$는 16의 양의 약수$\})$
$=n(\{1, 2, 4, 8, 16\})=5$
⑤ $n(\{x|0<x<100, x$는 5의 배수$\})$
$=n(\{5, 10, 15, 20, \dots, 95\})=19$

따라서 옳은 것은 ⑤이다.

369 답 10

$A=\{0, 1, 2, 3, 4, 5, 6, 7\}$이므로 $n(A)=8$
이차방정식 $x^2-x+1=0$의 판별식을 D라 하면
$D=(-1)^2-4=-3<0$
따라서 이차방정식 $x^2-x+1=0$을 만족시키는 실수 x는 존재하지 않으므로 $n(B)=0$
이때 $n(C)=2$이므로
$n(A)+n(B)+n(C)=10$

370 답 9

집합 A의 원소 a와 b에 대하여 $a+b$의 값은 오른쪽 표와 같으므로

$a \backslash b$	0	1	2
0	0	1	2
1	1	2	3
2	2	3	4

$B=\{0, 1, 2, 3, 4\}$
$\therefore n(B)=5$

ab의 값은 오른쪽 표와 같으므로

$a \backslash b$	0	1	2
0	0	0	0
1	0	1	2
2	0	2	4

$C=\{0, 1, 2, 4\}$
$\therefore n(C)=4$
$\therefore n(B)+n(C)=9$

개념 확인 167쪽

371 답 (1) $\not\subset$, $\subset$ (2) $\subset$, $\not\subset$

(1) $A=\{3, 6, 9, 12, \dots\}$, $B=\{6, 12, 18, 24, \dots\}$이므로
$A\not\subset B$, $B\subset A$

(2) 모든 정사각형은 마름모이므로 $A\subset B$

오른쪽 그림과 같은 마름모는 정사각형이 아니므로

$B\not\subset A$

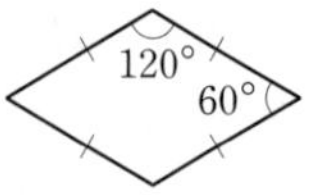

372 답 (1) $=$ (2) $\neq$

(1) $B=\{1, 3, 5\}$이므로 $A=B$

(2) $B=\{1, 3, 7, 21\}$이므로 $A\neq B$

373 답 ㄱ, ㄷ

ㄱ. $A\subset B$, $A\neq B$이므로 A는 B의 진부분집합이다.

ㄴ. $A=\{2, 3, 5, 7\}$, $B=\{2, 4, 6, 8\}$이므로

$A\not\subset B$

따라서 A는 B의 진부분집합이 아니다.

ㄷ. $B=\{2, 3, 4\}$이므로 $A\subset B$, $A\neq B$

따라서 A는 B의 진부분집합이다.

따라서 보기에서 A가 B의 진부분집합인 것은 ㄱ, ㄷ 이다.

유제 169쪽

374 답 ③

① $\varnothing$은 집합 A의 원소가 아니므로 $\varnothing\notin A$

② c는 집합 A의 원소가 아니므로 $c\notin A$

③ a, b는 집합 A의 원소이므로 $\{a, b\}\subset A$

④ $\{b, c\}$는 집합 A의 원소이므로 $\{b, c\}\in A$

⑤ a, b, $\{a\}$는 집합 A의 원소이므로

$\{a, b, \{a\}\}\subset A$

따라서 옳은 것은 ③이다.

375 답 (1) **2** (2) **-1**

(1) $A\subset B$이면 $-1\in A$에서 $-1\in B$이므로

$a^2-a-3=-1$, $a^2-a-2=0$

$(a+1)(a-2)=0$

$\therefore a=-1$ 또는 $a=2$

따라서 양수 a의 값은 2이다.

(2) $A=B$이면 $4\in B$에서 $4\in A$이므로

$a^2-3a=4$, $a^2-3a-4=0$

$(a+1)(a-4)=0$

$\therefore a=-1$ 또는 $a=4$

(ⅰ) $a=-1$일 때

$A=\{-2, 4, 8\}$, $B=\{-2, 4, 8\}$

$\therefore A=B$

(ⅱ) $a=4$일 때

$A=\{-2, 4, 8\}$, $B=\{3, 4, 8\}$

$\therefore A\neq B$

(ⅰ), (ⅱ)에서 $a=-1$

376 답 ④

$A=\{1, 2, 3, 4, 6, 12\}$

① $\varnothing$은 집합 A의 부분집합이므로 $\varnothing\subset A$

② 3, 4는 집합 A의 원소이므로 $\{3, 4\}\subset A$

③ 10은 집합 A의 원소가 아니므로 $10\notin A$

④ 1, 6, 12는 집합 A의 원소이므로 $\{1, 6, 12\}\subset A$

⑤ 5는 집합 A의 원소가 아니므로 $\{2, 5, 12\}\not\subset A$

따라서 옳은 것은 ④이다.

377 답 **6**

$x^2-5x-6\leq 0$에서 $(x+1)(x-6)\leq 0$

$\therefore -1\leq x\leq 6$

$A\subset B$가 성립하도록 두 집합 A, B를 수직선 위에 나타내면 오른쪽 그림과 같으므로

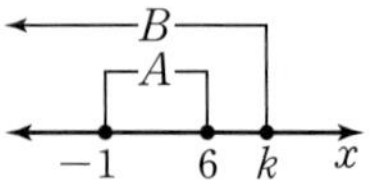

$k\geq 6$

따라서 상수 k의 최솟값은 6이다.

개념 확인 171쪽

378 답 (1) **32** (2) **31**

(1) $2^5=32$

(2) $2^5-1=32-1=31$

379 답 (1) **4** (2) **8** (3) **4**

(1) $2^{4-2}=2^2=4$

(2) $2^{4-1}=2^3=8$

(3) $2^{4-1-1}=2^2=4$

유제 173쪽

380 답 (1) **32** (2) **24**

(1) $A=\{1, 2, 3, 4, 5, 6, 7, 8, 9\}$

3의 배수는 3, 6, 9의 3개이고 5의 배수는 5의 1개이므로 구하는 부분집합의 개수는

$2^{9-3-1}=2^5=32$

(2) 집합 A의 부분집합의 개수는 $2^5=32$

집합 A의 부분집합 중에서 짝수 2, 4를 원소로 갖지 않는 부분집합의 개수는 $2^{5-2}=2^3=8$

따라서 구하는 부분집합의 개수는

$32-8=24$

381 답 8

$(x-2)(x-4)=0$에서 $x=2$ 또는 $x=4$

$\therefore A=\{2, 4\}$

이때 $B=\{1, 2, 4, 8, 16\}$이고 집합 X의 개수는 집합 B의 부분집합 중에서 2, 4를 반드시 원소로 갖는 부분집합의 개수와 같으므로

$2^{5-2}=2^3=8$

382 답 16

부분집합 X의 개수는 집합 A의 부분집합 중에서 a, c는 반드시 원소로 갖고 g는 원소로 갖지 않는 부분집합의 개수와 같으므로

$2^{7-2-1}=2^4=16$

383 답 6

집합 X의 개수는 집합 B의 부분집합 중에서 1, 2를 반드시 원소로 갖는 부분집합의 개수와 같으므로

2^{n-2}

즉, $2^{n-2}=16$이므로 $2^{n-2}=2^4$

$n-2=4 \qquad \therefore n=6$

연습문제 174~176쪽

384 답 ②

ㄱ, ㄴ, ㄹ. '높은', '멋있는', '가까운'은 기준이 명확하지 않아 대상을 분명하게 정할 수 없으므로 집합이 아니다.

ㄷ. 우리 학교 1학년 학생의 모임은 대상을 분명하게 정할 수 있으므로 집합이다.

ㅁ. 원소가 4, 5, 6, 7, ...인 집합이다.

따라서 보기에서 집합인 것은 ㄷ, ㅁ의 2개이다.

385 답 ⑤

집합 A는 2와 3만을 반드시 소인수로 갖는 자연수의 집합이다.

① $6=2\times3$이므로 $6\in A$

② $12=2^2\times3$이므로 $12\in A$

③ $16=2^4$이므로 $16\notin A$

④ $28=2^2\times7$이므로 $28\notin A$

⑤ $30=2\times3\times5$이므로 $30\notin A$

따라서 옳은 것은 ⑤이다.

386 답 11

$X=\{4, 8, 12, 16\}$이므로 $n(X)=4$ ▸▸▸▸▸▸ ❶

$2x^3-5x^2-3x=0$에서 $x(2x+1)(x-3)=0$

$\therefore x=-\frac{1}{2}$ 또는 $x=0$ 또는 $x=3$

이때 x는 정수이므로

$Y=\{0, 3\} \qquad \therefore n(Y)=2$ ▸▸▸▸▸▸ ❷

$Z=\{3, 5, 7, 11, 13\}$이므로 $n(Z)=5$ ▸▸▸▸▸▸ ❸

$\therefore n(X)+n(Y)+n(Z)=11$ ▸▸▸▸▸▸ ❹

단계	채점 기준	비율
❶	$n(X)$ 구하기	30 %
❷	$n(Y)$ 구하기	30 %
❸	$n(Z)$ 구하기	30 %
❹	$n(X)+n(Y)+n(Z)$의 값 구하기	10 %

387 답 ⑤

①, ② $\varnothing$, $\{\varnothing\}$은 집합 A의 원소이므로 $\{\varnothing\}\subset A$, $\{\varnothing\}\in A$

③ 0은 집합 A의 원소가 아니므로 $0\notin A$

④ -1은 집합 A의 원소이므로 $\{-1\}\subset A$

⑤ -1, $\{-1, 0\}$은 집합 A의 원소이므로 $\{-1, \{-1, 0\}\}\subset A$

따라서 옳지 않은 것은 ⑤이다.

388 답 5

$(x-5)(x-a)=0$에서 $x=5$ 또는 $x=a$

$A\subset B$이려면 $a=-3$ 또는 $a=5$

따라서 양수 a의 값은 5이다.

389 답 3

$A\subset B$이고 $B\subset A$이면 $A=B$

$A=B$이면 $1\in A$에서 $1\in B$이므로

$3a+2b=1$ ······ ㉠

또 $-4\in B$에서 $-4\in A$이므로

$2a-b=-4$ ······ ㉡

㉠, ㉡을 연립하여 풀면 $a=-1$, $b=2$

$\therefore b-a=3$

390 답 ③

$A=\{0, 1, 2, 3, 4, 5, 6\}$

따라서 집합 A의 부분집합 중에서 0은 반드시 원소로 갖고 홀수 1, 3, 5는 원소로 갖지 않는 부분집합의 개수는 $2^{7-1-3}=2^3=8$

391 답 **15**

집합 X의 개수는 집합 B의 부분집합 중에서 a, c를 반드시 원소로 갖는 부분집합의 개수와 같으므로

$2^{6-2}=2^4=16$

이때 $X \neq B$이려면 집합 B는 제외해야 하므로 구하는 집합 X의 개수는

$16-1=15$

392 답 **−1**

집합 A의 원소 a와 집합 B의 원소 b에 대하여 $\frac{b}{a}$의 값은 오른쪽 표와 같으므로

a \ b	1	3
−1	−1	−3
1	1	3

$A \otimes B=\{-3, -1, 1, 3\}$ ▸▸▸▸▸▸ ❶

집합 B의 원소 b와 집합 $A \otimes B$의 원소 c에 대하여 $\frac{c}{b}$의 값은 오른쪽 표와 같으므로

b \ c	−3	−1	1	3
1	−3	−1	1	3
3	−1	$-\frac{1}{3}$	$\frac{1}{3}$	1

$B \otimes (A \otimes B)=\left\{-3, -1, -\frac{1}{3}, \frac{1}{3}, 1, 3\right\}$

▸▸▸▸▸▸ ❷

따라서 집합 $B \otimes (A \otimes B)$의 모든 원소의 곱은

$-3 \times (-1) \times \left(-\frac{1}{3}\right) \times \frac{1}{3} \times 1 \times 3=-1$ ▸▸▸▸▸▸ ❸

단계	채점 기준	비율
❶	집합 $A \otimes B$ 구하기	40 %
❷	집합 $B \otimes (A \otimes B)$ 구하기	40 %
❸	집합 $B \otimes (A \otimes B)$의 모든 원소의 곱 구하기	20 %

393 답 **12**

$|x|+|y|=3$을 만족시키는 정수 x, y의 순서쌍 (x, y)는

(i) $|x|=0$, $|y|=3$일 때

$x=0$, $y=\pm 3$이므로

$(0, 3)$, $(0, -3)$

(ii) $|x|=1$, $|y|=2$일 때

$x=\pm 1$, $y=\pm 2$이므로

$(-1, -2)$, $(-1, 2)$, $(1, -2)$, $(1, 2)$

(iii) $|x|=2$, $|y|=1$일 때

$x=\pm 2$, $y=\pm 1$이므로

$(-2, -1)$, $(-2, 1)$, $(2, -1)$, $(2, 1)$

(iv) $|x|=3$, $|y|=0$일 때

$x=\pm 3$, $y=0$이므로

$(3, 0)$, $(-3, 0)$

(i)~(iv)에서 정수 x, y의 순서쌍 (x, y)의 개수는

$2+4+4+2=12$

$\therefore n(X)=12$

394 답 **15**

$n(A)=0$이려면 집합 A는 공집합이어야 하므로 $k \le x < 10$인 5의 배수 x가 존재하지 않아야 한다.

$\therefore 5 < k < 10$

따라서 자연수 k의 최댓값은 9, 최솟값은 6이므로 그 합은

$9+6=15$

395 답 ②

$x^2+2x-8 \le 0$에서 $(x+4)(x-2) \le 0$

$\therefore -4 \le x \le 2$

$\therefore A=\{x \mid -4 \le x \le 2\}$

따라서 $A \subset C \subset B$이도록 세 집합 A, B, C를 수직선 위에 나타내면 다음 그림과 같다.

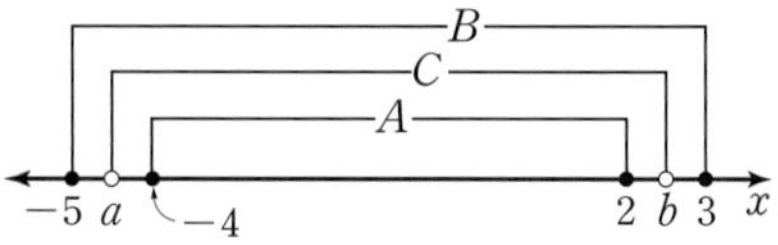

$\therefore -5 \le a < -4$, $2 < b \le 3$

이때 a, b는 정수이므로

$a=-5$, $b=3$

$\therefore ab=-15$

396 답 **48**

$\sqrt{25}=5$이므로 $A_{25}=\{1, 3, 5\}$

$A_n \subset A_{25}$이려면 $1 \le \sqrt{n} < 7$이어야 하므로

$1 \le n < 49$

따라서 자연수 n의 최댓값은 48이다.

397 답 **24**

$x^2-6x \le 0$에서 $x(x-6) \le 0$ $\quad \therefore 0 \le x \le 6$

$\therefore A=\{1, 2, 3, 4, 5, 6\}$

이때 홀수인 원소가 2개인 부분집합은 원소 1, 3, 5 중에서 1, 3 또는 1, 5 또는 3, 5만을 원소로 가져야 한다.

(i) 1, 3은 반드시 원소로 갖고 5는 원소로 갖지 않는 부분집합의 개수는

$2^{6-2-1}=2^3=8$

(ii) 1, 5는 반드시 원소로 갖고 3은 원소로 갖지 않는 부분집합의 개수는

$2^{6-2-1}=2^3=8$

(iii) 3, 5는 반드시 원소로 갖고 1은 원소로 갖지 않는 부분집합의 개수는

$2^{6-2-1}=2^3=8$

(i), (ii), (iii)에서 구하는 부분집합의 개수는

$8+8+8=24$

398 답 ④

$B=\{1, 2, 3, 4, 6, 8, 12, 24\}$

따라서 집합 X는 집합 B의 부분집합 중에서 2, 6, 8을 반드시 원소로 갖고 나머지 원소 1, 3, 4, 12, 24 중에서 2개 이상을 원소로 갖는 집합이다.

즉, 집합 X의 개수는 집합 $\{1, 3, 4, 12, 24\}$의 부분집합의 개수에서 원소가 하나도 없거나 원소의 개수가 1인 부분집합의 개수를 뺀 것과 같다.

이때 원소가 하나도 없는 부분집합은 공집합의 1개이고 원소의 개수가 1인 집합은 $\{1\}$, $\{3\}$, $\{4\}$, $\{12\}$, $\{24\}$의 5개이므로 구하는 집합 X의 개수는

$2^5-1-5=26$

399 답 9

| 접근 방법 | $n(X)=10$이 되려면 $x+y$의 값 중 중복된 수가 있어야 함을 이용한다.

집합 A의 원소 x와 집합 B의 원소 y에 대하여 $x+y$의 값은 오른쪽 표와 같으므로

x \ y	2	4	6
3	5	7	9
4	6	8	10
5	7	9	11
6	8	10	12
k	$k+2$	$k+4$	$k+6$

$X=\{5, 6, 7, 8, 9, 10, 11, 12, k+2, k+4, k+6\}$

이때 $n(X)=10$이 되려면

$k+2=11$ 또는 $k+2=12$

$\therefore k=9$ 또는 $k=10$

따라서 자연수 k의 최솟값은 9이다.

| 참고 | $k=1, 2, 7, 8$이면 $n(X)=9$

$k=3, 4, 5, 6$이면 $n(X)=8$

$k=9, 10$이면 $n(X)=10$

$k\geq 11$이면 $n(X)=11$

400 답 4

| 접근 방법 | 집합 A의 각 부분집합의 원소 중 가장 작은 원소를 기준으로 경우를 나누어 부분집합이 반드시 갖거나 갖지 않는 원소를 찾는다.

집합 A의 공집합이 아닌 부분집합의 원소 중 가장 작은 원소는 $\frac{1}{8}$, $\frac{1}{4}$, $\frac{1}{2}$, 1 중 하나이다.

(i) 가장 작은 원소가 $\frac{1}{8}$인 집합은 $\frac{1}{8}$을 반드시 원소로 갖는 부분집합이므로 그 개수는

$2^{4-1}=2^3=8$

(ii) 가장 작은 원소가 $\frac{1}{4}$인 집합은 $\frac{1}{4}$은 반드시 원소로 갖고 $\frac{1}{8}$은 원소로 갖지 않는 부분집합이므로 그 개수는

$2^{4-1-1}=2^2=4$

(iii) 가장 작은 원소가 $\frac{1}{2}$인 집합은 $\frac{1}{2}$은 반드시 원소로 갖고 $\frac{1}{4}$, $\frac{1}{8}$은 원소로 갖지 않는 부분집합이므로 그 개수는

$2^{4-1-2}=2$

(iv) 가장 작은 원소가 1인 부분집합은 $\{1\}$의 1개이다.

(i)~(iv)에서

$a_1+a_2+a_3+\cdots+a_{15}$

$=\frac{1}{8}\times 8+\frac{1}{4}\times 4+\frac{1}{2}\times 2+1\times 1$

$=1+1+1+1=4$

401 답 ④

| 접근 방법 | a와 $\frac{81}{a}$이 모두 자연수이어야 하므로 a가 81의 양의 약수이어야 함을 이용한다.

조건을 만족시키려면 집합 A의 원소는 81의 양의 약수이어야 한다.

81의 양의 약수는

1, 3, 9, 27, 81

조건에서 1과 81, 3과 27은 각각 둘 중 하나가 집합 A의 원소이면 나머지 하나도 집합 A의 원소이다.

즉, 집합 A의 원소가 될 수 있는 것은

1, 81 또는 3, 27 또는 9

따라서 구하는 집합 A의 개수는 집합 $\{1, 3, 9\}$의 공집합이 아닌 부분집합의 개수와 같으므로

$2^3-1=8-1=7$

01 집합의 연산

개념 확인 181쪽

402 답 (1) $\boldsymbol{A\cup B=\{a,\ b,\ c,\ d,\ e,\ f\}}$
$\boldsymbol{A\cap B=\{c\}}$
(2) $\boldsymbol{A\cup B=\{2,\ 3,\ 4,\ 5,\ 6,\ 9\}}$
$\boldsymbol{A\cap B=\{3,\ 6\}}$
(3) $\boldsymbol{A\cup B=\{1,\ 2,\ 3,\ 4,\ 5,\ 10\}}$
$\boldsymbol{A\cap B=\{1,\ 2,\ 5\}}$

(3) $A=\{1,\ 2,\ 3,\ 4,\ 5\}$, $B=\{1,\ 2,\ 5,\ 10\}$
$\therefore\ A\cup B=\{1,\ 2,\ 3,\ 4,\ 5,\ 10\}$,
$A\cap B=\{1,\ 2,\ 5\}$

403 답 (1) **서로소가 아니다.** (2) **서로소이다.**

(1) $A=\{1,\ 2,\ 4,\ 8\}$, $B=\{1,\ 7\}$
$A\cap B=\{1\}\neq\varnothing$이므로 두 집합 A, B는 서로소가 아니다.

(2) $x^2+3x+2=0$에서 $(x+2)(x+1)=0$
$\therefore\ x=-2$ 또는 $x=-1$
$\therefore\ A=\{-2,\ -1\}$
$(x-1)^2=0$에서 $x=1$
$\therefore\ B=\{1\}$
따라서 $A\cap B=\varnothing$이므로 두 집합 A, B는 서로소이다.

404 답 (1) $\boldsymbol{\{1,\ 3,\ 5,\ 7\}}$ (2) $\boldsymbol{\{3,\ 4,\ 5\}}$
(3) $\boldsymbol{\{4\}}$ (4) $\boldsymbol{\{1,\ 7\}}$
(5) $\boldsymbol{\{3,\ 5\}}$ (6) $\boldsymbol{\{1,\ 3,\ 4,\ 5,\ 7\}}$

전체집합 U와 두 집합 A, B를 벤 다이어그램으로 나타내면 오른쪽 그림과 같다.

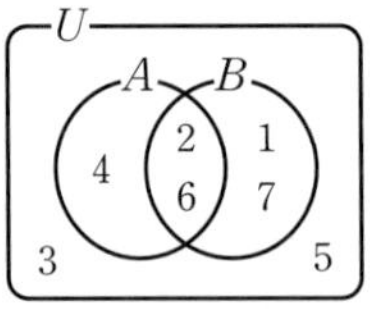

(1) $A^C=\{1,\ 3,\ 5,\ 7\}$
(2) $B^C=\{3,\ 4,\ 5\}$
(3) $A-B=\{4\}$
(4) $B-A=\{1,\ 7\}$
(5) $(A\cup B)^C=\{3,\ 5\}$
(6) $(A\cap B)^C=\{1,\ 3,\ 4,\ 5,\ 7\}$

405 답 **ㄴ, ㄹ**

ㄱ. $A\cup A^C=U$
ㄷ. $(A^C)^C\cup U=A\cup U=U$
따라서 보기에서 옳은 것은 ㄴ, ㄹ이다.

유제 183~189쪽

406 답 (1) $\boldsymbol{\{1,\ 5,\ 15\}}$
(2) $\boldsymbol{\{1,\ 2,\ 5,\ 10,\ 15\}}$

$A=\{1,\ 3,\ 5,\ 7,\ 9,\ 11,\ 13,\ 15\}$
$B=\{5,\ 10,\ 15,\ 20\}$
$C=\{1,\ 2,\ 5,\ 10\}$
(1) $B\cup C=\{1,\ 2,\ 5,\ 10,\ 15,\ 20\}$
$\therefore\ A\cap(B\cup C)=\{1,\ 5,\ 15\}$
(2) $A\cap B=\{5,\ 15\}$
$\therefore\ (A\cap B)\cup C=\{1,\ 2,\ 5,\ 10,\ 15\}$

407 답 ⑤

② $\{2,\ 3,\ 4\}$
③ $\{2,\ 3,\ 5\}$
④ $\{4,\ 8\}$
⑤ $x^2-2x-3<0$에서 $(x+1)(x-3)<0$
$\therefore\ -1<x<3$
이때 자연수 x는 1, 2이므로 주어진 집합은 $\{1,\ 2\}$

따라서 집합 $\{3,\ 4,\ 5\}$와 서로소인 집합은 ⑤이다.

408 답 **8**

$A=\{2,\ 4,\ 6,\ 8,\ 10,\ 12\}$, $B=\{1,\ 2,\ 3,\ 6,\ 9,\ 18\}$
$A\cup B=\{1,\ 2,\ 3,\ 4,\ 6,\ 8,\ 9,\ 10,\ 12,\ 18\}$
$A\cap B=\{2,\ 6\}$
$\therefore\ n(A\cup B)-n(A\cap B)=10-2=8$

409 답 **16**

$A=\{1,\ 2,\ 3,\ 4,\ 5,\ 6,\ 7\}$, $B=\{1,\ 2,\ 4,\ 8\}$
구하는 집합의 개수는 집합 A의 부분집합 중에서 1, 2, 4를 원소로 갖지 않는 부분집합의 개수와 같으므로
$2^{7-3}=2^4=16$

410 답 (1) $\boldsymbol{\{1\}}$ (2) $\boldsymbol{\{2,\ 3,\ 4,\ 5,\ 6,\ 7,\ 8\}}$
(3) $\boldsymbol{\{2,\ 4,\ 6,\ 8\}}$ (4) $\boldsymbol{\{6\}}$

$U=\{1,\ 2,\ 3,\ 4,\ 5,\ 6,\ 7,\ 8\}$, $A=\{2,\ 4,\ 6,\ 8\}$,
$B=\{1,\ 2,\ 4,\ 8\}$이므로
$A^C=\{1,\ 3,\ 5,\ 7\}$, $B^C=\{3,\ 5,\ 6,\ 7\}$
(1) $A^C\cap B=\{1\}$
(2) $A\cup B^C=\{2,\ 3,\ 4,\ 5,\ 6,\ 7,\ 8\}$
(3) $U-A^C=\{2,\ 4,\ 6,\ 8\}$
(4) $B^C-A^C=\{6\}$

| 다른 풀이 | 여집합과 차집합의 성질 이용

(3) $U-A^C=U\cap(A^C)^C$

$=U\cap A=A$

$=\{2,\ 4,\ 6,\ 8\}$

411 답 13

$A=\{6,\ 12\}$이므로

$A^C=\{1,\ 3,\ 9\}$

따라서 집합 A^C의 모든 원소의 합은

$1+3+9=13$

412 답 2

$A=\{1,\ 2,\ 4,\ 8,\ 16\}$, $B=\{4,\ 8,\ 12,\ 16,\ 20\}$이므로

$B-A=\{12,\ 20\}$

$\therefore n(B-A)=2$

413 답 {3, 4, 5, 9, 10, 11}

$A=\{1,\ 3,\ 5,\ 7,\ 9,\ 11\}$, $B=\{1,\ 4,\ 7,\ 10\}$이므로

$A\cup B=\{1,\ 3,\ 4,\ 5,\ 7,\ 9,\ 10,\ 11\}$

$A\cap B=\{1,\ 7\}$

$\therefore (A\cup B)-(A\cap B)=\{3,\ 4,\ 5,\ 9,\ 10,\ 11\}$

414 답 {2, 3, 5, 7}

주어진 조건을 만족시키는 두 집합 A, B를 벤 다이어그램으로 나타내면 오른쪽 그림과 같다.

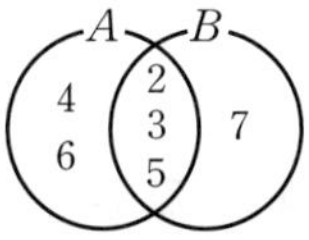

$\therefore B=\{2,\ 3,\ 5,\ 7\}$

415 답 1

$A\cap B=\{-3,\ 0\}$에서 $-3\in B$이므로

$a^2-4a=-3$

$a^2-4a+3=0$

$(a-1)(a-3)=0$

$\therefore a=1$ 또는 $a=3$

(i) $a=1$일 때

$A=\{-3,\ -2,\ 0\}$, $B=\{-3,\ 0,\ 1\}$

$\therefore A\cap B=\{-3,\ 0\}$

(ii) $a=3$일 때

$A=\{-2,\ -1,\ 0\}$, $B=\{-3,\ 0,\ 1\}$

이때 $A\cap B=\{0\}$이므로 주어진 조건을 만족시키지 않는다.

(i), (ii)에서 $a=1$

416 답 {3, 5, 9}

주어진 조건을 만족시키는 두 집합 A, B를 벤 다이어그램으로 나타내면 오른쪽 그림과 같다.

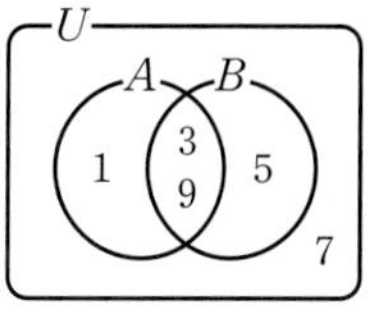

$\therefore B=\{3,\ 5,\ 9\}$

417 답 2

$B-A=\{4\}$에서 $6\in A$이므로

$a^2+a=6$, $a^2+a-6=0$

$(a+3)(a-2)=0$

$\therefore a=-3$ 또는 $a=2$

(i) $a=-3$일 때

$A=\{1,\ 3,\ 6\}$, $B=\{-4,\ 4,\ 6\}$

이때 $B-A=\{-4,\ 4\}$이므로 주어진 조건을 만족시키지 않는다.

(ii) $a=2$일 때

$A=\{1,\ 3,\ 6\}$, $B=\{1,\ 4,\ 6\}$

$\therefore B-A=\{4\}$

(i), (ii)에서 $a=2$

418 답 ㄱ, ㄴ

$A\cup B=A$이면 $B\subset A$이므로 벤 다이어그램으로 나타내면 오른쪽 그림과 같다.

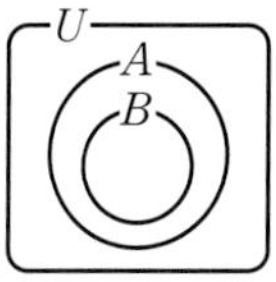

ㄴ. $A\cap B=B$

ㄷ. $A^C\subset B^C$

ㄹ. $A\cup B=A$이므로

$(A\cup B)-B=A-B$

따라서 보기에서 항상 옳은 것은 ㄱ, ㄴ이다.

419 답 4

$A=\{1,\ 2,\ 3,\ 6\}$, $B=\{2,\ 3,\ 5,\ 7\}$

$B\cap X=X$에서 $X\subset B$

$(B-A)\cup X=X$에서

$(B-A)\subset X$

$\therefore (B-A)\subset X\subset B$

이때 $B-A=\{5,\ 7\}$이므로

$\{5,\ 7\}\subset X\subset\{2,\ 3,\ 5,\ 7\}$

따라서 집합 X는 집합 B의 부분집합 중에서 5, 7을 반드시 원소로 갖는 부분집합이므로 구하는 집합 X의 개수는

$2^{4-2}=2^2=4$

420 답 ㄱ, ㄴ, ㄹ

두 집합 A, B가 서로소이면 $A\cap B=\varnothing$이므로 벤 다이어그램으로 나타내면 오른쪽 그림과 같다.

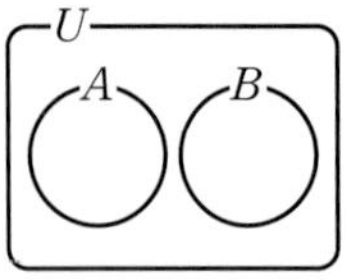

ㄱ. $A-B=A$

ㄴ. $B\cap A^C=B-A=B$

ㄷ. $A\subset B^C$

ㄹ. $A^C\cup B^C=U$

따라서 보기에서 항상 옳은 것은 ㄱ, ㄴ, ㄹ이다.

421 답 **16**

$A-X=\varnothing$에서 $A\subset X$

$B\cap X^C=B$에서

$B-X=B$

$\therefore B\cap X=\varnothing$

따라서 집합 X는 집합 U의 부분집합 중에서 1, 2, 3은 반드시 원소로 갖고 5, 8은 원소로 갖지 않는 부분집합이므로 구하는 집합 X의 개수는

$2^{9-3-2}=2^4=16$

개념 확인 191쪽

422 답 (1) **{1, 2, 3}** (2) **{1, 2, 3}**

(1) $A\cup B=\{1, 2, 3, 4\}$, $A\cup C=\{1, 2, 3, 5\}$이므로

$(A\cup B)\cap(A\cup C)=\{1, 2, 3\}$

(2) $B\cap C=\{3\}$이므로

$A\cup(B\cap C)=\{1, 2, 3\}$

| 참고 | • (1), (2)의 집합이 서로 같음을 알 수 있다.

• 주어진 집합을 벤 다이어그램으로 나타내면 오른쪽 그림과 같다.

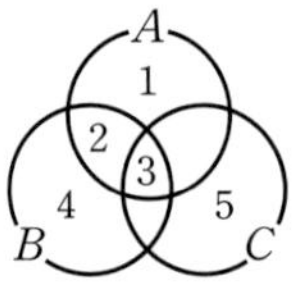

423 답 (1) **{7}** (2) **{7}**

(1) $A\cup B=\{1, 3, 5, 9\}$이므로

$(A\cup B)^C=\{7\}$

(2) $A^C=\{7, 9\}$, $B^C=\{5, 7\}$이므로

$A^C\cap B^C=\{7\}$

| 참고 | (1), (2)의 집합이 서로 같음을 알 수 있다.

유제 193~195쪽

424 답 (1) $\boldsymbol{A\cap B}$ (2) $\boldsymbol{A}$

(1) $A\cap(A-B)^C$

$=A\cap(A\cap B^C)^C$

$=A\cap(A^C\cup B)$ ◀ 드모르간 법칙

$=(A\cap A^C)\cup(A\cap B)$ ◀ 분배법칙

$=\varnothing\cup(A\cap B)$

$=A\cap B$

(2) $(A-B)\cup(A-B^C)$

$=(A\cap B^C)\cup\{A\cap(B^C)^C\}$

$=(A\cap B^C)\cup(A\cap B)$

$=A\cap(B^C\cup B)$ ◀ 분배법칙

$=A\cap U$

$=A$

425 답 ③

$\{(A\cap B)\cup(B-A)\}\cap A$

$=\{(A\cap B)\cup(B\cap A^C)\}\cap A$

$=\{(A\cap B)\cup(A^C\cap B)\}\cap A$

$=\{(A\cup A^C)\cap B\}\cap A$

$=(U\cap B)\cap A$

$=B\cap A=A\cap B$

즉, $A\cap B=A$이므로 $A\subset B$

따라서 항상 옳은 것은 ③이다.

426 답 ②

$(A\cup B)-(A^C\cap B)=(A\cup B)\cap(A^C\cap B)^C$

$=(A\cup B)\cap(A\cup B^C)$

$=A\cup(B\cap B^C)$

$=A\cup\varnothing$

$=A$

따라서 주어진 식과 항상 같은 집합은 ②이다.

427 답 ㄱ, ㄹ

$\{(A\cup B)\cap(A^C\cup B)\}\cap A^C$

$=\{(A\cap A^C)\cup B\}\cap A^C$

$=(\varnothing\cup B)\cap A^C$

$=B\cap A^C=B-A$

즉, $B-A=\varnothing$이므로 $B\subset A$

ㄴ. $A\cap B=B$

ㄷ. $A\cup B^C=U$

따라서 보기에서 항상 옳은 것은 ㄱ, ㄹ이다.

428 답 ㄱ

ㄱ. $A^C \diamond B^C = (A^C \cup B^C) - (A^C \cap B^C)$

$= (A^C \cup B^C) \cap (A^C \cap B^C)^C$

$= (A^C \cup B^C) \cap (A \cup B)$

$= (A \cup B) \cap (A^C \cup B^C)$

$= (A \cup B) \cap (A \cap B)^C$

$= (A \cup B) - (A \cap B)$

$= A \diamond B$

ㄴ. $B \diamond U = (B \cup U) - (B \cap U)$

$= U - B$

$= B^C$

ㄷ. $A^C \diamond U = (A^C \cup U) - (A^C \cap U)$

$= U - A^C$

$= A$

따라서 보기에서 항상 옳은 것은 ㄱ이다.

429 답 (1) **40** (2) **12**

(1) $A_8 \cap A_{10}$은 8과 10의 공배수, 즉 40의 배수의 집합이므로

$A_8 \cap A_{10} = A_{40}$

즉, $A_n \subset A_{40}$에서 n은 40의 배수이므로 자연수 n의 최솟값은 40이다.

(2) $A_6 \cap (A_8 \cup A_{12}) = (A_6 \cap A_8) \cup (A_6 \cap A_{12})$

$A_6 \cap A_8$은 6과 8의 공배수, 즉 24의 배수의 집합이므로

$A_6 \cap A_8 = A_{24}$

12는 6의 배수이므로 $A_{12} \subset A_6$

$\therefore A_6 \cap A_{12} = A_{12}$

이때 24는 12의 배수이므로 $A_{24} \subset A_{12}$

따라서 $A_6 \cap (A_8 \cup A_{12}) = A_{24} \cup A_{12} = A_{12}$이므로

$n = 12$

430 답 ③

$A \circledcirc B = (A - B) \cup (B - A^C)$

$= (A \cap B^C) \cup \{B \cap (A^C)^C\}$

$= (A \cap B^C) \cup (B \cap A)$

$= (A \cap B^C) \cup (A \cap B)$

$= A \cap (B^C \cup B)$

$= A \cap U$

$= A$

$\therefore A^C \circledcirc (B \circledcirc A) = A^C \circledcirc B = A^C$

431 답 **3**

$(A_4 \cup A_{10}) \cap A_{16} = (A_4 \cap A_{16}) \cup (A_{10} \cap A_{16})$

16은 4의 배수이므로 $A_{16} \subset A_4$

$\therefore A_4 \cap A_{16} = A_{16}$

$A_{10} \cap A_{16}$은 10과 16의 공배수, 즉 80의 배수의 집합이므로

$A_{10} \cap A_{16} = A_{80}$

이때 80은 16의 배수이므로 $A_{80} \subset A_{16}$

$\therefore (A_4 \cup A_{10}) \cap A_{16} = A_{16} \cup A_{80} = A_{16}$

전체집합 U에서 16의 배수는 16, 32, 48이므로 구하는 원소의 개수는 3이다.

개념 확인 197쪽

432 답 (1) **12** (2) **4** (3) **7**

(1) $n(A \cup B) = n(A) + n(B) - n(A \cap B)$

$= 8 + 6 - 2 = 12$

(2) $n(A \cup B) = n(A) + n(B) - n(A \cap B)$이므로

$n(A \cap B) = n(A) + n(B) - n(A \cup B)$

$= 9 + 5 - 10 = 4$

(3) $n(A \cup B) = n(A) + n(B) - n(A \cap B)$이므로

$n(B) = n(A \cup B) - n(A) + n(A \cap B)$

$= 11 - 5 + 1 = 7$

433 답 **24**

$n(A \cup B \cup C)$

$= n(A) + n(B) + n(C) - n(A \cap B) - n(B \cap C) - n(C \cap A) + n(A \cap B \cap C)$

$= 10 + 12 + 15 - 7 - 4 - 5 + 3$

$= 24$

434 답 (1) **20** (2) **5**

(1) $n(A - B) = n(A) - n(A \cap B)$

$= 30 - 10 = 20$

(2) $n(B - A) = n(B) - n(A \cap B)$

$= 15 - 10 = 5$

435 답 (1) **22** (2) **20** (3) **10** (4) **32**

(1) $n(A^C) = n(U) - n(A)$

$= 40 - 18 = 22$

(2) $n(B^C) = n(U) - n(B)$

$= 40 - 20 = 20$

(3) $n(A^C \cap B^C) = n((A \cup B)^C)$
$= n(U) - n(A \cup B)$
$= 40 - 30 = 10$

(4) $n(A \cap B) = n(A) + n(B) - n(A \cup B)$
$= 18 + 20 - 30 - 8$
$\therefore n((A \cap B)^C) = n(U) - n(A \cap B)$
$= 40 - 8 = 32$

유제 199~203쪽

436 답 31

$A^C \cup B^C = (A \cap B)^C$이므로
$n((A \cap B)^C) = 42$
$n((A \cap B)^C) = n(U) - n(A \cap B)$이므로
$n(A \cap B) = n(U) - n((A \cap B)^C)$
$= 60 - 42 = 18$
$\therefore n(B) = n(A \cup B) - n(A) + n(A \cap B)$
$= 50 - 37 + 18 = 31$

437 답 25

$n(A-B) = n(A \cup B) - n(B)$이므로
$n(A \cup B) = n(A-B) + n(B)$
$= 6 + 15 = 21$
$\therefore n(B-A) = n(A \cup B) - n(A)$
$= 21 - 16 = 5$
$\therefore n((B-A)^C) = n(U) - n(B-A)$
$= 30 - 5 = 25$

438 답 23

$A^C \cap B^C = (A \cup B)^C$이므로
$n((A \cup B)^C) = 25$
$n((A \cup B)^C) = n(U) - n(A \cup B)$이므로
$n(A \cup B) = n(U) - n((A \cup B)^C)$
$= 40 - 25 = 15$
$\therefore n(A) + n(B) = n(A \cup B) + n(A \cap B)$
$= 15 + 8 = 23$

439 답 9

$A \cap C = \varnothing$에서
$A \cap B \cap C = (A \cap C) \cap B = \varnothing \cap B = \varnothing$
$\therefore n(A \cap C) = 0,\ n(A \cap B \cap C) = 0$
$n(A \cap B) = n(A) + n(B) - n(A \cup B)$
$= 5 + 6 - 7 = 4$
$n(B \cap C) = n(B) + n(C) - n(B \cup C)$
$= 6 + 3 - 8 = 1$
$\therefore n(A \cup B \cup C)$
$= n(A) + n(B) + n(C) - n(A \cap B)$
$- n(B \cap C) - n(A \cap C) + n(A \cap B \cap C)$
$= 5 + 6 + 3 - 4 - 1 - 0 + 0 = 9$

440 답 3

전체 학생의 집합을 U, 박물관에 가 본 학생의 집합을 A, 미술관에 가 본 학생의 집합을 B라 하면
$n(U) = 35,\ n(A) = 15,\ n(B) = 13$
박물관과 미술관에 모두 가 보지 못한 학생의 집합은 $A^C \cap B^C = (A \cup B)^C$이므로
$n((A \cup B)^C) = 10$
$n((A \cup B)^C) = n(U) - n(A \cup B)$이므로
$n(A \cup B) = n(U) - n((A \cup B)^C)$
$= 35 - 10 = 25$
박물관과 미술관에 모두 가 본 학생의 집합은 $A \cap B$이므로
$n(A \cap B) = n(A) + n(B) - n(A \cup B)$
$= 15 + 13 - 25 = 3$
따라서 구하는 학생 수는 3이다.

441 답 21

전체 학생의 집합을 U라 하면
$n(U) = 40$
여동생이 있는 학생의 집합을 A, 남동생이 있는 학생의 집합을 B라 하면 여동생만 있는 학생의 집합은 $A-B$이므로
$n(A-B) = 14$
동생이 없는 학생의 집합은 $A^C \cap B^C = (A \cup B)^C$이므로
$n((A \cup B)^C) = 5$
$n((A \cup B)^C) = n(U) - n(A \cup B)$이므로
$n(A \cup B) = n(U) - n((A \cup B)^C)$
$= 40 - 5 = 35$
$n(A-B) = n(A \cup B) - n(B)$이므로
$n(B) = n(A \cup B) - n(A-B)$
$= 35 - 14 = 21$
따라서 구하는 학생 수는 21이다.

442 답 12

전체 회원의 집합을 U, 책 A를 읽은 회원의 집합을 A, 책 B를 읽은 회원의 집합을 B라 하면

$n(U)=20$, $n(A)=12$, $n(B)=16$

모두 한 권 이상의 책을 읽었으므로

$A\cup B=U$

$\therefore n(A\cup B)=n(U)=20$

$\therefore n(A\cap B)=n(A)+n(B)-n(A\cup B)$

$=12+16-20=8$

두 책 중 한 권만 읽은 회원의 집합은

$(A-B)\cup(B-A)=(A\cup B)-(A\cap B)$

이때 $(A\cap B)\subset(A\cup B)$이므로

$n((A\cup B)-(A\cap B))=n(A\cup B)-n(A\cap B)$

$=20-8=12$

따라서 구하는 회원 수는 12이다.

443 답 29

전체 학생의 집합을 U, 동아리 A에 가입한 학생의 집합을 A, 동아리 B에 가입한 학생의 집합을 B라 하면

$n(U)=56$, $n(A)=35$, $n(B)=27$

(가)에서 $A\cup B=U$이므로

$n(A\cup B)=n(U)=56$

동아리 A에만 가입한 학생의 집합은 $A-B$이므로

$n(A-B)=n(A\cup B)-n(B)$

$=56-27=29$

따라서 구하는 학생 수는 29이다.

444 답 30

$n(A\cap B)=n(A)+n(B)-n(A\cup B)$

$=18+24-n(A\cup B)$

$=42-n(A\cup B)$

(i) $n(A\cap B)$가 최대인 경우는 $n(A\cup B)$가 최소일 때이다.

이때 $n(A)<n(B)$이므로 $A\subset B$

$\therefore M=n(A)=18$

(ii) $n(A\cap B)$가 최소인 경우는 $n(A\cup B)$가 최대일 때이므로

$A\cup B=U$

$\therefore m=42-n(U)$

$=42-30=12$

(i), (ii)에서 $M+m=30$

| 다른 풀이 |

$A\subset(A\cup B)$, $B\subset(A\cup B)$이므로

$n(A)\le n(A\cup B)$, $n(B)\le n(A\cup B)$

$\therefore 24\le n(A\cup B)$ …… ㉠

$(A\cup B)\subset U$이므로 $n(A\cup B)\le n(U)$

$\therefore n(A\cup B)\le 30$ …… ㉡

㉠, ㉡에서

$24\le n(A\cup B)\le 30$

$n(A\cup B)=n(A)+n(B)-n(A\cap B)$

$=18+24-n(A\cap B)$

$=42-n(A\cap B)$

즉, $24\le 42-n(A\cap B)\le 30$이므로

$12\le n(A\cap B)\le 18$

따라서 $M=18$, $m=12$이므로

$M+m=30$

445 답 42

전체 학생의 집합을 U, 버스를 이용하는 학생의 집합을 A, 지하철을 이용하는 학생의 집합을 B라 하면

$n(U)=50$, $n(A)=34$, $n(B)=29$

버스와 지하철을 모두 이용하는 학생의 집합은 $A\cap B$이고

$n(A\cap B)=n(A)+n(B)-n(A\cup B)$

$=34+29-n(A\cup B)$

$=63-n(A\cup B)$

(i) $n(A\cap B)$가 최대인 경우는 $n(A\cup B)$가 최소일 때이다.

이때 $n(B)<n(A)$이므로 $B\subset A$

따라서 $n(A\cap B)$의 최댓값은

$n(B)=29$

(ii) $n(A\cap B)$가 최소인 경우는 $n(A\cup B)$가 최대일 때이므로

$A\cup B=U$

따라서 $n(A\cap B)$의 최솟값은

$63-n(U)=63-50=13$

(i), (ii)에서 최댓값과 최솟값의 합은

$29+13=42$

446 답 8

$n(A\cup B)=n(A)+n(B)-n(A\cap B)$

$=20+25-n(A\cap B)$

$=45-n(A\cap B)$

(i) $n(A\cup B)$가 최대인 경우는 $n(A\cap B)$가 최소일 때이므로

$n(A\cap B)=12$

$\therefore M=45-12=33$

(ii) $n(A\cup B)$가 최소인 경우는 $n(A\cap B)$가 최대일 때이다.

이때 $n(A)<n(B)$이므로 $A\subset B$

$\therefore n(A\cap B)=n(A)=20$

$\therefore m=45-20=25$

(i), (ii)에서 $M-m=8$

447 답 8

전체 학생의 집합을 U, 양로원 A에 간 학생의 집합을 A, 양로원 B에 간 학생의 집합을 B라 하면

$n(U)=25$, $n(A)=13$, $n(B)=17$

양로원 B에만 간 학생의 집합은 $B-A$이고

$$n(B-A)=n(A\cup B)-n(A)$$
$$=n(A\cup B)-13$$

(i) $n(B-A)$가 최대인 경우는 $n(A\cup B)$가 최대일 때이므로

$A\cup B=U$

$\therefore M=n(U)-13=25-13=12$

(ii) $n(B-A)$가 최소인 경우는 $n(A\cup B)$가 최소일 때이다.

이때 $n(A)<n(B)$이므로 $A\subset B$

$\therefore n(A\cup B)=n(B)=17$

$\therefore m=n(B)-13=17-13=4$

(i), (ii)에서 $M-m=8$

연습문제 204~206쪽

448 답 ③

$U=\{1, 2, 3, 4, \dots, 12\}$, $A=\{2, 4, 6, 8\}$, $B=\{2, 5, 8, 11\}$, $C=\{4, 8, 12\}$

③ $C-A=\{12\}$

따라서 옳지 않은 것은 ③이다.

449 답 {1, 3, 6, 9}

$U=\{1, 2, 3, 6, 9, 18\}$

주어진 조건을 만족시키는 두 집합 A, B를 벤 다이어그램으로 나타내면 오른쪽 그림과 같다.

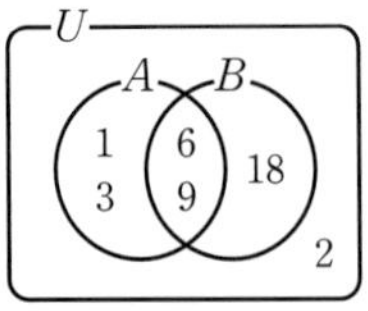

$\therefore A=\{1, 3, 6, 9\}$

450 답 42

$A-B=\{3\}$에서

$5\in B$, $8\in A$

$\therefore -a+2b=5$, $2a-b=8$

두 식을 연립하여 풀면

$a=7$, $b=6$

$\therefore ab=42$

451 답 ⑤

$A\cap B=B$이면 $B\subset A$이므로 벤 다이어그램으로 나타내면 오른쪽 그림과 같다.

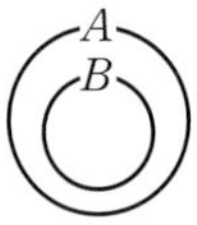

② $A\cup B=A$

③ $(A\cup B)\subset A$

④ $B\subset (A\cap B)$

⑤ $A\cup (A\cap B)=A\cup B=A$

따라서 항상 옳은 것은 ⑤이다.

452 답 ㄴ, ㄷ

ㄱ. $A\cap (A^C\cup B)=(A\cap A^C)\cup (A\cap B)$
$=\varnothing\cup (A\cap B)$
$=A\cap B$

ㄴ. $(A\cap B)\cup (A^C\cap B)=(A\cup A^C)\cap B$
$=U\cap B=B$

ㄷ. $(A-B)\cup (A\cap B)=(A\cap B^C)\cup (A\cap B)$
$=A\cap (B^C\cup B)$
$=A\cap U=A$

ㄹ. $(A-B)\cup (A-C)=(A\cap B^C)\cup (A\cap C^C)$
$=A\cap (B^C\cup C^C)$
$=A\cap (B\cap C)^C$
$=A-(B\cap C)$

따라서 보기에서 항상 옳은 것은 ㄴ, ㄷ이다.

453 답 ④

$(A\cup B)\cap A^C=(A\cap A^C)\cup (B\cap A^C)$
$=\varnothing\cup (B-A)$
$=B-A$

즉, $B-A=B$이므로 $A\cap B=\varnothing$

①, ② $A\subset B^C$, $B\subset A^C$

③ $A\cup B\neq U$

⑤ $A\cup B^C=B^C$

따라서 항상 옳은 것은 ④이다.

454 답 8

$A^C \cap B = B \cap A^C = B - A$이므로

$n(A^C \cap B) = n(B-A)$

$= n(A \cup B) - n(A)$

$= 43 - 35 = 8$

455 답 24

전체 학생의 집합을 U, 여행지 A에 가 본 학생의 집합을 A, 여행지 B에 가 본 학생의 집합을 B라 하면 두 여행지 A, B에 모두 가 본 학생의 집합은 $A \cap B$이고, 모두 가 보지 못한 학생의 집합은

$A^C \cap B^C = (A \cup B)^C$이므로

$n(U) = 45$, $n(A) = 25$, $n(A \cap B) = 7$,

$n((A \cup B)^C) = 3$ ▸▸▸▸▸▸ ❶

$n((A \cup B)^C) = n(U) - n(A \cup B)$이므로

$n(A \cup B) = n(U) - n((A \cup B)^C)$

$= 45 - 3 = 42$ ▸▸▸▸▸▸ ❷

$\therefore n(B) = n(A \cup B) - n(A) + n(A \cap B)$

$= 42 - 25 + 7 = 24$

따라서 구하는 학생 수는 24이다. ▸▸▸▸▸▸ ❸

단계	채점 기준	비율
❶	$n(U)$, $n(A)$, $n(A \cap B)$, $n((A \cup B)^C)$ 구하기	40 %
❷	$n(A \cup B)$ 구하기	30 %
❸	조건을 만족시키는 학생 수 구하기	30 %

456 답 ⑤

$B - A = \{5, 6\}$이므로 집합 B의 모든 원소의 합이 12가 되려면

$B = \{1, 5, 6\}$ $\therefore A - B = \{2, 3, 4\}$

따라서 집합 $A-B$의 모든 원소의 합은

$2+3+4=9$

457 답 ⑤

$A \cup B^C = \{2, 3, 5, 7, 11, 13\}$

$(A \cap B)^C = \{2, 3, 4, 5, 6, 7\}$

두 집합 $A \cup B^C$, $(A \cap B)^C$를 각각 벤 다이어그램으로 나타내면 다음 그림과 같다.

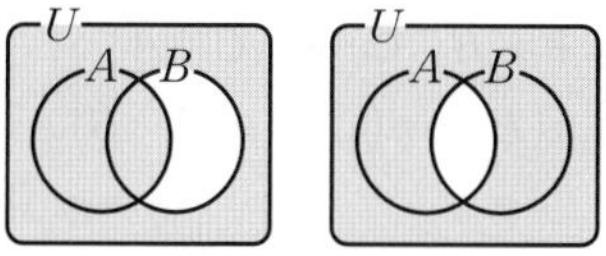

$A \cup B^C$ $(A \cap B)^C$

ㄱ. 벤 다이어그램에서

$U = (A \cup B^C) \cup (A \cap B)^C$

$= \{2, 3, 4, 5, 6, 7, 11, 13\}$

ㄴ. 벤 다이어그램에서

$A \cap B = (A \cup B^C) - (A \cap B)^C = \{11, 13\}$

ㄷ. ㄱ에서 $U = \{2, 3, 4, 5, 6, 7, 11, 13\}$이므로 벤 다이어그램에서

$B - A = U - (A \cup B^C) = \{4, 6\}$

$\therefore n(B-A) = 2$

따라서 보기에서 옳은 것은 ㄱ, ㄴ, ㄷ이다.

458 답 32

$A = \{1, 2, 3, 4, \dots, 10\}$, $B = \{6, 7, 8, 9, \dots, 16\}$

$n(B) = 11$이므로 $n(X \cup B) = 16$을 만족시키려면 집합 X의 원소에서 집합 B의 원소를 제외한 원소의 개수가 5이어야 한다.

이때 $X \subset A$이므로 집합 X는 집합 A의 부분집합 중에서 1, 2, 3, 4, 5를 반드시 원소로 갖는 부분집합이다.

따라서 구하는 집합 X의 개수는

$2^{10-5} = 2^5 = 32$

459 답 ㄱ, ㄴ

ㄱ. $A \circledcirc B = (A-B) \cup (B-A)$

$= (B-A) \cup (A-B) = B \circledcirc A$

ㄴ. $A^C \circledcirc B^C = (A^C - B^C) \cup (B^C - A^C)$

$= \{A^C \cap (B^C)^C\} \cup \{B^C \cap (A^C)^C\}$

$= (A^C \cap B) \cup (B^C \cap A)$

$= (B \cap A^C) \cup (A \cap B^C)$

$= (B-A) \cup (A-B)$

$= B \circledcirc A = A \circledcirc B$ ($\because$ ㄱ)

ㄷ. $A \circledcirc A = (A-A) \cup (A-A) = \varnothing \cup \varnothing = \varnothing$

$\therefore B \circledcirc (A \circledcirc A) = B \circledcirc \varnothing$

$= (B - \varnothing) \cup (\varnothing - B)$

$= B \cup \varnothing = B$

따라서 보기에서 옳은 것은 ㄱ, ㄴ이다.

460 답 46

$A_9 \cap A_{12}$는 9와 12의 공배수, 즉 36의 배수의 집합이므로

$A_9 \cap A_{12} = A_{36}$

즉, $A_n \subset A_{36}$에서 n은 36의 배수이므로 자연수 n의 최솟값은 36이다.

$\therefore a = 36$

또 20은 10의 배수이므로 $A_{20} \subset A_{10}$에서

$A_{10} \cup A_{20} = A_{10}$

즉, $A_{10} \subset A_m$에서 m은 10의 양의 약수이므로 자연수 m의 최댓값은 10이다.

$\therefore b=10$

$\therefore a+b=46$

461 답 ④

$A=\{1, 2, 3, 5, 6, 10, 15, 30\}$,

$B=\{3, 6, 9, 12, \dots, 48\}$

$A^C \cup B = (A \cap B^C)^C = (A-B)^C$이므로

$n(A^C \cup B) = n((A-B)^C)$

$= n(U) - n(A-B)$ ······ ㉠

이때 $A \cap B = \{3, 6, 15, 30\}$이므로

$n(A-B) = n(A) - n(A \cap B)$

$= 8-4=4$

따라서 ㉠에서

$n(A^C \cup B) = 50-4=46$

462 답 ④

(i) $n(A \cap B)$가 최대인 경우는 $A=B$일 때이므로

$M=n(A)=n(B)$

$=\frac{1}{2} \times \{n(A)+n(B)\}$

$=\frac{1}{2} \times 32 = 16$

(ii) $n(A \cap B) = n(A)+n(B)-n(A \cup B)$

$=32-n(A \cup B)$

따라서 $n(A \cap B)$가 최소인 경우는 $n(A \cup B)$가 최대일 때이므로

$A \cup B = U$

$\therefore m=32-n(U)=32-30=2$

(i), (ii)에서 $M+m=18$

| 다른 풀이 |

$n(A \cup B) = n(A)+n(B)-n(A \cap B)$

$=32-n(A \cap B)$

$(A \cap B) \subset (A \cup B)$이므로

$n(A \cap B) \le n(A \cup B)$

$n(A \cap B) \le 32-n(A \cap B)$

$2 \times n(A \cap B) \le 32$

$\therefore n(A \cap B) \le 16$ ······ ㉠

$(A \cup B) \subset U$이므로

$n(A \cup B) \le n(U)$

$n(A \cup B) \le 30$, $32-n(A \cap B) \le 30$

$\therefore n(A \cap B) \ge 2$ ······ ㉡

㉠, ㉡에서 $2 \le n(A \cap B) \le 16$

따라서 $M=16$, $m=2$이므로

$M+m=18$

463 답 22

| 접근 방법 | $2 \in A$, $2 \in B$이므로 $2 \in X$인 경우와 $2 \notin X$인 경우로 나누어 생각한다.

$U=\{1, 2, 3, 4, 5\}$, $A \cap B = \{2\}$

(i) $2 \in X$인 경우

$X \cap A \neq \varnothing$, $X \cap B \neq \varnothing$을 만족시키는 집합 X의 개수는 집합 U의 부분집합 중에서 2를 반드시 원소로 갖는 부분집합의 개수와 같으므로

$2^{5-1}=2^4=16$

(ii) $2 \notin X$인 경우

$X \cap A \neq \varnothing$, $X \cap B \neq \varnothing$을 만족시키는 집합 X는 집합 U의 원소 1, 3, 4, 5 중에서 1을 반드시 원소로 갖고 3 또는 4를 반드시 원소로 가져야 한다.

따라서 이때의 집합 X는 $\{1, 3\}$, $\{1, 4\}$, $\{1, 3, 4\}$, $\{1, 3, 5\}$, $\{1, 4, 5\}$, $\{1, 3, 4, 5\}$의 6개이다.

(i), (ii)에서 구하는 집합 X의 개수는

$16+6=22$

464 답 21

전체 학생의 집합을 U, A 문제를 푼 학생의 집합을 A, B 문제를 푼 학생의 집합을 B, C 문제를 푼 학생의 집합을 C라 하면

$n(U)=50$, $n(A)=30$, $n(B)=27$, $n(C)=24$, $n(A \cap B \cap C)=5$

한 문제도 풀지 못한 학생의 집합은 $(A \cup B \cup C)^C$이므로 $(A \cup B \cup C)^C = \varnothing$에서

$A \cup B \cup C = U$

$\therefore n(A \cup B \cup C) = n(U) = 50$

$n(A \cup B \cup C)$

$=n(A)+n(B)+n(C)-n(A \cap B)$

$-n(B \cap C)-n(C \cap A)+n(A \cap B \cap C)$

이므로

$n(A \cap B)+n(B \cap C)+n(C \cap A)$

$=n(A)+n(B)+n(C)+n(A \cap B \cap C)$

$-n(A \cup B \cup C)$

$=30+27+24+5-50=36$

따라서 두 문제만 푼 학생 수는

$$n(A\cap B)+n(B\cap C)+n(C\cap A)-3\times n(A\cap B\cap C)$$

$$=36-3\times5=21$$

465 답 25

전체 학생의 집합을 U, 체험 활동 A를 신청한 학생의 집합을 A, 체험 활동 B를 신청한 학생의 집합을 B라 하면

$n(U)=100$, $n(A)=n(B)+20$

어느 체험 활동도 신청하지 않은 학생의 집합은 $A^C\cap B^C=(A\cup B)^C$이고 하나 이상의 체험 활동을 신청한 학생의 집합은 $A\cup B$이므로

$n((A\cup B)^C)=n(A\cup B)-40$

이때

$$n((A\cup B)^C)=n(U)-n(A\cup B)=100-n(A\cup B)$$

이므로

$100-n(A\cup B)=n(A\cup B)-40$

$2\times n(A\cup B)=140$

$\therefore n(A\cup B)=70$ ▸▸▸▸▸▸ ❶

$n(A\cup B)=n(A)+n(B)-n(A\cap B)$이므로

$70=n(B)+20+n(B)-n(A\cap B)$

$2\times n(B)=n(A\cap B)+50$

$\therefore n(B)=\frac{1}{2}\times n(A\cap B)+25$ ▸▸▸▸▸▸ ❷

체험 활동 B만 신청한 학생의 집합은 $B-A$이므로

$$n(B-A)=n(B)-n(A\cap B)=\frac{1}{2}\times n(A\cap B)+25-n(A\cap B)=25-\frac{1}{2}\times n(A\cap B)$$ ▸▸▸▸▸▸ ❸

즉, $n(B-A)$는 $n(A\cap B)$가 최소일 때 최대이고 $n(A\cap B)$의 최솟값은 0이므로 $n(B-A)$의 최댓값은 25이다.

(└ $A\cap B=\varnothing$인 경우)

따라서 구하는 학생 수의 최댓값은 25이다. ▸▸▸▸▸▸ ❹

단계	채점 기준	비율
❶	$n(A\cup B)$ 구하기	30 %
❷	$n(B)$를 $n(A\cap B)$에 대한 식으로 나타내기	30 %
❸	$n(B-A)$를 $n(A\cap B)$에 대한 식으로 나타내기	20 %
❹	체험 활동 B만 신청한 학생 수의 최댓값 구하기	20 %

01 명제와 조건

개념 확인 209쪽

466 답 (1) {1, 2, 5, 10} (2) {1, 2}

(1) 10의 약수는 1, 2, 5, 10이므로 조건 p의 진리집합은 $\{1, 2, 5, 10\}$이다.

(2) $x^2-3x+2=0$에서 $(x-1)(x-2)=0$

$\therefore x=1$ 또는 $x=2$

따라서 조건 q의 진리집합은 $\{1, 2\}$이다.

467 답 (1) {2} (2) {3, 4}

(1) $3x-6=0$에서 $x=2$

따라서 조건 p의 진리집합은 $\{2\}$이다.

(2) $x^2+1>5$에서 $x^2>4$ $\therefore x<-2$ 또는 $x>2$

따라서 조건 q의 진리집합은 $\{3, 4\}$이다.

468 답 (1) 무리수는 실수가 아니다.
(2) $x\neq3$ 또는 $x\neq7$

유제 211~213쪽

469 답 (1) 거짓인 명제 (2) 참인 명제
(3) 명제가 아니다.

(1) 오른쪽 그림과 같은 이등변삼각형은 정삼각형이 아니므로 거짓인 명제이다.

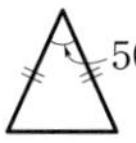

(2) 9의 배수는 모두 3의 배수이므로 참인 명제이다.

(3) x의 값에 따라 참, 거짓이 달라지므로 명제가 아니다.

470 답 (1) 8은 2의 배수도 아니고 3의 배수도 아니다.
(2) $-1<x\le5$

(1) '~이거나 ~이다.'의 부정은 '~아니고 ~아니다.'이므로 주어진 명제의 부정은

8은 2의 배수도 아니고 3의 배수도 아니다.

(2) '$\le$ 또는 $>$'의 부정은 '$>$ 그리고 $\le$'이므로 주어진 조건의 부정은

$x>-1$ 그리고 $x\le5$ $\therefore -1<x\le5$

471 답 ㄱ, ㄹ

ㄱ. 직사각형은 두 쌍의 대변이 각각 평행하므로 모두 평행사변형이다.

따라서 참인 명제이다.

ㄴ. 0은 자연수가 아니므로 거짓인 명제이다.

ㄷ. 짝수와 홀수를 곱하면 짝수이므로 거짓인 명제이다.

ㄹ. 9의 양의 약수는 1, 3, 9이고 18의 양의 약수는 1, 2, 3, 6, 9, 18이므로 참인 명제이다.

따라서 보기에서 참인 명제인 것은 ㄱ, ㄹ이다.

472 답 ㄴ, ㄷ

ㄱ. 주어진 명제의 부정은 '$2 \geq \sqrt{5}$'이고, 거짓인 명제이다.

ㄴ. 주어진 명제의 부정은 '$x+1 \neq x+5$'이고 이 식을 정리하면 $1 \neq 5$
즉, 참인 명제이다.

ㄷ. 주어진 명제의 부정은 '12는 소수가 아니다.'이고, 참인 명제이다.

ㄹ. 주어진 명제의 부정은 '$\sqrt{4}$는 유리수가 아니다.'이고, $\sqrt{4}=2$는 유리수이므로 거짓인 명제이다.

따라서 보기에서 그 부정이 참인 명제인 것은 ㄴ, ㄷ이다.

473 답 (1) {1, 2, 5, 6} (2) {3} (3) {2, 3, 4, 6}

조건 p의 진리집합을 P라 하면

$P=\{1, 3, 5\}$

q: $x^2-7x+12=0$에서

$(x-3)(x-4)=0$ $\quad\therefore x=3$ 또는 $x=4$

조건 q의 진리집합을 Q라 하면

$Q=\{3, 4\}$

(1) 조건 $\sim q$의 진리집합은 Q^C이므로
$Q^C=\{1, 2, 5, 6\}$

(2) 조건 'p 그리고 q'의 진리집합은 $P \cap Q$이므로
$P \cap Q=\{3\}$

(3) 조건 '$\sim p$ 또는 q'의 진리집합은 $P^C \cup Q$
이때 $P^C=\{2, 4, 6\}$이므로
$P^C \cup Q=\{2, 3, 4, 6\}$

474 답 ②

조건 p의 진리집합을 P라 하면

$P=\{1, 2, 3, 4, 6, 8\}$

조건 $\sim p$의 진리집합은 P^C이므로

$P^C=\{5, 7\}$

따라서 구하는 모든 원소의 합은

$5+7=12$

475 답 $\{x \mid x \leq -3$ 또는 $x>5\}$

두 조건 p, q의 진리집합을 각각 P, Q라 하면

$P=\{x \mid -3<x \leq 1\}$, $Q=\{x \mid x \leq -2$ 또는 $x>5\}$

조건 '$\sim p$ 그리고 q'의 진리집합은 $P^C \cap Q$

이때 $P^C=\{x \mid x \leq -3$ 또는 $x>1\}$이므로 다음 그림에서

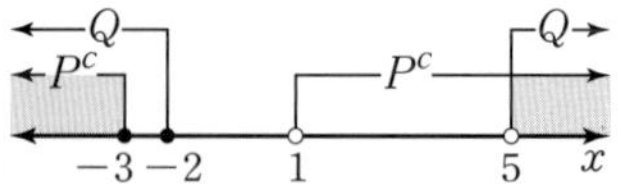

$P^C \cap Q=\{x \mid x \leq -3$ 또는 $x>5\}$

476 답 ⑤

$P=\{x \mid x \geq 3\}$, $Q=\{x \mid x<-2\}$이므로 두 집합 P, Q를 수직선 위에 나타내면 오른쪽 그림과 같다.

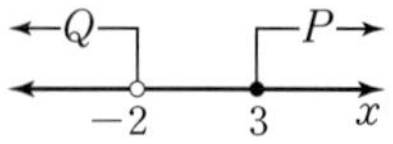

또 조건 '$-2 \leq x<3$'의 진리집합 $\{x \mid -2 \leq x<3\}$을 수직선 위에 나타내면 오른쪽 그림과 같다.

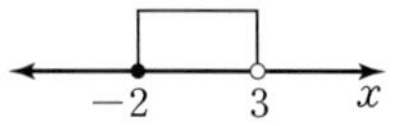

따라서 구하는 집합은

$P^C \cap Q^C=(P \cup Q)^C$

개념 확인 215쪽

477 답 (1) 가정: 5의 배수이다.
결론: 10의 배수이다.
(2) 가정: $x=1$이다.
결론: $2x-1=0$이다.

478 답 (1) 참 (2) 거짓

(1) p: $|x| \geq 0$이라 하고 조건 p의 진리집합을 P라 하면 모든 실수 x에 대하여 $|x| \geq 0$이 성립하므로
$P=U$
따라서 주어진 명제는 참이다.

(2) p: $|x|<0$이라 하고 조건 p의 진리집합을 P라 하면 $|x|<0$을 만족시키는 실수 x는 존재하지 않으므로
$P=\varnothing$
따라서 주어진 명제는 거짓이다.

유제 217~221쪽

479 답 (1) 거짓 (2) 거짓 (3) 참

(1) [반례] $x=2$이면 x는 소수이지만 짝수이다.
따라서 주어진 명제는 거짓이다.

(2) [반례] $x=-1$, $y=-3$이면 $xy=3>0$이지만 $x<0$이고 $y<0$이다.
따라서 주어진 명제는 거짓이다.

(3) p: $x^2-1=0$, q: $-2<x<2$라 하자.

$x^2-1=0$에서 $x^2=1$ $\quad\therefore x=\pm1$

두 조건 p, q의 진리집합을 각각 P, Q라 하면

$P=\{-1, 1\}$, $Q=\{x\mid -2<x<2\}$

따라서 $P\subset Q$이므로 주어진 명제는 참이다.

480 답 ④

명제 $q \longrightarrow p$가 참이므로 $Q\subset P$

이를 벤 다이어그램으로 나타내면 오른쪽 그림과 같다.

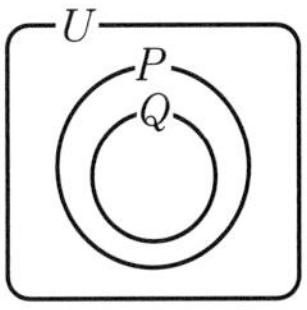

①, ② $Q\subset P$

③ $P\cap Q=Q$

⑤ $Q-P=\varnothing$

따라서 항상 옳은 것은 ④이다.

481 답 ㄷ

ㄱ. [반례] $x=1$, $y=-2$이면 $x>y$이지만 $x^2<y^2$이다.

따라서 주어진 명제는 거짓이다.

ㄴ. [반례] $x=-4$, $y=4$이면 $x+y=0$이지만 $x^2+y^2\neq0$이다.

따라서 주어진 명제는 거짓이다.

ㄷ. p: $x^3=8$, q: $x^2=4$라 하고 두 조건 p, q의 진리집합을 각각 P, Q라 하자.

$x^3=8$에서 $x^3-8=0$

$(x-2)(x^2+2x+4)=0$ $\quad\therefore x=2$

$\therefore P=\{2\}$

$x^2=4$에서 $x=-2$ 또는 $x=2$

$\therefore Q=\{-2, 2\}$

따라서 $P\subset Q$이므로 주어진 명제는 참이다.

따라서 보기에서 참인 명제인 것은 ㄷ이다.

| 참고 | $x^3=8$에서 $(x-2)(x^2+2x+4)=0$

이때 이차방정식 $x^2+2x+4=0$의 판별식을 D라 하면

$\frac{D}{4}=1^2-4<0$이므로 이 이차방정식은 실근을 갖지 않는다.

따라서 $x^3=8$을 만족시키는 실수 x는 $x-2=0$에서 $x=2$뿐이다.

482 답 ②

① $P\not\subset Q$이므로 명제 $p \longrightarrow q$는 거짓이다.

② $R\subset P$에서 $P^C\subset R^C$이므로 명제 $\sim p \longrightarrow \sim r$는 참이다.

③ $Q\not\subset P$이므로 명제 $q \longrightarrow p$는 거짓이다.

④ $Q^C\not\subset R$이므로 명제 $\sim q \longrightarrow r$는 거짓이다.

⑤ $R\not\subset Q$이므로 명제 $r \longrightarrow q$는 거짓이다.

따라서 항상 참인 명제는 ②이다.

483 답 $a>2$

두 조건 p, q의 진리집합을 각각 P, Q라 하면

$P=\{x\mid -3<x<a\}$, $Q=\{x\mid -1<x\leq2\}$

명제 $q \longrightarrow p$가 참이 되려면 $Q\subset P$이어야 하므로 오른쪽 그림에서

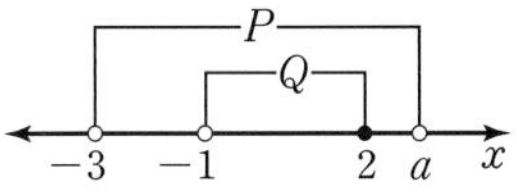

$a>2$

484 답 $0<a\leq5$

두 조건 p, q의 진리집합을 각각 P, Q라 하면

$P=\{x\mid 1-a\leq x\leq 1+a\}$,

$Q=\{x\mid x\leq -7$ 또는 $x>6\}$

명제 $p \longrightarrow \sim q$가 참이 되려면 $P\subset Q^C$이어야 한다.

이때

$Q^C=\{x\mid -7<x\leq6\}$

이므로 오른쪽 그림에서

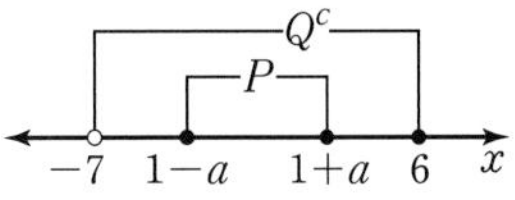

$-7<1-a$, $1+a\leq6$ $\quad\therefore a\leq5$

그런데 $a>0$이므로 $0<a\leq5$

485 답 3

p: $x=a$, q: $x^2+2x-15=0$이라 하자.

$x^2+2x-15=0$에서 $(x+5)(x-3)=0$

$\therefore x=-5$ 또는 $x=3$

두 조건 p, q의 진리집합을 각각 P, Q라 하면

$P=\{a\}$, $Q=\{-5, 3\}$

주어진 명제가 참이 되려면 $P\subset Q$이어야 하므로

$a\in Q$에서 $a=-5$ 또는 $a=3$

따라서 양수 a의 값은 3이다.

486 답 -2

세 조건 p, q, r의 진리집합을 각각 P, Q, R라 하면

$P=\{x\mid -1\leq x\leq3$ 또는 $x\geq4\}$,

$Q=\{x\mid x\geq a\}$, $R=\{x\mid b\leq x\leq2\}$

두 명제 $p \longrightarrow q$, $r \longrightarrow p$가 모두 참이 되려면

$P\subset Q$, $R\subset P$이어야 하므로 다음 그림에서

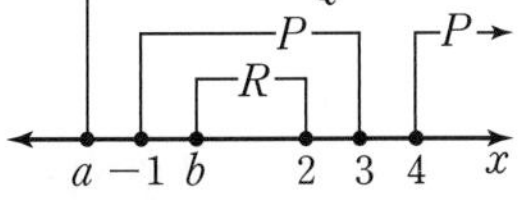

$a\leq-1$, $-1\leq b\leq2$

따라서 a의 최댓값은 -1, b의 최솟값은 -1이므로 그 합은

$-1+(-1)=-2$

487 답 (1) 참 (2) 거짓

(1) p: $|x-2|\geq 0$이라 하고 조건 p의 진리집합을 P라 하면 모든 실수 x에 대하여 $|x-2|\geq 0$이 성립하므로 실수 전체의 집합 U에 대하여
$P=U$
따라서 주어진 명제는 참이다.

(2) p: $x^2<0$이라 하고 조건 p의 진리집합을 P라 하면 $x^2<0$을 만족시키는 실수 x는 존재하지 않으므로
$P=\varnothing$
따라서 주어진 명제는 거짓이다.

488 답 (1) 어떤 실수 x에 대하여 $x^2-6x+5\leq 0$이다. (참)
(2) 모든 실수 x에 대하여 $(x-2)^2>0$이다. (거짓)

(1) 주어진 명제의 부정은
'어떤 실수 x에 대하여 $x^2-6x+5\leq 0$이다.'
p: $x^2-6x+5\leq 0$이라 하고 조건 p의 진리집합을 P라 하자.
$x^2-6x+5\leq 0$에서
$(x-1)(x-5)\leq 0$ $\therefore 1\leq x\leq 5$
$\therefore P=\{x|1\leq x\leq 5\}$
따라서 $P\neq\varnothing$이므로 주어진 명제의 부정은 참이다.

(2) 주어진 명제의 부정은
'모든 실수 x에 대하여 $(x-2)^2>0$이다.'
p: $(x-2)^2>0$이라 하고 조건 p의 진리집합을 P라 하면 $x\neq 2$인 모든 실수 x에 대하여 $(x-2)^2>0$이 성립하므로
$P=\{x|x\neq 2$인 실수$\}$
따라서 실수 전체의 집합 U에 대하여 $P\neq U$이므로 주어진 명제의 부정은 거짓이다.

489 답 ⑤

① p: $x+5\leq 15$라 하고 조건 p의 진리집합을 P라 하자.
$x+5\leq 15$에서 $x\leq 10$
$\therefore P=\{1, 2, 5, 10\}$
따라서 $P=U$이므로 주어진 명제는 참이다.

② p: $x^2>10$이라 하고 조건 p의 진리집합을 P라 하자.
$x^2>10$에서 $x<-\sqrt{10}$ 또는 $x>\sqrt{10}$
$\therefore P=\{5, 10\}$
따라서 $P\neq\varnothing$이므로 주어진 명제는 참이다.

③ p: x는 짝수라 하고 조건 p의 진리집합을 P라 하면
$P=\{2, 10\}$
따라서 $P\neq\varnothing$이므로 주어진 명제는 참이다.

④ p: 10의 양의 약수라 하고 조건 p의 진리집합을 P라 하면
$P=\{1, 2, 5, 10\}$
따라서 $P=U$이므로 주어진 명제는 참이다.

⑤ p: $\sqrt{x}$는 무리수라 하고 조건 p의 진리집합을 P라 하면
$P=\{2, 5, 10\}$
따라서 $P\neq U$이므로 주어진 명제는 거짓이다.

따라서 거짓인 명제는 ⑤이다.

490 답 -4

모든 실수 x에 대하여 이차부등식 $x^2+4x-k\geq 0$이 성립해야 하므로 이차방정식 $x^2+4x-k=0$의 판별식을 D라 하면
$\frac{D}{4}=2^2+k\leq 0$
$\therefore k\leq -4$
따라서 k의 최댓값은 -4이다.

연습문제

222~223쪽

491 답 ③

'$(x-y)(y-z)(z-x)=0$'의 부정은
'$(x-y)(y-z)(z-x)\neq 0$'이므로
$x-y\neq 0$이고 $y-z\neq 0$이고 $z-x\neq 0$
$\therefore x\neq y$이고 $y\neq z$이고 $z\neq x$

492 답 14

두 조건 p, q의 진리집합을 각각 P, Q라 하면
$P=\{1, 3, 5, 7, \dots\}$, $Q=\{1, 2, 4, 8\}$
조건 '$\sim p$ 그리고 q'의 진리집합은 $P^C\cap Q$이므로
$P^C\cap Q=Q\cap P^C=Q-P$
$=\{2, 4, 8\}$
따라서 구하는 모든 원소의 합은
$2+4+8=14$

493 답 ③

① [반례] $x=3$, $y=0$이면 $x+y\geq 2$이지만 $x\geq 1$이고 $y<1$이다.

② [반례] $x=-2$이면 $x<1$이지만 $x^2>1$이다.

③ 실수 x, y에 대하여 $x^3=y^3$이면 $x=y$이므로
$x^2=y^2$이다. (참)

④ [반례] $x=1$, $y=-1$이면 $x^3+y^3=0$이지만
$x\neq0$이고 $y\neq0$이다.

⑤ [반례] $a=2$, $b=3$, $c=4$이면 a, b가 서로소이고
b, c가 서로소이지만 a, c는 서로소가 아니다.

따라서 참인 명제는 ③이다.

494 답 ③

$P\cap Q=\varnothing$을 벤 다이어그램으로 나타내면 오른쪽 그림과 같다.

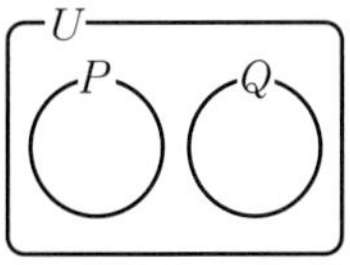

① $P\not\subset Q$이므로 명제
$p \longrightarrow q$는 거짓이다.

② $Q\not\subset P$이므로 명제 $q \longrightarrow p$는 거짓이다.

③ $P\subset Q^C$이므로 명제 $p \longrightarrow \sim q$는 참이다.

④ $P^C\not\subset Q$이므로 명제 $\sim p \longrightarrow q$는 거짓이다.

⑤ $Q^C\not\subset P$이므로 명제 $\sim q \longrightarrow p$는 거짓이다.

따라서 항상 참인 명제는 ③이다.

495 답 ㄱ, ㄷ

실수 전체의 집합을 U라 하자.

ㄱ. p: $x^2-2x=0$이라 하고 조건 p의 진리집합을 P라 하자.
$x^2-2x=0$에서 $x(x-2)=0$
$\therefore$ $x=0$ 또는 $x=2$ $\quad\therefore$ $P=\{0, 2\}$
따라서 $P\neq\varnothing$이므로 주어진 명제는 참이다.

ㄴ. p: $2x+1>5$라 하고 조건 p의 진리집합을 P라 하자.
$2x+1>5$에서 $x>2$ $\quad\therefore$ $P=\{x|x>2\}$
따라서 $P\neq U$이므로 주어진 명제는 거짓이다.

ㄷ. p: $x^2-x+1>0$이라 하고 조건 p의 진리집합을 P라 하자.
모든 실수 x에 대하여
$x^2-x+1=\left(x-\frac{1}{2}\right)^2+\frac{3}{4}>0$이 성립하므로
$P=U$
따라서 주어진 명제는 참이다.

따라서 보기에서 참인 명제인 것은 ㄱ, ㄷ이다.

496 답 ⑤

$f(x)g(x)\neq0$에서 $f(x)\neq0$이고 $g(x)\neq0$
p: $f(x)=0$에서 $\sim p$: $f(x)\neq0$이므로
$P^C=\{x|f(x)\neq0\}$
q: $g(x)=0$에서 $\sim q$: $g(x)\neq0$이므로
$Q^C=\{x|g(x)\neq0\}$
따라서 조건 '$f(x)g(x)\neq0$'의 진리집합과 항상 같은 집합은
$P^C\cap Q^C=(P\cup Q)^C$

497 답 ⑤

명제 '$\sim p$이면 q이고 $\sim r$이다.'가 거짓임을 보이는 원소는 집합 P^C에는 속하고 집합 $Q\cap R^C$에는 속하지 않는다.
따라서 구하는 집합은
$P^C\cap(Q\cap R^C)^C=P^C\cap(Q^C\cup R)$
$=(P^C\cap Q^C)\cup(P^C\cap R)$
$=(P\cup Q)^C\cup(R-P)$

498 답 **64**

24의 약수 중 8 이하의 자연수는 1, 2, 3, 4, 6, 8이므로
$P=\{1, 2, 3, 4, 6, 8\}$
명제 $\sim p \longrightarrow q$가 참이 되려면 $P^C\subset Q$이어야 한다.
따라서 집합 Q의 개수는 집합 U의 부분집합 중에서 P^C의 모든 원소를 반드시 원소로 갖는 부분집합의 개수와 같다.
이때 $P^C=\{5, 7\}$이므로 구하는 집합의 개수는
$2^{8-2}=2^6=64$

499 답 **2**

p: $x^2-(a+b)x+ab\geq0$에서
$(x-a)(x-b)\geq0$
$\therefore$ $x\leq a$ 또는 $x\geq b$
두 조건 p, q의 진리집합을 각각 P, Q라 하면
$P=\{x|x\leq a$ 또는 $x\geq b\}$,
$Q=\{x|-1\leq x<3\}$ ▸▸▸▸▸▸ ❶
명제 $\sim q \longrightarrow p$가 참이 되려면 $Q^C\subset P$이어야 한다.
이때 $Q^C=\{x|x<-1$ 또는 $x\geq3\}$이므로 다음 그림에서

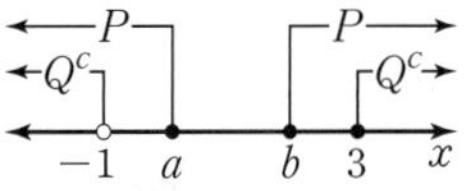

$a\geq-1$, $b\leq3$ ▸▸▸▸▸▸ ❷
따라서 a의 최솟값은 -1이고 b의 최댓값은 3이므로 그 합은
$-1+3=2$ ▸▸▸▸▸▸ ❸

단계	채점 기준	비율
❶	두 조건 p, q의 진리집합 구하기	30 %
❷	a, b의 값의 범위 구하기	50 %
❸	a의 최솟값과 b의 최댓값의 합 구하기	20 %

500 답 5

주어진 명제의 부정은

'모든 실수 x에 대하여 $x^2-ax+2>0$이다.'

즉, 모든 실수 x에 대하여 이차부등식 $x^2-ax+2>0$이 성립해야 하므로 이차방정식 $x^2-ax+2=0$의 판별식을 D라 하면

$D=(-a)^2-4\times2<0$, $a^2-8<0$

$a^2<8 \quad \therefore -2\sqrt{2}<a<2\sqrt{2}$

따라서 정수 a는 -2, -1, 0, 1, 2의 5개이다.

501 답 ②

세 조건 p, q, r의 진리집합을 각각 P, Q, R라 하자.

$P=\{x|x>4\}$, $Q=\{x|x>5-a\}$

명제 $p \longrightarrow q$가 참이 되려면 $P\subset Q$이어야 하므로 오른쪽 그림에서

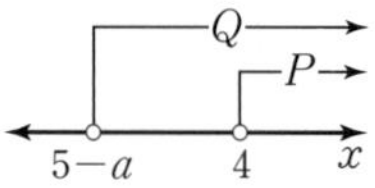

$5-a\le4 \quad \therefore a\ge1 \quad \cdots\cdots$ ㉠

따라서 $(x-a)(x+a)>0$에서 $x<-a$ 또는 $x>a$

$\therefore R=\{x|x<-a$ 또는 $x>a\}$

명제 $q \longrightarrow r$가 참이 되려면 $Q\subset R$이어야 하므로 오른쪽 그림에서

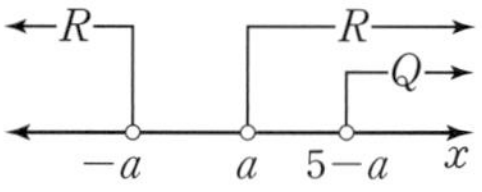

$a\le5-a \quad \therefore a\le\frac{5}{2} \quad \cdots\cdots$ ㉡

㉠, ㉡에서 $1\le a\le\frac{5}{2}$

따라서 실수 a의 최댓값은 $\frac{5}{2}$, 최솟값은 1이므로 그 합은

$\frac{5}{2}+1=\frac{7}{2}$

502 답 15

| 접근 방법 | 두 조건 p, q에서 순서쌍 (x, y)를 각각 원과 직선 위의 점의 좌표로 생각한다.

두 조건 p, q의 진리집합을 각각 P, Q라 하면

$P=\{(x, y)|(x-1)^2+(y-2)^2=2\}$,

$Q=\{(x, y)|y=-x+a\}$

주어진 명제가 참이 되려면 $P\cap Q\neq\varnothing$을 만족시키는 실수 x, y가 존재해야 하므로 원 $(x-1)^2+(y-2)^2=2$와 직선 $y=-x+a$가 만나야 한다.

원의 중심 $(1, 2)$와 직선 $y=-x+a$, 즉 $x+y-a=0$ 사이의 거리는

$\frac{|1+2-a|}{\sqrt{1^2+1^2}}=\frac{|3-a|}{\sqrt{2}}$

원의 반지름의 길이가 $\sqrt{2}$이므로 원과 직선이 만나려면

$\frac{|3-a|}{\sqrt{2}}\le\sqrt{2}$, $|3-a|\le2$

$-2\le3-a\le2 \quad \therefore 1\le a\le5$

따라서 정수 a는 1, 2, 3, 4, 5이므로 그 합은

$1+2+3+4+5=15$

02 명제의 역과 대우

개념 확인 225쪽

503 답 (1) 역: x가 6의 양의 약수이면 x는 12의 양의 약수이다.
대우: x가 6의 양의 약수가 아니면 x는 12의 양의 약수가 아니다.
(2) 역: $x^2=9$이면 $x=-3$이다.
대우: $x^2\neq9$이면 $x\neq-3$이다.
(3) 역: $x>5$이면 $x>3$이다.
대우: $x\le5$이면 $x\le3$이다.
(4) 역: $a>0$ 또는 $b>0$이면 $a+b>0$이다.
대우: $a\le0$이고 $b\le0$이면 $a+b\le0$이다.

504 답 ㄴ

ㄴ. 명제 $q \longrightarrow p$가 참이면 그 대우 $\sim p \longrightarrow \sim q$도 참이다.

따라서 보기에서 항상 참인 명제인 것은 ㄴ이다.

505 답 ㄱ, ㄷ

ㄱ. 두 명제 $p \longrightarrow q$, $q \longrightarrow r$가 모두 참이면 명제 $p \longrightarrow r$가 참이다.

ㄷ. ㄱ에서 명제 $p \longrightarrow r$가 참이므로 그 대우 $\sim r \longrightarrow \sim p$도 참이다.

따라서 보기에서 항상 참인 명제인 것은 ㄱ, ㄷ이다.

유제 227~229쪽

506 답 (1) 역: $x=0$ 또는 $x=1$이면 $x^2=x$이다. (참)
대우: $x\neq0$이고 $x\neq1$이면 $x^2\neq x$이다. (참)
(2) 역: $2x-1<7$이면 $x<2$이다. (거짓)
대우: $2x-1\geq7$이면 $x\geq2$이다. (참)

(2) 역: [반례] $x=3$이면 $2x-1=5<7$이지만 $x>2$이다.
대우: $2x-1\geq7$이면 $x\geq4$이므로 $x\geq2$이다.

| 다른 풀이 |

(2) $x<2$이면 $2x<4$
$\therefore 2x-1<3<7$
따라서 주어진 명제가 참이므로 그 대우도 참이다.

507 답 4
주어진 명제가 참이므로 그 대우
'$x\leq k$이고 $y\leq1$이면 $x+y\leq5$이다.'도 참이다.
$x\leq k$이고 $y\leq1$에서 $x+y\leq k+1$이므로
$k+1\leq5$
$\therefore k\leq4$
따라서 실수 k의 최댓값은 4이다.

508 답 ④
① 역: 마름모이면 정사각형이다. (거짓)
[반례] 오른쪽 그림과 같은 사각형은 마름모이지만 정사각형이 아니다.

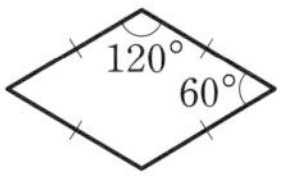

대우: 마름모가 아니면 정사각형이 아니다. (참)
② 역: $a\neq2$ 또는 $b\neq3$이면 $ab\neq6$이다. (거짓)
[반례] $a=1$, $b=6$이면 $a\neq2$ 또는 $b\neq3$이지만 $ab=6$이다.
대우: $a=2$이고 $b=3$이면 $ab=6$이다. (참)
③ 역: ab가 정수이면 $a+b$는 정수이다. (거짓)
[반례] $a=\sqrt{2}$, $b=\sqrt{2}$이면 ab는 정수이지만 $a+b$는 정수가 아니다.
대우: ab가 정수가 아니면 $a+b$는 정수가 아니다. (거짓)
[반례] $a=\frac{1}{2}$, $b=\frac{1}{2}$이면 ab는 정수가 아니지만 $a+b$는 정수이다.
④ 역: $a=0$이고 $b=0$이면 $|a|+|b|=0$이다. (참)
대우: $a\neq0$ 또는 $b\neq0$이면 $|a|+|b|\neq0$이다. (참)
➡ $a\neq0$이면 $|a|>0$
이때 $|b|\geq0$이므로 $|a|+|b|>0$
$b\neq0$일 때도 같은 방법으로 하면
$|a|+|b|>0$
$\therefore |a|+|b|\neq0$
⑤ 역: $x>10$이면 $x>5$이다. (참)
대우: $x\leq10$이면 $x\leq5$이다. (거짓)
[반례] $x=7$이면 $x\leq10$이지만 $x>5$이다.
따라서 역과 대우가 모두 참인 명제인 것은 ④이다.

509 답 ②
주어진 명제가 참이므로 그 대우
'$x=3$이면 $x^2-ax+9=0$이다.'도 참이다.
따라서 $9-3a+9=0$이므로
$a=6$

510 답 ㄱ, ㄴ, ㄷ
ㄱ. 명제 $r \longrightarrow \sim p$가 참이면 그 대우 $p \longrightarrow \sim r$도 참이다.
ㄴ. 두 명제 $q \longrightarrow p$, $p \longrightarrow \sim r$가 모두 참이므로 명제 $q \longrightarrow \sim r$가 참이다.
ㄷ. ㄴ에서 명제 $q \longrightarrow \sim r$가 참이므로 그 대우 $r \longrightarrow \sim q$도 참이다.
따라서 보기에서 항상 참인 명제인 것은 ㄱ, ㄴ, ㄷ이다.

511 답 ①
명제 $q \longrightarrow r$가 참이면 그 대우 $\sim r \longrightarrow \sim q$도 참이다.
이때 두 명제 $p \longrightarrow \sim r$, $\sim r \longrightarrow \sim q$가 모두 참이므로 명제 $p \longrightarrow \sim q$가 참이다.
따라서 항상 참인 것은 ①이다.

512 답 ③
세 명제 $p \longrightarrow q$, $\sim p \longrightarrow r$, $s \longrightarrow \sim q$가 모두 참이므로 그 대우 $\sim q \longrightarrow \sim p$, $\sim r \longrightarrow p$, $q \longrightarrow \sim s$도 모두 참이다.
이때 두 명제 $p \longrightarrow q$, $q \longrightarrow \sim s$가 모두 참이므로 명제 $p \longrightarrow \sim s$가 참이고 그 대우 $s \longrightarrow \sim p$도 참이다.
또 두 명제 $\sim r \longrightarrow p$, $p \longrightarrow q$가 모두 참이므로 명제 $\sim r \longrightarrow q$가 참이다.
따라서 항상 참이라고 할 수 없는 것은 ③이다.

513 답 ④

명제 (가), (나)에서

p: A가 김밥을 주문한다.

q: B가 김밥을 주문한다.

r: C가 김밥을 주문한다.

라 하자.

(가)에서 명제 $p \longrightarrow q$가 참이므로 그 대우 $\sim q \longrightarrow \sim p$도 참이다.

(나)에서 명제 $\sim p \longrightarrow r$가 참이다.

이때 두 명제 $\sim q \longrightarrow \sim p$, $\sim p \longrightarrow r$가 모두 참이므로 명제 $\sim q \longrightarrow r$가 참이다.

한편 주어진 명제는 각각 다음과 같다.

① $p \longrightarrow \sim r$ ② $\sim p \longrightarrow \sim q$

③ $q \longrightarrow r$ ④ $\sim q \longrightarrow r$

⑤ $r \longrightarrow \sim q$

따라서 항상 참인 명제인 것은 ④이다.

개념 확인 231쪽

514 답 (1) **충분** (2) **필요** (3) **필요충분**

515 답 (1) **충분** (2) **필요**

(1) $P \cap Q = P$에서 $P \subset Q$이므로

$p \Longrightarrow q$

(2) $P \subset Q$이므로 $Q^C \subset P^C$

$\therefore \sim q \Longrightarrow \sim p$

유제 233~235쪽

516 답 (1) **충분조건** (2) **필요조건** (3) **필요충분조건**

(1) 명제 $p \longrightarrow q$: $x^3=1$이면 $x=1$이므로 $x^2=1$ (참)

명제 $q \longrightarrow p$: [반례] $x=-1$이면 $x^2=1$이지만 $x^3 \neq 1$이다. (거짓)

따라서 $p \Longrightarrow q$, $q \not\Longrightarrow p$이므로 p는 q이기 위한 충분조건이다.

(2) 명제 $p \longrightarrow q$: [반례] $x=\frac{3}{2}$이면 $2x-1>1$이지만 $x<2$이다. (거짓)

명제 $q \longrightarrow p$: $x>2$이면 $2x>4$이므로 $2x-1>3>1$ (참)

따라서 $p \not\Longrightarrow q$, $q \Longrightarrow p$이므로 p는 q이기 위한 필요조건이다.

(3) 명제 $p \longrightarrow q$: $x+1=2$이면 $x=1$이므로 $x^2-2x+1=0$ (참)

명제 $q \longrightarrow p$: $x^2-2x+1=0$이면 $(x-1)^2=0$이므로 $x=1$ (참)

따라서 $p \Longleftrightarrow q$이므로 p는 q이기 위한 필요충분조건이다.

517 답 ④

p는 $\sim q$이기 위한 충분조건이므로 $p \Longrightarrow \sim q$에서

$P \subset Q^C$

$\therefore P \cap Q = \varnothing$

① $P \cap Q = \varnothing$

② $P \cup Q \neq Q$

③ $P \cap Q^C = P - Q = P$

⑤ $P - Q^C = \varnothing$

따라서 항상 옳은 것은 ④이다.

518 답 ③

① 명제 $p \longrightarrow q$: 10의 배수는 모두 5의 배수이다. (참)

명제 $q \longrightarrow p$: [반례] $x=5$이면 x는 5의 배수이지만 10의 배수가 아니다. (거짓)

따라서 $p \Longrightarrow q$, $q \not\Longrightarrow p$이므로 p는 q이기 위한 충분조건이다.

② 명제 $p \longrightarrow q$: $x=1$이고 $y=2$이면 $x+y=3$이다. (참)

명제 $q \longrightarrow p$: [반례] $x=0$, $y=3$이면 $x+y=3$이지만 $x \neq 1$, $y \neq 2$이다. (거짓)

따라서 $p \Longrightarrow q$, $q \not\Longrightarrow p$이므로 p는 q이기 위한 충분조건이다.

③ 명제 $p \longrightarrow q$: [반례] $x=1$, $y=-1$이면 $x^2=y^2$이지만 $x \neq y$이다. (거짓)

명제 $q \longrightarrow p$: $x=y$이면 $x^2=y^2$이다. (참)

따라서 $p \not\Longrightarrow q$, $q \Longrightarrow p$이므로 p는 q이기 위한 필요조건이다.

④ 명제 $p \longrightarrow q$: $x>2$이면 $x^2>4$이다. (참)

명제 $q \longrightarrow p$: [반례] $x=-3$이면 $x^2>4$이지만 $x<2$이다. (거짓)

따라서 $p \Longrightarrow q$, $q \not\Longrightarrow p$이므로 p는 q이기 위한 충분조건이다.

⑤ 명제 $p \longrightarrow q$: $x>0$, $y>0$이면 $x+y>0$이고 $xy>0$이다. (참)
명제 $q \longrightarrow p$: $xy>0$이면 $x>0$이고 $y>0$ 또는 $x<0$이고 $y<0$이다.
이때 $x+y>0$이므로 $x>0$이고 $y>0$이다. (참)
따라서 $p \Longleftrightarrow q$이므로 p는 q이기 위한 필요충분조건이다.

따라서 p가 q이기 위한 필요조건이지만 충분조건은 아닌 것은 ③이다.

519 답 ④

q는 p이기 위한 필요조건이므로
$p \Longrightarrow q$ $\quad \therefore P \subset Q$
$\sim q$는 $\sim r$이기 위한 충분조건이므로
$\sim q \Longrightarrow \sim r$ $\quad \therefore Q^C \subset R^C$
$\therefore R \subset Q$
③ $P \subset Q$, $R \subset Q$이므로 $(P \cup R) \subset Q$
④ $P \cap Q = P$이므로 $(P \cap Q) \subset R$가 항상 옳은 것이라고 할 수 없다.
⑤ $P \subset Q$이므로 $Q^C \subset P^C$
따라서 항상 옳은 것이라고 할 수 없는 것은 ④이다.

520 답 5

두 조건 p, q의 진리집합을 각각 P, Q라 하면
$P=\{x|x<a\}$, $Q=\{x|-3<x<5\}$
p가 q이기 위한 필요조건이 되려면 $q \Longrightarrow p$, 즉 $Q \subset P$이어야 하므로 오른쪽 그림에서

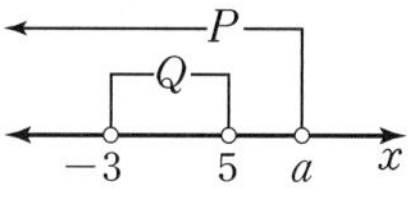

$a \geq 5$
따라서 a의 최솟값은 5이다.

521 답 $-2 \leq a < 1$

두 조건 p, q의 진리집합을 각각 P, Q라 하면
$P=\{x|a-1<x\leq 1\}$, $Q=\{x|-3\leq x<3-2a\}$
q가 p이기 위한 필요조건이 되려면 $p \Longrightarrow q$, 즉 $P \subset Q$이어야 하므로 오른쪽 그림에서

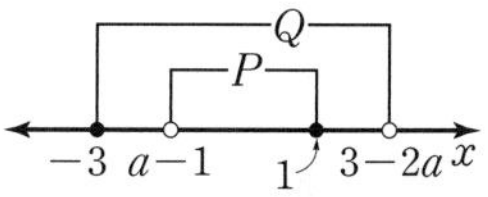

$-3 \leq a-1$, $1 < 3-2a$
$a \geq -2$, $a < 1$
$\therefore -2 \leq a < 1$

522 답 −6

두 조건 p, q의 진리집합을 각각 P, Q라 하자.
p: $2x+a=0$에서 $x=-\dfrac{a}{2}$
$\therefore P=\left\{-\dfrac{a}{2}\right\}$
q: $x^2-3x-4=0$에서 $(x+1)(x-4)=0$
$\therefore x=-1$ 또는 $x=4$
$\therefore Q=\{-1, 4\}$
p가 q이기 위한 충분조건이 되려면 $p \Longrightarrow q$, 즉 $P \subset Q$이어야 하므로
$-\dfrac{a}{2}=-1$ 또는 $-\dfrac{a}{2}=4$
$\therefore a=2$ 또는 $a=-8$
따라서 모든 상수 a의 값의 합은
$2+(-8)=-6$

523 답 4

세 조건 p, q, r의 진리집합을 각각 P, Q, R라 하면
$P=\{x|-1\leq x\leq 0$ 또는 $x\geq 5\}$,
$Q=\{x|x\geq a\}$,
$R=\{x|x>b\}$
q가 p이기 위한 필요조건이면 $p \Longrightarrow q$이므로
$P \subset Q$
r가 p이기 위한 충분조건이면 $r \Longrightarrow p$이므로
$R \subset P$
즉, $R \subset P \subset Q$이므로 다음 그림에서

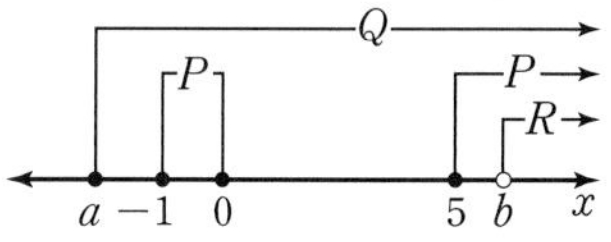

$a \leq -1$, $b \geq 5$
따라서 a의 최댓값은 -1이고 b의 최솟값은 5이므로 그 합은
$-1+5=4$

연습문제 236~238쪽

524 답 ㄷ

ㄱ. 역: $x>y$이면 $x^2>y^2$이다. (거짓)
[반례] $x=2$, $y=-3$이면 $x>y$이지만 $x^2<y^2$이다.
대우: $x\leq y$이면 $x^2\leq y^2$이다. (거짓)
[반례] $x=-2$, $y=1$이면 $x\leq y$이지만 $x^2>y^2$이다.

ㄴ. 역: $x=0$이고 $y=0$이면 $x^2+y^2=0$이다. (참)

대우: $x\neq 0$ 또는 $y\neq 0$이면 $x^2+y^2\neq 0$이다. (참)

ㄷ. 역: 두 삼각형이 넓이가 같으면 합동이다. (거짓)

[반례] 오른쪽 그림과 같은 두 삼각형은 넓이가 같지만 합동이 아니다.

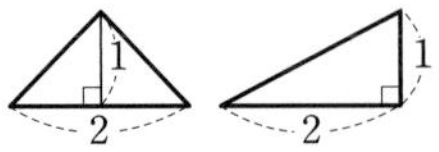

이때 주어진 명제가 참이므로 그 대우도 참이다.

따라서 보기에서 그 역은 거짓이고 대우는 참인 명제인 것은 ㄷ이다.

525 답 **2**

두 조건 p, q의 진리집합을 각각 P, Q라 하면

$P=\{x|x<a\}$, $Q=\{x|x<2$ 또는 $5\leq x<8\}$

명제 $\sim q \longrightarrow \sim p$가 참이 되려면 그 대우 $p \longrightarrow q$가 참이 되어야 한다.

이때 명제 $p \longrightarrow q$가 참이 되려면 $P\subset Q$이어야 하므로 오른쪽 그림에서

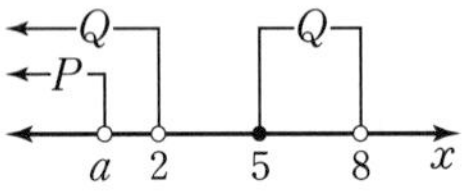

$a\leq 2$

따라서 a의 최댓값은 2이다.

526 답 ④

명제 $p \longrightarrow q$가 참이므로 그 대우 $\sim q \longrightarrow \sim p$도 참이다.

또 명제 $r \longrightarrow \sim q$가 참이므로 그 대우 $q \longrightarrow \sim r$도 참이다.

이때 두 명제 $p \longrightarrow q$, $q \longrightarrow \sim r$가 모두 참이므로 명제 $p \longrightarrow \sim r$가 참이고 그 대우 $r \longrightarrow \sim p$도 참이다.

따라서 항상 참이라고 할 수 없는 것은 ④이다.

527 답 ⑤

① 명제 $p \longrightarrow q$: $x=-1$이면 $x^2+x=0$이다. (참)

명제 $q \longrightarrow p$: [반례] $x=0$이면 $x^2+x=0$이지만 $x\neq -1$이다. (거짓)

따라서 $p \Longrightarrow q$, $q \not\Longrightarrow p$이므로 p는 q이기 위한 충분조건이다.

② 명제 $p \longrightarrow q$: $x=y=z$이면 $x-y=0$, $y-z=0$이므로 $(x-y)(y-z)=0$이다. (참)

명제 $q \longrightarrow p$: [반례] $x=y=1$, $z=2$이면 $(x-y)(y-z)=0$이지만 $x=y\neq z$이다. (거짓)

따라서 $p \Longrightarrow q$, $q \not\Longrightarrow p$이므로 p는 q이기 위한 충분조건이다.

③ 명제 $p \longrightarrow q$: $x=y$의 양변에 z를 곱하면 $xz=yz$이다. (참)

명제 $q \longrightarrow p$: [반례] $x=1$, $y=2$, $z=0$이면 $xz=yz=0$이지만 $x\neq y$이다. (거짓)

따라서 $p \Longrightarrow q$, $q \not\Longrightarrow p$이므로 p는 q이기 위한 충분조건이다.

④ 명제 $p \longrightarrow q$: $x^2>y^2$이면 $|x|>|y|$이다. (참)

명제 $q \longrightarrow p$: $|x|>|y|$이면 $x^2>y^2$이다. (참)

따라서 $p \Longleftrightarrow q$이므로 p는 q이기 위한 필요충분조건이다.

⑤ 명제 $p \longrightarrow q$: [반례] $x=-4$이면 $x>-5$이지만 $x<-3$이다. (거짓)

명제 $q \longrightarrow p$: $x>-3$이면 $x>-5$이다. (참)

따라서 $p \not\Longrightarrow q$, $q \Longrightarrow p$이므로 p는 q이기 위한 필요조건이다.

따라서 p가 q이기 위한 필요조건이지만 충분조건은 아닌 것은 ⑤이다.

528 답 ⑤

주어진 벤 다이어그램에서

ㄱ. $R\not\subset Q^C$이므로 $r \not\Longrightarrow \sim q$

따라서 r는 $\sim q$이기 위한 충분조건이 아니다.

ㄴ. $P\subset Q$이므로 $Q^C\subset P^C$

$\therefore \sim q \Longrightarrow \sim p$

따라서 $\sim q$는 $\sim p$이기 위한 충분조건이다.

ㄷ. $P\subset R^C$이므로 $p \Longrightarrow \sim r$

따라서 $\sim r$는 p이기 위한 필요조건이다.

따라서 보기에서 항상 옳은 것은 ㄴ, ㄷ이다.

529 답 $\mathbf{\frac{1}{2}}$

p: $x^2+ax-5\neq 0$, q: $x-2\neq 0$이라 하자.

p가 q이기 위한 충분조건이 되려면 $p \Longrightarrow q$이어야 하고 참인 명제의 대우는 참이므로 $\sim q \Longrightarrow \sim p$이어야 한다.

따라서 $x-2=0$, 즉 $x=2$이면 $x^2+ax-5=0$이어야 하므로

$4+2a-5=0 \qquad \therefore a=\frac{1}{2}$

530 답 **8**

두 조건 p, q의 진리집합을 각각 P, Q라 하자.

p: $2x-a\leq 0$에서 $x\leq \frac{a}{2}$

$\therefore P=\left\{x \middle| x\leq \frac{a}{2}\right\}$

q: $x^2-5x+4>0$에서 $(x-1)(x-4)>0$

$\therefore x<1$ 또는 $x>4$

$\therefore Q=\{x|x<1$ 또는 $x>4\}$

p가 $\sim q$이기 위한 필요조건이 되려면 $\sim q \Longrightarrow p$, 즉 $Q^C \subset P$이어야 한다.

이때 $Q^C=\{x|1\le x\le 4\}$이므로 오른쪽 그림에서

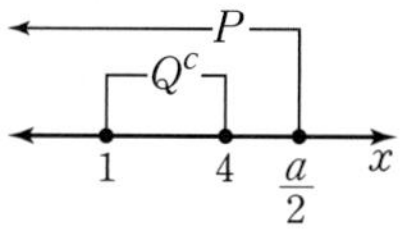

$4\le \frac{a}{2}$ $\quad\therefore a\ge 8$

따라서 a의 최솟값은 8이다.

531 답 8

두 조건 p, q의 진리집합을 각각 P, Q라 하면

$P=\{x|a+1\le x\le a+6\}$,

$Q=\{x|b+5\le x\le ab\}$

명제 $p \longrightarrow q$의 역 $q \longrightarrow p$가 참이므로

$Q\subset P$ ...... ㉠

또 명제 $p \longrightarrow q$의 대우가 참이면 명제 $p \longrightarrow q$도 참이므로

$P\subset Q$ ...... ㉡

㉠, ㉡에서 $P=Q$ ▸▸▸▸▸▸ ❶

$\therefore a+1=b+5$, $a+6=ab$ ▸▸▸▸▸▸ ❷

$a+1=b+5$에서 $b=a-4$ ...... ㉢

㉢을 $a+6=ab$에 대입하면

$a+6=a(a-4)$, $a^2-5a-6=0$

$(a+1)(a-6)=0$

$\therefore a=6$ ($\because a>0$)

이를 ㉢에 대입하면 $b=2$

$\therefore a+b=8$ ▸▸▸▸▸▸ ❸

단계	채점 기준	비율
❶	두 조건 p, q의 진리집합 사이의 포함 관계 파악하기	40 %
❷	a, b 사이의 관계식 구하기	20 %
❸	$a+b$의 값 구하기	40 %

532 답 ④

p: 수학을 좋아한다.

q: 과학을 좋아한다.

r: 국어를 좋아한다.

라 하자.

이때 두 명제 $p \longrightarrow q$, $q \longrightarrow r$가 모두 참이므로 명제 $p \longrightarrow r$가 참이고 그 대우 $\sim r \longrightarrow \sim p$도 참이다.

한편 주어진 명제는 각각 다음과 같다.

① $p \longrightarrow \sim r$ ② $r \longrightarrow q$

③ $r \longrightarrow p$ ④ $\sim r \longrightarrow \sim p$

⑤ $\sim q \longrightarrow r$

따라서 항상 참인 명제인 것은 ④이다.

533 답 ③

명제 $p \longrightarrow \sim q$가 참이므로 그 대우 $q \longrightarrow \sim p$도 참이다.

두 명제 $q \longrightarrow \sim p$, $\sim p \longrightarrow s$가 모두 참이므로 명제 $q \longrightarrow s$가 참이다.

따라서 명제 $q \longrightarrow \sim r$가 참이려면 명제 $s \longrightarrow \sim r$ 또는 그 대우 $r \longrightarrow \sim s$가 참이어야 한다.

따라서 필요한 참인 명제는 ③이다.

534 답 ㄴ, ㄷ, ㄹ

p는 q이기 위한 충분조건이므로

$p \Longrightarrow q$ $\quad\therefore \sim q \Longrightarrow \sim p$

$\sim q$는 $\sim s$이기 위한 필요조건이므로

$\sim s \Longrightarrow \sim q$ $\quad\therefore q \Longrightarrow s$

$\sim r$는 s이기 위한 필요조건이므로

$s \Longrightarrow \sim r$ $\quad\therefore r \Longrightarrow \sim s$

$p \Longrightarrow q$, $q \Longrightarrow s$이므로 $p \Longrightarrow s$

$\therefore \sim s \Longrightarrow \sim p$

$q \Longrightarrow s$, $s \Longrightarrow \sim r$이므로 $q \Longrightarrow \sim r$

따라서 보기에서 항상 참인 명제인 것은 ㄴ, ㄷ, ㄹ이다.

535 답 ㄴ

ㄱ. 명제 $p \longrightarrow q$: $A=B$이면 $A\cap B=B$이다. (참)

명제 $q \longrightarrow p$: [반례] $A=\{1, 2\}$, $B=\{1\}$이면 $A\cap B=B$이지만 $A\ne B$이다. (거짓)

따라서 $p \Longrightarrow q$, $q \not\Longrightarrow p$이므로 p는 q이기 위한 충분조건이다.

ㄴ. 명제 $p \longrightarrow q$: $A\cap B=\varnothing$이면 $n(A\cap B)=0$이므로

$n(A\cup B)=n(A)+n(B)-n(A\cap B)$

$=n(A)+n(B)$ (참)

명제 $q \longrightarrow p$: $n(A\cup B)=n(A)+n(B)$이면 $n(A\cap B)=0$이므로 $A\cap B=\varnothing$ (참)

따라서 $p \Longleftrightarrow q$이므로 p는 q이기 위한 필요충분조건이다.

ㄷ. 명제 $p \longrightarrow q$: [반례] $A=\{1, 2\}$, $B=\{2, 3\}$이면 $A \not\subset B$이고 $B \not\subset A$이지만 $A \cap B=\{2\} \neq \varnothing$이다. (거짓)

명제 $q \longrightarrow p$: $A \cap B=\varnothing$이면 $A \not\subset B$이고 $B \not\subset A$이다. (참)

따라서 $p \not\Longrightarrow q$, $q \Longrightarrow p$이므로 p는 q이기 위한 필요조건이다.

따라서 보기에서 p가 q이기 위한 필요충분조건인 것은 ㄴ이다.

536 답 ③

p가 $\sim q$이기 위한 충분조건이므로 $p \Longrightarrow \sim q$에서

$P \subset Q^C \qquad \therefore P \cap Q=\varnothing$

①, ④ $P \subset Q^C$이므로 $x \in P$이면 $x \in Q^C$이다.
또 $P-Q=P \cap Q^C=P$이므로 $x \in (P-Q)$이면 $x \in Q^C$이다.

②, ⑤ $P \subset Q^C$에서 $Q \subset P^C$이므로 $x \in Q$이면 $x \in P^C$이다.
또 $Q-P=Q \cap P^C=Q$이므로 $x \in (Q-P)$이면 $x \in P^C$이다.

③ [반례] 오른쪽 그림에서 $x \in P^C$이지만 $x \notin Q$이다. (거짓)

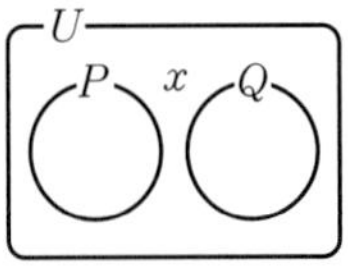

따라서 항상 참인 명제가 아닌 것은 ③이다.

537 답 -3

p: $x \le -4$ 또는 $-3 \le x \le -1$, q: $x<a$라 하고 두 조건 p, q의 진리집합을 각각 P, Q라 하면

$P=\{x \mid x \le -4$ 또는 $-3 \le x \le -1\}$,

$Q=\{x \mid x<a\}$

p가 q이기 위한 필요조건이면 $q \Longrightarrow p$, 즉 $Q \subset P$이므로 오른쪽 그림에서

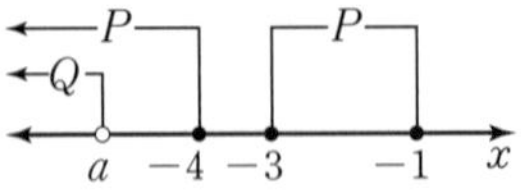

$a \le -4$

r: $x \ge b$, s: $x>0$이라 하고 두 조건 r, s의 진리집합을 각각 R, S라 하면

$R=\{x \mid x \ge b\}$, $S=\{x \mid x>0\}$

r가 s이기 위한 충분조건이면 $r \Longrightarrow s$, 즉 $R \subset S$이므로 오른쪽 그림에서

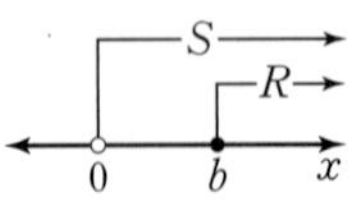

$b>0$

따라서 정수 a의 최댓값은 -4, 정수 b의 최솟값은 1이므로 그 합은

$-4+1=-3$

538 답 ⑤

p: $|a|+|b|=0$에서

$a=0$이고 $b=0$

q: $a^2-2ab+b^2=0$에서

$(a-b)^2=0 \qquad \therefore a=b$

r: $|a+b|=|a-b|$에서

$a+b=\pm(a-b) \qquad \therefore a=0$ 또는 $b=0$

세 조건 p, q, r의 진리집합을 각각 P, Q, R라 하면

$P=\{(a, b) \mid a=0$이고 $b=0\}$,

$Q=\{(a, b) \mid a=b\}$,

$R=\{(a, b) \mid a=0$ 또는 $b=0\}$

ㄱ. $P \subset Q$이므로 $p \Longrightarrow q$
따라서 p는 q이기 위한 충분조건이다.

ㄴ. $P \subset R$이므로 $R^C \subset P^C \qquad \therefore \sim r \Longrightarrow \sim p$
따라서 $\sim p$는 $\sim r$이기 위한 필요조건이다.

ㄷ. $Q \cap R=\{(a, b) \mid a=0$이고 $b=0\}$이므로
$Q \cap R=P$
$\therefore$ (q이고 r) $\Longleftrightarrow p$
따라서 q이고 r는 p이기 위한 필요충분조건이다.

따라서 보기에서 옳은 것은 ㄱ, ㄴ, ㄷ이다.

539 답 1

p는 q이기 위한 충분조건이므로

$p \Longrightarrow q \qquad \therefore P \subset Q$

r는 p이기 위한 필요조건이므로

$p \Longrightarrow r \qquad \therefore P \subset R$

$P \subset Q$이면 $2 \in P$에서 $2 \in Q$이므로

$a^2-2=2$ 또는 $b=2$

$\therefore a=-2$ 또는 $a=2$ 또는 $b=2$

(i) $a=-2$일 때
$R=\{-3, 2b-4\}$
$P \subset R$이면 $2 \in P$에서 $2 \in R$이므로
$2b-4=2 \qquad \therefore b=3$
$\therefore a-b=-2-3=-5$

(ii) $a=2$일 때
$R=\{1, 2b-4\}$
$P \subset R$이면 $2 \in P$에서 $2 \in R$이므로
$2b-4=2 \qquad \therefore b=3$
$\therefore a-b=2-3=-1$

(iii) $b=2$일 때

$R=\{a-1, 0\}$

$P\subset R$이면 $2\in P$에서 $2\in R$이므로

$a-1=2$ $\therefore a=3$

$\therefore a-b=3-2=1$

(i), (ii), (iii)에서 $a-b$의 최댓값은 1이다.

| 다른 풀이 |

$P\subset R$이면 $2\in P$에서 $2\in R$이므로

$a-1=2$ 또는 $2b-4=2$

$\therefore a=3$ 또는 $b=3$

(i) $a=3$일 때

$Q=\{7, b\}$

$P\subset Q$이면 $2\in P$에서 $2\in Q$이므로

$b=2$

$\therefore a-b=3-2=1$

(ii) $b=3$일 때

$Q=\{a^2-2, 3\}$

$P\subset Q$이면 $2\in P$에서 $2\in Q$이므로

$a^2-2=2$, $a^2=4$

$\therefore a=-2$ 또는 $a=2$

$\therefore a-b=-2-3=-5$

또는 $a-b=2-3=-1$

(i), (ii)에서 $a-b$의 최댓값은 1이다.

03 명제의 증명

유제 241~253쪽

540 답 풀이 참조

주어진 명제의 대우 '자연수 a, b에 대하여 a, b가 모두 홀수이면 ab가 홀수이다.'가 참임을 보이면 된다.

a, b가 모두 홀수이면

$a=2k-1$, $b=2l-1$ (k, l은 자연수)

로 나타낼 수 있으므로

$ab=(2k-1)(2l-1)$

$=4kl-2k-2l+1$

$=2(2kl-k-l)+1$

이때 $2kl-k-l$은 0 또는 자연수이므로 ab는 홀수이다.

따라서 주어진 명제의 대우가 참이므로 주어진 명제도 참이다.

541 답 풀이 참조

주어진 명제의 결론을 부정하여 $\sqrt{2}+1$이 유리수라 가정하면

$\sqrt{2}+1=a$ (a는 유리수)

로 나타낼 수 있다.

이때 $\sqrt{2}=a-1$이고 a, 1은 모두 유리수이므로 $a-1$도 유리수이다.

이는 $\sqrt{2}$가 무리수라는 사실에 모순이다.

따라서 $\sqrt{2}+1$은 무리수이다.

542 답 (가) 짝수 (나) 서로소 (다) 2 (라) 대우

주어진 명제의 대우 '자연수 m, n에 대하여 m과 n이 모두 [(가) 짝수]이면 m과 n은 [(나) 서로소]가 아니다.'가 참임을 보이면 된다.

m과 n이 모두 [(가) 짝수]이면 $m=2k$, $n=2l$ (k, l은 자연수)로 나타낼 수 있다.

이때 [(다) 2]는 m과 n의 공약수이므로 m과 n이 모두 [(가) 짝수]이면 m과 n은 [(나) 서로소]가 아니다.

따라서 주어진 명제의 [(라) 대우]가 참이므로 주어진 명제도 참이다.

543 답 풀이 참조

주어진 명제의 결론을 부정하여 $x\neq 0$ 또는 $y\neq 0$이라 가정하자.

(i) $x\neq 0$이고 $y=0$이면 $x^2>0$, $y^2=0$이므로

$x^2+y^2>0$

(ii) $x=0$이고 $y\neq 0$이면 $x^2=0$, $y^2>0$이므로

$x^2+y^2>0$

(iii) $x\neq 0$이고 $y\neq 0$이면 $x^2>0$, $y^2>0$이므로

$x^2+y^2>0$

(i), (ii), (iii)에서 $x^2+y^2>0$, 즉 $x^2+y^2\neq 0$이므로

$x^2+y^2=0$이라는 가정에 모순이다.

따라서 실수 x, y에 대하여 $x^2+y^2=0$이면 $x=0$이고 $y=0$이다.

544 답 풀이 참조

$x^2+5y^2-4xy=x^2-4xy+4y^2+y^2$

$=(x-2y)^2+y^2\geq 0$

$\therefore\ x^2+5y^2\geq 4xy$

이때 등호는 $x-2y=0$, $y=0$일 때, 즉 $x=y=0$일 때 성립한다.

545 답 풀이 참조

(i) $|a|\geq|b|$일 때

$|a-b|^2-(|a|-|b|)^2$

$=(a-b)^2-(a^2-2|a||b|+b^2)$

$=a^2-2ab+b^2-(a^2-2|ab|+b^2)$

$=2(|ab|-ab)\geq 0$ ($\because\ |ab|\geq ab$)

$\therefore\ |a-b|^2\geq(|a|-|b|)^2$

그런데 $|a-b|\geq 0$, $\underbrace{|a|-|b|\geq 0}_{|a|\geq|b|}$이므로

$|a-b|\geq|a|-|b|$

(ii) $|a|<|b|$일 때

$|a-b|>0$, $|a|-|b|<0$이므로

$|a-b|>|a|-|b|$

(i), (ii)에서 $|a-b|\geq|a|-|b|$

이때 등호는 $|a|\geq|b|$이고 $|ab|=ab$, 즉 $ab\geq 0$일 때 성립한다.

546 답 풀이 참조

$a^3+b^3-ab(a+b)$

$=a^3+b^3-a^2b-ab^2$

$=a^2(a-b)-b^2(a-b)$

$=(a^2-b^2)(a-b)$

$=(a+b)(a-b)^2\geq 0$ ($\because\ a+b>0$)

$\therefore\ a^3+b^3\geq ab(a+b)$

이때 등호는 $a-b=0$, 즉 $a=b$일 때 성립한다.

547 답 (가) $2\sqrt{ab}$ (나) $2b$ (다) $\sqrt{b}$

$(\sqrt{a-b})^2-(\sqrt{a}-\sqrt{b})^2$

$=a-b-(a-$ (가) $2\sqrt{ab}$ $+b)$

$=2\sqrt{ab}-$ (나) $2b$

$=2\sqrt{b}(\sqrt{a}-$ (다) $\sqrt{b}$ $)>0$ ($\because\ \sqrt{a}>$ (다) $\sqrt{b}$ >0)

$\therefore\ (\sqrt{a-b})^2>(\sqrt{a}-\sqrt{b})^2$

그런데 $\sqrt{a-b}>0$, $\sqrt{a}-\sqrt{b}>0$이므로

$\sqrt{a-b}>\sqrt{a}-\sqrt{b}$

548 답 30

$9x>0$, $5y>0$이므로 산술평균과 기하평균의 관계에 의하여

$9x+5y\geq 2\sqrt{9x\times 5y}=6\sqrt{5xy}$

이때 $xy=5$이므로

$9x+5y\geq 30$ (단, 등호는 $9x=5y$일 때 성립)

따라서 구하는 최솟값은 30이다.

549 답 $\frac{4}{3}$

$4x>0$, $3y>0$이므로 산술평균과 기하평균의 관계에 의하여

$4x+3y\geq 2\sqrt{4x\times 3y}=4\sqrt{3xy}$

이때 $4x+3y=8$이므로

$8\geq 4\sqrt{3xy}$

$\therefore\ \sqrt{3xy}\leq 2$ (단, 등호는 $4x=3y$일 때 성립)

양변을 제곱하면

$3xy\leq 4\qquad\therefore\ xy\leq\frac{4}{3}$

따라서 구하는 최댓값은 $\frac{4}{3}$이다.

550 답 3

$x^2>0$, $16y^2>0$이므로 산술평균과 기하평균의 관계에 의하여

$x^2+16y^2\geq 2\sqrt{x^2\times 16y^2}=8xy$

이때 $x^2+16y^2=24$이므로

$24\geq 8xy$

$\therefore\ xy\leq 3$ (단, 등호는 $x=4y$일 때 성립)

따라서 구하는 최댓값은 3이다.

551 답 4

$\frac{1}{x}+\frac{2}{y}=\frac{2x+y}{xy}=\frac{2}{xy}$ ······ ㉠

$2x>0$, $y>0$이므로 산술평균과 기하평균의 관계에 의하여

$2x+y\geq 2\sqrt{2x\times y}=2\sqrt{2xy}$

이때 $2x+y=2$이므로

$2\geq 2\sqrt{2xy}$

$\therefore\ \sqrt{2xy}\leq 1$ (단, 등호는 $2x=y$일 때 성립)

양변을 제곱하면

$2xy\leq 1$, $xy\leq\frac{1}{2}\qquad\therefore\ \frac{1}{xy}\geq 2$

㉠에서 $\frac{1}{x}+\frac{2}{y}=\frac{2}{xy}\geq 4$

따라서 구하는 최솟값은 4이다.

552 답 **25**

$\frac{x}{y}>0$, $\frac{36y}{x}>0$이므로 산술평균과 기하평균의 관계에 의하여

$$(x+4y)\left(\frac{9}{x}+\frac{1}{y}\right)=13+\frac{x}{y}+\frac{36y}{x}$$
$$\geq 13+2\sqrt{\frac{x}{y}\times\frac{36y}{x}}$$
$$=13+12=25$$

(단, 등호는 $x=6y$일 때 성립)

따라서 구하는 최솟값은 25이다.

553 답 **2**

$x+3>0$이므로 산술평균과 기하평균의 관계에 의하여

$$2x+\frac{8}{x+3}=2(x+3)+\frac{8}{x+3}-6$$
$$\geq 2\sqrt{2(x+3)\times\frac{8}{x+3}}-6$$
$$=8-6=2$$

$\left(\text{단, 등호는 } 2(x+3)=\frac{8}{x+3}, \text{ 즉 } x=-1\text{일 때 성립}\right)$

따라서 구하는 최솟값은 2이다.

554 답 **4**

$\frac{3x}{y}>0$, $\frac{12y}{x}>0$이므로 산술평균과 기하평균의 관계에 의하여

$$(3x+2y)\left(\frac{6}{x}+\frac{1}{y}\right)=20+\frac{3x}{y}+\frac{12y}{x}$$
$$\geq 20+2\sqrt{\frac{3x}{y}\times\frac{12y}{x}}$$
$$=20+12=32$$

이때 $3x+2y=8$이므로

$8\left(\frac{6}{x}+\frac{1}{y}\right)\geq 32$

$\therefore \frac{6}{x}+\frac{1}{y}\geq 4$ (단, 등호는 $x=2y$일 때 성립)

따라서 구하는 최솟값은 4이다.

555 답 **11**

$2x-1>0$이므로 산술평균과 기하평균의 관계에 의하여

$$6x+1+\frac{3}{2x-1}=3(2x-1)+\frac{3}{2x-1}+4$$
$$\geq 2\sqrt{3(2x-1)\times\frac{3}{2x-1}}+4$$
$$=6+4=10$$

이때 등호는 $3(2x-1)=\frac{3}{2x-1}$일 때 성립하므로

$(2x-1)^2=1$, $2x-1=1$ ($\because 2x-1>0$)

$\therefore x=1$

따라서 주어진 식은 $x=1$일 때 최솟값 10을 가지므로

$a=1$, $b=10$

$\therefore a+b=11$

556 답 **−15**

a, b, x, y가 실수이므로 코시–슈바르츠의 부등식에 의하여

$(a^2+b^2)(x^2+y^2)\geq(ax+by)^2$

이때 $a^2+b^2=9$, $x^2+y^2=25$이므로

$9\times 25\geq(ax+by)^2$

$15^2\geq(ax+by)^2$

$\therefore -15\leq ax+by\leq 15$

(단, 등호는 $ay=bx$일 때 성립)

따라서 구하는 최솟값은 -15이다.

557 답 **20**

x, y가 실수이므로 코시–슈바르츠의 부등식에 의하여

$(3^2+4^2)(x^2+y^2)\geq(3x+4y)^2$

이때 $x^2+y^2=16$이므로

$25\times 16\geq(3x+4y)^2$

$20^2\geq(3x+4y)^2$

$\therefore -20\leq 3x+4y\leq 20$

(단, 등호는 $3y=4x$일 때 성립)

따라서 구하는 최댓값은 20이다.

558 답 **52**

x, y가 실수이므로 코시–슈바르츠의 부등식에 의하여

$(3^2+2^2)(x^2+y^2)\geq(3x+2y)^2$

이때 $3x+2y=26$이므로

$13(x^2+y^2)\geq 26^2$

$\therefore x^2+y^2\geq 52$ (단, 등호는 $3y=2x$일 때 성립)

따라서 구하는 최솟값은 52이다.

559 답 **15**

$x^2+y^2=5$이므로

$$x^2-2x+y^2-y+5=x^2+y^2+5-(2x+y)$$
$$=10-(2x+y) \quad \cdots\cdots ㉠$$

즉, 주어진 식의 값은 $2x+y$의 값이 최소일 때 최대이다.

x, y가 실수이므로 코시-슈바르츠의 부등식에 의하여

$(2^2+1^2)(x^2+y^2)\geq(2x+y)^2$

이때 $x^2+y^2=5$이므로

$5^2\geq(2x+y)^2$

$\therefore\ -5\leq2x+y\leq5$ (단, 등호는 $2y=x$일 때 성립)

㉠에서 $5\leq10-(2x+y)\leq15$

따라서 구하는 최댓값은 15이다.

560 답 18 cm^2

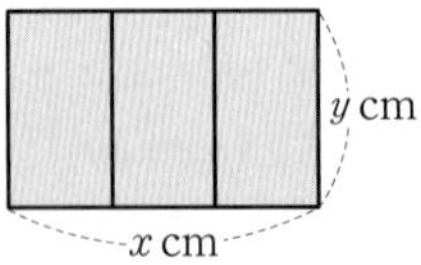

오른쪽 그림과 같이 큰 직사각형의 가로의 길이를 x cm, 세로의 길이를 y cm라 하면

$2x+4y=24$

$\therefore\ x+2y=12$

$x>0$, $2y>0$이므로 산술평균과 기하평균의 관계에 의하여

$x+2y\geq2\sqrt{x\times2y}=2\sqrt{2xy}$

이때 $x+2y=12$이므로

$12\geq2\sqrt{2xy}$

$\therefore\ \sqrt{2xy}\leq6$ (단, 등호는 $x=2y$일 때 성립)

양변을 제곱하면

$2xy\leq36$

$\therefore\ xy\leq18$

따라서 큰 직사각형 전체의 넓이는 $xy\text{ cm}^2$이므로 구하는 넓이의 최댓값은 18 cm^2이다.

561 답 $8\sqrt{2}$

직사각형의 가로의 길이를 x, 세로의 길이를 y라 하면 직사각형의 대각선의 길이는 원의 지름의 길이와 같으므로

$x^2+y^2=4^2=16$

직사각형의 둘레의 길이는 $2x+2y$이고 x, y가 실수이므로 코시-슈바르츠의 부등식에 의하여

$(2^2+2^2)(x^2+y^2)\geq(2x+2y)^2$

$8\times16\geq(2x+2y)^2$

이때 $2x+2y>0$이므로

$0<2x+2y\leq8\sqrt{2}$ (단, 등호는 $x=y$일 때 성립)

따라서 구하는 둘레의 길이의 최댓값은 $8\sqrt{2}$이다.

562 답 40

$\overline{AB}=x$, $\overline{AC}=y$라 하면 직각삼각형 ABC의 넓이가 10이므로

$\frac{1}{2}xy=10\qquad\therefore\ xy=20$

직각삼각형 ABC에서

$\overline{BC}^2=\overline{AB}^2+\overline{AC}^2=x^2+y^2$

$x>0$, $y>0$이므로 산술평균과 기하평균의 관계에 의하여

$x^2+y^2\geq2\sqrt{x^2\times y^2}$

$\quad=2xy=40$ (단, 등호는 $x=y$일 때 성립)

따라서 $\overline{BC}^2$의 최솟값은 40이다.

563 답 100

대각선의 길이가 10인 직사각형의 가로의 길이를 x, 세로의 길이를 y라 하면

$x^2+y^2=10^2=100$

직사각형의 가로의 길이를 3배, 세로의 길이를 4배 늘인 직사각형의 둘레의 길이는

$2(3x+4y)$

x, y는 실수이므로 코시-슈바르츠의 부등식에 의하여

$(3^2+4^2)(x^2+y^2)\geq(3x+4y)^2$

$25\times100\geq(3x+4y)^2$

$50^2\geq(3x+4y)^2$

이때 $3x+4y>0$이므로

$0<3x+4y\leq50$ (단, 등호는 $3y=4x$일 때 성립)

$\therefore\ 0<2(3x+4y)\leq100$

따라서 구하는 둘레의 길이의 최댓값은 100이다.

연습문제 254~256쪽

564 답 풀이 참조

주어진 명제의 대우 '자연수 a, b, c에 대하여 a, b, c가 모두 홀수이면 $a^2+b^2\neq c^2$이다.'가 참임을 보이면 된다.

a, b, c가 모두 홀수이면

$a=2l-1$, $b=2m-1$, $c=2n-1$ (l, m, n은 자연수)로 나타낼 수 있으므로

$a^2+b^2=(2l-1)^2+(2m-1)^2$

$\quad=4l^2-4l+1+4m^2-4m+1$

$\quad=2(2l^2-2l+2m^2-2m+1)$

$c^2=(2n-1)^2$

$\quad=4n^2-4n+1$

$\quad=2(2n^2-2n)+1$

이때

$2l^2-2l+2m^2-2m+1$

$=2l(l-1)+2m(m-1)+1$

은 자연수이므로 a^2+b^2은 짝수이다.

또 $2n^2-2n=2n(n-1)$은 0 또는 자연수이므로 c^2은 홀수이다.

$\therefore a^2+b^2\neq c^2$

따라서 주어진 명제의 대우가 참이므로 주어진 명제도 참이다.

565 답 **풀이 참조**

주어진 명제의 결론을 부정하여 n이 3의 배수라 가정하면

$n=3k$ (k는 자연수) ...... ㉠

로 나타낼 수 있다.

㉠의 양변을 제곱하면

$n^2=9k^2=3(3k^2)$

이때 n^2은 3의 배수이므로 n^2이 3의 배수가 아니라는 가정에 모순이다.

따라서 n^2이 3의 배수가 아니면 n도 3의 배수가 아니다.

566 답 ④

ㄱ. $2x+5>0$에서 $x>-\frac{5}{2}$이므로 $x\le-\frac{5}{2}$일 때 성립하지 않는다.

ㄴ. 모든 실수 x에 대하여 성립한다.

ㄷ. $x=-\frac{1}{2}$이면 $(2x+1)^2=0$이므로 $x=-\frac{1}{2}$일 때 성립하지 않는다.

ㄹ. $x^2+9\ge6x$에서 $x^2-6x+9\ge0$

$\therefore (x-3)^2\ge0$

따라서 이 부등식은 모든 실수 x에 대하여 성립한다.

따라서 보기에서 절대부등식인 것은 ㄴ, ㄹ이다.

567 답 ②

$2x>0$, $9y>0$이므로 산술평균과 기하평균의 관계에 의하여

$2x+9y\ge2\sqrt{2x\times9y}=6\sqrt{2xy}$

이때 $2x+9y=12$이므로

$12\ge6\sqrt{2xy}$

$\therefore \sqrt{2xy}\le2$ (단, 등호는 $2x=9y$일 때 성립)

양변을 제곱하면

$2xy\le4 \qquad \therefore xy\le2$

따라서 구하는 최댓값은 2이다.

568 답 ①

$(x-3y)\left(\frac{3}{x}-\frac{9}{y}\right)=30-\frac{9x}{y}-\frac{9y}{x}$

$\qquad=30-9\left(\frac{x}{y}+\frac{y}{x}\right)$ ...... ㉠

이므로 주어진 식의 값은 $\frac{x}{y}+\frac{y}{x}$의 값이 최소일 때 최대이다.

$\frac{x}{y}>0$, $\frac{y}{x}>0$이므로 산술평균과 기하평균의 관계에 의하여

$\frac{x}{y}+\frac{y}{x}\ge2\sqrt{\frac{x}{y}\times\frac{y}{x}}=2$

(단, 등호는 $x=y$일 때 성립)

㉠에서

$(x-3y)\left(\frac{3}{x}-\frac{9}{y}\right)=30-9\left(\frac{x}{y}+\frac{y}{x}\right)$

$\qquad\le30-9\times2$

$\qquad=12$

따라서 구하는 최댓값은 12이다.

569 답 **10**

a, b가 실수이므로 코시-슈바르츠의 부등식에 의하여

$(1^2+3^2)(a^2+b^2)\ge(a+3b)^2$

이때 $a^2+b^2=k$이므로

$(a+3b)^2\le10k$

$k\ge0$이므로

$-\sqrt{10k}\le a+3b\le\sqrt{10k}$

(단, 등호는 $b=3a$일 때 성립)

이때 $a+3b$의 최댓값과 최솟값의 차가 20이므로

$\sqrt{10k}-(-\sqrt{10k})=20$

$\sqrt{10k}=10$

양변을 제곱하면

$10k=100 \qquad \therefore k=10$

570 답 ③

$\sqrt{n^2-1}$이 유리수라고 가정하면

$\sqrt{n^2-1}=\frac{q}{p}$ (p, q는 서로소인 자연수)

로 놓을 수 있다.

이 식의 양변을 제곱하여 정리하면 $p^2(n^2-1)=q^2$

p, q는 서로소인 자연수이므로 p와 q^2도 서로소이다.

또 p^2이 q^2의 약수이므로 p는 q^2의 약수이다.

즉, $p=1$이므로 $n^2-1=q^2$에서 $n^2=$ (가) q^2+1 이다.

자연수 k에 대하여

(i) $q=2k$일 때

$n^2=(2k)^2+1$이므로

$(2k)^2<n^2<$ (나) $(2k+1)^2$ 인 자연수 n이 존재하지 않는다.

(ii) $q=2k+1$일 때

$n^2=(2k+1)^2+1$이므로

(나) $(2k+1)^2$ $<n^2<(2k+2)^2$인 자연수 n이 존재하지 않는다.

(i)과 (ii)에 의하여

$\sqrt{n^2-1}=\frac{q}{p}$ (p, q는 서로소인 자연수)를 만족하는 자연수 n은 존재하지 않는다.

따라서 $\sqrt{n^2-1}$은 무리수이다.

이때 $f(q)=q^2+1$, $g(k)=(2k+1)^2$이므로

$f(2)+g(3)=(2^2+1)+(2\times3+1)^2$

$=54$

571 답 풀이 참조

주어진 명제의 결론을 부정하여 a, b가 모두 홀수이거나 모두 짝수라 가정하자.

(i) a, b가 모두 홀수이면

$a=2k-1$, $b=2l-1$ (k, l은 자연수)

로 나타낼 수 있으므로

$a+b=(2k-1)+(2l-1)$

$=2(k+l-1)$

이때 $k+l-1$은 자연수이므로 $a+b$는 짝수이다.

(ii) a, b가 모두 짝수이면

$a=2m$, $b=2n$ (m, n은 자연수)

으로 나타낼 수 있으므로

$a+b=2m+2n=2(m+n)$

이때 $m+n$은 자연수이므로 $a+b$는 짝수이다.

(i), (ii)에서 $a+b$는 짝수이므로 $a+b$가 홀수라는 가정에 모순이다.

따라서 자연수 a, b에 대하여 $a+b$가 홀수이면 a, b 중에서 하나는 홀수이고 다른 하나는 짝수이다.

572 답 ⑤

ㄱ. $a>b>1$, $c>0$이므로 $a+c>b+c>0$

$\therefore \frac{1}{a+c}<\frac{1}{b+c}$

ㄴ. $ab+1-(a+b)=ab-a-b+1$

$=a(b-1)-(b-1)$

$=(a-1)(b-1)>0$

$(\because a>b>1)$

$\therefore ab+1>a+b$

ㄷ. $\frac{a}{b}-\frac{a-1}{b-1}=\frac{ab-a-ab+b}{b(b-1)}$

$=-\frac{a-b}{b(b-1)}<0$ $(\because a>b>1)$

$\therefore \frac{a}{b}<\frac{a-1}{b-1}$

따라서 보기에서 옳은 것은 ㄱ, ㄴ, ㄷ이다.

573 답 64

직선 $\frac{x}{a}+\frac{y}{b}=1$이 점 $(2, 8)$을 지나므로

$\frac{2}{a}+\frac{8}{b}=1$ ▸▸▸▸▸▸ ❶

$\frac{2}{a}>0$, $\frac{8}{b}>0$이므로 산술평균과 기하평균의 관계에 의하여

$\frac{2}{a}+\frac{8}{b}\geq2\sqrt{\frac{2}{a}\times\frac{8}{b}}=8\sqrt{\frac{1}{ab}}$

이때 $\frac{2}{a}+\frac{8}{b}=1$이므로 $1\geq8\sqrt{\frac{1}{ab}}$

$\therefore \sqrt{\frac{1}{ab}}\leq\frac{1}{8}$ (단, 등호는 $4a=b$일 때 성립)

▸▸▸▸▸▸ ❷

양변을 제곱하면

$\frac{1}{ab}\leq\frac{1}{64}$ $\therefore ab\geq64$

따라서 구하는 최솟값은 64이다. ▸▸▸▸▸▸ ❸

단계	채점 기준	비율
❶	a, b 사이의 관계식 구하기	20 %
❷	산술평균과 기하평균의 관계 이용하기	40 %
❸	ab의 최솟값 구하기	40 %

574 답 9

$x-1>0$이므로 산술평균과 기하평균의 관계에 의하여

$\frac{x^2-x+16}{x-1}=\frac{x(x-1)+16}{x-1}=x-1+\frac{16}{x-1}+1$

$\geq2\sqrt{(x-1)\times\frac{16}{x-1}}+1$

$=8+1=9$

$\left(\text{단, 등호는 } x-1=\frac{16}{x-1}\text{, 즉 } x=5\text{일 때 성립}\right)$

따라서 구하는 최솟값은 9이다.

575 답 ①

이차방정식 $x^2-6x-3a=0$의 판별식을 D라 하면

$\frac{D}{4}=(-3)^2+3a>0 \qquad \therefore a+3>0$

$a+3>0$, $\frac{1}{a+3}>0$이므로 산술평균과 기하평균의 관계에 의하여

$$9a+\frac{1}{a+3}=9(a+3)+\frac{1}{a+3}-27$$
$$\geq 2\sqrt{9(a+3)\times\frac{1}{a+3}}-27$$
$$=6-27=-21$$

$\left(\text{단, 등호는 } 9(a+3)=\frac{1}{a+3}\text{, 즉 } a=-\frac{8}{3}\text{일 때 성립}\right)$

따라서 구하는 최솟값은 -21이다.

576 답 36

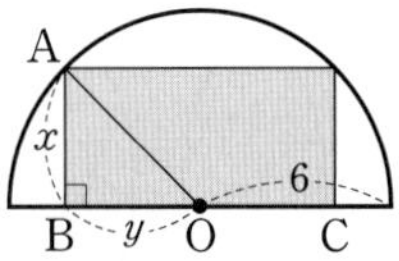

오른쪽 그림과 같이 $\overline{AB}=x$, $\overline{BO}=y$라 하면

직사각형의 넓이는

$\overline{AB}\times\overline{BC}=2xy$

직각삼각형 ABO에서

$x^2+y^2=36$

$x>0$, $y>0$이므로 산술평균과 기하평균의 관계에 의하여

$x^2+y^2\geq 2\sqrt{x^2\times y^2}=2xy$

이때 $x^2+y^2=36$이므로

$2xy\leq 36$ (단, 등호는 $x=y$일 때 성립)

따라서 구하는 직사각형의 넓이의 최댓값은 36이다.

577 답 $\sqrt{6}$

$$(\sqrt{x}+\sqrt{2y})^2=x+2y+2\sqrt{2xy}$$
$$=3+2\sqrt{2xy}\ (\because x+2y=3) \quad \cdots\cdots ㉠$$

$x>0$, $2y>0$이므로 산술평균과 기하평균의 관계에 의하여

$x+2y\geq 2\sqrt{x\times 2y}=2\sqrt{2xy}$

이때 $x+2y=3$이므로

$3\geq 2\sqrt{2xy}$ (단, 등호는 $x=2y$일 때 성립)

㉠에서

$(\sqrt{x}+\sqrt{2y})^2=3+2\sqrt{2xy}\leq 3+3=6$

이때 $\sqrt{x}+\sqrt{2y}>0$이므로

$0<\sqrt{x}+\sqrt{2y}\leq\sqrt{6}$

따라서 구하는 최댓값은 $\sqrt{6}$이다.

578 답 2

| 접근 방법 | z의 최댓값을 구하는 것이므로 주어진 두 식을 z에 대한 식으로 변형한다.

$x+y+z=2$에서 $x+y=2-z$ $\quad\cdots\cdots ㉠$

$x^2+y^2+z^2=4$에서 $x^2+y^2=4-z^2$ $\quad\cdots\cdots ㉡$

x, y는 실수이므로 코시-슈바르츠의 부등식에 의하여

$(1^2+1^2)(x^2+y^2)\geq(x+y)^2$

㉠, ㉡을 대입하면

$2(4-z^2)\geq(2-z)^2$

$8-2z^2\geq z^2-4z+4$

$3z^2-4z-4\leq 0$

$(3z+2)(z-2)\leq 0$

$\therefore -\frac{2}{3}\leq z\leq 2$ (단, 등호는 $x=y$일 때 성립)

따라서 구하는 최댓값은 2이다.

579 답 ②

| 접근 방법 | 두 점 Q, R가 각각 y축, x축 위의 점임을 이용하여 삼각형 OQR의 넓이를 a, b에 대한 식으로 나타낸다.

직선 OP의 기울기는 $\frac{b}{a}$이므로 직선 OP에 수직인 직선의 기울기는 $-\frac{a}{b}$이다.

즉, 점 $P(a, b)$를 지나고 직선 OP에 수직인 직선의 방정식은

$y-b=-\frac{a}{b}(x-a)$

$\therefore y=-\frac{a}{b}x+\frac{a^2}{b}+b$

$\therefore Q\left(0, \frac{a^2}{b}+b\right)$

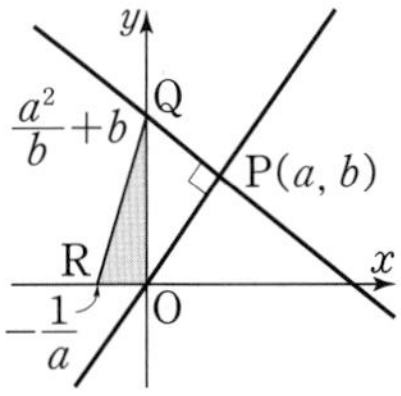

오른쪽 그림에서 삼각형 OQR의 넓이는

$\frac{1}{2}\times\overline{OR}\times\overline{OQ}$

$=\frac{1}{2}\times\left|-\frac{1}{a}\right|\times\left(\frac{a^2}{b}+b\right)$

$=\frac{1}{2}\left(\frac{a}{b}+\frac{b}{a}\right)$

$\frac{a}{b}>0$, $\frac{b}{a}>0$이므로 산술평균과 기하평균의 관계에 의하여

$\frac{1}{2}\left(\frac{a}{b}+\frac{b}{a}\right)\geq\frac{1}{2}\times 2\sqrt{\frac{a}{b}\times\frac{b}{a}}=1$

(단, 등호는 $a=b$일 때 성립)

따라서 삼각형 OQR의 넓이의 최솟값은 1이다.

Ⅲ. 함수와 그래프

01 함수의 뜻과 그래프

개념 확인 261쪽

580 답 (1) 함수가 아니다.

(2) 함수이다.

정의역: $\{1, 2, 3, 4\}$

공역: $\{a, b, c, d\}$, 치역: $\{a, b, c, d\}$

(3) 함수가 아니다.

(4) 함수이다.

정의역: $\{1, 2, 3, 4\}$

공역: $\{a, b, c\}$, 치역: $\{a, b\}$

(1) 집합 X의 원소 1, 2에 대응하는 집합 Y의 원소가 각각 a, b와 b, c의 2개이므로 함수가 아니다.

(3) 집합 X의 원소 2에 대응하는 집합 Y의 원소가 없으므로 함수가 아니다.

581 답 (1) $\{-2, -1, 0\}$ (2) $\{-2, -1, 2\}$
(3) $\{0, 2\}$ (4) $\{-1\}$

(1) $f(-1)=-1-1=-2$

$f(0)=0-1=-1$

$f(1)=1-1=0$

따라서 함수 f의 치역은 $\{-2, -1, 0\}$

(2) $f(-1)=4-2=2$

$f(0)=1-2=-1$

$f(1)=0-2=-2$

따라서 함수 f의 치역은 $\{-2, -1, 2\}$

(3) $f(-1)=2\times1=2$

$f(0)=2\times0=0$

$f(1)=2\times1=2$

따라서 함수 f의 치역은 $\{0, 2\}$

(4) $f(-1)=-1+1-1=-1$

$f(0)=0-0-1=-1$

$f(1)=1-1-1=-1$

따라서 함수 f의 치역은 $\{-1\}$

582 답 ㄴ, ㄷ

ㄱ. $f(0)=0$, $g(0)=-1$이므로 $f(0)\neq g(0)$

$f(1)=-1$, $g(1)=0$이므로 $f(1)\neq g(1)$

$\therefore f\neq g$

ㄴ. $f(0)=g(0)=0$, $f(1)=g(1)=1$이므로

$f=g$

ㄷ. $f(0)=g(0)=1$, $f(1)=g(1)=3$이므로

$f=g$

따라서 보기에서 $f=g$인 것은 ㄴ, ㄷ이다.

유제 263~275쪽

583 답 ㄱ, ㄹ

주어진 대응을 그림으로 나타내면 다음과 같다.

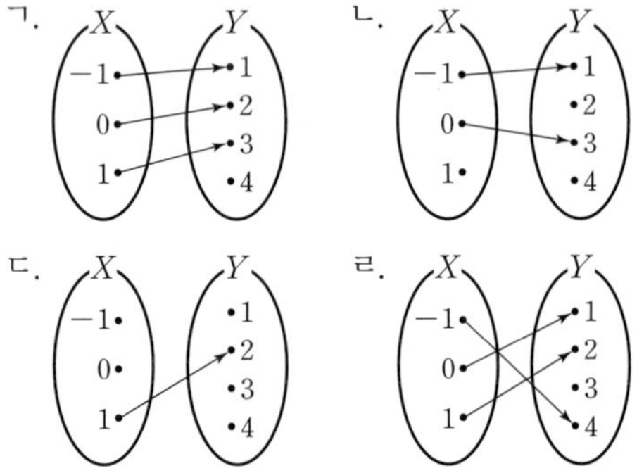

ㄱ, ㄹ. 집합 X의 각 원소에 집합 Y의 원소가 오직 하나씩 대응하므로 함수이다.

ㄴ. 집합 X의 원소 1에 대응하는 집합 Y의 원소가 없으므로 함수가 아니다.

ㄷ. 집합 X의 원소 -1, 0에 대응하는 집합 Y의 원소가 없으므로 함수가 아니다.

따라서 보기에서 X에서 Y로의 함수인 것은 ㄱ, ㄹ이다.

584 답 $\{-2, -1, 0, 3, 5, 7, 9\}$

$X=\{1, 2, 3, 4, 5, 6, 7\}$에 대하여

(i) $x\leq3$, 즉 $x=1, 2, 3$일 때

$f(x)=x-3$이므로

$f(1)=1-3=-2$

$f(2)=2-3=-1$

$f(3)=3-3=0$

(ii) $x>3$, 즉 $x=4, 5, 6, 7$일 때

$f(x)=2x-5$이므로

$f(4)=2\times4-5=3$

$f(5)=2\times5-5=5$

$f(6)=2\times6-5=7$

$f(7)=2\times7-5=9$

따라서 함수 f의 치역은

$\{-2, -1, 0, 3, 5, 7, 9\}$

585 답 ㄴ

주어진 대응을 그림으로 나타내면 다음과 같다.

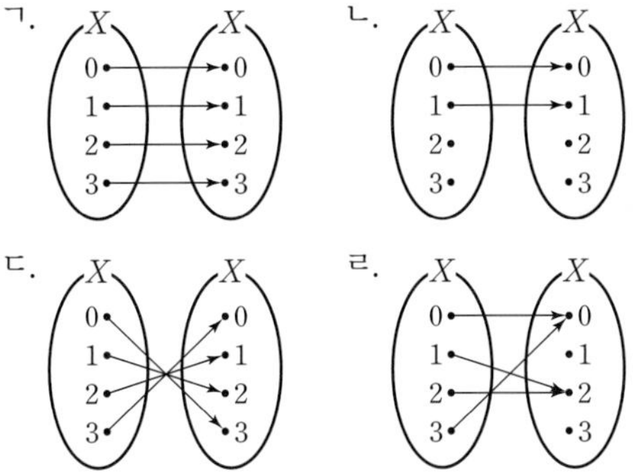

ㄱ, ㄷ, ㄹ. 집합 X의 각 원소에 집합 X의 원소가 오직 하나씩 대응하므로 함수이다.

ㄴ. 집합 X의 원소 2, 3에 대응하는 집합 X의 원소가 없으므로 함수가 아니다.

따라서 보기에서 X에서 X로의 함수가 아닌 것은 ㄴ이다.

586 답 **13**

5는 유리수이므로

$f(5)=2\times5+1=11$

$\sqrt{5}$는 무리수이므로

$f(\sqrt{5})=(\sqrt{5})^2-3=2$

$\therefore f(5)+f(\sqrt{5})=13$

587 답 $\boldsymbol{a=2,\ b=-1}$

$f(-1)=g(-1)$에서 $-a+b=-3$ ······ ㉠

$f(3)=g(3)$에서 $3a+b=5$ ······ ㉡

㉠, ㉡을 연립하여 풀면 $a=2,\ b=-1$

588 답 ㄴ, ㄷ

주어진 그래프에 직선 $x=k$ (k는 상수)를 그어 교점을 나타내면 다음 그림과 같다.

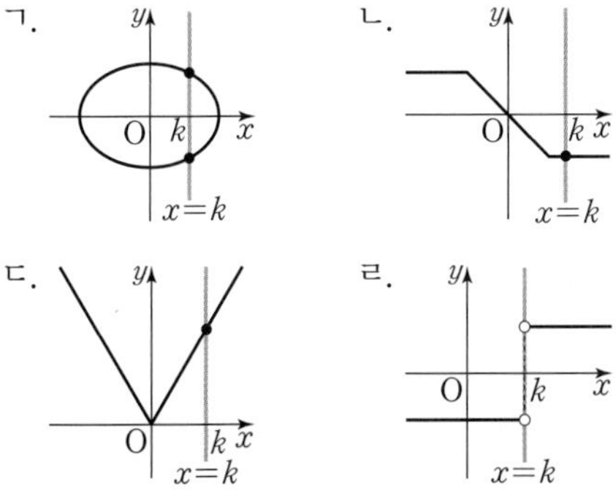

ㄱ. 직선 $x=k$와 만나지 않거나 두 점에서 만나기도 하므로 함수의 그래프가 아니다.

ㄴ, ㄷ. 직선 $x=k$와 오직 한 점에서 만나므로 함수의 그래프이다.

ㄹ. 직선 $x=k$와 만나지 않기도 하므로 함수의 그래프가 아니다.

따라서 보기에서 함수의 그래프인 것은 ㄴ, ㄷ이다.

589 답 **−1**

$f(-2)=g(-2),\ f(2)=g(2)$에서

$2a+b=7$ ······ ㉠

$f(0)=g(0)$에서 $b=3$

이를 ㉠에 대입하면

$2a+3=7,\ 2a=4 \quad \therefore a=2$

$\therefore a-b=-1$

590 답 ⑤

주어진 그래프에 직선 $x=k$ (k는 상수)를 그어 교점을 나타내면 다음 그림과 같다.

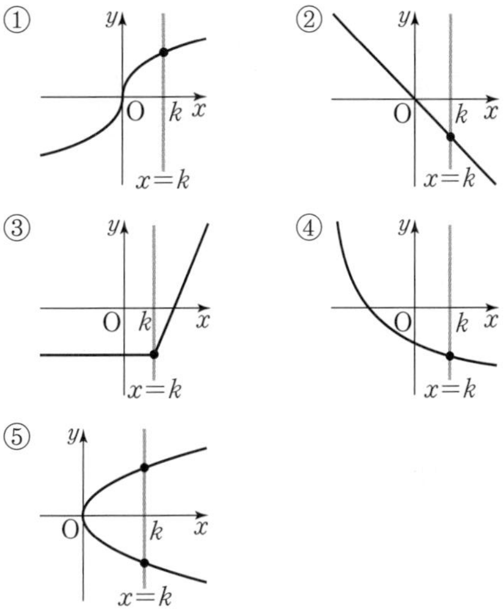

⑤ 직선 $x=k$와 만나지 않거나 두 점에서 만나기도 하므로 함수의 그래프가 아니다.

591 답 (1) ㄷ, ㄹ (2) ㄷ (3) ㄴ

주어진 그래프에 직선 $y=k$ (k는 상수)를 그어 교점을 나타내면 다음 그림과 같다.

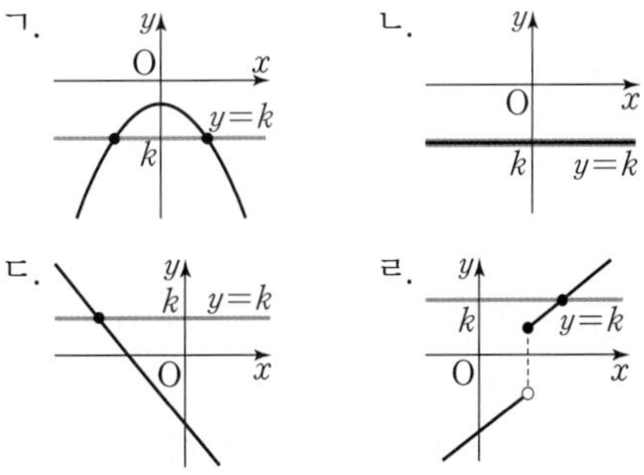

(1) 일대일함수의 그래프는 치역의 각 원소 k에 대하여 직선 $y=k$와의 교점이 1개인 것이므로 ㄷ, ㄹ이다.
(2) 일대일대응의 그래프는 일대일함수이면서 치역과 공역이 같은 함수, 즉 치역이 실수 전체의 집합인 함수의 그래프이므로 ㄷ이다.
(3) 상수함수의 그래프는 x축에 평행한 직선이므로 ㄴ이다.

592 답 ③

주어진 그래프에 직선 $y=k$ (k는 상수)를 그어 교점을 나타내면 다음 그림과 같다.

①
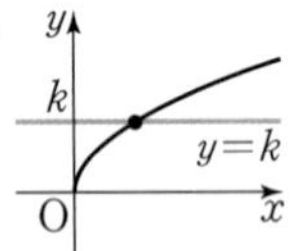

②
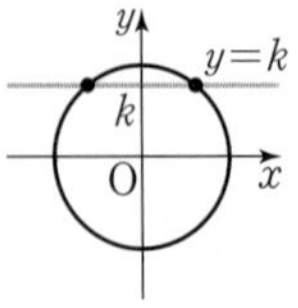

③
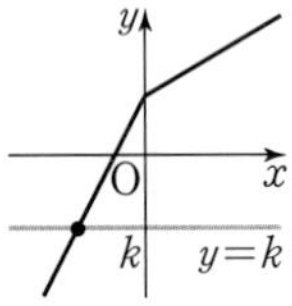

④
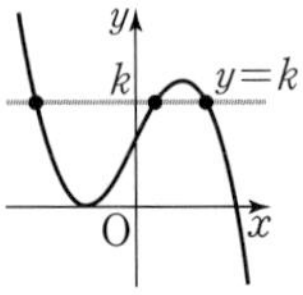

⑤
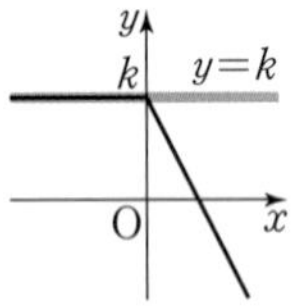

③ 직선 $y=k$와의 교점이 1개이면서 치역과 공역이 같다.

593 답 (1) ㄴ, ㄷ (2) ㄴ (3) ㄱ

(1) ㄱ. $x_1 \neq x_2$일 때, $f(x_1)=f(x_2)=5$이므로 일대일대응이 아니다.
ㄴ, ㄷ. $x_1 \neq x_2$일 때 $f(x_1) \neq f(x_2)$이고, 치역과 공역이 같으므로 일대일대응이다.
ㄹ. $1 \neq -1$이지만 $f(1)=f(-1)=3$이므로 일대일대응이 아니다.
따라서 보기에서 일대일대응인 것은 ㄴ, ㄷ이다.
(2) 항등함수는 $f(x)=x$이므로 ㄴ이다.
(3) 상수함수는 $f(x)=c$ (c는 상수) 꼴이므로 ㄱ이다.

594 답 ㄴ

ㄱ. $1 \neq -1$이지만 $f(1)=f(-1)=-1$이므로 일대일함수가 아니다.
ㄴ. $x_1 \neq x_2$일 때, $f(x_1) \neq f(x_2)$이므로 일대일함수이다.
ㄷ. $0 \neq 2$이지만 $f(0)=f(2)=1$이므로 일대일함수가 아니다.
ㄹ. $x_1 \neq x_2$일 때, $f(x_1)=f(x_2)=-3$이므로 일대일함수가 아니다.
따라서 보기에서 일대일함수인 것은 ㄴ이다.

595 답 -10

(i) $a>0$일 때
함수 f가 일대일대응이므로 오른쪽 그림과 같이 함수 $y=f(x)$의 그래프가 두 점 $(1, -3)$, $(4, 3)$을 지난다.

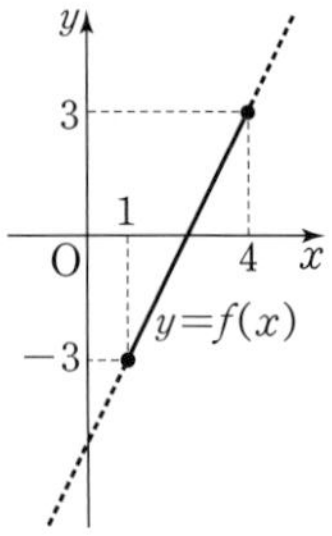

$f(1)=-3$에서
$a+b=-3$ ...... ㉠
$f(4)=3$에서
$4a+b=3$ ...... ㉡
㉠, ㉡을 연립하여 풀면
$a=2$, $b=-5$
$\therefore ab=-10$

(ii) $a<0$일 때
함수 f가 일대일대응이므로 오른쪽 그림과 같이 함수 $y=f(x)$의 그래프가 두 점 $(1, 3)$, $(4, -3)$을 지난다.

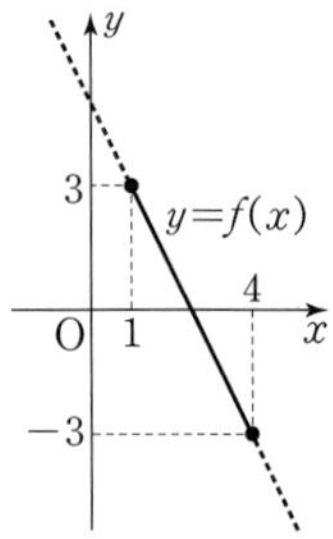

$f(1)=3$에서
$a+b=3$ ...... ㉢
$f(4)=-3$에서
$4a+b=-3$ ...... ㉣
㉢, ㉣을 연립하여 풀면
$a=-2$, $b=5$
$\therefore ab=-10$

(i), (ii)에서 $ab=-10$

596 답 $a=1$, $b=-3$

함수 f가 일대일대응이고 $a>0$이므로 오른쪽 그림과 같이 함수 $y=f(x)$의 그래프가 두 점 $(-4, -7)$, $(3, 0)$을 지난다.

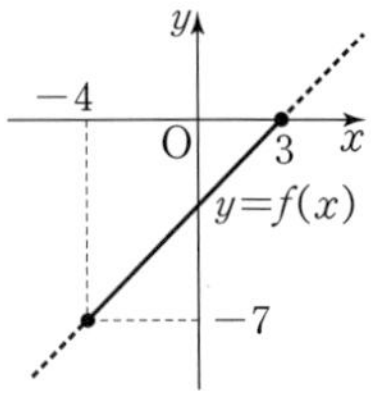

$f(-4)=-7$에서
$-4a+b=-7$ ...... ㉠
$f(3)=0$에서
$3a+b=0$ ...... ㉡

㉠, ㉡을 연립하여 풀면
$a=1$, $b=-3$

597 답 $a=1$, $b=2$

함수 f가 일대일대응이고 x의 계수가 음수이므로 오른쪽 그림과 같이 함수 $y=f(x)$의 그래프가 두 점 $(-2, 4)$, $(a, 1)$을 지난다.

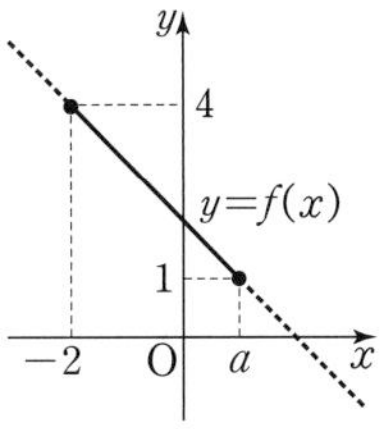

$f(-2)=4$에서
$2+b=4$ $\quad\therefore b=2$
$f(a)=1$에서 $-a+b=1$
이 식에 $b=2$를 대입하면
$-a+2=1$ $\quad\therefore a=1$

598 답 2

함수 f가 일대일대응이려면 함수 $y=f(x)$의 그래프가 오른쪽 그림과 같아야 한다.
즉, 직선 $y=-3x+a$가 점 $(0, 2)$를 지나야 하므로
$a=2$

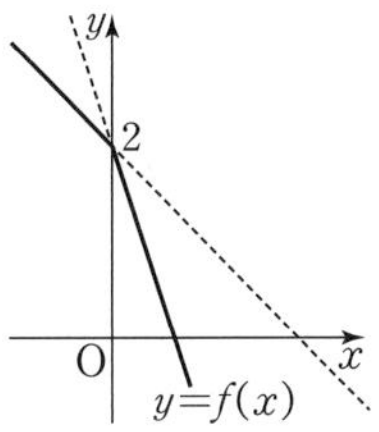

599 답 15

함수 g는 항등함수이므로 $g(x)=x$
$g(7)=7$이므로
$f(3)=g(7)=7$ $\quad\cdots\cdots$ ㉠
함수 h는 상수함수이고 $h(7)=g(7)=7$이므로
$h(x)=7$
$g(5)=5$, $h(5)=7$이므로 $f(7)+h(5)=2g(5)$에서
$f(7)+7=2\times5$
$\therefore f(7)=3$ $\quad\cdots\cdots$ ㉡
함수 f는 일대일대응이므로 ㉠, ㉡에서
$f(5)=5$
$\therefore f(5)+g(3)+h(3)=5+3+7=15$

600 답 8

함수 f는 항등함수이므로 $f(x)=x$
함수 g는 상수함수이고 $g(1)=f(5)=5$이므로
$g(x)=5$
따라서 $h(x)=x+5$이므로
$h(3)=8$

601 답 -3

함수 g는 항등함수이므로 $g(x)=x$
$g(0)=0$이므로
$f(-1)=g(0)=0$ $\quad\cdots\cdots$ ㉠
$g(1)=1$이므로 $f(1)g(1)=1$에서
$f(1)=1$ $\quad\cdots\cdots$ ㉡
함수 f는 일대일대응이므로 ㉠, ㉡에서
$f(0)=-1$
함수 h는 상수함수이고 $h(0)=f(0)=-1$이므로
$h(x)=-1$
$\therefore f(0)+g(-1)+h(1)=-1+(-1)+(-1)$
$=-3$

602 답 22

$f(1)=2$이고 함수 f는 상수함수이므로
$f(x)=2$
따라서 $f(1)=f(3)=f(5)=\cdots=f(21)=2$이므로
$f(1)+f(3)+f(5)+\cdots+f(21)=2\times11$
$=22$

603 답 (1) 256 (2) 24 (3) 4

(1) 함수의 개수는
$4^4=256$
(2) 일대일대응의 개수는
$4!=4\times3\times2\times1=24$
(3) 상수함수의 개수는 4이다.

604 답 35

집합 Y의 원소 1, 2, 3, 4, 5, 6, 7 중에서 4개를 택하여 크기가 큰 것부터 순서대로 집합 X의 원소 1, 2, 3, 4에 대응시키면 되므로 구하는 함수 f의 개수는
${}_7C_4={}_7C_3=\dfrac{7\times6\times5}{3\times2\times1}=35$

605 답 60

주어진 조건을 만족시키는 함수 f는 일대일함수이므로 구하는 함수 f의 개수는
${}_5P_3=5\times4\times3=60$

606 답 600

$f(1)\geq4$이므로 $f(1)$의 값은 4, 5의 2가지
$f(2)\geq3$이므로 $f(2)$의 값은 3, 4, 5의 3가지

$f(3) \geq 2$이므로 $f(3)$의 값은 2, 3, 4, 5의 4가지
$f(4) \geq 1$이므로 $f(4)$의 값은 1, 2, 3, 4, 5의 5가지
$f(5) \geq 0$이므로 $f(5)$의 값은 1, 2, 3, 4, 5의 5가지
따라서 구하는 함수 f의 개수는
$2 \times 3 \times 4 \times 5 \times 5 = 600$

연습문제 276~278쪽

607 답 ②

주어진 대응을 그림으로 나타내면 다음과 같다.

①
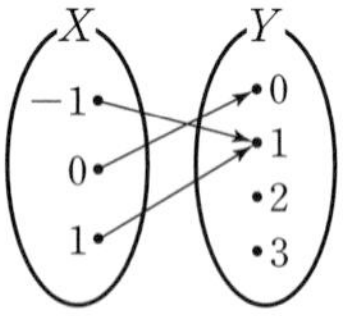

②
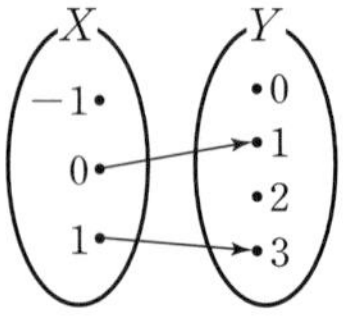

③
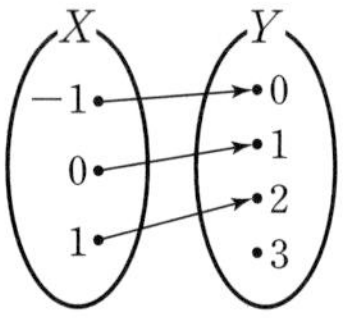

④
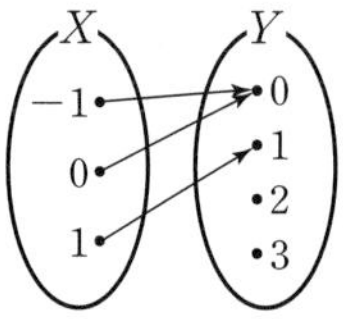

⑤
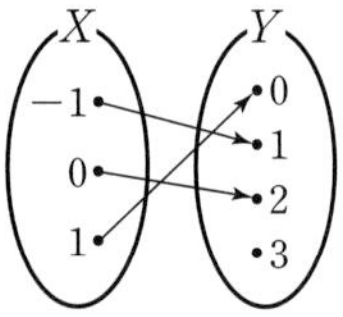

② 집합 X의 원소 -1에 대응하는 집합 Y의 원소가 없으므로 함수가 아니다.

608 답 15

$f(-2) = |2 \times (-2) - 1| + 2 = 7$
$f(-1) = |2 \times (-1) - 1| + 2 = 5$
$f(0) = |2 \times 0 - 1| + 2 = 3$
$f(1) = |2 \times 1 - 1| + 2 = 3$
$f(2) = |2 \times 2 - 1| + 2 = 5$
따라서 함수 f의 치역이 $\{3, 5, 7\}$이므로 치역의 모든 원소의 합은
$3 + 5 + 7 = 15$

609 답 ④

정의역 X의 모든 원소 -1, 0, 1에 대하여 네 함수 f, g, h, i의 함숫값을 각각 구하면
$f(-1) = -1$, $f(0) = 0$, $f(1) = 1$
$g(-1) = 1$, $g(0) = 0$, $g(1) = 1$
$h(-1) = -1$, $h(0) = 0$, $h(1) = 1$
$i(-1) = 1$, $i(0) = 0$, $i(1) = 1$
$\therefore f = h, g = i$

610 답 4

주어진 그래프에 두 직선 $x=a$, $y=b$ (a, b는 상수)를 그어 교점을 나타내면 다음 그림과 같다.

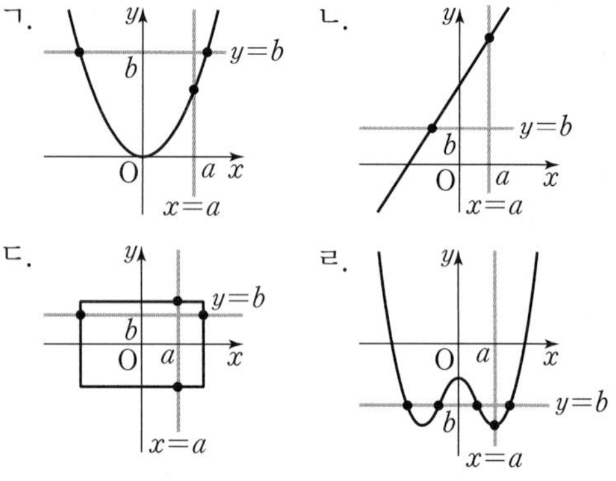

함수의 그래프는 직선 $x=a$와의 교점이 1개인 것이므로 ㄱ, ㄴ, ㄹ
$\therefore p = 3$
일대일함수의 그래프는 함수의 그래프인 것 중에서 직선 $y=b$와의 교점이 1개인 것이므로 ㄴ
$\therefore q = 1$
$\therefore p + q = 4$

611 답 7

$f(x) = x^2 - 4x + k = (x-2)^2 + k - 4$

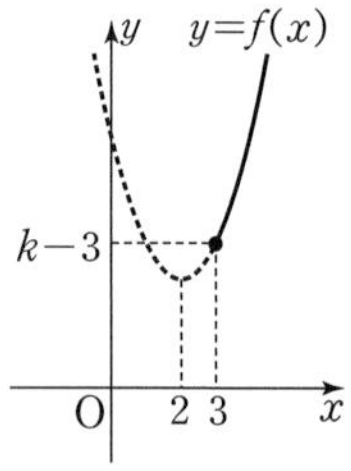

함수 $y=f(x)$의 그래프는 오른쪽 그림과 같으므로 $f(x)$의 치역은
$\{y | y \geq k-3\}$
함수 f가 일대일대응이면 함수 f의 치역과 공역이 같으므로
$k - 3 = 4 \qquad \therefore k = 7$

612 답 10

함수 f는 항등함수이므로
$f(x) = x$ ▸▸▸▸▸▸ ❶
$\therefore f(3) = 3$
함수 g는 상수함수이고 $g(3) = f(3) = 3$이므로
$g(x) = 3$ ▸▸▸▸▸▸ ❷
$\therefore f(7) + g(7) = 7 + 3 = 10$ ▸▸▸▸▸▸ ❸

단계	채점 기준	비율
❶	f 구하기	40 %
❷	g 구하기	40 %
❸	$f(7)+g(7)$의 값 구하기	20 %

613 답 ③

함수의 개수는

$5^3=125 \quad \therefore a=125$

일대일함수의 개수는

${}_5P_3=5\times4\times3=60 \quad \therefore b=60$

상수함수의 개수는 5이다.

$\therefore c=5$

$\therefore a-b-c=60$

614 답 ③

(i) $x<0$, 즉 $x=-2$, -1일 때

$f(x)=-x+a$이므로

$f(-2)=2+a$, $f(-1)=1+a$

(ii) $x\geq0$, 즉 $x=0$, 1, 2일 때

$f(x)=-x+2$이므로

$f(0)=2$, $f(1)=1$, $f(2)=0$

(i), (ii)에서 $x\in X$인 x에 대하여 $f(x)$의 값을 원소로 하는 집합은

$\{0, 1, 2, 1+a, 2+a\}$

이때 f가 X에서 Y로의 함수가 되려면

$\{0, 1, 2, 1+a, 2+a\}\subset\{0, 1, 2, 5, 6, 8\}$

이어야 하므로

$1+a=0$ 또는 $1+a=1$ 또는 $1+a=5$

$\therefore a=-1$ 또는 $a=0$ 또는 $a=4$

따라서 정수 a의 개수는 3이다.

615 답 −10

$f(x)=x^2+4x+a=(x+2)^2+a-4$

이때 $f(-4)=f(0)$이므로 두 집합 X, Y를 각각 정의역, 치역으로 하는 함수 $y=f(x)$의 그래프는 오른쪽 그림과 같다.

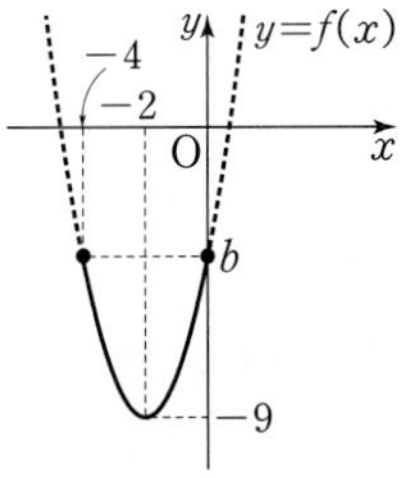

$\therefore f(-4)=f(0)=b$,

$f(-2)=-9$

$f(0)=b$에서 $a=b$

$f(-2)=-9$에서

$a-4=-9 \quad \therefore a=-5$

따라서 $b=a=-5$이므로

$a+b=-10$

616 답 (1) 0 (2) −3

(1) $f(x+y)=f(x)+f(y)$의 양변에 $x=0$, $y=0$을 대입하면

$f(0+0)=f(0)+y(0)$

$\therefore f(0)=0$ ▸▸▸▸▸▸ ❶

(2) $f(x+y)=f(x)+f(y)$의 양변에 $x=-2$, $y=2$를 대입하면

$f(-2+2)=f(-2)+f(2)$

$0=3+f(2)$

$\therefore f(2)=-3$ ▸▸▸▸▸▸ ❷

단계	채점 기준	비율
❶	$f(0)$의 값 구하기	50 %
❷	$f(2)$의 값 구하기	50 %

617 답 {−1}, {4}, {−1, 4}

집합 X의 모든 원소 x에 대하여 $f(x)=g(x)$이어야 하므로

$2x^2-3x-2=x^2+2$, $x^2-3x-4=0$

$(x+1)(x-4)=0 \quad \therefore x=-1$ 또는 $x=4$

따라서 집합 X는 집합 $\{-1, 4\}$의 공집합이 아닌 부분집합이어야 하므로 구하는 집합 X는

$\{-1\}$, $\{4\}$, $\{-1, 4\}$

618 답 ②

$f(x)=|2x-1|+ax+4$에서

(i) $x<\frac{1}{2}$일 때

$f(x)=-(2x-1)+ax+4$

$=(a-2)x+5$

(ii) $x\geq\frac{1}{2}$일 때

$f(x)=2x-1+ax+4$

$=(a+2)x+3$

(i), (ii)에서

$$f(x)=\begin{cases}(a-2)x+5 \left(x<\frac{1}{2}\right)\\(a+2)x+3 \left(x\geq\frac{1}{2}\right)\end{cases}$$

이때 함수 f가 일대일대응이려면 x의 값이 증가할 때, $f(x)$의 값은 항상 증가하거나 항상 감소해야 한다.

따라서 $x<\frac{1}{2}$일 때, $x\geq\frac{1}{2}$일 때의 직선의 기울기의 부호가 서로 같아야 하므로

$(a+2)(a-2)>0$

$\therefore a<-2$ 또는 $a>2$

619 답 ③

함수 f가 항등함수이려면 $f(-2)=-2$, $f(-1)=-1$, $f(3)=3$이어야 한다.

$x<0$일 때,

$f(-2)=-2$에서

$4a-2b-2=-2$

$\therefore 2a-b=0$ ······ ㉠

$f(-1)=-1$에서

$a-b-2=-1$

$\therefore a-b=1$ ······ ㉡

㉠, ㉡을 연립하여 풀면

$a=-1$, $b=-2$

한편 $x\geq0$일 때, $f(3)=3$이 성립한다.

$\therefore a+b=-3$

620 답 7

$g(x)$는 항등함수이므로 $g(x)=x$

$g(1)=1$이므로 (가)에서 $f(1)=g(1)=1$

함수 h는 상수함수이고 (가)에서 $h(3)=g(1)=1$이므로

$h(x)=1$

함수 f는 일대일대응이므로 (나)에서

$f(7)=5$, $f(3)+f(5)=10$

이때 (다)에서 $f(3)=7$, $f(5)=3$

$\therefore f(5)+g(3)+h(1)=3+3+1=7$

621 답 18

(가)에서 $f(3)=4$이므로 (나)를 만족시키려면

$f(1)<f(2)<f(3)=4<f(4)<f(5)$

따라서 집합 Y의 원소 1, 2, 3 중에서 2개를 택하여 작은 것부터 순서대로 집합 X의 원소 1, 2에 대응시키고, 집합 Y의 원소 5, 6, 7, 8 중에서 2개를 택하여 작은 것부터 순서대로 집합 X의 원소 4, 5에 대응시키면 되므로 구하는 함수 f의 개수는

${}_3C_2\times{}_4C_2={}_3C_1\times{}_4C_2=3\times\frac{4\times3}{2\times1}=18$

622 답 ③

| 접근 방법 | 치역의 원소가 1뿐이려면 정의역의 원소는 모두 4로 나누었을 때 나머지가 1인 수이어야 한다.

$f(x)=1$이려면

$x=4k+1$ (k는 음이 아닌 정수)

꼴이어야 한다.

따라서 함수 f의 정의역 X는 집합 $\{1, 5, 9, 13, 17\}$의 공집합이 아닌 부분집합이어야 하므로 구하는 정의역 X의 개수는

$2^5-1=31$

623 답 12

| 접근 방법 | 두 수의 곱이 짝수이려면 두 수 중 적어도 하나는 짝수이어야 함을 이용하여 함숫값을 유추한다.

$3\leq n\leq5$인 모든 자연수 n에 대하여 $f(n)f(n+2)$의 값이 짝수이므로 $f(3)\times f(5)$, $f(4)\times f(6)$, $f(5)\times f(7)$의 값은 모두 짝수이다.

$f(4)\times f(6)$의 값이 짝수이려면 $f(4)$의 값과 $f(6)$의 값 중 적어도 하나는 짝수이어야 한다.

이때 함수 f는 일대일대응이고 집합 X의 원소 중에서 짝수는 4, 6의 2개뿐이므로 $f(3)\times f(5)$의 값과 $f(5)\times f(7)$의 값이 모두 짝수이려면 $f(5)$의 값이 짝수이어야 한다.

즉, $f(3)$, $f(7)$의 값은 모두 홀수이므로 $f(3)+f(7)$의 값이 최대일 때는 $f(3)=5$, $f(7)=7$ 또는 $f(3)=7$, $f(7)=5$일 때이다.

따라서 구하는 최댓값은

$5+7=12$

624 답 343

$f(0)=-f(0)$에서

$2f(0)=0$

$\therefore f(0)=0$

또 $f(-3)=-f(3)$, $f(-2)=-f(2)$, $f(-1)=-f(1)$이므로 $f(-3)$, $f(-2)$, $f(-1)$의 값은 $f(3)$, $f(2)$, $f(1)$의 값에 따라 1가지로 결정된다.

이때 $f(1)$, $f(2)$, $f(3)$의 값은 각각

-3, -2, -1, 0, 1, 2, 3의 7가지

따라서 구하는 함수 f의 개수는

$7\times7\times7=343$

02 합성함수

개념 확인 281쪽

625 답 (1) $\boldsymbol{b}$ (2) $\boldsymbol{a}$ (3) $\boldsymbol{c}$ (4) **3** (5) **4** (6) **2**

(1) $(g\circ f)(a)=g(f(a))=g(1)=b$

(2) $(g\circ f)(b)=g(f(b))=g(3)=a$

(3) $(g\circ f)(d)=g(f(d))=g(2)=c$

(4) $(f\circ g)(1)=f(g(1))=f(b)=3$

(5) $(f\circ g)(2)=f(g(2))=f(c)=4$

(6) $(f\circ g)(4)=f(g(4))=f(d)=2$

626 답 (1) **3** (2) **9** (3) **12** (4) **36**

(1) $(g\circ f)(-1)=g(f(-1))=g(1)=3$

(2) $(f\circ g)(-1)=f(g(-1))=f(-3)=9$

(3) $(g\circ f)(2)=g(f(2))=g(4)=12$

(4) $(f\circ g)(2)=f(g(2))=f(6)=36$

627 답 (1) $\boldsymbol{(f\circ g)(x)=x^2-1}$
(2) $\boldsymbol{(g\circ h)(x)=9x^2+12x+5}$
(3) $\boldsymbol{((f\circ g)\circ h)(x)=9x^2+12x+3}$
(4) $\boldsymbol{(f\circ (g\circ h))(x)=9x^2+12x+3}$

(1) $(f\circ g)(x)=f(g(x))$
$=f(x^2+1)$
$=(x^2+1)-2$
$=x^2-1$

(2) $(g\circ h)(x)=g(h(x))$
$=g(3x+2)$
$=(3x+2)^2+1$
$=9x^2+12x+5$

(3) $((f\circ g)\circ h)(x)=(f\circ g)(h(x))$
$=(f\circ g)(3x+2)$
$=(3x+2)^2-1$
$=9x^2+12x+3$

(4) $(f\circ (g\circ h))(x)=f((g\circ h)(x))$
$=f(9x^2+12x+5)$
$=(9x^2+12x+5)-2$
$=9x^2+12x+3$

| 참고 | (1), (2)는 서로 다른 함수이고 (3), (4)는 서로 같은 함수임을 알 수 있다.

유제 283~287쪽

628 답 **14**

$(f\circ f)(2)=f(f(2))=f(4)=8$
$(f\circ f\circ f)(2)=f(f(f(2)))=f(f(4))$
$=f(8)=6$
$\therefore (f\circ f)(2)+(f\circ f\circ f)(2)=14$

629 답 **9**

$(g\circ f)(3)=g(f(3))=g(-4)=-11$
$(f\circ g)(3)=f(g(3))=f(-5)=-20$
$\therefore (g\circ f)(3)-(f\circ g)(3)=9$

630 답 **3**

$(g\circ f)(x)=6$에서 $g(f(x))=6$
이때 $g(c)=6$이므로 $f(x)=c$
또 $f(3)=c$이므로 구하는 x의 값은 3이다.

631 답 **33**

$(f\circ (g\circ h))(-1)=((f\circ g)\circ h)(-1)$
$=(f\circ g)(h(-1))$
$=(f\circ g)(-4)=33$

632 답 **3**

$(f\circ g)(x)=f(g(x))=f(5x-6)$
$=-(5x-6)+a$
$=-5x+6+a$
$(g\circ f)(x)=g(f(x))=g(-x+a)$
$=5(-x+a)-6$
$=-5x+5a-6$
$f\circ g=g\circ f$에서
$-5x+6+a=-5x+5a-6$
이 식이 x에 대한 항등식이므로
$6+a=5a-6$, $-4a=-12$
$\therefore a=3$

633 답 (1) $\boldsymbol{h(x)=2x+1}$
(2) $\boldsymbol{h(x)=2x+5}$

(1) $(f\circ h)(x)=f(h(x))=2h(x)-3$
$f\circ h=g$에서
$2h(x)-3=4x-1$, $2h(x)=4x+2$
$\therefore h(x)=2x+1$

(2) $(h \circ f)(x)=h(f(x))=h(2x-3)$

$h \circ f=g$에서 $h(2x-3)=4x-1$

$2x-3=t$로 놓으면 $x=\frac{t+3}{2}$

$\therefore h(t)=4\times\frac{t+3}{2}-1=2t+5$

$\therefore h(x)=2x+5$

634 답 3

$(f \circ f)(x)=f(f(x))=f(ax+b)$
$=a(ax+b)+b=a^2x+ab+b$

$(f \circ f)(x)=9x-16$에서

$a^2x+ab+b=9x-16$

이 식이 x에 대한 항등식이므로

$a^2=9$, $ab+b=-16$

$a^2=9$에서 $a=3$ ($\because a>0$)

이를 $ab+b=-16$에 대입하면

$4b=-16 \qquad \therefore b=-4$

즉, $f(x)=3x-4$이므로

$f(2)-f(1)=2-(-1)=3$

635 답 $f(x)=9x+7$

$\frac{x-2}{3}=t$로 놓으면 $x=3t+2$

$\therefore f(t)=3(3t+2)+1=9t+7$

$\therefore f(x)=9x+7$

636 답 512

$f^2(x)=(f \circ f)(x)=f(f(x))=f(2x)$
$=2\times 2x=2^2x$

$f^3(x)=(f \circ f^2)(x)=f(f^2(x))=f(2^2x)$
$=2\times 2^2x=2^3x$

$f^4(x)=(f \circ f^3)(x)=f(f^3(x))=f(2^3x)$
$=2\times 2^3x=2^4x$

⋮

$\therefore f^n(x)=2^nx$ (단, n은 자연수)

따라서 $f^8(x)=2^8x$이므로

$f^8(2)=2^8\times 2=2^9=512$

637 답 풀이 참조

주어진 그래프에서 두 함수 f, g의 식을 구하면

$f(x)=-x+3 \ (0\le x\le 3)$

$$g(x)=\begin{cases} -\frac{1}{2}x+1 & (0\le x<2) \\ 3x-6 & (2\le x\le 3) \end{cases}$$

$\therefore (g \circ f)(x)$

$=g(f(x))$

$$=\begin{cases} -\frac{1}{2}f(x)+1 & (0\le f(x)<2) \\ 3f(x)-6 & (2\le f(x)\le 3) \end{cases}$$

$$=\begin{cases} -\frac{1}{2}(-x+3)+1 & (0\le -x+3<2) \\ 3(-x+3)-6 & (2\le -x+3\le 3) \end{cases}$$

$$=\begin{cases} -3x+3 & (0\le x\le 1) \\ \frac{1}{2}x-\frac{1}{2} & (1<x\le 3) \end{cases}$$

따라서 합성함수 $y=(g \circ f)(x)$의 그래프는 오른쪽 그림과 같다.

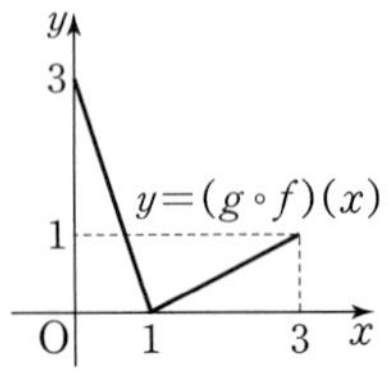

638 답 −1

$f(1)=4$

$f^2(1)=(f \circ f)(1)=f(f(1))=f(4)=3$

$f^3(1)=(f \circ f^2)(1)=f(f^2(1))=f(3)=2$

$f^4(1)=(f \circ f^3)(1)=f(f^3(1))=f(2)=1$

$f^5(1)=(f \circ f^4)(1)=f(f^4(1))=f(1)=4$

⋮

즉, $f^n(1)$의 값은 4, 3, 2, 1이 이 순서대로 반복된다.

이때 $50=4\times 12+2$이므로

$f^{50}(1)=f^2(1)=3$

또

$f(4)=3$

$f^2(4)=(f \circ f)(4)=f(f(4))=f(3)=2$

$f^3(4)=(f \circ f^2)(4)=f(f^2(4))=f(2)=1$

$f^4(4)=(f \circ f^3)(4)=f(f^3(4))=f(1)=4$

$f^5(4)=(f \circ f^4)(4)=f(f^4(4))=f(4)=3$

⋮

즉, $f^n(4)$의 값은 3, 2, 1, 4가 이 순서대로 반복된다.

이때 $100=4\times 25$이므로

$f^{100}(4)=f^4(4)=4$

$\therefore f^{50}(1)-f^{100}(4)=-1$

639 답 풀이 참조

주어진 그래프에서 함수 f의 식을 구하면

$$f(x)=\begin{cases} x+1 & (0\le x<1) \\ -2x+4 & (1\le x\le 2) \end{cases}$$

$\therefore (f\circ f)(x)=f(f(x))$

$$=\begin{cases} f(x)+1 & (0\le f(x)<1) \\ -2f(x)+4 & (1\le f(x)\le 2) \end{cases}$$

이때 $f(0)=1$, $f\left(\frac{3}{2}\right)=1$이므로 $f(x)$의 값이 1이 되는 x의 값을 기준으로 구간을 나누어 $f\circ f$의 식을 구하면

(i) $0\le x<1$일 때

$1\le f(x)<2$이므로

$(f\circ f)(x)=-2f(x)+4$
$=-2(x+1)+4$
$=-2x+2$

(ii) $1\le x\le \frac{3}{2}$일 때

$1\le f(x)\le 2$이므로

$(f\circ f)(x)=-2f(x)+4$
$=-2(-2x+4)+4$
$=4x-4$

(iii) $\frac{3}{2}<x\le 2$일 때

$0\le f(x)<1$이므로

$(f\circ f)(x)=f(x)+1$
$=(-2x+4)+1$
$=-2x+5$

(i), (ii), (iii)에서

$$(f\circ f)(x)=\begin{cases} -2x+2 & (0\le x<1) \\ 4x-4 & \left(1\le x\le \frac{3}{2}\right) \\ -2x+5 & \left(\frac{3}{2}<x\le 2\right) \end{cases}$$

따라서 합성함수 $y=(f\circ f)(x)$의 그래프는 오른쪽 그림과 같다.

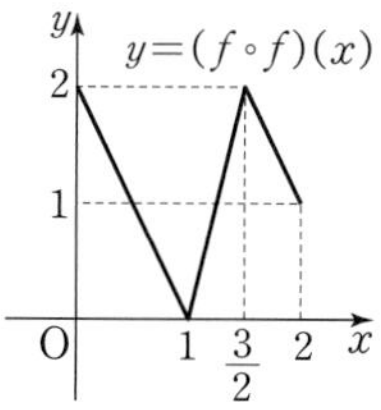

연습문제 288~289쪽

640 답 ⑤

$(g\circ f)(2)=g(f(2))=g(3)=5$

641 답 ②

$(g\circ f)(4)=g(f(4))=g(6)=19$

$(f\circ g)(-3)=f(g(-3))=f(-8)=30$

$\therefore (g\circ f)(4)+(f\circ g)(-3)=49$

642 답 1

$(f\circ g)(a)=f(g(a))=f(-3a+7)$
$=(-3a+7)+2$
$=-3a+9$ ▸▸▸▸▸▸ ❶

$(f\circ g)(a)=6$에서 $-3a+9=6$

$-3a=-3 \quad \therefore a=1$ ▸▸▸▸▸▸ ❷

단계	채점 기준	비율
❶	$(f\circ g)(a)$ 구하기	60 %
❷	a의 값 구하기	40 %

643 답 ③

$(f\circ g)(x)=f(g(x))=f(-2x+k)$
$=3(-2x+k)-2$
$=-6x+3k-2$

$(g\circ f)(x)=g(f(x))=g(3x-2)$
$=-2(3x-2)+k$
$=-6x+4+k$

$f\circ g=g\circ f$에서

$-6x+3k-2=-6x+4+k$

이 식이 x에 대한 항등식이므로

$3k-2=4+k$, $2k=6$

$\therefore k=3$

644 답 2

$(h\circ f)(x)=h(f(x))=h(2x+1)$

$h\circ f=g$에서 $h(2x+1)=x+4$

$2x+1=t$로 놓으면 $x=\frac{t-1}{2}$

따라서 $h(t)=\frac{t-1}{2}+4=\frac{1}{2}t+\frac{7}{2}$이므로

$h(-3)=2$

| 다른 풀이 |

$(h\circ f)(x)=h(f(x))=h(2x+1)$

$h\circ f=g$에서 $h(2x+1)=x+4$ ······ ㉠

$2x+1=-3$일 때 $x=-2$이므로 이를 ㉠에 대입하면

$h(-3)=2$

645 답 ⑤

$(g\circ f)(0)=g(f(0))=0$이고 $f(0)=-1$이므로

$g(-1)=0$

$(f \circ g)(1)=f(g(1))=0$이고 $g(1)=-1$이므로
$f(-1)=0$
이때 두 함수 f, g는 일대일대응이므로
$f(1)=1$, $g(0)=1$
$\therefore f(1)+g(0)=2$

646 답 3

$f \circ g=g \circ f$에서
$(f \circ g)(x)=(g \circ f)(x)$
$\therefore f(g(x))=g(f(x))$ …… ㉠
㉠의 양변에 $x=2$를 대입하면 $g(2)=1$, $f(2)=3$이므로 $f(g(2))=g(f(2))$에서
$f(1)=g(3)$
이때 $f(1)=4$이므로 $g(3)=4$
㉠의 양변에 $x=3$을 대입하면 $g(3)=4$, $f(3)=1$이므로 $f(g(3))=g(f(3))$에서
$f(4)=g(1)$
이때 $f(4)=2$이므로 $g(1)=2$
㉠의 양변에 $x=1$을 대입하면 $g(1)=2$, $f(1)=4$이므로 $f(g(1))=g(f(1))$에서
$f(2)=g(4)$
이때 $f(2)=3$이므로 $g(4)=3$

647 답 ⑤

$$\begin{aligned}(f \circ g)(x)&=f(g(x))=f(x-1)\\&=(x-1)^2+4(x-1)+k\\&=x^2+2x+k-3\\&=(x+1)^2+k-4\end{aligned}$$

$-2 \le x \le 3$에서 함수 $y=(f \circ g)(x)$는 $x=-1$일 때 최솟값 $k-4$를 가지므로
$k-4=1$
$\therefore k=5$

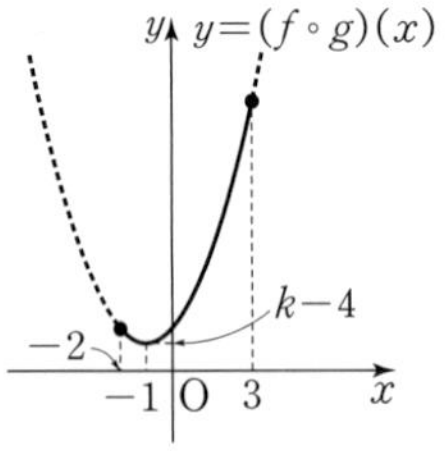

$\therefore (f \circ g)(x)=(x+1)^2+1$
따라서 함수 $y=(f \circ g)(x)$는 $x=3$일 때 최댓값 17을 가지므로
$M=17$
$\therefore k+M=22$

648 답 −6

$$\begin{aligned}(f \circ g)(2x+1)&=5(2x+1)-3\\&=10x+2\end{aligned}$$ ▸▸▸▸▸▸ ❶

$$\begin{aligned}\therefore ((h \circ f) \circ g)(2x+1)&=(h \circ (f \circ g))(2x+1)\\&=h((f \circ g)(2x+1))\\&=h(10x+2)\end{aligned}$$ ▸▸▸▸▸▸ ❷

$((h \circ f) \circ g)(2x+1)=5x-7$에서
$h(10x+2)=5x-7$
$10x+2=t$로 놓으면 $x=\dfrac{t-2}{10}$
따라서 $h(t)=5 \times \dfrac{t-2}{10}-7=\dfrac{1}{2}t-8$이므로
$h(4)=2-8=-6$ ▸▸▸▸▸▸ ❸

단계	채점 기준	비율
❶	$(f \circ g)(2x+1)$ 구하기	30 %
❷	$((h \circ f) \circ g)(2x+1)$을 h에 대한 함수로 나타내기	30 %
❸	$h(4)$의 값 구하기	40 %

649 답 ③

$f(50)=\dfrac{50}{2}=25$

$f^2(50)=f(f(50))=f(25)=\dfrac{25+1}{2}=13$

$f^3(50)=f(f^2(50))=f(13)=\dfrac{13+1}{2}=7$

$f^4(50)=f(f^3(50))=f(7)=\dfrac{7+1}{2}=4$

$f^5(50)=f(f^4(50))=f(4)=\dfrac{4}{2}=2$

$f^6(50)=f(f^5(50))=f(2)=\dfrac{2}{2}=1$

$f^7(50)=f(f^6(50))=f(1)=\dfrac{1+1}{2}=1$

⋮

따라서 $f^n(50)=1$을 만족시키는 자연수 n의 최솟값은 6이다.

650 답 40

| 접근 방법 | $f(1)=1+a>a$이고 $x=a$를 경계로 함수 $g(x)$의 식이 달라지므로 $a \le 4$, $a>4$일 때로 나누어 생각한다.

(i) $a \le 4$일 때

$$\begin{aligned}(g \circ f)(1)+(f \circ g)(4)&=g(f(1))+f(g(4))\\&=g(a+1)+f(16)\\&=(a+1)^2+a+16\\&=a^2+3a+17\end{aligned}$$

$(g \circ f)(1)+(f \circ g)(4)=57$에서
$a^2+3a+17=57$

$a^2+3a-40=0$

$(a+8)(a-5)=0$

$\therefore a=-8$ ($\because a\le 4$)

(ⅱ) $a>4$일 때

$(g\circ f)(1)+(f\circ g)(4)=g(f(1))+f(g(4))$

$=g(a+1)+f(2)$

$=(a+1)^2+a+2$

$=a^2+3a+3$

$(g\circ f)(1)+(f\circ g)(4)=57$에서

$a^2+3a+3=57$

$a^2+3a-54=0$

$(a+9)(a-6)=0$

$\therefore a=6$ ($\because a>4$)

(ⅰ), (ⅱ)에서 $a=-8$ 또는 $a=6$이므로

$S=-2$

$\therefore 10S^2=10\times 4=40$

651 답 3

| 접근 방법 | 방정식 $f(f(x))=-f(x)+2$에서 $f(x)=t$로 놓고 t의 값을 구한다.

주어진 그래프에서 함수 f의 식을 구하면

$$f(x)=\begin{cases} 2x & (0\le x<1) \\ -2x+4 & (1\le x\le 2) \end{cases}$$

$f(f(x))=-f(x)+2$에서 $f(x)=t$ $(0\le t\le 2)$로 놓으면

$f(t)=-t+2$

(ⅰ) $0\le t<1$일 때

$2t=-t+2$, $3t=2$

$\therefore t=\frac{2}{3}$

(ⅱ) $1\le t\le 2$일 때

$-2t+4=-t+2$

$\therefore t=2$

(ⅰ), (ⅱ)에서 방정식 $f(f(x))=-f(x)+2$의 실근은 방정식 $f(x)=\frac{2}{3}$ 또는 $f(x)=2$의 실근과 같다.

이때 오른쪽 그림과 같이 함수 $y=f(x)$의 그래프는 직선 $y=\frac{2}{3}$와 두 점에서 만나고, 직선 $y=2$와 한 점에서 만나므로 구하는 실근의 개수는 3이다.

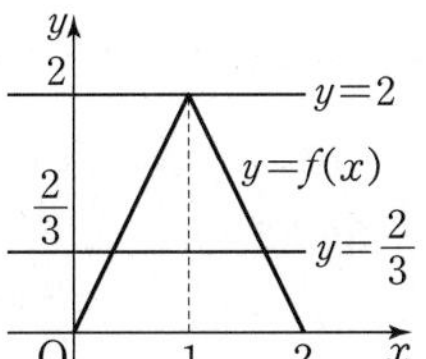

03 역함수

개념 확인 293쪽

652 답 ㄴ, ㄷ

역함수가 존재하려면 일대일대응이어야 하므로 역함수가 존재하는 것은 ㄴ, ㄷ이다.

653 답 (1) 3 (2) 11

(2) $f(1)+f^{-1}(4)=6+5=11$

654 답 (1) 2 (2) 3

(1) $f^{-1}(8)=a$에서 $f(a)=8$

$5a-2=8$, $5a=10$

$\therefore a=2$

(2) $f^{-1}(a)=1$에서 $f(1)=a$

$\therefore a=5-2=3$

655 답 (1) $y=2x-8$ (2) $y=-\frac{1}{4}x+\frac{3}{4}$

(1) $y=\frac{1}{2}x+4$를 x에 대하여 풀면

$\frac{1}{2}x=y-4$ $\therefore x=2y-8$

x와 y를 서로 바꾸면 구하는 역함수는

$y=2x-8$

(2) $y=-4x+3$을 x에 대하여 풀면

$4x=-y+3$ $\therefore x=-\frac{1}{4}y+\frac{3}{4}$

x와 y를 서로 바꾸면 구하는 역함수는

$y=-\frac{1}{4}x+\frac{3}{4}$

656 답 (1) 6 (2) 5 (3) 2 (4) 7

(1) $(f^{-1})^{-1}(1)=f(1)=6$

(2) $(f^{-1})^{-1}(3)=f(3)=5$

유제 295~301쪽

657 답 −1

$f^{-1}(9)=k$ (k는 상수)라 하면 $f(k)=9$이므로

$-5k+4=9$, $-5k=5$ $\therefore k=-1$

$\therefore f^{-1}(9)=-1$

658 답 14

$f(3)=6$에서

$3a+b=6$ ...... ㉠

$f^{-1}(-2)=1$에서 $f(1)=-2$이므로

$a+b=-2$ ...... ㉡

㉠, ㉡을 연립하여 풀면 $a=4$, $b=-6$

따라서 $f(x)=4x-6$이므로

$f(5)=14$

659 답 5

$g^{-1}(5)=2$에서 $g(2)=5$이므로

$2+a=5$ $\therefore a=3$

$\therefore f(x)=3x-6$, $g(x)=x+3$

$f^{-1}(-3)=k$ (k는 상수)라 하면 $f(k)=-3$이므로

$3k-6=-3$, $3k=3$ $\therefore k=1$

$\therefore f^{-1}(-3)=1$

$\therefore f^{-1}(-3)+g(1)=1+4=5$

660 답 −12

$f^{-1}(0)=3$에서 $f(3)=0$이므로

$3a+b=0$ ...... ㉠

$(f\circ f)(3)=f(f(3))=6$에서 $f(0)=6$이므로

$b=6$

이를 ㉠에 대입하면

$3a+6=0$ $\therefore a=-2$

$\therefore ab=-12$

661 답 $a<2$

함수 f의 역함수가 존재하려면 함수 f는 일대일대응이어야 한다.

따라서 $x<-1$일 때, $x\geq-1$일 때의 직선의 기울기의 부호가 서로 같아야 하므로

$4a-8<0$ $\therefore a<2$

662 답 1

$y=ax-6$을 x에 대하여 풀면

$ax=y+6$ $\therefore x=\frac{1}{a}y+\frac{6}{a}$

x와 y를 서로 바꾸면 $y=\frac{1}{a}x+\frac{6}{a}$

즉, $\frac{1}{a}x+\frac{6}{a}=-\frac{1}{2}x+b$이므로

$\frac{1}{a}=-\frac{1}{2}$, $\frac{6}{a}=b$

따라서 $a=-2$, $b=-3$이므로

$a-b=1$

663 답 15

함수 f의 역함수가 존재하면 함수 f는 일대일대응이다.

이때 직선 $y=f(x)$의 기울기가 양수이므로 직선 $y=f(x)$가 두 점 $(a, -1)$, $(4, b)$를 지나야 한다.

$f(a)=-1$에서 $5a-6=-1$

$5a=5$ $\therefore a=1$

$f(4)=b$에서 $b=14$

$\therefore a+b=15$

664 답 $f^{-1}(x)=-\frac{1}{4}x+2$

$-x+3=t$로 놓으면 $x=-t+3$

$\therefore f(t)=4(-t+3)-4=-4t+8$

$\therefore f(x)=-4x+8$

$y=-4x+8$이라 하고 x에 대하여 풀면

$4x=-y+8$

$\therefore x=-\frac{1}{4}y+2$

x와 y를 서로 바꾸면

$y=-\frac{1}{4}x+2$

$\therefore f^{-1}(x)=-\frac{1}{4}x+2$

665 답 7

$(g\circ f^{-1})^{-1}(-2)=(f\circ g^{-1})(-2)$

$=f(g^{-1}(-2))$

$g^{-1}(-2)=k$ (k는 상수)라 하면 $g(k)=-2$이므로

$3k-5=-2$, $3k=3$ $\therefore k=1$

따라서 $g^{-1}(-2)=1$이므로

$(g\circ f^{-1})^{-1}(-2)=f(g^{-1}(-2))$

$=f(1)=7$

666 답 −1

$(g^{-1}\circ(f\circ g^{-1})^{-1}\circ g)(2)$

$=(g^{-1}\circ g\circ f^{-1}\circ g)(2)$

$=(f^{-1}\circ g)(2)$

$=f^{-1}(g(2))$

$=f^{-1}(8)$

$f^{-1}(8)=k$ (k는 상수)라 하면 $f(k)=8$이므로

$-5k+3=8$

$\therefore k=-1$

따라서 $f^{-1}(8)=-1$이므로

$(g^{-1}\circ(f\circ g^{-1})^{-1}\circ g)(2)=f^{-1}(8)=-1$

667 답 4

$(f^{-1}\circ g^{-1})^{-1}(4)+(g\circ(f\circ g)^{-1})(2)$

$=(g\circ f)(4)+(g\circ g^{-1}\circ f^{-1})(2)$

$=g(f(4))+f^{-1}(2)$

$=g(3)+1$

$=3+1=4$

668 답 5

$(f^{-1}\circ(f^{-1}\circ g)^{-1}\circ f^{-1})(k)$

$=(f^{-1}\circ g^{-1}\circ f\circ f^{-1})(k)$

$=(f^{-1}\circ g^{-1})(k)$

$=(g\circ f)^{-1}(k)$

따라서 $(g\circ f)^{-1}(k)=9$이므로

$(g\circ f)(9)=k$

$\therefore k=g(f(9))=g(6)=5$

669 답 d

$(f\circ f)^{-1}(b)=(f^{-1}\circ f^{-1})(b)$

$=f^{-1}(f^{-1}(b))$ …… ㉠

$f^{-1}(b)=k$ (k는 상수)라 하면 $f(k)=b$

오른쪽 그림에서 $f(c)=b$

이므로 $k=c$

$\therefore f^{-1}(b)=c$

이를 ㉠에 대입하면

$(f\circ f)^{-1}(b)=f^{-1}(c)$ …… ㉡

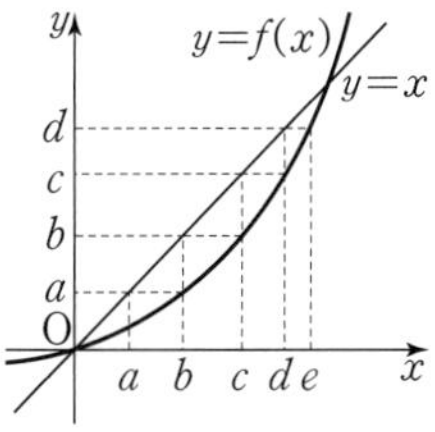

$f^{-1}(c)=l$ (l은 상수)이라 하면 $f(l)=c$

위의 그림에서 $f(d)=c$이므로 $l=d$

$\therefore f^{-1}(c)=d$

이를 ㉡에 대입하면

$(f\circ f)^{-1}(b)=d$

670 답 4

오른쪽 그림과 같이 함수 $y=f(x)$의 그래프와 그 역함수 $y=f^{-1}(x)$의 그래프는 직선 $y=x$에 대하여 대칭이므로 두 함수 $y=f(x)$, $y=f^{-1}(x)$의 그래프의 교점은 함수 $y=f(x)$의 그래프와 직선 $y=x$의 교점과 같다.

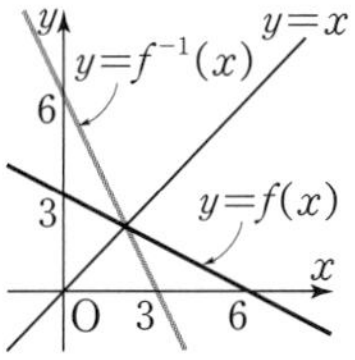

$-\frac{1}{2}x+3=x$에서 $\frac{3}{2}x=3$ $\therefore x=2$

따라서 교점의 좌표는 $(2, 2)$이므로

$a=2, b=2$ $\therefore a+b=4$

671 답 2

$(g\circ f^{-1})^{-1}(4)=(f\circ g^{-1})(4)$

$=f(g^{-1}(4))$ …… ㉠

$g^{-1}(4)=k$ (k는 상수)라 하면 $g(k)=4$

오른쪽 그림에서 $g(3)=4$

이므로 $k=3$

$\therefore g^{-1}(4)=3$

이를 ㉠에 대입하면

$(g\circ f^{-1})^{-1}(4)$

$=f(3)=2$

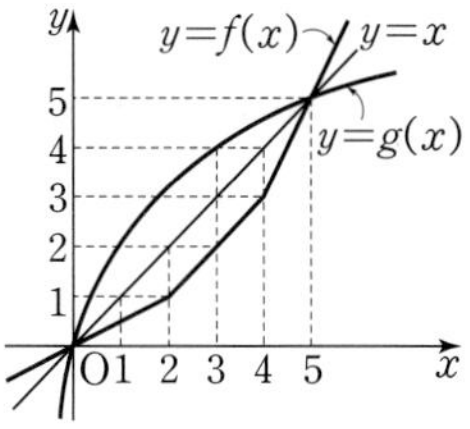

672 답 $\sqrt{2}$

오른쪽 그림과 같이 함수 $y=f(x)$의 그래프와 그 역함수 $y=g(x)$의 그래프는 직선 $y=x$에 대하여 대칭이므로 두 함수 $y=f(x)$, $y=g(x)$의 그래프의 교점은 함수 $y=f(x)$의 그래프와 직선 $y=x$의 교점과 같다.

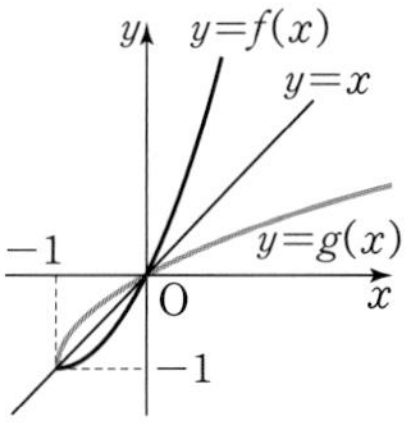

$(x+1)^2-1=x$에서 $x^2+x=0$

$x(x+1)=0$ $\therefore x=-1$ 또는 $x=0$

따라서 두 교점의 좌표는 $(-1, -1)$, $(0, 0)$이므로

두 점 사이의 거리는

$\sqrt{(-1)^2+(-1)^2}=\sqrt{2}$

연습문제 302~304쪽

673 답 ④

$f^{-1}(-3)=1$에서 $f(1)=-3$이므로

$2+a=-3$ $\therefore a=-5$

따라서 $f(x)=2x-5$이므로

$f(3)=1$

674 답 3

$4x-3=t$로 놓으면 $x=\frac{t+3}{4}$이므로

$f(t)=2\times\frac{t+3}{4}+5=\frac{1}{2}t+\frac{13}{2}$

$\therefore f(3)=8$ ▸▸▸▸▸▸ ❶

$f^{-1}(4)=k$ (k는 상수)라 하면 $f(k)=4$이므로

$\frac{1}{2}k+\frac{13}{2}=4$, $\frac{1}{2}k=-\frac{5}{2}$ $\therefore k=-5$

$\therefore f^{-1}(4)=-5$ ▸▸▸▸▸▸ ❷

$\therefore f(3)+f^{-1}(4)=3$ ▸▸▸▸▸▸ ❸

단계	채점 기준	비율
❶	$f(3)$의 값 구하기	40 %
❷	$f^{-1}(4)$의 값 구하기	40 %
❸	$f(3)+f^{-1}(4)$의 값 구하기	20 %

675 답 $a<-1$ 또는 $a>1$

$f(x)=|x+2|+ax+3$에서

(i) $x<-2$일 때

$f(x)=-(x+2)+ax+3=(a-1)x+1$

(ii) $x\geq -2$일 때

$f(x)=x+2+ax+3=(a+1)x+5$

(i), (ii)에서

$$f(x)=\begin{cases}(a-1)x+1 & (x<-2)\\(a+1)x+5 & (x\geq -2)\end{cases}$$

이때 함수 f의 역함수가 존재하려면 함수 f는 일대일 대응이어야 하므로 x의 값이 증가할 때, $f(x)$의 값은 항상 증가하거나 항상 감소해야 한다.

따라서 $x<-2$일 때, $x\geq -2$일 때의 직선의 기울기의 부호가 서로 같아야 하므로

$(a-1)(a+1)>0$

$\therefore a<-1$ 또는 $a>1$

676 답 ③

$y=-\frac{2}{3}x+\frac{4}{9}$라 하고 x에 대하여 풀면

$\frac{2}{3}x=-y+\frac{4}{9}$ $\quad\therefore x=-\frac{3}{2}y+\frac{2}{3}$

x와 y를 서로 바꾸면

$y=-\frac{3}{2}x+\frac{2}{3}$

$\therefore f^{-1}(x)=-\frac{3}{2}x+\frac{2}{3}$

따라서 $a=-\frac{3}{2}$, $b=\frac{2}{3}$이므로

$ab=-1$

677 답 2

$y=ax+3$이라 하고 x에 대하여 풀면

$ax=y-3$ $\quad\therefore x=\frac{1}{a}y-\frac{3}{a}$

x와 y를 서로 바꾸면

$y=\frac{1}{a}x-\frac{3}{a}$

$f=f^{-1}$에서

$ax+3=\frac{1}{a}x-\frac{3}{a}$

이 식이 x에 대한 항등식이므로

$a=\frac{1}{a}$, $3=-\frac{3}{a}$ $\quad\therefore a=-1$

따라서 $f(x)=-x+3$이므로

$f(-a)=f(1)=2$

678 답 ③

$(f\circ(f\circ g)^{-1}\circ f)(2)=(f\circ g^{-1}\circ f^{-1}\circ f)(2)$

$=(f\circ g^{-1})(2)$

$=f(g^{-1}(2))$

$g^{-1}(2)=k$ (k는 상수)라 하면 $g(k)=2$이므로

$\frac{1}{2}k-4=2$, $\frac{1}{2}k=6$ $\quad\therefore k=12$

따라서 $g^{-1}(2)=12$이므로

$(f\circ(f\circ g)^{-1}\circ f)(2)=f(g^{-1}(2))$

$=f(12)=5$

679 답 $h(x)=x+1$

$f\circ h=g$에서

$f^{-1}\circ f\circ h=f^{-1}\circ g$

$\therefore h=f^{-1}\circ g$

$\therefore h(x)=(f^{-1}\circ g)(x)$

$=f^{-1}(g(x))$

$=f^{-1}(2x+4)$

$=\frac{1}{2}(2x+4)-1$

$=x+1$

680 답 4

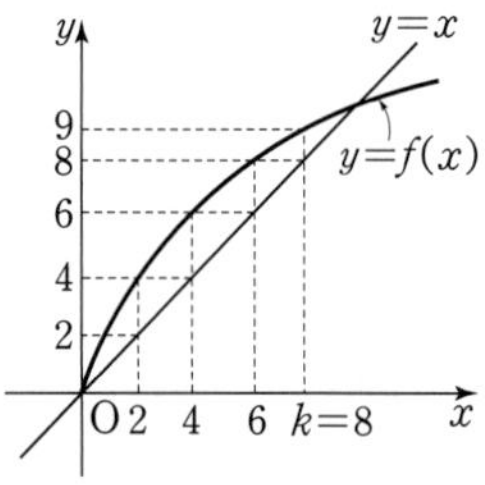

오른쪽 그림에서 $k=8$이므로

$(g\circ g)(k)=(g\circ g)(8)$

$=g(g(8))$ ...... ㉠

$g(8)=p$ (p는 상수)라 하면 $f(p)=8$

위의 그림에서 $f(6)=8$이므로 $p=6$

$\therefore g(8)=6$

이를 ㉠에 대입하면

$(g\circ g)(k)=g(6)$ ...... ㉡

$g(6)=q$ (q는 상수)라 하면 $f(q)=6$

위의 그림에서 $f(4)=6$이므로 $q=4$

$\therefore g(6)=4$

이를 ㉡에 대입하면

$(g\circ g)(k)=4$

681 답 ②

$f^{-1}(-5)=k$ (k는 상수)라 하면 $f(k)=-5$

(i) $k<2$일 때

$-k^2+4k=-5$에서 $k^2-4k-5=0$

$(k+1)(k-5)=0$

$\therefore k=-1$ ($\because k<2$)

(ii) $k\geq 2$일 때

$2k=-5$에서 $k=-\frac{5}{2}$

이는 $k\geq 2$를 만족시키지 않는다.

(i), (ii)에서 $k=-1$이므로

$f^{-1}(-5)=-1$

$\therefore (f\circ f)(1)+f^{-1}(-5)=f(f(1))-1$

$=f(3)-1$

$=6-1=5$

682 답 5

함수 $y=(g\circ f^{-1})(x)$의 그래프가 점 $(1, 6)$을 지나므로

$(g\circ f^{-1})(1)=6 \quad \therefore g(f^{-1}(1))=6$

$f^{-1}(1)=k$ (k는 상수)라 하면 $g(k)=6$이므로

$k^2-k=6$, $k^2-k-6=0$

$(k+2)(k-3)=0 \quad \therefore k=-2$ 또는 $k=3$

(i) $k=-2$일 때

$f^{-1}(1)=-2$에서 $f(-2)=1$이므로

$-4-a=1 \quad \therefore a=-5$

(ii) $k=3$일 때

$f^{-1}(1)=3$에서 $f(3)=1$이므로

$6-a=1 \quad \therefore a=5$

(i), (ii)에서 구하는 양수 a의 값은 5이다.

683 답 ④

함수 f의 역함수가 존재하면 함수 f는 일대일대응이므로 함수 $y=f(x)$의 그래프는 오른쪽 그림과 같아야 한다.

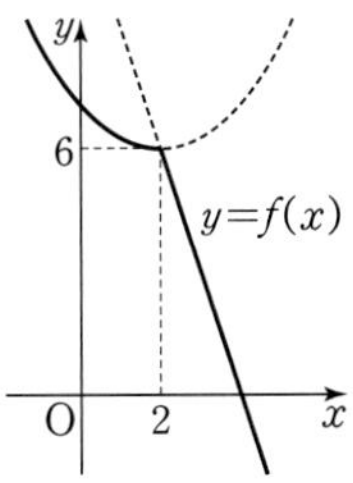

따라서 $y=a(x-2)^2+b$의 그래프가 점 $(2, 6)$을 지나야 하므로

$b=6$

또 $x\geq 2$에서 함수 $f(x)$는 x의 값이 증가할 때, y의 값이 항상 감소하므로 $x<2$에서 곡선 $y=a(x-2)^2+6$이 아래로 볼록해야 한다.

즉, x^2의 계수가 양수이어야 하므로

$a>0$

따라서 정수 a의 최솟값은 1이므로 $a+b$의 최솟값은

$1+6=7$

684 답 9

$f(x)=x^2-6x-18=(x-3)^2-27$

함수 f의 역함수가 존재하면 함수 f는 일대일대응이므로 x의 값이 증가할 때, $f(x)$의 값은 항상 증가하거나 감소하고, 치역과 공역이 같다.

이때 함수 $f(x)$는 $x\geq 3$에서 x의 값이 증가하면 $f(x)$의 값이 항상 증가하므로

$a\geq 3$, $f(a)=a$

$f(a)=a$에서 $a^2-6a-18=a$

$a^2-7a-18=0$, $(a+2)(a-9)=0$

$\therefore a=9$ ($\because a\geq 3$)

685 답 14

$(f\circ(g^{-1}\circ f)^{-1}\circ f^{-1})(x)$

$=(f\circ f^{-1}\circ g\circ f^{-1})(x)$

$=(g\circ f^{-1})(x)$

$=g(f^{-1}(x))$ ▸▸▸▸▸▸ ❶

$y=2x-6$이라 하고 x에 대하여 풀면

$2x=y+6 \quad \therefore x=\frac{1}{2}y+3$

x와 y를 서로 바꾸면

$y=\frac{1}{2}x+3$

$\therefore f^{-1}(x)=\frac{1}{2}x+3$ ▸▸▸▸▸▸ ❷

$\therefore (f\circ(g^{-1}\circ f)^{-1}\circ f^{-1})(x)$

$=g(f^{-1}(x))$

$=g\left(\frac{1}{2}x+3\right)$

$=4\left(\frac{1}{2}x+3\right)-5$

$=2x+7$ ▸▸▸▸▸▸ ❸

따라서 $a=2$, $b=7$이므로

$ab=14$ ▸▸▸▸▸▸ ❹

단계	채점 기준	비율
❶	$(f\circ(g^{-1}\circ f)^{-1}\circ f^{-1})(x)$ 간단히 하기	30 %
❷	$f^{-1}(x)$ 구하기	30 %
❸	$(f\circ(g^{-1}\circ f)^{-1}\circ f^{-1})(x)$ 구하기	30 %
❹	ab의 값 구하기	10 %

686 답 ④

$(f\circ g\circ h)(x)=(f\circ g)(h(x))=h(x)$

따라서 $f\circ g$는 항등함수이다.

이때 f는 일대일대응이므로 g는 f의 역함수이다.

$g(2)=k$ (k는 상수)라 하면 $f(k)=2$이므로

$\frac{1}{2}k+3=2$, $\frac{1}{2}k=-1$ $\quad\therefore k=-2$

$\therefore g(2)=-2$

687 답 $a<\frac{9}{4}$

함수 $y=f(x)$의 그래프와 그 역함수 $y=g(x)$의 그래프는 직선 $y=x$에 대하여 대칭이므로 두 함수 $y=f(x)$, $y=g(x)$의 그래프의 교점은 함수 $y=f(x)$의 그래프와 직선 $y=x$의 교점과 같다.

따라서 방정식 $f(x)=g(x)$가 서로 다른 두 실근을 가지면 방정식 $f(x)=x$도 서로 다른 두 실근을 갖는다.

$x^2-2x+a=x$에서 $x^2-3x+a=0$

이 이차방정식의 판별식을 D라 하면

$D=(-3)^2-4a>0$

$\therefore a<\frac{9}{4}$

688 답 ②

함수 $f(x)$의 역함수가 존재하면 함수 f는 일대일대응이다.

$f(1)+2f(3)=12$를 만족시키는 $f(1)$, $f(3)$의 값은

$f(1)=2$일 때, $f(3)=5$

$f(1)=4$일 때, $f(3)=4$

그런데 f가 일대일대응이므로

$f(1)=2$, $f(3)=5$ $\quad\cdots\cdots$ ㉠

$f^{-1}(1)-f^{-1}(3)=2$를 만족시키는 $f^{-1}(1)$, $f^{-1}(3)$의 값은

$f^{-1}(1)=3$, $f^{-1}(3)=1$

또는 $f^{-1}(1)=4$, $f^{-1}(3)=2$

또는 $f^{-1}(1)=5$, $f^{-1}(3)=3$

이때 ㉠에서 $f^{-1}(2)=1$, $f^{-1}(5)=3$이고 함수 f^{-1}는 일대일대응이므로

$f^{-1}(1)=4$, $f^{-1}(3)=2$

$\therefore f(2)=3$, $f(4)=1$ $\quad\cdots\cdots$ ㉡

함수 f는 일대일대응이므로 ㉠, ㉡에서

$f(5)=4$ $\quad\therefore f^{-1}(4)=5$

$\therefore f(4)+f^{-1}(4)=6$

689 답 20

| 접근 방법 | 두 함수 $y=f(x)$, $y=f^{-1}(x)$의 그래프의 교점의 x좌표는 방정식 $f(x)=x$의 실근과 같음을 이용한다.

함수 $y=f(x)$의 그래프와 그 역함수 $y=f^{-1}(x)$의 그래프는 직선 $y=x$에 대하여 대칭이므로 두 함수 $y=f(x)$, $y=f^{-1}(x)$의 그래프의 교점은 함수 $y=f(x)$의 그래프와 직선 $y=x$의 교점과 같다.

이 두 교점의 좌표를 (α, α), (β, β)라 하면 α, β는 이차방정식 $x^2-8x+a=x$, 즉 $x^2-9x+a=0$의 두 실근이다.

이차방정식의 근과 계수의 관계에 의하여

$\alpha+\beta=9$, $\alpha\beta=a$ $\quad\cdots\cdots$ ㉠

이때 두 교점 사이의 거리가 $\sqrt{2}$이므로

$\sqrt{(\beta-\alpha)^2+(\beta-\alpha)^2}=\sqrt{2}$

$\therefore |\beta-\alpha|=1$ $\quad\cdots\cdots$ ㉡

$(\beta-\alpha)^2=(\alpha+\beta)^2-4\alpha\beta$이므로 ㉠, ㉡을 대입하면

$1^2=9^2-4a$, $4a=80$

$\therefore a=20$

690 답 12

함수 $y=f(x)$의 그래프와 그 역함수 $y=f^{-1}(x)$의 그래프는 직선 $y=x$에 대하여 대칭이므로 구하는 도형의 넓이는 함수 $y=f(x)$의 그래프와 직선 $y=x$로 둘러싸인 도형의 넓이의 2배이다.

함수 $y=f(x)$의 그래프와 직선 $y=x$의 교점의 x좌표를 구하면

(i) $x<0$일 때

$\frac{1}{2}x-2=x$에서 $\frac{1}{2}x=-2$ $\quad\therefore x=-4$

(ii) $x\ge0$일 때

$2x-2=x$에서 $x=2$

(i), (ii)에서 함수 $y=f(x)$의 그래프와 직선 $y=x$의 두 교점의 좌표는 $(-4, -4)$, $(2, 2)$이므로 두 함수 $y=f(x)$, $y=f^{-1}(x)$의 그래프와 직선 $y=x$는 위의 그림과 같다.

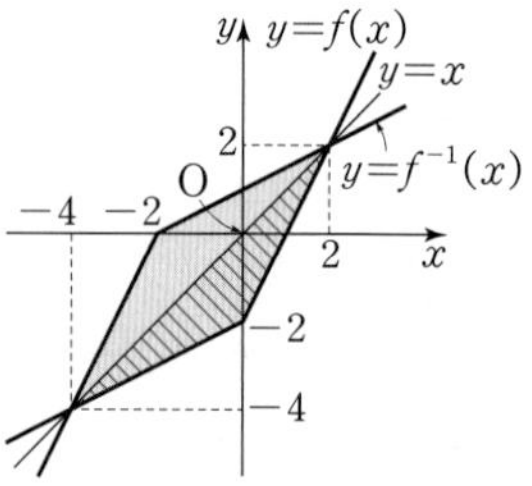

따라서 구하는 도형의 넓이는

$2\times\left(\frac{1}{2}\times2\times4+\frac{1}{2}\times2\times2\right)=12$

빗금 친 부분의 넓이

01 유리함수

개념 확인 307쪽

691 답 (1) ㄱ, ㄴ, ㅁ (2) ㄷ, ㄹ, ㅂ

692 답 (1) $\frac{z}{xyz}, \frac{x}{xyz}, \frac{y}{xyz}$

(2) $\frac{x-1}{x(x+3)(x-1)}, \frac{x^2}{x(x+3)(x-1)}$

(2) $\frac{1}{x^2+3x}=\frac{1}{x(x+3)}$,

$\frac{x}{x^2+2x-3}=\frac{x}{(x+3)(x-1)}$를 통분하면

$\frac{x-1}{x(x+3)(x-1)}, \frac{x^2}{x(x+3)(x-1)}$

693 답 (1) $\frac{3a}{x}$ (2) $\frac{x-3}{x(x-2)}$

(2) $\frac{x^2-x-6}{x^3-4x}=\frac{(x+2)(x-3)}{x(x+2)(x-2)}$

$=\frac{x-3}{x(x-2)}$

694 답 (1) $\frac{5x-3}{(x+5)(x-2)}$

(2) $\frac{3-2x}{(x+1)(x-1)}$

(3) $\frac{1}{(x+1)(x+3)}$

(4) $\frac{x}{x+1}$

(1) $\frac{4}{x+5}+\frac{1}{x-2}=\frac{4(x-2)+x+5}{(x+5)(x-2)}$

$=\frac{5x-3}{(x+5)(x-2)}$

(2) $\frac{1}{x^2-1}-\frac{2}{x+1}=\frac{1}{(x+1)(x-1)}-\frac{2}{x+1}$

$=\frac{1-2(x-1)}{(x+1)(x-1)}$

$=\frac{3-2x}{(x+1)(x-1)}$

(3) $\frac{x-3}{x^2+x}\times\frac{x}{x^2-9}$

$=\frac{x-3}{x(x+1)}\times\frac{x}{(x+3)(x-3)}$

$=\frac{1}{(x+1)(x+3)}$

(4) $\frac{x-5}{x+4}\div\frac{x^2-4x-5}{x^2+4x}$

$=\frac{x-5}{x+4}\times\frac{x^2+4x}{x^2-4x-5}$

$=\frac{x-5}{x+4}\times\frac{x(x+4)}{(x+1)(x-5)}=\frac{x}{x+1}$

유제 309~313쪽

695 답 (1) $\frac{2x-1}{x(x-2)}$

(2) $\frac{-5x+7}{(x+1)(x+2)(x-3)}$

(1) $\frac{x+2}{x^2+4x}+\frac{x+7}{x^2+2x-8}$

$=\frac{x+2}{x(x+4)}+\frac{x+7}{(x+4)(x-2)}$

$=\frac{(x+2)(x-2)+x(x+7)}{x(x+4)(x-2)}$

$=\frac{2x^2+7x-4}{x(x+4)(x-2)}$

$=\frac{(x+4)(2x-1)}{x(x+4)(x-2)}=\frac{2x-1}{x(x-2)}$

(2) $\frac{x-2}{x^2+3x+2}-\frac{x-1}{x^2-x-6}$

$=\frac{x-2}{(x+1)(x+2)}-\frac{x-1}{(x+2)(x-3)}$

$=\frac{(x-2)(x-3)-(x-1)(x+1)}{(x+1)(x+2)(x-3)}$

$=\frac{-5x+7}{(x+1)(x+2)(x-3)}$

696 답 (1) $\frac{x+3}{(x+1)(x+2)}$ (2) $\frac{x+4}{(x+2)(x+3)}$

(1) $\frac{x^2-3x-18}{x^2+8x+7}\times\frac{x+7}{x^2-4x-12}$

$=\frac{(x+3)(x-6)}{(x+1)(x+7)}\times\frac{x+7}{(x+2)(x-6)}$

$=\frac{x+3}{(x+1)(x+2)}$

(2) $\frac{x^2+3x-4}{x^2-9}\div\frac{x^2+x-2}{x-3}$

$=\frac{x^2+3x-4}{x^2-9}\times\frac{x-3}{x^2+x-2}$

$=\frac{(x+4)(x-1)}{(x+3)(x-3)}\times\frac{x-3}{(x+2)(x-1)}$

$=\frac{x+4}{(x+2)(x+3)}$

697 답 $\dfrac{2(x+y)}{x-y}$

$\dfrac{2x}{x-y}-\dfrac{2y}{x+y}+\dfrac{4xy}{x^2-y^2}$

$=\dfrac{2x}{x-y}-\dfrac{2y}{x+y}+\dfrac{4xy}{(x+y)(x-y)}$

$=\dfrac{2x(x+y)-2y(x-y)+4xy}{(x+y)(x-y)}$

$=\dfrac{2(x^2+2xy+y^2)}{(x+y)(x-y)}$

$=\dfrac{2(x+y)^2}{(x+y)(x-y)}$

$=\dfrac{2(x+y)}{x-y}$

698 답 $\dfrac{x+1}{x+3}$

$\dfrac{x^2+x-12}{x^2+5x+6}\times\dfrac{x^2+2x}{x^2-x-20}\div\dfrac{x^2-3x}{x^2-4x-5}$

$=\dfrac{x^2+x-12}{x^2+5x+6}\times\dfrac{x^2+2x}{x^2-x-20}\times\dfrac{x^2-4x-5}{x^2-3x}$

$=\dfrac{(x+4)(x-3)}{(x+2)(x+3)}\times\dfrac{x(x+2)}{(x+4)(x-5)}\times\dfrac{(x+1)(x-5)}{x(x-3)}$

$=\dfrac{x+1}{x+3}$

699 답 6

주어진 식의 좌변을 통분하여 정리하면

$\dfrac{a}{x+1}+\dfrac{b}{x+3}=\dfrac{a(x+3)+b(x+1)}{(x+1)(x+3)}$

$=\dfrac{(a+b)x+(3a+b)}{x^2+4x+3}$

이때 $\dfrac{(a+b)x+(3a+b)}{x^2+4x+3}=\dfrac{2x+10}{x^2+4x+3}$이 x에 대한 항등식이므로

$a+b=2,\ 3a+b=10$

두 식을 연립하여 풀면

$a=4,\ b=-2$

$\therefore\ a-b=6$

| 다른 풀이 |

$x^2+4x+3=(x+1)(x+3)$이므로 주어진 식의 양변에 $(x+1)(x+3)$을 곱하면

$a(x+3)+b(x+1)=2x+10$

$\therefore\ (a+b)x+(3a+b)=2x+10$

이 식이 x에 대한 항등식이므로

$a+b=2,\ 3a+b=10$

두 식을 연립하여 풀면

$a=4,\ b=-2$

$\therefore\ a-b=6$

700 답 $a=2,\ b=1$

주어진 식의 좌변을 통분하여 정리하면

$\dfrac{ax+b}{(x+1)^2}-\dfrac{b}{x-2}=\dfrac{(ax+b)(x-2)-b(x+1)^2}{(x+1)^2(x-2)}$

$=\dfrac{(a-b)x^2-(2a+b)x-3b}{x^3-3x-2}$

이때 $\dfrac{(a-b)x^2-(2a+b)x-3b}{x^3-3x-2}=\dfrac{x^2-5x-3}{x^3-3x-2}$이 x에 대한 항등식이므로

$a-b=1,\ 2a+b=5,\ 3b=3$

$\therefore\ a=2,\ b=1$

701 답 $a=-3,\ b=2,\ c=1$

주어진 식의 좌변을 통분하여 정리하면

$\dfrac{a}{x}+\dfrac{b}{x-2}+\dfrac{c}{x+3}$

$=\dfrac{a(x-2)(x+3)+bx(x+3)+cx(x-2)}{x(x-2)(x+3)}$

$=\dfrac{(a+b+c)x^2+(a+3b-2c)x-6a}{x^3+x^2-6x}$

이때

$\dfrac{(a+b+c)x^2+(a+3b-2c)x-6a}{x^3+x^2-6x}$

$=\dfrac{x+18}{x^3+x^2-6x}$

이 x에 대한 항등식이므로

$a+b+c=0,\ a+3b-2c=1,\ -6a=18$

$-6a=18$에서 $a=-3$이므로

$b+c=3,\ 3b-2c=4$

두 식을 연립하여 풀면

$b=2,\ c=1$

702 답 6

주어진 식의 좌변을 통분하여 정리하면

$\dfrac{a}{x-1}-\dfrac{2x+b}{x^2+x+1}$

$=\dfrac{a(x^2+x+1)-(2x+b)(x-1)}{(x-1)(x^2+x+1)}$

$=\dfrac{(a-2)x^2+(a-b+2)x+(a+b)}{x^3-1}$

이때

$$\frac{(a-2)x^2+(a-b+2)x+(a+b)}{x^3-1}=\frac{3x+c}{x^3-1}$$

가 x에 대한 항등식이므로

$a-2=0,\ a-b+2=3,\ a+b=c$

따라서 $a=2,\ b=1,\ c=3$이므로

$a+b+c=6$

703 답 (1) $\mathbf{\frac{9x-7}{(x+1)(x-3)}}$ (2) $\mathbf{\frac{3}{(x+1)(x+7)}}$

(3) $\mathbf{\frac{a}{2a-1}}$

(1) $\frac{x^2-2x+1}{x+1}-\frac{x^2-6x+4}{x-3}$

$$=\frac{x(x+1)-3(x+1)+4}{x+1}-\frac{x(x-3)-3(x-3)-5}{x-3}$$

$$=\left(x-3+\frac{4}{x+1}\right)-\left(x-3-\frac{5}{x-3}\right)$$

$$=\frac{4}{x+1}+\frac{5}{x-3}=\frac{4(x-3)+5(x+1)}{(x+1)(x-3)}$$

$$=\frac{9x-7}{(x+1)(x-3)}$$

(2) $\frac{1}{(x+1)(x+3)}+\frac{1}{(x+3)(x+5)}+\frac{1}{(x+5)(x+7)}$

$$=\frac{1}{2}\left(\frac{1}{x+1}-\frac{1}{x+3}\right)+\frac{1}{2}\left(\frac{1}{x+3}-\frac{1}{x+5}\right)+\frac{1}{2}\left(\frac{1}{x+5}-\frac{1}{x+7}\right)$$

$$=\frac{1}{2}\left(\frac{1}{x+1}-\frac{1}{x+7}\right)=\frac{1}{2}\times\frac{x+7-(x+1)}{(x+1)(x+7)}$$

$$=\frac{3}{(x+1)(x+7)}$$

(3) $1-\cfrac{1}{1+\cfrac{1}{1-\cfrac{1}{a}}}=1-\cfrac{1}{1+\cfrac{1}{\cfrac{a-1}{a}}}$

$$=1-\cfrac{1}{1+\cfrac{a}{a-1}}$$

$$=1-\cfrac{1}{\cfrac{a-1+a}{a-1}}=1-\cfrac{1}{\cfrac{2a-1}{a-1}}$$

$$=1-\frac{a-1}{2a-1}$$

$$=\frac{2a-1-(a-1)}{2a-1}=\frac{a}{2a-1}$$

704 답 $\mathbf{\frac{4x+2}{x(x+1)(x+2)(x-1)}}$

$\frac{x}{x-1}-\frac{x+1}{x}+\frac{x+3}{x+2}-\frac{x+2}{x+1}$

$$=\frac{x-1+1}{x-1}-\frac{x+1}{x}+\frac{x+2+1}{x+2}-\frac{x+1+1}{x+1}$$

$$=\left(1+\frac{1}{x-1}\right)-\left(1+\frac{1}{x}\right)+\left(1+\frac{1}{x+2}\right)-\left(1+\frac{1}{x+1}\right)$$

$$=\left(\frac{1}{x-1}-\frac{1}{x}\right)+\left(\frac{1}{x+2}-\frac{1}{x+1}\right)$$

$$=\frac{x-(x-1)}{x(x-1)}+\frac{x+1-(x+2)}{(x+1)(x+2)}$$

$$=\frac{1}{x(x-1)}-\frac{1}{(x+1)(x+2)}$$

$$=\frac{(x+1)(x+2)-x(x-1)}{x(x+1)(x+2)(x-1)}$$

$$=\frac{4x+2}{x(x+1)(x+2)(x-1)}$$

705 답 $\mathbf{a=3,\ b=-3,\ c=6}$

주어진 식의 좌변을 정리하면

$\frac{1}{x^2-3x}+\frac{1}{x^2+3x}+\frac{1}{x^2+9x+18}$

$$=\frac{1}{x(x-3)}+\frac{1}{x(x+3)}+\frac{1}{(x+3)(x+6)}$$

$$=\frac{1}{3}\left(\frac{1}{x-3}-\frac{1}{x}\right)+\frac{1}{3}\left(\frac{1}{x}-\frac{1}{x+3}\right)+\frac{1}{3}\left(\frac{1}{x+3}-\frac{1}{x+6}\right)$$

$$=\frac{1}{3}\left(\frac{1}{x-3}-\frac{1}{x+6}\right)$$

$$=\frac{1}{3}\times\frac{x+6-(x-3)}{(x+6)(x-3)}$$

$$=\frac{3}{(x+6)(x-3)}$$

$\therefore a=3,\ b=-3,\ c=6\ (\because b<c)$

706 답 $\mathbf{-3}$

$$\cfrac{1-\cfrac{a+2b}{a-b}}{\cfrac{a}{a-b}-1}=\cfrac{\cfrac{a-b-(a+2b)}{a-b}}{\cfrac{a-(a-b)}{a-b}}$$

$$=\cfrac{\cfrac{-3b}{a-b}}{\cfrac{b}{a-b}}=-3$$

개념 확인 317쪽

707 답 (1) **$\{x|x\neq4$인 실수$\}$**

(2) **$\{x|x\neq-1$인 실수$\}$**

(3) **$\{x|x\neq\pm3$인 실수$\}$**

(4) **$\{x|x$는 모든 실수$\}$**

(3) $x^2-9=0$에서 $x^2=9$ $\quad\therefore x=\pm3$

따라서 주어진 함수의 정의역은

$\{x|x\neq\pm3$인 실수$\}$

(4) $x^2+5>0$이므로 주어진 함수의 정의역은

$\{x|x$는 모든 실수$\}$

708 답 (1)

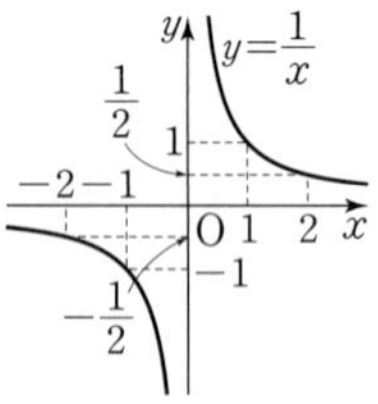

점근선의 방정식: $x=0$, $y=0$

(2)

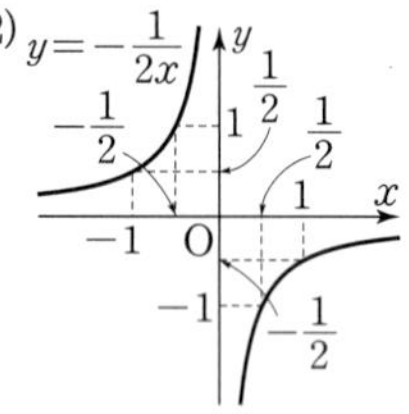

점근선의 방정식: $x=0$, $y=0$

(3)

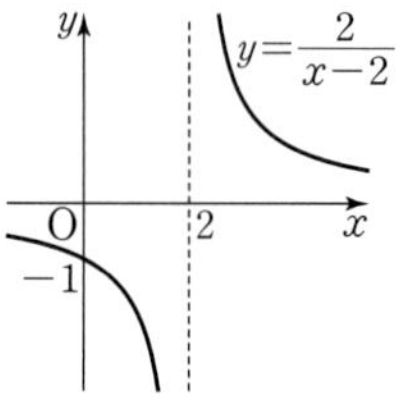

점근선의 방정식: $x=2$, $y=0$

(4)

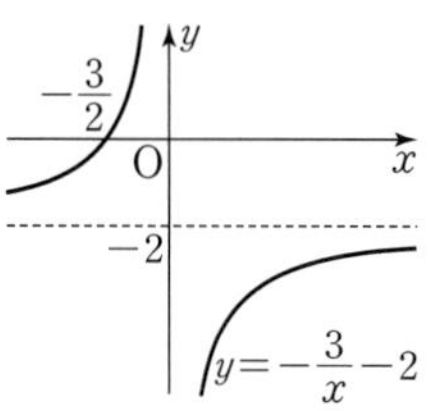

점근선의 방정식: $x=0$, $y=-2$

709 답 (1) $\boldsymbol{y=\frac{3}{x+1}+2}$ $\quad$ (2) $\boldsymbol{y=\frac{4}{x+3}-1}$

(3) $\boldsymbol{y=-\frac{1}{x-2}+4}$ $\quad$ (4) $\boldsymbol{y=-\frac{6}{x-4}-3}$

(1) $y=\frac{2x+5}{x+1}=\frac{2(x+1)+3}{x+1}=\frac{3}{x+1}+2$

(2) $y=\frac{1-x}{x+3}=\frac{-(x+3)+4}{x+3}=\frac{4}{x+3}-1$

(3) $y=\frac{4x-9}{x-2}=\frac{4(x-2)-1}{x-2}=-\frac{1}{x-2}+4$

(4) $y=\frac{6-3x}{x-4}=\frac{-3(x-4)-6}{x-4}=-\frac{6}{x-4}-3$

710 답 (1) $\boldsymbol{y=-\frac{1}{x-3}}$ $\quad$ (2) $\boldsymbol{y=\frac{5x+3}{2x-4}}$

(1) $y=\frac{3x-1}{x}$을 x에 대하여 풀면

$xy=3x-1$, $(y-3)x=-1$

$\therefore x=-\frac{1}{y-3}$

x와 y를 서로 바꾸면 구하는 역함수는

$y=-\frac{1}{x-3}$

(2) $y=\frac{4x+3}{2x-5}$을 x에 대하여 풀면

$(2x-5)y=4x+3$, $(2y-4)x=5y+3$

$\therefore x=\frac{5y+3}{2y-4}$

x와 y를 서로 바꾸면 구하는 역함수는

$y=\frac{5x+3}{2x-4}$

유제 319~331쪽

711 답 **풀이 참조**

$y=-\frac{3}{x-3}+2$의 그래프는 $y=-\frac{3}{x}$의 그래프를 x축의 방향으로 3만큼, y축의 방향으로 2만큼 평행이동한 것이므로 오른쪽 그림과 같다.

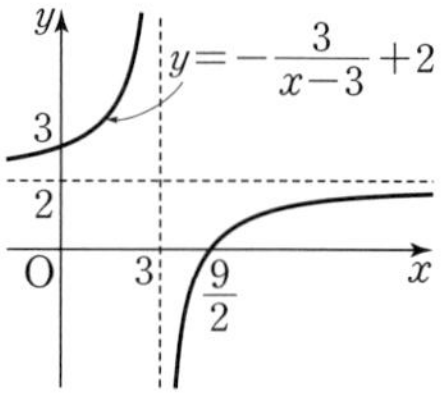

$\therefore$ 정의역: $\{x|x\neq3$인 실수$\}$, 치역: $\{y|y\neq2$인 실수$\}$,

점근선의 방정식: $x=3$, $y=2$

712 답 **풀이 참조**

$y=\frac{3-x}{x-2}=\frac{-(x-2)+1}{x-2}=\frac{1}{x-2}-1$

따라서 $y=\frac{3-x}{x-2}$의 그래프는 $y=\frac{1}{x}$의 그래프를 x축의 방향으로 2만큼, y축의 방향으로 -1만큼 평행이동한 것이므로 오른쪽 그림과 같다.

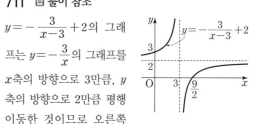

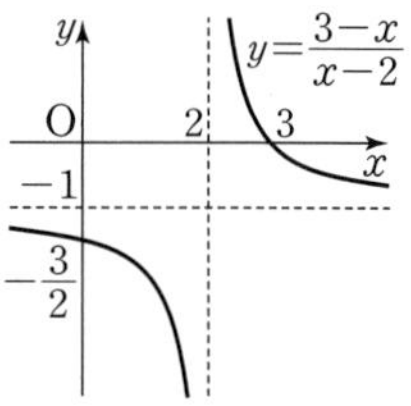

∴ 정의역: $\{x|x\neq2$인 실수$\}$,

치역: $\{y|y\neq-1$인 실수$\}$,

점근선의 방정식: $x=2$, $y=-1$

713 답 $\{y|y\le0$ 또는 $1<y\le3\}$

$y=\frac{x+1}{x-1}=\frac{x-1+2}{x-1}=\frac{2}{x-1}+1$

따라서 $y=\frac{x+1}{x-1}$의 그래프는 $y=\frac{2}{x}$의 그래프를 x축의 방향으로 1만큼, y축의 방향으로 1만큼 평행이동한 것이다.

$-1\le x<1$ 또는 $x\ge2$에서 $y=\frac{x+1}{x-1}$의 그래프는 오른쪽 그림과 같으므로 치역은 $\{y|y\le0$ 또는 $1<y\le3\}$

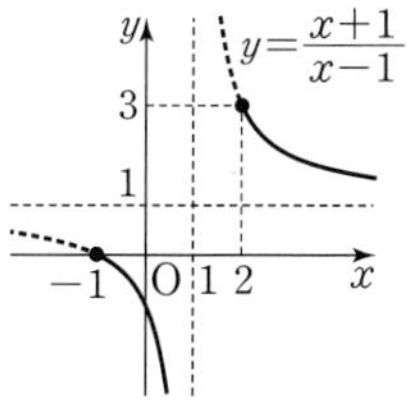

714 답 제4사분면

$y=\frac{2x+1}{x+1}=\frac{2(x+1)-1}{x+1}=-\frac{1}{x+1}+2$

따라서 $y=\frac{2x+1}{x+1}$의 그래프는 $y=-\frac{1}{x}$의 그래프를 x축의 방향으로 -1만큼, y축의 방향으로 2만큼 평행이동한 것이므로 오른쪽 그림과 같다.

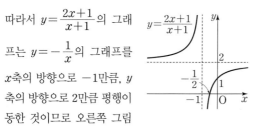

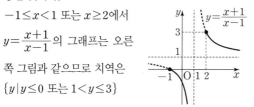

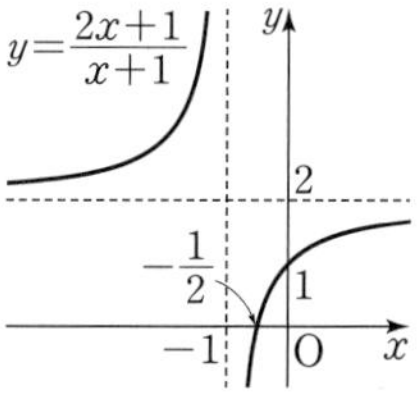

따라서 함수 $y=\frac{2x+1}{x+1}$의 그래프가 지나지 않는 사분면은 제4사분면이다.

715 답 2

$y=\frac{5x+9}{x+3}=\frac{5(x+3)-6}{x+3}$

$=-\frac{6}{x+3}+5$

따라서 $y=\frac{5x+9}{x+3}$의 그래프는 $y=-\frac{6}{x}$의 그래프를 x축의 방향으로 -3만큼, y축의 방향으로 5만큼 평행이동한 것이다.

즉, $k=-6$, $a=-3$, $b=5$이므로

$k-a+b=2$

716 답 ②

$y=\frac{2}{x}$의 그래프를 x축의 방향으로 a만큼, y축의 방향으로 b만큼 평행이동한 그래프의 식은

$y=\frac{2}{x-a}+b$

이 식이 $y=\frac{3x-1}{x-1}=\frac{3(x-1)+2}{x-1}=\frac{2}{x-1}+3$과 일치하므로

$a=1$, $b=3$

$\therefore a+b=4$

717 답 −1

$y=\frac{5}{x}$의 그래프를 x축의 방향으로 3만큼, y축의 방향으로 2만큼 평행이동한 그래프의 식은

$y=\frac{5}{x-3}+2=\frac{5+2(x-3)}{x-3}=\frac{2x-1}{x-3}$

이 식이 $y=\frac{ax-1}{x+b}$과 일치하므로

$a=2$, $b=-3$

$\therefore a+b=-1$

718 답 ㄱ, ㄷ

ㄱ. $y=\frac{-2x-1}{x-1}=\frac{-2(x-1)-3}{x-1}=-\frac{3}{x-1}-2$

의 그래프는 $y=-\frac{3}{x}$의 그래프를 x축의 방향으로 1만큼, y축의 방향으로 -2만큼 평행이동한 것이다.

ㄴ. $y=\frac{5-x}{x-2}=\frac{-(x-2)+3}{x-2}=\frac{3}{x-2}-1$의 그래프는 $y=\frac{3}{x}$의 그래프를 x축의 방향으로 2만큼, y축의 방향으로 -1만큼 평행이동한 것이다.

ㄷ. $y=\frac{3x+3}{x+2}=\frac{3(x+2)-3}{x+2}=-\frac{3}{x+2}+3$의 그래프는 $y=-\frac{3}{x}$의 그래프를 x축의 방향으로 -2만큼, y축의 방향으로 3만큼 평행이동한 것이다.

ㄹ. $y=\frac{4x-5}{2x-1}=\frac{2(2x-1)-3}{2x-1}=-\frac{3}{2\left(x-\frac{1}{2}\right)}+2$

의 그래프는 $y=-\frac{3}{2x}$의 그래프를 x축의 방향으로 $\frac{1}{2}$만큼, y축의 방향으로 2만큼 평행이동한 것이다.

따라서 보기에서 그 그래프가 $y=-\frac{3}{x}$의 그래프를 평행이동하여 겹쳐지는 유리함수인 것은 ㄱ, ㄷ이다.

719 답 (1) 최댓값: -2, 최솟값: $-\frac{7}{2}$

(2) 최댓값: 2, 최솟값: -3

(1) $y=\frac{-4x-6}{x+2}=\frac{-4(x+2)+2}{x+2}=\frac{2}{x+2}-4$

따라서 $y=\frac{-4x-6}{x+2}$의 그래프는 $y=\frac{2}{x}$의 그래프를 x축의 방향으로 -2만큼, y축의 방향으로 -4만큼 평행이동한 것이다.

$-1\le x\le 2$에서 $y=\frac{-4x-6}{x+2}$의 그래프는 오른쪽 그림과 같으므로 $x=-1$일 때 최댓값 -2, $x=2$일 때 최솟값 $-\frac{7}{2}$을 갖는다.

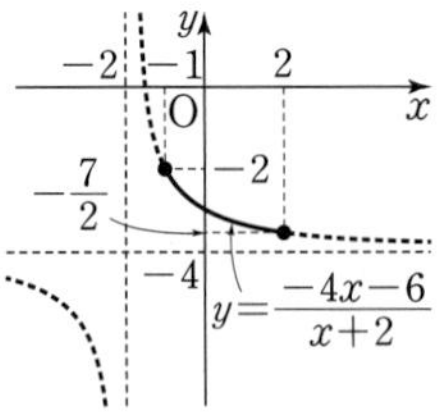

(2) $y=\frac{3x-9}{x-1}=\frac{3(x-1)-6}{x-1}=-\frac{6}{x-1}+3$

따라서 $y=\frac{3x-9}{x-1}$의 그래프는 $y=-\frac{6}{x}$의 그래프를 x축의 방향으로 1만큼, y축의 방향으로 3만큼 평행이동한 것이다.

$2\le x\le 7$에서 $y=\frac{3x-9}{x-1}$의 그래프는 오른쪽 그림과 같으므로 $x=7$에서 최댓값 2, $x=2$에서 최솟값 -3을 갖는다.

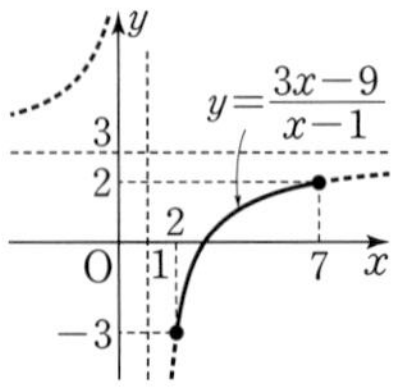

720 답 1

$y=\frac{4x+a}{x-1}=\frac{4(x-1)+a+4}{x-1}=\frac{a+4}{x-1}+4$

따라서 $y=\frac{4x+a}{x-1}$의 그래프는 $y=\frac{a+4}{x}$의 그래프를 x축의 방향으로 1만큼, y축의 방향으로 4만큼 평행이동한 것이다.

이때 $a>-4$이므로 $-4\le x\le 0$에서 $y=\frac{4x+a}{x-1}$의 그래프는 오른쪽 그림과 같다.

따라서 $x=-4$일 때 최댓값 $\frac{16-a}{5}$를 가지므로

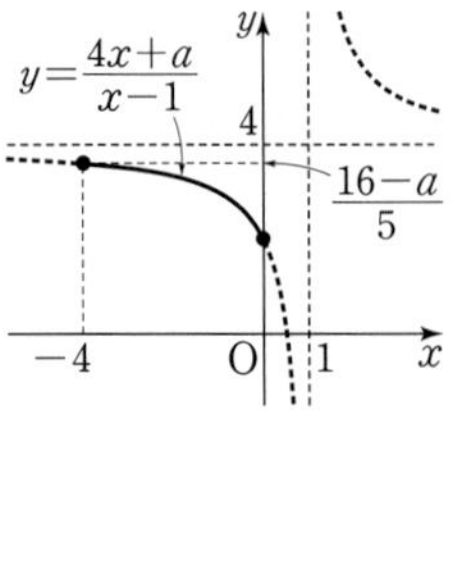

$\frac{16-a}{5}=3$, $16-a=15$ $\therefore a=1$

721 답 2

$y=\frac{3x+a}{x+4}=\frac{3(x+4)+a-12}{x+4}=\frac{a-12}{x+4}+3$

따라서 $y=\frac{3x+a}{x+4}$의 그래프는 $y=\frac{a-12}{x}$의 그래프를 x축의 방향으로 -4만큼, y축의 방향으로 3만큼 평행이동한 것이다.

이때 $a<12$이므로 $-2\le x\le 1$에서 $y=\frac{3x+a}{x+4}$의 그래프는 다음의 그림과 같다.

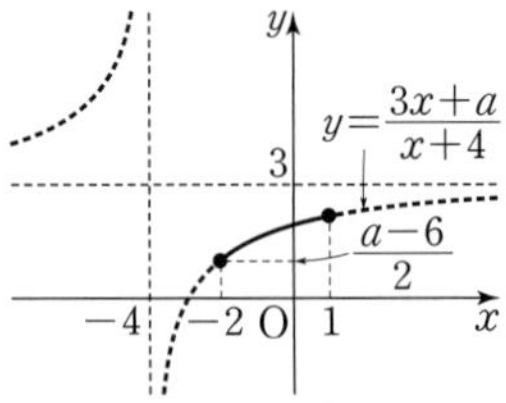

즉, $x=-2$일 때 최솟값 $\frac{a-6}{2}$을 가지므로

$\frac{a-6}{2}=\frac{1}{2}$, $a-6=1$

$\therefore a=7$

따라서 함수 $y=\frac{3x+7}{x+4}$은 $x=1$에서 최댓값 2를 갖는다.

722 답 7

$y=\frac{-3x}{x+2}=\frac{-3(x+2)+6}{x+2}=\frac{6}{x+2}-3$

따라서 $y=\frac{-3x}{x+2}$의 그래프는 $y=\frac{6}{x}$의 그래프를 x축의 방향으로 -2만큼, y축의 방향으로 -3만큼 평행이동한 것이다.

$-1\le x\le a$에서 $y=\frac{-3x}{x+2}$의 그래프는 오른쪽 그림과 같으므로 $x=-1$일 때 최댓값 3, $x=a$일 때 최솟값 $\frac{-3a}{a+2}$를 갖는다.

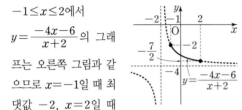

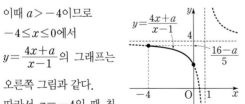

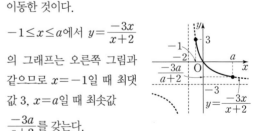

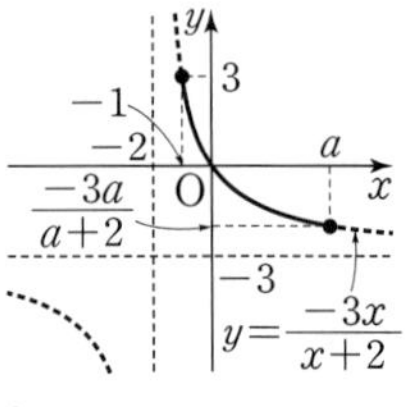

따라서 $\frac{-3a}{a+2}=-2$, $b=3$이므로

$a=4$, $b=3$

$\therefore a+b=7$

723 답 $a=3$, $b=1$

$y=\frac{2x+5}{x+1}=\frac{2(x+1)+3}{x+1}=\frac{3}{x+1}+2$

따라서 $y=\frac{2x+5}{x+1}$의 그래프는 $y=\frac{3}{x}$의 그래프를 x축의 방향으로 -1만큼, y축의 방향으로 2만큼 평행이동한 것이므로 점 $(-1, 2)$에 대하여 대칭이다.
따라서 두 직선 $y=x+a$, $y=-x+b$가 모두 점 $(-1, 2)$를 지나므로
$2=-1+a$, $2=1+b$ $\quad\therefore a=3$, $b=1$

| 다른 풀이 |

$y=\frac{2x+5}{x+1}=\frac{3}{x+1}+2$의 그래프는 $y=\frac{3}{x}$의 그래프를 x축의 방향으로 -1만큼, y축의 방향으로 2만큼 평행이동한 것이고, $y=\frac{3}{x}$의 그래프는 두 직선 $y=x$, $y=-x$에 대하여 대칭이므로 $y=\frac{2x+5}{x+1}$의 그래프는 두 직선 $y=x$, $y=-x$를 x축의 방향으로 -1만큼, y축의 방향으로 2만큼 평행이동한 두 직선에 대하여 대칭이다.
두 직선 $y=x$, $y=-x$를 평행이동하면
$y=(x+1)+2$, $y=-(x+1)+2$
$\therefore y=x+3$, $y=-x+1$
이 직선이 $y=x+a$, $y=-x+b$와 일치하므로
$a=3$, $b=1$

724 답 ④

$$f(x)=\frac{x+1}{2x-1}=\frac{\frac{1}{2}(2x-1)+\frac{3}{2}}{2x-1}=\frac{\frac{3}{2}}{2x-1}+\frac{1}{2}$$
$$=\frac{3}{4\left(x-\frac{1}{2}\right)}+\frac{1}{2}$$

따라서 $y=f(x)$의 그래프는 $y=\frac{3}{4x}$의 그래프를 x축의 방향으로 $\frac{1}{2}$만큼, y축의 방향으로 $\frac{1}{2}$만큼 평행이동한 것이므로 점 $\left(\frac{1}{2}, \frac{1}{2}\right)$에 대하여 대칭이다.
따라서 $p=\frac{1}{2}$, $q=\frac{1}{2}$이므로 $p+q=1$

725 답 -6

$$y=\frac{ax-7}{x+b}=\frac{a(x+b)-ab-7}{x+b}=\frac{-ab-7}{x+b}+a$$

따라서 $y=\frac{ax-7}{x+b}$의 그래프는 $y=\frac{-ab-7}{x}$의 그래프를 x축의 방향으로 $-b$만큼, y축의 방향으로 a만큼 평행이동한 것이므로 점 $(-b, a)$에 대하여 대칭이다.
따라서 두 직선 $y=x+1$, $y=-x-5$가 모두 점 $(-b, a)$를 지나므로
$a=-b+1$, $a=b-5$
두 식을 연립하여 풀면
$a=-2$, $b=3$
$\therefore ab=-6$

726 답 8

$$y=\frac{ax-5}{4-2x}=\frac{a(x-2)+2a-5}{-2(x-2)}=\frac{-2a+5}{2(x-2)}-\frac{a}{2}$$

따라서 $y=\frac{ax-5}{4-2x}$의 그래프는 $y=\frac{-2a+5}{2x}$의 그래프를 x축의 방향으로 2만큼, y축의 방향으로 $-\frac{a}{2}$만큼 평행이동한 것이므로 점 $\left(2, -\frac{a}{2}\right)$에 대하여 대칭이다.
따라서 $b=2$, $-3=-\frac{a}{2}$이므로
$a=6$, $b=2$ $\quad\therefore a+b=8$

727 답 $a=4$, $b=2$, $c=1$

주어진 그래프에서 점근선의 방정식이 $x=-2$, $y=1$이므로 함수의 식을
$y=\frac{k}{x+2}+1\,(k>0)$ $\quad\cdots\cdots$ ㉠
로 놓을 수 있다.
㉠의 그래프가 점 $(0, 3)$을 지나므로
$3=\frac{k}{2}+1$ $\quad\therefore k=4$
이를 ㉠에 대입하면 $y=\frac{4}{x+2}+1$
$\therefore a=4$, $b=2$, $c=1$

728 답 13

주어진 그래프에서 점근선의 방정식이 $x=2$, $y=3$이므로 함수의 식을
$y=\frac{k}{x-2}+3\,(k<0)$ $\quad\cdots\cdots$ ㉠
으로 놓을 수 있다.
㉠의 그래프가 점 $(4, 0)$을 지나므로
$0=\frac{k}{4-2}+3$ $\quad\therefore k=-6$
이를 ㉠에 대입하면
$$y=\frac{-6}{x-2}+3=\frac{-6+3(x-2)}{x-2}=\frac{3x-12}{x-2}$$
따라서 $a=3$, $b=-12$, $c=-2$이므로
$a-b+c=13$

729 답 4

그래프의 점근선의 방정식이 $x=-1$, $y=-2$이므로 함수의 식을

$y=\frac{k}{x+1}-2\ (k\neq 0)$ …… ㉠

로 놓을 수 있다.

㉠의 그래프가 점 $(0, 5)$를 지나므로

$5=k-2$ $\therefore k=7$

이를 ㉠에 대입하면

$y=\frac{7}{x+1}-2=\frac{7-2(x+1)}{x+1}=\frac{-2x+5}{x+1}$

따라서 $a=-2$, $b=5$, $c=1$이므로

$a+b+c=4$

730 답 14

주어진 그래프에서 점근선의 방정식이 $x=2$, $y=5$이므로 함수의 식을

$y=\frac{k}{x-2}+5\ (k>0)$ …… ㉠

로 놓을 수 있다.

㉠의 그래프가 점 $(-1, 3)$을 지나므로

$3=\frac{k}{-1-2}+5$ $\therefore k=6$

이를 ㉠에 대입하면

$y=\frac{6}{x-2}+5=\frac{6+5(x-2)}{x-2}=\frac{5x-4}{x-2}$

$\therefore a=5$, $b=-2$

또 $y=\frac{5x-4}{x-2}$의 그래프가 점 $(3, c)$를 지나므로

$c=\frac{15-4}{3-2}=11$

$\therefore a+b+c=14$

731 답 $-4<m\leq 0$

$y=\frac{2x}{x-2}=\frac{2(x-2)+4}{x-2}=\frac{4}{x-2}+2$

따라서 $y=\frac{2x}{x-2}$의 그래프는 $y=\frac{4}{x}$의 그래프를 x축의 방향으로 2만큼, y축의 방향으로 2만큼 평행이동한 것이고, $y=mx+2$는 m의 값에 관계없이 항상 점 $(0, 2)$를 지나는 직선이다.

따라서 $y=\frac{2x}{x-2}$의 그래프와 직선 $y=mx+2$가 만나지 않으려면 오른쪽 그림과 같아야 한다.

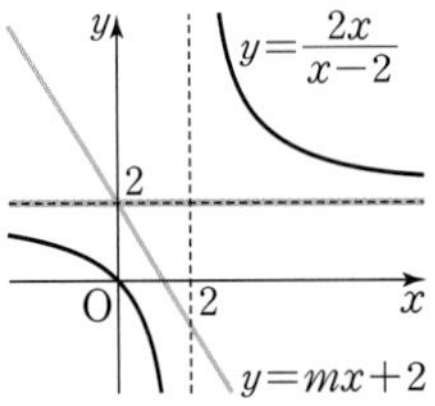

(i) $m=0$일 때

직선 $y=2$는 점근선이므로 $y=\frac{2x}{x-2}$의 그래프와 만나지 않는다.

(ii) $m\neq 0$일 때

$\frac{2x}{x-2}=mx+2$에서

$2x=(mx+2)(x-2)$

$2x=mx^2-2(m-1)x-4$

$\therefore mx^2-2mx-4=0$

이 이차방정식의 실근이 존재하지 않아야 하므로 판별식을 D라 하면

$\frac{D}{4}=(-m)^2+4m<0$

$m(m+4)<0$

$\therefore -4<m<0$

(i), (ii)에서 구하는 실수 m의 값의 범위는

$-4<m\leq 0$

732 답 -3

$y=\frac{x-4}{x-3}=\frac{(x-3)-1}{x-3}=-\frac{1}{x-3}+1$

따라서 $y=\frac{x-4}{x-3}$의 그래프는 $y=-\frac{1}{x}$의 그래프를 x축의 방향으로 3만큼, y축의 방향으로 1만큼 평행이동한 것이고, $y=x+m$은 기울기가 1이고 y절편이 m인 직선이다.

따라서 $y=\frac{x-4}{x-3}$의 그래프와 직선 $y=x+m$이 만나지 않으려면 오른쪽 그림과 같아야 한다.

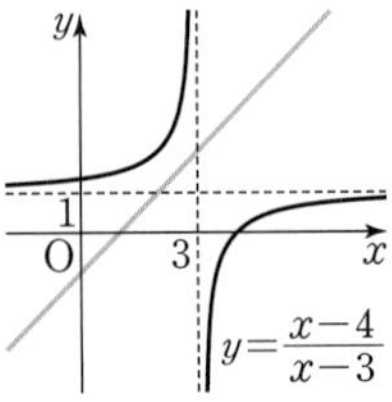

$\frac{x-4}{x-3}=x+m$에서

$x-4=(x+m)(x-3)$

$x-4=x^2+(m-3)x-3m$

$\therefore x^2+(m-4)x-3m+4=0$

이 이차방정식의 실근이 존재하지 않아야 하므로 판별식을 D라 하면

$D=(m-4)^2-4(-3m+4)<0$

$m^2+4m<0$

$m(m+4)<0$

$\therefore -4<m<0$

따라서 구하는 정수 m의 최솟값은 -3이다.

733 답 -4

$y=\frac{3-2x}{x+3}=\frac{-2(x+3)+9}{x+3}=\frac{9}{x+3}-2$

따라서 $y=\frac{3-2x}{x+3}$의 그래프는 $y=\frac{9}{x}$의 그래프를 x축의 방향으로 -3만큼, y축의 방향으로 -2만큼 평행이동한 것이고, $y=ax-2$는 a의 값에 관계없이 항상 점 $(0,\ -2)$를 지나는 직선이다.

따라서 $y=\frac{3-2x}{x+3}$의 그래프와 직선 $y=ax-2$가 한 점에서 만나려면 오른쪽 그림과 같아야 한다.

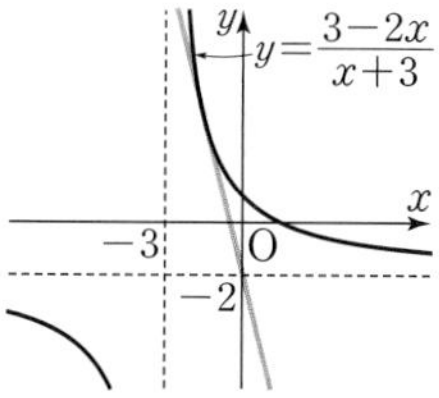

(i) $a=0$일 때

직선 $y=-2$는 점근선이므로 $y=\frac{3-2x}{x+3}$의 그래프와 만나지 않는다.

(ii) $a\neq0$일 때

$\frac{3-2x}{x+3}=ax-2$에서 $3-2x=(ax-2)(x+3)$

$3-2x=ax^2+(3a-2)x-6$

$\therefore\ ax^2+3ax-9=0$

이 이차방정식이 중근을 가져야 하므로 판별식을 D라 하면

$D=(3a)^2+36a=0,\ a^2+4a=0$

$a(a+4)=0 \qquad \therefore\ a=-4\ (\because\ a\neq0)$

(i), (ii)에서 구하는 실수 a의 값은

$a=-4$

734 답 $a\geq-\frac{1}{16}$

함수 $y=\frac{4}{x+2}-1$의 그래프는 $y=\frac{4}{x}$의 그래프를 x축의 방향으로 -2만큼, y축의 방향으로 -1만큼 평행이동한 것이고, $y=a(x+2)$는 a의 값에 관계없이 항상 점 $(-2,\ 0)$을 지나는 직선이다.

따라서 $y=\frac{4}{x+2}-1$의 그래프와 직선 $y=a(x+2)$가 만나려면 다음 그림과 같아야 한다.

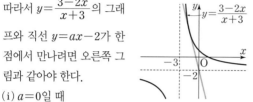

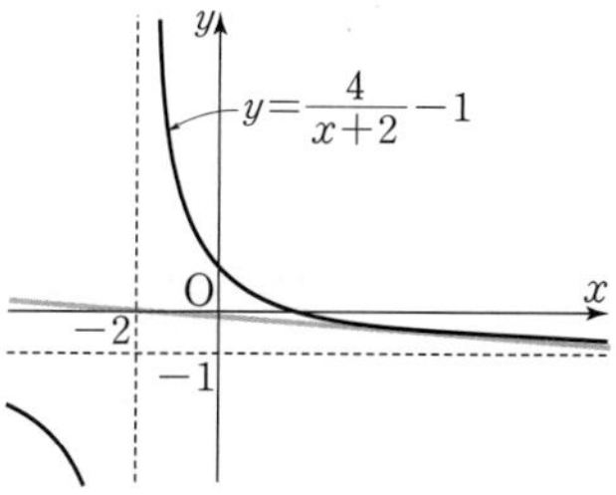

(i) $a=0$일 때

직선 $y=0$은 x축이므로 $y=\frac{4}{x+2}-1$의 그래프와 만난다.

(ii) $a\neq0$일 때

$\frac{4}{x+2}-1=a(x+2)$에서 $\frac{2-x}{x+2}=a(x+2)$

$2-x=a(x+2)^2$

$2-x=ax^2+4ax+4a$

$\therefore\ ax^2+(4a+1)x+4a-2=0$

이 이차방정식의 실근이 존재해야 하므로 판별식을 D라 하면

$D=(4a+1)^2-4a(4a-2)\geq0,\ 16a+1\geq0$

$\therefore\ -\frac{1}{16}\leq a<0$ 또는 $a>0\ (\because\ a\neq0)$

(i), (ii)에서 구하는 실수 a의 값의 범위는

$a\geq-\frac{1}{16}$

735 답 $-\frac{1}{3}$

$f^2(x)=(f\circ f)(x)=f(f(x))$

$$=\frac{\frac{x-1}{x+1}-1}{\frac{x-1}{x+1}+1}=\frac{\frac{x-1-(x+1)}{x+1}}{\frac{x-1+x+1}{x+1}}$$

$$=\frac{\frac{-2}{x+1}}{\frac{2x}{x+1}}=-\frac{1}{x}$$

$f^3(x)=(f\circ f^2)(x)=f(f^2(x))$

$$=\frac{-\frac{1}{x}-1}{-\frac{1}{x}+1}=\frac{\frac{-1-x}{x}}{\frac{-1+x}{x}}=\frac{1+x}{1-x}$$

$f^4(x)=(f\circ f^3)(x)=f(f^3(x))$

$$=\frac{\frac{1+x}{1-x}-1}{\frac{1+x}{1-x}+1}=\frac{\frac{1+x-(1-x)}{1-x}}{\frac{1+x+1-x}{1-x}}$$

$$=\frac{\frac{2x}{1-x}}{\frac{2}{1-x}}=x$$

⋮

$\therefore\ f^2(x)=f^6(x)=f^{10}(x)=\cdots=f^{4n-2}(x)=-\frac{1}{x}$

(단, n은 자연수)

$\therefore\ f^{30}(3)=f^{4\times8-2}(3)=-\frac{1}{3}$

736 답 $a=3,\ b=1,\ c=2$

$y=\dfrac{2x-1}{-x+a}$이라 하고 x에 대하여 풀면

$(-x+a)y=2x-1,\ (y+2)x=ay+1$

$\therefore\ x=\dfrac{ay+1}{y+2}$

x와 y를 서로 바꾸면 $y=\dfrac{ax+1}{x+2}$

$\therefore\ f^{-1}(x)=\dfrac{ax+1}{x+2}$

즉, $\dfrac{ax+1}{x+2}=\dfrac{3x+b}{x+c}$에서

$a=3,\ b=1,\ c=2$

737 답 $\dfrac{5}{101}$

$$f^2(x)=(f\circ f)(x)=f(f(x))$$
$$=\dfrac{\dfrac{x}{x+1}}{\dfrac{x}{x+1}+1}=\dfrac{\dfrac{x}{x+1}}{\dfrac{x+x+1}{x+1}}=\dfrac{x}{2x+1}$$

$$f^3(x)=(f\circ f^2)(x)=f(f^2(x))$$
$$=\dfrac{\dfrac{x}{2x+1}}{\dfrac{x}{2x+1}+1}=\dfrac{\dfrac{x}{2x+1}}{\dfrac{x+2x+1}{2x+1}}=\dfrac{x}{3x+1}$$

$$f^4(x)=(f\circ f^3)(x)=f(f^3(x))$$
$$=\dfrac{\dfrac{x}{3x+1}}{\dfrac{x}{3x+1}+1}=\dfrac{\dfrac{x}{3x+1}}{\dfrac{x+3x+1}{3x+1}}=\dfrac{x}{4x+1}$$

⋮

따라서 $f^n(x)=\dfrac{x}{nx+1}$ (n은 자연수)이므로

$f^{20}(x)=\dfrac{x}{20x+1}$

$\therefore\ f^{20}(5)=\dfrac{5}{101}$

738 답 2

$y=\dfrac{ax-3}{x-2}$이라 하고 x에 대하여 풀면

$(x-2)y=ax-3,\ (y-a)x=2y-3$

$\therefore\ x=\dfrac{2y-3}{y-a}$

x와 y를 서로 바꾸면 $y=\dfrac{2x-3}{x-a}$

$\therefore\ f^{-1}(x)=\dfrac{2x-3}{x-a}$

$f=f^{-1}$에서 $\dfrac{ax-3}{x-2}=\dfrac{2x-3}{x-a}$이므로 $a=2$

| 다른 풀이 |

$$f(f(x))=\dfrac{af(x)-3}{f(x)-2}=\dfrac{a\times\dfrac{ax-3}{x-2}-3}{\dfrac{ax-3}{x-2}-2}$$
$$=\dfrac{\dfrac{a^2x-3a-3(x-2)}{x-2}}{\dfrac{ax-3-2(x-2)}{x-2}}$$
$$=\dfrac{(a^2-3)x-3a+6}{(a-2)x+1}$$

$f=f^{-1}$이므로 $(f\circ f)(x)=x$에서

$\dfrac{(a^2-3)x-3a+6}{(a-2)x+1}=x$

$\therefore\ (a^2-3)x-3a+6=(a-2)x^2+x$

이 식이 x에 대한 항등식이므로

$a-2=0,\ a^2-3=1,\ -3a+6=0$

$\therefore\ a=2$

연습문제

332~334쪽

739 답 $\dfrac{x+2}{x-2}$

$$\dfrac{x+1}{x-2}+\dfrac{2}{x+3}-\dfrac{x-7}{x^2+x-6}$$
$$=\dfrac{x+1}{x-2}+\dfrac{2}{x+3}-\dfrac{x-7}{(x+3)(x-2)}$$
$$=\dfrac{(x+1)(x+3)+2(x-2)-(x-7)}{(x+3)(x-2)}$$
$$=\dfrac{x^2+5x+6}{(x+3)(x-2)}$$
$$=\dfrac{(x+2)(x+3)}{(x+3)(x-2)}$$
$$=\dfrac{x+2}{x-2}$$

740 답 10

주어진 식의 좌변을 통분하여 정리하면

$$\dfrac{3x}{x^2-3x+2}+\dfrac{4}{1-x}=\dfrac{3x}{(x-1)(x-2)}-\dfrac{4}{x-1}$$
$$=\dfrac{3x-4(x-2)}{(x-1)(x-2)}$$
$$=\dfrac{-x+8}{(x-1)(x-2)}$$

이때 $\dfrac{-x+8}{(x-1)(x-2)}=\dfrac{cx+d}{(x-a)(x-b)}$가 x에 대한 항등식이므로

$a=1,\ b=2,\ c=-1,\ d=8$

또는 $a=2,\ b=1,\ c=-1,\ d=8$

$\therefore\ ab-cd=2-(-8)=10$

741 답 ⑤

$y=\dfrac{3}{x}$의 그래프를 x축의 방향으로 4만큼, y축의 방향으로 5만큼 평행이동한 그래프의 식은

$y=\dfrac{3}{x-4}+5$

이 함수의 그래프가 점 $(5,\ a)$를 지나므로

$a=\dfrac{3}{5-4}+5=8$

742 답 ⑤

$f(x)=\dfrac{3x+k}{x+4}=\dfrac{3(x+4)+k-12}{x+4}$

$\quad=\dfrac{k-12}{x+4}+3$

$y=f(x)$의 그래프를 x축의 방향으로 -2만큼, y축의 방향으로 3만큼 평행이동한 그래프의 식은

$y=\dfrac{k-12}{(x+2)+4}+3+3$

$\therefore\ y=\dfrac{k-12}{x+6}+6$

$\therefore\ g(x)=\dfrac{k-12}{x+6}+6$

즉, 함수 $y=g(x)$의 그래프의 점근선의 방정식은 $x=-6,\ y=6$이므로 두 점근선의 교점의 좌표는 $(-6,\ 6)$이다.

따라서 점 $(-6,\ 6)$이 함수 $y=f(x)$의 그래프 위의 점이므로

$6=\dfrac{-18+k}{-6+4}\qquad\therefore\ k=6$

743 답 ㄷ, ㄹ

$y=\dfrac{-x-3}{x+2}=\dfrac{-(x+2)-1}{x+2}=-\dfrac{1}{x+2}-1$의 그래프는 오른쪽 그림과 같다.

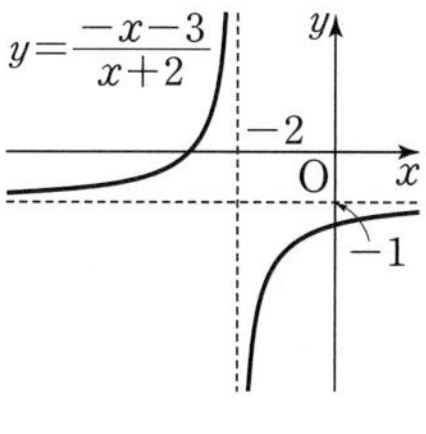

ㄱ. $y=-\dfrac{1}{x}$의 그래프를 x축의 방향으로 -2만큼, y축의 방향으로 -1만큼 평행이동한 것이다.

ㄴ. 점근선의 방정식은 $x=-2,\ y=-1$이다.

ㄷ. 점근선의 교점 $(-2,\ -1)$을 지나고 기울기가 1인 직선 $y=(x+2)-1$, 즉 $y=x+1$에 대하여 대칭이다.

ㄹ. 그래프는 제1사분면을 지나지 않는다.

따라서 보기에서 옳은 것은 ㄷ, ㄹ이다.

744 답 -1

$y=\dfrac{ax}{x-2}=\dfrac{a(x-2)+2a}{x-2}=\dfrac{2a}{x-2}+a$

따라서 $y=\dfrac{ax}{x-2}$의 그래프는 $y=\dfrac{2a}{x}$의 그래프를 x축의 방향으로 2만큼, y축의 방향으로 a만큼 평행이동한 것이고 $a>0$이므로 $b\le x\le 1$에서 $y=\dfrac{ax}{x-2}$의 그래프는 위의 그림과 같다. ▸▸▸▸▸▸ ❶

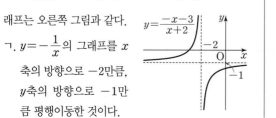

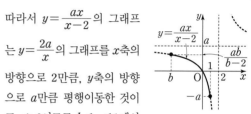

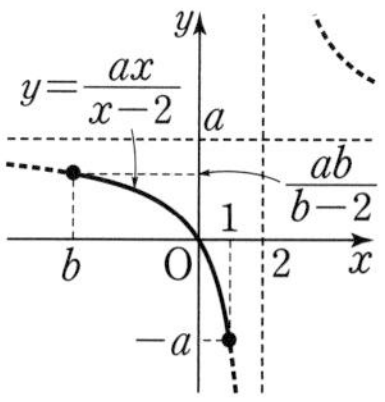

따라서 $x=b$일 때 최댓값 $\dfrac{ab}{b-2}$, $x=1$일 때 최솟값 $-a$를 갖는다. ▸▸▸▸▸▸ ❷

$\therefore\ \dfrac{ab}{b-2}=2,\ -a=-3$

$-a=-3$에서 $a=3$

이를 $\dfrac{ab}{b-2}=2$에 대입하면

$\dfrac{3b}{b-2}=2$

$\therefore\ b=-4$

$\therefore\ a+b=-1$ ▸▸▸▸▸▸ ❸

단계	채점 기준	비율
❶	$y=\dfrac{ax}{x-2}$의 그래프 그리기	40 %
❷	최댓값, 최솟값을 a, b에 대한 식으로 나타내기	30 %
❸	$a+b$의 값 구하기	30 %

745 답 ④

주어진 그래프에서 점근선의 방정식이 $x=3,\ y=-1$이므로 함수의 식을

$y=\dfrac{k}{x-3}-1\ (k>0)\qquad\cdots\cdots$ ㉠

로 놓을 수 있다.

㉠의 그래프가 점 $(0, -2)$를 지나므로

$-2=\frac{k}{-3}-1$

$\therefore k=3$

이를 ㉠에 대입하면

$y=\frac{3}{x-3}-1=\frac{3-(x-3)}{x-3}$

$=\frac{6-x}{x-3}=\frac{x-6}{-x+3}$

$\therefore a=-6, b=-1, c=3$

$\therefore abc=18$

746 답 -1

$(f^{-1}\circ g)^{-1}(-4)=(g^{-1}\circ f)(-4)$

$=g^{-1}(f(-4))$

$=g^{-1}(-1)$

$g^{-1}(-1)=k$ (k는 상수)라 하면 $g(k)=-1$이므로

$\frac{2k+3}{k}=-1$, $2k+3=-k$

$\therefore k=-1$

$\therefore (f^{-1}\circ g)^{-1}(-4)=g^{-1}(-1)=-1$

747 답 1

(주어진 식)

$=-\left\{\frac{x^2}{(x-y)(z-x)}+\frac{y^2}{(x-y)(y-z)}+\frac{z^2}{(y-z)(z-x)}\right\}$

$=-\frac{x^2(y-z)+y^2(z-x)+z^2(x-y)}{(x-y)(y-z)(z-x)}$ ······ ㉠

$x^2(y-z)+y^2(z-x)+z^2(x-y)$

$=x^2(y-z)+y^2z-xy^2+xz^2-yz^2$

$=x^2(y-z)-x(y^2-z^2)+yz(y-z)$

$=x^2(y-z)-x(y+z)(y-z)+yz(y-z)$

$=(y-z)\{x^2-(y+z)x+yz\}$

$=(y-z)(x-y)(x-z)$

$=-(x-y)(y-z)(z-x)$

이므로 이를 ㉠에 대입하면

(주어진 식)$=-\frac{-(x-y)(y-z)(z-x)}{(x-y)(y-z)(z-x)}=1$

748 답 ③

$\frac{2}{f(x)}=\frac{2}{x^2+2x}=\frac{2}{x(x+2)}$

$=\frac{1}{x}-\frac{1}{x+2}$

$\therefore \frac{2}{f(1)}+\frac{2}{f(3)}+\frac{2}{f(5)}+\cdots+\frac{2}{f(49)}$

$=\left(\frac{1}{1}-\frac{1}{3}\right)+\left(\frac{1}{3}-\frac{1}{5}\right)+\left(\frac{1}{5}-\frac{1}{7}\right)+\cdots+\left(\frac{1}{49}-\frac{1}{51}\right)$

$=1-\frac{1}{51}=\frac{50}{51}$

749 답 $-\frac{1}{2}$

$$\frac{\frac{x}{x+1}+\frac{1}{x-1}}{\frac{1}{x+1}+\frac{1}{x-1}}=\frac{\frac{x(x-1)+x+1}{(x+1)(x-1)}}{\frac{x-1+x+1}{(x+1)(x-1)}}=\frac{x^2+1}{2x}$$

이때 $x^2+x+1=0$에서 $x^2+1=-x$이므로

$$\frac{\frac{x}{x+1}+\frac{1}{x-1}}{\frac{1}{x+1}+\frac{1}{x-1}}=\frac{x^2+1}{2x}=\frac{-x}{2x}$$

$$=-\frac{1}{2}\ (\because x\neq 0)$$

| 참고 | $x=0$일 때 $x^2+x+1=0$이 성립하지 않으므로 $x\neq 0$이다.

750 답 2

$y=\frac{2x+1}{x-k}=\frac{2(x-k)+2k+1}{x-k}=\frac{2k+1}{x-k}+2$

따라서 $y=\frac{2x+1}{x-k}$의 그래프의 점근선의 방정식은

$x=k$, $y=2$

$y=\frac{1}{x+4}-k$의 그래프의 점근선의 방정식은

$x=-4$, $y=-k$

$k>0$이므로 네 점근선으로 둘러싸인 부분은 오른쪽 그림과 같은 직사각형이다.

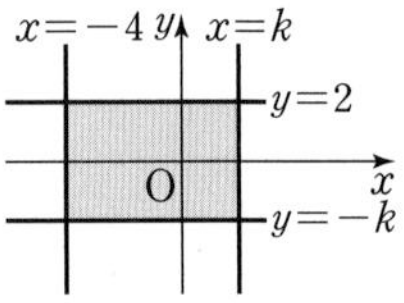

이때 직사각형의 넓이가 24이므로

$\{k-(-4)\}\times\{2-(-k)\}=24$

$(k+4)(k+2)=24$

$k^2+6k-16=0$, $(k+8)(k-2)=0$

$\therefore k=-8$ 또는 $k=2$

따라서 양수 k의 값은 2이다.

751 답 $0\le a<1$ 또는 $a>1$

$y=\frac{2a-x}{x-2}=\frac{-(x-2)+2a-2}{x-2}=\frac{2a-2}{x-2}-1$

따라서 $y=\frac{2a-x}{x-2}$의 그래프의 점근선의 방정식은

$x=2$, $y=-1$이고, 그래프는 점 $(0, -a)$를 지난다.

(i) $2a-2>0$, 즉 $a>1$일 때
그래프가 제2사분면을 지나지 않는다.

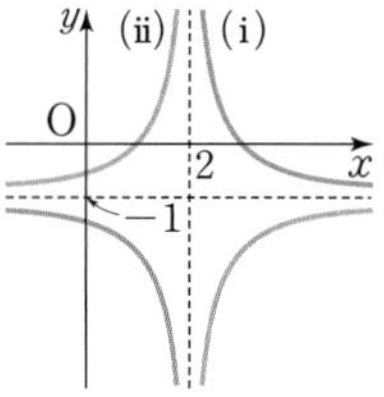

(ii) $2a-2<0$, 즉 $a<1$일 때
$x=0$일 때 $y\le0$이어야 하므로

$-a\le0$ $\quad\therefore a\ge0$

그런데 $a<1$이므로

$0\le a<1$

(i), (ii)에서 구하는 상수 a의 값의 범위는

$0\le a<1$ 또는 $a>1$

752 답 ①

$n(A\cap B)=1$이려면 함수 $y=\frac{x+2}{5-x}$의 그래프와 직선 $y=x+m$이 한 점에서 만나야 한다.

$\frac{x+2}{5-x}=x+m$에서

$x+2=(5-x)(x+m)$

$x+2=-x^2-(m-5)x+5m$

$\therefore x^2+(m-4)x-5m+2=0$

이 이차방정식이 중근을 가져야 하므로 판별식을 D라 하면

$D=(m-4)^2-4(-5m+2)=0$

$\therefore m^2+12m+8=0$

따라서 이차방정식의 근과 계수의 관계에 의하여 구하는 m의 값의 합은 -12이다.

753 답 8

$f^2(x)=(f\circ f)(x)=f(f(x))$

$$=\frac{\frac{x-1}{x}-1}{\frac{x-1}{x}}=\frac{\frac{x-1-x}{x}}{\frac{x-1}{x}}=\frac{-1}{x-1}$$

$f^3(x)=(f\circ f^2)(x)=f(f^2(x))$

$$=\frac{\frac{-1}{x-1}-1}{\frac{-1}{x-1}}=\frac{\frac{-1-(x-1)}{x-1}}{\frac{-1}{x-1}}=x$$

⋮

$\therefore f^3(x)=f^6(x)=f^9(x)=\cdots=f^{3n}(x)=x$

(단, n은 자연수)

$\therefore f^{45}(8)=f^{3\times15}(8)=8$

754 답 -4

$y=\frac{3x+1}{x-1}$이라 하고 x에 대하여 풀면

$(x-1)y=3x+1$, $(y-3)x=y+1$

$\therefore x=\frac{y+1}{y-3}$

x와 y를 서로 바꾸면 $y=\frac{x+1}{x-3}$

$$\therefore g(x)=\frac{x+1}{x-3}=\frac{(x-3)+4}{x-3}=\frac{4}{x-3}+1$$

$y=g(x)$의 그래프를 x축의 방향으로 m만큼, y축의 방향으로 n만큼 평행이동한 그래프의 식은

$y=\frac{4}{x-m-3}+1+n$

이때 $f(x)=\frac{3x+1}{x-1}=\frac{3(x-1)+4}{x-1}=\frac{4}{x-1}+3$이므로

$\frac{4}{x-m-3}+1+n=\frac{4}{x-1}+3$

$-m-3=-1$, $1+n=3$

$\therefore m=-2$, $n=2$

$\therefore mn=-4$

755 답 $4\sqrt{3}$

| 접근 방법 | 직사각형의 변의 길이는 양수이고 직사각형 PRSQ의 둘레의 길이가 유리식이므로 산술평균과 기하평균의 관계를 이용한다.

점 P의 좌표를 $\left(k, \frac{3}{k-4}+3\right)(k>4)$이라 하면

$\overline{PR}=k-4$

$\overline{PQ}=\frac{3}{k-4}+3-3=\frac{3}{k-4}$

따라서 직사각형 PRSQ의 둘레의 길이는

$2\left(k-4+\frac{3}{k-4}\right)$

이때 $k-4>0$, $\frac{3}{k-4}>0$이므로 산술평균과 기하평균의 관계에 의하여

$$k-4+\frac{3}{k-4}\ge2\sqrt{(k-4)\times\frac{3}{k-4}}=2\sqrt{3}$$

$\left(\text{단, 등호는 } k-4=\frac{3}{k-4}, \text{ 즉 } k=4+\sqrt{3}\text{일 때 성립}\right)$

따라서 직사각형 PRSQ의 둘레의 길이의 최솟값은

$2\times2\sqrt{3}=4\sqrt{3}$

756 답 $\frac{11}{12}$

| 접근 방법 | 주어진 부등식을 두 직선과 유리함수의 그래프의 위치 관계로 생각한다.

$f(x)=\frac{2x-2}{x-2}$라 하면

$f(x)=\frac{2x-2}{x-2}=\frac{2(x-2)+2}{x-2}=\frac{2}{x-2}+2$

$f(3)=4$, $f(4)=3$이고 $y=mx+2$, $y=nx+2$는 각각 m, n의 값에 관계없이 항상 점 $(0, 2)$를 지나는 직선이므로 $3\le x\le 4$에서 $y=f(x)$의 그래프와 두 직선 $y=mx+2$, $y=nx+2$는 다음 그림과 같다.

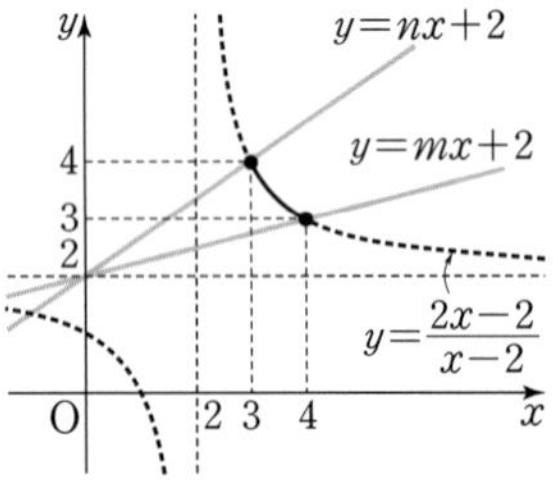

$3\le x\le 4$에서 부등식 $mx+2\le\frac{2x-2}{x-2}\le nx+2$가 항상 성립하려면 기울기 m의 값은 직선 $y=mx+2$가 점 $(4, 3)$을 지날 때보다 작거나 같아야 하고, 기울기 n의 값은 직선 $y=nx+2$가 점 $(3, 4)$를 지날 때보다 크거나 같아야 한다.

(i) 직선 $y=mx+2$가 점 $(4, 3)$을 지날 때

$3=4m+2 \qquad \therefore m=\frac{1}{4}$

즉, 조건을 만족시키려면

$m\le\frac{1}{4}$

(ii) 직선 $y=nx+2$가 점 $(3, 4)$를 지날 때

$4=3n+2 \qquad \therefore n=\frac{2}{3}$

즉, 조건을 만족시키려면

$n\ge\frac{2}{3}$

(i), (ii)에서 m의 최댓값은 $\frac{1}{4}$, n의 최솟값은 $\frac{2}{3}$이므로 그 합은

$\frac{1}{4}+\frac{2}{3}=\frac{11}{12}$

01 무리함수

개념 확인 337쪽

757 답 (1) $x\ge -4$

(2) $x\ge 5$

(3) $-3<x\le 2$

(4) $-2\le x<\frac{1}{2}$

(1) $x+4\ge 0$에서 $x\ge -4$

(2) $x-5\ge 0$에서 $x\ge 5$

$3x+6\ge 0$에서 $x\ge -2$

$\therefore x\ge 5$

(3) $8-4x\ge 0$에서 $x\le 2$

$x+3>0$에서 $x>-3$

$\therefore -3<x\le 2$

(4) $x+2\ge 0$에서 $x\ge -2$

$1-2x>0$에서 $x<\frac{1}{2}$

$\therefore -2\le x<\frac{1}{2}$

758 답 (1) $\sqrt{x}+1$

(2) $\sqrt{x+9}+3$

(3) $\sqrt{x+2}+\sqrt{x-2}$

(4) $2x-1+2\sqrt{x^2-x}$

(1) $\frac{x-1}{\sqrt{x}-1}=\frac{(x-1)(\sqrt{x}+1)}{(\sqrt{x}-1)(\sqrt{x}+1)}$

$=\frac{(x-1)(\sqrt{x}+1)}{x-1}$

$=\sqrt{x}+1$

(2) $\frac{x}{\sqrt{x+9}-3}=\frac{x(\sqrt{x+9}+3)}{(\sqrt{x+9}-3)(\sqrt{x+9}+3)}$

$=\frac{x(\sqrt{x+9}+3)}{x+9-9}$

$=\sqrt{x+9}+3$

(3) $\frac{4}{\sqrt{x+2}-\sqrt{x-2}}$

$=\frac{4(\sqrt{x+2}+\sqrt{x-2})}{(\sqrt{x+2}-\sqrt{x-2})(\sqrt{x+2}+\sqrt{x-2})}$

$=\frac{4(\sqrt{x+2}+\sqrt{x-2})}{x+2-(x-2)}$

$=\sqrt{x+2}+\sqrt{x-2}$

(4) $\dfrac{\sqrt{x}+\sqrt{x-1}}{\sqrt{x}-\sqrt{x-1}}=\dfrac{(\sqrt{x}+\sqrt{x-1})^2}{(\sqrt{x}-\sqrt{x-1})(\sqrt{x}+\sqrt{x-1})}$

$=\dfrac{x+2\sqrt{x^2-x}+x-1}{x-(x-1)}$

$=2x-1+2\sqrt{x^2-x}$

759 답 (1) $\dfrac{4}{1-x}$ (2) $\dfrac{2\sqrt{y}}{x-y}$

(1) $\dfrac{2}{1+\sqrt{x}}+\dfrac{2}{1-\sqrt{x}}=\dfrac{2(1-\sqrt{x})+2(1+\sqrt{x})}{(1+\sqrt{x})(1-\sqrt{x})}$

$=\dfrac{4}{1-x}$

(2) $\dfrac{1}{\sqrt{x}-\sqrt{y}}-\dfrac{1}{\sqrt{x}+\sqrt{y}}=\dfrac{\sqrt{x}+\sqrt{y}-(\sqrt{x}-\sqrt{y})}{(\sqrt{x}-\sqrt{y})(\sqrt{x}+\sqrt{y})}$

$=\dfrac{2\sqrt{y}}{x-y}$

유제 339쪽

760 답 $2x$

$\dfrac{1}{x+\sqrt{x^2-1}}+\dfrac{1}{x-\sqrt{x^2-1}}$

$=\dfrac{x-\sqrt{x^2-1}+x+\sqrt{x^2-1}}{(x+\sqrt{x^2-1})(x-\sqrt{x^2-1})}$

$=\dfrac{2x}{x^2-(x^2-1)}$

$=2x$

761 답 $4+2\sqrt{3}$

$\dfrac{\sqrt{x}-1}{\sqrt{x}+1}+\dfrac{\sqrt{x}+1}{\sqrt{x}-1}$

$=\dfrac{(\sqrt{x}-1)^2+(\sqrt{x}+1)^2}{(\sqrt{x}+1)(\sqrt{x}-1)}$

$=\dfrac{x-2\sqrt{x}+1+x+2\sqrt{x}+1}{x-1}$

$=\dfrac{2(x+1)}{x-1}$

$=\dfrac{2(\sqrt{3}+1)}{\sqrt{3}-1}$ ◀ $x=\sqrt{3}$을 대입

$=\dfrac{2(\sqrt{3}+1)^2}{(\sqrt{3}-1)(\sqrt{3}+1)}$

$=\dfrac{2(3+2\sqrt{3}+1)}{3-1}$

$=4+2\sqrt{3}$

762 답 $\sqrt{x+3}-\sqrt{x}$

$\dfrac{1}{\sqrt{x}+\sqrt{x+1}}+\dfrac{1}{\sqrt{x+1}+\sqrt{x+2}}+\dfrac{1}{\sqrt{x+2}+\sqrt{x+3}}$

$=\dfrac{\sqrt{x}-\sqrt{x+1}}{(\sqrt{x}+\sqrt{x+1})(\sqrt{x}-\sqrt{x+1})}+\dfrac{\sqrt{x+1}-\sqrt{x+2}}{(\sqrt{x+1}+\sqrt{x+2})(\sqrt{x+1}-\sqrt{x+2})}+\dfrac{\sqrt{x+2}-\sqrt{x+3}}{(\sqrt{x+2}+\sqrt{x+3})(\sqrt{x+2}-\sqrt{x+3})}$

$=\dfrac{\sqrt{x}-\sqrt{x+1}}{x-(x+1)}+\dfrac{\sqrt{x+1}-\sqrt{x+2}}{x+1-(x+2)}+\dfrac{\sqrt{x+2}-\sqrt{x+3}}{x+2-(x+3)}$

$=-\{(\sqrt{x}-\sqrt{x+1})+(\sqrt{x+1}-\sqrt{x+2})+(\sqrt{x+2}-\sqrt{x+3})\}$

$=\sqrt{x+3}-\sqrt{x}$

763 답 $\sqrt{2}-1$

$x=\dfrac{1}{\sqrt{2}-1}=\dfrac{\sqrt{2}+1}{(\sqrt{2}-1)(\sqrt{2}+1)}$

$=\dfrac{\sqrt{2}+1}{2-1}=\sqrt{2}+1$

$y=\dfrac{1}{\sqrt{2}+1}=\dfrac{\sqrt{2}-1}{(\sqrt{2}+1)(\sqrt{2}-1)}$

$=\dfrac{\sqrt{2}-1}{2-1}=\sqrt{2}-1$

$\therefore x+y=2\sqrt{2},\ x-y=2,\ xy=1$

$\therefore \dfrac{\sqrt{x}-\sqrt{y}}{\sqrt{x}+\sqrt{y}}=\dfrac{(\sqrt{x}-\sqrt{y})^2}{(\sqrt{x}+\sqrt{y})(\sqrt{x}-\sqrt{y})}$

$=\dfrac{x+y-2\sqrt{xy}}{x-y}$

$=\dfrac{2\sqrt{2}-2}{2}=\sqrt{2}-1$

개념 확인 343쪽

764 답 (1) $\{x\,|\,x\ge-6\}$ (2) $\{x\,|\,x\ge2\}$ (3) $\{x\,|\,x\le5\}$ (4) $\left\{x\,\middle|\,x\le\dfrac{2}{3}\right\}$

(1) $x+6\ge0$에서 $x\ge-6$

따라서 주어진 함수의 정의역은

$\{x\,|\,x\ge-6\}$

(2) $2x-4\geq 0$에서 $2x\geq 4$

$\therefore x\geq 2$

따라서 주어진 함수의 정의역은

$\{x|x\geq 2\}$

(3) $5-x\geq 0$에서 $-x\geq -5$

$\therefore x\leq 5$

따라서 주어진 함수의 정의역은

$\{x|x\leq 5\}$

(4) $2-3x\geq 0$에서 $-3x\geq -2$

$\therefore x\leq \frac{2}{3}$

따라서 주어진 함수의 정의역은

$\left\{x \middle| x\leq \frac{2}{3}\right\}$

765 답 **(1) 정의역: $\{x|x\geq 0\}$, 치역: $\{y|y\geq 0\}$**

(2) 정의역: $\{x|x\geq 0\}$, 치역: $\{y|y\leq 0\}$

(3) 정의역: $\{x|x\leq 0\}$, 치역: $\{y|y\geq 0\}$

(4) 정의역: $\{x|x\leq 0\}$, 치역: $\{y|y\leq 0\}$

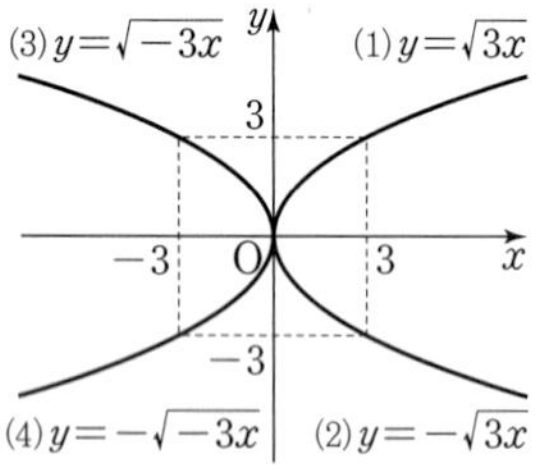

766 답 **(1) $y=\sqrt{5\left(x-\frac{1}{5}\right)}-3$**

(2) $y=-\sqrt{2(x+4)}+1$

유제 345~355쪽

767 답 **풀이 참조**

$y=\sqrt{3-3x}+4=\sqrt{-3(x-1)}+4$

따라서 $y=\sqrt{3-3x}+4$의 그래프는 $y=\sqrt{-3x}$의 그래프를 x축의 방향으로 1만큼, y축의 방향으로 4만큼 평행이동한 것이므로 오른쪽 그림과 같다.

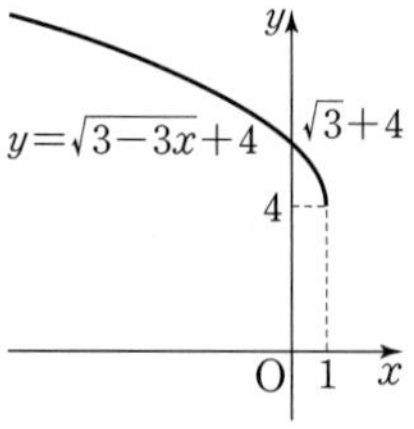

$\therefore$ 정의역: $\{x|x\leq 1\}$,

치역: $\{y|y\geq 4\}$

768 답 **풀이 참조**

$y=-\sqrt{2x+4}+2=-\sqrt{2(x+2)}+2$

따라서 $y=-\sqrt{2x+4}+2$의 그래프는 $y=-\sqrt{2x}$의 그래프를 x축의 방향으로 -2만큼, y축의 방향으로 2만큼 평행이동한 것이므로 위의 그림과 같다.

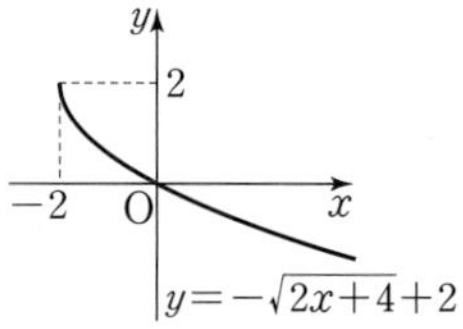

$\therefore$ 정의역: $\{x|x\geq -2\}$,

치역: $\{y|y\leq 2\}$

769 답 **$\{x|x\geq 6\}$**

$y=\sqrt{3x-9}-2=\sqrt{3(x-3)}-2$

따라서 $y=\sqrt{3x-9}-2$의 그래프는 $y=\sqrt{3x}$의 그래프를 x축의 방향으로 3만큼, y축의 방향으로 -2만큼 평행이동한 것이다.

이때 $y=1$을 $y=\sqrt{3x-9}-2$에 대입하면

$1=\sqrt{3x-9}-2$, $\sqrt{3x-9}=3$

양변을 제곱하면

$3x-9=9 \qquad \therefore x=6$

따라서 $y=\sqrt{3x-9}-2$의 그래프는 점 $(6, 1)$을 지나므로 $y\geq 1$에서 그 그래프는 오른쪽 그림과 같다.

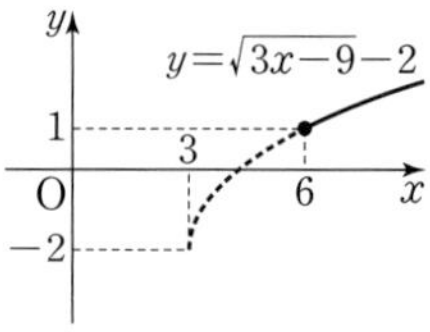

$\therefore$ 정의역: $\{x|x\geq 6\}$

770 답 **제3사분면**

$y=\sqrt{4-x}-1=\sqrt{-(x-4)}-1$

따라서 $y=\sqrt{4-x}-1$의 그래프는 $y=\sqrt{-x}$의 그래프를 x축의 방향으로 4만큼, y축의 방향으로 -1만큼 평행이동한 것이므로 위의 그림과 같다.

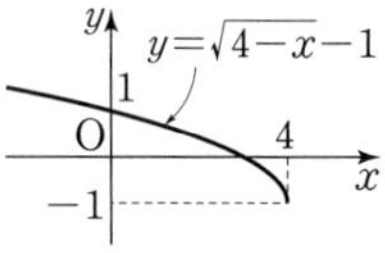

따라서 $y=\sqrt{4-x}-1$의 그래프가 지나지 않는 사분면은 제3사분면이다.

771 답 **4**

$y=\sqrt{3x+1}$의 그래프를 x축의 방향으로 -1만큼, y축의 방향으로 3만큼 평행이동한 그래프의 식은

$y=\sqrt{3(x+1)+1}+3$

$\therefore y=\sqrt{3x+4}+3$

이 함수의 그래프를 y축에 대하여 대칭이동한 그래프의 식은

$y=\sqrt{3(-x)+4}+3$

$\therefore\ y=\sqrt{-3x+4}+3$

이 식이 $y=\sqrt{ax+b}+c$와 일치하므로

$a=-3,\ b=4,\ c=3$

$\therefore\ a+b+c=4$

772 답 3

$y=\sqrt{-x}$의 그래프를 x축의 방향으로 a만큼, y축의 방향으로 b만큼 평행이동한 그래프의 식은

$y=\sqrt{-(x-a)}+b$

$\therefore\ y=\sqrt{-x+a}+b$

이 함수의 그래프를 원점에 대하여 대칭이동한 그래프의 식은

$-y=\sqrt{-(-x)+a}+b$

$\therefore\ y=-\sqrt{x+a}-b$

이 식이 $y=-\sqrt{x-2}-5$와 일치하므로

$a=-2,\ b=5$

$\therefore\ a+b=3$

773 답 ④

$y=\sqrt{x-1}+a$의 그래프를 x축의 방향으로 b만큼, y축의 방향으로 -1만큼 평행이동한 그래프의 식은

$y=\sqrt{x-b-1}+a-1$

이 식이 $y=\sqrt{x-4}$와 일치하므로

$-b-1=-4,\ a-1=0$

따라서 $a=1,\ b=3$이므로

$a+b=4$

774 답 ㄱ, ㄷ, ㄹ

ㄱ. $y=\sqrt{-2x}$의 그래프는 $y=\sqrt{2x}$의 그래프를 y축에 대하여 대칭이동한 것이다.

ㄷ. $y=-\sqrt{2x}+1$의 그래프는 $y=\sqrt{2x}$의 그래프를 x축에 대하여 대칭이동한 후 y축의 방향으로 1만큼 평행이동한 것이다.

ㄹ. $y=\sqrt{2x+1}=\sqrt{2\left(x+\frac{1}{2}\right)}$의 그래프는 $y=\sqrt{2x}$의 그래프를 x축의 방향으로 $-\frac{1}{2}$만큼 평행이동한 것이다.

따라서 보기에서 그 그래프가 무리함수 $y=\sqrt{2x}$의 그래프를 평행이동 또는 대칭이동하여 겹쳐지는 무리함수인 것은 ㄱ, ㄷ, ㄹ이다.

775 답 (1) 최댓값: 5, 최솟값: 3
(2) 최댓값: 2, 최솟값: 0

(1) $y=\sqrt{3-x}+2=\sqrt{-(x-3)}+2$

따라서 $y=\sqrt{3-x}+2$의 그래프는 $y=\sqrt{-x}$의 그래프를 x축의 방향으로 3만큼, y축의 방향으로 2만큼 평행이동한 것이다.

$-6\le x\le 2$에서 $y=\sqrt{3-x}+2$의 그래프는 오른쪽 그림과 같으므로 $x=-6$일 때 최댓값 5, $x=2$일 때 최솟값 3을 갖는다.

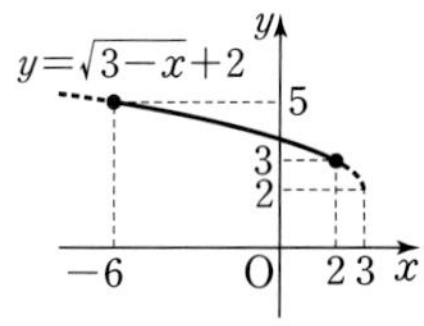

(2) $y=-\sqrt{2x-4}+4=-\sqrt{2(x-2)}+4$

따라서 $y=-\sqrt{2x-4}+4$의 그래프는 $y=-\sqrt{2x}$의 그래프를 x축의 방향으로 2만큼, y축의 방향으로 4만큼 평행이동한 것이다.

$4\le x\le 10$에서 $y=-\sqrt{2x-4}+4$의 그래프는 오른쪽 그림과 같으므로 $x=4$일 때 최댓값 2, $x=10$일 때 최솟값 0을 갖는다.

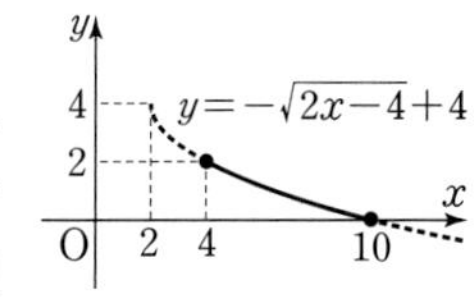

776 답 6

$y=-\sqrt{a-x}+5=-\sqrt{-(x-a)}+5$

따라서 $y=-\sqrt{a-x}+5$의 그래프는 $y=-\sqrt{-x}$의 그래프를 x축의 방향으로 a만큼, y축의 방향으로 5만큼 평행이동한 것이다.

이때 $a>5$이므로 $-3\le x\le 5$에서 $y=-\sqrt{a-x}+5$의 그래프는 오른쪽 그림과 같다.

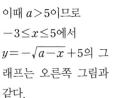

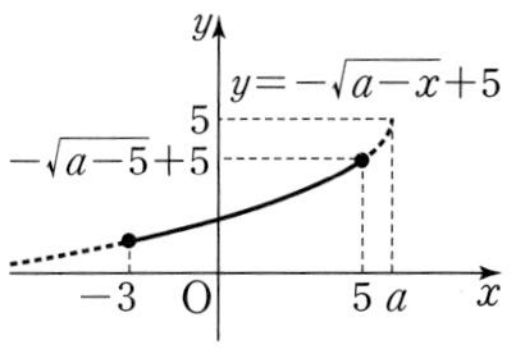

따라서 $x=5$일 때 최댓값 $-\sqrt{a-5}+5$를 가지므로

$-\sqrt{a-5}+5=4$

$\sqrt{a-5}=1$

양변을 제곱하면

$a-5=1\qquad \therefore\ a=6$

777 답 -5

$y=-\sqrt{3x+9}+a=-\sqrt{3(x+3)}+a$

따라서 $y=-\sqrt{3x+9}+a$의 그래프는 $y=-\sqrt{3x}$의 그래프를 x축의 방향으로 -3만큼, y축의 방향으로 a만큼 평행이동한 것이다.

$0\le x\le 9$에서 $y=-\sqrt{3x+9}+a$의 그래프는 오른쪽 그림과 같다.

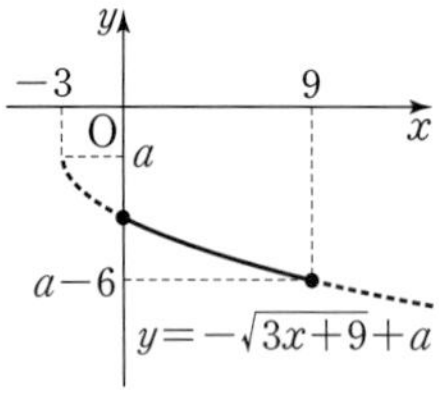

즉, $x=9$일 때 최솟값 $a-6$을 가지므로

$a-6=-8 \qquad \therefore a=-2$

따라서 함수 $y=-\sqrt{3x+9}-2$는 $x=0$에서 최댓값 -5를 갖는다.

778 답 12

$y=\sqrt{8-2x}+b=\sqrt{-2(x-4)}+b$

따라서 $y=\sqrt{8-2x}+b$의 그래프는 $y=\sqrt{-2x}$의 그래프를 x축의 방향으로 4만큼, y축의 방향으로 b만큼 평행이동한 것이다.

$a\le x\le 2$에서 $y=\sqrt{8-2x}+b$의 그래프는 오른쪽 그림과 같으므로 $x=a$일 때 최댓값 $\sqrt{8-2a}+b$, $x=2$일 때 최솟값 $b+2$를 갖는다.

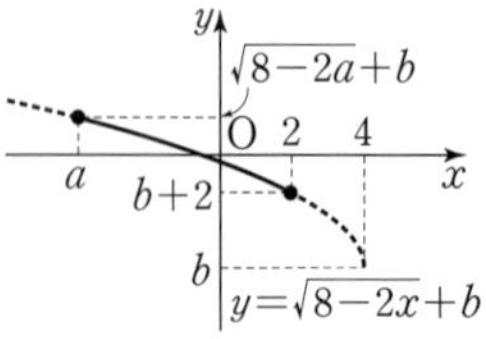

따라서 $\sqrt{8-2a}+b=1$, $b+2=-1$이므로

$\sqrt{8-2a}=1-b$, $b=-3$

$\therefore \sqrt{8-2a}=4$

양변을 제곱하면

$8-2a=16 \qquad \therefore a=-4$

$\therefore ab=12$

779 답 $a=2$, $b=4$, $c=1$

주어진 그래프는 $y=-\sqrt{ax}\,(a>0)$의 그래프를 x축의 방향으로 -2만큼, y축의 방향으로 1만큼 평행이동한 것이므로 함수의 식을

$y=-\sqrt{a(x+2)}+1 \qquad \cdots\cdots$ ㉠

로 놓을 수 있다.

㉠의 그래프가 점 $(0,\ -1)$을 지나므로

$-1=-\sqrt{2a}+1$, $\sqrt{2a}=2$

양변을 제곱하면

$2a=4 \qquad \therefore a=2$

이를 ㉠에 대입하면

$y=-\sqrt{2(x+2)}+1=-\sqrt{2x+4}+1$

$\therefore b=4$, $c=1$

780 답 2

주어진 그래프는 $y=\sqrt{ax}\,(a<0)$의 그래프를 x축의 방향으로 2만큼, y축의 방향으로 -2만큼 평행이동한 것이므로 함수의 식을

$y=\sqrt{a(x-2)}-2 \qquad \cdots\cdots$ ㉠

로 놓을 수 있다.

㉠의 그래프가 점 $(0,\ 0)$을 지나므로

$0=\sqrt{-2a}-2$, $\sqrt{-2a}=2$

양변을 제곱하면

$-2a=4 \qquad \therefore a=-2$

이를 ㉠에 대입하면

$y=\sqrt{-2(x-2)}-2=\sqrt{-2x+4}-2$

이 함수의 그래프가 점 $(-6,\ k)$를 지나므로

$k=\sqrt{12+4}-2=2$

781 답 7

주어진 그래프는 $y=\sqrt{ax}\,(a>0)$의 그래프를 x축의 방향으로 -2만큼, y축의 방향으로 -6만큼 평행이동한 것이므로 함수의 식을

$y=\sqrt{a(x+2)}-6 \qquad \cdots\cdots$ ㉠

으로 놓을 수 있다.

㉠의 그래프가 점 $(1,\ -3)$을 지나므로

$-3=\sqrt{3a}-6$, $\sqrt{3a}=3$

양변을 제곱하면

$3a=9 \qquad \therefore a=3$

이를 ㉠에 대입하면

$y=\sqrt{3(x+2)}-6=\sqrt{3x+6}-6$

$\therefore b=-6$

따라서 $y=\sqrt{3x+6}-6$의 그래프가 점 $(c,\ 0)$을 지나므로

$0=\sqrt{3c+6}-6$, $\sqrt{3c+6}=6$

양변을 제곱하면

$3c+6=36 \qquad \therefore c=10$

$\therefore a+b+c=7$

782 답 24

주어진 그래프는 $y=a\sqrt{bx}$ $(a<0,\ b<0)$의 그래프를 x축의 방향으로 3만큼, y축의 방향으로 4만큼 평행이동한 것이므로 함수의 식을

$y=a\sqrt{b(x-3)}+4=a\sqrt{bx-3b}+4$ ...... ㉠

로 놓을 수 있다.

즉, $a\sqrt{bx-3b}+4=a\sqrt{bx+9}+c$이므로

$-3b=9,\ 4=c$

$\therefore\ b=-3,\ c=4$

이를 ㉠에 대입하면

$y=a\sqrt{-3x+9}+4$

이 함수의 그래프가 점 $(0,\ -2)$를 지나므로

$-2=3a+4$

$\therefore\ a=-2$

$\therefore\ abc=24$

783 답 $\frac{1}{2}\le k<1$

$y=\sqrt{x+1}$의 그래프는 $y=\sqrt{x}$의 그래프를 x축의 방향으로 -1만큼 평행이동한 것이고, $y=\frac{1}{2}x+k$는 기울기가 $\frac{1}{2}$이고 y절편이 k인 직선이다.

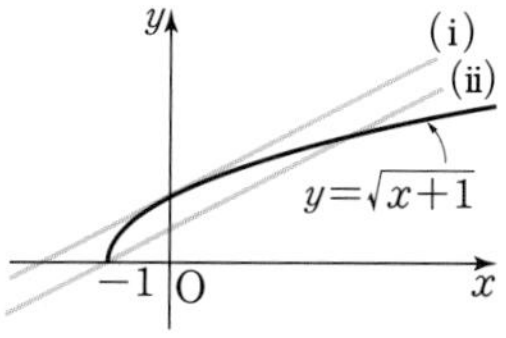

(i) 직선 $y=\frac{1}{2}x+k$와 $y=\sqrt{x+1}$의 그래프가 접할 때

$\frac{1}{2}x+k=\sqrt{x+1}$의 양변을 제곱하면

$\frac{1}{4}x^2+kx+k^2=x+1$

$\therefore\ x^2+4(k-1)x+4k^2-4=0$

이 이차방정식의 판별식을 D라 하면

$\frac{D}{4}=\{2(k-1)\}^2-(4k^2-4)=0$

$-8k+8=0$ $\therefore\ k=1$

(ii) 직선 $y=\frac{1}{2}x+k$가 점 $(-1,\ 0)$을 지날 때

$0=-\frac{1}{2}+k$ $\therefore\ k=\frac{1}{2}$

(i), (ii)에서 구하는 실수 k의 값의 범위는

$\frac{1}{2}\le k<1$

784 답 $k=\frac{7}{2}$ 또는 $k<3$

$y=\sqrt{6-2x}=\sqrt{-2(x-3)}$

따라서 $y=\sqrt{6-2x}$의 그래프는 $y=\sqrt{-2x}$의 그래프를 x축의 방향으로 3만큼 평행이동한 것이고, $y=-x+k$는 기울기가 -1이고 y절편이 k인 직선이다.

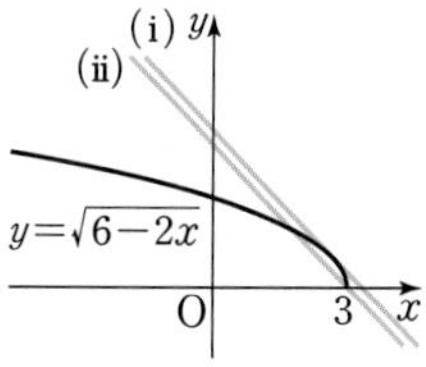

(i) 직선 $y=-x+k$와 $y=\sqrt{6-2x}$의 그래프가 접할 때

$-x+k=\sqrt{6-2x}$의 양변을 제곱하면

$x^2-2kx+k^2=6-2x$

$\therefore\ x^2-2(k-1)x+k^2-6=0$

이 이차방정식의 판별식을 D라 하면

$\frac{D}{4}=\{-(k-1)\}^2-(k^2-6)=0$

$-2k+7=0$

$\therefore\ k=\frac{7}{2}$

(ii) 직선 $y=-x+k$가 점 $(3,\ 0)$을 지날 때

$0=-3+k$ $\therefore\ k=3$

(i), (ii)에서 구하는 실수 k의 값 또는 범위는

$k=\frac{7}{2}$ 또는 $k<3$

785 답 $k<-3$

$y=-\sqrt{5-2x}=-\sqrt{-2\left(x-\frac{5}{2}\right)}$

따라서 $y=-\sqrt{5-2x}$의 그래프는 $y=-\sqrt{-2x}$의 그래프를 x축의 방향으로 $\frac{5}{2}$만큼 평행이동한 것이고, $y=x+k$는 기울기가 1이고 y절편이 k인 직선이다.

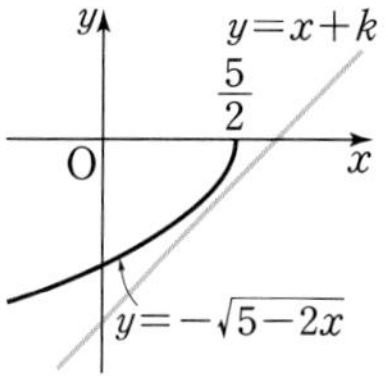

$x+k=-\sqrt{5-2x}$의 양변을 제곱하면

$x^2+2kx+k^2=5-2x$

$\therefore\ x^2+2(k+1)x+k^2-5=0$

이 이차방정식의 실근이 존재하지 않아야 하므로 판별식을 D라 하면

$\frac{D}{4}=(k+1)^2-(k^2-5)<0$

$2k+6<0$

$\therefore\ k<-3$

786 답 $-\frac{4}{3} \le m \le \frac{2}{3}$

$y=\sqrt{4x-3}=\sqrt{4\left(x-\frac{3}{4}\right)}=2\sqrt{x-\frac{3}{4}}$

따라서 $y=\sqrt{4x-3}$의 그래프는 $y=2\sqrt{x}$의 그래프를 x축의 방향으로 $\frac{3}{4}$만큼 평행이동한 것이고,

$y=mx+1$은 m의 값에 관계없이 항상 점 $(0, 1)$을 지나는 직선이다.

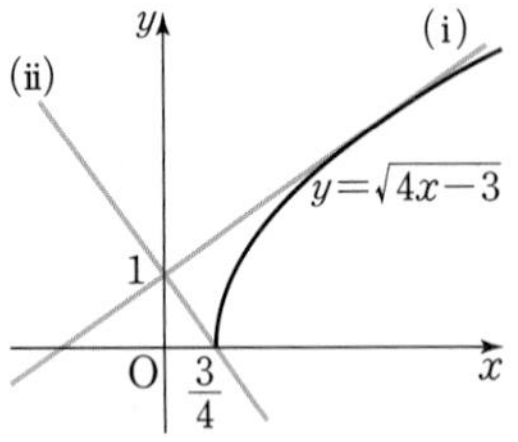

(ⅰ) 직선 $y=mx+1$과 $y=\sqrt{4x-3}$의 그래프가 접할 때

$mx+1=\sqrt{4x-3}$의 양변을 제곱하면

$m^2x^2+2mx+1=4x-3$

$\therefore m^2x^2+2(m-2)x+4=0$

이 이차방정식의 판별식을 D라 하면

$\frac{D}{4}=(m-2)^2-4m^2=0$

$3m^2+4m-4=0$, $(m+2)(3m-2)=0$

$\therefore m=-2$ 또는 $m=\frac{2}{3}$

그런데 위의 그림에서 $m>0$이므로 $m=\frac{2}{3}$

(ⅱ) 직선 $y=mx+1$이 점 $\left(\frac{3}{4}, 0\right)$을 지날 때

$0=\frac{3}{4}m+1 \qquad \therefore m=-\frac{4}{3}$

(ⅰ), (ⅱ)에서 구하는 실수 m의 값의 범위는

$-\frac{4}{3} \le m \le \frac{2}{3}$

787 답 -1

무리함수 $y=-\sqrt{2x-3}-1$의 치역이 $\{y|y\le -1\}$이므로 그 역함수의 정의역은 $\{x|x\le -1\}$이다.

$y=-\sqrt{2x-3}-1$에서 $y+1=-\sqrt{2x-3}$

양변을 제곱하면

$y^2+2y+1=2x-3 \qquad \therefore x=\frac{1}{2}y^2+y+2$

x와 y를 서로 바꾸면 주어진 무리함수의 역함수는

$y=\frac{1}{2}x^2+x+2 \ (x\le -1)$

따라서 $a=\frac{1}{2}$, $b=2$, $c=-1$이므로 $abc=-1$

788 답 $(4, 4)$

$f(x)=\sqrt{3x+4}=\sqrt{3\left(x+\frac{4}{3}\right)}$

함수 $y=f(x)$의 그래프와 그 역함수 $y=f^{-1}(x)$의 그래프는 오른쪽 그림과 같이 직선 $y=x$에 대하여 대칭이므로 두 함수 $y=f(x)$, $y=f^{-1}(x)$의 그래프의 교점은 함수 $y=f(x)$의 그래프와 직선 $y=x$의 교점과 같다.

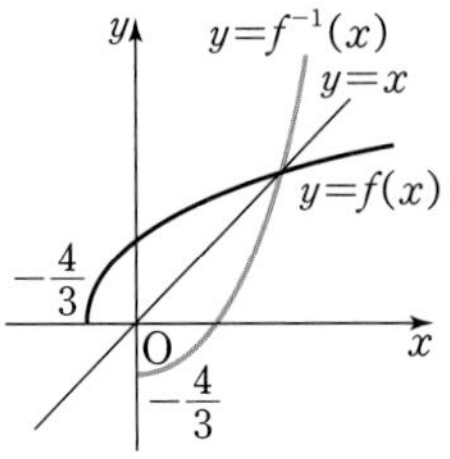

$\sqrt{3x+4}=x$의 양변을 제곱하면

$3x+4=x^2$, $x^2-3x-4=0$

$(x+1)(x-4)=0 \qquad \therefore x=-1$ 또는 $x=4$

그런데 역함수 $f^{-1}(x)$의 정의역이 $\{x|x\ge 0\}$이므로

$x=4$

따라서 교점의 좌표는 $(4, 4)$이다.

789 답 -11

$f^{-1}(-1)=-\frac{1}{2}$에서 $f\left(-\frac{1}{2}\right)=-1$이므로

$\sqrt{a+1}-3=-1$, $\sqrt{a+1}=2$

양변을 제곱하면 $a+1=4 \qquad \therefore a=3$

$\therefore f(x)=\sqrt{3-2x}-3$

$f^{-1}(2)=k$ (k는 상수)라 하면 $f(k)=2$이므로

$\sqrt{3-2k}-3=2$, $\sqrt{3-2k}=5$

양변을 제곱하면

$3-2k=25 \qquad \therefore k=-11$

$\therefore f^{-1}(2)=-11$

790 답 $\sqrt{2}$

함수 $y=f(x)$의 그래프와 그 역함수 $y=g(x)$의 그래프는 오른쪽 그림과 같이 직선 $y=x$에 대하여 대칭이므로 두 함수 $y=f(x)$, $y=g(x)$의 그래프의 교점은 함수 $y=f(x)$의 그래프와 직선 $y=x$의 교점과 같다.

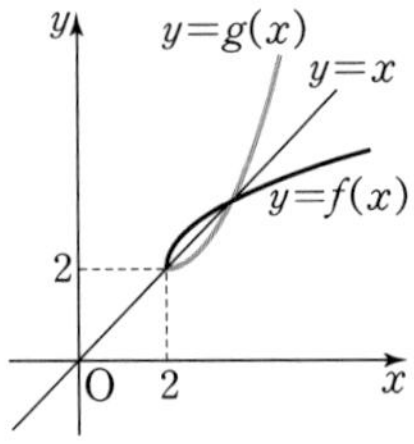

$\sqrt{x-2}+2=x$에서 $\sqrt{x-2}=x-2$

양변을 제곱하면

$x-2=x^2-4x+4$, $x^2-5x+6=0$

$(x-2)(x-3)=0 \qquad \therefore x=2$ 또는 $x=3$

따라서 두 교점의 좌표는 (2, 2), (3, 3)이므로 두 점 사이의 거리는
$\sqrt{(3-2)^2+(3-2)^2}=\sqrt{2}$

연습문제 356~358쪽

791 답 $2\sqrt{3}$

$x=\frac{\sqrt{3}-\sqrt{2}}{\sqrt{3}+\sqrt{2}}=\frac{(\sqrt{3}-\sqrt{2})^2}{(\sqrt{3}+\sqrt{2})(\sqrt{3}-\sqrt{2})}$
$=\frac{3-2\sqrt{6}+2}{3-2}=5-2\sqrt{6}$
$y=\frac{\sqrt{3}+\sqrt{2}}{\sqrt{3}-\sqrt{2}}=\frac{(\sqrt{3}+\sqrt{2})^2}{(\sqrt{3}-\sqrt{2})(\sqrt{3}+\sqrt{2})}$
$=\frac{3+2\sqrt{6}+2}{3-2}=5+2\sqrt{6}$
$\therefore x+y=10,\ xy=1$
$\therefore (\sqrt{x}+\sqrt{y})^2=x+y+2\sqrt{xy}$
$=10+2=12$
이때 $x>0$, $y>0$이므로 $\sqrt{x}+\sqrt{y}>0$
$\therefore \sqrt{x}+\sqrt{y}=\sqrt{12}=2\sqrt{3}$

792 답 ③

$y=-\sqrt{ax-2}-3$의 그래프가 점 $(1, -4)$를 지나므로
$-4=-\sqrt{a-2}-3$, $\sqrt{a-2}=1$
양변을 제곱하면
$a-2=1 \quad \therefore a=3$
따라서 주어진 함수는
$y=-\sqrt{3x-2}-3=-\sqrt{3\left(x-\frac{2}{3}\right)}-3$
$\therefore$ 정의역: $\left\{x \middle| x\geq\frac{2}{3}\right\}$

793 답 ③

함수 $y=\sqrt{2x}$의 그래프를 x축의 방향으로 1만큼, y축의 방향으로 3만큼 평행이동한 그래프의 식은
$y=\sqrt{2(x-1)}+3$
이 함수의 그래프가 점 $(9, a)$를 지나므로
$a=\sqrt{2\times8}+3=4+3=7$

794 답 (1) -2 (2) 7

$f(x)=\sqrt{2x-4a}+3=\sqrt{2(x-2a)}+3$
따라서 $y=f(x)$의 그래프는 $y=\sqrt{2x}$의 그래프를 x축의 방향으로 $2a$만큼, y축의 방향으로 3만큼 평행이동한 것이다.
이때 $a<0$이므로
$a\leq x\leq 4$에서 $y=f(x)$의 그래프는 오른쪽 그림과 같다. ▸▸▸▸▸▸ ❶

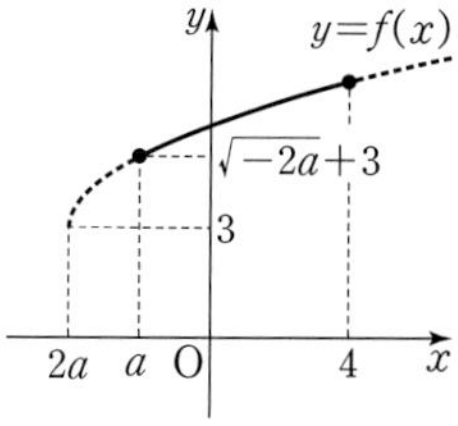

(1) $f(x)$는 $x=a$에서 최솟값 $\sqrt{-2a}+3$을 가지므로
$\sqrt{-2a}+3=5$, $\sqrt{-2a}=2$
양변을 제곱하면
$-2a=4 \quad \therefore a=-2$ ▸▸▸▸▸▸ ❷
(2) $f(x)=\sqrt{2x+8}+3$은 $x=4$에서 최댓값 7을 갖는다. ▸▸▸▸▸▸ ❸

단계	채점 기준	비율
❶	$y=f(x)$의 그래프 그리기	30 %
❷	a의 값 구하기	40 %
❸	$f(x)$의 최댓값 구하기	30 %

795 답 ②

주어진 그래프는 $y=\sqrt{x}$의 그래프를 x축의 방향으로 -2만큼, y축의 방향으로 -1만큼 평행이동한 것이므로 그래프의 식은
$y=\sqrt{x+2}-1$
$\therefore f(x)=\sqrt{x+2}-1$
$\therefore f(7)=\sqrt{7+2}-1=2$

796 답 $\frac{1}{2}<k\leq1$

$y=-\sqrt{2x-2}=-\sqrt{2(x-1)}$
따라서 $y=-\sqrt{2x-2}$의 그래프는 $y=-\sqrt{2x}$의 그래프를 x축의 방향으로 1만큼 평행이동한 것이고, $y=-x+k$는 기울기가 -1이고 y절편이 k인 직선이다.

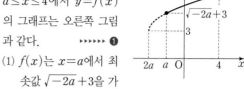

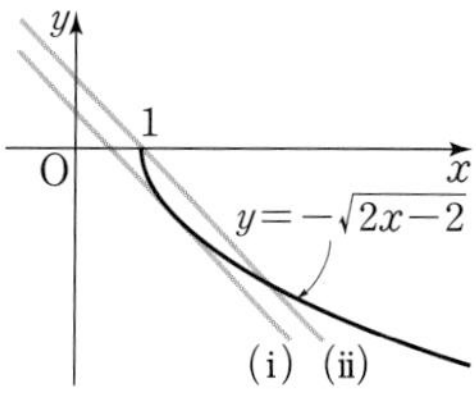

(i) 직선 $y=-x+k$와 $y=-\sqrt{2x-2}$의 그래프가 접할 때
$-x+k=-\sqrt{2x-2}$의 양변을 제곱하면
$x^2-2kx+k^2=2x-2$
$\therefore x^2-2(k+1)x+k^2+2=0$

이 이차방정식의 판별식을 D라 하면

$\frac{D}{4}=\{-(k+1)\}^2-(k^2+2)=0$

$2k-1=0 \quad \therefore k=\frac{1}{2}$

(ii) 직선 $y=-x+k$가 점 $(1, 0)$을 지날 때

$0=-1+k \quad \therefore k=1$

(i), (ii)에서 구하는 실수 k의 값의 범위는

$\frac{1}{2}<k\le 1$

797 답 ②

$(f\circ(g\circ f)^{-1}\circ f)(4)=(f\circ f^{-1}\circ g^{-1}\circ f)(4)$
$=(g^{-1}\circ f)(4)=g^{-1}(f(4))$
$=g^{-1}(2)$

$g^{-1}(2)=k$ (k는 상수)라 하면 $g(k)=2$이므로

$\sqrt{2k-1}=2$

양변을 제곱하면 $2k-1=4 \quad \therefore k=\frac{5}{2}$

$\therefore (f\circ(g\circ f)^{-1}\circ f)(4)=g^{-1}(2)=\frac{5}{2}$

798 답 ③

$x+1\ge 0$에서 $x\ge -1$ ...... ㉠

$2-x\ge 0$에서 $x\le 2$ ...... ㉡

㉠, ㉡에서 $-1\le x\le 2$이므로

$\sqrt{x^2+4x+4}+\sqrt{4x^2-24x+36}$
$=\sqrt{(x+2)^2}+\sqrt{4(x-3)^2}$
$=|x+2|+2|x-3|$
$=x+2-2(x-3)$ ◀ $1\le x+2\le 4$이므로 $x+2>0$, $-4\le x-3\le -1$이므로 $x-3<0$
$=-x+8$

799 답 4

$y=-\sqrt{12-3x}+a=-\sqrt{-3(x-4)}+a$

따라서 $y=-\sqrt{12-3x}+a$의 그래프는 $y=-\sqrt{-3x}$의 그래프를 x축의 방향으로 4만큼, y축의 방향으로 a만큼 평행이동한 것이다.

이때 $y=-\sqrt{12-3x}+a$의 그래프가 제4사분면을 지나지 않으려면 오른쪽 그림과 같이 $x=0$일 때 $y\ge 0$이어야 하므로

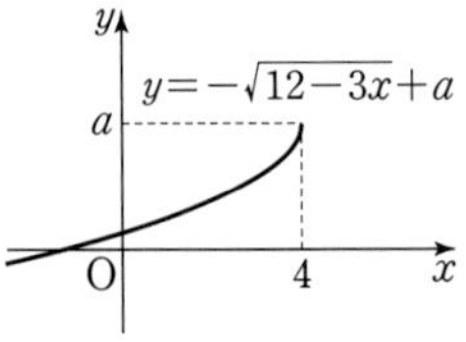

$-\sqrt{12}+a\ge 0 \quad \therefore a\ge 2\sqrt{3}$

따라서 구하는 정수 a의 최솟값은 4이다.

800 답 ⑤

$y=-\sqrt{ax+a}-1=-\sqrt{a(x+1)}-1\ (a\ne 0)$

따라서 $y=-\sqrt{ax+a}-1$의 그래프는 $y=-\sqrt{ax}$의 그래프를 x축의 방향으로 -1만큼, y축의 방향으로 -1만큼 평행이동한 것이므로 a의 부호에 따라 다음 그림과 같다.

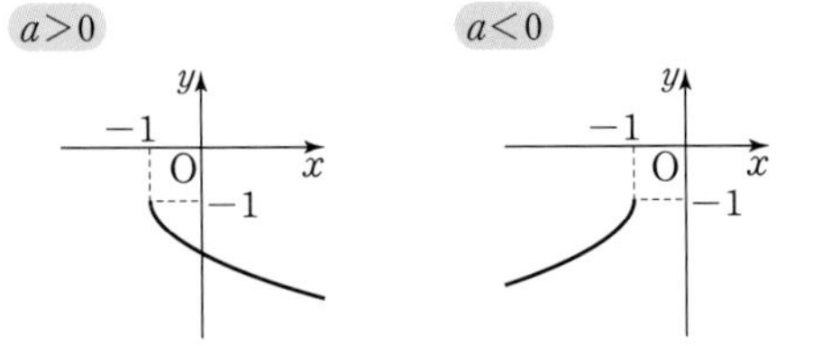

① $a>0$일 때, 정의역은 $\{x|x\ge -1\}$
$a<0$일 때, 정의역은 $\{x|x\le -1\}$

② $a>0$일 때와 $a<0$일 때 모두 치역은 $\{y|y\le -1\}$

④ 주어진 함수의 그래프를 x축에 대하여 대칭이동한 그래프의 식은
$-y=-\sqrt{ax+a}-1$
$\therefore y=\sqrt{ax+a}+1$

⑤ 주어진 함수의 그래프를 y축에 대하여 대칭이동한 그래프의 식은
$y=-\sqrt{a(-x)+a}-1$
$\therefore y=-\sqrt{-ax+a}-1$

따라서 항상 옳은 것은 ⑤이다.

801 답 3

$y=\sqrt{ax}$의 그래프를 y축에 대하여 대칭이동한 그래프의 식은

$y=\sqrt{a(-x)} \quad \therefore y=\sqrt{-ax}$

이 함수의 그래프를 x축의 방향으로 12만큼 평행이동한 그래프의 식은

$y=\sqrt{-a(x-12)}$

점 A의 좌표를 (p, q) $(p>0, q>0)$라 하면 두 함수 $y=\sqrt{-a(x-12)}$, $y=\sqrt{x}$의 그래프는 다음 그림과 같다.

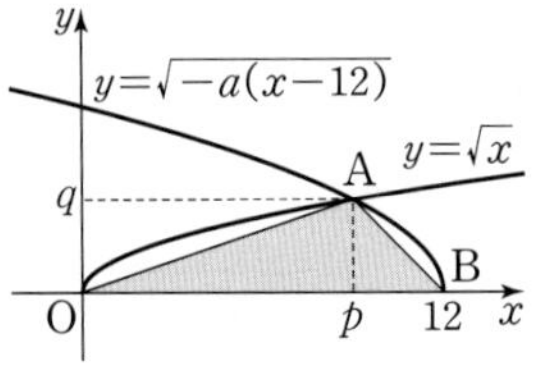

삼각형 AOB의 넓이가 18이므로

$\frac{1}{2}\times 12\times q=18 \quad \therefore q=3$

즉, $y=\sqrt{x}$의 그래프가 점 $\mathrm{A}(p,\ 3)$을 지나므로

$3=\sqrt{p}$ $\quad\therefore p=9$

따라서 $y=\sqrt{-a(x-12)}$의 그래프가 점 $\mathrm{A}(9,\ 3)$을 지나므로

$3=\sqrt{-a\times(-3)}$, $\sqrt{3a}=3$

양변을 제곱하면

$3a=9$ $\quad\therefore a=3$

802 답 $\sqrt{2}$

$y=(f\circ g)(x)=f(g(x))=f(x+1)$

$=\sqrt{3-(x+1)}+2$

$=\sqrt{-x+2}+2$

$=\sqrt{-(x-2)}+2$

따라서 $y=(f\circ g)(x)$의 그래프는 $y=\sqrt{-x}$의 그래프를 x축의 방향으로 2만큼, y축의 방향으로 2만큼 평행이동한 것이다.

$-6\le x\le 0$에서 $y=(f\circ g)(x)$의 그래프는 오른쪽 그림과 같으므로 $x=-6$일 때 최댓값 $2\sqrt{2}+2$, $x=0$일 때 최솟값 $\sqrt{2}+2$를 갖는다.

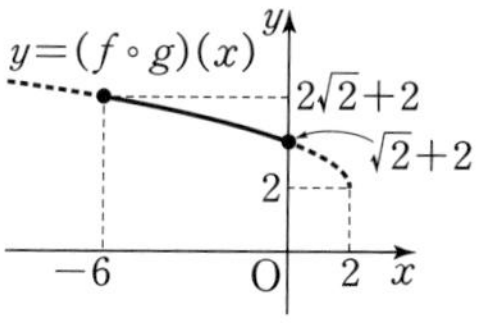

따라서 $M=2\sqrt{2}+2$, $m=\sqrt{2}+2$이므로

$M-m=\sqrt{2}$

803 답 ①

$y=\dfrac{a}{x+b}+c$의 그래프의 점근선의 방정식은

$x=-b$, $y=c$

주어진 유리함수의 그래프에서

$a<0$, $-b<0$, $c>0$

$\therefore a<0$, $b>0$, $c>0$

$y=\sqrt{ax+b}+c=\sqrt{a\left(x+\dfrac{b}{a}\right)}+c$

따라서 $y=\sqrt{ax+b}+c$의 그래프는 $y=\sqrt{ax}$의 그래프를 x축의 방향으로 $-\dfrac{b}{a}$만큼, y축의 방향으로 c만큼 평행이동한 것이다.

이때 $-\dfrac{b}{a}>0$, $c>0$이므로 $y=\sqrt{ax+b}+c$의 그래프의 개형은 오른쪽 그림과 같다.

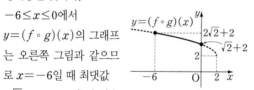

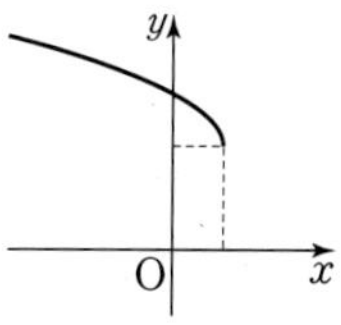

804 답 $\sqrt{10}$

$(f^{-1}\circ f^{-1})(k)=-4$에서 $(f\circ f)^{-1}(k)=-4$이므로

$(f\circ f)(-4)=k$ $\quad\therefore f(f(-4))=k$

$-4<0$이므로

$f(-4)=3-\sqrt{-(-4)}=1$

$1>0$이므로

$f(1)=\sqrt{1+9}=\sqrt{10}$

$\therefore k=f(f(-4))=f(1)=\sqrt{10}$

805 답 5

$y=4\sqrt{x}$의 그래프를 x축의 방향으로 a만큼, y축의 방향으로 1만큼 평행이동한 그래프의 식은

$y=4\sqrt{x-a}+1$

$\therefore f(x)=4\sqrt{x-a}+1$ ▸▸▸▸▸▸ ❶

함수 $y=f(x)$의 그래프와 그 역함수 $y=f^{-1}(x)$의 그래프는 직선 $y=x$에 대하여 대칭이므로 두 함수 $y=f(x)$, $y=f^{-1}(x)$의 그래프가 접하면 함수 $y=f(x)$의 그래프와 직선 $y=x$도 접한다. ▸▸▸▸▸▸ ❷

$4\sqrt{x-a}+1=x$에서

$4\sqrt{x-a}=x-1$

양변을 제곱하면

$16(x-a)=x^2-2x+1$

$\therefore x^2-18x+16a+1=0$

이 이차방정식의 판별식을 D라 하면

$\dfrac{D}{4}=(-9)^2-(16a+1)=0$

$-16a+80=0$ $\quad\therefore a=5$ ▸▸▸▸▸▸ ❸

단계	채점 기준	비율
❶	$f(x)$ 구하기	30 %
❷	$y=f(x)$의 그래프와 직선 $y=x$의 위치 관계 알기	30 %
❸	a의 값 구하기	40 %

806 답 ④

$f(x)=-\sqrt{kx+2k}+4$, $g(x)=\sqrt{-kx+2k}-4$라 하자.

ㄱ. 곡선 $y=f(x)$를 원점에 대하여 대칭이동한 그래프의 식은

$-y=-\sqrt{k(-x)+2k}+4$

$\therefore y=\sqrt{-kx+2k}-4=g(x)$

따라서 주어진 두 곡선은 원점에 대하여 대칭이다.

ㄴ. $f(x)=-\sqrt{k(x+2)}+4$, $g(x)=\sqrt{-k(x-2)}-4$

따라서 $k<0$이면 두 곡선 $y=f(x)$, $y=g(x)$는 오른쪽 그림과 같으므로 주어진 두 곡선은 만나지 않는다.

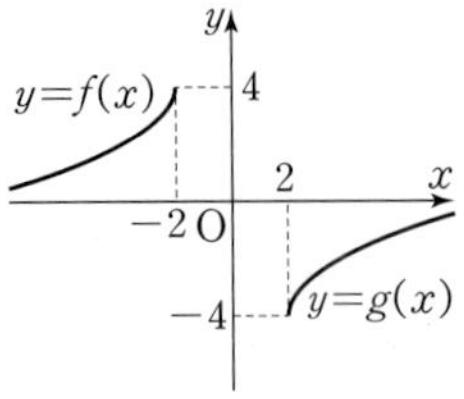

ㄷ. $k<0$일 때 두 곡선은 만나지 않는다. (∵ ㄴ)

$k>0$일 때 k의 값이 커질수록 곡선 $y=f(x)$는 직선 $y=4$와 멀어지고 곡선 $y=g(x)$는 직선 $y=-4$와 멀어진다.

또 ㄱ에서 두 곡선은 원점에 대하여 대칭이므로 두 곡선이 서로 다른 두 점에서 만나도록 하는 k의 값은 오른쪽 그림과 같이 곡선 $y=f(x)$가 곡선 $y=g(x)$ 위의 점 $(2, -4)$를 지나고, 곡선 $y=g(x)$가 곡선 $y=f(x)$ 위의 점 $(-2, 4)$를 지날 때 최대이다.

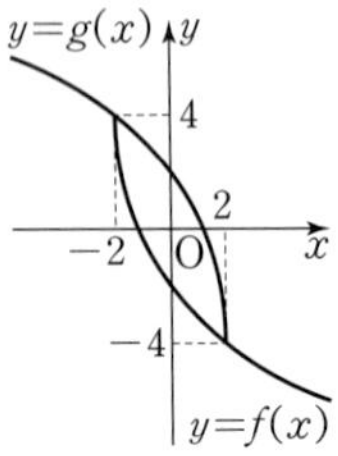

$f(2)=-4$에서

$-\sqrt{2k+2k}+4=-4$

$2\sqrt{k}=8$, $\sqrt{k}=4$

$\therefore k=16$

즉, k의 최댓값은 16이다.

따라서 보기에서 옳은 것은 ㄱ, ㄷ이다.

807 답 $-\frac{11}{4}<a<3$

| 접근 방법 | $y=\sqrt{|x|-3}$의 그래프를 그린 후 기울기가 -1인 직선을 움직여 곡선과 직선의 위치 관계를 파악한다.

$$y=\sqrt{|x|-3}=\begin{cases}\sqrt{-x-3} & (x<0)\\ \sqrt{x-3} & (x\geq0)\end{cases}$$

$y=-x+a$는 기울기가 -1이고 y절편이 a인 직선이다.

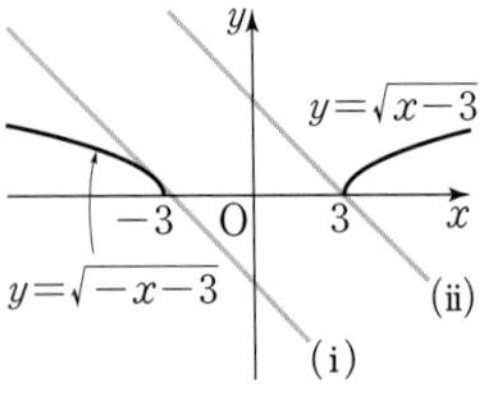

(i) 직선 $y=-x+a$와 $y=\sqrt{-x-3}$의 그래프가 접할 때

$-x+a=\sqrt{-x-3}$의 양변을 제곱하면

$x^2-2ax+a^2=-x-3$

$\therefore x^2-(2a-1)x+a^2+3=0$

이 이차방정식의 판별식을 D라 하면

$D=(2a-1)^2-4(a^2+3)=0$

$-4a-11=0 \qquad \therefore a=-\frac{11}{4}$

(ii) 직선 $y=-x+a$가 점 $(3, 0)$을 지날 때

$0=-3+a \qquad \therefore a=3$

(i), (ii)에서 구하는 실수 a의 값의 범위는

$-\frac{11}{4}<a<3$

808 답 ②

| 접근 방법 | 함수 $y=f(x)$의 역함수를 구하여 두 함수 $y=f(x)$, $y=g(x)$ 사이의 관계를 파악한다.

$f(x)=\frac{1}{5}x^2+\frac{1}{5}k$는 $x\geq0$에서 일대일대응이므로 역함수가 존재한다.

$y=\frac{1}{5}x^2+\frac{1}{5}k\ (x\geq0)$라 하고 x에 대하여 풀면

$\frac{1}{5}x^2=y-\frac{1}{5}k$, $x^2=5y-k$

$\therefore x=\sqrt{5y-k}$ (∵ $x\geq0$)

x와 y를 서로 바꾸면 $f(x)$의 역함수는

$y=\sqrt{5x-k}$

따라서 $g(x)$는 $f(x)$의 역함수이다.

이때 두 함수 $y=f(x)$, $y=g(x)$의 그래프는 오른쪽 그림과 같이 직선 $y=x$에 대하여 대칭이므로 두 함수 $y=f(x)$, $y=g(x)$의 그래프의 교점은 함수 $y=f(x)$의 그래프와 직선 $y=x$의 교점과 같다.

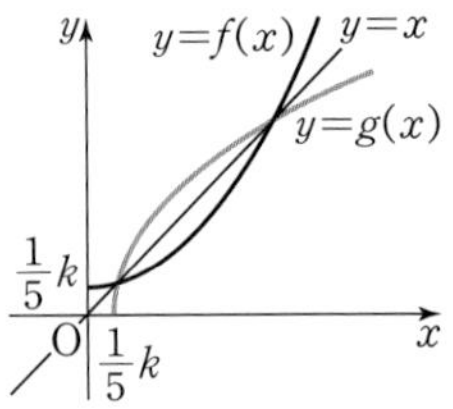

따라서 두 함수 $y=f(x)$, $y=g(x)$의 그래프가 서로 다른 두 점에서 만나려면 이차방정식

$\frac{1}{5}x^2+\frac{1}{5}k=x$, 즉 $x^2-5x+k=0$이 음이 아닌 서로 다른 두 실근을 가져야 하므로 판별식을 D라 하면

(i) $D=(-5)^2-4k>0 \qquad \therefore k<\frac{25}{4}$

(ii) (두 근의 곱)≥0이어야 하므로 이차방정식의 근과 계수의 관계에 의하여

$k\geq0$

(i), (ii)에서 $0\leq k<\frac{25}{4}$

따라서 구하는 정수 k는 0, 1, 2, …, 6의 7개이다.

memo